普通高等教育"十二五"规划教材

有机化学学习指南

杨大伟　主　编
付颖寰　副主编

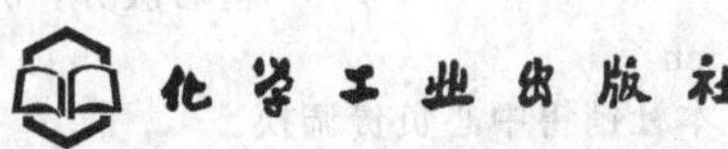

·北京·

本书是一本高等院校有机化学课程的教学指导书。全书共十八章，内容包括绪论、烃类化合物、含氧化合物、含氮化合物、杂环化合物、碳水化合物和氨基酸等，涵盖了有机化学课程的各个部分。每章有简明扼要的内容介绍、明确的知识点、大量的例题与解答。附录部分为模拟试题与考研试题。

本书可作为高等学校工科专业有机化学课程的学习辅导书，也可作为其他相关专业的有机化学课程的参考书。

图书在版编目（CIP）数据

有机化学学习指南/杨大伟主编. —北京：化学工业出版社，2014.1（2023.2重印）

普通高等教育“十二五”规划教材

ISBN 978-7-122-19014-7

Ⅰ.①有…　Ⅱ.①杨…　Ⅲ.①有机化学-高等学校-自学参考资料　Ⅳ.①O62

中国版本图书馆 CIP 数据核字（2013）第 274560 号

责任编辑：满悦芝　石　磊　　　　文字编辑：颜克俭
责任校对：徐贞珍　　　　　　　　装帧设计：张　辉

出版发行：化学工业出版社（北京市东城区青年湖南街 13 号　邮政编码 100011）
印　　装：北京印刷集团有限责任公司
787mm×1092mm　1/16　印张 19¼　字数 485 千字　2023 年 2 月北京第 1 版第 8 次印刷

购书咨询：010-64518888　　　　售后服务：010-64518899
网　　址：http://www.cip.com.cn
凡购买本书，如有缺损质量问题，本社销售中心负责调换。

定　　价：39.90 元

前　言

有机化学是化学、化工、轻工、生物、食品等专业大学生必修的一门重要的基础课程。由于其内容多、知识点不好掌握等特点，在此课程的学习上，学生对于如何理解有机化学的基本原理、知识要点、合成过程中的应用技巧等问题经常会产生一些困惑。为此，为了方便学生对基本知识和基本理论的理解。我校有机化学教研室编写了这本教学指导书。

本书共分为十八章，每章的内容结构如下。

本章学习重点与难点以及必须掌握的内容：这一结构的目的是为了帮助读者了解要学习的重点内容与主要知识点。

基本内容纲要：这一结构的目的是阐述本章的基本内容，对其中的重点和难点问题进行总结性的解释与剖析，有利于帮助读者掌握各章内容的基本原理与反应的基本规律。

例题解析：配置了部分典型的例题，帮助读者掌握有机化学的学习脉络，在分析例题的同时提高分析问题和解决问题的能力。

习题及习题解答：习题部分内容包括有机化合物的命名、写出结构式、回答问题、完成反应、反应机理和有机合成与推导结构六部分。此部分既有常见的习题来加强读者对基础课程的学习，又有相对难度较大的习题来满足读者对更深层次的追求。习题解答除了给出答案外，又做了解题提示，在提示中给出相应的解题思路。

书末附录内容包括模拟试题一、模拟试题二、研究生考研试题等三部分内容。

本书由杨大伟主编。第九～十三章由杨大伟编写；第一章、第十四章、第十七章、第十八章以及附录3由李明慧编写；第三章、第四章、第六章、第八章以及附录1由付颖寰编写；第五章由杨义编写；第二章、第七章以及附录2由郭宏编写；第十五、十六章由侯传金编写。

本书在编写过程中得到了大连工业大学有机化学教研室各位教师的大力支持，编者再次向关心和支持本书编写工作的同仁表示衷心的感谢。

限于编者的水平，书中不当之处在所难免，恳请读者批评指正。

编者

2014年2月于大连工业大学

目　录

第一章　绪　论

【本章学习重点与难点】

重点：有机结构理论——价键理论、杂化轨道理论、分子轨道理论。

难点：分子轨道理论。

【基本内容纲要】

1. 有机化合物和有机化学的一般概念。
2. 共价键的形成（价键理论、杂化轨道理论、分子轨道理论）。
3. 共价键的属性（键长、键角、键能、键的极性）。
4. 有机反应类型和有机化合物的分类。

【内容概要】

一、有机化合物和有机化学

(1) 有机化合物　碳氢化合物及其衍生物。

(2) 有机化学　研究有机化合物的化学，是研究有机化合物的组成、结构、性质、合成方法及其变化规律的科学。

(3) 有机化合物的特点　“数量多、易燃烧、熔点低、难溶于水、反应速度慢”。

二、构造式的表示方法

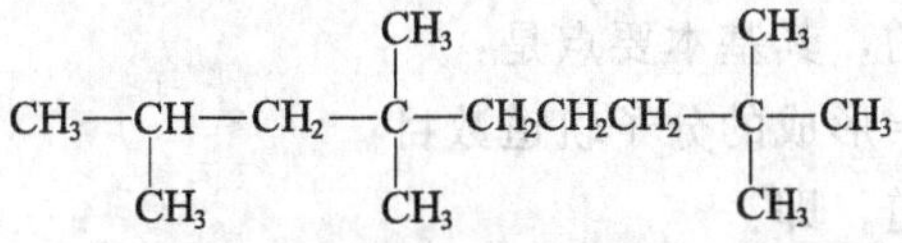

$$CH_3-\underset{\displaystyle CH_3}{\underset{|}{CH}}-CH_2-\overset{\displaystyle CH_3}{\overset{|}{\underset{\displaystyle CH_3}{\underset{|}{C}}}}-CH_2CH_2CH_2-\overset{\displaystyle CH_3}{\overset{|}{\underset{\displaystyle CH_3}{\underset{|}{C}}}}-CH_3 \qquad (CH_3)_2CHCH_2C(CH_3)_2(CH_2)_3C(CH_3)_3$$

短线构造式　　　　构造简式

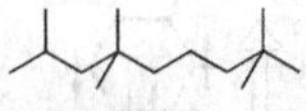

键线式

（线段的每一个端点、折点和交叉点都代表一个碳原子）

三、结构理论

1. 价键理论（valence bond theory，简称 VB）

价键理论是以定域的观点为基础的，其基本要点如下。

(1) 共价键的形成　彼此接近的两原子均有未成对电子，且自旋方向相反。

(2) 共价键的饱和性　每一个共价键含有两个电子。

(3) 共价键的方向性　沿电子云最大重叠的方向成键。

2. 杂化轨道理论（hybridized orbital theory）

在形成多原子分子的过程中，中心原子的若干能量相近的原子轨道重新组合，形成一组新的轨道，这个过程叫做轨道的杂化，产生的新轨道叫做杂化轨道。

以碳原子为例：

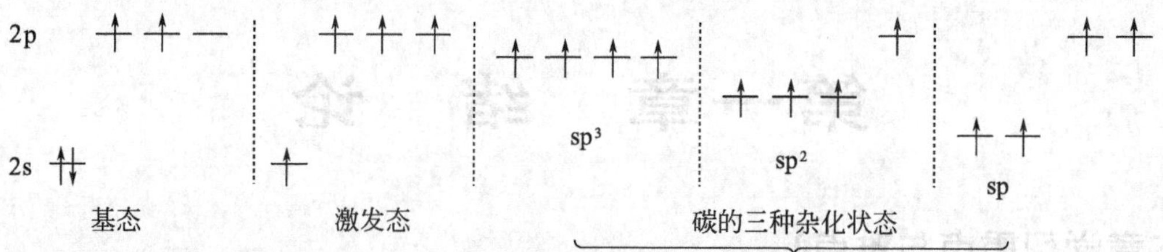

三种杂化轨道的形状：

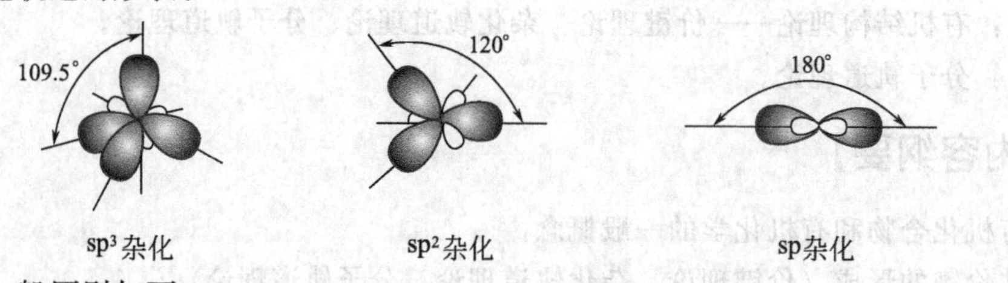

杂化的一般原则如下。

(1) 只有能量相近的轨道才能进行有效的杂化，形成杂化轨道。

(2) 参加杂化的轨道数目＝新形成的杂化轨道数目（即杂化前后轨道数不变）。

(3) 多数杂化轨道的形状相似，均为一头大、一头小，但不同杂化轨道的“丰满”程度不同，通常是杂化轨道的 s 成分越多，“丰满”程度越大。

(4) 不同杂化轨道有不同的空间取向，其空间取向取决于参与杂化的轨道数目，即 sp^3 杂化轨道为四面体构型，sp^2 杂化轨道为三角形构型，而 sp 杂化轨道为直线形构型。

(5) 杂化轨道的电负性不同。s 成分越多，电负性越大。即 s＞sp＞sp^2＞sp^3＞p

3. 分子轨道理论（molecular orbital theory，简称 MO）

关键在于电子在整个分子中运动的状态函数的求解，现在通常用原子轨道线性组合法（linear combination of atomic orbital 简称 LCAO 法）求出近似解。

分子轨道理论是以离域的观点为基础的，其基本要点是：

原子轨道数目＝形成的分子轨道数目

如，两个原子轨道可组成两个分子轨道，即：

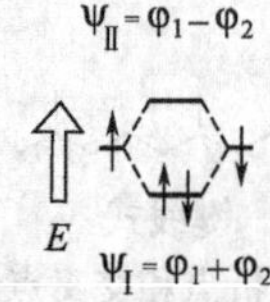

轨道成键的三个原则如下。

(1) 对称性匹配原则　轨道的位相（即符号）相同，才能匹配成键。

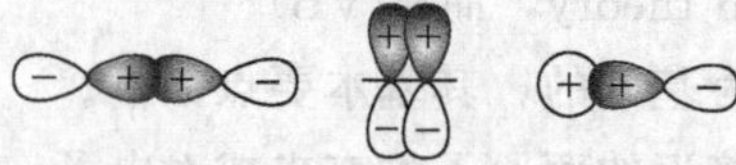

(2) 能量接近原则　轨道能量接近才能有效成键。

(3) 最大重叠原则　轨道重叠程度越大，形成的共价键越牢固。

四、共价键的属性

键长、键角、键能和键的极性是共价键的属性。其中：

1. 键能

双原子分子——键能＝键的离解能。

多原子分子——各键离解能总和的平均值。

2. 键的极性和极化性

键的极性用偶极矩来衡量，极化性是在电场的作用下键轨道的变形性。

相同原子形成的共价键——$\mu=0$

不同原子形成的共价键——$\mu=qd$

偶极矩是一个向量，具有大小和方向，箭头指向共价键的负端

多原子分子的偶极矩＝分子中各键偶极矩的向量和（矢量和）。

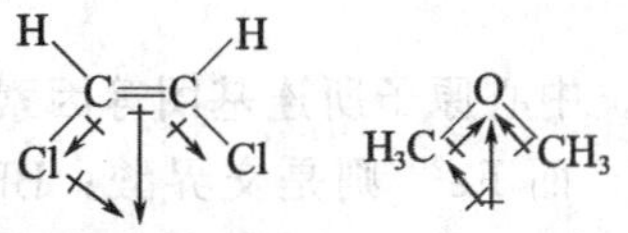

五、有机反应的类型和有机化合物的分类

1. 有机反应的类型

X⁝Y⟶X· + Y· 由共价键的均裂引发的反应，为自由基反应。

具有未共用电子对的原子或基团，称为自由基或游离基

$X\vdots Y \longrightarrow X^{+} + Y{:}^{-}$
$X{:}\vdots Y \longrightarrow X{:}^{-} + Y^{+}$
}由共价键的异裂引发的反应，为离子型反应。

2. 有机化合物的分类

分类方法
- 按碳架分类
  - 开链化合物——分子中碳原子连接成链状
  - 脂环族化合物——分子中碳原子连接成环状
  - 芳香族化合物——分子中通常都含有苯环
  - 杂环化合物——成环原子除碳外，还含有O、N、S等杂原子
- 按官能团分类——烷烃、烯烃、炔烃、醇、酚、醚、醛、酮、羧酸……

六、分子间作用力

偶极-偶极相互作用——极性分子间的一种相互吸引作用，其作用力的强度随极性分子间的距离增大而减弱，随极性分子偶极矩的增大而增强。

色散力（又称 London 力）——非极性分子间一种很弱的相互吸引作用。其作用力的强度随分子量的增加而增大。

氢键——是一种很强的偶极-偶极相互作用。形成氢键应具备的条件：一是要有一个电负性大且有孤对电子的原子；二是要有一个与电负性大的原子相连的氢原子。

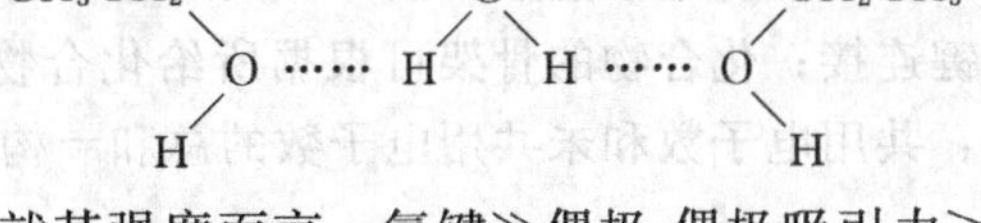

上述三种分子间力，就其强度而言：氢键≫偶极-偶极吸引力＞色散力。

七、酸碱概念

1. Brϕnsted 酸碱理论

按 Brϕnsted 的定义：能提供质子的分子或离子是酸，其强度取决于提供质子的倾向，容易提供质子的为强酸，反之，为弱酸；能接受质子的分子或离子是碱，其强度取决于接受质子的倾向，容易接受质子的为强碱，反之，为弱碱。

2. Lewis 酸碱理论

按 Lewis 的定义：能接受未共用电子对的分子或离子为 Lewis 酸，其结构特征是具有空轨道原子的分子或离子；能给出电子对的分子或离子为 Lewis 碱，其结构特征是具有未共用

电子对原子的分子或离子。

3. 软硬酸碱原理

对外层电子抓得紧的酸和碱称为硬酸硬碱；反之，则称为软酸软碱。

硬酸作为电子接受体具有：原子体积大、所带正电荷多、电负性较大、可极化性小的特点；而软酸则相反。

硬碱作为电子给予体具有：电负性大、可极化性小、不易被氧化的特点；而软碱则相反。

值得注意的是：受所带电荷、中心原子所连基团等因素的影响，一个原子的软硬度并不是固定不变的。如：Fe^{3+} 是硬酸，而 Fe^{2+} 则是交界酸；BF_3 是硬酸，$B(CH_3)_3$ 是交界酸，而 BH_3 则是软酸；NH_3 是硬碱，而 $C_6H_5NH_2$ 则为交界碱等。

软硬酸碱原理——"硬亲硬，软亲软，软硬交界就不管"。

【例题解析】

【例 1】 写出下列化合物的键线式结构。

(1) $CH_3CH(CH_3)CH(CH_2CH_3)CH_2CH_3$（$CH_3CHCHCH_2CH_3$，第二个碳上连 CH_3，第三个碳上连 CH_2CH_3） (2) $CH_3CH_2CH{=}C(CH_3)CH(CH_3)_2$ (3) $CH_3OC(CH_3)_3$

(4) $CH_3CH(CH_3)CH_2CH_2COOH$ (5) 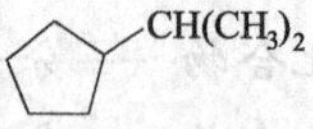 环戊基—$CH(CH_3)_2$ (6) 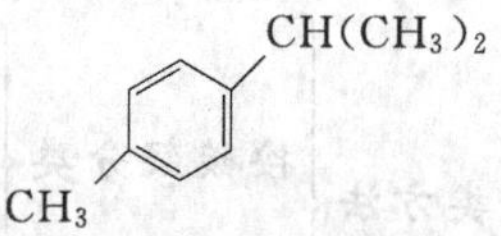 对位连有 $CH(CH_3)_2$ 和 CH_3 的苯环

［解题提示］写键线式结构值得注意的是——键线式的每个端点、折点和交叉点都代表一个碳原子。

(1) 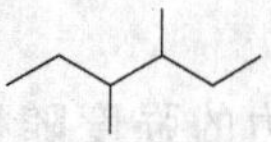 (2) 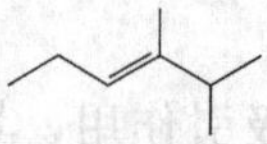 (3) 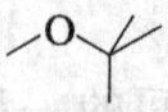 O

(4) 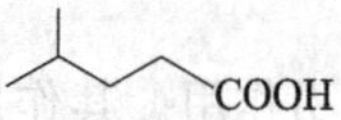 COOH (5) 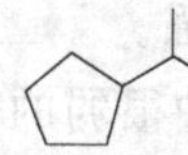 (6)

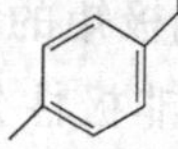

【例 2】 写出下列化合物的 Lewis 结构式。

(1) CH_3OCH_3 (2) CH_3CHO (3) $(CH_3)_2NH$

［解题提示］写 Lewis 结构式的基本程序是：①确定所给化合物是否是以共价键连接；②审视所给化合物的骨架；③计算价电子总数，按"八隅规律"将电子填入碳架中。

上述化合物均以共价键连接；化合物的骨架可根据所给化合物分子式和结构式来确定；价电子总数确定的原则是：共用电子数和未共用电子数的总和＝构成该分子的中性原子价电子数的总和。

(1) 化合物的骨架为：$CH_3—O—CH_3$ 价电子总数＝20

Lewis 结构式为：H:C:O:C:H（两个 C 上下各连一个 H，O 上下各有一对孤对电子）

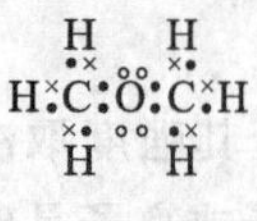

(2) 化合物的骨架为：$CH_3—C(=O)—H$ 价电子总数＝18

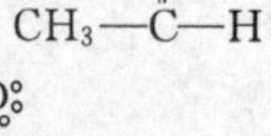

Lewis 结构式为：H:C:C:H（第一个 C 上下各连一个 H，第二个 C 以双键电子对与 O 相连，O 带两对孤对电子）

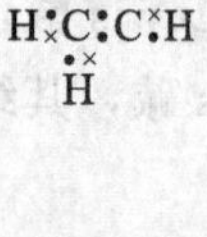

(3) 化合物的骨架为：$CH_3—N—CH_3$（N 上连 H） 价电子总数=20

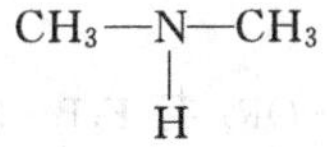

Lewis 结构式为：H:C:N:C:H（上方 H H，下方 H H H）

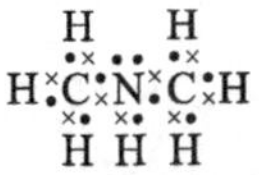

【例 3】根据元素的电负性，标出下列共价键中各原子上部分电荷(δ^+、δ^-)的符号。

(1) —S—H (2) ≡C—N= (3) ≡C—F (4) ≡C—P= (5) =P—F

[解题提示] 查看教材给出的元素电负性数值，标出共价键中各原子上所带电荷的符号。

(1) $\overset{\delta^-}{S}—\overset{\delta^+}{H}$ (2) $\equiv\overset{\delta^+}{C}—\overset{\delta^-}{N}=$ (3) $\equiv\overset{\delta^+}{C}—\overset{\delta^-}{F}$ (4) $\equiv\overset{\delta^-}{C}—\overset{\delta^+}{P}=$ (5) $=\overset{\delta^+}{P}—\overset{\delta^-}{F}$

【例 4】下列各化合物有无偶极矩？若有请标出方向。

(1) HBr (2) ICl (3) I_2 (4) CH_2Cl_2 (5) $CHCl_3$

(6) CH_3OH (7) CH_3OCH_3 (8) $(CH_3)_3N$ (9) CF_2Cl_2

[解题提示] 注意——多原子分子的偶极矩=分子中各键偶极矩的向量和。

(1) 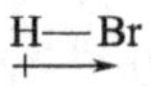 H—Br (2) I—Cl (3) $\mu=0$ (4) 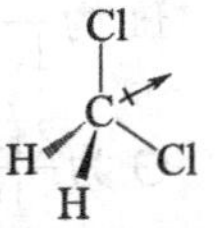 (5) 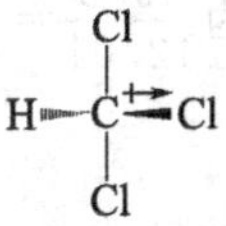 (6) 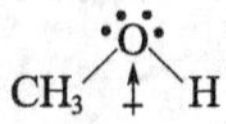 (7) 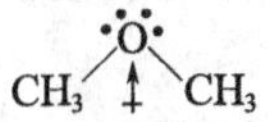 (8) 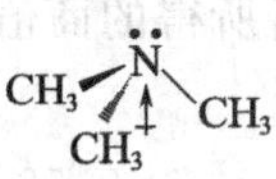 (9)

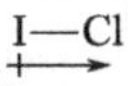

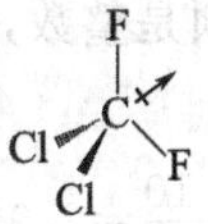

【例 5】CO_2 的偶极矩 $\mu=0$，而 H_2O 的 $\mu=6.14\times10^{-30}$ C·m。试判断 CO_2 和 H_2O 分子大致的立体形状。

[解题提示] 氧原子的电负性比碳大，因此碳氧键的极化情况 $\overset{\delta^+}{C}—\overset{\delta^-}{O}$ 应该为：在 CO_2 分子中 $\mu=0$，说明两个碳氧键的极性彼此相互抵销，因此 CO_2 分子只能是直线型结构。

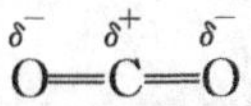

$$\overset{\delta^-}{O}=\overset{\delta^+}{C}=\overset{\delta^-}{O}$$

在 H_2O 分子中，$\mu\neq0$，说明两个氧氢键之间的极性并没有相互抵消，因此 H—O—H 的键角就不可能是 180°，不在一条直线上，也就是说 H—O—H 键存在一定的键角，因而必然是弯曲的。

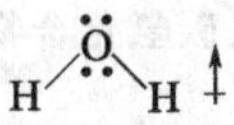

【例 6】试说明为什么 NaCl 能溶于水而不溶于正己烷。

[解题提示] Na^+Cl^- 为离子型化合物，在强极性溶剂 H_2O 中，Na^+Cl^- 的每个正离子均因偶极-偶极相互作用而被 H_2O 分子包围，负离子则可与 H_2O 形成氢键。

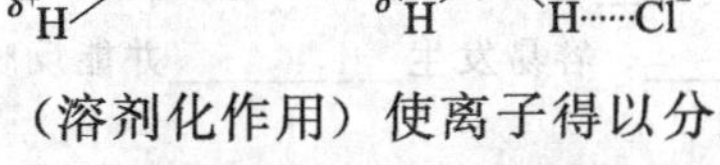

$(\overset{\delta^+}{H})_2\overset{\delta^-}{O}\cdots Na^+$ $\overset{\delta^+}{H}—\overset{\delta^-}{O}—\overset{\delta^+}{H}\cdots Cl^-$

Na^+Cl^- 就是借助上述作用（溶剂化作用）使离子得以分开而分散于水中。然而，正己烷为非极性溶剂，不能发生上述溶剂化作用，故不能溶解离子型化合物。

【例 7】用“软硬酸碱原理”分析判断下列各组化合物中哪个稳定？

(1) $R-\overset{O}{\overset{\|}{C}}-F$ 与 $R-\overset{O}{\overset{\|}{C}}-I$　　(2) F_3B-OR_2 与 F_3B-SR_2

(3) CH_3-SR 与 CH_3-OCH_3　　(4) 四氢噻吩（S上连 CH_3）与 四氢呋喃（$\overset{+}{O}$ 上连 BH_3）

［解题提示］(1) 前者（硬酸-硬碱）；　(2) 前者（硬酸-硬碱）；

(3) 前者（软酸-软碱）；　(4) 前者（软酸-软碱）。

【例 8】 某化合物含碳 49.3%、氢 9.6%、氮 19.2%，测得相对分子质量为 146，试计算该化合物的分子式。

［解题提示］由题可知，化合物质量分数为 C49.3%、H9.6%、N19.2%。用 100 减去各元素质量分数的总和，即为 O 的质量分数。

$$\text{O的质量分数}=[100-(49.3+9.6+19.2)]\%=21.9\%$$

用各元素的质量分数除以相应的相对原子质量，所得商值即得到各元素原子数目的比例。

$$\text{C为}\frac{49.3}{12.01}=4.10\qquad \text{H为}\frac{9.6}{1.008}=9.52\qquad \text{N为}\frac{19.2}{14.01}=1.37$$

$$\text{O为}\frac{21.9}{16}=1.37$$

因原子数目必须是整数，因此将所得的商值分别除以其中最小的商值，即得到各元素最简单的整数比。

$$\text{C为}\frac{4.10}{1.37}=2.99\approx3\qquad \text{H为}\frac{9.52}{1.37}=6.95\approx7\qquad \text{N}=\text{O}=\frac{1.37}{1.37}=1$$

$$\text{即 C : H : N : O}=3:7:1:1$$

故该化合物的实验式为：C_3H_7NO。

用测得的相对分子质量除以实验式量，则可确定该化合物的分子式。

$$\frac{146}{12.01\times3+1.008\times7+14.01+16}=\frac{146}{73.1}\approx2$$

故该化合物的分子式为：$C_6H_{14}N_2O_2$。

【习题】

一、基本概念

1. 填空题

(1) 有机化合物是含________的化合物，也是碳氢化合物及其________。有机化合物中除________和______两种元素外，有的还含有________、________、________、________或________等常见元素。

(2) 大多数有机化合物具有以下特性：容易________、________较低、难溶于________和________慢且________多。

(3) 用元素符号表示化合物分子中各元素________比例关系的式子，称为实验式。

(4) 表示分子中原子间__________的化学式称为构造式。

(5) 有机化合物分子中比较________、容易发生________并能反映某类有机化合物________的原子或基团称为________。

(6) 共价键的断裂有________和________两种方式。共价键断裂时，成键的一对电子________分给两个成键__________，这种断裂方式称为均裂。均裂产生的具有________电子的原子或基团，称为＿＿＿＿＿；由自由基引发的化学反应称为＿＿＿＿＿反应。共价键断裂时，成键的一对电子完全被成键原子中的＿＿＿＿＿＿＿＿，形成正、负离子，这种断裂方式称为异裂；按异裂进行的化学反应称为＿＿＿＿＿反应。

(7) 不同原子形成的共价键，因成键原子的＿＿＿＿＿不同，致使成键原子一端带有部分＿＿＿＿＿，而另一端带有部分＿＿＿＿＿＿，这种具有极性的共价键称为＿＿＿＿＿＿。成键两原子的电负性＿＿＿＿＿越大，键的＿＿＿＿＿越强。

(8) 共价键形成（或断裂）过程中，＿＿＿＿＿＿＿的能量称为键能。键能反映了共价键的＿＿＿＿＿，通常键能越＿＿＿＿＿表明键越＿＿＿＿＿。

(9) 在双原子分子中，键的偶极矩就是＿＿＿＿＿＿＿偶极矩，而多原子分子的偶极矩则是整个分子中＿＿＿＿＿＿偶极矩的＿＿＿＿＿和。

(10) 因分子内成键原子的＿＿＿＿＿不同，致使分子中＿＿＿＿＿的分布不均，而且这种影响会通过静电诱导作用＿＿＿＿＿传递下去，这种分子内原子间相互影响的电子效应，称为＿＿＿＿＿＿。

(11) 与＿＿＿＿＿较大的原子相连的氢原子，通过＿＿＿＿＿作用与另一分子（或同一分子）电负性较大的原子间形成的键，称为＿＿＿＿＿。

(12) 按 Lewis 的定义，能接受＿＿＿＿＿＿＿的分子或离子，称为 Lewis＿＿＿＿＿。

2. 选择题

(1) 下列化合物中属于无机物的是＿＿＿＿＿＿＿；属于有机物的是＿＿＿＿＿＿＿。

a. 酒精(C_2H_5OH)　b. 柴油　c. 纯净水　d. 小苏打($NaHCO_3$)

e. 绵白糖($C_{12}H_{22}O_{11}$)　f. 食盐(NaCl)　g. 醋精(CH_3COOH)　h. 电石(CaC_2)

i. 花生油 $\left(\begin{array}{l} CH_2OCOC_{19}H_{39} \\ | \\ CHOCOC_{17}H_{33} \\ | \\ CH_2OCOC_{17}H_{31} \end{array}\right)$

(2) 根据电负性判断下列键中极性最强的是＿＿＿＿＿。

a. C—H　b. C—O　c. H—N　d. H—O　e. H—B

(3) 下列分子中偶极矩 $\mu=0$ 的是＿＿＿＿。

a. F_2　b. HF　c. BrCl　d. CH_4　e. $CHCl_3$　f. CH_3OH　g. CH_3OCH_3

(4) 下列化合物中，＿＿＿＿＿为极性分子；＿＿＿＿＿为非极性分子。

a. HBr　b. CF_4　c. Br_2　d. CH_2Cl_2　e. CH_3OH　f. CH_3OCH_3

(5) 按酸碱的质子理论，下列化合物中＿＿＿＿＿是酸；＿＿＿＿＿是碱；＿＿＿＿既可以是酸，也可以是碱。

a. HI　b. NH_2OH　c. SO_4^{2-}　d. H_2O　e. HCO_3^-　f. NH_4^+

g. $HClO_4$　h. HS^-　i. I^-　j. CN^-

(6) 下列化合物的偶极矩由大到小的正确顺序是＿＿＿＿。

a. C_2H_5Cl　b. $CH_2=CHCl$　c. C_6H_5Cl　d. $Cl_2C=CCl_2$

A. a＞b＞c＞d　B. b＞c＞d＞a　C. c＞d＞a＞b　D. d＞a＞b＞c

二、写出化合物的 Lewis 结构式（如果其中有离子键，请标出正、负电荷）。

(1) CH_3-NH_2　(2) NaOCl　(3) CH_3COCl　(4) $CH_3CH=CH_2$　(5) BH_4^-

(6) $CH_3C\equiv CH$　(7) CH_2O　(8) $AgNO_3$　(9) CH_3NO_2　(10) H_2NNH_2

三、指出化合物 $CH_3CH=CHC\equiv CH$ 中各个键是由何种轨道重叠成键的？

四、：NH_3 中各 H—N—H 键角均为 107°，试问氨分子中的氮原子用什么类型的原子轨道与氢原子形成三个等价单键的？

五、用“＞”号或“＜”号标明下面各对化合物中指定化学键的极性大小？

1. CH_3-NH_2 与 CH_3-OH；　2. CH_3-OH 与 CH_3-H　3. CH_3-Cl 与 CH_3-H

六、下列各化合物的指定化学键中哪个键长最短？为什么？

(1) $\overset{①}{H}$ $\begin{array}{c}H \\ H\end{array}\!\!>C=CH-C\equiv\overset{②}{C}-H$ (2) $Cl\overset{①}{-}CH_2-C_6H_4\overset{②}{-}Cl$ (3) 环己烯（①、②、③键）

七、下列共价键按极性由大到小排列成序：

1. a. H—N　b. H—F　c. H—O　d. H—C

2. a. C—Cl　b. C—F　c. C—O　d. C—N

八、正丁醇($CH_3CH_2CH_2CH_2OH$)的沸点(117.3℃)比它的同分异构体乙醚($CH_3CH_2OCH_2CH_3$)的沸点(34.5℃)高得多，但两者在水中的溶解度均约为8g/100g水，试解释之。

九、矿物油(相对分子质量较大的烃的混合物)能溶于正己烷，但不溶于乙醇或水。试解释之。

十、按酸碱的电子理论，在下列反应式中，哪个反应物是酸？哪个反应物是碱？

1. $HO^- + H^+ \longrightarrow H_2O$
2. $CN^- + H_2O \longrightarrow HCN + HO^-$
3. $(CH_3)_3N + HNO_3 \longrightarrow (CH_3)_3\overset{+}{N}H + NO_3^-$
4. $COCl_2 + AlCl_3 \longrightarrow {}^+COCl + AlCl_4^-$
5. $C_2H_5OC_2H_5 + BF_3 \longrightarrow (C_2H_5)_2O \longrightarrow BF_3$
6. $CaO + SO_3 \longrightarrow CaSO_4$

十一、回答下列问题：

1. 在反应 $2NH_3 \rightleftharpoons NH_4^+ + NH_2^-$ 中，液 NH_3 是酸还是碱？为什么？
2. 为什么 NH_3 的碱性比 H_2O 强？
3. 为什么下列四种溶剂都可以看做是 Lewis 碱性溶剂？

$CH_3\overset{O}{\overset{\|}{S}}CH_3$ 二甲基亚砜　$H\overset{O}{\overset{\|}{C}}N(CH_3)_2$ 二甲基甲酰胺　$CH_3\overset{O}{\overset{\|}{C}}CH_3$ 丙酮　吡啶

上述四种溶剂均可提供未共用电子对，故均可看做是 Lewis 碱性溶剂。

十二、某碳氢化合物元素定量分析的数据为：C=92.1%，H=7.9%；经测定相对分子质量为78。试写出该化合物的分子式。

十三、指出下列化合物所含官能团的名称和所属类别。

a. 环己烯　b. 7-氧杂双环[2.2.1]庚烷　c. 环戊醇（—OH）　d. $CH_3-\underset{CH_3}{\overset{CH_3}{\overset{|}{\underset{|}{C}}}}-CH_2Cl$　e. $CH_3CH_2-\overset{O}{\overset{\|}{C}}-OH$

f. 环己酮　g. 环戊基—$\overset{O}{\overset{\|}{C}}-H$　h. 1,3,5-三甲苯（CH_3）　i. 苯胺（NH_2）　j. 硝基苯（NO_2）

k. $CH_3-\underset{}{\overset{SH}{\overset{|}{C}H}}-CH_3$　l. $CH_3-\overset{CH_3}{\overset{|}{C}H}-C\equiv CH$

【习题解答】

一、

1. (1) 碳/衍生物/碳/氢/氧/氮/卤素/硫/磷。

(2) 燃烧/熔点/水/反应速度/副反应。

(3) 原子数。

(4) 相互连接顺序。

(5) 活泼/反应/共同特性/官能团。

(6) 均裂/异裂/平均/原子或基团/未成对/自由基/自由基/一个原子或基团所占有/离子型。

(7) 电负性/正电荷/负电荷/极性共价键/差值/极性。

(8) 体系释放(或吸收)/强度/大/牢固。

(9) 分子的/各个共价键/矢量。

(10) 电负性/电子云密度/沿碳链/诱导效应。

(11) 电负性/静电吸引/氢键。

(12) 未共用电子对/酸。

2. (1) c、d、f、h 属于无机物；a、b、e、g、i 属于有机物。

(2) d (H—O 键的电负性差值最大)。

(3) a、d。

(4) a、d、e、f 为极性分子；b、c 为非极性分子。

(5) a、f、g 是酸；b、c、i、j 是碱；d、e、h 既可以是酸，也可以是碱。

(6) A。因为 d 为对称分子，偶极矩 $\mu=0$；b 和 c 的吸电子诱导效应与供电子共轭效应方向相反，部分抵消，c 抵消的多些；a 只有吸电子诱导效应。

二、

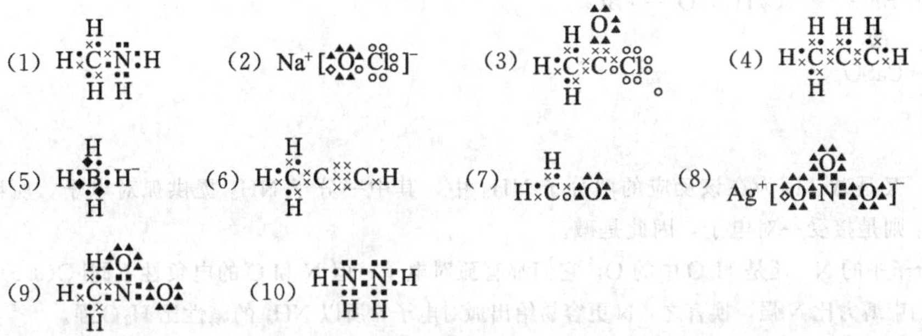

(1) $H_3C{:}NH_2$ (H:C:N:H)　(2) $Na^+[:O:Cl:]^-$　(3) $H_3C{:}C(=O){:}Cl$。　(4) $H_3C{:}CH{:}CH_2$ (H:C:C:C:H)

(5) $[H{:}BH_2{:}H]^-$　(6) $H_3C{:}C{:::}C{:}H$　(7) $H_2C{::}O$　(8) $Ag^+[:O:N::O:]^-$

(9) $H_2C(H){:}N(=O){:}O$　(10) $H_2N{:}NH_2$

三、

(sp–sp) σ
(p–p) π
(p–p) π
(sp²–sp) σ
(sp–s) σ
(sp²–s) σ
(sp³–s) σ
(sp²–sp²) σ
(p–p) π
(sp³–sp²) σ

$CH_3-CH=CH-C\equiv C-H$

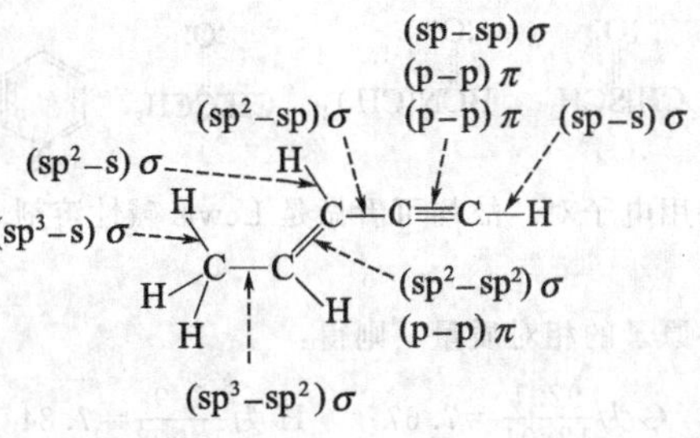

四、基态时，氮原子的电子构型为：$1s^2$，$2s^2$，$2p_x^1$，$2p_y^1$，$2p_z^1$，这里有 3 个半充满的轨道，即 $2p_x^1$，$2p_y^1$，$2p_z^1$，若它们分别与 H 原子的 1s 轨道成键，其∠HNH 应为 90°，这与实测值不符。∠HNH 的实测值与四面体的键角 109.5°接近，由此可推测 NH_3 分子中的 N 原子应以 sp^3 杂化轨道与 H 原子的 1s 轨道成键。因未共用电子对所在轨道占有较大的空间，迫使∠HNH 收缩，故其键角略小于 109.5°。

五、

1. $CH_3-NH_2<CH_3-OH$；2. $CH_3-OH>CH_3-H$　3. $CH_3-Cl>CH_3-H$

六、

(1) ②短，因为 C—H 键②的构成为 sp-s，而①的构成为 sp^2-s，sp 杂化轨道的 s 成分较多，轨道的有效大小比 sp^2 杂化轨道小，故与 H 原子结合时键长较短。

(2) ②短，因为 sp^2-p 短于 sp^3-p。

(3) ①短，因为 sp^2-sp^2 短于 sp^2-sp^3 及 sp^3-sp^3。

七、

1. b＞c＞a＞d； 2. b＞c＞a＞d。

八、

由于正丁醇可以形成分子间氢键，而乙醚则不能，故正丁醇沸点较高。然而，正丁醇和乙醚均可与水形成氢键，且两者的烃基（均为 4 个碳原子）对形成氢键的影响相近，故两者在水中的溶解度相近。

九、

矿物油和正己烷均为非极性分子，非极性分子间只存在很弱的色散力，故两者可以很容易地相互渗透而溶解。然而，乙醇和水都是极性分子，各自均可形成强度较大的分子间氢键，作为非极性分子的矿物油难以克服氢键这种作用力，故矿物油不能与乙醇或水相互渗透而溶解。

十、

1. $HO^- + H^+ \longrightarrow H_2O$ 　　2. $CN^- + H_2O \longrightarrow HCN + HO^-$

碱　酸　　　　碱　酸

3. $(CH_3)_3N + HNO_3 \longrightarrow (CH_3)_3\overset{+}{N}H + NO_3^-$

碱　酸

4. $COCl_2 + AlCl_3 \longrightarrow {}^+COCl + AlCl_4^-$

碱　酸

5. $C_2H_5OC_2H_5 + BF_3 \longrightarrow (C_2H_5)_2O \longrightarrow BF_3$

碱　酸

6. $CaO + SO_3 \longrightarrow CaSO_4$

碱　酸

十一、

1. NH_3 既是酸，又是碱。因为在该反应的两分子 NH_3 中，其中一分子 NH_3 提供孤对电子，所以是酸，而另一分子 NH_3 则是接受一对电子，因此是碱。

2. 无论是 NH_3 分子中的 N，还是 H_2O 中的 O，它们都有孤对电子，但 N 和 O 的电负性不同[O(3.5)＞N(3.0)]，即 O 对电子的束缚力比 N 强，换言之，N 更容易给出孤对电子，所以 NH_3 的碱性比 H_2O 强。

3. 按 Lewis 的定义：能接受未共用电子对的分子或离子为 Lewis 酸，能给出电子对的分子或离子为 Lewis 碱。

$CH_3\overset{\ddot{O}:}{\overset{\|}{S}}CH_3$　　$H\overset{\ddot{O}:}{\overset{\|}{C}}N(CH_3)_2$　　$CH_3\overset{\ddot{O}:}{\overset{\|}{C}}CH_3$　　吡啶（N）

上述四种溶剂均可提高未共用电子对，故均可看做是 Lewis 碱性溶剂。

十二、

根据分析数据，分别除以各原子的相对质量，则得：

$$C 为 \frac{92.1}{12.01} = 7.67 \qquad H 为 \frac{7.9}{1.008} = 7.84$$

即原子比为 C∶H≈1∶1，实验式为 CH。

根据测定的相对分子质量：$(CH)_n = 78$，即 $n(CH) = 78$，$n = 78/(12.01 + 1.008) = 5.99$。故该化合物的分子式为 C_6H_6。

十三、

a. 碳碳双键　烯烃　　b. 醚键　醚　　c. 羟基　醇　　d. 卤素　卤代烷

e. 羧基　羧酸　　f. 羰基　酮　　g. 醛基　醛　　h. 苯环　芳烃　　i. 氨基　芳胺

j. 硝基　芳香族硝基化合物　　k. 巯基　硫醇　　l. 碳碳三键　炔烃

第二章　饱和烃：烷烃和环烷烃

【本章学习重点与难点】

重点：1. 烷烃和环烷烃的系统命名法，烷烃和环烷烃的构象，自由基取代反应。

2. 环烷烃的结构与稳定性，小环烷烃的开环加成反应。

难点：1. 烷烃的构象异构，自由基取代反应的反应活性与自由基的稳定性。

2. 环己烷及其衍生物的构象，环烷烃的化学性质。

【基本内容纲要】

1. 烷烃的普通命名法和系统命名法；环烷烃的分类和命名。

2. 烷烃的结构：饱和碳的杂化状态及杂化轨道的空间分布，C—C 间 σ 键的形成及其特性；环烷烃的结构及稳定性。

3. 烷烃的构象异构：透视式和纽曼式的写法及构象之间的能量关系；环己烷及其衍生物的构象。

4. 烷烃和环烷烃的结构与物理性质之间的规律性。

5. 烷烃和环烷烃的化学性质：卤代反应，自由基历程及自由基的稳定性；小环烷烃的加成反应，结构与性质之间的辩证关系。

【内容概要】

一、烷烃的命名

1. 普通命名法

全部碳原子参与命名，10 个碳以下的烷烃，碳原子数量用天干“甲、乙、丙、丁、戊、己、庚、辛、壬、癸”表示；10 个碳以上的烷烃用“十一、十二、……”等数字加“烷”字命名，并用“正、异、新”表示部分异构体。

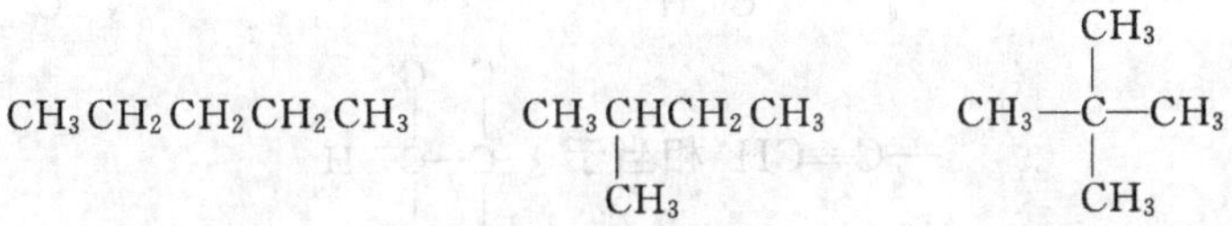

$CH_3CH_2CH_2CH_2CH_3$　　$CH_3CH(CH_3)CH_2CH_3$　　$CH_3C(CH_3)_2CH_3$

正戊烷　　异戊烷　　新戊烷

2. 烷基

烷烃分子中去掉一个 H 原子后的剩余部分称为烃基（R—）。

常见的烃基有：CH_3—（甲基，缩写 Me）；CH_3CH_2—（乙基，缩写 Et）；$CH_3CH_2CH_2$—（正丙基，缩写 *n*-Pr）；$(CH_3)_2CH$—（异丙基，缩写 *i*-Pr）；$CH_3CH_2CH_2CH_2$—（正丁基，缩写 *n*-Bu）；$CH_3CH_2CH(CH_3)$—（仲丁基，缩写 *s*-Bu）；$(CH_3)_2CHCH_2$—（异丁基，缩写 *i*-Bu）；$(CH_3)_3C$—（叔丁基，缩写 *t*-Bu）；C_6H_5—（苯基，缩写 Ph）。

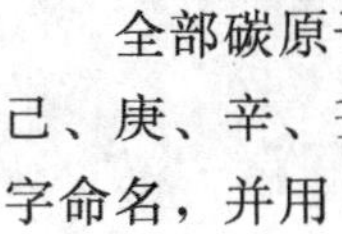

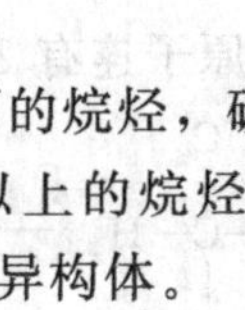

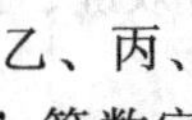

3. 系统命名法

系统命名法是按照 IUPAC 命名原则，结合我国的文字特点而制定的。

分为以下三步完成。

(1) 选主链　选含支链最多的最长碳链做主链。

(2) 编号　对主链碳原子编号，遵循“最低系列”原则。

“最低系列”是指当碳链以不同方向编号，得到两种或两种以上不同的编号序列时，则顺次逐项比较各序列的不同位次，首先遇到位次最小者，定为“最低系列”。

注意：“最低系列”不是指所有取代基所在碳的编号加和最小。当从两端编号所得编号序列相同时，应按“次序规则”以最不优先基团所在碳编号最小的一端开始。“次序规则”：是确定取代基的优先顺序的规则。

具体内容如下所述。

① 首先按各取代基的中心原子的原子序数由大到小排列成序，原子序数大的为“优先基团”；若为同位素，质量大的优先；未共用电子对排位最后。

如：I>Br>Cl>S>O>N>C>D>H>孤对电子

② 若取代基中心原子的原子序数相同，则比较与之相连的第二个原子，依此类推。如：

$$—C(CH_3)_3>—CH(CH_3)_2>—CH_2CH_3>—CH_3$$

$$—CH_2Cl>—CHF_2$$

$$—C(Cl.\ H.\ H)，—C(F.\ F.\ H)$$

$$CH_3\overset{2}{C}H(CH_3)\overset{1}{C}H_2—\ >CH_3CH_2\overset{2}{C}H_2\overset{1}{C}H_2—$$

$$—C_2\ (C.\ C.\ H)\ —C_2\ (C.\ H.\ H)$$

③ 含双键、三键的基团，可以认为该原子连有 2 个或 3 个相同的原子。如：

—CH═CH₂ 相当于 —C(H)(C)—C(C)(H)—H　—C≡N 相当于 —C(N)(N)—N(C)(C)

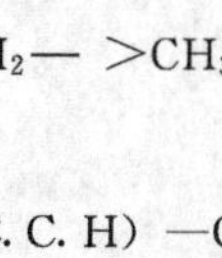

—C≡CH 相当于 —C(C)(C)—C(C)(C)—H

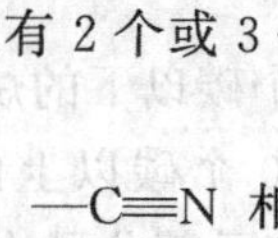

由此可推知：—C≡N>—C≡CH>—CH═CH₂

(3) 写名称　确定取代基的数目、位次和名称，根据“次序规则”，按“较优基团后列出”的原则写出化合物的全称。取代基的命名是先用阿拉伯数字标出取代基的位次，然后用中文标出取代基的个数和名称，最后根据主链上碳原子的个数称为某烷。阿拉伯数字和中文之间必须用短线“-”隔开。当不同碳上有相同取代基时，所在碳的编号用“,”隔开。例如：

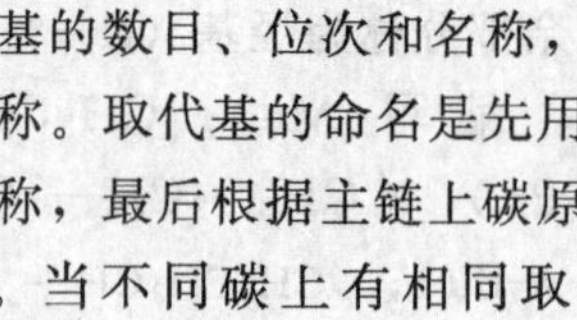

$$CH_3—C(CH_3)_2—CH(CH_3)—CH_3$$　2,2,3-三甲基丁烷

如果烷烃比较复杂，在支链上还连有取代基时，可用带撇的数字标明取代基在支链中的

位次或把取代基的支链的全名放在括号中。

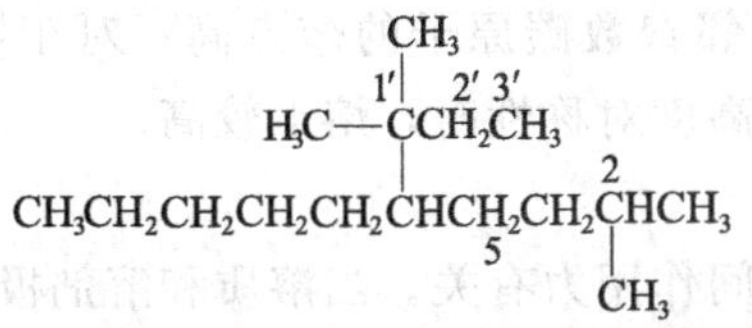

```
                   CH3
                1'|  2' 3'
           H3C—CCH2CH3
                  |        2
CH3CH2CH2CH2CH2CHCH2CH2CHCH3
                     5       |
                            CH3
```

2-甲基-5-1′，1′-二甲基丙基癸烷或 2-甲基-5-(1，1-二甲基丙基)癸烷

二、烷烃的结构

1. 结构

烷烃的通式：C_nH_{2n+2}　　C：sp^3 杂化，分子中含 $C_{sp^3}—C_{sp^3}$、$C_{sp^3}—H$ 两种 σ 键，键角约 109.5°，碳架呈锯齿形结构。

2. 构象

(1) 含义　构象指由于围绕 σ 键旋转而产生的分子中原子或基团在空间的不同排列方式。

(2) 表示方式　一般可用透视式（锯架式、楔形式）和纽曼投影式表示。

(3) 常见烷烃的构象　在一个分子的无数构象中，将能量最低（或较低）和最高（或较高）的构象称为极限构象，能量最低的构象称为优势构象。

乙烷的极限构象（又称典型构象）：

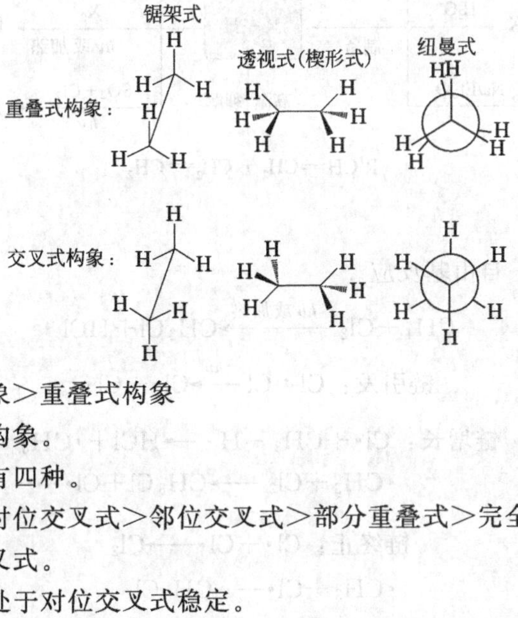

锯架式　透视式(楔形式)　纽曼式

重叠式构象：

交叉式构象：

稳定性：交叉式构象＞重叠式构象

优势构象：交叉式构象。

丁烷的极限构象：有四种。

其稳定性顺序为：对位交叉式＞邻位交叉式＞部分重叠式＞完全重叠式。

优势构象：对位交叉式。

其他烷烃：大基团处于对位交叉式稳定。

三、烷烃的物理性质

1. 沸点（b. p.）

结构与物理性质的关系：烷烃为非极性分子，分子间作用力为很小的色散力，克服这种力需要能量少，因此沸点较低。具体规律：正构烷烃的沸点随着相对分子质量增加而有规律地升高；同碳数的烷烃异构体中，正构的沸点最高，含支链越多，沸点越低，支链数相同者，分子对称性越好，沸点越高。

2. 熔点（m. p.）

熔点与分子间作用力，分子对称性和晶格排列紧密程度有关。由于烷烃分子间作用力小，所以熔点较低。对称的烷烃（如新戊烷）晶格排列相对紧密，熔点相对较高。偶数碳烷烃排列紧密，熔点较高。具体规律：正构烷烃的熔点随着相对分子质量的增加而升高，但含偶数碳原子的烷烃的熔点比相邻奇数碳原子的熔点高；对于同碳数的烷烃异构体，支链越多，熔点越低，但当分子具有高度对称性时，熔点较高。

3. 溶解度

溶解性与溶质、溶剂分子间作用力有关。当溶质和溶剂极性相似时易溶，由于烷烃是非极性的，因此溶于非极性或弱极性的溶剂而不溶于强极性的水。

4. 相对密度

正构烷烃分子量越大，密度越大，但相对密度均小于1。同分异构体支链数越多，则密度越小。

四、烷烃的化学性质

1. 构性分析

烷烃分子中只含C—H、C—Cσ键，由于σ键键能较大，化学性质稳定，在常温下不与强酸、强碱及常用氧化剂、还原剂发生反应。但在光照、热或引发剂作用下，可发生化学键均裂的自由基反应，这是本章学习的重点。

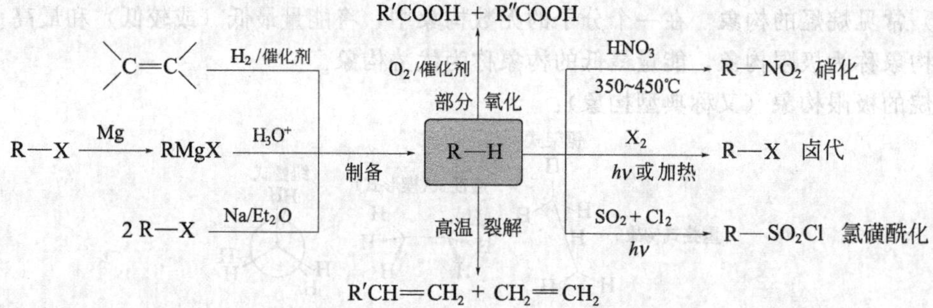

2. 卤代反应机理

以甲烷氯代为例——自由基反应。

$$CH_4+Cl_2 \xrightarrow{h\upsilon\text{或加热}} CH_3Cl+HCl$$

链引发：$Cl:Cl \xrightarrow{h\upsilon} Cl\cdot+Cl\cdot$

链增长：$Cl\cdot+CH_3-H \longrightarrow HCl+\cdot CH_3$

$\cdot CH_3+Cl_2 \longrightarrow CH_3Cl+Cl\cdot\cdots\cdots$

链终止：$Cl\cdot+Cl\cdot \longrightarrow Cl_2$

$\cdot CH_3+Cl\cdot \longrightarrow CH_3Cl$

从上述链增长一步可以发现链式反应的特点就是每一步反应为下一步提供原料。链引发中要求形成稳定的自由基，Cl—Cl键能为243kJ/mol，而C—H键能为439kJ/mol，说明断裂Cl—Cl键更为容易，从一个侧面也说明Cl·稳定。

自由基反应的特点如下。

① 在光或热或引发剂的作用下开始反应；

② 反应通常在非极性溶剂中进行；

③ 反应一般不被酸、碱所催化；

④ 反应一旦开始，常以很快的速度进行连锁反应，但有自由基抑制剂存在可减慢或终止反应。

⑤ 烷基自由基的形成快慢决定反应的速度。

3. 卤代反应中 X_2 的相对活性

$$F_2 \gg Cl_2 > Br_2 > I_2$$

4. 烷烃分子中 H 原子的相对活性

$$3^\circ H > 2^\circ H > 1^\circ H > CH_3—H$$

5. 反应中间体——自由基的稳定性

$$3^\circ C\cdot > 2^\circ C\cdot > 1^\circ C\cdot > CH_3\cdot$$

6. 卤代反应的选择性

$$Br_2 > Cl_2$$

五、环烷烃的分类和命名

1. 分类

根据分子中所含碳环数不同分单环、二环和多环脂环烃。

二环环烷烃分为以下几种。

（1）螺环烃　两个环共用一个碳原子的脂环烃。

（2）桥环烃　两个环共用两个不直接相连碳原子的脂环烃。

（3）稠环烃　两个环共用两个相邻碳原子的脂环烃。

（4）联环烃　两个或两个以上的环，彼此以单键或双键直接相连的脂环烃。

2. 命名

（1）简单单环烷烃　以环为母体，根据环上碳原子个数称环“某”烷。环上有几个取代基时，要编号，编号时总是以最不优先的取代基所在的碳原子为 1 号碳，然后再遵循“最低系列”原则。

（2）复杂的取代环烃　当环烃与较长的碳链相连时，以环为取代基命名。如：

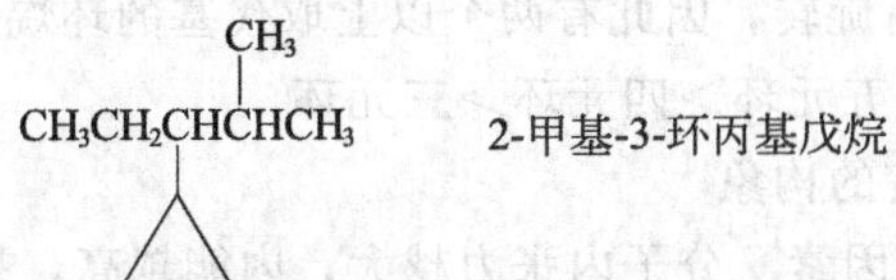

2-甲基-3-环丙基戊烷

（3）环烷烃的顺反异构　顺表示两个取代基在环的同侧，反表示两个取代基在环的两侧。命名时分别在前面加上“顺-”或“反-”。如：

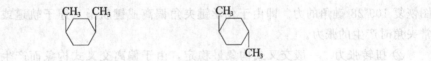

顺-1,4-二甲基环己烷　　反-1,4-二甲基环己烷

（4）环烯烃和环炔烃　编号时，应把 1，2 位次留给双键或三键碳原子，然后遵循“最低系列”原则。如：

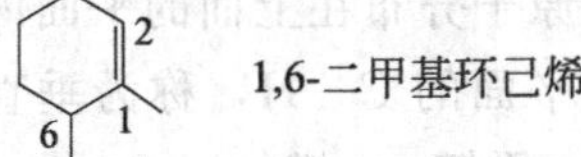

1,6-二甲基环己烯

（5）桥环烃　公用的碳原子称为桥头碳原子。

命名规则如下。

① 确定碳原子数　以二环为词头，按成环碳原子的总数称“某烷”。

② 编号　从桥头碳原子开始，经最长桥→次长桥→最短桥。当两桥等长时，从靠近官能团的桥头碳原子开始编号，然后遵循“最低系列”原则。

③ 书写方法　各桥的碳原子数由大到小用数字表示并用圆点分开，放在方括号中，如：

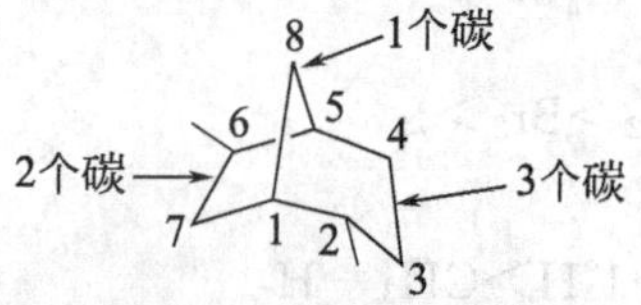

1个碳　2个碳　3个碳

2,6-二甲基二环[3.2.1]辛烷

(6) 螺环烃　公用的碳原子称为螺碳原子。

命名规则如下。

① 确定碳原子数　以“螺”为词头，按成环碳原子数称为“某烷”。

② 编号　从与螺原子相邻的小环开始→螺原子→大环，然后遵循“最低系列”原则。

③ 书写方法　方括号中数字为两个环上除螺原子外的碳原子数，由小到大，用下角圆点分开。编号如：

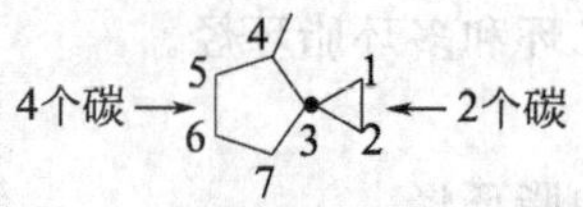

4个碳　2个碳

4-甲基螺[2.4]庚烷

六、环烷烃的结构

1. 结构

单环烷烃的通式：C_nH_{2n}，与单烯烃为同分异构体。

环烷烃可分为小环（C_1～C_4）、普通环（C_5～C_7）、中环（C_8～C_{11}）和大环（≥C_{12}）。小环烷烃由于几何形状的限制，如环丙烷，成环碳原子在成键时，不能充分交盖，而且形成交盖不充分的弯曲键，因此容易开环，小环烷烃分子的环张力最大（主要由角张力和扭转张力以及非键作用力导致的）分子内能高，化学性质活泼，易发生开环反应。其他环烷烃与链烷烃相似，C：sp^3 杂化，分子中含 C_{sp^3}—C_{sp^3}、C_{sp^3}—H 两种 σ 键，性质较稳定。由于环的存在阻碍了 C—Cσ 键的自由旋转，因此有两个以上取代基的环烷烃有顺反异构。

环的稳定性：六元环＞五元环＞四元环＞三元环。

2. 环己烷及取代环己烷的构象

(1) 影响构象稳定性的因素　分子内张力越大，内能越高，越不稳定。

分子内张力包括角张力、扭转张力、范德华张力。

① 角张力　环中碳为 sp^3 杂化，正常键角 109°28′，任何偏离正常键角而产生的一种试图恢复 109°28′键角的力。即由于化学键夹角偏离成键轨道（原子轨道或杂化轨道）间的正常夹角时产生的张力。

② 扭转张力　一般交叉式构象最稳定，由于偏离交叉式构象而产生的试图恢复交叉式构象的力。

③ 范德华张力　分子中非键原子或基团距离小于它们的范德华半径之和而产生的力。

(2) 环己烷的典型构象　有两种，其稳定性顺序为：椅式构象＞船式构象。

椅式构象的结构特点：三个碳原子分布在上面的平面内；三个碳原子分布在下面的平面内；每个碳原子均含有一个垂直于平面的 C—H，称为垂直键、直键、a 键；每个碳原子还含有另外一个 C—H，称为平伏键、平键、e 键。

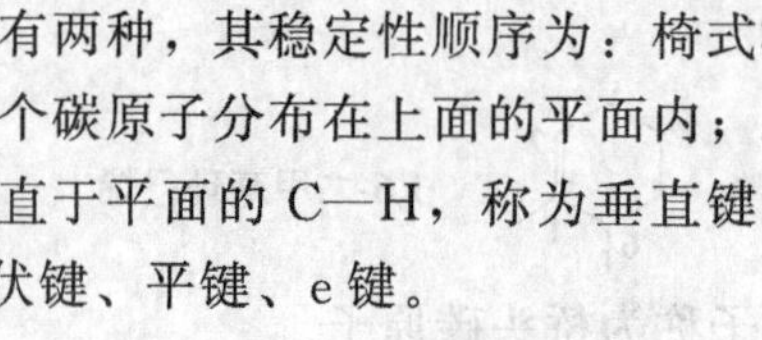

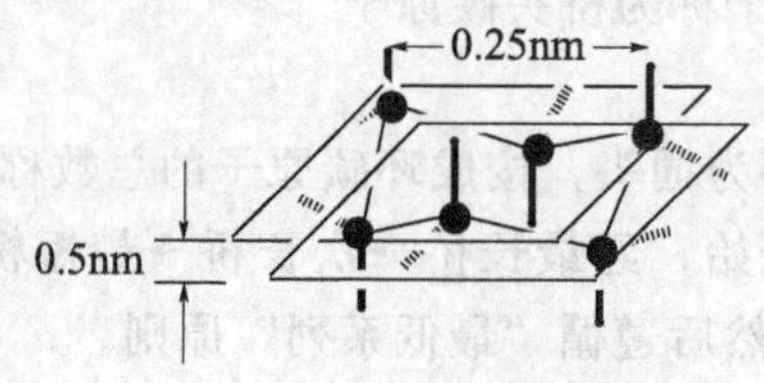

椅式构象之间的相互转换，使得 a 键和 e 键的位置发生变化，即 a 键变 e 键，e 键变 a 键。

（3）取代环己烷的稳定构象（优势构象）　一元取代环己烷，取代基在 e 键上的构象稳定；多元取代环己烷，e 键的取代基多的构象稳定，大体积取代基在 e 键上的构象稳定。

七、环烷烃的物理性质

由于环烷烃具有较大的刚性和对称性，使得分子之间的作用力较强，因此熔点、沸点、相对密度均比同数碳原子的烷烃高。不溶于水，而溶于非极性有机溶剂。

八、环烷烃的化学性质

构性分析：环烷烃和链烷烃具有相似的化学性质，可发生取代反应。对化学氧化剂、还原剂、酸、碱等都比较稳定。

小环烷烃(C_3，C_4)则因是张力环化合物，易开环加成。

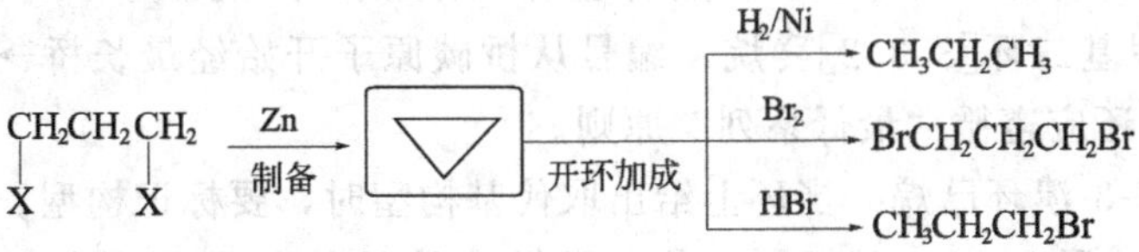

$CH_2CH_2CH_2$（两端 X）$\xrightarrow[\text{制备}]{Zn}$ [环丙烷] $\xrightarrow{\text{开环加成}}$ $\xrightarrow{H_2/Ni}$ $CH_3CH_2CH_3$；$\xrightarrow{Br_2}$ $BrCH_2CH_2CH_2Br$；$\xrightarrow{HBr}$ $CH_3CH_2CH_2Br$

值得注意的是以下几点。

① 烷基取代环丙烷与 HX 的加成，开环发生在含 H 最多和含 H 最少的两个成环碳原子之间。

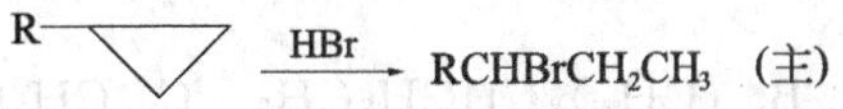

R—[环丙烷] $\xrightarrow{HBr}$ $RCHBrCH_2CH_3$（主）

② 加氢开环活性：

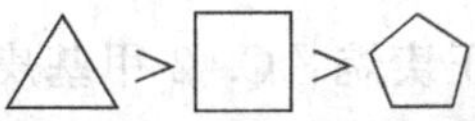

[环丙烷] > [环丁烷] > [环戊烷]

③ 小环烷烃与 Br_2 作用使溴水褪色，可用于区别其他烷烃，用于鉴别；

④ 小环烷烃不易氧化（与 $KMnO_4$ 不反应）不能使 $KMnO_4$ 褪色，可区别于烯烃，用于鉴别。

【例题解析】

【例 1】用系统命名法命名下列化合物。

（1）$(CH_3)_2CH\text{—}CHCH_2CH(CH_3)CH_2CH_3$，即 $CH_3CHCH_2CHCH_2CH_3$（C_2 上连 $(CH_3)_2CH$，C_4 上连 CH_3）

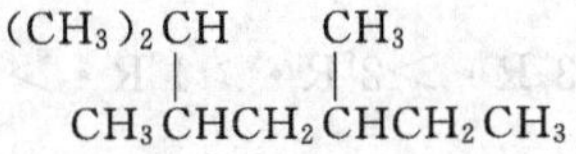

（2）$CH_3CH_2CHCHCH_2CH_2CH_3$（C_3 上连 CH_2CH_3，C_4 上连 CH_3）

（3）$CH_3CHCH_2CHCH_2CH_2CHCH_3$（$C_2$ 上连 CH_3，C_4 上连 $(CH_3)_2CH$，C_7 上连 CH_3）

（4）$CH_3CH_2CHCHCHCHCH_3$（C_3 上连 CH_3，C_4 上连 $CH_3CH_2CH_2$，C_5 上连 CH_3，C_6 上连 CH_3）

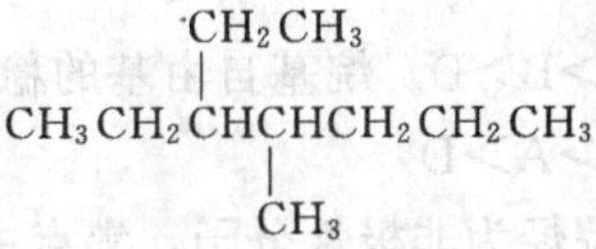

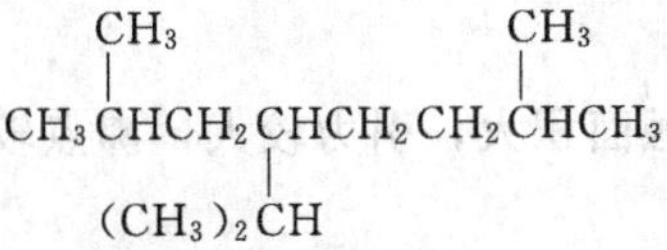

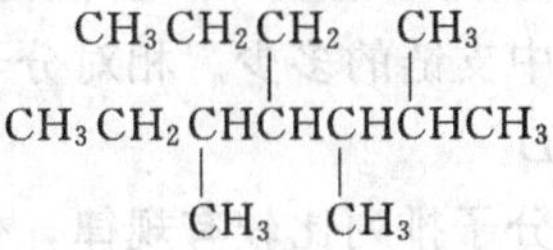

（5）（6）（7）

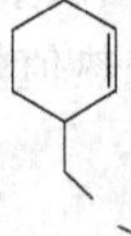

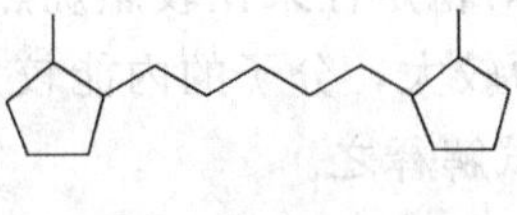

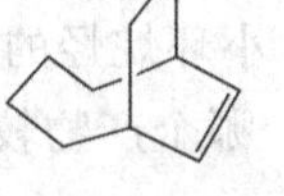

（8）（9）（10）

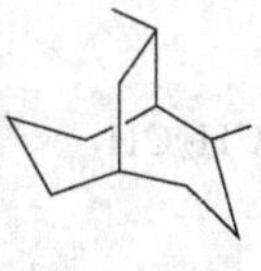

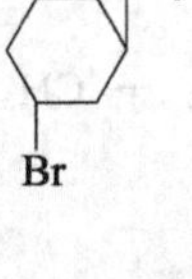

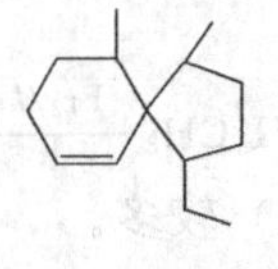

答 (1) 2,3,5-三甲基庚烷，选主链时，应选择最长碳链为主链。

(2) 4-甲基-3-乙基庚烷，写名称时，应根据“次序规则”，遵循“优先基团后列出”原则。

(3) 2,7-二甲基-4-异丙基辛烷，编号时，应遵循“最低系列”。

(4) 2,3,5-三甲基-4-丙基庚烷，选主链时，应选择取代较多的最长碳链为主链。

(5) 3-甲基-6-乙基环己烯，编号从双键碳原子开始，并遵循“最低系列”原则。当两个取代基处于等同地位，应使不优先基团位次较小。

(6) 1,5-二(2-甲基环戊基)戊烷，当环上取代烃基较长或烃基链上连有几个环时，通常以环作为取代基。

(7) 9-甲基二环[4.2.2]-7-癸烯　编号从桥碳原子开始经最长桥→次长桥→最短桥，对于等长桥，优先编含官能团的等长桥。然后遵循“最低系列”原则。

(8) 2,9-二甲基二环[3.3.2]癸烷　编号从桥碳原子开始经最长桥→次长桥→最短桥，桥上有取代基时，还应遵循“最低系列”原则。

(9) 反-1-甲基-3-溴环己烷　当环上给出取代基构型时，要标记构型。

(10) 1,10-二甲基-4-乙基螺[4.5]-6-癸烯　编号从与螺原子相邻的小环开始→螺原子→大环，然后遵循“最低系列”原则。

【例 2】 比较下列化合物的指定性质。

1. 自由基的稳定性

A. $CH_3\dot{C}HCH(CH_3)_2$　B. $(CH_3)_2CHCH_2\dot{C}H_2$　C. $CH_3CH_2\dot{C}(CH_3)_2$　D. $CH_3\cdot$

2. 沸点

(1) A. 3,3-二甲基戊烷　B. 正庚烷　C. 2-甲基庚烷　D. 正戊烷　E. 2-甲基己烷

(2) A. (环己烷)　B. $CH_3(CH_2)_4CH_3$　C. $CH_3CH(CH_3)(CH_2)_2CH_3$　D. $CH_3CH_2C(CH_3)_2CH_3$

3. 按要求排列下列化合物的燃烧热依次升高的顺序：

A. (环己烷)　B. (1,3-二甲基环丁烷)　C. (甲基环戊烷)　D. (丙基环丙烷)

答 1. C＞A＞B＞D。烷基自由基的稳定性顺序为：3°R·＞2°R·＞1°R·＞CH_3·。

2. (1) C＞B＞A＞D

[解题提示] 烷烃为非极性分子，沸点主要取决于相对分子质量的大小；相对分子质量相同时，取决于分子中支链的多少。相对分子质量大的沸点高，支链多的沸点低。

(2) A＞B＞C＞D

[解题提示] A. 分子排列比较有规律，分子间接触面积大，引力较大，沸点较高。

3. D＞B＞C＞A

[解题提示] 可通过比较各化合物的相对稳定性来比较燃烧热值的大小，同碳数的烷烃，越稳定，燃烧热值越小。小环烷烃的环张力较大，分子的内能较大，因此燃烧热值较大。

【例 3】 下面反应中，哪个产物较多？试解释之。

$$CH_3CH_2CH_2CH_2CH_3 \xrightarrow{Br_2/h\nu} CH_3CHBrCH_2CH_2CH_3 + CH_3CH_2CHBrCH_2CH_3$$

答 前者（2-溴戊烷）较多。

因为溴代反应选择性较高，反应主要发生在 2°H 上，分子中有两种 2°H，C_2 和 C_4 上的 2°H 是等同的，共四个；而 C_3 上只有两个 2°H。因此，C_2 和 C_4 上的 2°H 不仅反应概率大，而且生成的自由基中间体稳定性较好，其稳定性顺序为：

$$CH_3\dot{C}HCH_2CH_2CH_3 > CH_3CH_2\dot{C}HCH_2CH_3$$

【例 4】 试画出丙烷绕 $C_1—C_2\sigma$ 键相对旋转过程中的能量变化曲线，说明：

(1) 丙烷的构象指的是什么？(2) 重叠式和交叉式构象是否是丙烷仅有的构象？(3) 室温下丙烷占优势的构象是哪种？(4) 温度升高时构象会有什么变化？(5) 室温条件下能否分离出单一构象的丙烷？

答　丙烷绕 $C_1—C_2\sigma$ 键相对旋转过程中的能量变化曲线如下图：

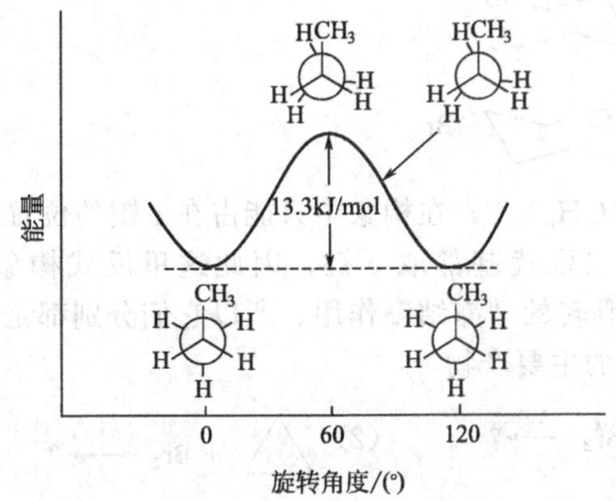

(1) 丙烷的构象指的是绕 C—Cσ 键相对旋转所引起的原子在空间的不同排布方式。

(2) 重叠式和交叉式构象只是丙烷的两种极限构象，其间尚存在无数中间构象。

(3) 室温下丙烷占优势的构象是具有最低能量的交叉式构象。

(4) 温度升高可使能量高的重叠式构象出现的概率增加。

(5) 在室温条件下，各种构象处于迅速转变的动态平衡体系，不能分离出单一构象的丙烷。

【例 5】 在光照条件下，甲基环戊烷与溴发生一溴化反应，写出一溴化的主要产物及其反应机理。

答　主要产物是：(1-甲基-1-溴环戊烷，CH_3、Br 在同一环碳上)

反应机理：$Br_2 \xrightarrow{h\nu} 2Br\cdot$

环戊基—CH_3 + Br· ⟶ 环戊基(·)—CH_3 + HBr

环戊基(·)—CH_2 + Br_2 ⟶ (1-CH_3-1-Br 环戊烷) + Br·

【例 6】 写出下列各组化合物的优势构象式，并进行适当讨论。

(1) 顺-和反-1-甲基-4-溴环己烷

(2) 顺-和反-1-叔丁基-4-溴环己烷

答

(1) 顺式：

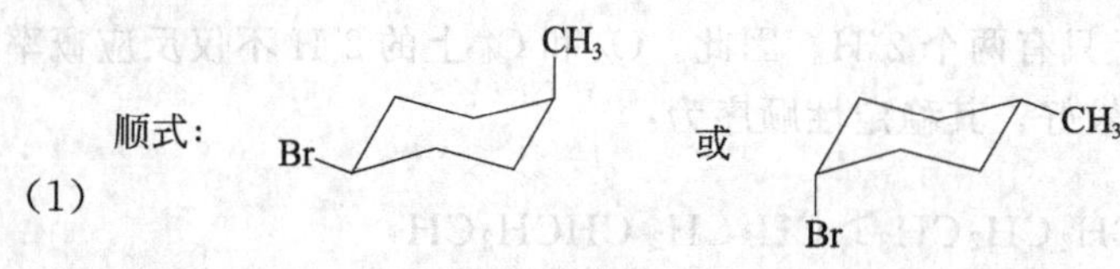

反式：Br、CH_3

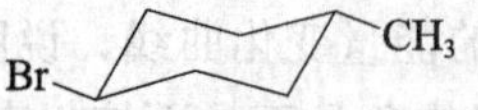

在反式构象中，二取代基为 Br（e），CH_3（e）时，是优势构象。而在顺式构象中，虽然 CH_3 比 Br 略大，但差别甚小，所以对取 Br（a），CH_3（e）的构象与取 Br（e），CH_3（a）的构象，难于比较其优势。

(2) 顺式：$(CH_3)_3C$、Br

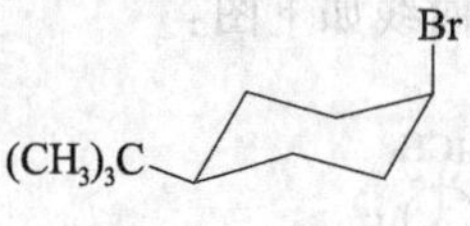

反式：$(CH_3)_3C$、Br

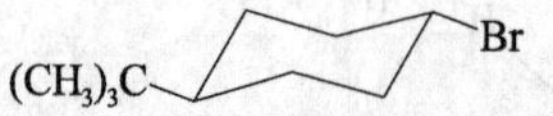

由于体积大的叔丁基$(CH_3)_3C$—在构象中只能占在 e 键的位置，所以在顺式中，溴原子只能取 a 键。在反式中，二取代基都取 e 键，因此这里反式构象比顺式构象稳定。由于$(CH_3)_3C$—起了阻碍构象翻转的"冻结"作用。所以它们分别都是相应构型的优势构象。

【例 7】 写出下列反应的主要产物

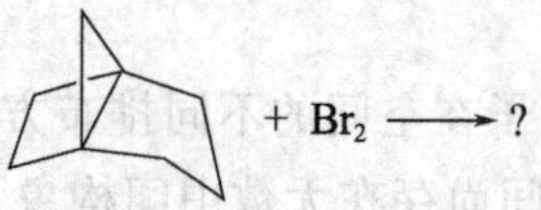

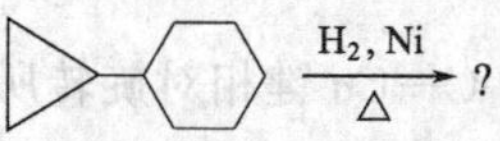

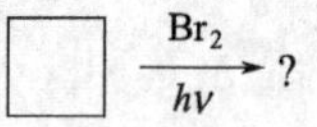

(1) $(CH_3)_3C—H + Br_2 \xrightarrow{h\nu} ?$　　(2) 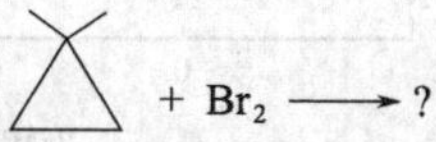 $+ Br_2 \longrightarrow ?$

(3) $+ Br_2 \longrightarrow ?$　　(4) $\xrightarrow[\triangle]{H_2, Ni} ?$

(5) $\xrightarrow[h\nu]{Br_2} ?$　　(6) $\xrightarrow{HBr} ?$ （C_2H_5）

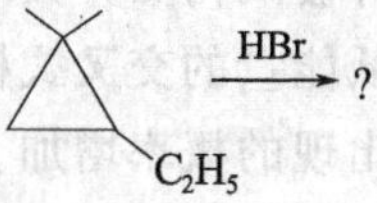

答

(1) $(CH_3)_3C—Br$ 叔氢反应活性高。(2) $CH_3—C(CH_3)(Br)—CH_2CH_2Br$。

(3) 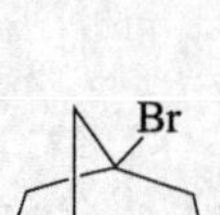 （Br，Br）最大程度上解除环张力。(4) 小环的开环加成。

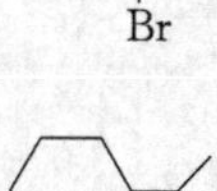

(5) 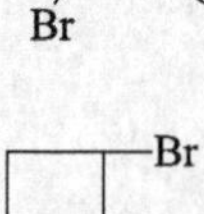 （—Br）自由基取代反应。(6) $CH_3—C(CH_3)(Br)—CH(C_2H_5)CH_3$ 遵守马氏规则。

【习题】

一、命名或写出化合物的结构

1. 用系统命名法命名下列化合物

(1) $(CH_3)_2CH(CH_2)_4CH(CH_3)—CH(CH_3)CH_2CH_3$

(2) $CH_3CH_2CH_2CH[CH(CH_3)_2]CH_2—CH(CH_2CH_2CH_3)CH_2CH_2CH_3$

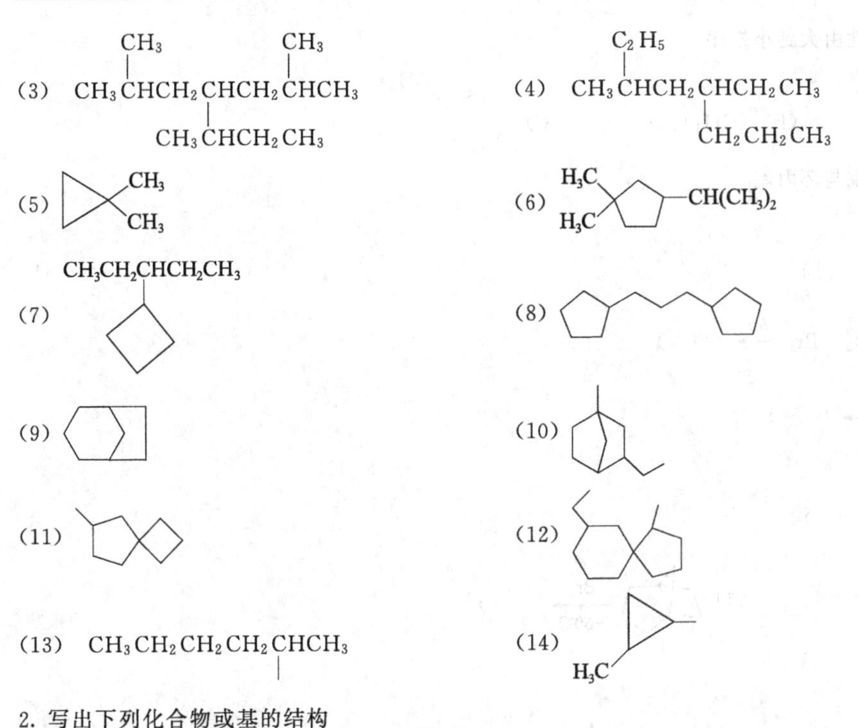

2. 写出下列化合物或基的结构

(1) 3-甲基-3-乙基-6-异丙基壬烷　　(2) 2-甲基-5-乙基庚烷

(3) 叔丁基　　(4) 新戊基

(5) 2-甲基-3-环丙基庚烷　　(6) 叔丁基环己烷

(7) 1，5-二甲基-8-异丙基二环[4.4.0]癸烷　　(8) 5-异丁基螺[2.4]庚烷

(9) 1，3，7-三甲基螺[4.4]壬烷　　(10) 8-甲基二环[3.2.1]辛烷

(11) 2-甲基螺[3.5]壬烷　　(12) 二环[4.1.0]庚烷

二、回答问题

1. 下列化合物中，哪个张力较大，能量较高，最不稳定？

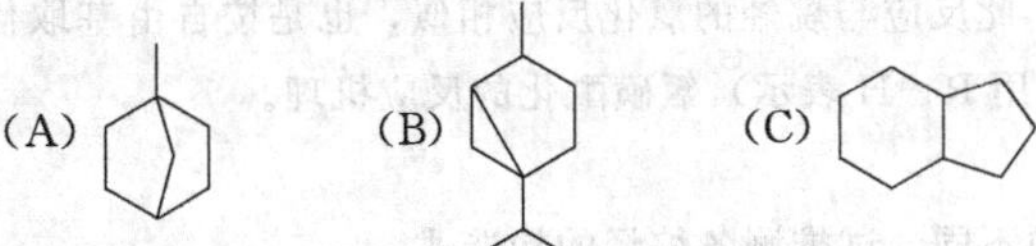

2. 不查表，将下列化合物按沸点降低的次序排列

(1) (A) 正庚烷　(B) 正己烷　(C) 2-甲基戊烷

　(D) 2，2-二甲基丁烷　(E) 正癸烷

(2) (A) 环丁烷　(B) 丁烷　(C) 环戊烷　(D) 正戊烷

(3) (A) 环己烷　(B) 环庚烷　(C) 甲基环戊烷　(D) 甲基环己烷

3. 将下列化合物按熔点由高到低排序

(1) (A) 正戊烷　(B) 异戊烷　(C) 新戊烷

(2) (A) 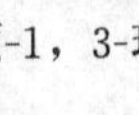 (环己烷结构)　(B) n-C_6H_{14}　(C) n-C_5H_{12}

4. 写出正戊烷沿 $C_1—C_2$ 之间 σ 键旋转的典型构象式，用纽曼投影式表示。

5. 写出1，2-二氯乙烷的典型纽曼构象式，指出最稳定的一种

6. 写出下列化合物最稳定的构象式

(A) 叔丁基环己烷　(B) 1，4-二甲基环己烷　(C) 1-甲基-3-叔丁基环己烷

(D) 1，2，3，4，5，6-六甲基环己烷　(E) 顺-1-甲基-4-叔丁基环己烷

(F) 顺-1，3-环己二醇

7. 将下列自由基按稳定性由大到小排序

(A) 环己基自由基　(B) $(CH_3)_3C·$　(C) 环己基甲基自由基 $—CH_2·$

8. 用什么试剂可鉴别丙烷与环丙烷

三、完成反应

(1) 环丙烷 + H_2 $\xrightarrow[80℃]{Ni}$ (　)

(2) $(CH_3)_3CCH(CH_3)_2+Br_2 \xrightarrow{h\nu}$ (　)

(3) 1,1,2-三甲基环丙烷 + HBr ⟶ (　)

(4) 甲基环己烷 $+Br_2 \xrightarrow{h\nu}$ (　)

(5) 1,1-二甲基环丙烷 $\xrightarrow{Br_2}$ (　)　(6) 桥环化合物 $\xrightarrow[-60℃]{Br_2}$ (　)

四、反应机理

写出下列反应的机理

(1) 环己烷 $+Cl_2 \xrightarrow{h\nu}$ 氯代环己烷（—Cl）

(2) $(CH_3)_3C—H+Br_2 \xrightarrow{h\nu} (CH_3)_3C—Br$

(3) 在光照下，烷烃与二氧化硫和氯气反应，烷烃分子中的氢原子被氯磺酰基（$—SO_2Cl$）取代，生成烷基磺酰基：

$$R—H+SO_2+Cl_2 \xrightarrow[常温]{h\nu} R—SO_2Cl+HCl$$

此反应为氯磺酰化反应，亦称 Reed 反应。工业上常利用此反应有高级烷烃生产烷基磺酰氯和烷基磺酸钠（$R—SO_2ONa$）(它们都是合成洗涤剂的原料)。此反应与烷烃的氯化反应相似，也是按自由基取代机理进行的。试参考烷烃卤化的反应机理，写出烷烃（用 R—H 表示）氯磺酰化的反应机理。

五、推导结构

1. 已知烷烃的分子式为 C_5H_{12}，根据氯化反应产物的不同，试推测各烷烃的构造式。

(1) 一元氯代产物只能有一种　(2) 一元氯代产物可以有三种

(3) 一元氯代产物可以有四种　(4) 二元氯代产物可以有两种

2. 已知环烷烃的分子式为 C_5H_{10}，根据氯化反应产物的不同，试推测各环烷烃的构造式。

(1) 一元氯代产物只有一种　(2) 一元氯代产物可以有三种

3. 分子式为 C_6H_{12} 的化合物 A 和 B，在室温下均能使 Br_2/CCl_4 溶液退色，而不能被 $KMnO_4$ 氧化，其氢化产物都是 3-甲基戊烷，但 A 与 HI 反应生成 3-甲基-3-碘戊烷，而 B 则得 3-甲基-2-碘戊烷。试推测 A 和 B 的构造。

【习题解答】

一、命名或写出化合物的结构

1. (1) 2，7，8-三甲基癸烷：找最长碳链；

(2) 4-丙基-6-异丙基壬烷：比较$—CH_2CH_2CH_3$ 和$—CH(CH_3)_2$ 的优先次序；

(3) 2，6-二甲基-4-(1-甲基丙基)庚烷：复杂取代基的命名，复杂基团与主链直接相连的碳为 1 号碳；

(4) 3-甲基-5-乙基辛烷　(5) 1，1-二甲基环丙烷

(6) 1，1-二甲基-3-异丙基环戊烷

(7) 3-环丁基戊烷　　　　(8) 1，3-二环戊基丙烷

(9) 二环[3.2.1]辛烷　　　　(10) 1-甲基-3-乙基二环[2.2.1]庚烷

(11) 6-甲基螺[3.4]辛烷　　　　(12) 1-甲基-7-乙基螺[4.5]癸烷

(13) (1-甲基)戊基　　　　(14) (2-甲基)环丙基

2.

(1) 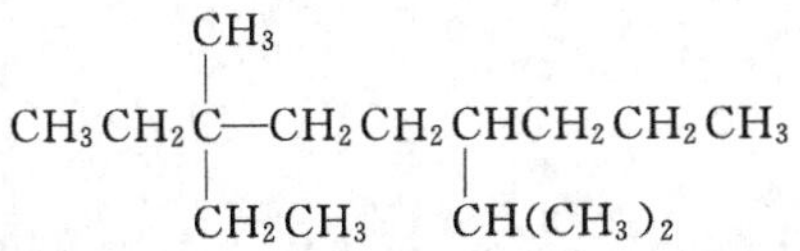 $CH_3CH_2C(CH_3)(CH_2CH_3)—CH_2CH_2CHCH_2CH_2CH_3$，其中 $CHCH_2$ 上连 $CH(CH_3)_2$

$$\begin{array}{c} CH_3 \\ | \\ CH_3CH_2C—CH_2CH_2CHCH_2CH_2CH_3 \\ | \qquad\qquad\quad | \\ CH_2CH_3 \qquad CH(CH_3)_2 \end{array}$$

(2) $$\begin{array}{c} (CH_3)_2CHCH_2CH_2CHCH_2CH_3 \\ | \\ CH_2CH_3 \end{array}$$

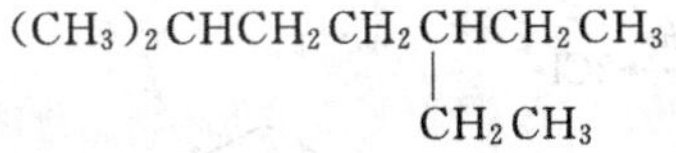

(3) $(CH_3)_3C—$　　　　(4) $(CH_3)_3CCH_2—$

(5) 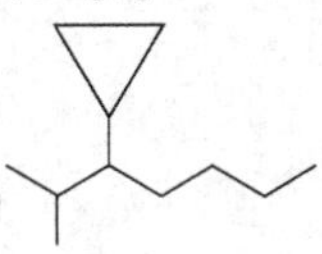　　　　(6)

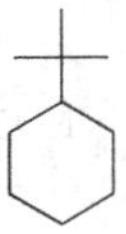

(7) 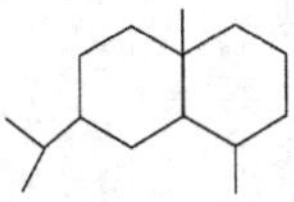　　　　(8)

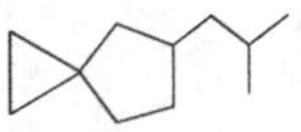

(9) 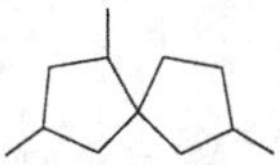　　　　(10) 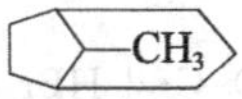 —CH_3

(11) 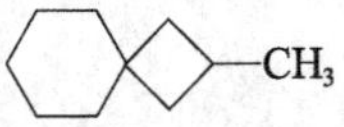 —CH_3　　　　(12)

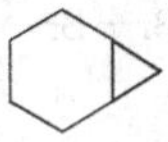

二、回答问题

1. (B)：该化合物中存在张力最大的三元环；

2. (1) (E)＞(A)＞(B)＞(C)＞(D)　　　　(2) (C)＞(D)＞(A)＞(B)

(3) (B)＞(D)＞(A)＞(C)

[解题提示] 沸点的主要影响因素是碳原子数和支链，碳原子数越多沸点越高，支链数月多沸点越低；环烷烃的沸点比相应同碳数的直链烷烃的沸点高；

3. (1) (C)＞(A)＞(B)　　　　(2) (A)＞(B)＞(C)：熔点的主要影响因素是对称性，对称性越好熔点越高。

4.

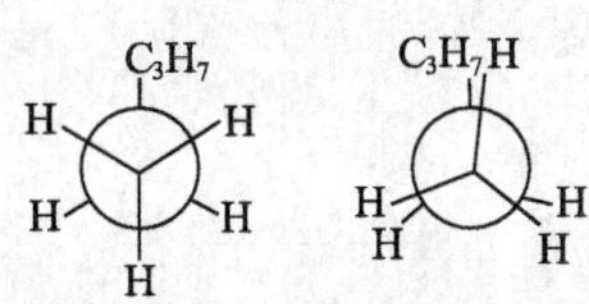

5.

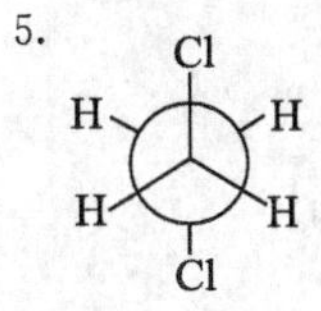

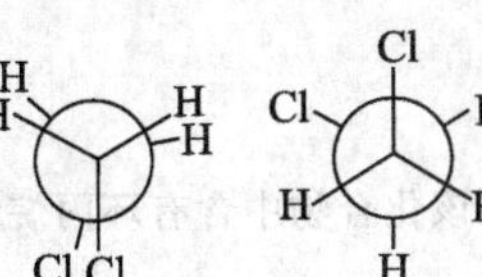

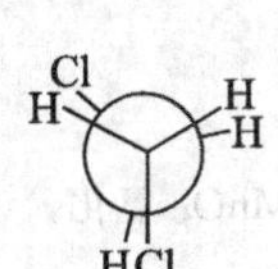

最稳定构象式

6. (A) 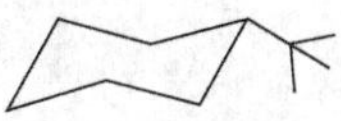　　　　(B)

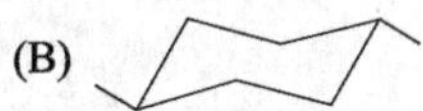

(C)

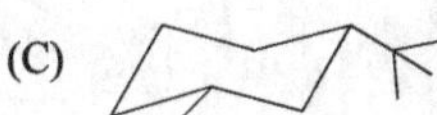

(D) 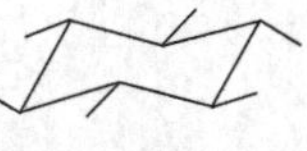　　　　(E)

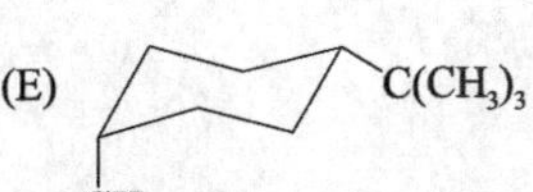

(F)

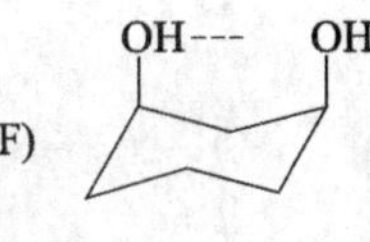

形成分子内氢键

7. (B)＞(A)＞(C)　　　　8. Br_2/CCl_4 溶液

三、完成反应

(1) (skeletal structure) (2) $(CH_3)_3CCBr(CH_3)_2$ (3) 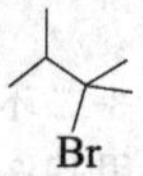 (skeletal structure with Br)

(4) 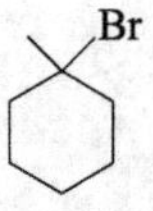 (1-bromo-1-methylcyclohexane, Br) (5) $BrCH_2CH_2C(CH_3)_2$ with Br on C (6) 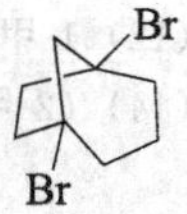 (bicyclic structure with two Br)

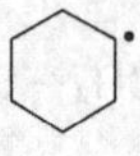

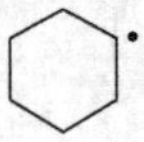

四、反应机理

(1) $Cl_2 \xrightarrow{h\nu} 2Cl\cdot$

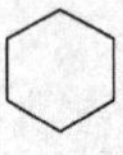

cyclohexane + $Cl\cdot$ ⟶ cyclohexyl radical + HCl

cyclohexyl radical + Cl_2 ⟶ chlorocyclohexane (Cl) + $Cl\cdot$

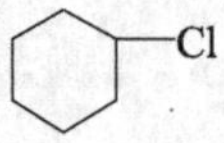

……

自由基＋自由基⟶分子

(2) $Br_2 \xrightarrow{h\nu} 2Br\cdot$

$(CH_3)_3C—H+Br\cdot \longrightarrow (CH_3)_3C\cdot+HBr$

$(CH_3)_3C\cdot+Br_2 \longrightarrow (CH_3)_3C—Br+Br\cdot$

$Br\cdot+Br\cdot \longrightarrow Br_2$

……

(3) 反应机理：$Cl_2 \xrightarrow{h\nu} 2Cl\cdot$

$R—H+Cl\cdot \longrightarrow R\cdot+HCl$

$R\cdot+SO_2 \longrightarrow R—SO_2\cdot$

$R—SO_2\cdot+Cl_2 \longrightarrow R—SO_2Cl+Cl\cdot$

五、推导结构

1. (1) $C(CH_3)_4$ (2) $CH_3(CH_2)_3CH_3$ (3) $CH_3CH_2CH(CH_3)_2$ (4) $C(CH_3)_4$

2.

(1) 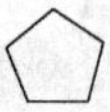 (cyclopentane) (2) 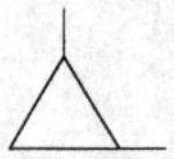 (methyl-substituted cyclopropane)

3.

A.  (1-ethyl-1-methylcyclopropane) B. 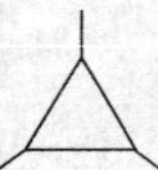 (trimethylcyclopropane)

能使 Br_2/CCl_4 溶液退色，而不能被 $KMnO_4$ 氧化，说明该化合物中含有环丙烷结构。

第三章　不饱和烃：烯烃和炔烃

【本章学习重点与难点】

重点：烯、炔烃的化学性质：亲电加成反应及其反应历程；过氧化物效应；氧化反应；催化加氢反应；α-H 原子的反应；炔烃的活泼氢反应及在合成中的应用。

难点：亲电加成反应历程，碳正离子稳定性。

【基本内容纲要】

1. 烯、炔烃的命名。

2. 烯、炔烃的结构：双键碳、三键碳的杂化状态，π 键的形成及特性，σ 键和 π 键的异同点。

3. 烯、炔烃的同分异构：明确顺反异构形成的条件，能熟练应用顺/反标记法、Z/E 标记法命名烯烃顺反异构体。

4. 烯、炔烃的物理性质。

5. 烯、炔烃的化学性质：催化加氢、亲电加成、氧化反应、炔烃的特殊反应。

【内容概要】

一、烯烃和炔烃的命名

1. 烯烃和炔烃：以烷烃的命名规则为基础。

（1）选主链　选择含有官能团 C═C 或 C≡C 在内的最长碳链为主链，当两个最长碳链等长时，选含支链较多的为主链，并按主链中所含碳原子数把化合物命名为某烯或炔。如烯烃主链中含 5 个碳原子，则命名为戊烯。十个碳以上用汉字加上“碳”字命名，如十一碳烯。

（2）编号　应从靠近双键或三键碳原子的一端开始编号，并遵循“最低系列”原则。

（3）合并同类取代基　以最简的方式，按照次序规则写出名称：

$$\overset{1}{C}H_3-\overset{2}{C}H=\overset{3}{C}(CH_2CH_3)-\overset{4}{C}H_2\overset{5}{C}H_2\overset{6}{C}H_3$$

3-乙基-2-己烯（取代基位置；双键编号小的双键碳的位次）

（4）烯烃顺反异构体的命名方法：　烯烃的顺反异构：当两个双键碳原子均连接不同的原子或基团时，就产生顺反异构现象。与烯烃不同，由于碳碳三键是线形结构，因此，炔烃不存在顺反异构现象。

① 顺/反标记法——只适用于简单顺反异构体的标记。简单烯烃的顺反异构可用词头顺表示相同原子或基团在双键同一侧；反表示相同原子或基团在双键的异侧。

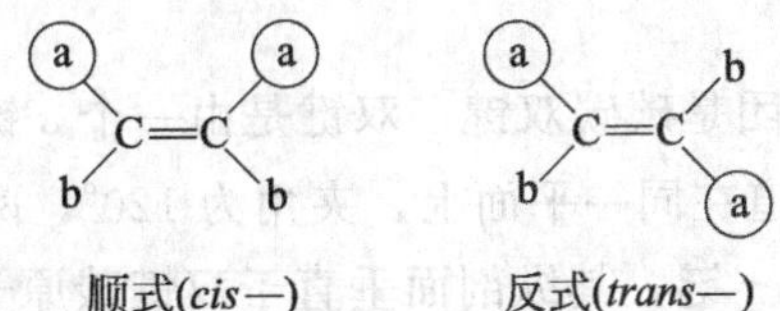

顺式(*cis*—)　　反式(*trans*—)

② Z/E 标记法——适用于各种烯烃顺反异构体的标记。当烯烃双键碳原子上连接的 4

个基团不相同时，用顺/反标记法命名就会发生困难。IUPAC 的规定：按照“次序规则”，分别对每个双键碳原子上连接的两个基团进行比较，较优先基团或原子位于双键的同侧时为“Z-型”，反之为“E-型”。如下图所示：（此处“＞”表示优先）

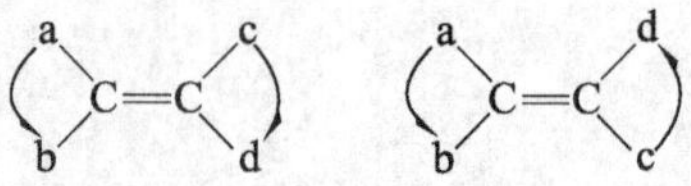

(Z-型)　(E-型)　(设：a>b, c>d)

③ 顺/反标记法和 Z/E 标记法之间并没有必然联系，即顺式不一定是 Z 式，反式也不一定是 E 式。如：

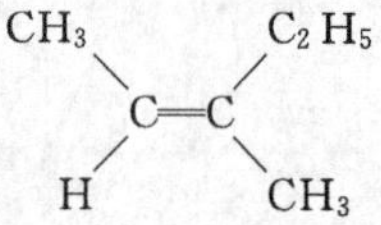

反-3-甲基-2-戊烯
或(Z)-3-甲基-2-戊烯

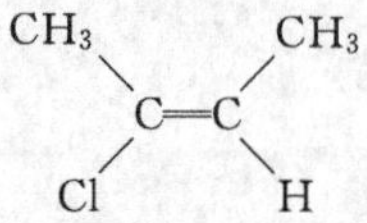

顺-2-氯-2-丁烯
或(E)-2-氯-2-丁烯

④ 对于多烯烃的标记要注意：在遵守“双键的位次尽可能小”的原则下，若还有选择的话，编号由 Z 型双键一端开始(即 Z 优先于 E)。

如：

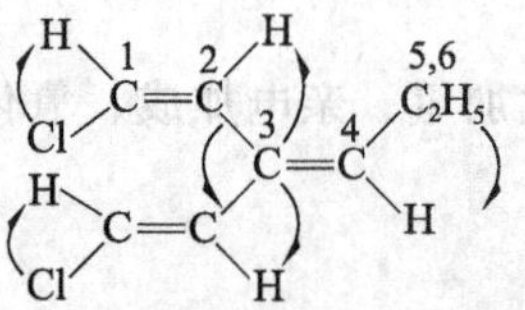

2. 烯炔

当分子中同时含有双键和三键时，应选择包含双键和三键的最长碳链为主链。编号遵循“最低系列”原则，双键和三键位次相同时，应使双键位次较小。命名为某烯炔。

如：

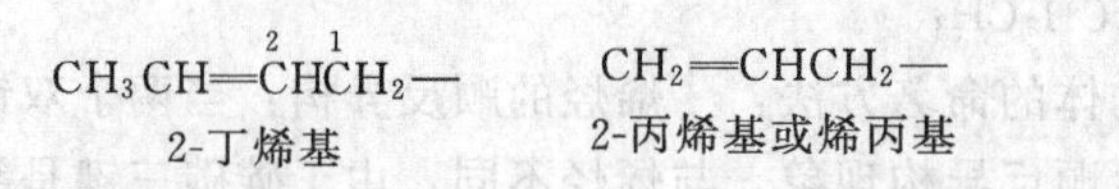

$CH_3C{\equiv}CCH(C_2H_5)CH_2CH{=}CH_2$　4-乙基-1-庚烯-5-炔

$HC{\equiv}CCH_2CH{=}CH_2$　1-戊烯-4-炔

3. 烯基、炔基

烯、炔基：烯烃或炔烃分子从形式上去掉一个氢原子后剩下的一价基团，命名编号时以游离价为 1 位。

$CH_3CH{=}CH{-}$　1-丙烯基

$CH_3CH{=}\overset{2}{C}H\overset{1}{C}H_2{-}$　2-丁烯基

$CH_2{=}CHCH_2{-}$　2-丙烯基或烯丙基

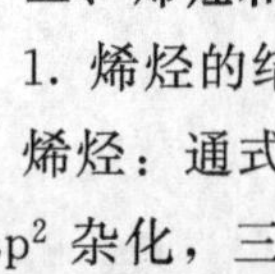

$CH_2{=}C(CH_3){-}$　1-甲基乙烯基或异丙烯基

$CH{\equiv}CCH_2{-}$　2-丙炔基或炔丙基

二、烯烃和炔烃的结构

1. 烯烃的结构

烯烃：通式 C_nH_{2n}，官能团是碳碳双键，双键是由一个 σ 键和一个 π 键构成的。双键碳为 sp^2 杂化，三个 sp^2 杂化轨道在同一平面上，夹角为 120°，两个碳原子各用一个未参与杂化的 p 轨道进行侧面重叠形成 π 键，其纵剖面垂直于双键碳原子与其他原子或基团形成的 σ 键所在平面。

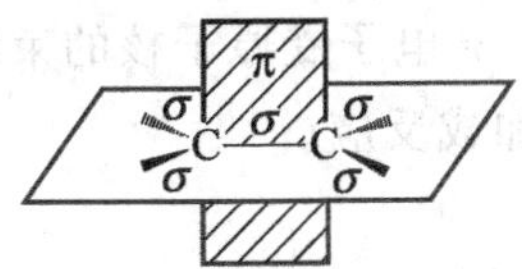

π 键是依附于 σ 键的，不能单独存在；其交盖程度小且电子云的分布较为分散，受原子核控制较弱，故 π 键能比 σ 键键能小，易于极化而与亲电试剂发生亲电加成反应。

以 π 键连接的两个基团不能相对自由旋转，因此，当两个碳上所连原子或基团在空间的位置不同时，就会产生顺反异构（几何异构）。

即在 (a)(b)C=C(d)(e) 中当 a≠b，d≠e 时存在几何异构

2. 烯烃的同分异构

构造异构：$CH_3CH{=}CHCH_3$　　$CH_3CH_2CH{=}CH_2$　　$CH_3C(CH_3){=}CH_2$

顺反异构：(CH₃)(H)C=C(H)(CH₃)（两个 CH_3 在同侧）　　(CH₃)(H)C=C(CH₃)(H)（两个 CH_3 在异侧）

3. 炔烃的结构

炔烃：通式 C_nH_{2n-2}，官能团是碳碳三键，三键是由一个 σ 键和两个 π 键构成的。三键碳为 sp 杂化，两个 sp 杂化轨道成直线型，未杂化的两个 p 轨道彼此垂直且各垂直于杂化轨道。两个碳上未杂化的 p 轨道肩并肩重叠形成两个 π 键，这两个 π 键平面相互垂直，—C≡C—为直线型，π 电子云以 C—Cσ 键轴为对称轴呈圆筒形对称分布，离原子核相对较近。

炔烃中 sp 杂化的碳原子含 s 轨道成分较多，电负性较烯烃中双键碳原子大，结合电子的能力较强，导致亲电加成活性较烯烃差；炔氢具有酸性；炔烃易发生亲核加成。

三、烯烃和炔烃的物理性质

与烷烃相似之处：熔点、沸点和相对密度随分子量增加而增大。

与烷烃不同之处：烯烃和炔烃分子中，碳原子的杂化方式不同，导致不同碳原子的电负性不同：三键 C_{sp} ＞双键 C_{sp^2} ＞饱和 C_{sp^3}。因此，烯烃和炔烃分子通常有较弱的极性，且炔烃的极性略强于烯烃。

碳原子数相同的烯烃顺反异构体：顺式异构体的偶极矩 $\mu \neq 0$，故

沸点——顺式＞反式(顺式异构体的分子间偶极-偶极作用增强)。

熔点——顺式＜反式(反式异构体的分子对称性好，在晶格中排列紧密)。

如：

	顺-2-丁烯 (H_3C)(H)C=C(CH_3)(H)	反-2-丁烯 (H)(H_3C)C=C(CH_3)(H)
	μ=0.33D	μ=0
沸点	3.7℃	0.9℃
熔点	−139℃	−105℃

四、烯烃和炔烃的化学性质

（一）加成反应

1. 亲电加成反应

烯烃和炔烃都含有较弱的 π 键，π 电子受原子核的束缚力较小，流动性较大而易发生极化，容易给出电子与亲电试剂发生加成反应。

(1) 反应活性

① 亲电试剂的反应活性　卤素的相对活性：$Cl_2>Br_2$；卤化氢的相对活性：HI＞HBr＞HCl。

② 不饱和烃的反应活性

$(CH_3)_2C=C(CH_3)_2>(CH_3)_2C=CHCH_3>(CH_3)_2C=CH_2>CH_3CH=CH_2>CH_2=CH_2$；

原因：在亲电加成反应中，双键碳上的电子云密度越大，越有利于缺电子的亲电试剂进行进攻，因此反应活性越大。从诱导效应上考虑，烷基是给电子基团，因此 C═C 上连接的烷基支链越多，双键碳上电子云密度就越大，越有利于亲电加成反应的进行。

烯烃＞炔烃；

炔烃的三键碳原子是 sp 杂化，受原子核吸引力强，不易给出电子，因此对于同时含有双键和三键的非共轭不饱和烃，亲电加成反应优先发生在双键上。如：

$$CH_2{=}CHCH_2C{\equiv}CH \xrightarrow{Br_2} \underset{Br}{CH_2}\underset{Br}{CH}CH_2C{\equiv}CH$$

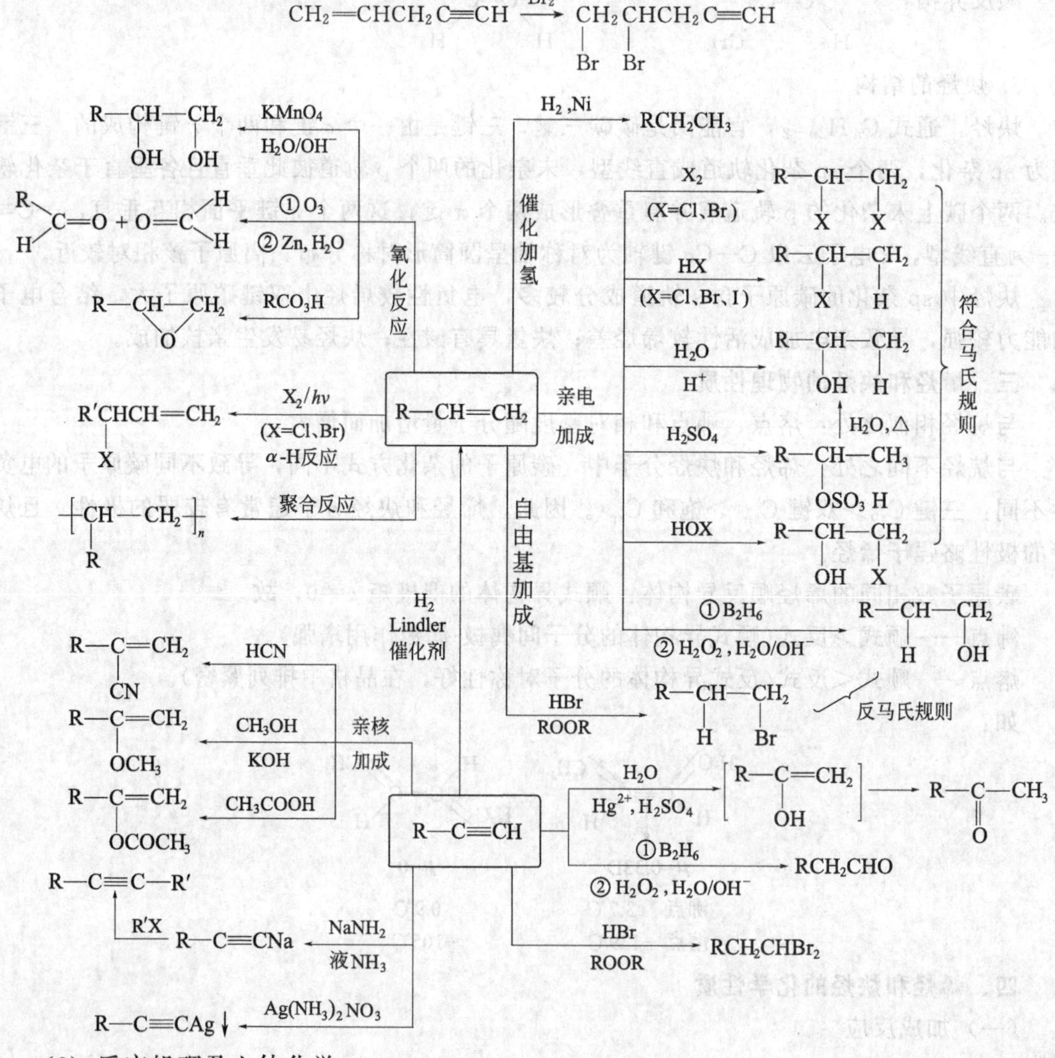

(2) 反应机理及立体化学

① 与卤素的加成——鎓离子历程

$$\mathrm{>C{=}C<} + \mathrm{Br{-}Br} \longrightarrow \underset{\pi\text{-络合物}}{\mathrm{>C{-}C<}\ \downarrow\ \overset{\delta^+}{\mathrm{Br}}{-}\overset{\delta^-}{\mathrm{Br}}} \xrightarrow{\text{慢}} \underset{\text{溴鎓离子}}{\mathrm{>C{-}C<}\ (\overset{+}{\mathrm{Br}})} + \mathrm{Br^-}$$

$$\mathrm{>C{-}C<}\ (\overset{+}{\mathrm{Br}}) + \mathrm{Br^-} \longrightarrow \underset{(1)}{\mathrm{Br{-}C{-}C{-}Br}} + \underset{(2)}{\mathrm{Br{-}C{-}C{-}Br}}$$

由此可见：(a) 反应是分步进行的，由于溴原子含有孤对电子，且半径较大，与双键碳可形成三元环溴鎓离子中间体；(b) 由于三元环具有刚性，溴负离子从空间位阻较小的一侧进攻中间体，反应的立体化学特征是反式加成，即两个溴原子从双键平面的两侧进行加成；(c) 反应体系中若存在 X^- 以外的其他亲核试剂，必然有相关的副产物生成。

炔烃与卤素的亲电加成反应与烯烃类似，也是反式加成。其反应活性比烯烃低是因为反应中间体环状鎓离子的生成较为困难。

$$\mathrm{C{=}C}\ (\overset{+}{\mathrm{Br}}) \quad \text{角张力大}$$

② 与卤化氢加成——碳正离子历程

$$\mathrm{R(H)C{=}CH_2} + \mathrm{H{-}X} \xrightarrow{\text{慢}} \mathrm{R(H)\overset{+}{C}{-}CH_3} + \mathrm{X^-}$$

$$\mathrm{R(H)\overset{+}{C}{-}CH_3} + \mathrm{X^-} \xrightarrow{\text{快}} \mathrm{R(H)C(X){-}CH_3} + \mathrm{R(H)C(X){-}CH_3}$$

由此可见：反应也是分步进行的，但与烯烃和溴的加成反应不同，中间体是碳正离子；碳正离子的生成是决定反应速率的关键步骤，因此不同烯烃与 HX 的反应速率取决于碳正离子的稳定性：由于烷基是给电子基团，C^+ 上连接的给电子基越多，电荷越分散，体系越稳定，因此 $3°C^+ > 2°C^+ > 1°C^+ > CH_3^+$；既然反应中间体为碳正离子，就可能伴有重排反应发生；反应取向——遵循马氏规则，即亲电试剂中的氢原子加到含氢多的双键碳原子上；反应的立体化学特征是可能外消旋化。

举例：碳正离子的特征反应——重排

$$\mathrm{CH_3{-}CH(CH_3){-}CH{=}CH_2} \xrightarrow{\mathrm{HCl}} \underset{\text{预期产物}}{\mathrm{CH_3{-}CH(CH_3){-}CHCl{-}CH_3}} + \underset{\text{实际产物}}{\mathrm{CH_3{-}CCl(CH_3){-}CH_2{-}CH_3}}$$

反应过程：

$$CH_3-\underset{H}{\overset{CH_3}{C}}-CH=CH_2 \xrightarrow[(-Cl^-)]{HCl} CH_3-\underset{H}{\overset{CH_3}{C}}-\overset{+}{C}H-CH_3 \xrightarrow{Cl^-} CH_3-\underset{H}{\overset{CH_3}{C}}-\underset{Cl}{C}H-CH_3$$

2°碳正离子　　　　预期产物

↓(重排)

$$CH_3-\overset{CH_3}{\underset{+}{C}}-\underset{H}{C}H-CH_3 \xrightarrow{Cl^-} CH_3-\underset{Cl}{\overset{CH_3}{C}}-\underset{H}{C}H-CH_3$$

3°碳正离子

重排反应的动力是：形成更加稳定的碳正离子。

炔烃与HX的加成，在相应卤离子存在下，通常进行反式加成。

$$C_2H_5C\equiv CC_2H_5 + HCl \xrightarrow[AcOH,25℃]{(CH_3)_4N^+Cl^-} \overset{C_2H_5}{\underset{Cl}{>}}C=C\overset{H}{\underset{C_2H_5}{<}}$$

C、硼氢化反应的立体化学——顺式加成

$$>C=C< + \overset{\delta^-}{H}-\overset{\delta^+}{BH_2} \longrightarrow \underset{H}{C}-\underset{BH_2}{C} \xrightarrow[H_2O,OH^-]{H_2O_2} \underset{H}{C}-\underset{OH}{C}$$

(3) 烯烃和炔烃亲电加成的反应产物

试剂	$R-CH=CH_2$	$R-C\equiv CH$
X_2	$RCHXCH_2X$ (邻二卤烷)	RCX_2CHX_2
HX	$RCHXCH_3$	RCX_2CH_3 (同碳二卤烷)
H_2O/H^+	$RCH(OH)CH_3$ (除乙烯外,都将得到2°醇或3°醇)	直接酸催化水合困难,需在汞盐存在下进行。 $R-C\equiv CH + H_2O \xrightarrow[H_2SO_4]{HgSO_4} \left[R-\underset{OH}{C}=CH_2\right] \xrightarrow{重排} R-\underset{O}{\overset{\Vert}{C}}-CH_3$ (只有乙烯得到乙醛,其他炔烃得到的都是酮,端炔得到的是甲基酮)
HOX (X=Cl、Br)	$R-\overset{OH}{\overset{\alpha}{C}H}-\overset{\beta}{\underset{X}{C}H_2}$ (β-卤代醇)	(报道很少,具体例子是乙炔通入HOCl溶液中,生成二氯乙醛)
硼氢化反应	RCH_2CH_2OH (端烯得到1°醇,非端烯得到2°或3°醇)	RCH_2CHO (端炔得到醛,非端炔得到酮)

2. 自由基加成——过氧化物效应

$$R-CH=CH_2 + HBr \xrightarrow{R'OOR'} RCH_2CH_2Br$$

反应机理：

$$R'—O—O—R' \xrightarrow{h\nu 或 \Delta} 2R'O\cdot$$

$$R'O\cdot + HBr \longrightarrow R'OH + Br\cdot$$

$$R—CH{=}CH_2 + Br\cdot \longrightarrow \begin{cases} R—\dot{C}H—CH_2Br & 稳定,容易生成 \\ R—CH(Br)—\dot{C}H_2 \end{cases}$$

$$R—\dot{C}H—CH_2Br + HBr \longrightarrow RCH_2CH_2Br + Br\cdot$$

……

过氧化物效应仅限于 HBr。HCl 和 HI 与烯烃的加成不存在过氧化物效应。反应中间体为碳自由基。炔烃在过氧化物存在下，与 HBr 加成也是按自由基历程进行的。

反应的主要产物是反马氏规则加成产物，即氢加到含氢少的双键碳原子上。

3. 亲核加成

炔烃的亲电加成反应虽然比烯烃困难，但却比烯烃容易进行亲核加成反应。

$$R—C{\equiv}CH + HY \longrightarrow R—C(Y){=}CH_2$$

$$Y = OR、CN、CH_3COO^-$$

从反应的净结果看，产物是符合马氏规则的。

烯烃在通常情况下难以发生亲核加成反应。

4. 催化加氢和还原

(1) 反应活性

炔烃＞烯烃

催化加氢的反应机理，通常认为是通过催化剂的表面吸附作用来完成的。碳碳三键(C≡C)因具有直线型结构和较大的 π 电子云密度，在催化剂表面上容易发生活化吸附，因此其催化加氢的反应活性比烯烃高。

吸附 ⇌ 活泼氢原子 ⇌ 烯烃与被吸附的氢原子接触 ⇌ 双键碳同时加氢 ⇌ 完成加氢脱离催化剂表面

当分子中同时含有 C≡C 和 C═C 时，反应可以优先发生在 C≡C 上，而 C═C 仍可保留。

(2) 催化加氢的立体化学

$$\text{C=C} + H_2 \xrightarrow[\text{(或Pd、Pt)}]{Ni} \text{H-C—C-H}$$ 一般为顺式加氢

$$R—C{\equiv}C—R' \begin{cases} \xrightarrow[\text{P-2}]{H_2} & \text{(H)(R)C=C(H)(R')} \\ \xrightarrow[\text{Pd-BaSO}_4\text{/喹啉}]{H_2} & \text{(H)(R)C=C(H)(R')} \\ \xrightarrow{\text{Na/液NH}_3} & \text{(H)(R)C=C(R')(H)} \end{cases}$$

(3) 氢化热与不饱和烃的稳定性　1mol 不饱和烃发生加氢反应时所放出的热量称为氢

化热。

氢化热越大，说明分子的内能越高，因此相对稳定性较差。

烯烃的稳定性次序：　四取代乙烯＞三取代乙烯＞二取代乙烯＞一取代乙烯＞乙烯。

顺反异构体：反式异构体＞顺式异构体。

炔烃的稳定性＜结构相似的烯烃。

（二）氧化反应

碳碳双键比碳碳三键容易发生氧化。其氧化产物因结构、所用氧化剂和氧化条件而异。

1. 强氧化剂氧化

$$\mathrm{C{=}C} \xrightarrow[\text{稀,冷}]{KMnO_4} \text{(环状锰酸酯)} \xrightarrow[OH^-]{H_2O} \text{顺式}\alpha\text{-二醇}$$

$$\mathrm{C{=}C} \xrightarrow{RCO_3H} \text{(环氧化物)} \xrightarrow{H_3O^+} \text{反式}\alpha\text{-二醇}$$

顺式α-二醇　反式α-二醇

非端炔在温和的条件下用 $KMnO_4$ 溶液氧化，则生成 α-二酮。

$$R{-}C{\equiv}C{-}R' \xrightarrow{KMnO_4,H_2O} R{-}\overset{\displaystyle O}{\overset{\|}{C}}{-}\overset{\displaystyle O}{\overset{\|}{C}}{-}R'$$

在强烈条件下氧化，无论烯烃还是炔烃都将发生不饱和键的完全断裂，并根据原来烯烃或炔烃的结构，生成特定的氧化产物，如：

$$R_2C{=}CHR' \xrightarrow[\triangle]{KMnO_4/H^+} R_2C{=}O + R'COOH\text{（端烯则有 }CO_2\text{ 生成）}$$

$$R{-}C{\equiv}C{-}R' \xrightarrow[\triangle]{KMnO_4/H^+} RCOOH + R'COOH$$

该反应可用于推断原不饱和烃的结构。

2. 臭氧化

$$R^1R^2C{=}CR^3(H)H \xrightarrow[\text{② } H_2O,Zn]{\text{① } O_3} R^1R^2C{=}O + O{=}CR^3(H)H$$

Zn 粉的存在，可防止产物被过氧化氢氧化，因此与高锰酸钾氧化烯烃规律不同，此反应也可用于推断原不饱和烃的结构。

$$R{-}C{\equiv}C{-}R' \xrightarrow[\text{② } H_2O]{\text{① } O_3} RCOOH + R'COOH$$

（三）α-H 原子的卤代反应

$$-C{=}C{-}\overset{H}{C}- \xrightarrow[h\nu\text{或}\triangle]{X_2} -C{=}C{-}\overset{X}{C}- \quad (X{=}Cl、Br)$$

$$-C{=}C{-}\overset{H}{C}- \xrightarrow{NBS} -C{=}C{-}\overset{Br}{C}-$$

α-H 的卤代反应是自由基反应机理，由于形成的烯丙基自由基较稳定，因此 α-H 容易被取代，生成的自由基中间体可以发生重排。

（四）聚合反应

烯烃和炔烃均可发生聚合反应。

1. 低聚——由少数分子聚合而成

如：

$$2CH_3-\underset{}{\overset{CH_3}{\overset{|}{C}}}=CH_2 \xrightarrow{50\%H_2SO_4} CH_3-\underset{\underset{CH_3}{|}}{\overset{\overset{CH_3}{|}}{C}}-CH_2-\overset{\overset{CH_3}{|}}{C}=CH_2$$

（80%）

$$2HC\equiv CH \xrightarrow{CuCl-NH_4Cl} CH_2=CH-C\equiv CH \xrightarrow[CuCl-NH_4Cl]{HC\equiv CH} \text{二乙烯基乙炔}$$

2. 多聚——由许多分子聚合而成的高聚物

$$n\,CH_3-CH=CH_2 \xrightarrow{\text{催化剂}} \text{[}CH(CH_3)-CH_2\text{]}_n$$

$$n\,CH_2=CH_2+n\,CH_3-CH=CH_2 \xrightarrow{\text{催化剂}} \text{[}CH_2CH_2-CH(CH_3)-CH_2\text{]}_n$$

（五）炔氢的反应

炔烃中三键碳原子是sp杂化，含有s轨道成分较多，因此电负性较大，端炔中C—H键的电子云偏向于碳原子，炔氢较活泼，显示出一定的酸性。

$$R-C\equiv CH \xrightarrow{NaNH_2/\text{液}NH_3} R-C\equiv CNa \xrightarrow{1^\circ RX} R-C\equiv C-R$$

$$R-C\equiv CH \xrightarrow{Ag(NH_3)_2NO_3/OH^-} R-C\equiv CAg\downarrow\ (\text{白色})$$

$$R-C\equiv CH \xrightarrow{Cu(NH_3)_2Cl/OH^-} R-C\equiv CCu\downarrow\ (\text{棕红色})$$

上式中，第一个反应常用于碳链的增长，而后两个反应常用于端炔的鉴别。

【例题解析】

【例1】 用系统命名法命名下列化合物。

（1）$CH_3CH_2CH=CH-$　（2）$CH_3\overset{CH_3}{\overset{|}{C}}=CHCH_2\overset{CH_3}{\overset{|}{C}}HCH_2CH_3$　（3）$HC\equiv C\overset{CH_3}{\overset{|}{C}}HCH_3$

（4）$(CH_3)(CH_3CH_2)C=C(H)(CH_2C\equiv CH)$　（5）[键线式]　（6）$CH_3CH=CH\overset{CH_3}{\overset{|}{C}}HC\equiv CCH_3$

答 （1）1-丁烯基　　取代基的命名，编号时以游离价为1位。

（2）2，5-二甲基-2-庚烯　　编号从靠近不饱和键的一端开始。

（3）3-甲基-1-丁炔　　编号从靠近不饱和键的一端开始。

（4）(Z)-5-甲基-4-庚烯-1-炔　　对于烯炔的命名，当双键和三键处于不等同地位时，要符合“最低系列”原则，使双键、三键有较低的位号。

（5）6，6-二甲基-3-庚炔　编号从靠近不饱和键的一端开始。

（6）4-甲基-2-庚烯-5-炔　　对于烯炔的命名，当双键和三键处于等同地位（有相同的位次供选择）时，要优先给双键较低的位号。

【例2】 按照次序规则，下列基团为较优基团的是：

A. $—CH(CH_3)_2$　　B. —CHO　　C. $—CH_2OH$　　D. $—CH_2Cl$

［解题提示］根据次序规则，先将与碳原子直接连接的其他原子按原子序数由大到小写出，若以重键与碳原子相连则看成是两个或三个相同的单键。如 A. C(C，C，H)，B. C(O，O，H)，C. C(O，H，H)，D. C(Cl，H，H)，然后依次进行比较，可以看出其中原子序数最大的为 Cl，因此较优基团为 D。若对 B 和 C 进行比较，括号中第一个原子是相同的，于是接着比较第二个原子，得出 B 比 C 更优先的结论。

【例 3】试比较 σ 键和 π 键之间有何差异。

答　从以下几方面进行比较：

名称	σ键	π键
存在情况	(1)可以单独存在 (2)存在于任何共价键中	(1)必须与 σ 键共存 (2)只存在于不饱和键中
键的形成情况	成键轨道沿轴向在直线上重叠	成键轨道对称轴平行，从侧面重叠
电子云的分布情况	(1)σ 电子云集中于两原子核的连线上，呈圆柱形分布 (2)σ 键有一个对称轴，轴上电子云密度最大	(1)π 电子云分布在 σ 键所在平面的上下两方，呈块状分布 (2)只有对称面，对称面上电子云密度最小(=0)
键的性质	(1)键能较大 (2)以 σ 键连接的两原子可相对自由旋转 (3)键的可极化度较小	(1)键能较小 (2)以 π 键连接的两原子不可相对自由旋转 (3)键的可极化度较大

【例 4】将下列化合物的氢化热由高到低排列成序：

(A) 2，3-二甲基-2-丁烯　(B) 2-甲基-2-戊烯　(C) 反-3-己烯　(D) 顺-2-己烯

［解题提示］烯烃的氢化热的高低反映出它的稳定性，氢化热越高，烯烃具有的内能越高，该烯烃越不稳定。烯烃的稳定性大小顺序：

$R_2C{=}CR_2 > R_2C{=}CHR > RCH{=}CHR$(反＞顺)$> RCH{=}CH_2 > CH_2{=}CH_2$，因此氢化热由高到低排列为：DCBA。

【例 5】将下列化合物与 HBr 反应活性由高到低排列成序：

(A) $(CH_3)_2C{=}C(CH_3)_2$　(B) $CH_3CH{=}CHCH_3$　(C) $CH_3CH_2CH{=}CH_2$

［解题提示］烯烃与 HBr 的反应是亲电加成，双键上电子云密度越大越容易发生反应，而烃基是给电子的，因此 (A) 中双键上电子云密度最大。

答 ABC。

【例 6】完成下列反应：

(1) [structure: bicyclic alkene with angular CH_3] $\xrightarrow{D_2,Pt}$ (　　)

(2) $CH_3CH{=}CHCH_2CH{=}CHCF_3 + Br_2(1mol) \longrightarrow$ (　　)

(3) $(CH_3CH_2)_3CCH{=}CH_2 + HCl \longrightarrow$ (　　)

(4) $CH_2{=}$[cyclohexane] $+ HBr \xrightarrow{ROOR}$ (　　)

(5) [structure: bicyclic diene] $\xrightarrow{KMnO_4/H^+}$ (　　)

(6) [structure: 1-methylcyclopentene, CH_3] $\xrightarrow[②H_2O_2,OH^-]{①B_2H_6}$ (　　)

(7) 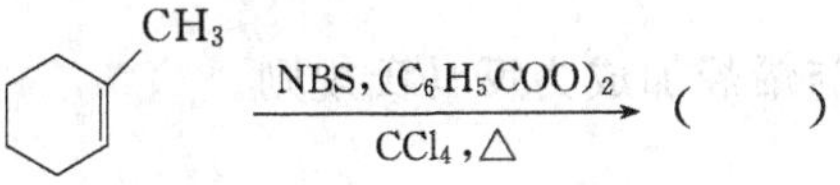 1-甲基环己烯 $\xrightarrow[CCl_4,\triangle]{NBS,(C_6H_5COO)_2}$ ( )

(8) $CH_3CH_2C\equiv CH \xrightarrow[②\ H_2O_2,OH^-]{①\ B_2H_6}$ ( )

(9) 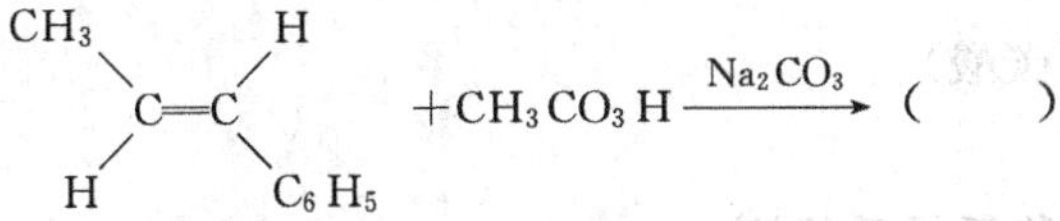 $CH_3(H)C=C(H)C_6H_5 + CH_3CO_3H \xrightarrow{Na_2CO_3}$ ( )

(10) 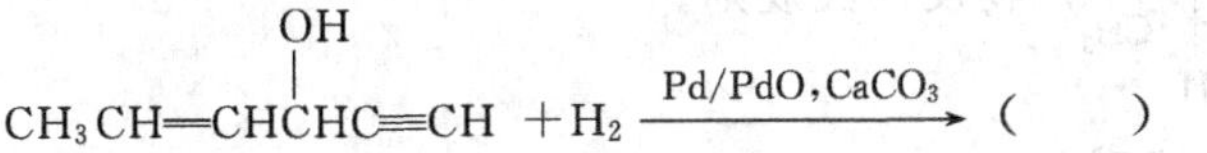 $CH_3CH=CHCH(OH)C\equiv CH + H_2 \xrightarrow{Pd/PdO,CaCO_3}$ ( )

(11) 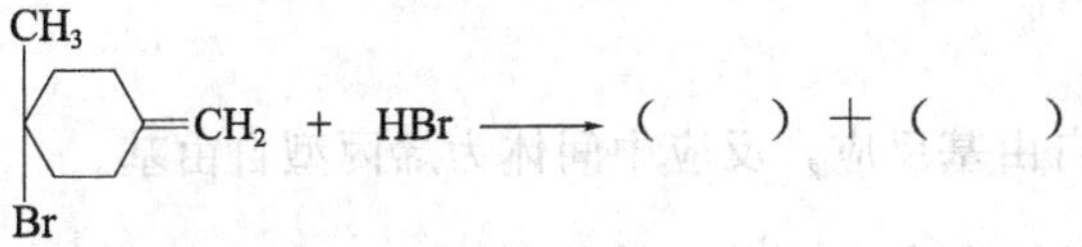 1-甲基-1-溴-4-亚甲基环己烷 $=CH_2$ + HBr ⟶ ( ) + ( )

(12) $CH\equiv CH \xrightarrow[110℃]{Na}$ ( ) $\xrightarrow{CH_3CH_2I}$ ( ) $\xrightarrow[HgSO_4,H_2SO_4]{H_2O}$ ( )

(13) 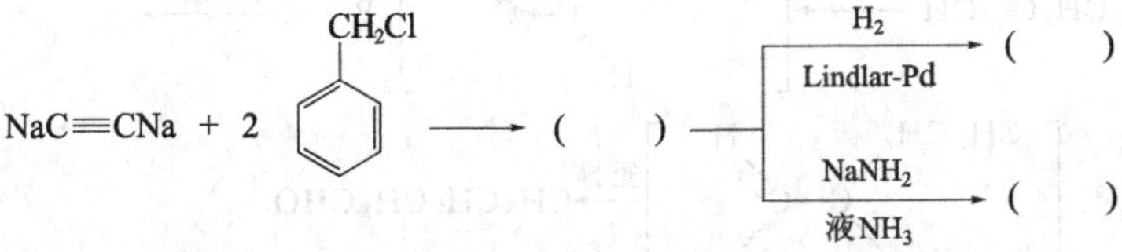 $NaC\equiv CNa$ + 2 $C_6H_5CH_2Cl$ ⟶ ( ) ⟶ $\xrightarrow[Lindlar\text{-}Pd]{H_2}$ ( )；$\xrightarrow[液NH_3]{NaNH_2}$ ( )

(14) $CH_3CH=CHCH_2C\equiv CH \xrightarrow[KOH]{CH_3CH_2OH}$ ( )

答

(1) 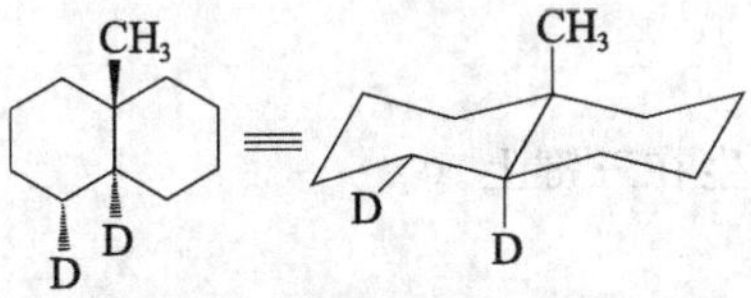 [十氢萘结构式：角甲基 CH_3，两个D顺式] ≡ [椅式构象，CH_3，D，D]

催化加氢为表面催化过程，立体化学为顺式加氢。

(2) 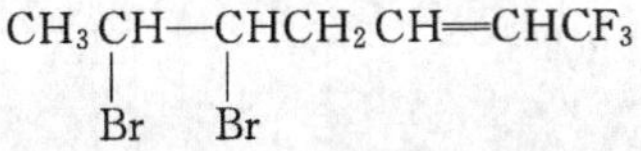 $CH_3CH(Br)—CH(Br)CH_2CH=CHCF_3$

[解题提示] 亲电加成反应优先发生在电子云密度高的碳碳双键上，右边的双键连有三氟甲基(强吸电子基)，因此电子云密度相对较小。

(3) 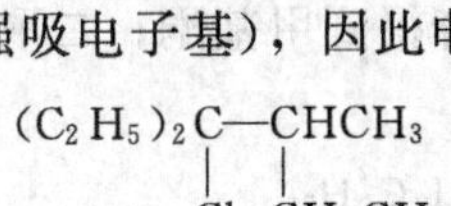 $(C_2H_5)_2C(Cl)—CH(CH_2CH_3)CH_3$ 重排产物为主，具体过程如下：

$CH_3CH_2—C(CH_2CH_3)_2—CH=CH_2 + H^+ \longrightarrow CH_3CH_2—C(CH_2CH_3)_2—\overset{+}{C}H—CH_3$

$\downarrow$ 重排

3°碳正离子稳定 $CH_3CH_2—\overset{+}{C}(CH_2CH_3)—CH(CH_2CH_3)—CH_3$

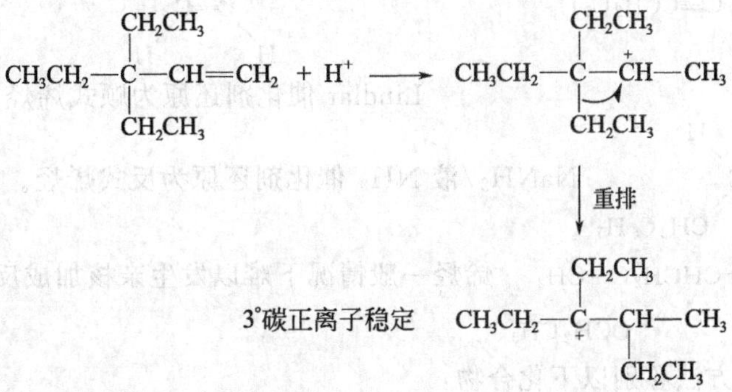

(4) $BrCH_2$、H 取代的环己烷 有过氧化物存在下，HBr 与烯烃加成为反马氏规则。

(5) HOOC、HOOC、O、COOH 双键碳上不含氢原子被氧化成酮，含一个氢原子被氧化成羧酸，含两个氢原子被氧化成二氧化碳和水(碳酸)。

(6) (环戊烷：CH_3、H、H、OH) + (环戊烷：H、HO、CH_3、H) 产物反马氏规则。

烯烃的硼氢化-氧化水解为顺式加成。

(7) CH_2Br 取代的环己烯 α-卤代反应为自由基反应，反应中间体为烯丙型自由基。

(8) $CH_3CH_2CH_2CHO$ 炔烃的硼氢化-氧化水解，端炔得到醛，非端炔得到酮。

$$CH_3CH_2C\equiv CH \xrightarrow{B_2H_6} \left[\begin{matrix} CH_3CH_2 & & H \\ & C=C & \\ H & & \end{matrix}\right]_3 B \xrightarrow{H_2O_2/OH^-}$$

$$\left[\begin{matrix} CH_3CH_2 & & H \\ & C=C & \\ H & & OH \end{matrix}\right] \xrightarrow{重排} CH_3CH_2CH_2CHO$$

(9) (H_3C、H、C—C、H、C_6H_5、O 环氧化物) 烯烃与过氧酸的反应为顺式亲电加成。

(10) $CH_3CH=CHCH(OH)CH=CH_2$ 催化加氢优先发生在三键上。

(11) (环己烷：CH_3、CH_3、Br、Br) (环己烷：CH_3、Br、Br、CH_3) 中间体碳正离子为平面形，Br^- 可从两面进攻。

(12) $CH\equiv CNa$，$CH\equiv C-CH_2CH_3$，$CH_3-\overset{O}{\overset{\|}{C}}-CH_2CH_3$

乙炔水合的产物特点：乙炔水合得到乙醛；一取代乙炔水合得到甲基酮；二取代乙炔水合得到非甲基酮。

(13) $C_6H_5CH_2C\equiv CCH_2C_6H_5$

$$\begin{matrix} C_6H_5CH_2 & & CH_2C_6H_5 \\ & C=C & \\ H & & H \end{matrix}$$

Lindlar 催化剂还原为顺式烯烃。

$$\begin{matrix} C_6H_5CH_2 & & H \\ & C=C & \\ H & & CH_2C_6H_5 \end{matrix}$$

$NaNH_2$/液 NH_3 催化剂还原为反式烯烃。

(14) $CH_3CH=CHCH_2\underset{OCH_2CH_3}{\underset{|}{C}}=CH_2$ 烯烃一般情况下难以发生亲核加成反应。

【例 7】 用化学方法鉴别以下化合物：

A 正己烷 B 1-己炔 C 2-己炔

答 用化学方法鉴别有机化合物主要依据某些化合物的特征反应。做为鉴别反应所用的试剂应该是：①反应条件较温和，现象明显，易于观察（如生成沉淀或溶解、产生气体、有颜色变化等）；②操作简单、可靠、快速；③反应具有特征性，干扰少。

鉴别题表达方式有多种，常用的方法有叙述式、表格式、图解式和反应式表述式。

（1）叙述式

取 A、B、C 各少许，分别加入溴的四氯化碳溶液，不褪色的是正己烷，再分别取 B、C 少许，各加入硝酸银的氨溶液，产生白色沉淀的是 B，无此现象的是 C。

（2）表格式

试剂 \ 化合物	A	B	C
Br_2/CCl_4	－	＋褪色	＋褪色
$[Ag(NH_3)_2]NO_3$		＋↓	－

注：“＋”表示有此现象；“－”表示无此现象

（3）图解式

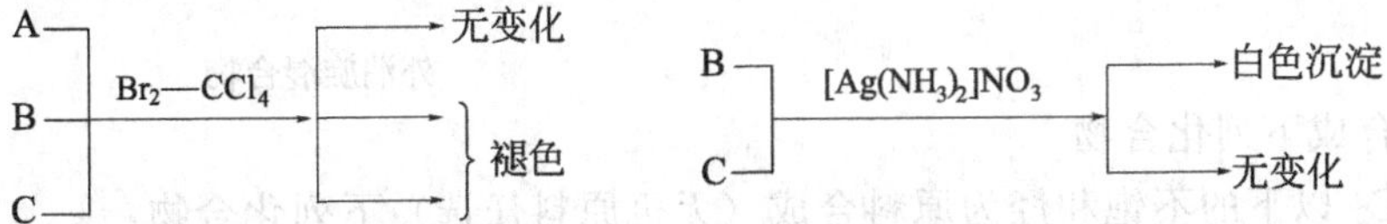

（4）反应式表述式

$CH_3(CH_2)_4CH_3$、$CH\equiv C(CH_2)_3CH_3$、$CH_3C\equiv C(CH_2)_2CH_3$ $\xrightarrow{Br_2\text{-}CCl_4}$ 无变化；$CHBr_2CBr_2(CH_2)_3CH_3$、$CH_3CBr_2CBr_2(CH_2)_2CH_3$ 溴褪色

$CH\equiv C(CH_2)_3CH_3$、$CH_3C\equiv C(CH_2)_2CH_3$ $\xrightarrow{[Ag(NH_3)_2]NO_3}$ $AgC\equiv C(CH_2)_3CH_3$ 白色沉淀；无变化

根据不同的鉴别问题，可以选用不同的表达方式，表格式最为常用。

【例 8】 写出下列反应的反应历程。

（1）$(CH_3)_2C=CHCH_2CH_2CH=C(CH_3)_2 \xrightarrow{H_3PO_4}$ 1,1-二甲基-2-（$C(CH_3)=CH_2$）环戊烷（结构式：环戊烷环上一碳连 H_3C、CH_3，相邻碳连 $-C(CH_3)=CH_2$）

（2）$^{14}CH_2=CH-CH_3 \xrightarrow[\text{高温}]{Cl_2} {}^{14}CH_2=CH-CH_2Cl + CH_2=CH-{}^{14}CH_2Cl$

（3）顺-1，2-二苯乙烯与 Br_2 加成得到外消旋产物，试用反应机理解释之，并用 Fischer 投影式表达加成产物。

答

（1）$(CH_3)_2C=CHCH_2CH_2CH=C(CH_3)_2 \xrightarrow{H^+}$ [环戊基正离子：$C^+(CH_3)_2$ 在环上，相邻碳连 $CH=C(CH_3)_2$] $\longrightarrow$

[1,1-二甲基环戊烷-2-基 $-\overset{+}{C}(CH_3)-CH_3$] $\longrightarrow$ [1,1-二甲基环戊烷-2-基 $-C(CH_3)=CH_2$]

(2) $Cl_2 \xrightarrow{\triangle} 2Cl\cdot$

$$^{14}CH_2{=}CH{-}CH_3 + Cl\cdot \longrightarrow {}^{14}CH_2{=}CH{-}\dot{C}H_2 + HCl$$

$$^{14}CH_2{=}CH{-}\dot{C}H_2 \longleftrightarrow {}^{14}\dot{C}H_2{-}CH{=}CH_2 \qquad {}^{14}\overbrace{CH_2{\cdots}CH{\cdots}CH_2}^{\cdot}$$

$$^{14}CH_2{=}CH{-}\dot{C}H_2 \xrightarrow{Cl_2} {}^{14}CH_2{=}CH{-}CH_2Cl \qquad {}^{14}\dot{C}H_2{-}CH{=}CH_2 \xrightarrow{Cl_2} CH_2{=}CH{-}{}^{14}CH_2Cl$$

(3) $PhCH{=}CHPh$ (Ph/H, Ph/H) $\xrightarrow[(-Br^-)]{Br_2}$ 溴鎓离子（Br^+ 桥连两个 C，Br^- 从背面进攻）$\longrightarrow$

Br(Ph)(H)C—C(H)(Ph)Br ≡ Fischer 投影式：Ph / Br—H / H—Br / Ph

Br(Ph)(H)C—C(H)(Ph)Br ≡ Fischer 投影式：Ph / H—Br / Br—H / Ph

外消旋混合物

【例 9】合成下列化合物

(1) 用 C_2 以下的不饱和烃为原料合成（无机原料任选）下列化合物：

A. $CH_3COCH_2CH_2COCH_3$　　　B. $CH_3CBr_2CH_2CH_2CH_2CH_3$（2,2-二溴己烷，键线式）

(2) 用 C_2 以下的有机物合成下列化合物：

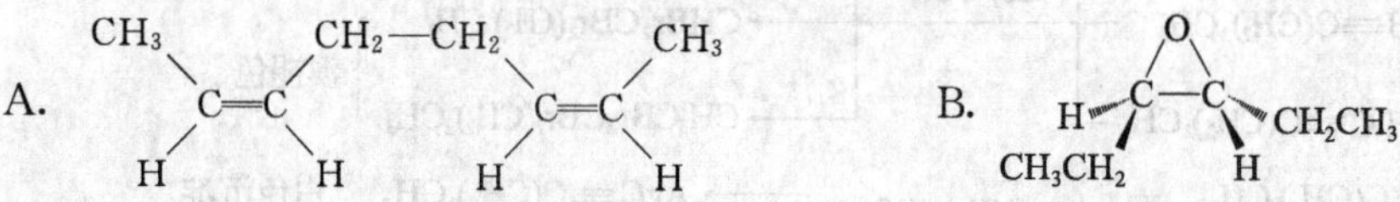

答 (1) A 分析

$$\underset{\text{甲基酮}}{CH_3COCH_2CH_2COCH_3} \Longrightarrow \underset{\text{端炔}}{CH{\equiv}C + CH_2CH_2 + C{\equiv}CH} \Longrightarrow$$

$$2CH{\equiv}CNa + BrCH_2CH_2Br$$

合成：

$$CH_2{=}CH_2 \xrightarrow{Br_2/CCl_4} BrCH_2CH_2Br$$

$$2CH{\equiv}CH \xrightarrow{NaNH_2/\text{液 }NH_3} 2CH{\equiv}CNa \xrightarrow[\text{液 }NH_3]{BrCH_2CH_2Br}$$

$$CH{\equiv}C{-}CH_2CH_2{-}C{\equiv}CH \xrightarrow[Hg^{2+},\,H^+]{H_2O} CH_3{-}\underset{\|}{\overset{}{C}}{-}CH_2CH_2{-}\underset{\|}{C}{-}CH_3$$
（两个 C 上各连 =O）

B 分析

$$CH_3CBr_2CH_2CH_2CH_2CH_3 \Longrightarrow HC{\equiv}C{\wr}CH_2CH_2CH_2CH_3 \Longrightarrow CH{\equiv}CNa + BrCH_2CH_2CH_2CH_3$$

合成：

$$CH{\equiv}CH \xrightarrow{NaNH_2/\text{液 }NH_3} CH{\equiv}CNa$$

$$CH{\equiv}CH \xrightarrow{H_2/Pd} CH_3CH_3 \xrightarrow{Br_2,h\nu} CH_3CH_2Br$$

$$CH{\equiv}CNa + CH_3CH_2Br \longrightarrow CH{\equiv}CCH_2CH_3 \xrightarrow[\text{P-2 催化剂}]{H_2}$$

$$CH_2{=}CHCH_2CH_3 \xrightarrow[ROOR]{HBr} BrCH_2CH_2CH_2CH_3$$

$$CH{\equiv}CNa \xrightarrow[\text{液}NH_3]{BrCH_2CH_2CH_2CH_3} CH{\equiv}CCH_2CH_2CH_2CH_3 \xrightarrow{2HBr} CH_3CBr_2CH_2CH_2CH_2CH_3$$

（2）A 分析

$$(CH_3)HC{=}CH{-}CH_2CH_2{-}CH{=}CH(CH_3) \Longrightarrow CH_3C{\equiv}CCH_2CH_2C{\equiv}CCH_3$$

$$\Longrightarrow 2CH_3C{\equiv}CNa + BrCH_2CH_2Br$$

合成：

$$CH{\equiv}CNa \xrightarrow[\text{液 }NH_3]{CH_3Br} CH_3C{\equiv}CH \xrightarrow[\text{液 }NH_3]{NaNH_2} CH_3C{\equiv}CNa \xrightarrow[\text{液 }NH_3]{BrCH_2CH_2Br}$$

$$CH_3C{\equiv}CCH_2CH_2C{\equiv}CCH_3 \xrightarrow[\text{Lindlar 催化剂}]{H_2} \text{(顺,顺)-}CH_3CH{=}CH{-}CH_2{-}CH_2{-}CH{=}CHCH_3$$

B 分析：

$$\text{环氧化物（}CH_3CH_2\text{、}H\text{ / }H\text{、}CH_2CH_3\text{）} \Longrightarrow \text{反式-}CH_3CH_2CH{=}CHCH_2CH_3 \Longrightarrow$$

$$CH_3CH_2 + C{\equiv}C + CH_2CH_3$$

合成：

$$HC{\equiv}CH \xrightarrow[220℃]{Na} NaC{\equiv}CNa \xrightarrow[\text{液 }NH_3]{2CH_3CH_2Br} CH_3CH_2{-}C{\equiv}C{-}CH_2CH_3$$

$$\xrightarrow[\text{液}NH_3]{Na} \text{反式-}CH_3CH_2CH{=}CHCH_2CH_3 \xrightarrow[Na_2CO_3]{RCO_3H} \text{环氧化物}$$

【例 10】 推导结构；

某化合物 A，分子式为 $C_{10}H_{18}$，催化氢化后得分子式为 $C_{10}H_{22}$ 的化合物 B，用酸性高锰酸钾氧化 A 得到 $CH_3COCH_2CH_2COOH$、CH_3COOH 和 CH_3COCH_3，推断 A 的构造式并写出相关反应式。

［解题提示］推导结构题，一般可按以下顺序思考：（1）将题中的各种信息，用简明图式表示出各化合物的变化关系；（2）根据化学式，计算不饱和度；（3）观察反应前后化学式的变化，确定反应类型；（4）在所给众多信息中找到解题的突破口；（5）从突破口入手，进行综合分析，进而推出各化合物可能的结构；（6）用反应式验证所推结构是否满足所给的各种信息。

分析：本题简明图式如下。

$$A \xrightarrow{\text{催化氢化}} B$$

$$A \xrightarrow{KMnO_4/H^+} CH_3COCH_2CH_2COOH + CH_3COOH + CH_3COCH_3$$

化合物（A）的分子式符合通式 C_nH_{2n-2}，说明化合物（A）可能是炔烃或二烯烃。从用酸性高锰酸钾氧化（A）得到 $CH_3COCH_2CH_2COOH$、CH_3COOH 和 CH_3COCH_3，可知A应该是二烯烃，如果是炔烃则最多只能得到两个产物。用酸性高锰酸钾氧化烯烃时，二取代双键碳断键后成羰基，一取代双键碳断键后成羧基。

故A应为：$(CH_3)_2C{=}CHCH_2CH_2C(CH_3){=}CHCH_3$

$$(A)\xrightarrow{H_2/Ni}(CH_3)_2CHCH_2CH_2CH_2CH(CH_3)CH_2CH_3\ (B)$$

$$(A)\xrightarrow{KMnO_4,H^+}CH_3COCH_2CH_2COOH+CH_3COOH+CH_3COCH_3$$

【例 11】 推导结构；

三种烯烃A、B、C互为同分异构体，均可使酸性高锰酸钾溶液退色，反应后，A得到的产物为二氧化碳和2-戊酮，B得到戊酸和二氧化碳，C只能得到丙酸，试写出A、B、C三种化合物的结构式。

［解题提示］被高锰酸钾氧化时，双键断裂，能得到二氧化碳的为端烯，得到酸的为一取代双键，得到酮的为二取代双键。逐个分析，A氧化后能得到二氧化碳和2-戊酮，说明双键在碳链的一端，且另一端为二取代双键碳，连有两个烷基，因此A为2-甲基-1-戊烯；B氧化后得到戊酸和二氧化碳，说明双键在碳链的一端，且另一端为一取代双键碳，含五个碳原子，因此B为1-己烯；C氧化后只得到一种产物丙酸，说明碳碳双键在碳链中间，因此C是对称结构的3-己烯。

【习题】

一、命名或写出化合物的结构

1. 用系统命名法命名或写出化合物的结构。

(1) $CH_3C(CH_2CH_3)(CH_3)CH{=}CH_2$　　(2) [1-甲基环戊烯结构式]

(3) $CH_3CH(CH_3)CH_2C{\equiv}CH$　　(4) $CH_3CH{=}CHC{\equiv}CH$

(5) $CH_3CH(Cl)CH(CH_3)CH_2C{\equiv}CCH_3$　　(6) $CH_3CH(CH_3)CH_2C{\equiv}CCH(CH_3)CH_3$

(7) $CH_2{=}CH{-}CH_2{-}$　　(8) $HC{\equiv}C{-}C(CH_2CH_2CH_3){=}C(CH_2CH_2CH_3){-}CH{=}CH_2$

(9) 3-甲基-2-乙基-1-己烯　　(10) 丙烯基

(11) 1-戊烯-4-炔　　(12) 1-戊烯-3-炔

2. 用Z/E命名法命名下列化合物。

(1) $(H)(H_3C)C{=}C(CH_2CH_2CH_3)(CH_2CH_3)$　　(2) $(H_3C)(H)C{=}C(CH_2CH_2CH_3)(CH(CH_3)_2)$

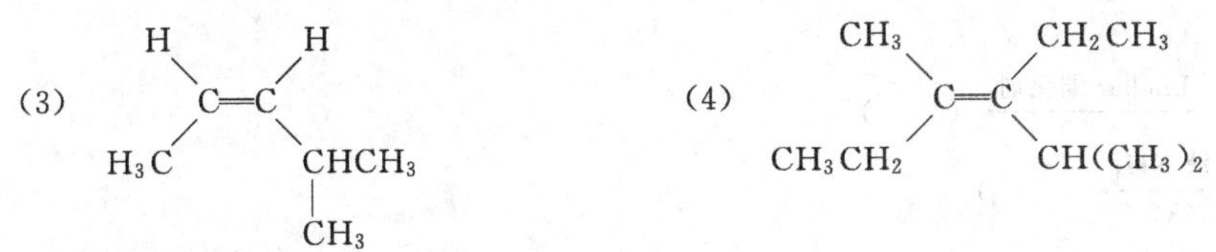

二、回答问题

1. 判断下列化合物的沸点和熔点高低

(A) 顺-2-丁烯 (B) 反-2-丁烯

2. 将下列烯烃按稳定性由大到小排列成序

(1) (A) $CH_3CH{=}CHCH_3$ (B) $CH_2{=}CHCH_2CH_3$ (C) $(CH_3)_2C{=}CHCH_3$

(D) $(CH_3)_2C{=}C(CH_3)_2$

(2) 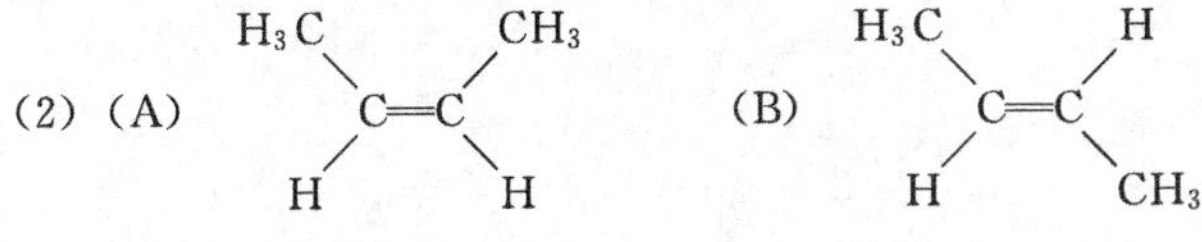

(C) $CH_3CH{=}CH_2$ (D) $CH_2{=}CH_2$

(3) (A) 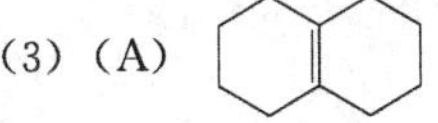 (B) 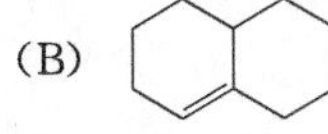 (C) 

3. 将下列活泼中间体按稳定性由大到小排序

(1) (A) $CH_3CH_2\overset{+}{C}H_2$ (B) $(CH_3)_3\overset{+}{C}$ (C) $CH_3\overset{+}{C}HCH_3$ (D) $Cl_3C\overset{+}{C}HCH_3$

(2) (A) 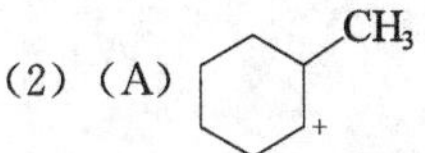 (B) 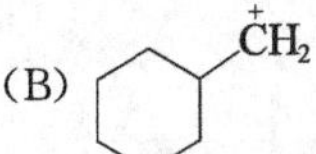 (C) 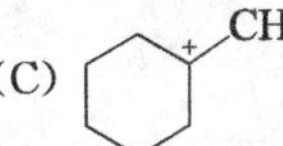

(3) (A) 甲基碳正离子 (B) 乙基碳正离子 (C) 叔丁基碳正离了 (D) 烯丙基碳正离子

4. 下列烯烃中，存在顺反异构体的是：

(A) 2，3-二甲基-2-丁烯 (B) 2-甲基-1-丁烯 (C) 3-甲基-2-戊烯 (D) 2-甲基-2-丁烯

5. 将下列化合物与 Br_2 发生亲电加成反应的速度由快到慢排序：

(A) $CF_3CH{=}CH_2$ (B) $CH_3CH{=}CH_2$ (C) $CH_2{=}CH_2$

6. 将下面化合物中的碳原子电负性由大到小排列：

(A) 乙烯 (B) 乙烷 (C) 乙炔

7. 若溴化氢与1-丁烯发生加成反应得到正溴丁烷，可推测反应条件可能是：

(A) 光照 (B) 水溶液 (C) 500℃ (D) 过氧化物

8. 下列化合物用酸性高锰酸钾氧化后能得到两种酸的是：

(A) 2，3-二甲基-2-丁烯 (B) 2-甲基-2-丁烯 (C) 2-戊烯 (D) 2-丁烯

9. 普通苍蝇分泌的一种性外激素是组成为 $C_{23}H_{46}$ 的烃。将这种烃用 $KMnO_4/H^+$ 处理，得到两种产物 $CH_3(CH_2)_{12}COOH$ 和 $CH_3(CH_2)_7COOH$，则性外激素的名称为：

(A) 15-二十三碳烯 (B) 14-二十三碳烯 (C) 10-二十三碳烯 (D) 9-二十三碳烯

10. 用简便的化学方法鉴别下列各组化合物

(1) (A) 2-甲基丁烷 (B) 3-甲基-1-丁烯 (C) 3-甲基-1-丁炔

(2) (A) 环丙烷 (B) 丙烯 (C) 丙炔 (D) 丙烷

11. 解释下列事实

(1) 乙炔中的C—H键比相应乙烯、乙烷中的C—H键键能较大、键长较短，但酸性却增强了，为什么？

(2) 炔烃不但可以加一分子卤素，而且可以加两分子卤素，但却比烯烃加卤素困难，反应速率也小，为什么？

三、完成反应

1. 完成下列反应式

(1)　$C_2H_5C \equiv CC_2H_5 + H_2 \xrightarrow{\text{Lindlar 催化剂}}$ (　　)

(2)　$C_2H_5C \equiv CC_2H_5 \xrightarrow[-78℃]{\text{Na，液 } NH_3}$ (　　)

(3)　$CH_3C \equiv CCH_3 + Br_2 \longrightarrow$ (　　)

(4)　$CH_2 = CHCH_2C \equiv CH + HCl \longrightarrow$ (　　)

(5)　$CH_2 = CHCH_2C \equiv CH + H_2 \xrightarrow[\text{喹啉}]{Pd\text{-}CaCO_3}$ (　　)

(6)　$(CH_3)_2C = CH_2 \xrightarrow[\text{过氧化物}]{HBr}$ (　　)

(7)　(1-甲基环戊烯) $—CH_3 + HI \longrightarrow$ (　　)

(8)　$CF_3CH = CH_2 + HCl \longrightarrow$ (　　)

(9)　(1-甲基环己烯，CH_3) $\xrightarrow{Cl_2, H_2O}$ (　　)

(10)　(1-甲基环戊烯，CH_3) $\xrightarrow[CCl_4]{NBS}$ (　　)

(11)　$CH_3CH_2CH = CH_2 \xrightarrow{H_2SO_4}$ (　　) $\xrightarrow{H_2O}$ (　　)

(12)　(1-乙炔基环己醇，$C \equiv CH$，OH) $+ H_2O \xrightarrow[H_2SO_4]{HgSO_4}$ (　　)

(13)　(1,2-二甲基环己烯，CH_3，CH_3) $\xrightarrow[\text{② } H_2O_2, OH^-]{\text{① } 1/2\ (BH_3)_2}$ (　　)

(14)　$CH_3C \equiv CH \xrightarrow[\text{② } H_2O_2, OH^-]{\text{① } 1/2\ (BH_3)_2}$ (　　)

(15)　$CH_3CH_2C \equiv CCH_3 \xrightarrow[\text{② } CH_3CO_2H, 0℃]{\text{① } 1/2\ (BH_3)_2}$ (　　)

(16)　$CH_3(CH_2)_2CH = CH_2 \xrightarrow{CH_3COOOH}$ (　　)

(17)　$CH_3CH = CH_2 \xrightarrow[\text{高温}]{Cl_2}$ (　　)

(18)　(环丙基) $—CH = CHCH_3 \xrightarrow[\triangle]{KMnO_4}$ (　　)

(19)　(环己烯) $\xrightarrow[H_2O, 0℃]{KMnO_4, OH^-}$ (　　)

(20)　(环己烯) $\xrightarrow[\text{② } H_2O, Zn]{\text{① } O_3}$ (　　)

(21)　$(CH_3)_2CHC \equiv CH \xrightarrow[\text{② } CH_3I]{\text{① } NaNH_2\text{，液 } NH_3}$ (　　)

(22)　$(CH_3)_2C = CH_2 \xrightarrow{HBr}$ (　　)

2. 写出下列反应物的构造式。

(1) $C_5H_{10}(A) \xrightarrow[\text{② } H^+]{\text{① } KMnO_4, H_2O, OH^-, \triangle} CH_3CH_2\overset{CH_3}{\overset{|}{C}} = O + CO_2 + H_2O$

(2) $C_6H_{10}(B) \xrightarrow[\text{② } H^+]{\text{① } KMnO_4,\ OH^-,\ H_2O} 2CH_3CH_2COOH$

(3) (C) $\xrightarrow[\text{② } H_2O,\ Zn]{\text{① } O_3} CH_3CH_2CHO + CH_3CHO$

(4) (D) $\xrightarrow[\text{② } H_2O,\ Zn]{\text{① } O_3} CH_3CHO + HCHO + CH_3COCH_2CHO$

四、写出下列反应机理

(1) $CH_3CH{=}CH_2 + Cl_2 \xrightarrow{h\nu} ClCH_2CH{=}CH_2$

(2) 环戊烯 $\xrightarrow[CCl_4,\ 0℃]{Br_2,\ Cl^-}$ 反-1,2-二溴环戊烷 + 反-1-溴-2-氯环戊烷

(3) $(CH_3)_2CHCH{=}CH_2 \xrightarrow{HCl} CH_3-\underset{CH_3}{\overset{H}{C}}-\underset{H}{\overset{Cl}{C}}-CH_3 + CH_3-\underset{CH_3}{\overset{Cl}{C}}-\underset{H}{\overset{H}{C}}-CH_3$

(4) $(CH_3)_2C{=}CHCH_2\underset{CH_3}{CH}CH{=}CH_2 \xrightarrow{H^+}$ 1,4,4-三甲基环己烯（环上带 H_3C、CH_3 及 CH_3）

五、合成题

1. 完成下列转变（不限一步）：

(1) $CH_3CH{=}CH_2 \longrightarrow CH_3CH_2CH_2Br$

(2) 亚甲基环戊烷 $\longrightarrow$ 环戊酮

(3) $CH_3CH{=}CH_2 \longrightarrow ClCH_2CH_2CH_2Br$

2. 由指定原料合成下列各化合物（常用试剂任选）：

(1) 由 1-戊烯合成 1-戊醇　　(2) 由乙炔合成 3-己酮

(3) $CH_3CH{=}CH_2 \longrightarrow ClCH_2CH-CH_2$（环氧，O 连接后两个碳）

(4) 由乙炔和丙炔合成丙基乙烯基醚

(5) 由乙炔、丙炔为原料合成反-2-己烯

(6) 由乙炔、丙炔为原料合成顺-3-己烯

六、推导结构

1. 一个碳氢化合物 C_5H_8 能使高锰酸钾和溴的四氯化碳溶液退色，与银氨溶液生成白色沉淀，和硫酸汞的稀硫酸溶液反应，生成一个含氧的化合物，请写出该碳氢化合物所有可能的结构式。

2. 化合物(A)、(B)、(C)均为庚烯的异构体。(A)经臭氧氧化还原水解生成乙醛和戊醛；用同样的试剂处理化合物(B)得到丙酮和 2-丁酮，处理(C)则得到乙醛和 3-戊酮，试写出化合物(A)、(B)、(C)的名称。

3. 分子式为 C_4H_6 的三个异构体(A)、(B)、(C)，可以发生如下的化学反应：

(1) 三个异构体都能与溴反应，但在常温下对等物质的量的试样，与 (B) 和 (C) 反应的溴量是 (A) 的两倍；

(2) 三者都能与 HCl 发生反应，而 (B) 和 (C) 在 Hg^{2+} 催化下与 HCl 作用得到的是同一产物；

(3) (B) 和 (C) 能迅速地与含 $HgSO_4$ 的硫酸溶液作用，得到分子式为 C_4H_8O 的化合物；

(4)（B）能与硝酸银的氨溶液反应生成白色沉淀。

试写出化合物（A）、(B) 和（C）的构造式，并写出有关的反应式。

4. 化合物（A）的分子式为 C_4H_8，它能使溴溶液退色，但不能使稀的高锰酸钾溶液退色。1mol（A）与 1mol HBr 作用生成（B），(B) 也可以从（A）的同分异构体（C）与 HBr 作用得到。(C) 能使溴溶液退色，也能使稀的酸性高锰酸钾溶液退色。试推测（A）、(B) 和（C）的构造式，并写出各步反应式。

5. 有（A）和（B）两个化合物，它们互为构造异构体，都能使溴的四氯化碳溶液退色。(A) 与 $Ag(NH_3)_2NO_3$ 反应生成白色沉淀，用 $KMnO_4$ 溶液氧化生成丙酸（CH_3CH_2COOH）和二氧化碳；(B) 不与 $Ag(NH_3)_2NO_3$ 反应，且经 $KMnO_4$ 溶液氧化只生成一种羧酸。试写出（A）和（B）的构造式及各步反应式。

6. 某化合物（A），分子式为 C_5H_8，在液氨中与金属钠作用后，再与 1-溴丙烷作用，生成分子式为 C_8H_{14} 的化合物（B）。用高锰酸钾氧化（B）得到分子式为 $C_4H_8O_2$ 的两种不同的羧酸（C）和（D）。(A) 在硫酸汞存在下与稀硫酸作用，可得到分子式为 $C_5H_{10}O$ 的酮（E）。试写出（A）～（E）的构造式及各步反应式。

7. 化合物（A）的分子式为 C_7H_{12}，只能与 1mol H_2 发生加成反应。若用臭氧氧化还原水解处理化合物（A），只能得到一种产物，且此产物不能发生银镜反应。试写出该化合物的结构式。

8. 某烃（A）的实验式为 CH，相对分子质量为 208，用酸性高锰酸钾溶液进行氧化得到苯甲酸，经臭氧氧化、还原水解后只得到苯乙醛一种产物，试写出化合物（A）的结构式。

【习题解答】

一、命名或写出化合物的结构

1. (1) 3,3-二甲基-1-戊烯　　(2) 1,5-二甲基环戊烯

(3) 4-甲基-1-戊炔　　(4) 3-戊烯-1-炔

(5) 5-甲基-6-氯-2-庚炔　　(6) 2,6-二甲基-3-庚炔

(7) 烯丙基　　(8) 3,4-二丙基-1,3-己二烯-5-炔

(9)
```
          CH2CH3
          |
CH3CH—C═CH2
     |
     CH2CH2CH3
```

(10) $CH_3CH{=}CH—$

(11) $CH_2{=}CHCH_2C{\equiv}CH$　　(12) $CH_3—C{\equiv}C—CH{=}CH_2$

2. (1) (E)-3-乙基-2-己烯　　(2) (E)-3-异丙基-2-己烯

(3) (Z)-4-甲基-2-戊烯　　(4) (Z)-2，4-二甲基-3-乙基-3-己烯

二、回答问题

1. 沸点(A)>(B)；熔点(B)>(A)

2. (1) (D) (C) (A) (B)　　(2) (B) (A) (C) (D)　　(3) (A) (B) (C)

3. (1) (B) (C) (A) (D)　　(2) (C) (A) (B)　　(3) (D) (C) (B) (A)

4. (C) 5. (B) (C) (A)　6. (C) (B) (A)　7. (D)　8. (C)　9. (D)

10. (1)

试剂 \ 化合物	2-甲基丁烷	3-甲基-1-丁烯	3-甲基-1-丁炔
Br_2/CCl_4	—	+	+
$Ag(NH_3)_2NO_3$	/	—	↓

(2)

试剂 \ 化合物	环丙烷	丙烯	丙炔	丙烷
Br_2/CCl_4	+	+	+	—
$KMnO_4$	—	+	+	/
$Ag(NH_3)_2NO_3$	/	—	↓	/

11. (1) 乙炔的 C—H 键能大，说明它均裂较难。而电负性三键 C_{sp} > 双键 C_{sp^2} > 单键 C_{sp^3}，C—H 键

的极性是乙炔＞乙烯＞乙烷，因此乙炔分子的酸性较乙烯和乙烷的强。

(2) 可从两者亲电加成反应生成的中间体的稳定性说明，炔烃生成的中间体是烯基碳正离子，而烯烃生成的是烷基碳正离子，稳定性前者小于后者。因此炔烃加卤素比烯烃难。

三、完成反应

1.

(1) (Z)-$C_2H_5CH=CHC_2H_5$（C_2H_5 与 C_2H_5 同侧，H 与 H 同侧）

(2) (E)-$C_2H_5CH=CHC_2H_5$（C_2H_5 与 C_2H_5 异侧）

(3) $H_3C(Br)C=C(Br)CH_3$（H_3C 与 Br 同侧，Br 与 CH_3 同侧）

(4) $CH_3-CH(Cl)CH_2C\equiv CH$

(5) $CH_2=CHCH_2CH=CH_2$

(6) $(CH_3)_2CH-CH_2Br$

(7) 1-甲基-1-碘环戊烷（环上同一碳连 CH_3 和 I）

(8) $CF_3CH_2-CH_2Cl$

(9) 环己烷，一个碳上连 CH_3、OH，相邻碳上连 Cl

(10) 环戊烯，双键碳上连 CH_3，相邻 sp^3 碳上连 Br

(11) $CH_3CH_2CH(OSO_3H)CH_3$　$CH_3CH_2CH(OH)CH_3$

(12) 环己烷，同一碳上连 OH 和 $-C(=O)-CH_3$

(13) 环己烷，一个碳上连 H、CH_3（楔形），相邻碳上连 OH、CH_3（楔形）

(14) CH_3CH_2CHO

(15) $C_2H_5(H)C=C(H)CH_3$（C_2H_5 与 CH_3 同侧）

(16) $CH_3(CH_2)_2CH-CH_2$（环氧，O 桥连两碳）

(17) $ClCH_2CH=CH_2$

(18) 环丙基$-COOH + CH_3COOH$

(19) 顺-1,2-环己二醇（两个 OH 楔形）

(20) 环状 1,2-二醛（两个 CHO）

(21) $(CH_3)_2CHC\equiv CCH_3$

(22) $(CH_3)_2CBrCH_3$

2.

(1) $CH_3CH_2C(CH_3)=CH_2$

(2) $CH_3CH_2C\equiv CCH_2CH_3$

(3) $CH_3CH_2CH=CHCH_3$

(4) $CH_2=C(CH_3)CH_2CH=CHCH_3$

四、反应机理

(1) $Cl_2 \xrightarrow{h\nu} 2Cl\cdot$

$Cl\cdot + CH_3CH=CH_2 \longrightarrow \cdot CH_2CH=CH_2 + HCl$

$\cdot CH_2CH=CH_2 + Cl_2 \longrightarrow ClCH_2CH=CH_2 + Cl\cdot$

……

(2) 环戊烯 + Br_2 $\xrightarrow{-Br^-}$ 环状溴鎓离子（Br^+）$\xrightarrow{Br^-}$ 反-1,2-二溴环戊烷；$\xrightarrow{Cl^-}$ 反-1-溴-2-氯环戊烷

(3)

$$(CH_3)_2CHCH{=}CH_2 \xrightarrow{H^+} CH_3-\underset{CH_3}{\overset{H}{C}}-\overset{+}{\underset{H}{C}}-CH_3 \xrightarrow[\text{H迁移}]{\text{重排}} CH_3-\overset{+}{\underset{CH_3}{C}}-\underset{H}{\overset{H}{C}}-CH_3$$

$$CH_3-\underset{CH_3}{\overset{H}{C}}-\overset{+}{\underset{H}{C}}-CH_3 \xrightarrow{Cl^-} CH_3-\underset{CH_3}{\overset{H}{C}}-\underset{H}{\overset{Cl}{C}}-CH_3$$

$$CH_3-\overset{+}{\underset{CH_3}{C}}-\underset{H}{\overset{H}{C}}-CH_3 \xrightarrow{Cl^-} CH_3-\underset{CH_3}{\overset{Cl}{C}}-\underset{H}{\overset{H}{C}}-CH_3$$

(4)

$$(CH_3)_2C{=}CHCH_2\underset{CH_3}{CH}CH{=}CH_2 \xrightarrow{H^+} (CH_3)_2\overset{+}{C}-CHCH_2\underset{CH_3}{CH}CH{=}CH_2$$

$\longrightarrow$ 1,1,4-三甲基环己基碳正离子（正电荷在C-4上）$\xrightarrow{-H^+}$ 1,4,4-三甲基环己烯

五、合成题

1.

(1)　$CH_3CH{=}CH_2 \xrightarrow[ROOR]{HBr} CH_3CH_2CH_2Br$

(2)　亚甲基环戊烷 $\xrightarrow{O_3}\xrightarrow[H_2O]{Zn}$ 环戊酮

(3)　$CH_3CH{=}CH_2 \xrightarrow[h\nu]{Cl_2} ClCH_2CH{=}CH_2 \xrightarrow[ROOR]{HBr} ClCH_2CH_2CH_2Br$

2.

(1)　$CH_3CH_2CH_2CH{=}CH_2 \xrightarrow[\text{② } H_2O_2,\ OH^-]{\text{① } 1/2(BH_3)_2} CH_3CH_2CH_2CH_2CH_2OH$

(2)　$HC{\equiv}CH \xrightarrow[P\text{-}2]{H_2} CH_2{=}CH_2 \xrightarrow{HCl} CH_3CH_2Cl$

$HC{\equiv}CH \xrightarrow[\text{液 } NH_3]{NaNH_2} NaC{\equiv}CNa \xrightarrow{2CH_3CH_2Cl} CH_3CH_2C{\equiv}CCH_2CH_3$

$\xrightarrow[H_2O]{H_2SO_4,\ HgSO_4} CH_3CH_2CH_2\overset{O}{\overset{\|}{C}}CH_2CH_3$

(3)　$CH_3CH{=}CH_2 \xrightarrow[h\nu]{Cl_2} ClCH_2CH{=}CH_2 \xrightarrow{RCOOOH}$

$ClCH_2CH-CH_2$（CH 与 CH_2 间以 O 桥连，环氧化合物）

(4)　$CH_3C{\equiv}CH \xrightarrow[P\text{-}2]{H_2} CH_3CH{=}CH_2 \xrightarrow[\text{② } H_2O_2,\ OH^-]{\text{① } 1/2(BH_3)_2} CH_3CH_2CH_2OH$

$\xrightarrow[OH^-]{CH\equiv CH} CH_3CH_2CH_2OCH=CH_2$

(5) $CH_3C\equiv CH \xrightarrow[液 NH_3]{NaNH_2} CH_3C\equiv CNa$

$CH_3C\equiv CH \xrightarrow[P\text{-}2]{H_2} CH_3CH=CH_2 \xrightarrow[ROOR]{HBr} CH_3CH_2CH_2Br$

$\xrightarrow{CH_3C\equiv CNa} CH_3C\equiv CCH_2CH_2CH_3 \xrightarrow[液 NH_3]{Na}$

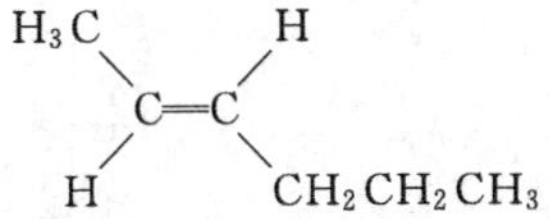

反式：H_3C、H 与 H、$CH_2CH_2CH_3$ 分置 C=C 两侧（H_3C 与 H 在上，H 与 $CH_2CH_2CH_3$ 在下）

(6) $HC\equiv CH \xrightarrow[P\text{-}2]{H_2} CH_2=CH_2 \xrightarrow{HBr} CH_3CH_2Br$

$HC\equiv CH \xrightarrow[液 NH_3]{NaNH_2} NaC\equiv CNa \xrightarrow{2CH_3CH_2Br} CH_3CH_2C\equiv CCH_2CH_3$

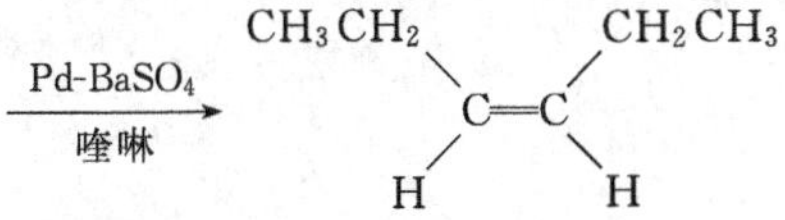

$\xrightarrow[喹啉]{Pd\text{-}BaSO_4}$ 顺式：CH_3CH_2、CH_2CH_3 在 C=C 同侧，两个 H 在另一侧

六、推导结构

1. (1) $CH_3CH_2CH_2C\equiv CH$　　(2) $(CH_3)_2CHC\equiv CH$

2. (A) 2-庚烯　　(B) 2,3-二甲基-2-戊烯　　(C) 3-乙基-2-戊烯

3. (A) 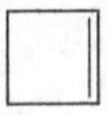 环丁烯　　(B) $CH_3CH_2C\equiv CH$　　(C) $CH_3C\equiv CCH_3$

有关的反应式：

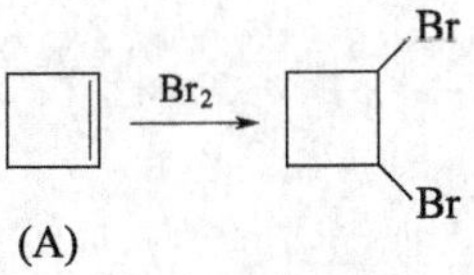

环丁烯 (A) $\xrightarrow{Br_2}$ 1,2-二溴环丁烷

$\underset{(B)}{CH_3CH_2C\equiv CH} \xrightarrow{2Br_2} CH_3CH_2CBr_2CHBr_2$

$\underset{(C)}{CH_3C\equiv CCH_3} \xrightarrow{2Br_2} CH_3CBr_2CBr_2CH_3$

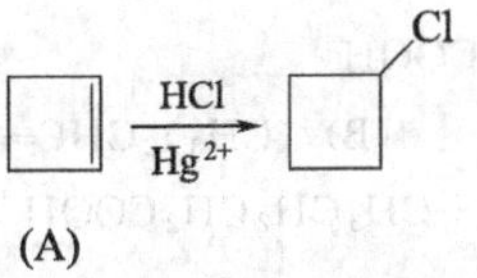

环丁烯 (A) $\xrightarrow[Hg^{2+}]{HCl}$ 氯代环丁烷

$\underset{(B)}{CH_3CH_2C\equiv CH} \xrightarrow[Hg^{2+}]{HCl} CH_3CH_2CCl_2CH_3 \xleftarrow[Hg^{2+}]{HCl} \underset{(C)}{CH_3C\equiv CCH_3}$

$\underset{(B)}{CH_3CH_2C\equiv CH} \xrightarrow[HgSO_4]{H_2SO_4} CH_3CH_2\overset{O}{\overset{\|}{C}}CH_3 \xleftarrow[HgSO_4]{H_2SO_4} \underset{(C)}{CH_3C\equiv CCH_3}$

$\underset{(B)}{CH_3CH_2C\equiv CH} \xrightarrow{Ag(NH_3)_2NO_3} CH_3CH_2C\equiv CAg$

4.

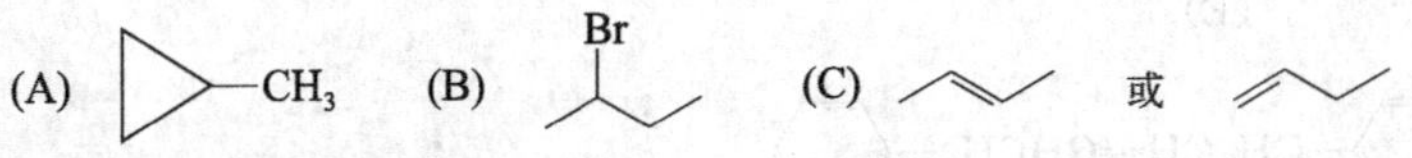

(A) 甲基环丙烷（环丙基—CH_3）　(B) 2-溴丁烷（键线式）　(C) 2-丁烯（键线式） 或 1-丁烯（键线式）

各步反应式：

(A) 甲基环丙烷 $\xrightarrow{Br_2}$ 1,3-二溴丁烷

(A) 甲基环丙烷 $\xrightarrow{HBr}$ (B) 2-溴丁烷 $\xleftarrow{HBr}$ (C) 2-丁烯 或 1-丁烯

(C) 2-丁烯 $\xrightarrow{Br_2}$ 2,3-二溴丁烷　或　(C) 1-丁烯 $\xrightarrow{Br_2}$ 1,2-二溴丁烷

(C) 2-丁烯 $\xrightarrow[H^+]{KMnO_4}$ $2CH_3COOH$　或　(C) 1-丁烯 $\xrightarrow[H^+]{KMnO_4}$ $CH_3CH_2COOH+H_2O+CO_2$

5. (A) $CH_3CH_2C\equiv CH$　　(B) $CH_3C\equiv CCH_3$

各步反应式：

$$CH_3CH_2C\equiv CH \xrightarrow{Br_2/CCl_4} CH_3CH_2C(Br)=CHBr$$

$$CH_3C\equiv CCH_3 \xrightarrow{Br_2/CCl_4} CH_3C(Br)=CBrCH_3$$

$$CH_3CH_2C\equiv CH \xrightarrow{Ag(NH_3)_2NO_3} CH_3CH_2C\equiv CAg$$

$$CH_3CH_2C\equiv CH \xrightarrow{KMnO_4} CH_3CH_2COOH+CO_2+H_2O$$

$$CH_3C\equiv CCH_3 \xrightarrow{KMnO_4} 2CH_3COOH$$

6. (A) $(CH_3)_2CHC\equiv CH$　　(B) $(CH_3)_2CHC\equiv CCH_2CH_2CH_3$

(C) 和 (D) $(CH_3)_2CHCOOH+CH_3CH_2CH_2COOH$　　(E) $(CH_3)_2CHC(=O)CH_3$

各步反应式：

$$\underset{(A)}{(CH_3)_2CHC\equiv CH} \xrightarrow[\text{液 }NH_3]{Na} (CH_3)_2CHC\equiv CNa \xrightarrow{CH_3CH_2CH_2Br}$$

$$\underset{(B)}{(CH_3)_2CHC\equiv CCH_2CH_2CH_3}$$

$$\underset{(B)}{(CH_3)_2CHC\equiv CCH_2CH_2CH_3} \xrightarrow{KMnO_4} \underset{(C)\text{ 和 }(D)}{(CH_3)_2CHCOOH+CH_3CH_2CH_2COOH}$$

$$\underset{(A)}{(CH_3)_2CHC\equiv CH} \xrightarrow[HgSO_4]{H_2SO_4} \underset{(E)}{(CH_3)_2CHC(=O)CH_3}$$

7. 1,2-二甲基环戊烯（CH_3, CH_3）　　8. $C_6H_5-CH_2CH=CHCH_2-C_6H_5$

第四章　二烯烃　共轭体系　共振论

【本章学习重点与难点】

重点：1. 共轭二烯烃的结构和性质。

2. 认识和理解共轭效应并会应用。

难点：共轭效应及共振论。

【基本内容纲要】

1. 共轭二烯烃的分类、命名。

2. 共轭二烯烃的结构及共轭效应。

3. 共轭二烯烃的化学性质：双烯合成，1,4-加成，周环反应。

4. 共振论。

【内容概要】

一、二烯烃的分类和命名

1. 分类

(1) 累积二烯烃　两个双键累积在同一个碳原子上的二烯烃，如 $CH_2{=}C{=}CH_2$。

(2) 共轭二烯烃　两个双键被一个单键隔开的二烯烃，如 $CH_2{=}CHCH{=}CH_2$。

(3) 隔离二烯烃　两个双键被两个或两个以上单键隔开的二烯烃，如 $CH_2{=}CHCH_2CH{=}CH_2$。

2. 命名

与烯烃相似，称为某二烯，将双键的数目用汉字表示，位次用阿拉伯数字表示。若有顺反异构用 Z/E 或顺/反标记。

二、共轭二烯烃的结构和共轭效应

1. 共轭二烯烃的结构

共轭二烯烃的结构特征：双键与单键交替排列，即分子中的两个碳碳双键分布在连续的四个碳原子上，这四个碳原子处在同一平面。每个碳原子剩余一个没有参与杂化的 p 轨道，垂直于 σ 键所在的平面，且相互平行，这些 p 轨道从侧面重叠构成一个离域大 π 键，即每个 C 原子的 p 电子不再定域于相邻的两个 C 之间，而是扩展到整个分子的四个碳原子周围，形成一个共轭体系。

π 电子离域的结果，使共轭体系中单键变短，双键变长，键长趋于平均化，体系的能量比孤立双键体系降低。反映在化学性质上也表现出与孤立双烯有所不同，如共轭烯烃更易于极化，亲电加成反应活性高于孤立烯烃等。

2. 共轭体系与共轭效应

(1) 共轭体系　由三个或三个以上相互平行的 p 轨道侧面重叠形成的大 π 键的体系。

在这个体系中，构成共轭体系的原子必须在同一平面内，且其 p 轨道的对称轴垂直于该平面。π 键电子或 p 轨道电子不是定域的，而是离域的，也称共轭作用。具有共轭体系的分子或离子在化学性质和化学活性上与非共轭体系相比，有着明显的差别。

(2) 共轭体系种类

① π,π-共轭体系——重键与单键交替存在的共轭体系。

如：C═C—C═C　C═C—C═O　C═C—C≡N　C═C—C≡C　C═C—C═N 等。

其中重键可以是双键，也可以是三键；组成重键的原子不仅限于碳原子，也可以是氧原子和氮原子等。

② p，π-共轭体系——π 键与相邻原子的 p 轨道侧面重叠构成的共轭体系。

如：

$>C=C<\ddot{X}:$、$>C=C<\overset{+}{C}H_2$、$>C=C<\overset{-}{C}H_2$、$>C=C<\dot{C}H_2$、

$R-C(=O)-\ddot{O}-R'$、$R-C(=O)-\ddot{N}<$、$>C=C<\ddot{O}-R'$ 等。

能形成 p,π-共轭体系的除具有未共用电子对的中性分子外，还可以是正、负离子或自由基。

③ 超共轭体系——π 键或 p 轨道与相邻 C—Hσ 键侧面重叠构成的共轭体系。该体系因 C—Hσ 键键轴与 p 轨道不平行，重叠程度小，其共轭作用比共轭体系弱得多。超共轭效应大多存在于烷基与不饱和键直接相连的化合物中，大小由烷基中 α-H 原子的数目多少而定。

又可细分为以下几种。

a. σ,π-超共轭体系——π 键 p 轨道与相邻 C—Hσ 键轨道侧面重叠构成的共轭体系。

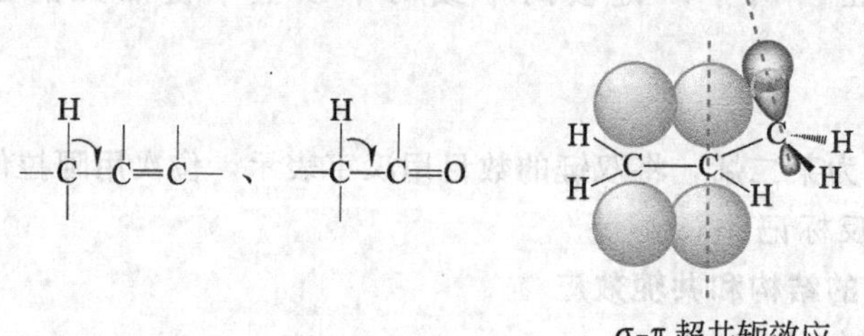

σ-π 超共轭效应

b. σ,p-超共轭体系——非 π 键 p 轨道与相邻 C—Hσ 键轨道侧面重叠构成的共轭体系。如：

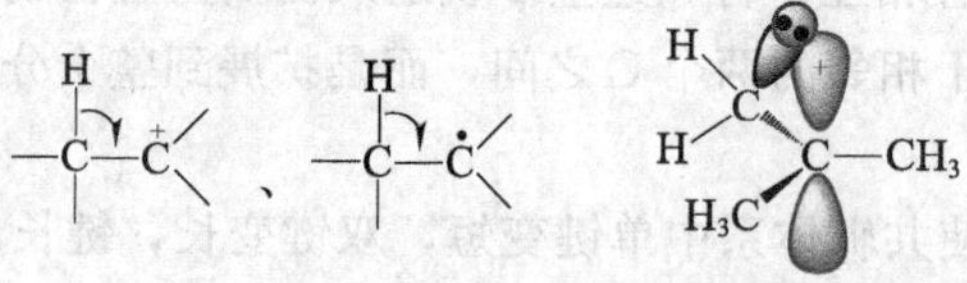

σ,p 超共轭效应

显然，在超共轭体系中，相邻 C—Hσ 键的数目越多，形成超共轭的概率越大，超共轭效应越强，体系的离域能增大，整个分子的稳定性提高。

(3) 共轭效应　在共轭体系中，任何一个原子受到外界的影响，由于 π 电子在整个体系中发生离域，均会影响到分子的其余部分，这种电子通过共轭体系传递的现象，称为共轭效应（conjugative effect，简称 C 效应），即共轭体系中电子相互作用表现出来

的特性和结果。

(4) 共轭效应的特征

① 共轭效应沿共轭链传递，从一端至另一端，不因碳链的增长而降低。

② 共轭体系能量降低（共轭能或离域能）。

③ 双键碳上电子密度呈疏密交替分布，即共轭链上可形成交替正负电荷。如：

$$CH_3-\overset{\delta^+}{C}H=\overset{\delta^-}{C}H-\overset{\delta^+}{C}H=\overset{\delta^-}{C}H-\overset{\delta^+}{C}H=\overset{\delta^-}{C}H_2$$

(5) 吸电子共轭效应和供电子共轭效应　共轭效应有正负之分，使体系电子云密度增大的为供电子（正）共轭效应，记为＋C；使体系电子密度降低的为吸电子（负）共轭效应，记为－C。如：

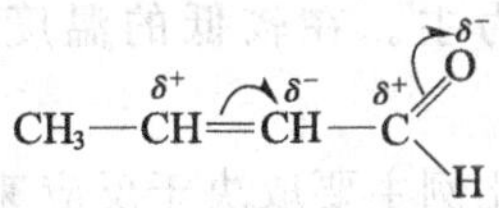

$$CH_3-\overset{\delta^+}{C}H=\overset{\delta^-}{C}H-\overset{\delta^+}{C}(H)=\overset{\delta^-}{O}$$

$>C=O$ 对 C═C 有—C 效应，而 C═C 对 $>C=O$ 有＋C 效应；

CH_3—对—CH═CH—CH═O 有＋C 效应（超共轭）；又如：

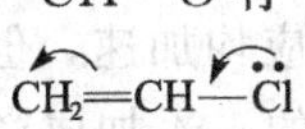

$$CH_2=CH-\ddot{Cl}$$　Cl 对 C═C 有＋C 效应

在共轭体系中，π 电子的离域方向可用“弯箭头”表示。如：

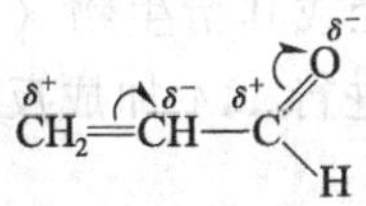

$$\overset{\delta^+}{C}H_2=\overset{\delta^-}{C}H-\overset{\delta^+}{C}(H)=\overset{\delta^-}{O}$$

3. 共振论的基本要点

共振论认为，当一个分子、离子或自由基不能用一个经典结构式表示时，可用几个经典结构式的叠加来描述，叠加又称共振。即对电子离域体系的化合物，需用几个可能的经典结构式表示分子的“真实状态”。真实分子是这几个可能的经典结构的共振杂化体。而这些可能的经典结构叫极限结构或共振结构，经典结构式的叠加或共振称共振杂化体。

(1) 共振结构式的书写原则

① 极限结构式必须符合价键结构理论和 Lewis 结构理论的要求，如碳原子必须是 4 价，第二周期元素的价电子数不能超过 8 个等。

② 同一化合物分子的极限结构式，只是电子排布不同，而原子核的相对位置不变。

③ 同一分子的极限结构式中，其配对电子数或未配对电子数必须保持一致。

(2) 同一分子的不同极限结构对共振杂化体的贡献

① 共价键数目相等的极限结构贡献相同。

② 共价键多的极限结构比共价键少的极限结构贡献大。

③ 没有电荷分离的极限结构比含有电荷分离的极限结构贡献大。符合电负性原则的电荷分离结构比不符合电负性原则的电荷分离结构贡献大。

④ 键角和键长变形较大的极限结构对共振杂化体的贡献小。

三、共轭二烯烃的化学性质

共轭二烯烃除具有烯烃的一般性质外，还可发生下列反应：

$$\left[-CH_2-CH=CH-CH_2-\right]_n \xleftarrow[\text{聚合}]{\text{催化剂}} CH_2=CH-CH=CH_2 \xrightarrow[\text{双烯合成}]{CH_2=CH-CHO} \text{(环己烯-4-甲醛)}$$

$$CH_2=CH-CH=CH_2 + \overset{\delta^+}{E}-\overset{\delta^-}{Z}\ (EZ=X_2、HX)$$

1,2-加成：$CH_2(E)-CH(Z)-CH=CH_2$

1,4-加成：$CH_2(E)-CH=CH-CH_2(Z)$

1. 亲电加成

和单烯烃一样，共轭二烯烃能进行亲电加成反应，其加成反应活性比单烯烃高。1,3-丁二烯和一分子亲电试剂进行加成，可以得到两种产物。一般在较高的温度下反应受热力学控制，以1,4-加成产物为主。在较低的温度下，反应受动力学控制，以1,2-加成产物为主。

反应温度较低时，生成产物的比例主要取决于反应速率即活化能的大小，反应所需克服的能垒越低，反应就越快；而反应温度升高，达到平衡时，反应产物的比例取决于各物质的热力学稳定性。

如：1,3-丁二烯在低温下与溴加成，1,2-加成活化能低，反应速度快，因而主要产物为1,2-加成产物；在较高温度下，使1,2-和1,4-加成反应均加速，但由于1,4-加成产物稳定，可逆反应的可能性小，最终主要生成热力学稳定性好的1,4-加成产物。

2. 双烯合成反应(Diels-Alder 反应)

Diels-Alder 反应是一个共轭二烯烃或其衍生物（双烯体）与另一个含有碳碳双键或碳碳三键的不饱和化合物（亲双烯体）进行1,4-加成反应，生成六元环状化合物，也称双烯合成。

$$\text{2-甲基-1,3-丁二烯} + CH_2=CH-CHO \xrightarrow{\triangle} \text{4-甲基环己烯甲醛}(CH_3,\ CHO)$$

$$\text{环戊二烯} + \text{马来酸酐} \xrightarrow{\triangle} \text{内型产物为主 (Endo)}$$

$$\text{环戊二烯} + HC\equiv CH \xrightarrow{\triangle} \text{降冰片二烯}$$

反应特点如下。

① Diels-Alder 反应是一个一步进行的协同反应，在反应中没有任何活性中间体生成。

② 反应是可逆的。

③ 双烯体的两个双键必须取顺式构象，才能发生反应，反之则不能进行。

④ 一般的双烯合成反应，当双烯体上有供电子基或亲双烯体上有吸电子基时，有利于反应的进行。

⑤ Diels-Alder 反应是立体专一性的顺式加成反应。参与反应的亲双烯体在反应过程中顺反关系保持不变。如：

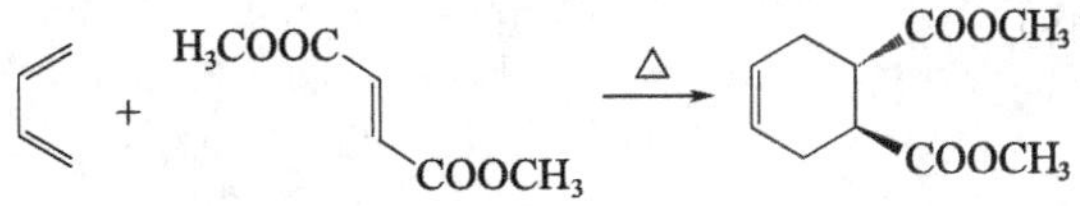

⑥ D-A 反应有很强的区域选择性。

1 位取代的双烯体与单取代的亲双烯体反应主要生成邻位产物；2 位取代的双烯体则主要生成对位产物。

如：

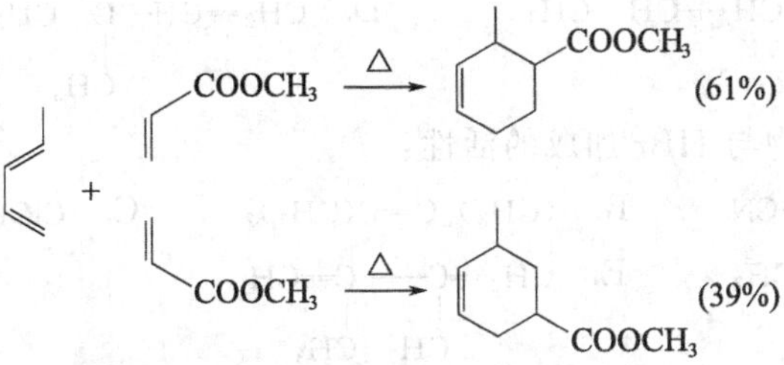

(61%)

(39%)

⑦ 环状的双烯体与单取代或环状的亲双烯体反应时，主要生成内向型产物。

如：

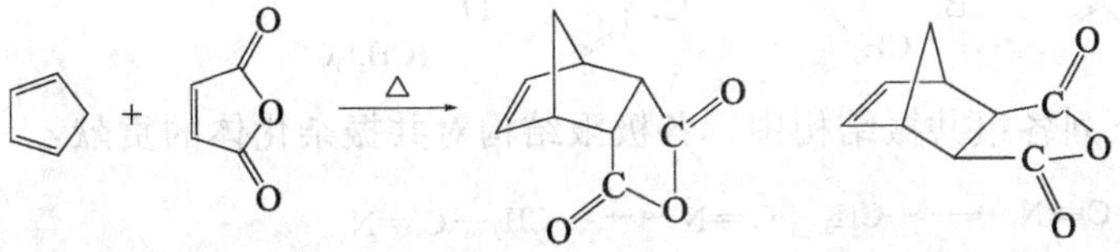

(Endo) 内型产物为主　　(Exo) 外型

3*. 电环化反应

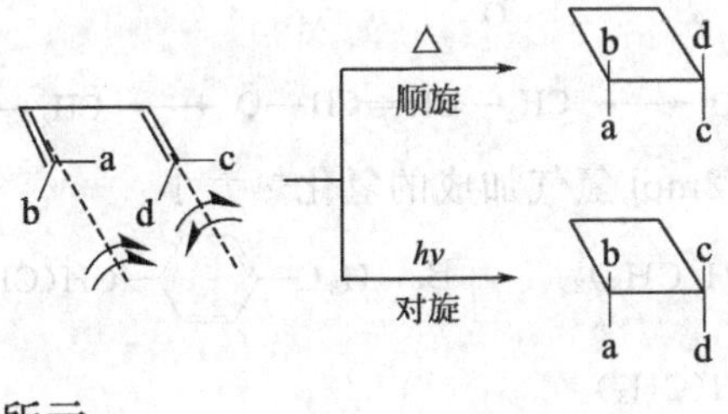

电环化反应的规律如下所示：

共轭 π 电子数	反应例子	热反应	光照反应
4n	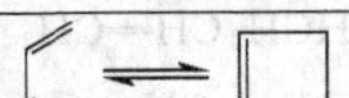	顺旋/允许	对旋/允许
4n+2	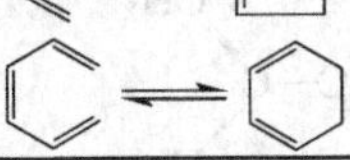	对旋/允许	顺旋/允许

4. 聚合反应

(1) 高聚合反应

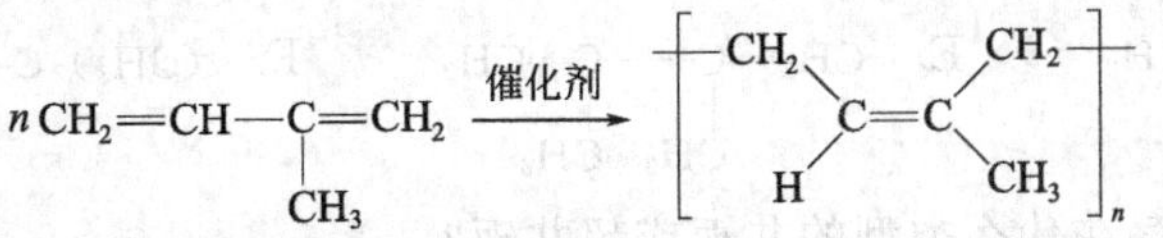

$$n\,CH_2{=}CH{-}C(CH_3){=}CH_2 \xrightarrow{\text{催化剂}} \left[CH_2{-}C(H){=}C(CH_3){-}CH_2 \right]_n$$ (合成天然橡胶)

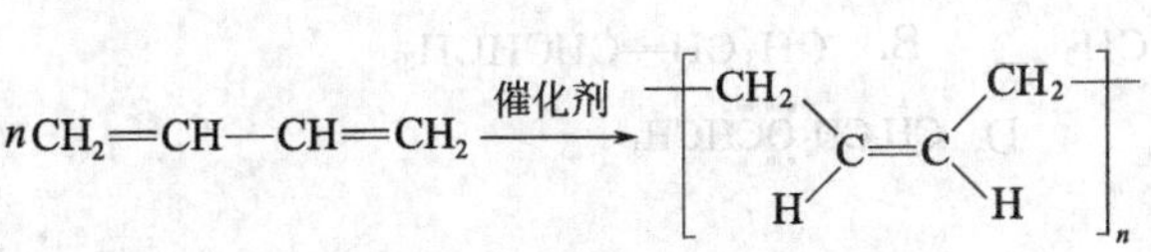

$$n\,CH_2{=}CH{-}CH{=}CH_2 \xrightarrow{\text{催化剂}} \left[CH_2{-}C(H){=}C(H){-}CH_2 \right]_n$$ (顺丁橡胶)

（2）共聚合反应（略）

【例题解析】

【例 1】回答下列问题。

（1）比较下列碳正离子的稳定性：

A. $CH_3-CH=CH-\overset{+}{C}H-CH_3$　　B. $CH_3-CH=CH-CH_2-\overset{+}{C}H_2$

C. $CH_2=CH-CH_2-\overset{+}{C}H-CH_3$　　D. $CH_2=CH-\overset{+}{C}(CH_3)-CH_3$

（2）比较下列化合物与 HBr 加成的活性：

A. $CH_2=CH-CN$　　B. $(CH_3)_2C=C(CH_3)_2$　　C. $ClCH_2CH=CH_2$

D. $(CH_3)_2C=CH_2$　　E. $CH_2=C(CH_3)-C(CH_3)=CH_2$

（3）比较顺丁烯二酸酐与下列双烯进行 Diels-Alder 加成反应的活性：

A. 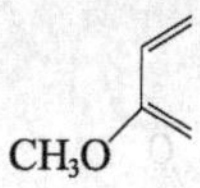 2-CH_3O-1,3-丁二烯　　B. 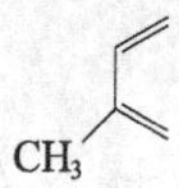 2-CH_3-1,3-丁二烯　　C. 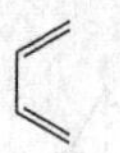 （s-顺式共轭二烯）　　D. 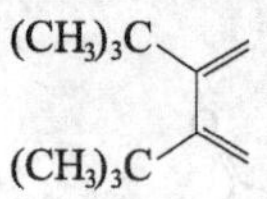 2,3-二$(CH_3)_3C$-1,3-丁二烯

（4）试说明下列各组共振结构中，各极限结构对共振杂化体的贡献：

A. $CH_3-C\equiv N \longleftrightarrow CH_3-\overset{+}{C}=\overset{-}{N} \longleftrightarrow CH_3-\overset{-}{C}=\overset{+}{N}$

B. 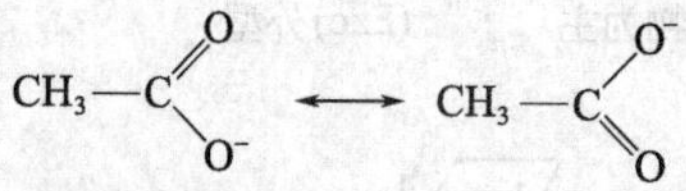 $CH_3-C(=O)O^- \longleftrightarrow CH_3-C(O^-)=O$

C. $CH_2=CH-CH=O \longleftrightarrow \overset{+}{C}H_2-CH=CH-\overset{-}{O} \longleftrightarrow \overset{-}{C}H_2-CH=CH-\overset{+}{O}$

（5）比较下列化合物与 2mol 氢气加成的氢化热大小：

A. 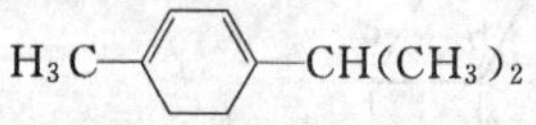 H_3C—（环己二烯）—$CH(CH_3)_2$　　B. 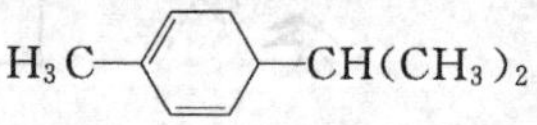 H_3C—（环己二烯）—$CH(CH_3)_2$

C. 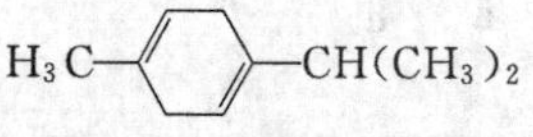 H_3C—（环己二烯）—$CH(CH_3)_2$

（6）比较下列化合物的热力学稳定性：

A. $CH_3CH=C=CHCH_3$　　B. $CH_2=CHCH_2CH=CH_2$

C. 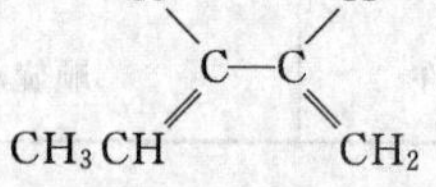 $CH_3CH=C(H)-C(H)=CH_2$　　D. 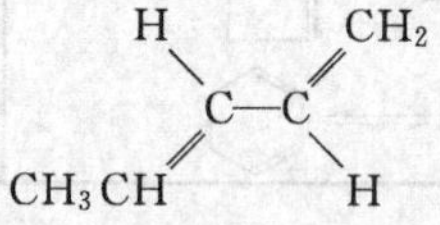 $CH_3CH=C(H)-C(H)=CH_2$（另一构型）

（7）将下面的化合物按与 HBr 加成反应的活性由大到小排序：

A. $CH_3CH=CHCH=CH_2$　　B. $CH_2=CHCH_2CH_3$　　C. $CH_3CH=CHCH_3$

D. $CH_2=CHCH=CH_2$　　E. $CH_2=C(CH_3)-C(CH_3)=CH_2$　　F. $(CH_3)_2C=CHCH_3$

（8）下列分子或离子中存在什么类型的共轭或超共轭？

A $CH_2=CHCH=CHCH_3$　　B. $CH_3CH=CH\overset{+}{C}HCH_3$

C. $Cl-CH=CHCH_3$　　D. $CH_3CH_2\ddot{O}CHCH_3$

答

(1) 若体系中存在共轭效应则会分散电荷，使碳正离子稳定性增加。A. 存在 p，π-共轭效应和 3 个 σ,p-超共轭效应；B. 存在 2 个 σ,p-超共轭效应，没有共轭效应；C. 存在 5 个 σ,p-超共轭效应；D. 存在 p,π-共轭效应和 6 个 σ,p-超共轭效应。

结论：

$$D>A>C>B$$

(2) 在亲电加成反应中共轭烯烃的反应活性大于单烯烃；双键上连有的供电子基团越多，反应活性越高；连有吸电子基团使反应活性降低。结论：

$$E>B>D>C>A$$

(3) 双烯体上电子云密度越大，对 Diels-Alder 反应越有利。但 Diels-Alder 反应对空间效应敏感，叔丁基的空间位阻太大，阻碍了反应的进行。结论：

$$A>B>C>D$$

(4) 根据极限结构对共振杂化体贡献大小的原则：

A. $CH_3—C\equiv N$ 最大(共价键数目多)； $CH_3—\overset{+}{C}=\overset{-}{N}$ 电荷分离符合电负性原则，对共振杂化体也有贡献；而 $CH_3—\overset{-}{C}=\overset{+}{N}$ 电荷分离不符合电负性原则，贡献最小

B. 两者贡献等同。

C. $CH_2=CH—CH=O$ 最大； $\overset{-}{C}H_2—CH=CH—\overset{+}{O}$ 最小。

(5) 共轭二烯稳定性好，氢化热低，B 中的 $CH(CH_3)_2$ 没有与双键碳直接相连，稳定性比 A 小。结论：

$$C>B>A$$

(6) A 为累积二烯烃，内能最大，最不稳定，共轭二烯烃较非共轭二烯烃稳定；在共轭二烯烃中，s-顺式比 s-反式的分子内能大，稳定性小。结论：

$$D>C>B>A$$

(7) 共轭二烯烃的亲电反应活性高于单烯烃；连在双键碳上的烷基越多，给电子效应越强，双键上电子云密度越大，烯烃发生亲电加成反应越容易。结论：

$$E>A>D>F>C>B$$

(8) A. π-π 共轭、σ-π 超共轭；B. p-π 共轭、σ-π 超共轭、σ-p 超共轭；C. p-π 共轭、σ-π 超共轭；D. p-p 共轭、σ-p 超共轭

【例 2】用化学方法鉴别以下化合物：

A. 环戊基—$C\equiv CH$　B. 环戊基—$CH_2CH=CH_2$　C. 1,2-二甲基环丙烷（CH_3，CH_3）

D. 环戊二烯　E. 甲基环己烷（CH_3）

答

试剂 \ 化合物	A	B	C	D	E
Br_2/CCl_4	+退色	+退色	+退色	+退色	—
稀 $KMnO_4$	+退色	+退色	—	+退色	/
$AgNO_3/NH_3$	+↓白色	—	/	—	/
顺丁烯二酸酐；△	—	/	/	生成固体	/

【例 3】完成下列反应：

(1) $CH_3CH{=}CH_2 \xrightarrow[高温]{Cl_2} (\quad) \xrightarrow[\triangle]{CH_2{=}CHCH{=}CH_2} (\quad) \xrightarrow[稀冷]{KMnO_4} (\quad)$

(2) $CH_2{=}CH{-}C(CH_3){=}CH_2 + HOCl \longrightarrow (\quad)$

(3) 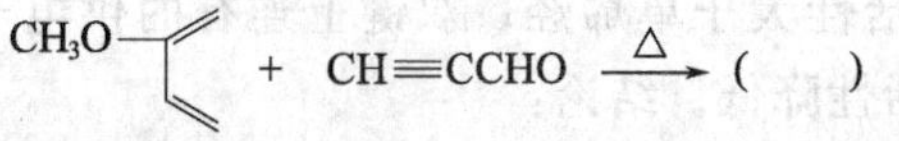 2-甲氧基-1,3-丁二烯 + $CH{\equiv}CCHO \xrightarrow{\triangle} (\quad)$

答

(1) 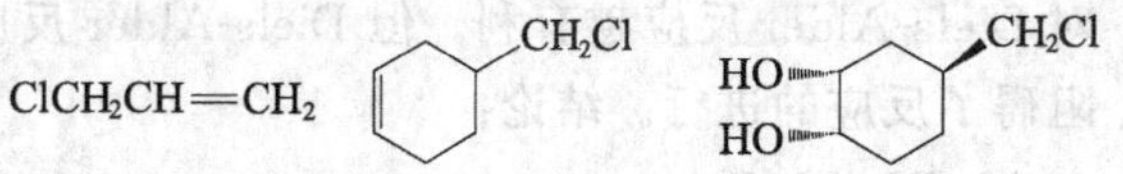 $ClCH_2CH{=}CH_2$　4-氯甲基环己烯（CH_2Cl）　HO、HO 二羟基氯甲基环己烷（CH_2Cl）

α-H的卤代，是自由基取代；

(2) 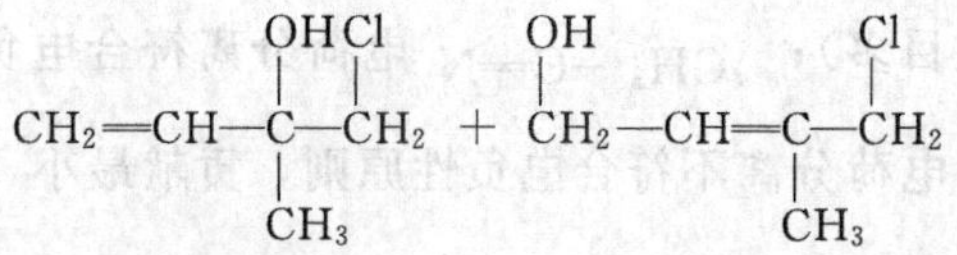 $CH_2{=}CH{-}C(CH_3)(OH){-}CH_2Cl$（1,2-加成） + $HO{-}CH_2{-}CH{=}C(CH_3){-}CH_2Cl$（1,4-加成）　高温有利于 1,4-加成

(3) 1-甲氧基-4-甲酰基-1,4-环己二烯（CH_3O，CHO）　2-位取代双烯体反应时，主要生成对位产物。

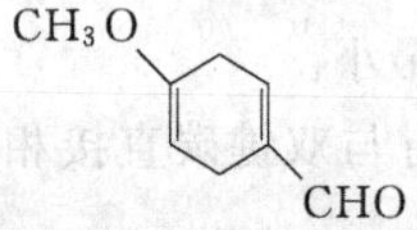

【例 4】合成下列化合物

(1) 用 C_2 以下的不饱和烃为原料合成(无机原料任选) 下列化合物：

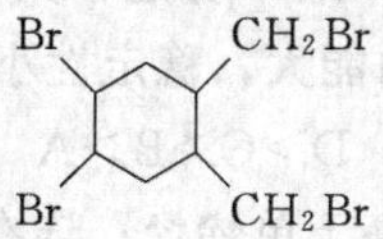

1,2-二溴-4,5-双(溴甲基)环己烷（Br，Br，CH_2Br，CH_2Br）

(2) 以丙烯为原料合成：

$CH_2{=}CHCH_2(H)C{=}C(H)CH_3$

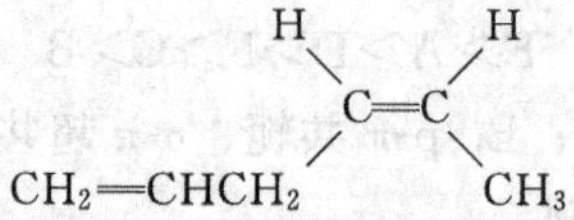

(3) 以乙炔、丙烯为原料合成：

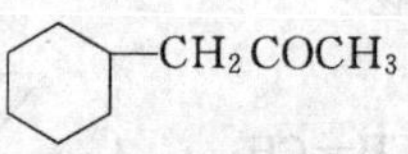

环己基$-CH_2COCH_3$

(4) 以乙炔为原料合成(2R，3S)-2，3-二羟基丁烷。

［解题提示］有机合成是有机化学的重要组成部分，它通常是指从简单的有机物和无机物，通过化学反应制取较复杂的有机物的过程。选用的合成路线应该具有以下特点：(1) 原料易得和价格便宜；(2) 反应收率高，副反应少，反应条件温和且容易控制；(3) 设计的路线短而合理。合成时一般采用“逆推法”，即从合成产物“逆推”至需要的反应物，有时也用“逆推”与“正推”相结合的方法。

(1) 分析：

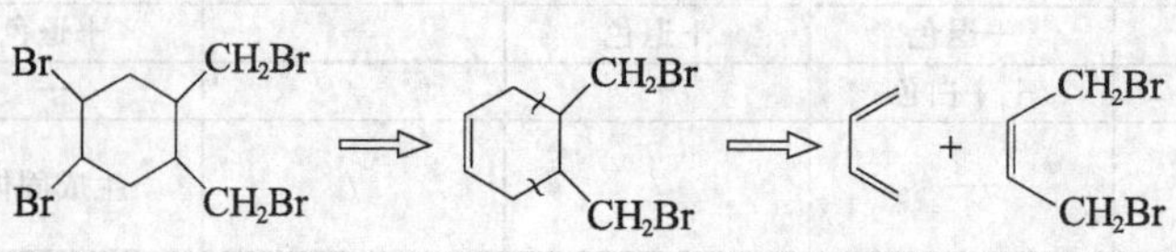

1,2-二溴-4,5-双(溴甲基)环己烷（Br，Br，CH_2Br，CH_2Br） ⟹ 4,5-双(溴甲基)环己烯（CH_2Br，CH_2Br） ⟹ 1,3-丁二烯 + 1,4-二溴-2-丁烯（CH_2Br，CH_2Br）

合成：

$$2CH{\equiv}CH \xrightarrow[NH_4Cl]{Cu_2Cl_2} CH_2{=}CH{-}C{\equiv}CH \xrightarrow[Pd，BaSO_4，喹啉]{H_2}$$

$$CH_2{=}CH{-}CH{=}CH_2 \xrightarrow[40℃]{Br_2} BrCH_2{-}CH{=}CH{-}CH_2Br$$

$$\text{丁二烯} + \text{(Z)-}BrCH_2CH{=}CHCH_2Br \xrightarrow{\triangle} \text{4,5-二(溴甲基)环己烯} \xrightarrow[CCl_4]{Br_2} \text{1,2-二溴-4,5-二(溴甲基)环己烷}$$

（2）分析：

$$\text{(Z)-}CH_2{=}CHCH_2CH{=}CHCH_3 \Longrightarrow CH_2{=}CHCH_2C{\equiv}CCH_3$$

$$\Longrightarrow CH_2{=}CHCH_2Br + CH_3C{\equiv}C^-$$

$$CH_2{=}CHCH_2Br \Longrightarrow CH_2{=}CHCH_3 \qquad CH_3C{\equiv}C^- \Longrightarrow CH_2BrCHBrCH_3 \Longrightarrow CH_2{=}CHCH_3$$

合成：

$$CH_2{=}CHCH_3 \xrightarrow[CCl_4]{Br_2} CH_2BrCHBrCH_3 \xrightarrow[C_2H_5OH，\triangle]{KOH}$$

$$CH{\equiv}CCH_3 \xrightarrow[液\ NH_3]{NaNH_2} CH_3C{\equiv}CNa$$

$$CH_2{=}CHCH_3 \xrightarrow[CCl_4，\triangle]{NBS} CH_2{=}CHCH_2Br$$

$$CH_2{=}CHCH_2Br + CH_3C{\equiv}CNa \longrightarrow CH_2{=}CHCH_2C{\equiv}CCH_3$$

$$\xrightarrow[Pd，BaSO_4，喹啉]{H_2} \text{(Z)-}CH_2{=}CHCH_2CH{=}CHCH_3$$

（3）分析：

$$C_6H_{11}{-}CH_2COCH_3 \Longrightarrow C_6H_{11}{-}CH_2C{\equiv}CH$$

$$\Longrightarrow C_6H_{11}{-}CH_2Cl + HC{\equiv}CNa$$

$$C_6H_{11}{-}CH_2Cl \Longrightarrow \text{4-(氯甲基)环己烯} \Longrightarrow \text{丁二烯} + CH_2{=}CH{-}CH_2Cl$$

$$CH_2{=}CH{-}CH_2Cl \Longrightarrow CH_2{=}CH{-}CH_3$$

合成：

$$2CH{\equiv}CH \xrightarrow[NH_4Cl]{Cu_2Cl_2} CH_2{=}CH{-}C{\equiv}CH \xrightarrow[Pd\text{-}BaSO_4，喹啉]{H_2} CH_2{=}CH{-}CH{=}CH_2$$

$$CH_2{=}CH{-}CH_3 \xrightarrow[高温]{Cl_2} CH_2{=}CH{-}CH_2Cl$$

$$CH{\equiv}CH \xrightarrow[液\ NH_3]{NaNH_2} HC{\equiv}CNa$$

$$\text{丁二烯} + CH_2{=}CHCH_2Cl \xrightarrow{\triangle} \text{4-(氯甲基)环己烯} \xrightarrow{H_2/Ni} C_6H_{11}{-}CH_2Cl \xrightarrow{HC{\equiv}CNa}$$

$$\text{C}_6\text{H}_{11}\text{-}CH_2C\equiv CH \xrightarrow[H_2SO_4,HgSO_4]{H_2O} \text{C}_6\text{H}_{11}\text{-}CH_2COCH_3$$

(4) 分析：

$$H_3C\text{-}CH(OH)\text{-}CH(OH)\text{-}CH_3 \Rightarrow (CH_3)HC=CH(CH_3) \Rightarrow CH_3C\equiv CCH_3 \Rightarrow NaC\equiv CNa + CH_3Br$$

合成：

$$CH\equiv CH \xrightarrow[\text{液 }NH_3]{2NaNH_2} NaC\equiv CNa \xrightarrow{2CH_3Br} CH_3C\equiv CCH_3 \xrightarrow[\text{Pd-BaSO}_4\text{，喹啉}]{H_2}$$

$$(CH_3)HC=CH(CH_3) \xrightarrow[\text{稀、冷 }OH^-]{KMnO_4} H_3C\text{-}CH(OH)\text{-}CH(OH)\text{-}CH_3$$

【例 5】 推导结构；

(A)、(B)、(C) 三种化合物，其分子式都是 C_5H_8，都可以使 Br_2/CCl_4 溶液退色，催化加氢都得到戊烷。(A) 与氯化亚铜的氨溶液作用生成棕红色沉淀，(B) 和 (C) 则不能反应。(C) 可与顺丁烯二酸酐在加热条件下发生反应生成固体沉淀物，(A) 和 (B) 则不能。(B) 与酸性高锰酸钾作用生成丙二酸和二氧化碳。试推测 (A)、(B)、(C) 的构造式，并写出有关反应式。

[解题提示] 由分子式知三种化合物不饱和度为 2，可能是炔烃或二烯烃，(A) 与氯化亚铜的氨溶液作用生成棕红色沉淀，可知为端炔，(C) 可与顺丁烯二酸酐反应，可知为共轭二烯，(B) 与酸性高锰酸钾作用生成丙二酸和二氧化碳，可知是 1,4-二烯，三种化合物的分子式都是 C_5H_8，催化加氢都得到戊烷，可知三者均为直链烃，推测 (A)、(B)、(C) 的构造式分别为：

(A) $CH\equiv CCH_2CH_2CH_3$　(B) $CH_2=CHCH_2CH=CH_2$　(C) $CH_2=CHCH=CHCH_3$

有关反应式：

$$\left.\begin{array}{l} CH\equiv CCH_2CH_2CH_3 \\ CH_2=CHCH_2CH=CH_2 \\ CH_2=CHCH=CHCH_3 \end{array}\right\} \xrightarrow[Ni]{2H_2} CH_3CH_2CH_2CH_2CH_3$$

$$CH\equiv CCH_2CH_2CH_3 \xrightarrow[NH_3]{Cu_2Cl_2} CH_3CH_2CH_2C\equiv CCu\downarrow$$

$$CH_2=CHCH_2CH=CH_2 \xrightarrow[H^+]{KMnO_4} HOOCCH_2COOH + CO_2$$

$$CH_2=CHCH=CHCH_3 + \text{顺丁烯二酸酐} \xrightarrow{\triangle} \text{3-甲基-1,2,3,6-四氢邻苯二甲酸酐}\downarrow$$

【习题】

一、用系统命名法命名下列化合物

(1) $CH_2=C(CH_2CH_3)CH=CH_2$　　(2) 5-甲基-1,3-环己二烯结构（环上带 CH_3）

(3) $CH_3\underset{\displaystyle CH_3}{\underset{|}{C}}H\text{—}CH{=}C{=}CHCH_3$　　(4) $CH_2{=}CHCH{=}\underset{\displaystyle CH_3}{\underset{|}{C}}CH{=}CH_2$

(5)
$$\begin{array}{ccc} H_3C & & CH_3\\ & C{=}C & \\ H & & CH{=}CH_2\end{array}$$

(6)
$$\begin{array}{ccccc} C_2H_5 & & H & & \\ & C{=}C & & H & \\ H & & C{=}C & & \\ & H & & C_2H_5 & \end{array}$$

(7)
$$\begin{array}{ccccc} H & & CH_3 & & \\ & C{=}C & & H & \\ H_3C & & C{=}C & & \\ & H_3C & & CH_2CH_3 & \end{array}$$

二、回答问题

1. 下列各组化合物分别进行亲电加成反应，按活性由大到小排序

(1) (A) $CH_2{=}CH\text{—}CH{=}CH_2$　　(B) $CH_3CH{=}CH\text{—}CH{=}CH_2$

(C) $CH_3CH{=}CHCH_3$　　(D) $CH_2{=}\overset{\displaystyle CH_3}{\overset{|}{C}}\text{—}\overset{\displaystyle CH_3}{\overset{|}{C}}{=}CH_2$

(2) (A) $CH_2{=}CHOCH_3$　　(B) $CH_2{=}CHO\overset{\displaystyle O}{\overset{\|}{C}}CH_3$

(C) $CH_2{=}CH\overset{\displaystyle O}{\overset{\|}{C}}OCH_3$　　(D) $CH_2{=}CHCH_2CH_3$

2. 将下列化合物按氢化热由大到小排序

(A) 1,4-戊二烯　　(B) 1,3-丁二烯

(C) 1,3-戊二烯　　(D) 1,2-丁二烯

3. 2,5-辛二烯的顺反异构体的个数是

(A) 3　(B) 4　(C) 5　(D) 6

4. 将下列碳正离子按稳定性由大到小排序

(1) (A) $CH_2{=}CH\overset{+}{C}H_2$　　(B) $CH_2{=}CH\overset{+}{C}HCH_3$　　(C) $CH_2{=}CHCH_2\overset{+}{C}H_2$

(2) (A) $\overset{+}{C}H_2CH{=}CH\text{—}CH{=}CH_2$　　(B) $\overset{+}{C}H_2CH{=}CHCH_2CH_3$

(C) $CH_3\overset{+}{C}HCH_2CH{=}CH_2$

5. 下列化合物离域能最大的是：

(A) 1,4-己二烯　　(B) 1,5-己二烯

(C) 1,3-己二烯　　(D) 1,3,5-己二烯

6. 指出下列各对化合物或离子互为极限结构的是

(A) □（环丁二烯）, $CH_2{=}CH\text{—}CH{=}CH_2$

(B) $CH_2{=}C{=}CH_2$ ， $CH_3C{\equiv}CH$

（C） $CH_3\overset{O}{\overset{\|}{C}}CH_3$ ， $CH_3\overset{OH}{\overset{|}{C}}{=}CH_2$

（D） $CH_2{=}CH{-}CH{=}CH_2$ ， $\overset{+}{C}H_2CH{=}CH\overset{-}{C}H_2$

7. 下列化合物发生双烯合成时，按反应活性由大到小排序

(1)（A） $CH_2{=}CH{-}CH{=}CH_2$ （B） $CH_3CH{=}CH{-}CH{=}CH_2$

（C） $CH_2{=}C(C(CH_3)_3){-}C(C(CH_3)_3){=}CH_2$

(2) (A) （丁二烯，端位 CH_3） (B) （丁二烯，端位 CHO） (C) （丁二烯，端位 CH_2Cl）

8. 合成 Diels-Alder 反应产物（含 CN 的双环化合物）的双烯体是

（A）（1,3-环己二烯） （B）（1,4-环己二烯） （C）（环戊二烯） （D）（含 CN 的环戊二烯）

9. 用简单方法鉴别下列各组化合物

（1）丁烷　1-丁烯　1-丁炔　1，3-丁二烯

（2）已烷　1-己炔　1,3-己二烯　1,4-己二烯

三、完成反应

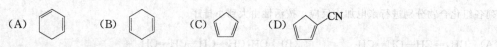

(1) $CH_2{=}CH{-}CH{=}CH_2 + Br_2 \xrightarrow[CS_2]{-15℃}$ （ ）

(2) $CH_3CH{=}CH{-}CH{=}CH_2 + HCl\ (1mol) \xrightarrow{1，2-加成}$ （ ）

(3) $CH_2{=}C(CH_3){-}CH{=}CH_2 + HBr \longrightarrow$ （ ）+（ ）

(4) $CH_2{=}C(CH_3){-}C(CH_3){=}CH_2 + CH_2{=}CH{-}CHO \longrightarrow$ （ ）

(5) （环戊二烯） + （马来酸酐） $\longrightarrow$ （ ）

(6) （环戊二烯） + $HC{\equiv}CH \longrightarrow$ （ ）

(7) （1,3-丁二烯） + （顺式 $CH_3O_2C{-}CH{=}CH{-}CO_2CH_3$） $\longrightarrow$ （ ）

(8) （1,3-环己二烯） + （反式 $CH_3O_2C{-}CH{=}CH{-}CO_2CH_3$） $\longrightarrow$ （ ）

(9) $CH_2{=}CHCH{=}CH_2 \xrightarrow{O_3} \xrightarrow{Zn/H_2O}$ （ ）

四、反应机理

写出下面反应的机理

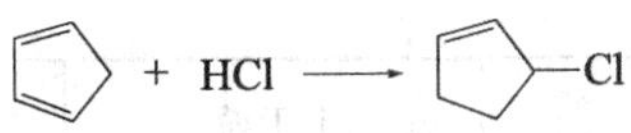

五、合成题

选择适当原料通过 Diels-Alder 反应合成下列化合物。

(1) 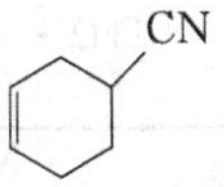 CN

(2) 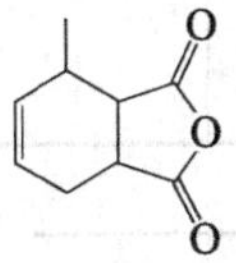 O O O

(3) $COOCH_3$ $COOCH_3$

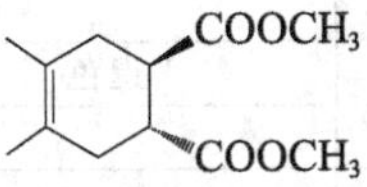

(4) 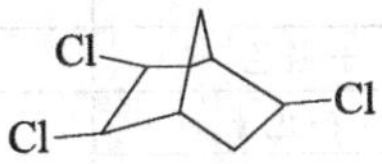 Cl Cl Cl

六、推导结构

1. 某二烯烃与一分子溴反应生成 2,5-二溴-3-己烯，该二烯烃若经臭氧化再还原分解则生成两分子乙醛和一分子乙二醛(O═CH—CH═O)。试写出该二烯烃的构造式及各步反应式。
2. 分子式为 C_7H_{10} 的某开链烃（A），可发生下列反应：（A）经催化加氢可生成 3-乙基戊烷；（A）与硝酸银氨溶液反应可产生白色沉淀；（A）在 $Pd/BaSO_4$ 催化下吸收 1mol H_2 生成化合物（B），（B）能与顺丁烯二酸酐反应生成化合物（C）。试写出（A）、（B）、（C）的构造式。
3. 三个化合物（A）、（B）和（C），其分子式均为 C_5H_8，都可以使溴的四氯化碳溶液退色，在催化下加氢都得到戊烷。（A）与氯化亚铜碱性氨溶液作用生成棕红色沉淀，（B）和（C）则不反应。（C）可以与顺丁烯二酸酐反应生成固体沉淀物，（A）和（B）则不能。试写出（A）、（B）和（C）可能的构造式。
4. 1,3-丁二烯聚合时，除生成高分子聚合物外，还有一种二聚体生成。该二聚体可以发生如下的反应：

(1) 还原后可以生成乙基环己烷；

(2) 溴化时可以加上两分子溴；

(3) 氧化时可以生成β-羧基己二酸 $HOOCCH_2CH(COOH)CH_2CH_2COOH$。

根据以上事实，试推测该二聚体的构造式，并写出各步反应式。

5. 已知某烃相对分子质量为 80，用 10g 样品通过催化加氢反应可以吸收 84.0mL 氢气，原样品经臭氧氧化、还原水解可得到甲醛和乙二醛，试推测该化合物的结构式。
6. 分子式为 C_6H_{10} 的化合物（A），与乙烯反应得到化合物 B(C_8H_{14})，B 被酸性高锰酸钾溶液氧化，得到 2，7-辛二酮，试推测化合物（A）、（B）的结构式。

【习题解答】

一、用系统命名法命名下列化合物

(1) 2-乙基-1,3-丁二烯　　(2) 5-甲基-1,3-环己二烯

(3) 5-甲基-2,3-己二烯　　(4) 3-甲基-1,3,5-己三烯

(5) 顺或(E)3-甲基-1,3-戊二烯　　(6) (3E，5E)-3,5-辛二烯

(7) (2Z,4E)-3,4 二甲基-2,4-庚二烯

二、回答问题

1. (1) (D) (B) (A) (C)　　(2) (A) (B) (D) (C)

2. (D) (A) (B) (C)　　3. (B)　　4. (1) (B) (A) (C)　　(2) (A) (B) (C)

5. (D)　　6. (D)　　7. (1) (B) (A) (C)　　(2) (B) (C) (A)　　8. (A)

9.

(1)

试剂 \ 化合物	丁烷	1-丁烯	1-丁炔	1,3-丁二烯
Br_2/CCl_4	—	+退色	+退色	+退色
$Ag(NH_3)_2NO_3$	/	—	+白色↓	—
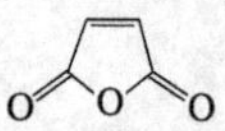	/	—	/	+白色↓

(2)

试剂 \ 化合物	己烷	1-己炔	1,3-己二烯	1,4-己二烯
Br_2/CCl_4	—	+退色	+退色	+退色
$Ag(NH_3)_2NO_3$	/	+白色↓	—	—
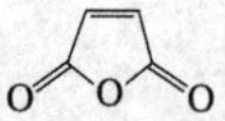	/	/	+白色↓	—

三、完成反应

(1) 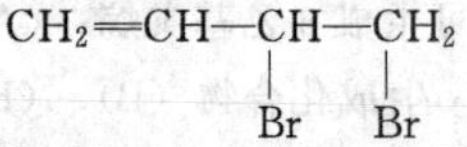 $CH_2{=}CH{-}CH(Br){-}CH_2Br$　　(2) $CH_3CH{=}CH{-}CH(Cl){-}CH_3$

(3) $CH_3{-}C(Br)(CH_3){-}CH{=}CH_2 + CH_3{-}C(CH_3){=}CH{-}CH_2Br$

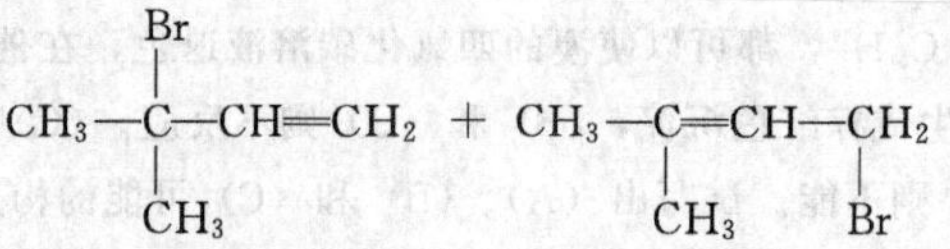

(4) 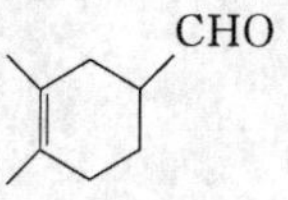 CHO

(5)

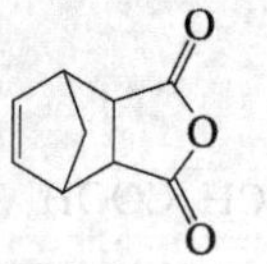

(6)

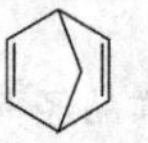

(7) 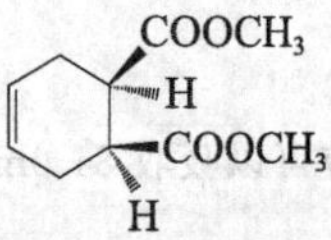 $COOCH_3$, H, $COOCH_3$, H

(8) 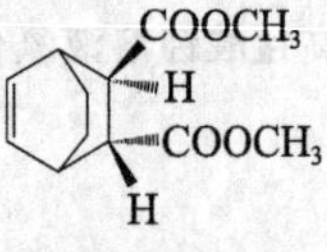 $COOCH_3$, H, $COOCH_3$, H

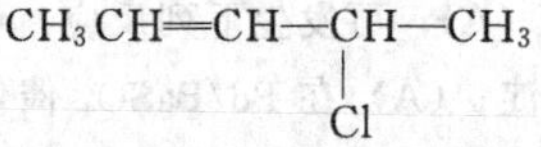

(9) 2HCHO+OHCCHO

四、反应机理

+ HCl —($-Cl^-$)→ ⟷

1,2-加成 Cl^-　　Cl^- 1,4-加成

Cl, H ≡ Cl, H

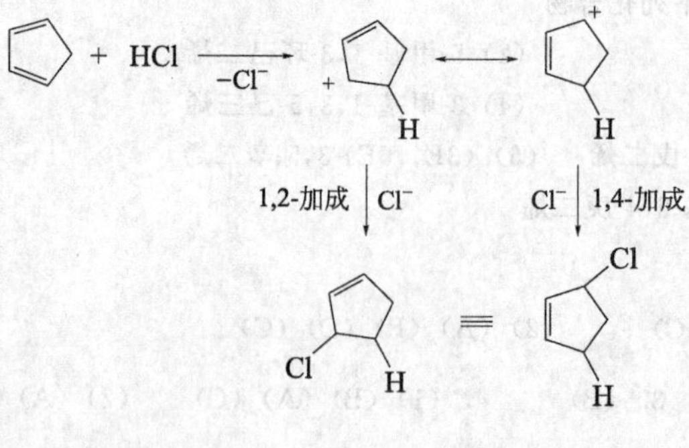

五、合成题

(1) 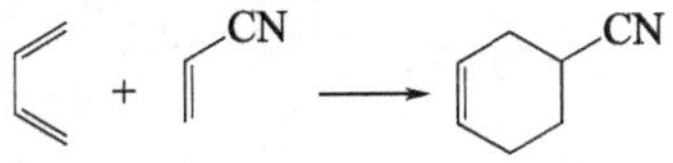 [丁二烯] + [丙烯腈 CN] ⟶ [4-氰基环己烯 CN]

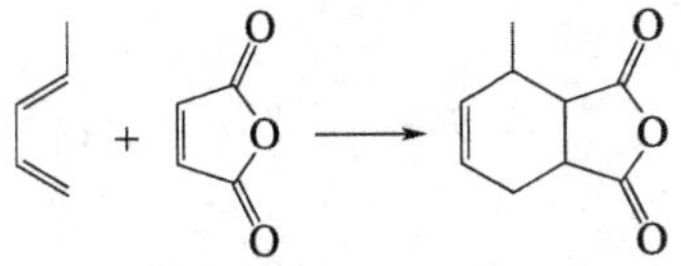

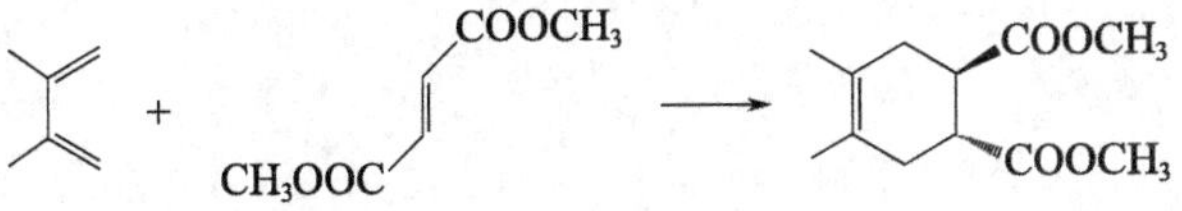

(2) [1,3-戊二烯] + [顺丁烯二酸酐 O, O, O] ⟶ [3-甲基-1,2,3,6-四氢邻苯二甲酸酐 O, O, O]

(3) [2,3-二甲基-1,3-丁二烯] + CH_3OOC–CH=CH–$COOCH_3$ ⟶ [4,5-二甲基环己烯-1,2-二甲酸二甲酯 $COOCH_3$, $COOCH_3$]

(4) [环戊二烯] + CH_2Cl–CH=CH_2 ⟶ [降冰片烯 Cl] $\xrightarrow{Cl_2}$ [Cl, Cl, Cl]

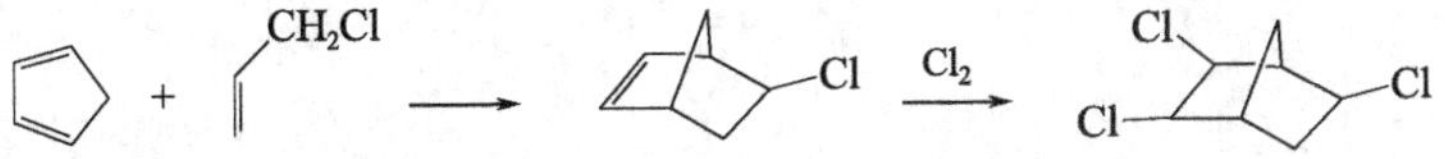

六、推导结构

1. $CH_3CH{=}CHCH{=}CHCH_3$

各步反应式：

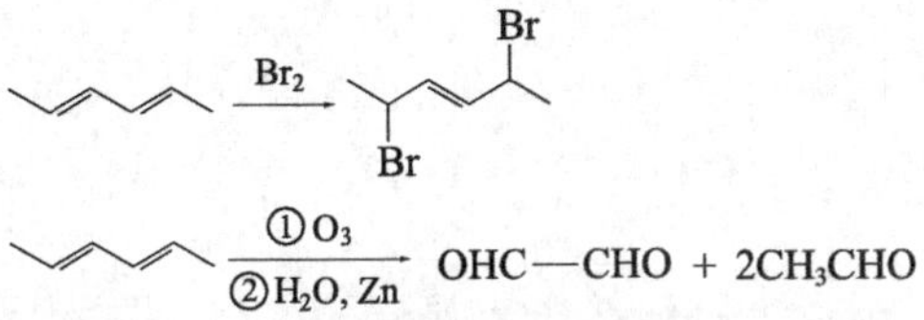

[2,4-己二烯] $\xrightarrow{Br_2}$ [2,5-二溴-3-己烯 Br, Br]

[2,4-己二烯] $\xrightarrow[\text{②} H_2O,\ Zn]{\text{①} O_3}$ $OHC{-}CHO + 2CH_3CHO$

2.

(A) $CH_3CH{=}\underset{}{\overset{C_2H_5}{\overset{|}{C}}}{-}C{\equiv}CH$ (B) $CH_3CH{=}\overset{C_2H_5}{\overset{|}{C}}{-}CH{=}CH_2$

(C) 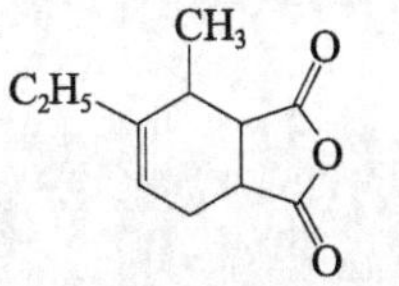 [CH_3, C_2H_5, O, O, O]

3. (A) 为 $CH_3CH_2CH_2C{\equiv}CH$；(B) 为 $CH_3CH_2C{\equiv}CCH_3$ 或 $CH_2{=}CHCH_2CH{=}CH_2$；(C) 为 $CH_3CH{=}CHCH{=}CH_2$。

4. 该二聚体的构造式为：

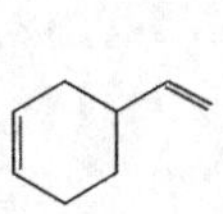

[4-乙烯基环己烯]

各步反应式：

(1)  [4-乙烯基环己烯] $\xrightarrow{\text{还原}}$ [乙基环己烷]

(2) 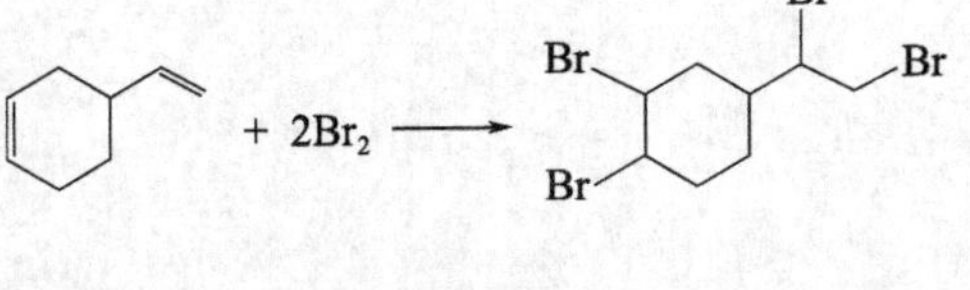 [4-乙烯基环己烯] + $2Br_2$ ⟶ [Br, Br, Br, Br]

(3) [cyclohexene with vinyl substituent] $\xrightarrow{\text{氧化}}$ $HOOCCH_2CH(COOH)CH_2CH_2COOH$

5. $CH_2{=}CHCH{=}CHCH{=}CH_2$

6. (A) $CH_2{=}C(CH_3){-}C(CH_3){=}CH_2$　　(B) 1,2-dimethylcyclohexene (H_3C, CH_3)

第五章　芳烃　芳香性

【本章学习重点与难点】

重点：1. 单环芳烃的结构，苯环的亲电取代反应及其历程。

2. 定位规律。

3. 休克尔规则及芳香性。

难点：亲电取代反应历程、定位规律及休克尔规则的应用。

【基本内容纲要】

1. 单环芳烃及多官能团化合物的命名。

2. 苯的结构与芳香性。

3. 单环芳烃的化学性质、亲电取代定位规律及其应用。

4. 萘的结构及其化学性质，取代萘的亲电取代反应定位规律。

5. 非苯系芳烃的芳香性及休克尔 $4n+2$ 规则。

【内容概要】

一、单环芳烃及多官能团化合物的命名

(1) 当苯环上有磺酸基、卤素等或较简单烷基取代基时，以苯为母体命名，命名为“某苯”。苯环上连有两个以上取代基时，标明取代基位次，通常以最不优先基团所在的碳开始，并遵循“最低系列”原则，写名称时，遵循“优先基团后列出”原则。

(2) 当苯环上连接的烃基较长、较复杂或是不饱和基团时，通常以苯为取代基，以其中最优先者为母体命名。不同基团作为官能基的顺序如下：—COOH＞—SO_3H＞—COOR＞—COX（X＝F、Cl、Br、I）＞—$CONH_2$＞—CN＞—CHO＞C═O＞—OH＞—NH_2＞—OR。

二、苯的结构及单环芳烃的化学性质与反应机理

1. 苯的结构

苯是具有高度不饱和的环状闭合共轭体系，六个碳原子在同一平面上，每个碳原子均以 sp^2 杂化轨道与相邻的碳原子的 sp^2 杂化轨道形成六个 C—Cσ 键，与一个氢原子的 s 轨道重叠形成六个 C—Hσ 键，所有 σ 键均在同一平面上，此外，每个碳原子都有一个没有杂化的 p 轨道互相平行且垂直于 σ 键所在平面，侧面相互交叠形成完全离域的大 π 键。苯环具有 149.4kJ/mol 的离域能，体现了苯的热力学稳定性。

2. 单环芳烃的化学性质与反应机理

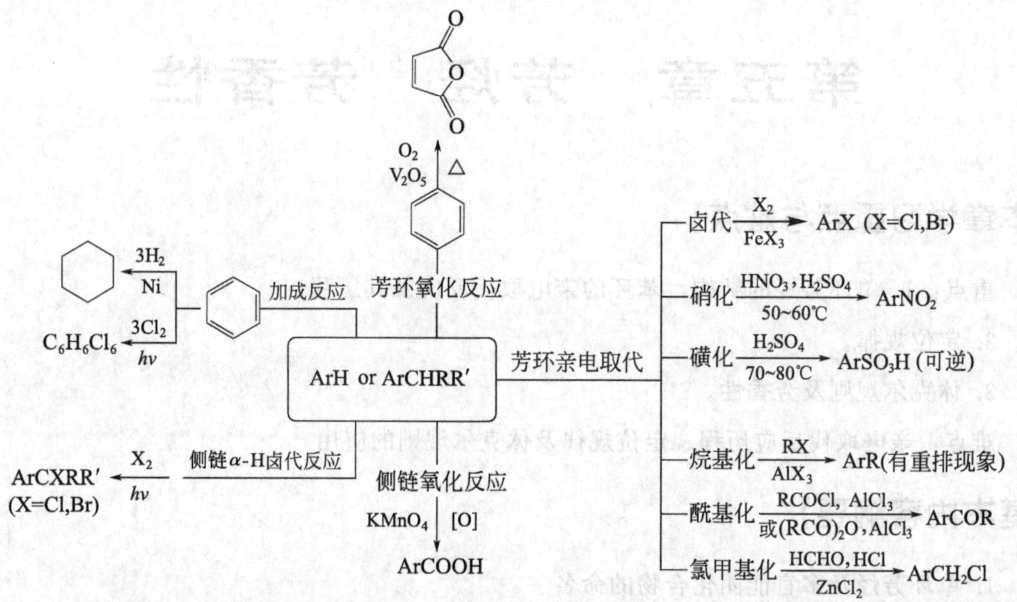

(1) 卤代反应通常指氯代和溴代，如果碘代则需要在 HNO_3 存在下与碘反应生成碘代芳烃。

(2) 磺化反应为可逆反应，在稀酸中加热时可以脱去磺酸基，在合成中可以用于占位。

(3) 烷基化反应中烷基化试剂除卤代烷以外还可以用烯烃和醇。

烷基化反应的特点：

① 碳正离子为亲电试剂，有重排现象，易发生异构化反应。

② 苯环上有强吸电子基如—NO_2、—CN、—COR 等不发生烷基化反应。

③ 烷基化反应可逆，因而易歧化。

④ 易多烷基取代。

(4) 酰基化反应中酰基化试剂除酰卤以外还可用酸酐和羧酸，且酰卤活性最高。

酰基化反应的特点：

① 不发生重排。

② 不发生多酰基取代。

③ 反应不可逆。

④ 苯环上有强吸电子基，不发生酰基化反应。

⑤ 催化剂用量较大。

(5) 反应机理

① 亲电取代反应机理　苯环平面的上下方有 π 电子，能够提供电子，起碱的作用。当苯及其衍生物与亲电试剂相遇时，亲电试剂先与离域的 π 电子结合，生成 π 络合物，然后亲电试剂从芳环上得到一对 π 电子形成 σ 键，生成 σ 络合物。此时，这个碳原子由 sp^2 杂化变成 sp^3 杂化状态，苯环中六个碳原子形成的闭合共轭体系被破坏，变成四个 π 电子离域在五个碳原子上。该体系处于高能量状态，不稳定。在催化剂或反应介质的作用下，很容易从 sp^3 杂化碳原子上失去一个质子，恢复到 sp^2 杂化状态，回到稳定的芳香结构，从而降低了体系的能量，产物比较稳定，生成了取代苯。σ 络合物的生成，一般是不可逆的，是决定反应速度的步骤。具体过程如下（以苯为例）：

$$\text{C}_6\text{H}_6 + E^+ \rightleftharpoons [\text{C}_6\text{H}_6 \cdot E^+] \underset{}{\overset{\text{慢}}{\rightleftharpoons}} [\text{C}_6\text{H}_6E]^+ \underset{}{\overset{\text{快}}{\rightleftharpoons}} \text{C}_6\text{H}_5E + H^+$$

π络合物　　σ络合物

② 亲电取代反应的定位规律

a. 定位效应　一元取代苯在进行亲电取代反应时，第二个取代基进入的位置受原有取代基的影响，即原有取代基对第二个取代基起着定位作用，原取代基称为定位基，这种作用称为定位效应。

b. 两类定位基

(a) 第一类定位基——邻对位定位基。主要是邻和对位取代产物（邻对位产物之和大于60%）。常见的邻对位定位基按其定位能力强弱排列如下：$—O^-$，$—NR_2$，—NHR，$—NH_2$，—OH，—OR，—OCOR，$—CH_3$，$—C_2H_5$，$—CH(CH_3)_2$，$—C(CH_3)_3$，—Ar，$—CH═CH_2$，$—CO_2^-$，$—CH_2CO_2R$，—F（只在对位活泼），—Cl，—Br，—I。

特点：与苯环相连的原子一般都是饱和的（例外，如$—CH═CH_2$）；使苯环活化（致活），比苯容易进行亲电取代反应，是供电子基（卤素例外）。

(b) 第二类定位基——间位定位基。主要是间位取代产物（大于40%）常见间位定位基按其定位能力强弱（强的在前）顺序排列如下：$—N^+R_3$，$—NO_2$，$—CF_3$，$—CCl_3$，—CN，$—SO_3H$，—CHO，—COR，—COOH，—COOR，$—CONH_2$，$—N^+H_3$。

特点：与苯环相连的原子一般都是不饱和的（例外，如$—CCl_3$）；使苯环钝化（致钝），与苯相比难发生亲电取代反应；都是吸电子取代基（具有很强的吸电子能力）。

c. 二元取代苯的定位规律。当苯上已有两个取代基时，第三个取代基进入环上的位置由原有两个取代基的定位效应决定。

(a) 原有两个取代基的定位效应一致时，第三个取代基进入共同影响的位置。

(b) 原有两个取代基的定位效应不一致时，有两种情况：两个定位基属于同一类，则由定位能力强的定位基决定；两个定位基不属于同一类，则由第一类定位基决定。

三、萘的结构及其化学性质

1. 萘的结构

萘的结构和苯类似，碳原子以 sp^2 杂化轨道与相邻的碳及氢原子的原子轨道相互重叠形成σ键。十个碳原子处在同一平面上，形成两个稠合的六元环，八个氢原子也在此平面上。每个碳原子还有一个未参与杂化的p轨道，这些p轨道对称轴平行，侧面相互重叠，形成包含十个碳原子在内的离域大π键。分子中没有一般的C—C和C═C，而是特殊的大π键。

2. 萘的化学性质及亲电取代反应定位规律

(1) 化学性质

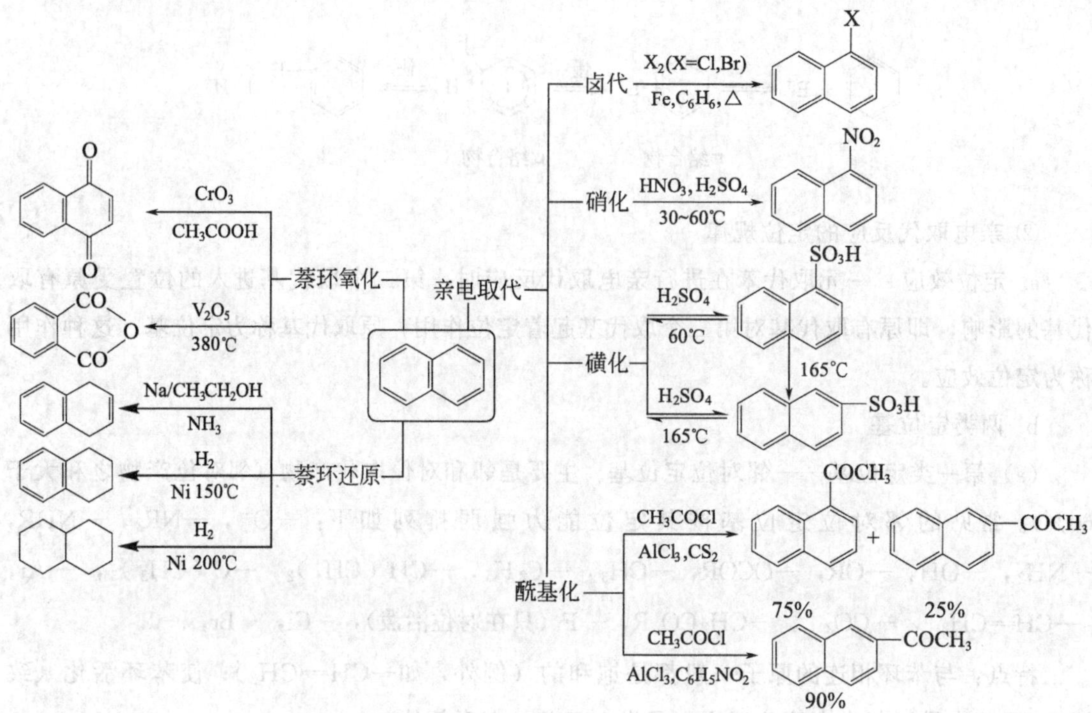

(2) 萘环上亲电取代反应定位规律

① 萘环的一元取代反应规律。萘环上，p 电子的离域并不像苯环那样完全平均化，而是在 α-碳上的电子云密度较高，β-碳次之，中间共用的两个碳最小。因此，亲电取代反应一般发生在 α 位，即以 α 取代产物为主。

② 一元取代萘的定位规律。

a. 原有取代基是第一类定位基时，发生同环取代。当原有取代基在 α 位时，新取代基主要进入同环的另一 α 位。当原有取代基在 β 位时，主要进入同环的相邻 α 位。

如图箭头所示：

邻对位定位基（第一类定位基）：

W　　W

b. 原有取代基是第二类定位基时，发生异环取代。且无论原取代基在 α 位还是 β 位，新取代基一般进入异环的 α 位。

间位定位基（第二类定位基）：

Z　　Z

c. 值得注意的是，在 Friedel-Crafts 酰基化和磺化反应中，有一些特殊现象，新导入基团进入位置与溶剂、温度等有关。

四、芳香性及休克尔规则

1. 芳香性

芳香性的涵义：由于π电子的离域而赋予环状体系额外的稳定性，这种额外的稳定性称为芳香性。芳香性是苯系芳烃和非苯芳烃的共同点。具有芳香性的化合物有如下性质。

(1) 化学上一般不具备不饱和化合物的性质，难氧化、难加成，易亲电取代，而尽量保持芳核不变。

(2) 结构上具有高的碳氢比，对典型单环体系键长平均化，单、双键交替现象不十分明显，符合休克尔规则。

(3) 具有π电子的环电流和抗磁性，较强的环电流和抗磁性可由核磁共振鉴定出来。这是芳香性的重要标志。

2. 休克尔规则

休克尔提出的 $(4n+2)$ 规则用于判别单环体系芳香性，具有3个要点：成环原子形成闭合离域体系；且共平面或接近共平面以及具有 $(4n+2)$ 个π电子。如：

噻吩　　吡啶

如果稠环体系成环原子接近或在一个平面上，对这一类型的多环体系可以略去中心桥键，直接利用休克尔规则判别它们的芳香性。如：

1 2 3 4 5 6 7

环状有机离子有无芳香性仍可用休克尔规则来判别。如：

环丙烯正离子　　环庚三烯正离子

【例题解析】

【例1】 命名下列化合物。

(1) COOH, OCH_2CH_3, CH_3　(2) CH_3, NO_2, Cl　(3)

(4) NO_2, Cl, CH_3　(5) O_2N—, CH_3, —Cl

答 (1) 4-甲基-2-乙氧基苯甲酸　多官能基取代苯的命名，应首先按官能团优先顺序表确定母体官能团。不同基团作为官能基的顺序如下：

$—COOH>—SO_3H>—COOR>—COX$（X＝F、Cl、Br、I）$>—CONH_2>—CN>—CHO>C{=}O>—OH>—NH_2>—OR$。本化合物应选择羧基为母体。编号从母体官能基开始，并遵循“最低系列”原则，取代基列出顺序遵循“优先基团后列出”原则。

(2) 2-甲基-1-硝基-4-氯苯，取代基为简单烷基、硝基和卤素时，以苯为母体，编号遵循“最低系列”原则，当两个基团处于同等位次时，以不优先基团位次较小，所以从硝基开始编号。该化合物也可以称为：2-硝基-5-氯甲苯 当苯环上有甲基时，通常也可以甲苯为母体命名。

(3) 2-甲基-3-苯基庚烷 当苯环上带有较大或较复杂的烷基取代基时，应以苯为取代基，烷基为母体。

(4) 3-甲基-1-硝基-7-氯萘 命名该化合物时，应注意稠环芳烃的编号规则。

(5) 2-甲基-4-硝基-4′-氯联苯 联苯化合物的编号是从两个苯环相连处开始

【例 2】 用化学方法鉴别以下化合物：

A. 环已烷　B. 环已烯　C. 苯

答

试剂 \ 化合物	A	B	C
Br_2/CCl_4	－	＋退色	－
发烟 H_2SO_4	－		＋溶解

【例 3】 写出下列 Friedel-Crafts 反应的主要产物：

(1) 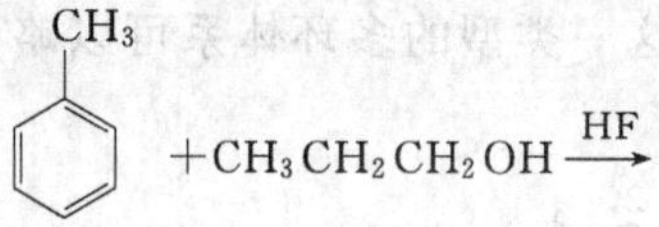 甲苯 $+CH_3CH_2CH_2OH \xrightarrow{HF}$

(2) 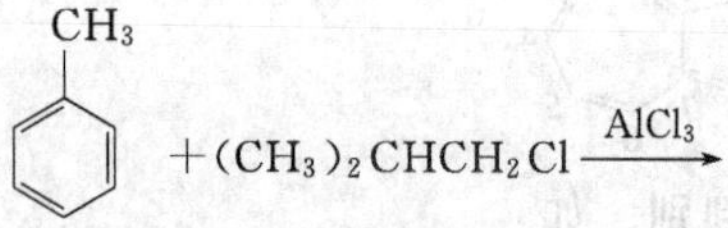 甲苯 $+(CH_3)_2CHCH_2Cl \xrightarrow{AlCl_3}$

(3) 苯 $+CH_3Cl$(过量) $\xrightarrow[100℃]{AlCl_3}$

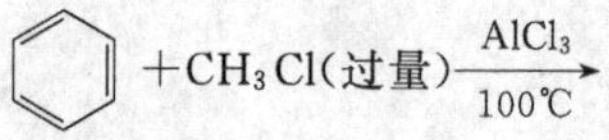

(4) 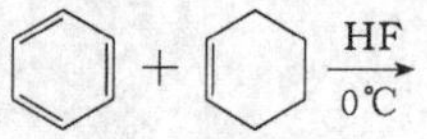 苯 + 环己烯 $\xrightarrow[0℃]{HF}$

(5) 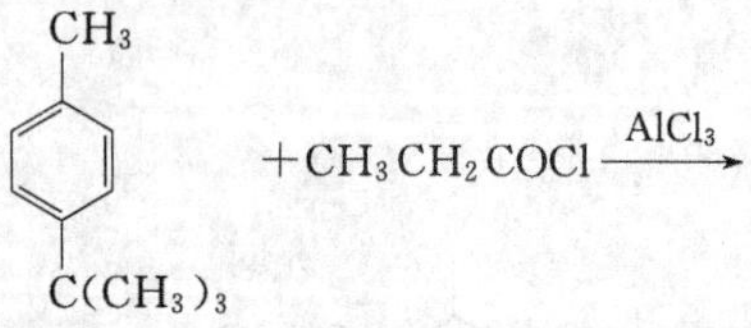 4-叔丁基甲苯（CH_3、$C(CH_3)_3$ 对位）$+CH_3CH_2COCl \xrightarrow{AlCl_3}$

(6) 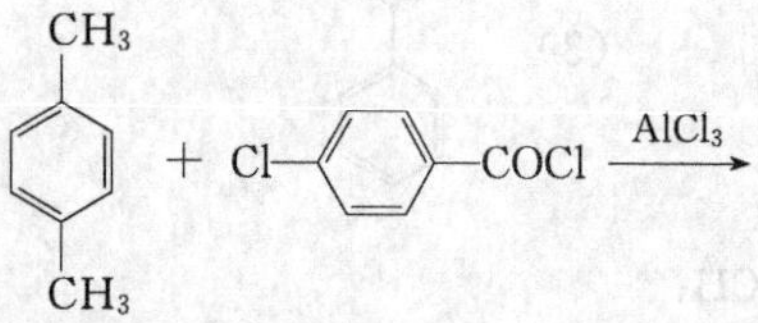 对二甲苯 + Cl—C₆H₄—COCl（对氯苯甲酰氯）$\xrightarrow{AlCl_3}$

答 分析：反应 (1) ～ (4) 为 F-C 烷基化反应。烷基化反应的特点之一是碳正离子（当 $Cn \geqslant 3$ 时）为亲电试剂，有重排现象，易发生异构化反应，因此反应 (1) 和 (2) 主要生成重排产物。反应可逆且易多烷基取代是烷基化反应的另一特点，此外，反应 (3) 在低温 (0℃) 时为动力学控制，产物为 1,2,4-三甲苯；高温时为热力学控制，产物为稳定的 1，3，5-三甲苯。因此反应 (3) 主要生成稳定的多烷基取代产物。

(1) 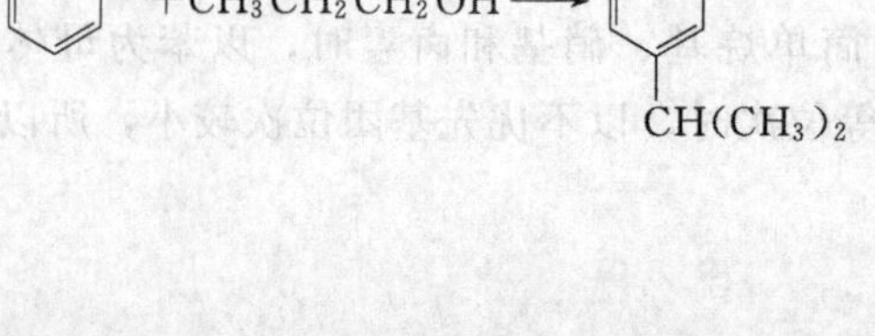 甲苯 $+CH_3CH_2CH_2OH \xrightarrow{HF}$ 对异丙基甲苯（CH_3、$CH(CH_3)_2$ 对位）

$CH_3CH_2CH_2OH \xrightarrow{H^+} CH_3CH_2CH_2^+ \xrightarrow{重排} (CH_3)_2CH^+$

(2) 甲苯 $+ (CH_3)_2CHCH_2Cl \xrightarrow{AlCl_3}$ 对叔丁基甲苯（$H_3C—C(CH_3)—CH_3$）

$(CH_3)_2CHCH_2Cl \xrightarrow{AlCl_3} (CH_3)_2CH\overset{+}{C}H_2 \xrightarrow{重排} (CH_3)_3\overset{+}{C}$

(3) 苯 $+ CH_3Cl$(过量) $\xrightarrow[100℃]{AlCl_3}$ 1,3,5-三甲苯（CH_3，H_3C，CH_3）

(4) 苯 + 环己烯 $\xrightarrow[0℃]{HF}$ 环己基苯

反应（5）～（6）为 F—C 酰基化反应，酰基化反应的特点之一是不发生重排，反应（5）中 E^+ 为 R^+CO，主要生成不重排产物，另外烷基的定位能力$—CH_3 > —C_2H_5 > —CH(CH_3)_2 > —C(CH_3)_3$ 且空间位阻$—C(CH_3)_3 > —CH_3$，因此反应（5）酰基主要进入甲基的邻位。反应（6）中反应物之一对氯苯甲酰氯，与苯环直接相连的氯由于 p-π 共轭效应使之不易离去生成碳正离子，很难作为烷基化试剂，且酰卤的活性较高。因此发生反应的部位主要是酰氯而不是氯苯。另外当引入酰基（—COR）后使苯环钝化，所以不发生多酰基取代。

(5) 对叔丁基甲苯（CH_3，$C(CH_3)_3$）$+ CH_3CH_2COCl \xrightarrow{AlCl_3}$ 2-甲基-5-叔丁基苯基（$—COCH_2CH_3$，$C(CH_3)_3$）

(6) 对二甲苯（CH_3，CH_3）$+ Cl—C_6H_4—COCl \xrightarrow{AlCl_3}$ $Cl—C_6H_4—CO—C_6H_3(CH_3)_2$（$CH_3$，$CH_3$）

【例 4】给出 $C_6H_5COOCH_3$、$C_6H_5NH_2$、$C_6H_5OC_2H_5$、$C_6H_5OCOCH_3$、$C_6H_5NO_2$ 在环上发生亲电取代反应的活性次序，并指出取代基进入的主要位置。

答 芳环上发生亲电取代反应的活性取决于芳环上的电子云密度，电子云密度大，亲电取代反应活性高。如果环上连有活化基团，则增加了环上电子云密度。$—OCOCH_3$、$—OC_2H_5$、$—NH_2$ 均为活化基团，且活化能力渐强，故环上发生亲电取代反应的活性为

$C_6H_5NH_2$（邻、对位） > $C_6H_5OC_2H_5$（邻、对位） > $C_6H_5OCOCH_3$（对位） > $C_6H_5COOCH_3$（间位） > $C_6H_5NO_2$（间位）

根据定位规律可以判断取代基进入的主要位置（箭头所指位置）。

【例 5】指出下列化合物或离子哪些具有芳香性？

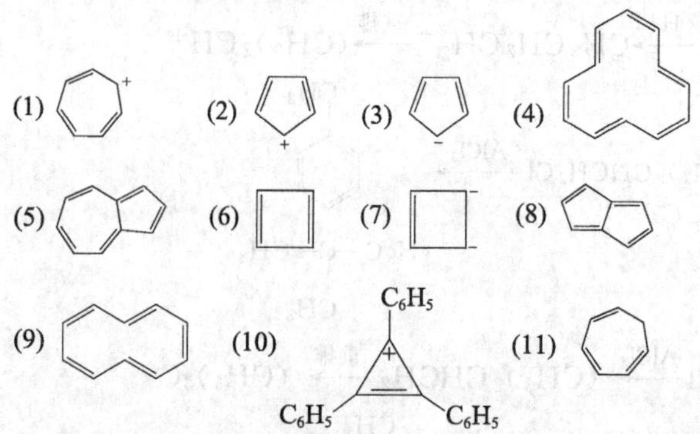

(1) (2) (3) (4)

(5) (6) (7) (8)

(9) (10) (11)

答 (1)、(3)、(5)、(7)、(10) 具有芳香性。

依据 Hückel 规则判断化合物或离子是否具有芳香性的方法如下。

① 成环原子都采取 sp^2 杂化，形成环状闭合共轭体系。如果有任何一个成环原子不是采取 sp^2 杂化，则该化合物或离子无芳香性；如 (11) 小题。

② 所有成环原子必须共平面，若不共平面也没有芳香性；如 (9) 小题，由于环内两个氢原子距离太近，存在较大的范德华排斥力，使成环原子不共平面，所以没有芳香性。

③ 环内 π 电子数目要符合 $4n+2$，如果不符合也没有芳香性，如 (2)、(4)、(6)、(8)。在计算 π 电子数时，一个双键具有 2 个 π 电子，碳正离子 π 电子数为 0，碳负离子具有 2 个 π 电子，单电子自由基具有 1 个 π 电子。

【例 6】 对下列反应提出合理的机理

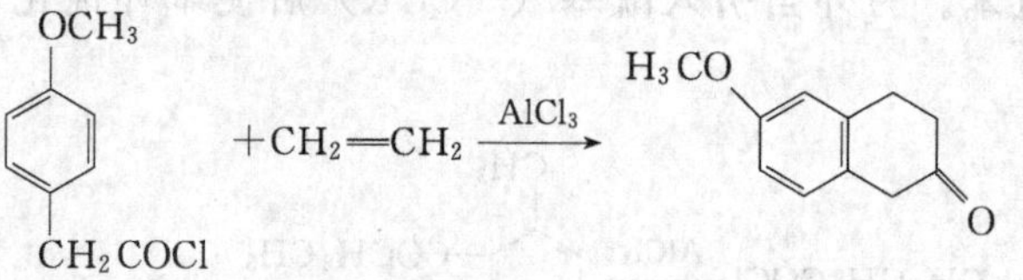

$$p\text{-}CH_3OC_6H_4CH_2COCl + CH_2{=}CH_2 \xrightarrow{AlCl_3} \text{6-甲氧基-2-四氢萘酮 } (H_3CO)$$

答

$$p\text{-}CH_3OC_6H_4CH_2COCl \xrightarrow{AlCl_3} p\text{-}CH_3OC_6H_4CH_2\overset{+}{C}{=}O \xrightarrow{CH_2{=}CH_2} p\text{-}CH_3OC_6H_4CH_2COCH_2\overset{+}{C}H_2$$

$$\longrightarrow (H_3CO\text{, H, +}) \xrightarrow{-H^+} (H_3CO)$$

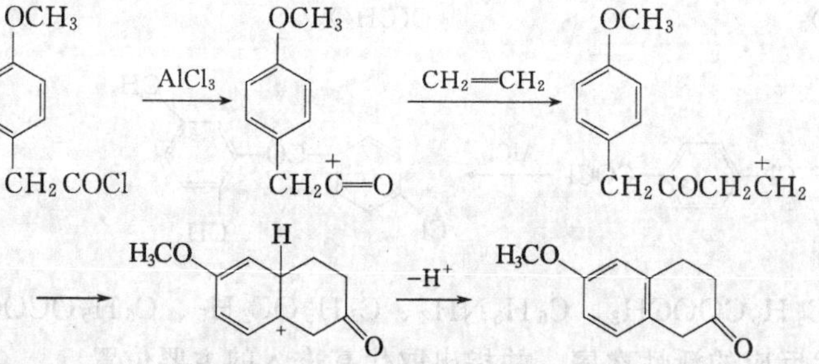

碳正离子是有机化学反应中重要的活性中间体之一。在反应中，一般碳正离子可以：a. 重排成更稳定的碳正离子；b. 与负离子或其他的碱性分子结合；c. 消去一个氢离子形成烯烃；d. 与烯烃加成形成一个更大的碳正离子；e. 使芳香烃烷基化（亲电取代）；f. 从烷烃中夺取一个氢负离子。

【例 7】 以苯或甲苯及 $\leqslant C_3$ 的烃为原料（无机试剂任选），合成下列化合物：

(1) 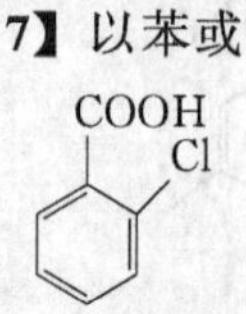 COOH, Cl (2) 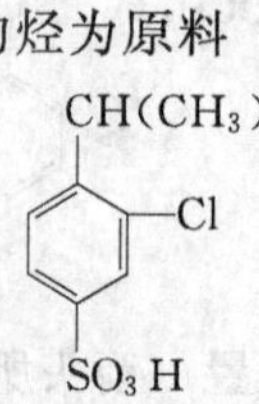 $CH(CH_3)_2$, Cl, SO_3H

答 (1) 最佳合成路线：

利用磺化反应可逆的特点，引入—SO_3H 占对位，使—Cl 只进入邻位，然后去掉—SO_3H，最后氧化苯环上的甲基，为较佳合成路线。

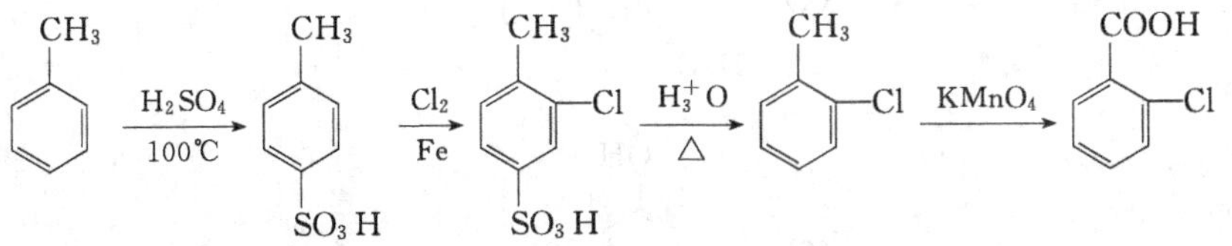

甲苯 $\xrightarrow[100℃]{H_2SO_4}$ 对甲基苯磺酸 $\xrightarrow[Fe]{Cl_2}$ 3-氯-4-甲基苯磺酸 $\xrightarrow[\triangle]{H_3^+O}$ 邻氯甲苯 $\xrightarrow{KMnO_4}$ 邻氯苯甲酸

若直接卤代，生成的邻位氯代甲苯和对位氯代甲苯不易分离，影响产率。

(2) 最佳合成路线

先烷基化，后磺化，最后卤代：

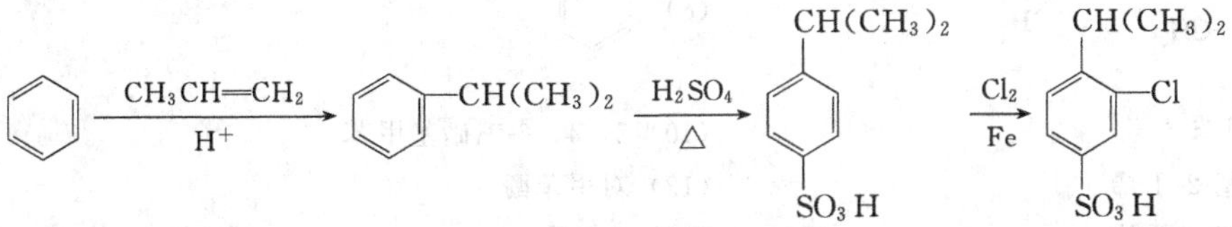

苯 $\xrightarrow[H^+]{CH_3CH{=}CH_2}$ $C_6H_5CH(CH_3)_2$ $\xrightarrow[\triangle]{H_2SO_4}$ 4-异丙基苯磺酸 $\xrightarrow[Fe]{Cl_2}$ 3-氯-4-异丙基苯磺酸

优点：磺化主要在对位，卤代主要在异丙基邻位，产率高，副产物少。因此，为较佳合成路线。

若先磺化，后氯化，最后烷基化，由于—SO_3H 和—Cl 都使苯环钝化，因而很难烷基化，产率低。

若先氯化，后烷基化，最后磺化。

不足：氯代后使苯环钝化，影响烷基化；且对位烷基化产物会多于邻位产物，因而产率不高。

【例 8】 推导结构；

化合物 A 的分子式为 C_8H_{10}，在铁催化下与 1mol Cl_2 作用只生成一种产物 B，B 在光照作用下与 1mol Cl_2 作用生成两种氯代物 C 和 D。推断 A、B、C、D 的结构式。

答 分析：A 不饱和度为 4，说明含有苯环；铁催化氯代反应，只生成一种产物，确定为对二甲苯。

A. 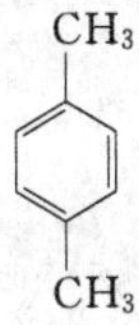 对二甲苯（CH_3、CH_3 对位）　B. 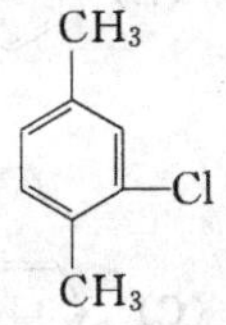 2-氯-1,4-二甲苯（CH_3、CH_3、Cl）　C. 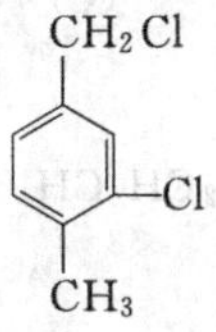 CH_2Cl、Cl、CH_3 取代苯　D. 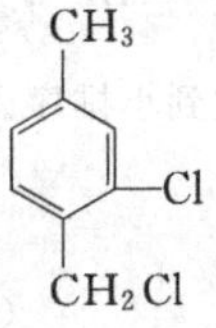 CH_3、Cl、CH_2Cl 取代苯

相关反应式：

(A) $\xrightarrow[Fe]{Cl_2}$ (B) $\xrightarrow[h\nu]{Cl_2}$ (C) + (D)

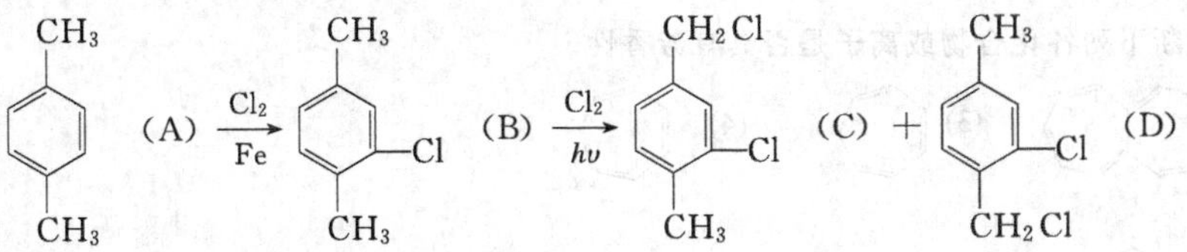

【习题】

一、命名或写出化合物的结构

(1) 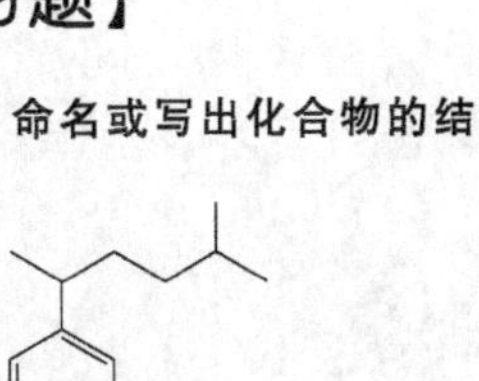 [结构式：苯基取代的烷烃骨架]　　(2) 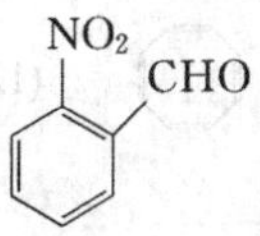 [结构式：苯环上 NO_2 与 CHO 邻位]

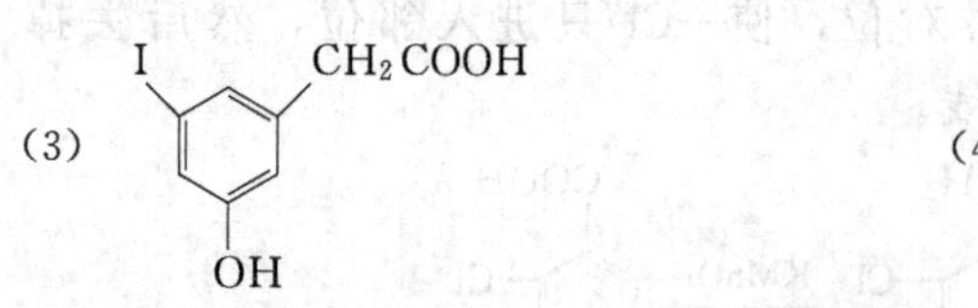

(4)
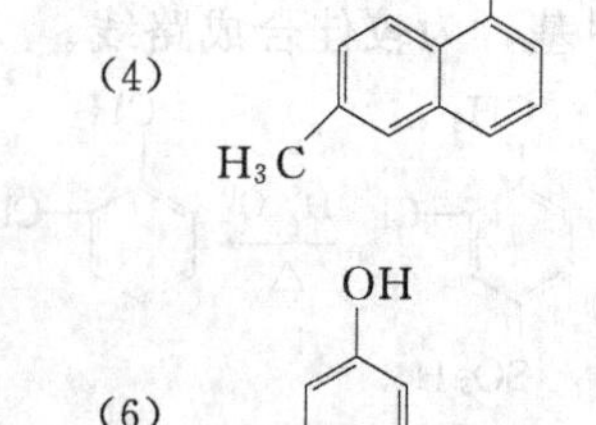

(5)

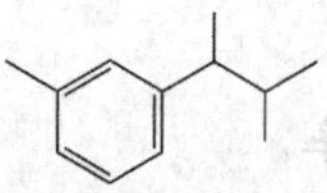

(6)
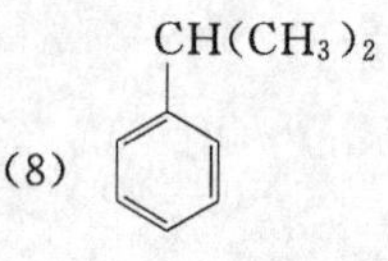

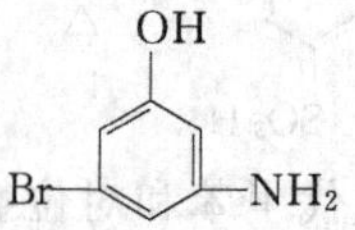

(7) 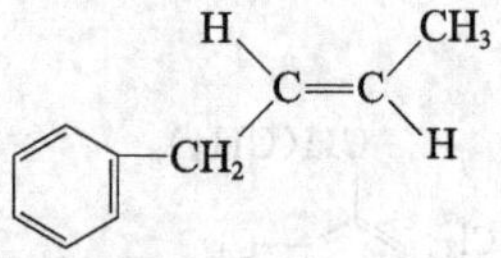 H　CH₃　C=C　CH₂　H

(8) CH(CH₃)₂

(9) 间氯甲苯　　(10) 2，4，6-三硝基甲苯

(11) 2-苯基-2-丁烯　　(12) 对甲苯酚

(13) 3-苯基-1-丙炔　　(14) β-萘酚

(15) 2-甲蒽　　(16) 间氨基苯磺酸

二、回答问题

1. 比较苯和甲苯的沸点、熔点高低。

2. 将下列各组化合物按亲电取代反应的活性由大到小排序。

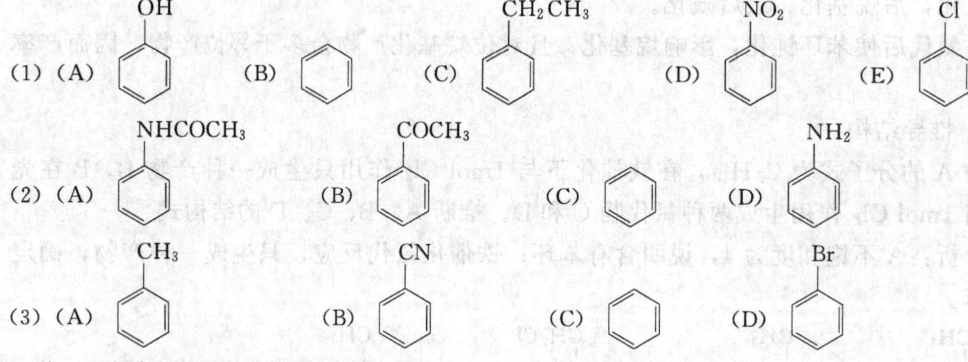

3. 将下列化合物按酸性由大到小排序。

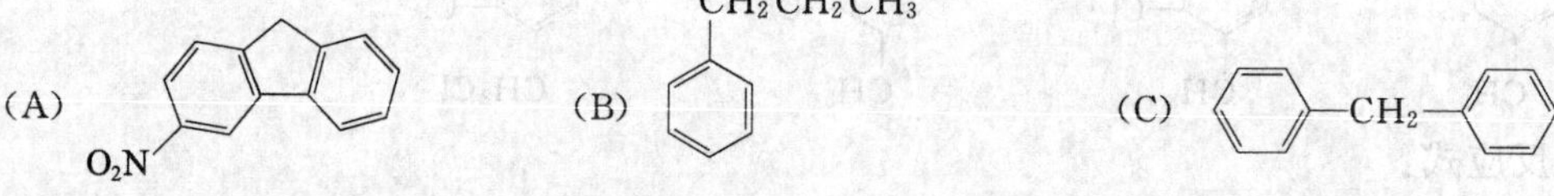

4. 按照 Hückel 规则，判断下列各化合物或离子是否具有芳香性。

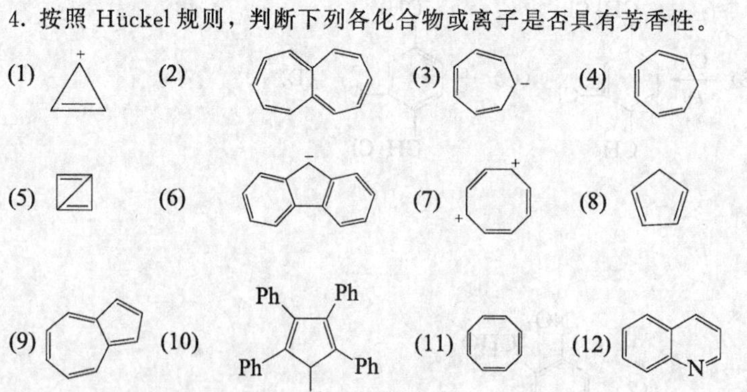

5. 解释下列事实

在 $AlCl_3$ 催化下，苯与过量氯甲烷作用，在 0℃时产物为 1，2，4-三甲苯，而在 100℃时反应，产物却是 1,3,5-三甲苯。为什么？

6. 用简单的化学方法鉴别下列各组化合物。

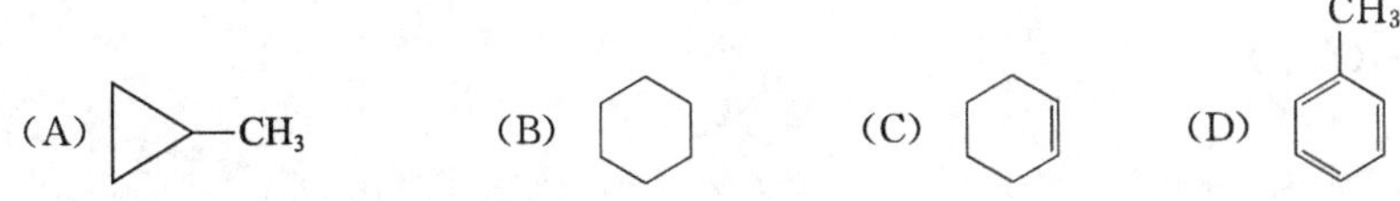

三、完成反应

1. 写出下列反应的主要产物结构。

(1) CH_3 $\xrightarrow[h\nu]{Cl_2}$ (　　)

(2) CH_3 $\xrightarrow[Fe]{Cl_2}$ (　　) + (　　)

(3) $C(CH_3)_3$ / $CH_2CH_2CH_3$ $\xrightarrow[\text{浓 } H_2SO_4]{KMnO_4}$ (　　)

(4) H_3C- $-CH=CH_2$ $\xrightarrow{HCl}$ (　　)

(5) + CH_3CHCH_2Cl (CH_3) $\xrightarrow{AlCl_3}$ (　　)

(6) + $-OH$ $\xrightarrow{BF_3}$ (　　) $\xrightarrow[H^+]{KMnO_4}$ (　　)

(7) $-\overset{O}{\overset{\|}{C}}-O-$ $\xrightarrow[H_2SO_4]{HNO_3}$ (　　)

(8) $COOCH_3$ $\xrightarrow[Fe]{Cl_2}$ (　　)

(9) $\xrightarrow[H_2SO_4]{HNO_3}$ (　　) $\xrightarrow[Fe]{Br_2}$ (　　)

(10) $-CH_2CH_2CHCH_3$ (Cl) $\xrightarrow{AlCl_3}$ (　　)

(11) CH_2COCl $\xrightarrow{AlCl_3}$ (　　)

(12) CH_2 / $C(CH_3)_2$ (OH) $\xrightarrow{H_2SO_4}$ (　　)

(13) + $CH_3-\overset{CH_3}{\overset{|}{C}}=CH_2$ $\xrightarrow{H_2SO_4}$ (　　)

(14) 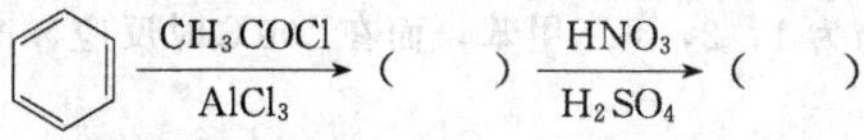 苯 $\xrightarrow[AlCl_3]{CH_3COCl}$ (　　) $\xrightarrow[H_2SO_4]{HNO_3}$ (　　)

(15) 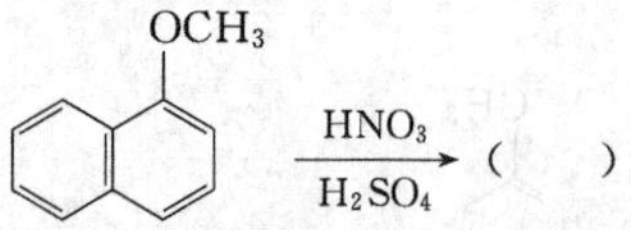 1-甲氧基萘（OCH_3） $\xrightarrow[H_2SO_4]{HNO_3}$ (　　)

(16) 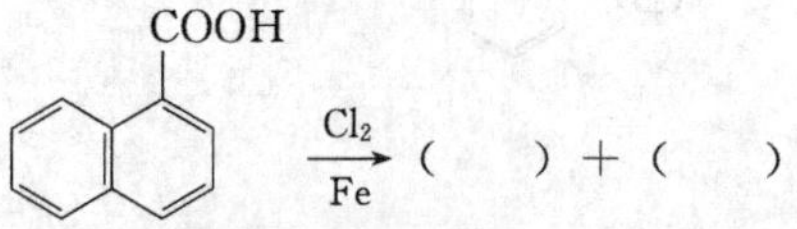 1-萘甲酸（COOH） $\xrightarrow[Fe]{Cl_2}$ (　　) + (　　)

(17) 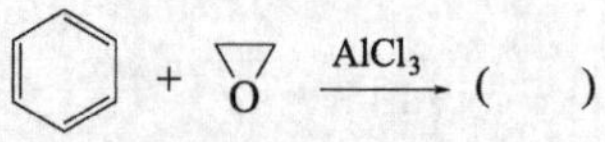 苯 + 环氧乙烷（O） $\xrightarrow{AlCl_3}$ (　　)

(18) 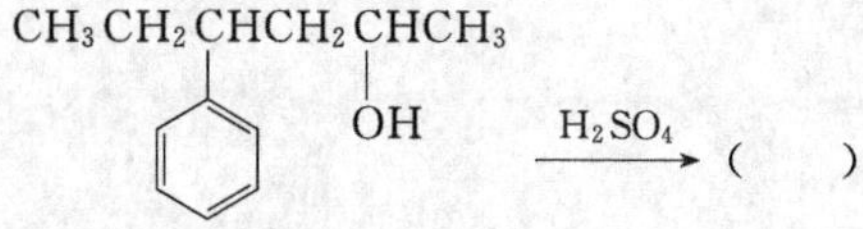 $CH_3CH_2CHCH_2CHCH_3$（CH 上连苯基，另一 CH 上连 OH） $\xrightarrow{H_2SO_4}$ (　　)

(19) 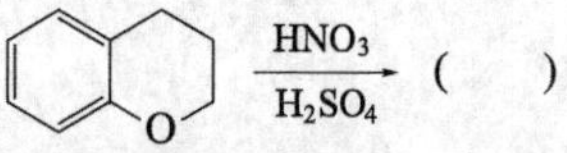 色满（苯并二氢吡喃，O） $\xrightarrow[H_2SO_4]{HNO_3}$ (　　)

(20) 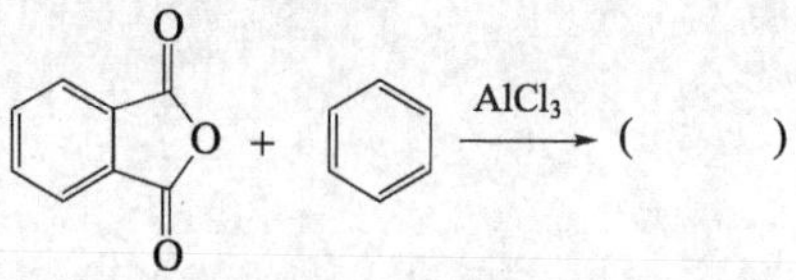 邻苯二甲酸酐（O、O、O） + 苯 $\xrightarrow{AlCl_3}$ (　　)

2. 写出下列反应物的构造式。

(1) $C_8H_{10} \xrightarrow[\triangle]{KMnO_4,\ H_2O}$ 苯甲酸（COOH）

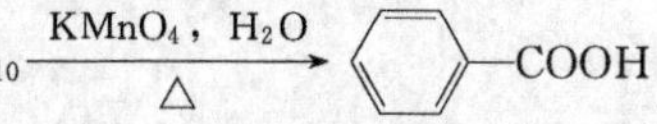

(2) $C_8H_{10} \xrightarrow[\triangle]{KMnO_4,\ H_2O}$ 间苯二甲酸（COOH，COOH）

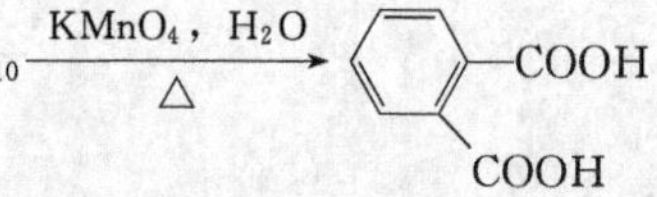

(3) $C_9H_{12} \xrightarrow[\triangle]{KMnO_4,\ H_2O}$ 苯甲酸（COOH）

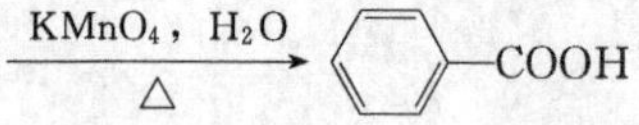

(4) $C_9H_{12} \xrightarrow[\triangle]{KMnO_4,\ H_2O}$ 1,3,5-苯三甲酸（COOH，COOH，HOOC）

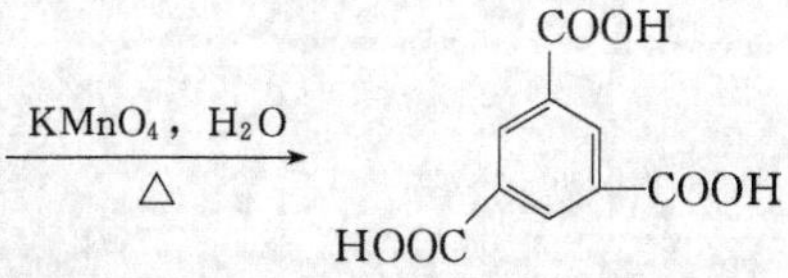

四、反应机理

写出下列反应的机理

(1) 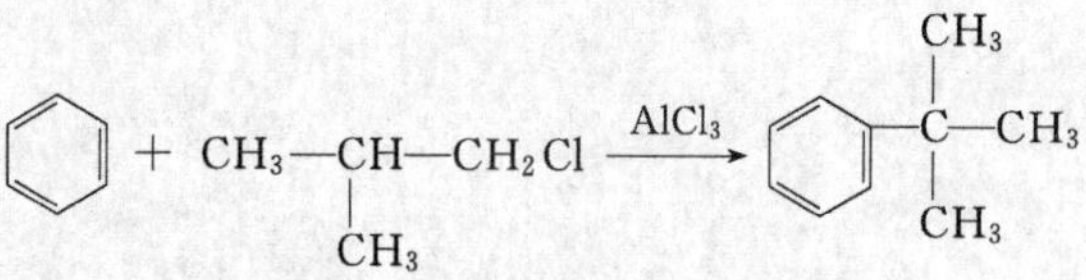 苯 + $CH_3-\underset{CH_3}{CH}-CH_2Cl \xrightarrow{AlCl_3}$ $C_6H_5-C(CH_3)_3$（CH_3，CH_3，CH_3）

(2) $C_6H_5CH_2CH_2\overset{O}{\overset{\|}{C}}Cl \xrightarrow{AlCl_3}$ 1-茚酮（O）

(3) 2 $\underset{CH_3}{\overset{C_6H_5}{C}}=CH_2 \xrightarrow{H_2SO_4}$ 1,1,3-三甲基-3-苯基茚满（CH_3，CH_3，CH_3，C_6H_5）

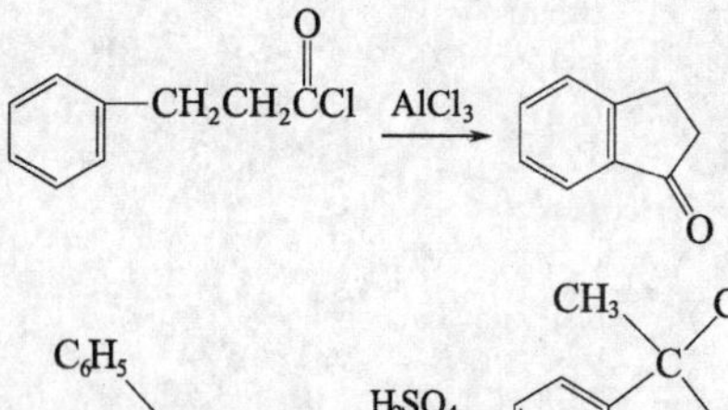

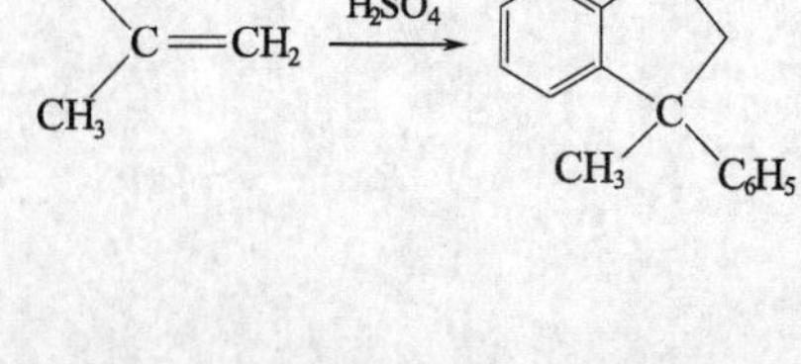

五、合成题

由苯或甲苯合成下列化合物。

(1) 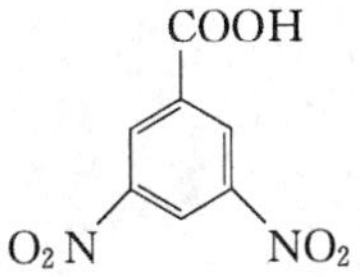 COOH O_2N NO_2　(2) CH_3 Br Br　(3) $COCH_3$ Br NO_2

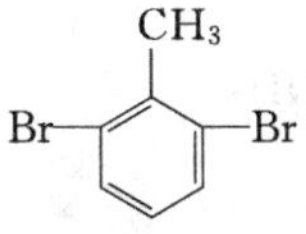

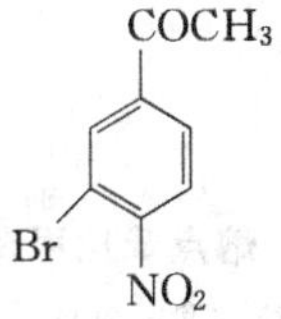

(4) 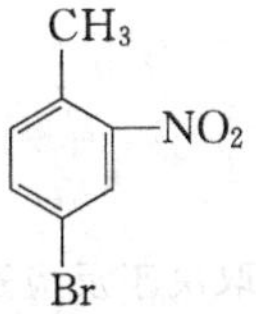 CH_3 NO_2 Br　(5) 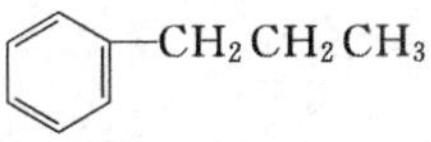 $CH_2CH_2CH_3$　(6) 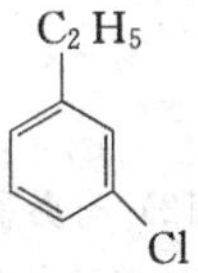 C_2H_5 Cl

(7) 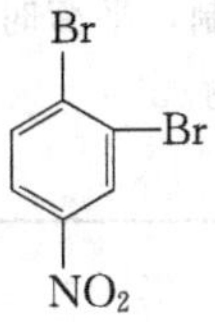 Br Br NO_2　(8) 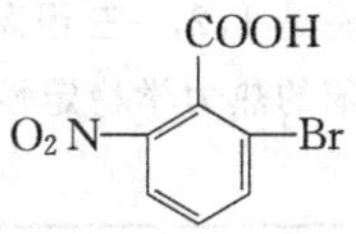 COOH O_2N Br　(9) 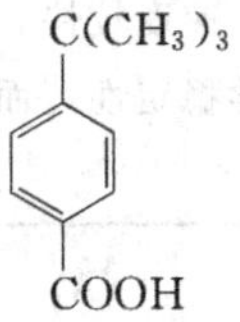 $C(CH_3)_3$ COOH

(10) 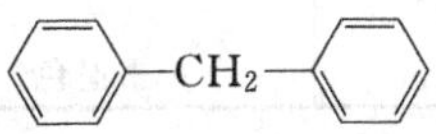 CH_2　(11) 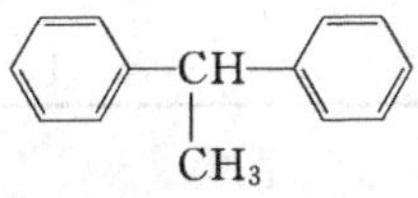 CH CH_3　(12) 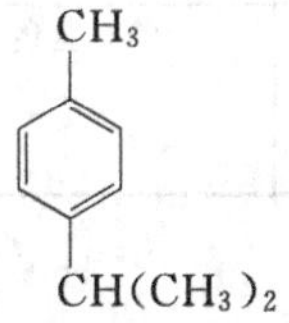 CH_3 $CH(CH_3)_2$

六、推导结构

1\. 某烃的分子式为 $C_{16}H_{16}$，强氧化得苯甲酸，臭氧化分解仅得苯乙醛，试推测该烃的结构。

2\. 某不饱和烃（A）的分子式为 C_9H_8，（A）能和氯化亚铜氨溶液反应产生红色沉淀。（A）催化加氢得到化合物 C_9H_{12}（B），将（B）用酸性重铬酸钾氧化得到酸性化合物 $C_8H_6O_4$（C），（C）加热得到化合物 $C_8H_4O_3$（D）。若将（A）和丁二烯作用，则得到另一个不饱和化合物（E），（E）催化脱氢得到2-甲基联苯。试写出（A）～（E）的构造式和各步反应式。

【习题解答】

一、命名或写出化合物的结构

(1) 2-甲基-5-苯基己烷　(2) 邻硝基苯甲醛

(3) 3-羟基-5-碘苯乙酸　(4) 1，6-二甲萘

(5) 2-甲基-3-(3-甲基苯基)丁烷　(6) 3-氨基-5-溴苯酚

(7) 反-1-苯基-2-丁烯　(8) 异丙基苯

(9) 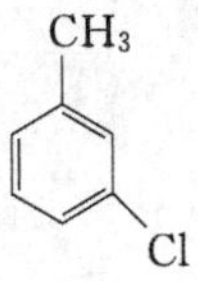 CH_3 Cl　(10) 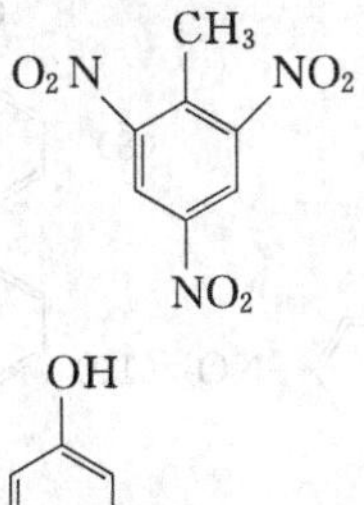 CH_3 O_2N NO_2 NO_2

(11) 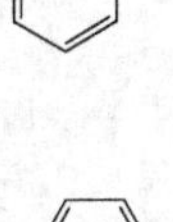　(12) 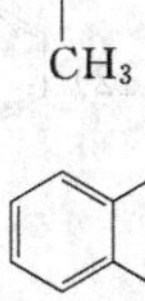 OH CH_3

(13) 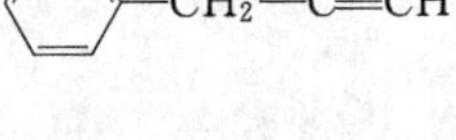 $CH_2—C\equiv CH$　(14) 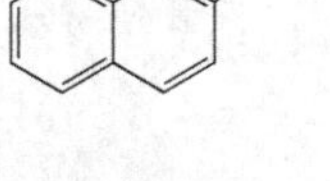 OH

(15) 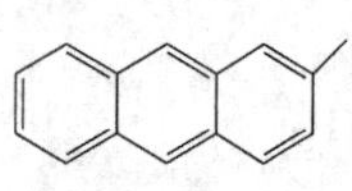 [2-甲基蒽结构式]　(16) 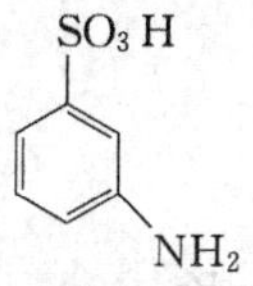 [3-氨基苯磺酸结构式：SO_3H、NH_2]

二、回答问题

1. 沸点甲苯比苯高；熔点苯比甲苯高。

2. (1) (A) (C) (B) (E) (D)　(2) (D) (A) (C) (B)

(3) (A) (C) (D) (B)

3. (A) (C) (B)

4. (1)、(6)、(9) 和 (12) 有芳香性。

5. 答：因为 Friedel-Crafts 烷基化反应是可逆的，低温时，是速度控制，产物的多少取决于反应速度，而邻对位电子云密度较高，速度较快，因此产物主要是 1,2,4-三甲苯。高温时，是平衡控制，平衡时产物的多少取决于产物的热力学稳定性，而 1,3,5-三甲苯的热力学稳定性较好，因此成为主产物。

6.

试剂 \ 化合物	(A)	(B)	(C)	(D)
Br_2/CCl_4	+退色	−	+退色	−
$KMnO_4$	−	/	+退色	/
$KMnO_4/H^+\triangle$	/	−	/	+退色

三、完成反应

1.

(1) 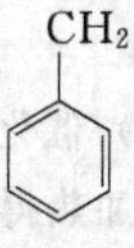 $C_6H_5CH_2Cl$　(2) 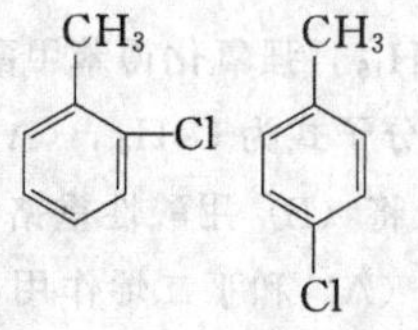 邻氯甲苯（CH_3、Cl）；对氯甲苯（CH_3、Cl）

(3) 对叔丁基苯甲酸（$C(CH_3)_3$、COOH）　(4) 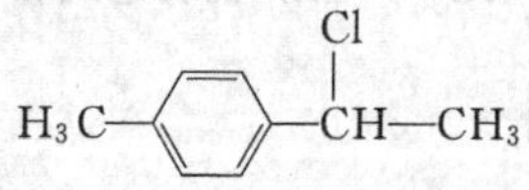 $H_3C-C_6H_4-CH(Cl)-CH_3$

(5) 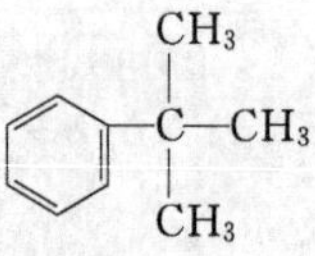 $C_6H_5-C(CH_3)_3$（CH_3、CH_3、CH_3）　(6) 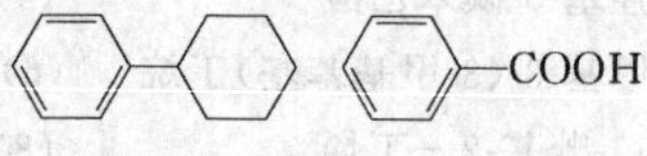 苯基-环己基-苯甲酸（COOH）

(7) 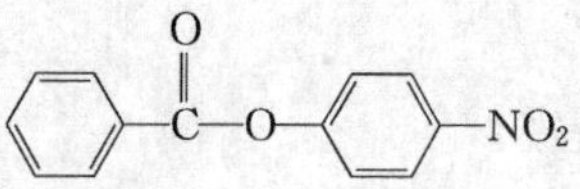 $C_6H_5-C(=O)-O-C_6H_4-NO_2$　(8) 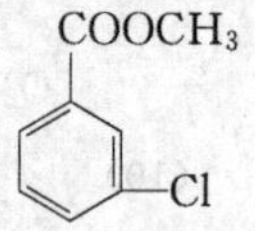 间氯苯甲酸甲酯（$COOCH_3$、Cl）

(9) $C_6H_5-C_6H_4-NO_2$　$Br-C_6H_4-C_6H_4-NO_2$　(10) 1-甲基茚满（CH_3）

(11) [三环酮结构式，O]　(12) [9,9-二甲基-9,10-二氢蒽结构式]

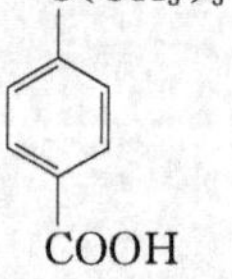

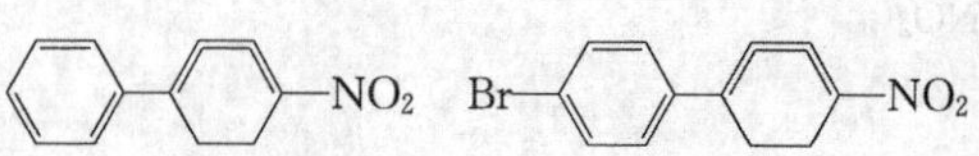

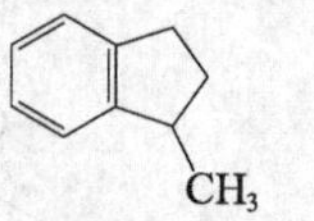

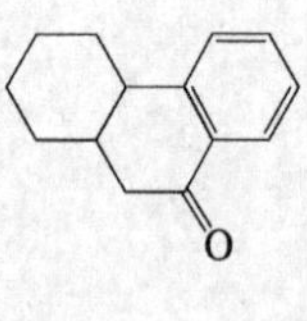

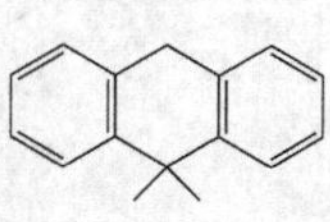

(13) $C_6H_5-C(CH_3)_3$

(14) $C_6H_5-COCH_3$　间硝基苯乙酮（NO_2，$COCH_3$）

(15) 1-甲氧基-4-硝基萘（OCH_3，NO_2）

(16) 8-氯-1-萘甲酸（Cl，COOH）　5-氯-1-萘甲酸（COOH，Cl）

(17) $C_6H_5-CH_2CH_2OH$

(18) 1-乙基-3-甲基茚满（CH_2CH_3，CH_3）

(19) 6-硝基色满（O_2N，O）

(20) 邻苯甲酰苯甲酸（O，COOH）

2.

(1) $C_6H_5-CH_2CH_3$　(2) 邻二甲苯（CH_3，CH_3）

(3) $C_6H_5-CH_2CH_2CH_3$ 或 $C_6H_5-CH(CH_3)_2$

(4) 1,3,5-三甲苯（CH_3，CH_3，H_3C）

四、反应机理

(1) $CH_3-CH(CH_3)-CH_2Cl \xrightarrow[-Cl^-]{AlCl_3} CH_3-CH(CH_3)-\overset{+}{C}H_2$

$\xrightarrow{\text{重排}} CH_3-\overset{+}{C}(CH_3)-CH_3$

$C_6H_6 + CH_3-\overset{+}{C}(CH_3)-CH_3 \longrightarrow$ [$C_6H_6^+$(H)$-C(CH_3)_3$]

$\xrightarrow{-H^+} C_6H_5-C(CH_3)_3$

(2) $C_6H_5-CH_2CH_2\overset{O}{\overset{\|}{C}}Cl + AlCl_3 \rightleftharpoons C_6H_5-CH_2CH_2\overset{O}{\overset{\|}{C}}{}^+ + AlCl_4^-$

$C_6H_5-CH_2CH_2\overset{O}{\overset{\|}{C}}{}^+ \longrightarrow$ [中间体碳正离子（H，O）] $\xrightarrow{AlCl_4^-}$ 1-茚满酮（O） $+ HCl + AlCl_3$

(3) 反应式：α-甲基苯乙烯 $\xrightarrow{H^+}$ $C_6H_5-\overset{+}{C}(CH_3)-CH_3$ $\xrightarrow{C_6H_5-C(CH_3)=CH_2}$ $C_6H_5-C(CH_3)_2-CH_2-\overset{+}{C}(CH_3)-C_6H_5$ $\longrightarrow$ 环化碳正离子（H, C_6H_5） $\xrightarrow{-H^+}$ 1,1-二甲基-3-甲基-3-苯基茚满（C_6H_5）

五、合成题

(1) 甲苯（CH_3） $\xrightarrow{KMnO_4}$ 苯甲酸（COOH） $\xrightarrow[H_2SO_4]{HNO_3}$ 3,5-二硝基苯甲酸（COOH, O_2N, NO_2）

(2) 甲苯（CH_3） $\xrightarrow[100℃]{浓\ H_2SO_4}$ 对甲苯磺酸（CH_3, SO_3H） $\xrightarrow{Br_2}$ （CH_3, Br, Br, SO_3H） $\xrightarrow[\triangle]{H_3O^+}$ 2,6-二溴甲苯（CH_3, Br, Br）

(3) 苯 $\xrightarrow[AlCl_3]{CH_3COCl}$ 苯乙酮（$COCH_3$） $\xrightarrow[Fe]{Br_2}$ 间溴苯乙酮（$COCH_3$, Br） $\xrightarrow[H_2SO_4]{HNO_3}$ （$COCH_3$, Br, NO_2）

(4) 甲苯（CH_3） $\xrightarrow[100℃]{浓\ H_2SO_4}$ （CH_3, SO_3H） $\xrightarrow[H_2SO_4]{HNO_3}$ （CH_3, NO_2, SO_3H） $\xrightarrow[\triangle]{H_3O^+}$ 邻硝基甲苯（CH_3, NO_2） $\xrightarrow[Fe]{Br_2}$ （CH_3, NO_2, Br）

(5) 苯 $+CH_3CH_2COCl \xrightarrow{AlCl_3}$ 苯丙酮（$COCH_2CH_3$） $\xrightarrow[HCl]{Zn\text{-}Hg}$ 正丙苯（$CH_2CH_2CH_3$）

(6) 苯 $\xrightarrow[AlCl_3]{CH_3COCl}$ 苯乙酮（$COCH_3$） $\xrightarrow[Fe]{Cl_2}$ 间氯苯乙酮（$COCH_3$, Cl） $\xrightarrow[HCl]{Zn\text{-}Hg}$ 间氯乙苯（C_2H_5, Cl）

(7) 苯 $\xrightarrow[Fe]{Br_2}$ 溴苯（Br） $\xrightarrow[H_2SO_4]{HNO_3}$ 对硝基溴苯（Br, NO_2） $\xrightarrow[Fe]{Br_2}$ （Br, Br, NO_2）

(8) 甲苯（CH_3） $\xrightarrow[100℃]{浓\ H_2SO_4}$ （CH_3, SO_3H） $\xrightarrow[Fe]{Br_2}$ （CH_3, Br, SO_3H） $\xrightarrow[H_2SO_4]{HNO_3}$ （CH_3, O_2N, Br, SO_3H）

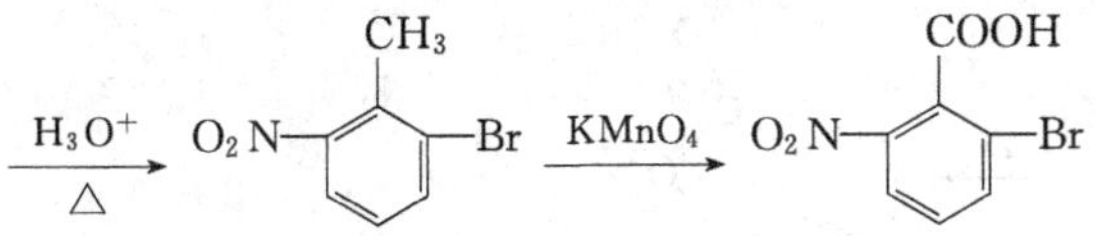

$\xrightarrow[\triangle]{H_3O^+}$ O_2N-(2-CH_3, 3-Br 苯) $\xrightarrow{KMnO_4}$ O_2N-(2-COOH, 3-Br 苯)

(9) 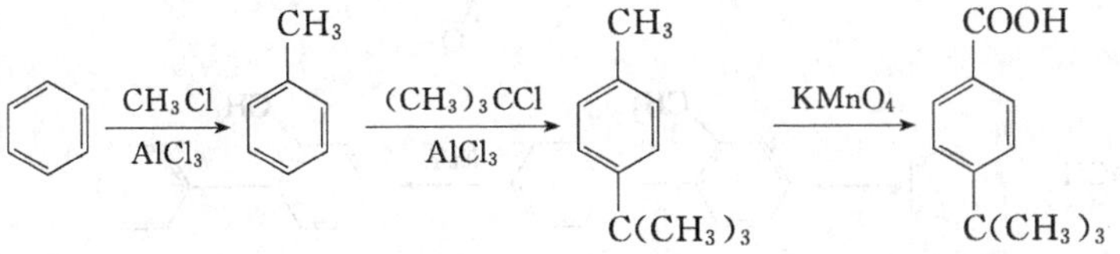 苯 $\xrightarrow[AlCl_3]{CH_3Cl}$ 甲苯 $\xrightarrow[AlCl_3]{(CH_3)_3CCl}$ 对叔丁基甲苯 (CH_3, $C(CH_3)_3$) $\xrightarrow{KMnO_4}$ 对叔丁基苯甲酸 (COOH, $C(CH_3)_3$)

(10) 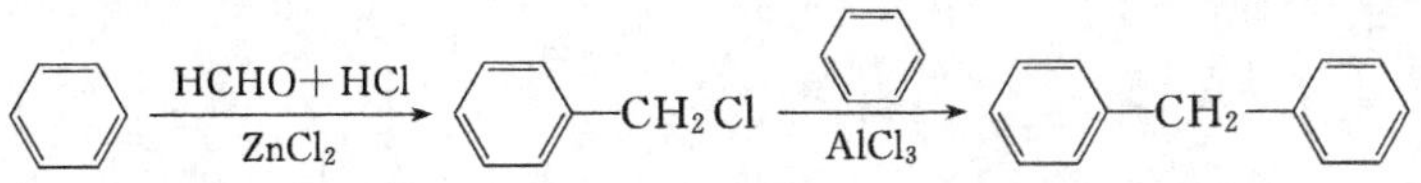 苯 $\xrightarrow[ZnCl_2]{HCHO+HCl}$ $C_6H_5-CH_2Cl$ $\xrightarrow[AlCl_3]{苯}$ $C_6H_5-CH_2-C_6H_5$

(11) 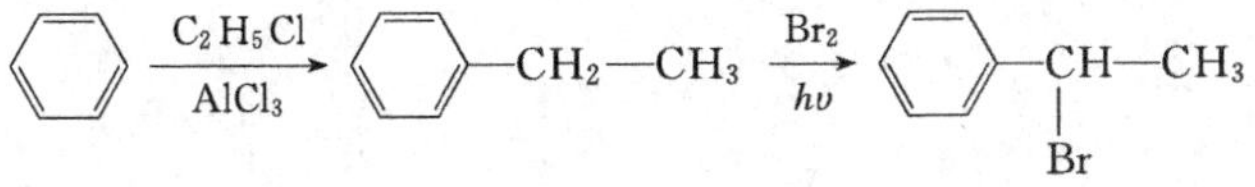 苯 $\xrightarrow[AlCl_3]{C_2H_5Cl}$ $C_6H_5-CH_2-CH_3$ $\xrightarrow[h\upsilon]{Br_2}$ $C_6H_5-CH(Br)-CH_3$

$\xrightarrow[\triangle]{KOH/醇}$ $C_6H_5-CH=CH_2$ $\xrightarrow[HF]{苯}$ $C_6H_5-CH(CH_3)-C_6H_5$

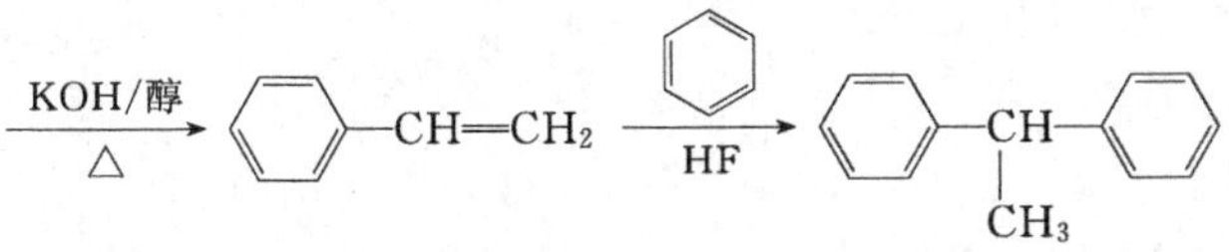

(12) 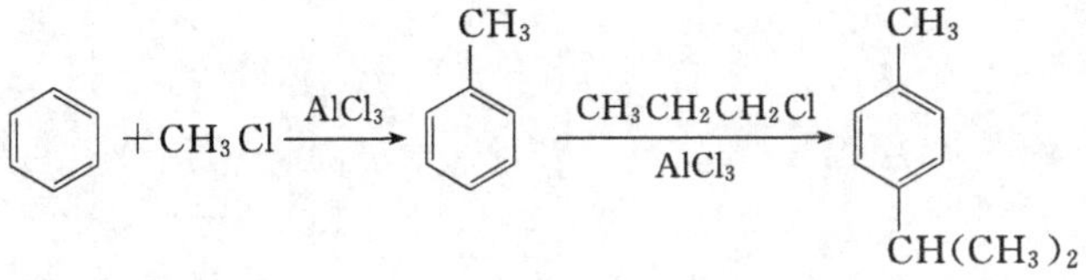 苯 $+CH_3Cl \xrightarrow{AlCl_3}$ 甲苯 $\xrightarrow[AlCl_3]{CH_3CH_2CH_2Cl}$ 对异丙基甲苯 (CH_3, $CH(CH_3)_2$)

六、推导结构

1.

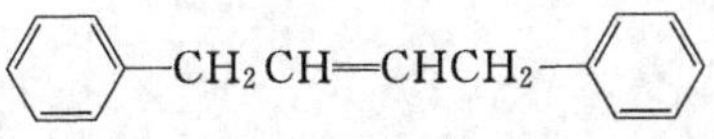

$C_6H_5-CH_2CH=CHCH_2-C_6H_5$

2.

构造式：(A) 邻甲基苯乙炔（CH_3, $C\equiv CH$）　(B) 邻甲基乙苯（C_2H_5, CH_3）　(C) 邻苯二甲酸（COOH, COOH）

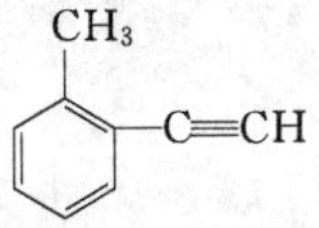

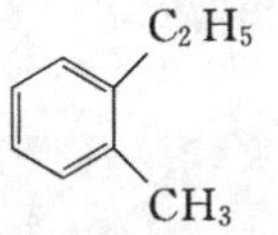

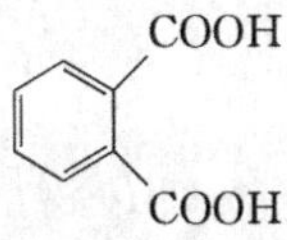

(D) 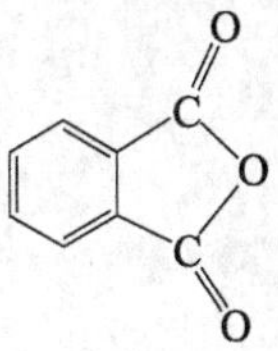 邻苯二甲酸酐（C=O, O, C=O）　(E) 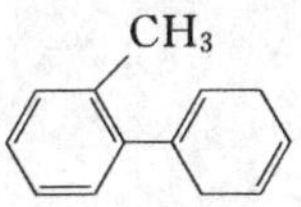 2-甲基联苯（CH_3）

反应式：邻甲基苯乙炔（CH_3, $C\equiv CH$）$\xrightarrow{Cu(NH_3)_2Cl_2}$（$CH_3$, $C\equiv CCu$）

（CH_3, $C\equiv CH$）$\xrightarrow[催化剂]{H_2}$（C_2H_5, CH_3）　（C_2H_5, CH_3）$\xrightarrow{K_2Cr_2O_7/H^+}$（COOH, COOH）

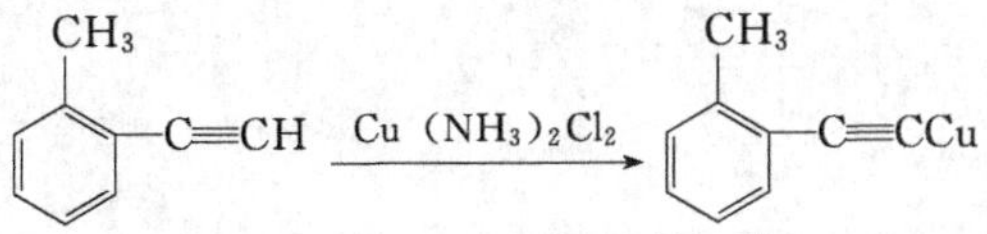

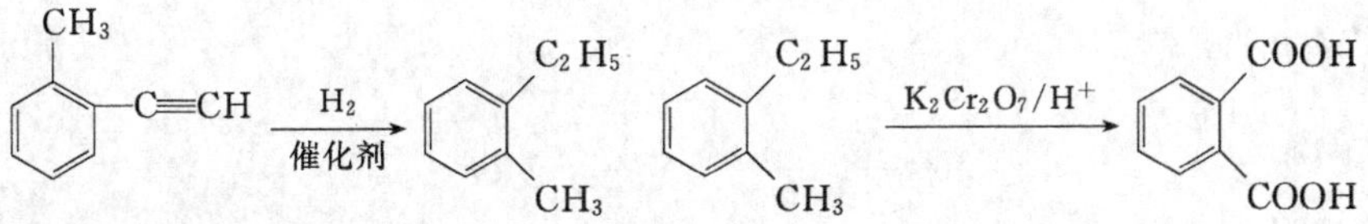

$$\text{邻苯二甲酸 (}C_6H_4(COOH)_2\text{)} \xrightarrow{\triangle} \text{邻苯二甲酸酐}$$

$$\text{邻甲基苯乙炔 (}CH_3C_6H_4C\equiv CH\text{)} + \text{1,3-丁二烯} \longrightarrow \text{2-甲基苯基-1,4-环己二烯} \xrightarrow{\text{脱氢}} \text{2-甲基联苯}$$

第六章　立体化学

【本章学习重点与难点】

重点：对映异构、对称因素、分子的手性、Fischer 投影式的书写方法、R/S 标记法。

难点：分子的手性、R/S 标记法。

【基本内容纲要】

1. 分子的手性、手性碳原子、对称因素、对映体、非对映体、旋光性、外消旋体和内消旋体。

2. Fischer 投影式的书写方法及注意事项。

3. 透视式、Fischer 投影式中手性碳构型的标记方法（D/L 法和 R/S 法）。

4. 含一个、两个手性碳原子的对映异构。

【内容概要】

一、手性和对称性

1. 手性

当一个碳原子与四个不同的原子或基团相连时，分子在空间有两种不同的排列方式，这两种排列方式如同人的左、右手一样，互为实物和镜像，彼此不能重合。凡是实物与镜像不能重叠的分子，称为手性分子，连接四个不同原子或基团的碳原子称为手性碳（常用 * 表示），反之为非手性分子。

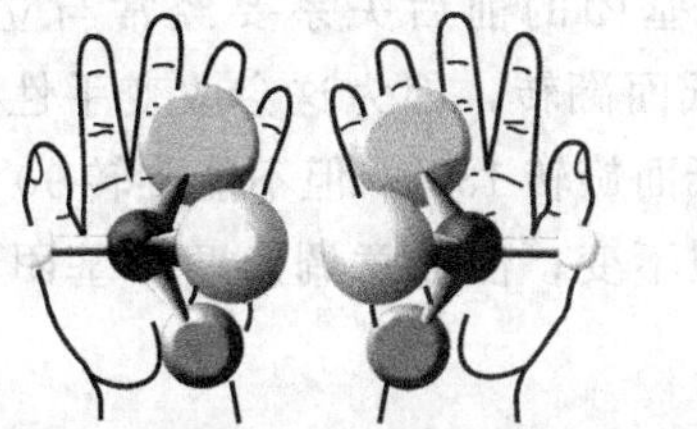

Br　　　　　　　　Br
H—C—CH_3　　CH_3—C—H
CH_2CH_3　　　　CH_2CH_3

实物与镜像不能重叠的两个分子互为对映异构体。对映体的能量相同，在非手性环境中对映体的物理性质和一般的化学性质也相同，但在手性环境中对映体的性质不同。

手性分子都具有旋光性，即可以使平面偏振光向某一个方向以一定的角度发生偏转。在一定条件下，不同旋光性物质的旋光度是一个特有的常数，通常用比旋光度$[\alpha]$来表示：

$$[\alpha]_{\lambda}^{t}=\alpha/(\rho_B\times l)$$

式中，α 为旋光度；ρ_B 为试样的质量浓度，g/100mL，若试样为纯液体，则为试样的密度；l 为盛样管长度，dm；t 为测样的温度，℃；λ 为旋光仪使用光源的波长（通常使用钠光源，表示为 D，波长为 589nm）。互为对映异构体的两种物质旋光能力相同，但旋光方向相反，能使偏振光向右旋转用“＋”表示，能使偏振光向左旋转用“－”表示。等量左旋体和右旋体的混合物称为外消旋体，其旋光度为零，常用“±”来表示。

2. 对称因素

一般说来，实物与镜像不能重叠是因为该分子缺少对称因素。因此，除了判断分子是否存在对映体外，还可以通过判断分子是否有对称因素来确定分子是否具有手性。

有机化学中应用较多的对称因素主要是对称面和对称中心。

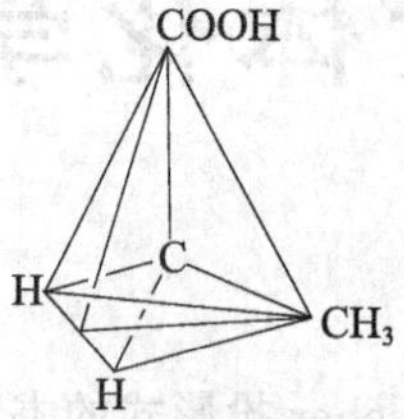

对称面 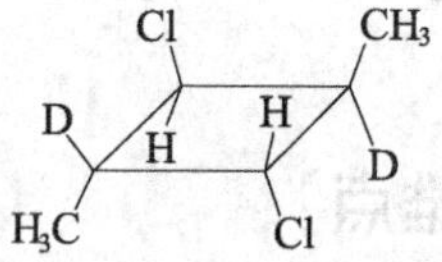　　　　对称中心

如果一个分子既没有对称面，也没有对称中心，一般情况下就可断定该分子是手性分子。

分子的手性是存在对映体的必要和充分的条件。

二、构型表示法

构型的表示方法有 3 种，即球棒式、透视式和 Fischer 投影式。前两种表示方法直观、清晰，但书写较为麻烦；后者书写较为简便。

Fischer 投影式的书写方法：将主链放在竖直的方向上，把命名时编号最小的碳原子放在最上端，用“＋”字代表手性碳原子，竖线连接的两个原子或基团背离观察者（即伸向纸平面后方），横线连接的两个原子或基团指向观察者（即伸向纸平面前方）。

如：

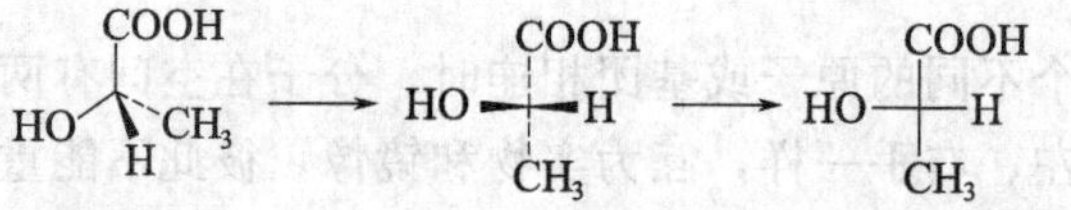

透视式　　　　Fischer投影式

使用 Fischer 投影式必须注意，投影式中基团的前后关系要经常与立体结构相联系。Fischer 投影式只能沿纸面旋转，但不能离开纸面翻转，因为这会改变手性碳原子周围各原子或基团的前后关系；Fischer 投影式可以沿纸面旋转 180°，但不能旋转 90°或 270°；固定一个基团，顺次调换其余三个基团的位次，构型不变；但任意调换两个基团的位次，则构型改变。

如：

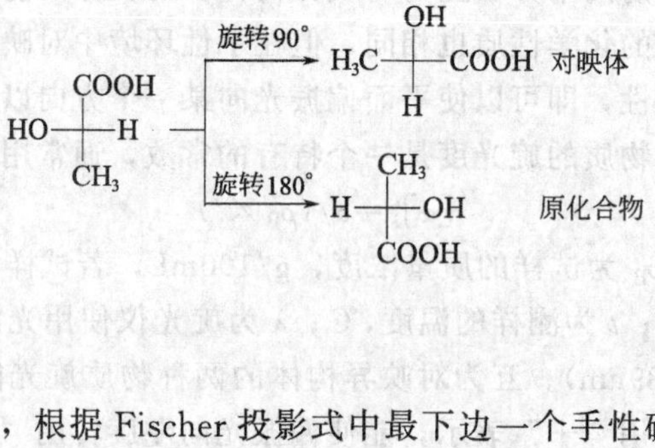

三、构型标记法

1. D-L 标记法

以甘油醛为参照标准，根据 Fischer 投影式中最下边一个手性碳原子的构型决定。若该手性碳与 D-甘油醛相同，羟基位于竖线右端，则标记为 D 型；若与 L-甘油醛相同，羟基位于左端，则标记为 L 型。以此为基础，可由 D-甘油醛转化得到或能转化成 D-甘油醛的化合物，其构型为 D 型；可由 L-甘油醛转化得到或能转化成 L-甘油醛的化合物，其构型为 L 型（当然，在转化过程中不能涉及手性碳原子）。

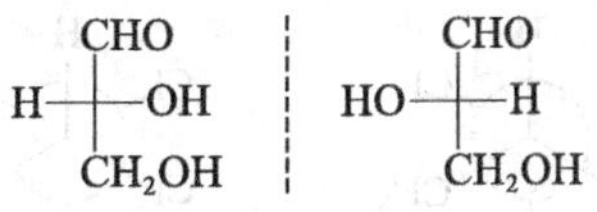

D-(+)-甘油醛　　L-(-)-甘油醛

2. *R*-*S* 标记法

采用透视式表示时，首先把与手性碳相连的四个原子或基团按照次序规则排列顺序，然后将最小基团放在距离观察者最远的位置，再看其他三个基团的排列，若由大到小是顺时针排列的，规定为 *R* 构型；逆(反)时针排列为 *S* 构型。

举例：

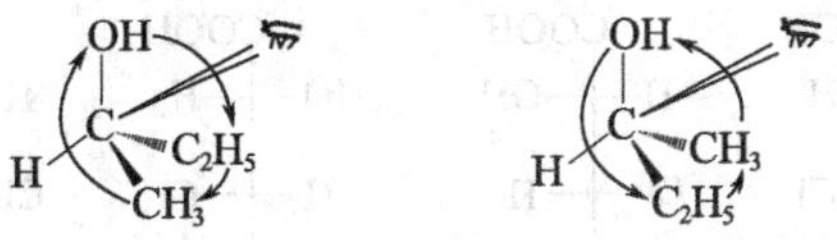

顺时针顺序(*R*)-2-丁醇　　逆时针顺序(*S*)-2-丁醇

若用 Fischer 投影式表示时，当最小基团在竖键，另外三个基团按照次序规则由大到小排列，顺时针为 *R* 构型，逆(反)时针为 *S* 构型；最小基团在横键则相反：剩余三个基团按照次序规则由大到小排列，顺时针为 *S* 构型，逆(反)时针为 R 构型。

最小基团离观察者最近
反时针为"R"

最小基团离观察者最远
反时针为"S"

值得注意的是，D-/L-标记与 *R*-/*S*-标记、-(－)-/-(＋)-旋光度并没有必然联系，且 D-、L-标记需要与甘油醛进行比较，存在一些局限性，目前应用较多的是 *R*-/*S*-标记法。

3. 赤型-苏型标记法

有些链状化合物的结构与赤藓糖或苏阿糖的结构相似，而分别被称为赤型构型和苏型构型，简称赤型和苏型。

用 Fischer 投影式表示时，两个手性碳原子上相同的原子或基团在同侧者，称为赤型；反之，称为苏型。

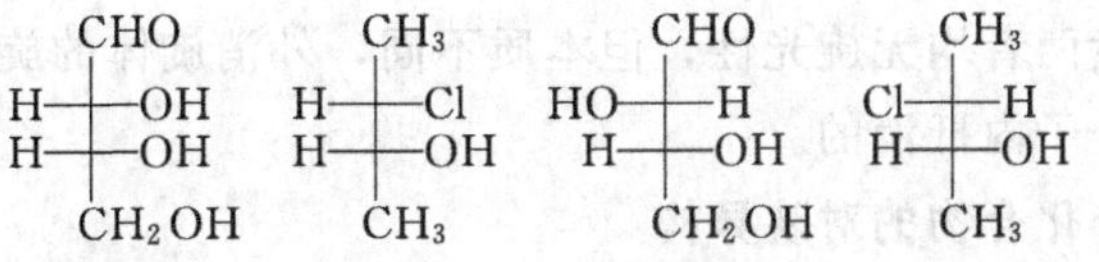

赤藓糖　　赤型　　苏阿糖　　苏型

用透视式表示时，在重叠式构象中，至少有两组相同或相似的原子或基团是重叠的，称为赤型；否则，称为苏型。

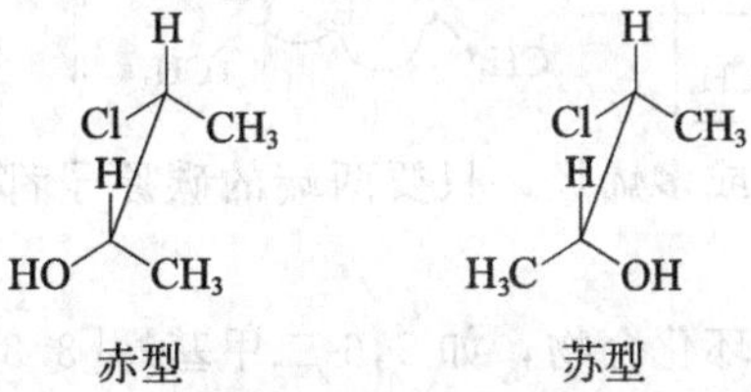

赤型　　苏型

用纽曼投影式表示时，沿 C—C 键的键轴观看，两个手性碳原子所连接的三个原子或基团，其相同或相似的原子或基团按相同的方向（顺时针或逆时针）出现时，称为赤型；若以相反的方向（一为顺时针，一为逆时针）出现时，称为苏型。

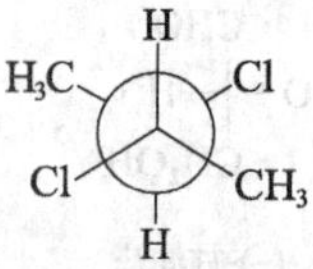

赤型 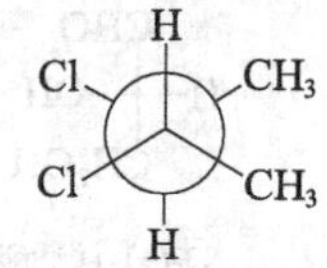　　　　苏型

四、具有两个手性碳原子的对映异构

分子中含 n 个不同手性碳原子的化合物存在 2^n 个旋光异构体，2^{n-1}对对映体。不互为对映体的立体异构体称为非对映体。如氯代苹果酸(2-羟基-3-氯丁二酸)含有 2 个不同手性碳原子，应存在 4 个旋光异构体：

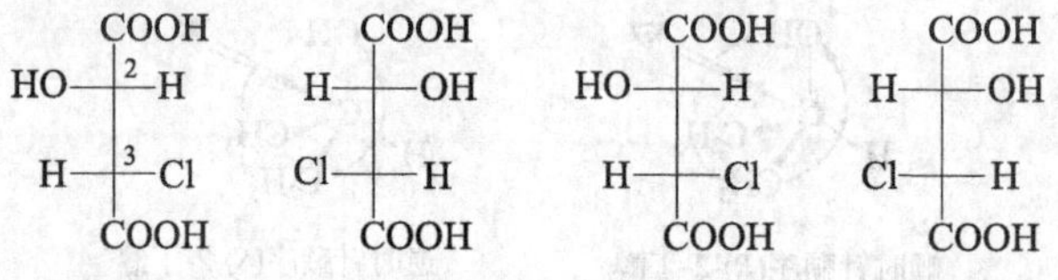

Ⅰ(2*R*,3*S*)　Ⅱ(2*S*,3*R*)　Ⅲ(2*R*,3*R*)　Ⅳ(2*S*,3*S*)

其中Ⅰ和Ⅱ、Ⅲ和Ⅳ互为对映体，将等量的对映体混合得到外消旋体；Ⅰ和Ⅲ、Ⅱ和Ⅳ互为非对映体。

具有两个相同手性碳原子的化合物，除一对对映体之外，还有一个分子因存在对称面，两个手性碳原子的构型相反，旋光能力彼此抵消，因而没有旋光性，该分子称为内消旋体。

如酒石酸(2，3-二羟基丁二酸)具有两个相同的手性碳原子，可以写出如下的异构体：

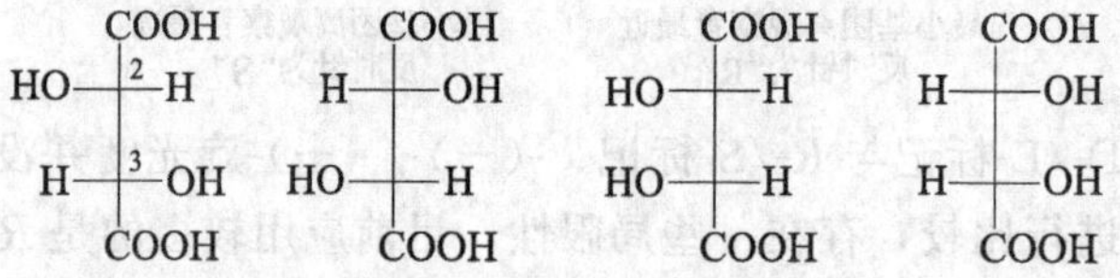

Ⅰ(2*S*,3*S*)　Ⅱ(2*R*,3*R*)　Ⅲ(2*S*,3*R*)　Ⅳ(2*R*,3*S*)

其中Ⅰ和Ⅱ互为对映体；而Ⅲ和Ⅳ看上去像对映体，其实是相同化合物，即不具有旋光性的内消旋体，也就是说，酒石酸只有三种旋光异构体。

这里要将内消旋体与外消旋体进行区分，外消旋体是等量对映体的混合物，可以拆分成两个有旋光性的对映体；而内消旋体是由于分子具有对称性的化合物，因此没有旋光性，也就不能进行拆分。虽然两者均无旋光性，但本质不同，外消旋体的旋光能力是在分子间抵消的，而内消旋体是在分子内抵消的。

五、不含手性中心化合物的对映异构

1. 丙二烯型化合物

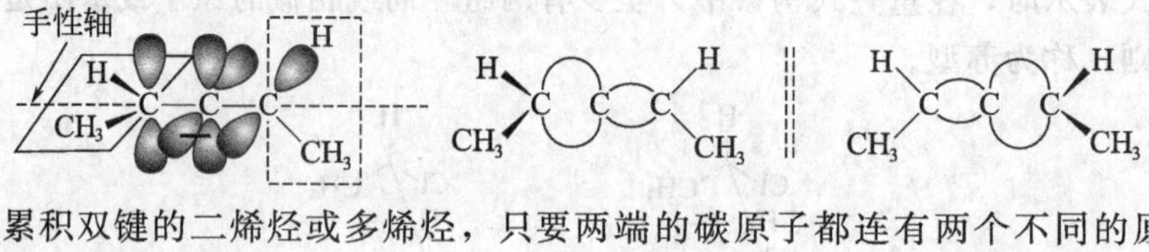

手性轴

含偶数累积双键的二烯烃或多烯烃，只要两端的碳原子都连有两个不同的原子或基团，就存在一对对映体。

与此类似的化合物还有螺环化合物，如 2,6-二甲基螺[3.3]庚烷。

2. 联苯型化合物

两个苯环间的旋转因受 2,2′,6,6′位上足够大且不对称的取代基的限制，使该化合物有一个手性轴，因而有对映体存在。

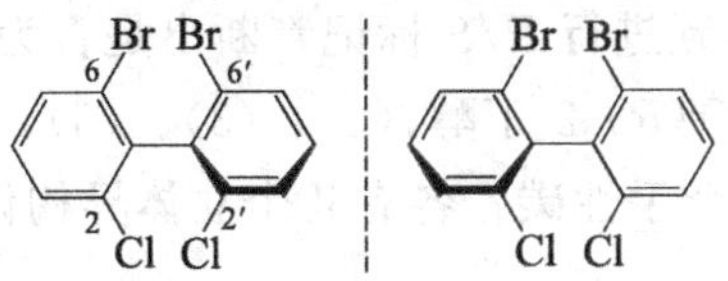

若邻位取代基的体积较小，不能限制两苯环间键的自由旋转，或者一个苯环的两个邻位有相同的取代基，就不存在对映体。

【例题解析】

【例 1】命名和写结构

(1) 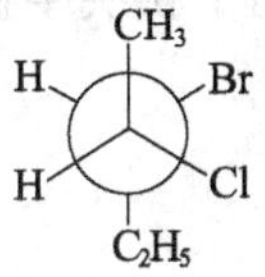 (2) 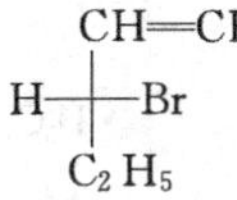 (3) (2*S*，3*R*，4*S*)-2-氯-3，4-二溴己烷

(4) (3*S*)-3-甲基-3-溴-1-戊烯 (5)

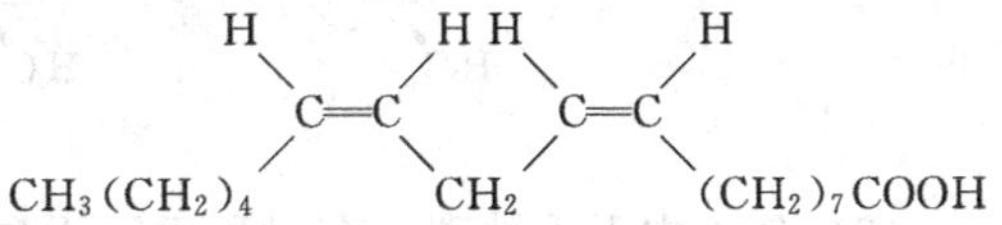

答：(1) (2*S*，3*S*)-2-氯-3-溴戊烷；(2) (3*R*)-3-溴-1-戊烯

(3) 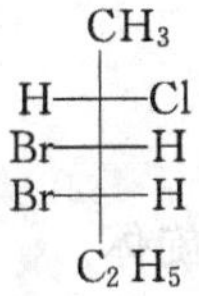 (4) 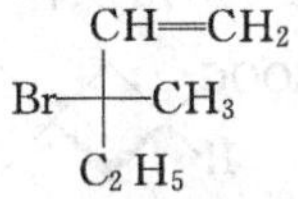 (5) (9*Z*，12*Z*)-9，12-十八碳二烯酸

【例 2】写出下列化合物的 Fischer 投影式和纽曼投影式

(1) (2*R*，3*S*)-2，3-二氯丁烷；(2) (2*S*，3*S*)-3-氯-2-丁醇

[解题提示] 首先写出化合物正确的 Fischer 投影式，然后按 Fischer 投影式写出相应的重叠的纽曼投影式，最后写出稳定的纽曼投影式。

答

(1)

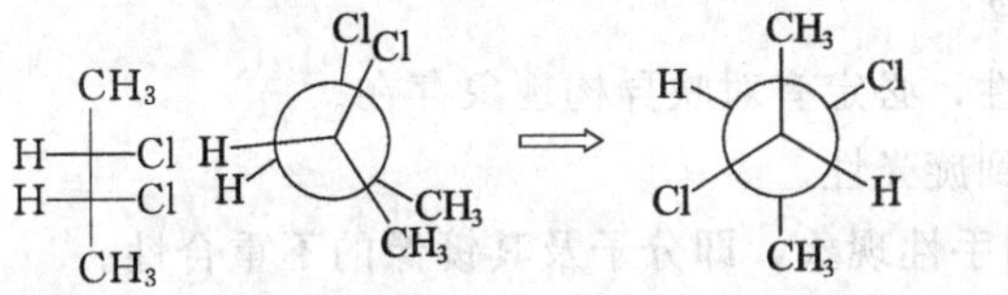

(2)

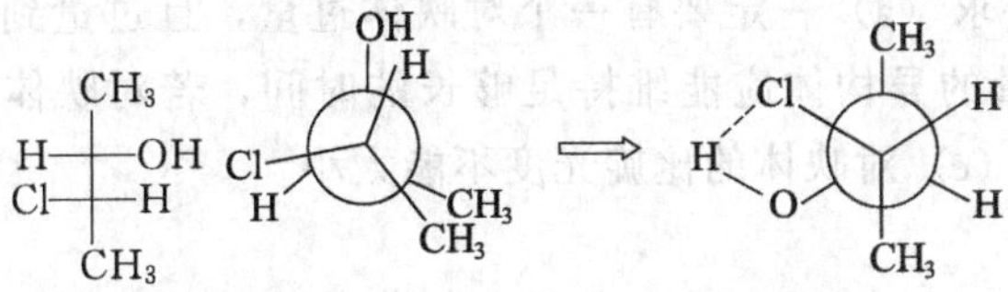

【例 3】下列化合物中哪些相同，哪些不同？

(1) 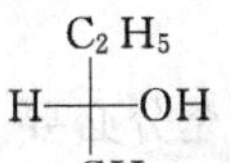 (2) 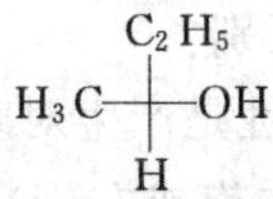 (3)

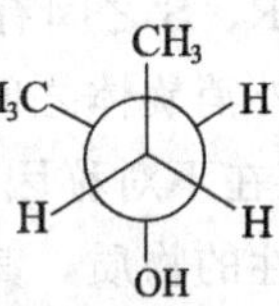

(4) 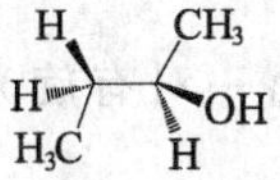 (5) 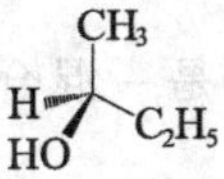 (6)

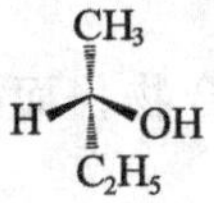

［解题提示］可通过将手性碳进行 R/S 标记判断出是否为同一化合物。

答　题中相同的为(1)、(4)(R)-2-丁醇；(2)、(3)、(5)、(6)(S)-2-丁醇

【例 4】 下列化合物各有几个手性碳？各有几个立体异构体？

(1) （H_3C、CH_3、CH_3、H_3C 取代的双环化合物）　(2) （H_3C、CH_3 取代的双环化合物）　(3) HOOC—◇◇—COOH

(4) $CH_3CHBrCHBrCHBrCH_3$

［解题提示］连接四个不相同的原子或基团的饱和碳原子为手性碳。

答 (1) 分子中有三个手性碳，但是由于环小不能反式相连，所以两个桥头手性碳算一个手性碳，异构体的数目为 $2^2=4$，两对外消旋体。

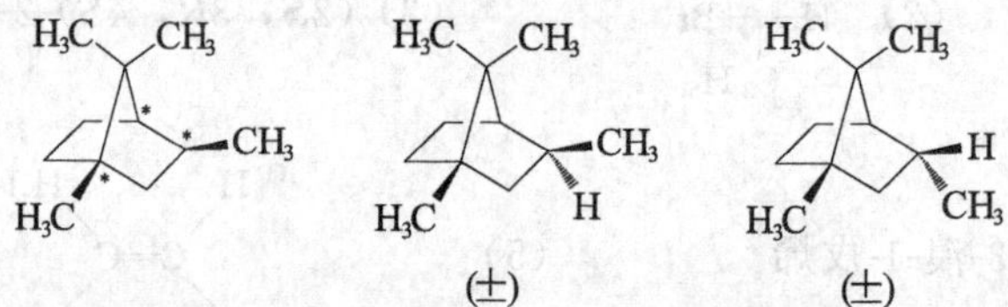

(2) 分子中无手性碳，有对称面，无异构体。

(3) 分子中无手性碳，但是不对称分子，存在一对对映体

（H、HOOC、COOH、H 取代的螺环对映体）

(4) 分子中有两个手性碳，四个异构体，其中一对对映体，两个内消旋体。

CH_3	CH_3	CH_3	CH_3
H—Br	H—Br	Br—H	H—Br
H—Br	Br—H	Br—H	H—Br
H—Br	H—Br	H—Br	Br—H
CH_3	CH_3	CH_3	CH_3
内消旋	内消旋	一对对映体	

【例 5】 下面的说法对吗？为什么？

(1) 有旋光性的分子必定具有手性，必定有对映异构现象存在。

(2) 具有手性的分子必定可观察到旋光性。

答 (1) 对。旋光性起因于分子的手性现象，即分子及其镜像的不重合性。

(2) 不对。要观察到旋光性，要求 (a) 一定要有一个对映体过量，且过量到足以能让旋光仪检测出净的旋光度；(b) 过量的异构体应能维持足够长的时间，若对映体迅速转换成平衡混合物，将观察不到旋光性；(c) 对映体的比旋光度不能太小。

【例 6】 回答下列各题

(1) 产生对映异构现象的充分必要条件是什么？

(2) 旋光方向与 R、S 之间有什么关系？

(3) 内消旋体和外消旋体之间有什么本质区别？

答 (1) 分子中存在不对称因素即分子的手性是产生对映异构现象的充分必要条件。

(2) 具有旋光活性的物质，其旋光方向（右旋或左旋）与不对称中心的 R 或 S 没有必然的对应关系。

(3) 内消旋体是一化合物；而外消旋体通常是一混合物，能分出一对有旋光性的异构体。

【习题】

一、命名或者写出下列化合物结构式

1. 用系统命名法命名下列化合物：

(1) H_3C—C(C≡CH)(H)(CH_2CH_3)　(2) HC≡C(CH(CH_3)_2)C=C(CH_3)(CH_2CH_3)　(3) CH_3/CH_3O—H/H—OCH_3/CH_3

(4) 环戊基—C(CH_3)(CH_2CH_3)—环丙基　(5) HC≡C—C(CH_2CH_3)(H)—CH_2CH=CH_2　(6) Br, H, CH_3, H_3C, H, H（Newman投影式）

(7) H_3C(Cl)(H)C—C(H)(Cl)CH_3　(8) H—C(F)(Cl)(Br)

2. 写出下列化合物的构造式：

(1) (*S*)-2-碘辛烷　(2) (*Z*)-3-戊烯-2-醇

(3) (2*Z*，4*E*)-2，4-己二烯　(4) (2*S*，3*S*，4*R*)-2-氯-3，4-二溴己烷

(5) (*R*)-2-环丙基丁烷　(6) 2-羟基丙酸　(7) (*R*)-3，4-二甲基-1-戊烯

二、基本概念

1. 对于(*S*)-2-溴丁烷和(*R*)-2-溴丁烷来说，不同的物理常数是：

(A) 折射率　(B) 沸点　(C) 比旋光度　(D) 相对密度

2. 下列化合物中，存在手性中心的是：

(A) $CH_3CH(CH_3)CH_2CH_3$　(B) $CH_2BrCH_2CH_2Cl$

(C) $CH_3CH(OH)CH_2CH_3$　(D) $BrCH_2CHDCH_2Br$

3. 下列 Fischer 投影式中，与乳酸 H—C(COOH)(CH_3)—OH 构型相同的是：

(A) HO—C(CH_3)(COOH)—H　(B) H—C(OH)(CH_3)—COOH　(C) HOOC—C(CH_3)(OH)—H　(D) HO—C(COOH)(CH_3)—H

4. 指出下列分子的构型(*R* 或 *S*)：

(1) HO—C(CHO)(CH_2OH)—H　(2) H_3C—C(Br)(H)—D　(3) H_3C—C(H)(NH_2)—COOH　(4) C_2H_5—C(H)(NH_2)—CH_3

5. 下列结构式中，与 H—C(CH_3)(CH_2CH_3)—Br 构型不同的是：

(A) CH_3, H_3C, H, H, H, Br（Newman投影式）　(B) H_3C—C(H)(Br)—C_2H_5　(C) Br, H, CH_3, H_3C, H, H（Newman投影式）　(D) H—C(C_2H_5)(CH_3)—Br

6. 化合物 1,2-二氯环己烷的立体异构体有（　　）种？

(A) 2　　(B) 3　　(C) 4　　(D) 8

7. 下列化合物有旋光性的是：

(A) 丙胺　(B) (2*R*, 3*S*)-2,3-二氯丁二酸　(C) (*R*)-2-甲基-2-丁醇　(D) (±)2-氯丙酸

8. 具有旋光异构体现象的烷烃，其碳原子数可能为：

(A) 4　　(B) 5　　(C) 6　　(D) 7

9. D-(+)-葡萄糖经温和氧化生成葡萄糖酸，已知产物是右旋的，则它的正确名称是：

(A) D-(+)-葡萄糖酸　(B) D-(−)-葡萄糖酸　(C) L-(+)-葡萄糖酸　(D) L-(−)-葡萄糖酸

10. 指出下列化合物之间的关系：(A) 相同化合物　(B) 对映体　(C) 非对映体

(1) Fischer 投影式：上 CH_2CH_3，左 HO，右 H，下 CH_3　和　上 H，左 HO，右 C_2H_5，下 CH_3

(2) 上 NH_2，左 CH_3，右 H，下 COOH　和　上 CH_3，左 H，右 COOH，下 NH_2

(3) 上 CH_3；H—C—Br；H—C—H；下 C_2H_5　和　上 Br；H_3C—C—H；H—C—C_2H_5；下 H

(4) 上 CH_3；H—C—Br；H—C—Cl；下 C_2H_5　和　上 Br；H_3C—C—H；H—C—C_2H_5；下 Cl

三、完成反应

1. (D)(H)C=C(D)(H)（顺式，两个 D 同侧）$\xrightarrow{Br_2}$

2. (D)(H)C=C(H)(D)（反式）$\xrightarrow{Br_2}$

3. $(CH_3CH_2CH_2)(CH_3CH_2)C=CH_2$ $\xrightarrow[Pt]{H_2}$

4. $(CH_3)(H)C=C(CH_3)(H)$（顺式）$\xrightarrow[冷]{KMnO_4}$

四、反应机理

丁烷在光照下发生氯代，产物之一是 $CH_3CHClCH_2CH_3$，此化合物有手性碳，但得到的总是它的外消旋体，试解释这一现象。

五、有机合成（略）

六、推导结构

1. 某烃类化合物的分子式为 $C_{10}H_{14}$，含有一个手性碳原子。用高锰酸钾可以氧化生成苯甲酸。试写出其结构式。

2. 某化合物的分子式是 $C_5H_{10}O$，没有光学活性，分子式中有一个环丙基，在环上有一个羟基和两个甲基，试写出此化合物的结构式。

3. 分子式为 C_6H_{10} 的某化合物（A），具有旋光性。(A) 可以与硝酸银氨溶液反应生成白色沉淀。若以 Pt 为催化剂将（A）催化氢化，则得到无旋光性的化合物（B），分子式为 C_6H_{14}。试推测（A）和（B）的结构式。

4. 化合物 A 分子式为 C_8H_{16}，经臭氧氧化、还原水解只能得到一种酮，A 用冷的碱性 $KMnO_4$ 溶液氧化，得到内消旋化合物 B，试写出 A 的构造式和 B 的 Fischer 投影式。

5. 一种有旋光性的醇 $C_5H_{10}O$(A)催化加氢后得到一种无旋光性的醇 $C_5H_{12}O$(B)。试写出 A、B 的结构式。

【习题解答】

一、命名或写出化合物的结构

1. (1) (*S*)-3-甲基-1-戊炔　　(2) (*E*)-4-甲基-3-异丙基-3-己烯-1-炔

(3) (2*R*，3*R*)-2，3-二甲氧基丁烷　　(4) (*R*)-2-环丙基-2-环戊基丁烷

(5) (*S*)-4-乙基-1-己烯-5-炔　　(6) (*R*)-2-溴丁烷

(7) (2*R*，3*S*)-2,3-二氯丁烷　　(8) (*S*)-1-氟-1-氯-1-溴甲烷

2. (1) 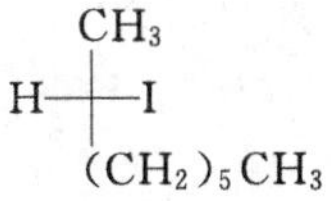 CH_3; H—I; $(CH_2)_5CH_3$　(2) H_3C, HO-$CHCH_3$, C=C, H, H　(3) H_3C, H, C=C, CH_3, H, C=C, H, H

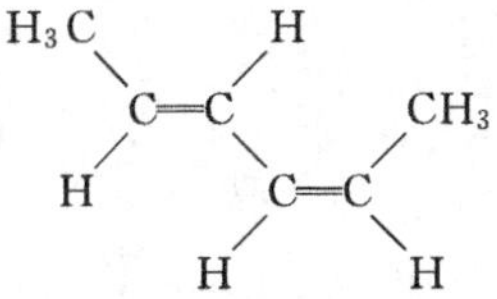

(4) 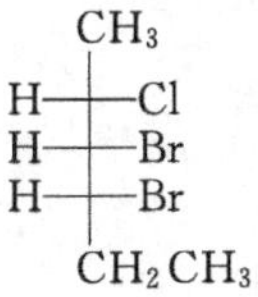 CH_3; H—Cl; H—Br; H—Br; CH_2CH_3　(5) 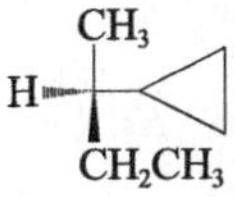 CH_3, H, CH_2CH_3　(6) 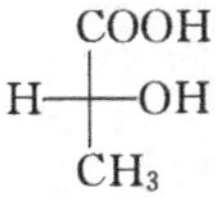 COOH; H—OH; CH_3　(7) 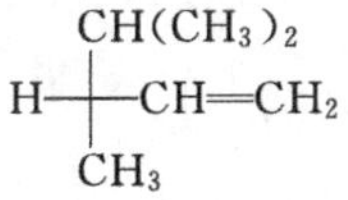 $CH(CH_3)_2$; H—CH=CH_2; CH_3

二、回答问题

1. C　2. C　3. A　4. (1)*S*；(2)*S*；(3)*S*；(4)*R*.　5. D

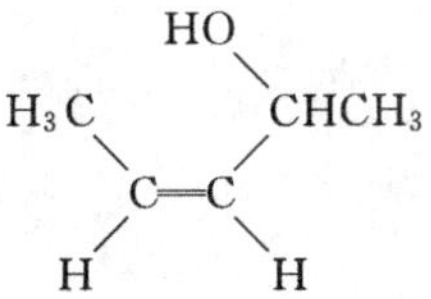

6. B　7. C　8. D　9. A　10. (1)B (2)B (3)A (4)C

三、完成反应

1. 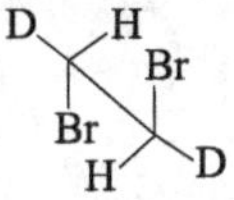 D, H, Br, Br, H, D　2. 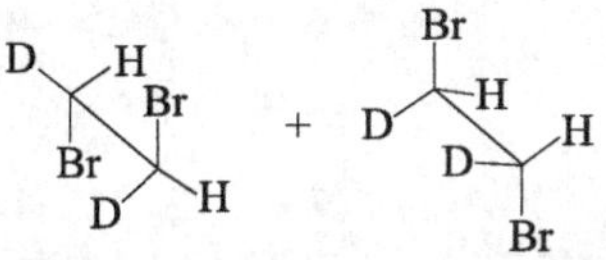 D, H, Br, Br, D, H ＋ Br, H, D, H, D, Br

3. C_2H_5—H (CH_3, $CH_2CH_2CH_3$) | H—C_2H_5 (CH_3, $CH_2CH_2CH_3$) 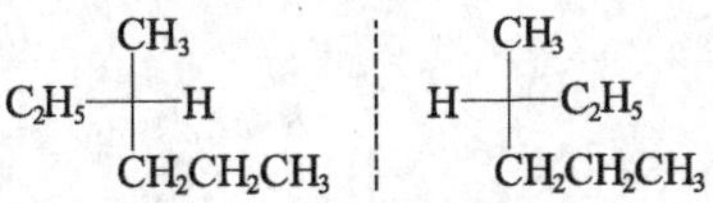　4. 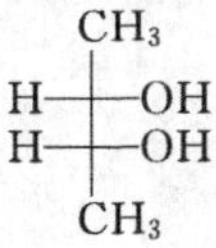 CH_3; H—OH; H—OH; CH_3

四、反应机理

CH_3, C, H, C_2H_5, H ＋ Cl· ⟶ CH_3, H, C_2H_5 ＋ HCl; ＋ Cl_2

两边进攻的概率相等

CH_3, C, C_2H_5, Cl, H ＋ C_2H_5, C, CH_3, H, Cl

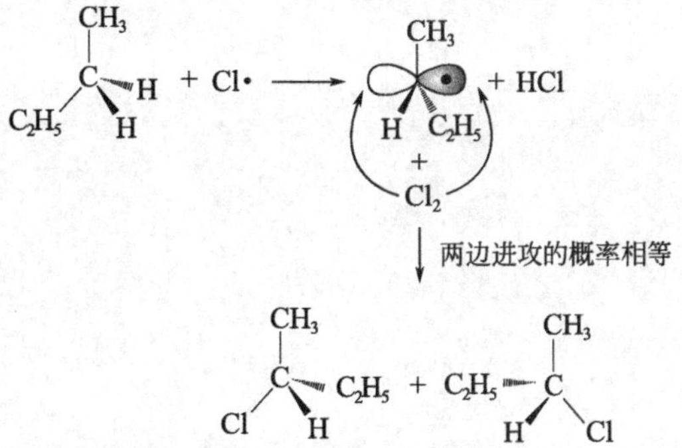

反应得到等量的对映体混合物，即外消旋体。

五、有机合成（略）

六、推导结构

1. 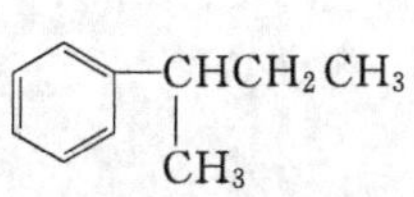 C_6H_5—$CHCH_2CH_3$ (CH_3)　2. 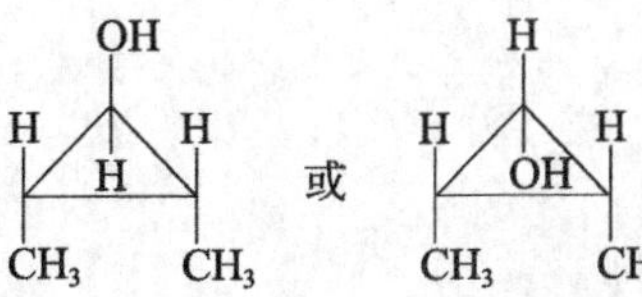 OH, H, H, H, CH_3, CH_3 或 H, H, OH, H, CH_3, CH_3

3. (A) $CH_3CH_2CH(CH_3)C\equiv CH$　　(B) $CH_3CH_2CH(CH_3)CH_2CH_3$

4.（A）$(CH_3CH_2)(H_3C)C{=}C(CH_2CH_3)(CH_3)$

$$\begin{array}{c} CH_3CH_2 \qquad\quad CH_2CH_3 \\ \quad\diagdown\qquad\diagup \\ C{=}C \\ \quad\diagup\qquad\diagdown \\ H_3C \qquad\qquad CH_3 \end{array}$$

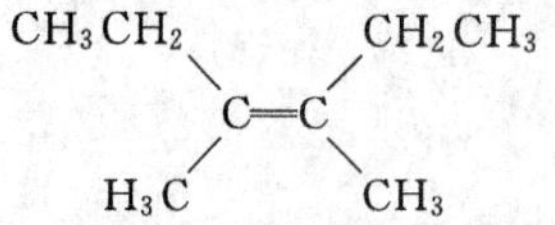

（B） 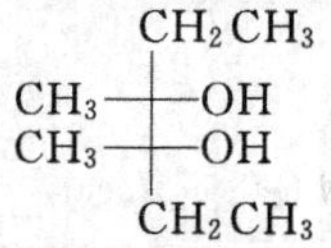
$$\begin{array}{c} CH_2CH_3 \\ CH_3\!-\!\!\!+\!\!\!-OH \\ CH_3\!-\!\!\!+\!\!\!-OH \\ CH_2CH_3 \end{array}$$

5.（A）$CH_2{=}CH\overset{*}{C}H(OH)CH_2CH_3$　（B）$CH_3CH_2CH(OH)CH_2CH_3$

第七章　卤代烃　相转移催化反应　邻基效应

【本章学习重点与难点】

重点：卤代烃的化学性质。

难点：1. 卤代烃亲核取代反应与消除反应的历程及影响因素。

2. 芳卤化合物中芳环上亲核取代反应机理。

【基本内容纲要】

1. 卤代烃的结构、命名、物理性质和化学性质。
2. 卤代烃的制备方法。
3. 卤代烃的亲核取代（S_N1、S_N2）反应历程和影响因素。
4. 卤代烃的消除（E1、E2）反应历程和影响因素。
5. 卤代烃亲核取代反应与消除反应之间的竞争关系。
6. 分子内亲核取代反应机理　邻基效应。
7. 芳卤的亲核取代反应的机理。

【内容概要】

一、分类

按照卤素原子个数卤代烃可分为单卤代烃和多卤代烃；按照所连卤素种类分为氟代烃、氯代烃、溴代烃和碘代烃。按照所连烃基类别分为饱和卤代烃：根据卤素原子连接的碳原子的级别可分为伯卤代烷、仲卤代烷和叔卤代烷和不饱和卤代烃：根据卤素原子连接的基团分为卤代烯（炔）烃和卤代芳烃。

二、命名

卤原子做取代基，命名规则同烷烃。

三、结构特征

饱和卤代烃中，由于碳原子与卤原子之间电负性的差异，碳卤键为极性键，且成键电子偏向卤原子，使碳原子呈缺电子的特性：$-\overset{\delta^+}{C}-\overset{\delta^-}{X}$ 导致中心碳原子易受亲核试剂进攻发生取代反应。卤代烃中 C—X 键的极性导致 β-H 有一定的酸性，在碱的作用下消除 β-H 和卤原子，发生消除反应。

在化学反应中，对化学活性起决定作用的是键的极化度。极化度越大的共价键，就越容易受外界电场影响而发生诱导极化，其化学性质也就越活泼。C—X 键的极化度大小顺序为 C—I＞C—Br＞C—Cl＞C—F，所以卤代烃的活泼性为 RI＞RBr＞RCl＞RF。

在卤代烃中，根据形成 C—X 键的 α-C 碳原子的不同级别，可以分为伯、仲、叔卤代烃；它们在化学活性上也有明显的区别。

四、物理性质

1. 脂肪族卤代烃

（1）沸点　碳卤键的极性导致卤代烃的沸点比相应的烃要高。

（2）相对密度　卤代烃的相对密度大于相应的烃，对于单卤代烃，RF 和 RCl 的相对密度小于 1，RBr 和 RI 的相对密度大于 1。

2. 芳卤化合物

（1）水溶性　不溶于水。

（2）沸点　同相对分子质量相近的卤代烷相差不多。

（3）熔点　高对称结构的对位异构体熔点较高。

五、脂肪族卤代烃化学性质

1. 亲核取代反应：

反应式：$R—X+Nu^- \longrightarrow R—Nu+X^-$

卤代烃的亲核取代反应

反应底物	亲核试剂	取代产物	特点
R—X	HO^-	R—OH	在相应卤代烃容易得到时,可以用于醇的制备
	NC^-	R—CN	可用于腈及增长一个碳原子的羧酸的制备
	$R'O^-$	R—O—R′	用于醚的制备
	$R'COO^-$	R′COOR	可用于酯的制备
	$R'C≡C^-$	R′C≡CR	可用于炔烃的制备,增加碳链的方法
	O_2NO^-	$RONO_2$	以 $AgNO_3$ 为反应试剂,可用于 1°,2°,3°卤代烃的区别
	I^-（丙酮）	RI	以 $NaI—CH_3COCH_3$ 为反应试剂，可用于 1°,2°,3°卤代烃的区别
	NH_3	$R—NH_2$	在 NH_3 大大过量的条件下,可用于 1°胺的制备

2. 卤代烃的亲核取代反应历程

（1）动力学结果

$$CH_3CH_2Br \xrightarrow{OH^\ominus} CH_3CH_2OH+Br^\ominus$$

$$反应速率=k[CH_3CH_2Br][OH^-]$$

反应速率同时与两个反应物的浓度有关，称该反应为双分子取代，其机理为 S_N2 机理。

$$(CH_3)_3CBr \xrightarrow{OH^\ominus} (CH_3)_3COH+Br^\ominus$$

$$反应速率=k[(CH_3)_3CBr]$$

反应速率只与一个反应物的浓度有关，称该反应为单分子取代，其机理为 S_N1 机理。

（2）S_N2 机理

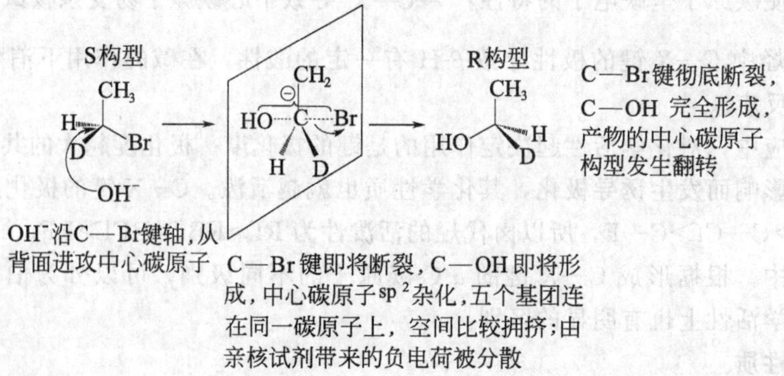

（3）S_N1 机理

S构型

C—Br首先断裂，生成正碳离子

a → HO—C(CH_3)(C_2H_5)(C_3H_7)　R构型

b → C_2H_5—C(CH_3)(C_3H_7)—OH　S构型

亲核试剂从正碳离子两面进攻概率相等，生成两种结构的产物，为对映体关系。

（4）将 S_N2 机理和 S_N1 机理的比较

项目	S_N2 机理	S_N1 机理
C—X 键断裂方式	亲核试剂进攻中心碳原子，才导致 C—X 键断裂	C—X 键首先发生断裂，形成正碳离子，才给亲核试剂创造了与中心碳原子结合的机会
过渡态/中间体	在过渡态，中心碳原子杂化状态由 sp^3 转化为 sp^2，但连有五个基团，空间拥挤	正碳离子中间体，杂化状态为 sp^2，但只连有三个基团，空间不拥挤
电荷分布情况	亲核试剂带来的负电荷被分散	形成正碳离子
立体化学	产物构型翻转	产物外消旋化

（5）邻基参与　有一种亲核取代反应，得到的产物既不是外消旋体，又没有构型转化，而得到构型保持的产物。对这种现象的解释是邻基参与，即手性碳原子的邻近碳上的基团 Z(如 $—COO^-$、—COOR、—COAr、—OR、$—O^-$、$—NH_2$、—NHR、—NHCOR、—X、—Ph 等）从离去基团 L 的背后进攻，先形成一种不稳定的三元环过渡态，同时手性碳原子的构型转化。然后亲核基团向三元环的背面进攻，手性碳原子的构型再一次发生转化。由于手性碳原子的构型连续两次转化，其结果构型保持不变。

$$—\overset{Z}{\underset{|}{C}}—\underset{|}{\overset{|}{C}}—L \longrightarrow —\overset{Z}{C}—\overset{}{C}— + Y^- \longrightarrow —\overset{Z}{\underset{|}{C}}—\underset{|}{\overset{|}{C}}—Y$$

邻基参与反应特点：生成环状化合物；促进反应速率明显增加；限制产物的构型。

能够发生邻基参与的基团：具有未共用电子对的杂原子，如氧、氮、硫、卤原子等——n 参与；碳碳双键和苯环的 π 电子——π 参与；环丙基和碳碳 σ 键电子——σ 参与。

（6）影响 S_N2 机理和 S_N1 机理的因素

项目	S_N2 机理	S_N1 机理
烃基	1°RX；CH_2═$CHCH_2X$，$PhCH_2X$。体积小，有利于翻转	3°RX；CH_2═$CHCH_2X$，$PhCH_2X$。生成稳定的正碳离子
离去基团	离去能力好对反应有利	离去能力好对反应有利
亲核性	亲核性强对反应有利	亲核性强弱对反应关系不大
溶剂	弱极性溶剂有利	强极性溶剂有利

3. 卤代烃的消除反应

常见的消除反应为单分子消除（E1）和双分子消除（E2）两种历程。

（1）消除反应的反应历程　E1 消除反应历程：

$$H—\overset{|}{\underset{|}{C}}{}_{\beta}—\overset{|}{\underset{|}{C}}{}_{\alpha}—X \xrightarrow{慢} H—\overset{|}{\underset{|}{C}}—\overset{|}{C}{}^{+} + X^- \xrightarrow[快]{Y^-} >C=C< + YH$$

E2消除反应历程：

$$H-\overset{|}{\underset{|}{C}}-\overset{|}{\underset{|}{C}}-X + Y^- \xrightarrow{慢} \left[\overset{\delta^-}{Y}\text{---}H\text{---}\overset{|}{\underset{|}{C}}=\!=\overset{|}{\underset{|}{C}}\text{---}\overset{\delta^+}{X} \right] \xrightarrow{快} >C=C< + YH$$

E1 和 E2 的比较参见下表：

E1、E2 反应的比较

项目	E1	E2
反应历程	$H-\overset{\beta}{C}-\overset{\alpha}{C}-X \xrightarrow{慢} H-C-C^+ + X^-$ $\xrightarrow[快]{Y^-} >C=C< + YH$	$H-C-C-X + B^- \xrightarrow{慢} [\overset{\delta^-}{B}\text{---}H\text{---}C=\!=C\text{---}\overset{\delta^+}{X}]$ $\xrightarrow{快} >C=C< + BH$
动力学特征	$\nu=K[R-X]$ 单分子反应	$\nu=K[R-X][B^-]$ 双分子反应
R—X 的活性	3°RX＞2°RX＞1°RX 要求有适合于 R^+ 的条件	3°RX＞2°RX＞1°RX 要求有适合于反式消除的条件
立体化学	非立体专一性	发生变化的 β-C-H 键和 α-C-X 键应共平面，以反式消除为有利。
竞争反应	S_N1 反应和 C^+ 的重排变化	S_N2 反应

(2) 消除反应取向和立体化学　含有不止一种 β-H 的卤代烃消除反应有两种取向，一种是 Saytzeff（查依采夫）取向，另一种是 Hofmann（霍夫曼）取向。当脱去的 β-H 有明显的空间位阻或强碱条件下，产物以霍夫曼消除为主，强碱：$(CH_3)_3COK$、NaH、$NaNH_2$；卤原子的电负性增加，霍夫曼消除产物增加如氟代烃。一般碱性、其他卤代烃是 Saytzeff 消除，一般碱性：$NaOC_2H_5$、NaOH。在本章学习中主要是 Saytzeff 取向。

在立体化学中，消除产物为反式消除，如下：

半成键状态　具备双键的性质　Br　H　$B^{\ominus}$　H--B　HBr　$-B^{\ominus}$　半断键状态

4. 消除反应和取代反应的竞争

(1) 烷基结构的影响：

S_N2 增加 →

3°RX　2°RX　1°RX　　CH_3X

← S_N1、E 增加

β 碳上没有支链的伯卤代烃，与亲核性强的试剂如 I^-、Br^-、HO^-、RO^- 等作用，主要发生 S_N2 反应；β 碳上有支链的伯卤代烃容易发生消除反应。

(2) 亲核试剂的影响　亲核试剂碱性越强越有利于消除反应。

(3) 溶剂的影响　溶剂的极性越大越有利于取代反应。

(4) 温度的影响　温度升高有利于消除反应。

(5) 卤代烷烃的反应活性小结如下。

卤代烃的类型	亲核试剂(碱)的类型			
	弱亲核试剂(如 H_2O)	弱碱性,好的亲核试剂(如 I^-)	强碱性,无空阻的亲核试剂(如 CH_3O^-)	强碱性,有空阻的亲核试剂(如 $(CH_3)_3CO^-$)
甲基	无反应	S_N2	S_N2	S_N2
一级 无位阻	无反应	S_N2	S_N2	E2
一级 有支链	无反应	S_N2	E2	E2
二级	慢 S_N1,E1	S_N2	E2	E2
三级	S_N1,E1	S_N1,E1	E2	E2

5. 金属有机化合物

制备如下。

制备有机锂试剂 $RX \xrightarrow[纯醚]{Li} RLi + LiX$

制备有机镁试剂 $RX \xrightarrow[纯醚]{Mg} RMgX$

有机镁化合物又称格利雅试剂。两者性质是一样的，C—M（M 指金属）键是极化的，M 带部分正电荷，C 带部分负电荷。其中 R 是亲核试剂，它不仅能与含活泼氢的化合物发生反应：

$$RMgX + HY \longrightarrow RH + MgXY$$

HY 指各种含活泼氢的化合物，如酸、醇、水、氨、端炔等

还可以与 CO_2 和 O_2 反应，因此在制备上述两种物质时要在无水无氧条件下操作。

有机锂化合物的亲核性比格利雅试剂强，可以与空间位阻大的羰基化合物反应，此外活泼的有机锂化合物与氯化亚铜反应得到二烷基铜锂，该化合物可将卤乙烯型的卤代烃烷基化。

6. 不饱和卤代烃的化学性质

烯丙位卤代烯烃易发生取代反应，且有重排产物。卤乙烯型卤代烯烃难以发生取代和消除反应。

(1) 卤乙烯型化合物

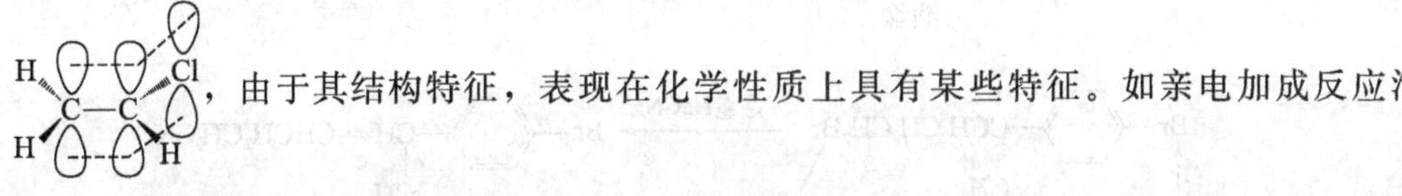

，由于其结构特征，表现在化学性质上具有某些特征。如亲电加成反应活性下降，卤原子难以发生亲核取代反应。如与硝酸银醇溶液在加热时不发生反应；进行消除卤化氢的反应很难的，要在很强烈的条件下才能消除 HX 生成炔烃。

(2) 烯丙位卤代烯烃　当卤原子连在烯烃的 α-碳原子上时，卤原子的活泼性非常高。造成烯丙位卤代烯烃有高取代活性的原因是烯丙位卤代烃的结构特殊性。在 S_N1 机理中，由于生成的中间体碳正离子存在着 p-π 共轭体系而有相当好的稳定性，所以容易形成，使反应按 S_N1 机理进行并且速率相当快。当按 S_N2 机理发生反应时，由于在过渡态时中心碳原子与邻位的 π 键也有共轭稳定作用，有利于降低活化能，使反应迅速完成。

烯丙位碳正离子：

$$C{=}C{-}\overset{+}{C}\quad\left[\;{>}C{=}C{-}\overset{+}{C}{<}\;\longleftrightarrow\;{>}\overset{+}{C}{-}C{=}C{<}\;\right]$$ (可产生重排产物)

烯丙位 S_N2 过渡态：

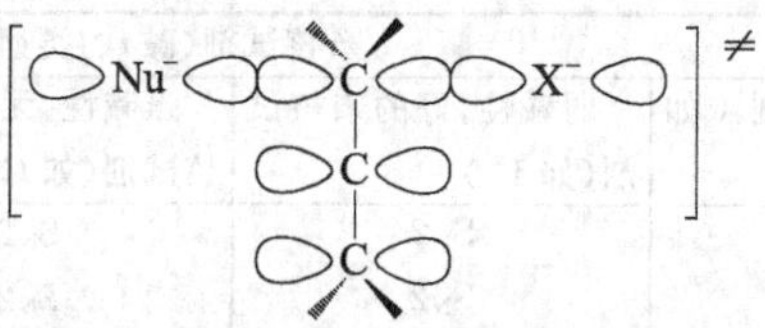

六、芳卤化合物的化学性质

1. 概述

芳卤化合物难以进行取代反应，但对和/或邻位连有强吸电基团时能被亲核试剂取代；苄基卤易发生取代反应。

2. 芳环上亲核取代反应机理

（1）加成-消除机理　第一步，亲核试剂进攻加到苯环卤原子所在的碳原子上，生成一个被共振稳定化的碳负离子中间体，这是控速步骤，第二步，卤原子以 X^- 的形式从芳环上脱去生成产物。在加成反应时，吸电子基对中间体负碳离子有稳定化作用。

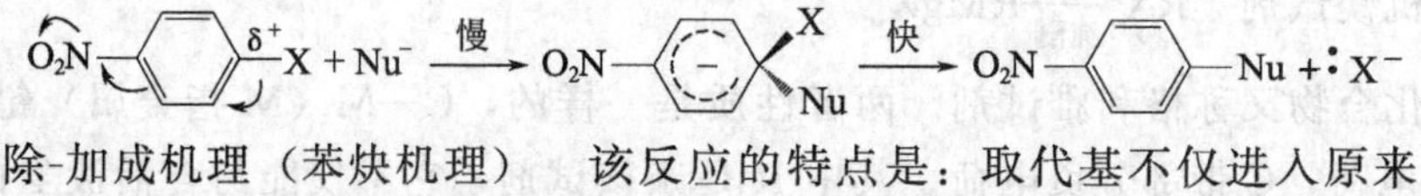

O_2N—C₆H₄—X + Nu^- —慢→ 中间体 —快→ O_2N—C₆H₄—Nu + $:X^-$

（2）消除-加成机理（苯炔机理）　该反应的特点是：取代基不仅进入原来卤原子的位置，而且还进入卤原子的邻位。以氯苯为例：

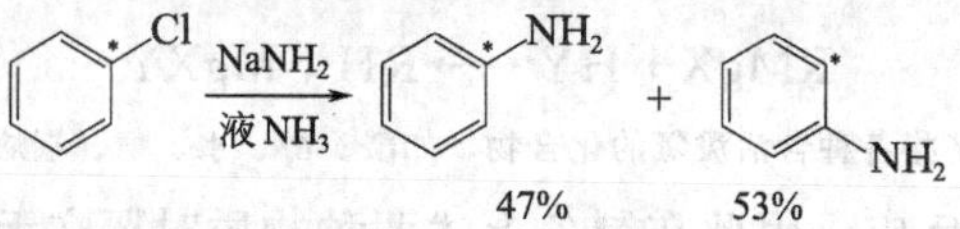

$C_6H_5Cl \xrightarrow[\text{液 } NH_3]{NaNH_2}$ 苯胺（47%）+ 苯胺（53%）

该反应中形成中间体的苯炔：

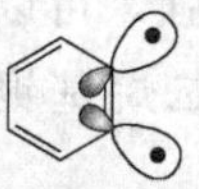

若卤原子的邻位无氢原子存在，即其邻位均连有取代基时，则消除-加成反应不能进行，如 2，6-二甲基溴苯。

卤代烃中的理论问题较多，学习起来比较困难，遇到具体问题更舒适难以把握，但在一般情况下，伯卤代烃倾向于发生亲核取代反应，叔卤代烃倾向于消除反应，而卤代芳烃在无吸电子取代基及一般碱性条件下不发生取代反应，下面的例子很好地说明了这三种情况：

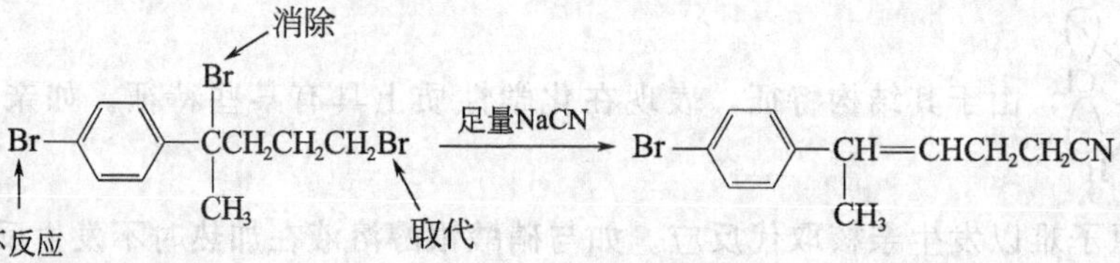

Br—C₆H₄—C(Br)(CH₃)CH₂CH₂CH₂Br —足量NaCN→ Br—C₆H₄—C(CH₃)=CHCH₂CH₂CN

（消除；不反应；取代）

七、卤代烃的制备方法

1. 烃的直接卤化

烯键的 α-位的卤化：

$$CH_3CH{=}CH_2 \xrightarrow[\triangle]{Cl_2} ClCH_2CH{=}CH_2$$

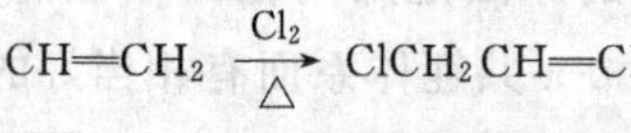

环己烯 + NBS → 3-溴环己烯

烷基取代芳烃的 α-位卤化：

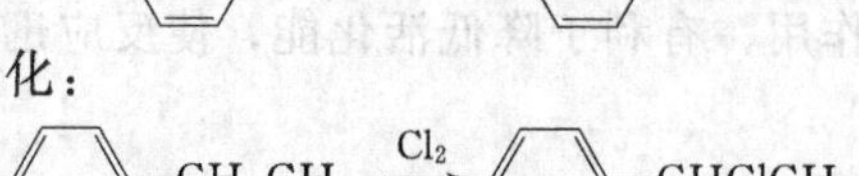

$$C_6H_5CH_2CH_3 \xrightarrow[h\nu]{Cl_2} C_6H_5CHClCH_3$$

芳烃的氯甲基化：

$$C_6H_6 + HCHO + HCl \xrightarrow{ZnCl_2} C_6H_5CH_2Cl$$

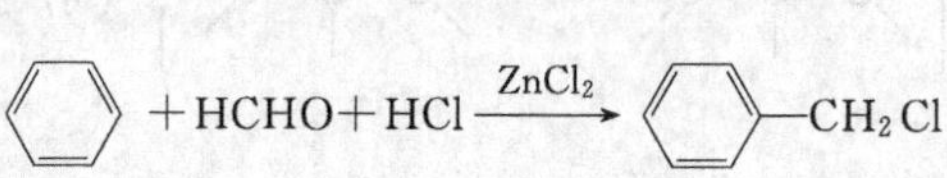

芳环上直接卤化：

$$C_6H_6 \xrightarrow[Fe]{Cl_2} C_6H_5-Cl$$

2. 醇的卤化

常用的卤化剂有 HX，PX_3（PX_5），$SOCl_2$ 等。

$$ROH + HX \longrightarrow RX$$
$$ROH + PX_3 \longrightarrow RX$$
$$ROH + SOCl_2 \longrightarrow RX$$

3. 不饱和烃与 HX 及 X_2 的加成

$$RCH{=}CH_2 + HCl \longrightarrow RCH(Cl)CH_3$$
$$RCH{=}CH_2 + HBr \xrightarrow{ROOR} RCH_2CH_2Br$$
$$RCH{=}CH_2 + X_2 \longrightarrow RCH(X)CH_2X$$

4. 卤化物和卤素的交换

$$RCH_2Cl + NaBr \xrightarrow{CH_3COCH_3} RCH_2Br + NaCl$$

【例题解析】

【例 1】 命名下列化合物或根据名称写出结构式。

(1) $H_3C-CH(CH_3)-CH_2-CH(CHBrCH_2CH_3)-CH(CH_3)-CH_3$　(2) $CH_3CHBrCH(CH_2I)CH_2CH_3$　(3) $H_2C{=}C(C_2H_5)CH_2CHICH_3$

(4) $C_6H_5-CH{=}CHCH_2CH_2Br$　(5) Fischer投影式：上 CH_3，左 I，右 $CH(CH_3)_2$，下 CH_2CH_3　(6) Br(H)C=C(CH_3)—C(H)(C_2H_5)(I)（楔形键）

(7) 环己烷，一端 I、H，另一端 H、Br　(8) 萘环，取代基 CH_3、CH_3、Br　(9) (R)-2-溴戊烷　(10) 6,7-二甲基-1-氯二环[3.2.1]辛烷

答 (1) 2-甲基-4-异丙基-5-溴庚烷，选择含卤原子的最长碳链为主链，卤原子和支链均作为取代基，编号从距取代基（并非一定为卤原子）最近一端编起。写名称时，按次序规则，较优基团写在后面。

(2) 2-乙基-3-溴碘丁烷，含多个卤原子的最长碳链为主链。

(3) 2-乙基-4-碘-1-戊烯，从距双键最近的一端开始编号。

(4) 1-苯基-4-溴-1-丁烯，苯环做取代基。

(5) R-2,3-二甲基-3-碘戊烷，注意碳链的选择、构型的判断及书写规则。

(6) (E,S)-2-甲基-1-溴-3-碘-1-戊烯，既有 E、Z 构型又有 R、S 构型，勿遗漏。

(7) 反-1-溴-4-碘环己烷，注意此处无手性碳。

(8) 1,5-二甲基-4-溴萘，以萘环为母体，注意编号。

(9) Fischer projection: CH_3 (top), Br—C—H, C_3H_7 (bottom)　(10) bicyclic structure with Cl, H_3C, H_3C

【例 2】按要求回答下列问题。

(1) 卤代烷与 NaOH 在水-乙醇溶液中进行反应，下列哪些是 S_N2 机理？哪些是 S_N1 机理？

A. 产物发生 Walden 转化；

B. 增加溶剂的含水量反应明显加快；

C. 有重排反应；

D. 叔卤代烷反应速率大于仲卤代烷；

E. 反应只有一步。

(2) 比较下列化合物与 NaI 在丙酮溶液中的反应速率。

A. $CH_3CH_2CH_2CH_2Cl$　B. $CH_3CH_2CH(CH_3)CH_2Cl$　C. $CH_3CH_2C(CH_3)_2CH_2Cl$

(3) 比较下列化合物进行 S_N2 反应时反应速率。

A. 环戊基—I　B. 环戊基—Cl　C. 环戊基—Br

(4) 比较下列化合物与 $AgNO_3$ 的反应速率。

A. $CH_3CH_2C(Br)(CH_3)C_6H_5$　B. $CH_3CH_2CBr(CH_3)_2$　C. $CH_3CH_2CHBrC_2H_5$　D. $CH_3CH_2CH_2CH_2CH_2Br$

(5) 比较下列化合物进行 S_N1 反应时反应速率。

A. 2-碘丁烷（键线式，I）　B. 2-氟丁烷（键线式，F）　C. 2-丁基磺酸（键线式，SO_3H）

(6) 比较下列化合物进行 E1 反应时的反应速率。

A. $H_3C-C_6H_4-CHBrCH_3$　B. $O_2N-C_6H_4-CHBrCH_3$　C. $H_3CO-C_6H_4-CHBrCH_3$

(7) 比较下列化合物在浓 KOH/EtOH 溶液中脱 HX 的反应速率。

A. 3-溴环己烯　B. 5-溴-1,3-环己烯　C. 溴代环己烷

(8) 下列化合物哪个更易发生分子内 S_N2 反应？请按成环难易排序。

A. $BrCH_2CH=CHCH_2O^-$　B. $BrCH=CHCH_2CH_2O^-$　C. $BrCH_2CH_2CH=CHO^-$

(9) 将下列试剂在与 CH_3CH_2Br 在质子溶剂中发生亲核取代反应速率排列成序。

A. $(CH_3)_2CHCH_2O^-$　B. $(CH_3)_2CHCH_2S^-$

C. $(CH_3)_2CHCH_2CH_2^-$　D. $(CH_3)_2CHCH_2NH^-$

(10) 用化学方法鉴别下列化合物。

A. n-C_4H_{10}　B. n-C_4H_9Br　C. n-C_4H_9Cl　D. n-C_4H_9I

答 (1) S_N1：B、C、D；S_N2：A、E。考查 S_N1 和 S_N2 影响因素。

(2) A>B>C【解题提示】该反应在丙酮溶液中进行，为弱极性溶剂因此反应为 S_N2 反应，应考虑 S_N2 反应影响因素。β-位烃基增多，空间位阻增大发生 S_N2 反应越难。

(3) A>C>B【解题提示】离去基团离去能力越强越易发生 S_N2 反应。

(4) A>B>C>D【解题提示】首先判断与 $AgNO_3$ 反应时是按 S_N1 进行还是按 S_N2 进

行，由于 Ag^+ 的存在，促使 C—Br 键异裂，因此按 S_N1 进行。生成的碳正离子越稳定，反应越易进行，碳正离子稳定性：苄基＞3°＞2°＞1°。

(5) C＞A＞B【解题提示】碳架相同时，离去基团越易离去碳正离子越易形成。

(6) C＞A＞B【解题提示】反应速率与中间体碳正离子的稳定性有关，CH_3O—和 CH_3—有利于苄基碳正离子的稳定，二者比较 CH_3O—更有利于苄基碳正离子的稳定，所以反应速率最快，—NO_2 是吸电子基团最不利于苄基碳正离子的稳定，所以反应速率最慢。

(7) B＞A＞C【解题提示】反应速率与中间体碳正离子的稳定性有关，正电荷分散的越好中间体越稳定，B 的中间体与两个双键形成共轭，所以反应速率最快，C 的中间体不发生共轭，所以反应速率最慢。

(8) A＞C＞B【解题提示】进攻基团均为 RO^-，离去基团为 Br^-，A 是烯丙基溴最易离去，B 是乙烯基溴最难离去。

(9) B＞C＞D＞A【解题提示】亲核试剂的亲核原子相同时，试剂的碱性越强，其亲核性越强。在质子溶液中试剂的亲核性与可极化性一致，因为可极化性：RS^-＞RCH_2^-＞RNH^-＞RO^-

(10) 加入 $AgNO_3$ 的醇溶液，有黄色沉淀生成的是 D，有淡黄色沉淀生成的是 B，有白色沉淀生成的是 C，无现象的是 A。

【例 3】完成反应：

(1) $(CH_3)_2CHCH_2Br \xrightarrow[C_2H_5OH]{C_2H_5ONa}$ (　　)

(2) $CH_2{=}CHCH_2CH(Br)CH(CH_3)_2 \xrightarrow[C_2H_5OH]{NaOH}$ (　　)

(3) H_3C—C(CH_3)(Cl)—H_2C—⟨环己基⟩—Cl $\xrightarrow[C_2H_5OH]{C_2H_5ONa}$ (　　)

(4) Cl, Cl, OH 取代的环己烷 + NaOH ⟶ (　　)

(5) 7,7-二溴二环[4.1.0]庚烷 $\xrightarrow{(CH_3)_2CuLi}$ (　　)

(6) 1-甲基-2-氯环己烷 $\xrightarrow[C_2H_5OH,\triangle]{NaOH}$ (　　)

(7) $CH_3CH{=}CHCH_2Cl \xrightarrow[OH^-]{Ag_2O}$ (　　)

(8) Cl—⟨苯环⟩—$CH_2Cl \xrightarrow[H_2O]{NaOH}$ (　　)

答 (1) $(CH_3)_2CHCH_2OC_2H_5$　反应为伯卤烷发生亲核取代反应

(2) $CH_2{=}CHCH{=}CHCH(CH_3)_2$　生成稳定的共轭二烯烃结构

(3) $(H_3C)_2C{=}CH$—⟨环己基⟩—Cl　E 反应，叔卤代烷在强碱作用下发生消除 X 的反应是主反应，而仲卤代烷的反应活性较小，产物以烯烃为主。

（4）[结构式：环己烯氧化物，Cl 取代]，分子内亲核取代反应，离去基团处于进攻基团的反位时，有利于反应进行。

[反应式：反式-2-氯环己醇 —OH^-→ 烷氧负离子 —$-Cl^-$→ 环氧化物]

（5）[结构式：6,6-二甲基双环[3.1.0]己烷，CH_3, CH_3]

（6）[结构式：(R)-3-甲基环己烯]—CH_3，E2 反应，反式共平面消除 HX 是 E2 反应的立体化学特征，反应物叔碳上的氢与 Cl 是同侧的，不利于消去。

（7）$CH_3CH=CHCH_2OH$ 及 $CH_3CH(OH)CH=CH_2$，S_N1 反应，先行解离生成的伯碳烯丙位碳正离子可重排生成仲碳离子，结果生成两个醇。

（8）$Cl-C_6H_4-CH_2OH$ 苄基卤比卤苯易发生亲核取代反应

【例 4】写出反应机理：

（1）$CH_3CH(Cl)CH=CH_2 \xrightarrow[S_N1]{C_2H_5OH} CH_3CH=CHCH_2OC_2H_5 + CH_3CH(OC_2H_5)CH=CH_2$

（2）[反应式：顺-1-甲基-3-溴环己烷 —NaI/丙酮→ 1-甲基-3-碘环己烷（构型翻转）]

顺-1-甲基-3-溴环己烷

（3）[反应式：1,3-二甲基-1-溴环戊烷 —H_2O→ 1,3-二甲基环戊醇 + 1,2-二甲基环戊醇类产物（H_3C, OH, CH_3）]

（4）$Br-C_6H_3(CH_3)_2 \xrightarrow[液NH_3]{KNH_2} NH_2-C_6H_3(CH_3)_2$ + [H_2N 取代异构体]

（5）$ClCH_2CH-\overset{*}{C}H_2$（环氧）$\xrightarrow{NaOC_2H_5}$ $CH_2-CH\overset{*}{C}H_2OC_2H_5$（环氧）

答

（1）$CH_3CH(Cl)CH=CH_2 \xrightarrow{-Cl^-} \overset{\delta^+}{CH_3CH}\text{---}CH\text{---}\overset{\delta^+}{CH_2}$，$C_2H_5O^-$ 经途径 a → $CH_3CH=CHCH_2OC_2H_5$ 重排产物；经途径 b → $CH_3CH(OC_2H_5)CH=CH_2$ 正常产物

（2）[机理：顺-1-甲基-3-溴环己烷 + I^- → 过渡态 $[I^{\delta-}\cdots C\cdots Br^{\delta-}]^{\neq}$ → 反式碘代产物（I, H, H, CH_3）]

（3）[机理：1,3-二甲基-1-溴环戊烷 —$-Br^-$→ 叔碳正离子（CH_3）—H_2O→ 两种质子化醇（$+OH_2$）+ —$-H^+$↓]

(4) 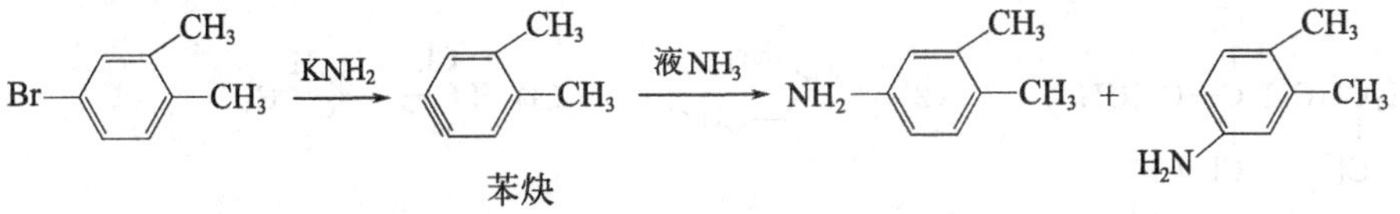 Br—C₆H₃(CH₃)₂ $\xrightarrow{KNH_2}$ 苯炔 $\xrightarrow{液NH_3}$ NH_2—C₆H₃(CH₃)₂ + H_2N—C₆H₃(CH₃)₂

(5) 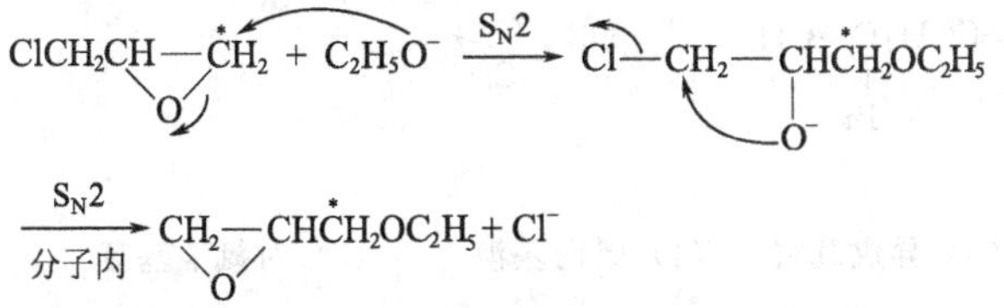 $ClCH_2CH—\overset{*}{C}H_2$（环氧，O桥） + $C_2H_5O^-$ $\xrightarrow{S_N2}$ $Cl—CH_2—\overset{*}{C}HCH_2OC_2H_5$（$O^-$）

$\xrightarrow[分子内]{S_N2}$ $CH_2—\overset{*}{C}HCH_2OC_2H_5$（环氧，O桥） + Cl^-

【例 5】由指定原料合成下列化合物：

(1) $CH_3CH(Br)CH_3 \longrightarrow CH_2(Cl)CH(Cl)CH_2(Cl)$ (2) 由丙烯合成 $CH_2(I)CH(Cl)CH_2(Cl)$

(3) $CH≡CH \longrightarrow C_2H_5C≡C—CH═CH_2$

(4) 由乙烯合成丙酸

答

(1) $CH_3CH(Br)CH_3 \xrightarrow[EtOH]{NaOH} CH_2═CHCH_3 \xrightarrow[500℃]{Cl_2} CH_2═CHCH_2Cl \xrightarrow{Cl_2} CH_2(Cl)CH(Cl)CH_2(Cl)$

(2) 丙烯的 α 位不能直接引入 I $CH_2═CHCH_3 \xrightarrow[h\nu]{NBS} CH_2═CHCH_2Br \xrightarrow[CH_3COCH_3]{KI}$

$CH_2═CHCH_2I \xrightarrow{Cl_2} CH_2(I)CH(Cl)CH_2(Cl)$

(3) $2CH≡CH \xrightarrow{CuCl-NH_4Cl} CH_2═CH—C≡CH \xrightarrow[液NH_3]{NaNH_2} CH_2═CH—C≡CNa$

$\xrightarrow{C_2H_5Cl} C_2H_5C≡C—CH═CH_2$

(4) $CH_2═CH_2 \xrightarrow{HBr} CH_3CH_2Br \xrightarrow[干醚]{Mg} CH_3CH_2MgBr \xrightarrow[② H_3^+O]{① CO_2} CH_3CH_2COOH$

【例 6】推导结构：

分子式为 $C_6H_{11}Cl$ 的链状卤代烃 A，构型为 R，A 水解得分子式为 $C_6H_{11}OH$ 的外消旋化合物 B，A 经催化加氢得分子式为 $C_6H_{13}Cl$ 的卤代烃 C，无旋光性，请写出 A，B，C 的结构（注意标明立体构型）。

答 A：$CH_3CH_2—\overset{R}{C}(Cl)(CH_3)—CH═CH_2$ B：$CH_3CH_2—\overset{R,S}{C}(OH)(CH_3)—CH═CH_2$ C：$CH_3CH_2—C(Cl)(CH_3)—CH_2CH_3$

分析：由 A 的分子式可知 A 为氯代链烯烃；A 水解后得外消旋化合物 B，说明 A 为烯丙基型卤化合物，其水解反应为 S_N1 反应；A 催化加氢后变成无旋光性的 C，说明 C 是一种对称分子。由此就不难推出 A，B，C 的结构。

【习题】

一、命名或者写出下列化合物结构

1. 用系统命名法命名下列化合物：

(1) 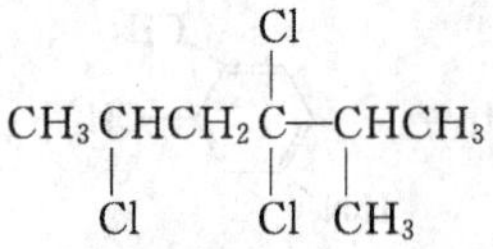 $CH_3CHCH_2C(Cl)_2CHCH_3$ (2-位 Cl，5-位 CH_3)　　(2) 1-溴-2-氯甲基环己烷（Br，CH_2Cl）　　(3) H_3C—CHCl—CHBr—CH_3（楔形式）

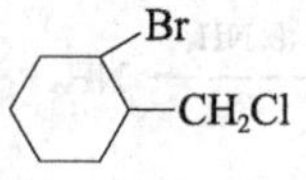

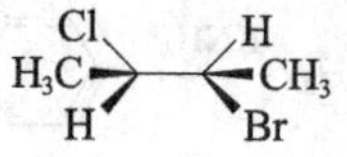

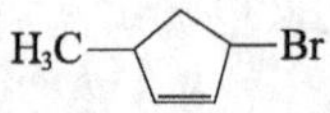

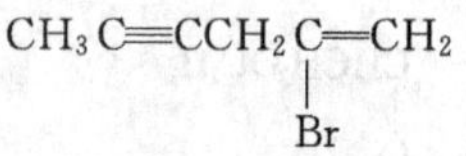

(4) H_3C—环戊烯—Br　　(5) $CH_3C{\equiv}CCH_2C(Br){=}CH_2$　　(6) 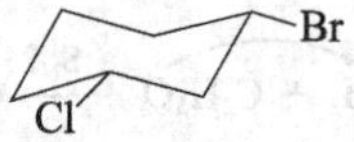 椅式环己烷（Br，Cl）

2. 根据名称写出化合物的结构：

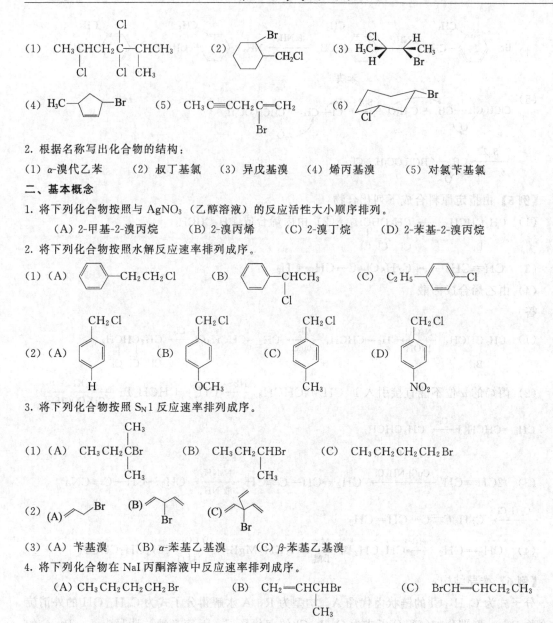

(1) α-溴代乙苯　　(2) 叔丁基氯　　(3) 异戊基溴　　(4) 烯丙基溴　　(5) 对氯苄基氯

二、基本概念

1. 将下列化合物按照与 $AgNO_3$（乙醇溶液）的反应活性大小顺序排列。

(A) 2-甲基-2-溴丙烷　　(B) 2-溴丙烯　　(C) 2-溴丁烷　　(D) 2-苯基-2-溴丙烷

2. 将下列化合物按照水解反应速率排列成序。

(1) (A) 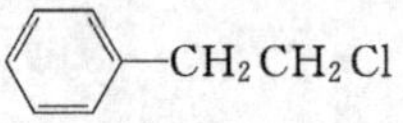 $C_6H_5CH_2CH_2Cl$　　(B) $C_6H_5CH(Cl)CH_3$　　(C) C_2H_5—C_6H_4—Cl

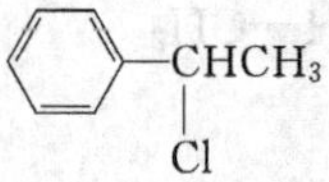

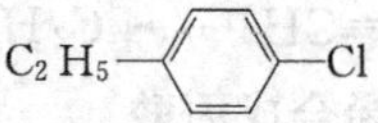

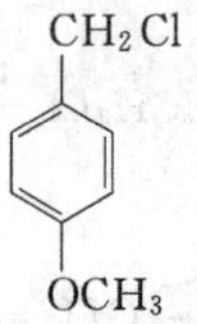

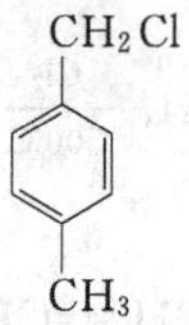

(2) (A) 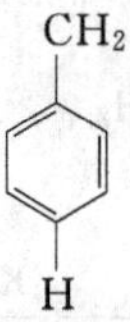 H—C_6H_4—CH_2Cl　　(B) OCH_3—C_6H_4—CH_2Cl　　(C) CH_3—C_6H_4—CH_2Cl　　(D) 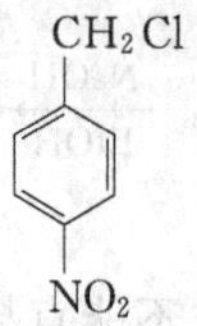 NO_2—C_6H_4—CH_2Cl

3. 将下列化合物按照 S_N1 反应速率排列成序。

(1) (A) 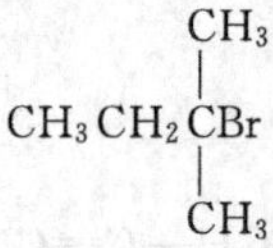 $CH_3CH_2CBr(CH_3)_2$　　(B) 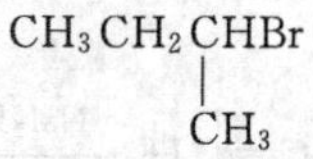 $CH_3CH_2CHBrCH_3$　　(C) $CH_3CH_2CH_2CH_2Br$

(2) (A) 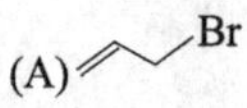 $CH_2{=}CHCH_2Br$　　(B) 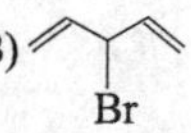 $(CH_2{=}CH)_2CHBr$　　(C) 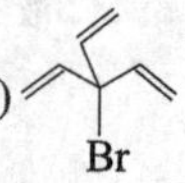 $(CH_2{=}CH)_3CBr$

(3) (A) 苄基溴　　(B) α-苯基乙基溴　　(C) β-苯基乙基溴

4. 将下列化合物在 NaI 丙酮溶液中反应速率排列成序。

(A) $CH_3CH_2CH_2CH_2Br$　　(B) 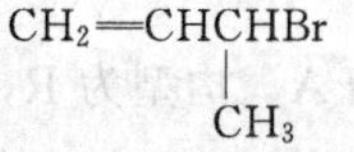 $CH_2{=}CHCHBrCH_3$　　(C) $BrCH{=}CHCH_2CH_3$

(D) $CH_3CH_2CHBrCH_3$

5. 下列各化合物在 KOH/CH_3CH_2OH 中，消除 HBr 反应的活性次序如何？

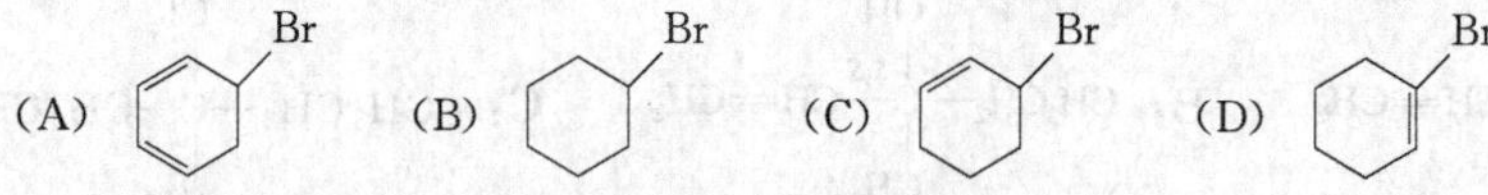

6. 将下列化合物按 E1 机理消除 HBr 时，由易到难排列成序。

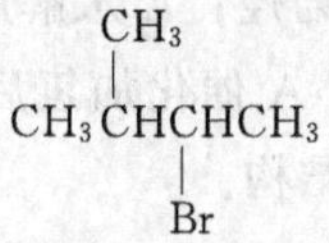

(A) 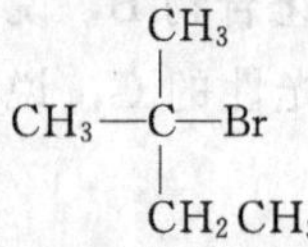 CH_3—$CBr(CH_3)$—CH_2CH_3　　(B) $CH_3CH(CH_3)CHBrCH_3$　　(C) $CH_3CH(CH_3)CH_2CH_2Br$

7. 下列化合物哪个更易发生分子内 S_N2 反应？请按成环难易排序。

(A) 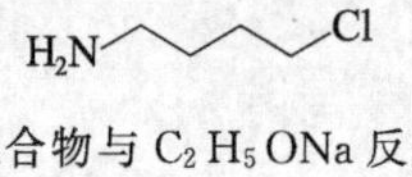 H_2N—$(CH_2)_4$—Cl　　(B)  H_2N—$(CH_2)_5$—Br　　(C) 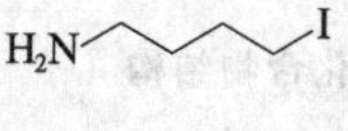 H_2N—$(CH_2)_6$—I

8. 下列化合物与 C_2H_5ONa 反应时，按其活性由大到小排列成序。

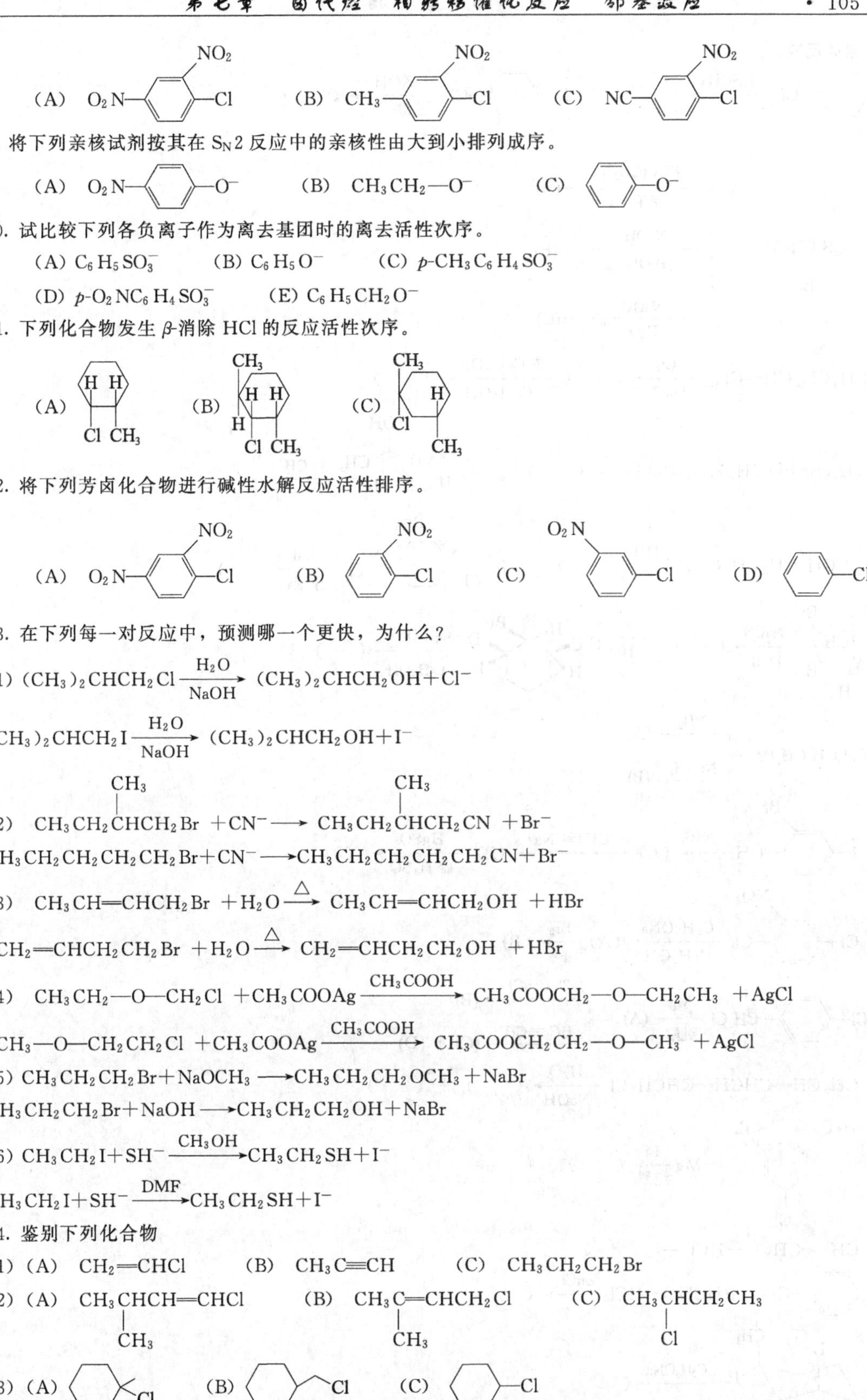

(A) O_2N-C₆H₃(NO₂)-Cl　(B) CH_3-C₆H₃(NO₂)-Cl　(C) NC-C₆H₃(NO₂)-Cl

9. 将下列亲核试剂按其在 S_N2 反应中的亲核性由大到小排列成序。

(A) $O_2N-C_6H_4-O^-$　(B) $CH_3CH_2—O^-$　(C) $C_6H_5-O^-$

10. 试比较下列各负离子作为离去基团时的离去活性次序。

(A) $C_6H_5SO_3^-$　(B) $C_6H_5O^-$　(C) p-$CH_3C_6H_4SO_3^-$

(D) p-$O_2NC_6H_4SO_3^-$　(E) $C_6H_5CH_2O^-$

11. 下列化合物发生 β-消除 HCl 的反应活性次序。

(A)　(B)　(C)

12. 将下列芳卤化合物进行碱性水解反应活性排序。

(A)　(B)　(C)　(D)

13. 在下列每一对反应中，预测哪一个更快，为什么？

(1) $(CH_3)_2CHCH_2Cl \xrightarrow[NaOH]{H_2O} (CH_3)_2CHCH_2OH + Cl^-$

$(CH_3)_2CHCH_2I \xrightarrow[NaOH]{H_2O} (CH_3)_2CHCH_2OH + I^-$

(2) $CH_3CH_2CH(CH_3)CH_2Br + CN^- \longrightarrow CH_3CH_2CH(CH_3)CH_2CN + Br^-$

$CH_3CH_2CH_2CH_2CH_2Br + CN^- \longrightarrow CH_3CH_2CH_2CH_2CH_2CN + Br^-$

(3) $CH_3CH=CHCH_2Br + H_2O \xrightarrow{\triangle} CH_3CH=CHCH_2OH + HBr$

$CH_2=CHCH_2CH_2Br + H_2O \xrightarrow{\triangle} CH_2=CHCH_2CH_2OH + HBr$

(4) $CH_3CH_2—O—CH_2Cl + CH_3COOAg \xrightarrow{CH_3COOH} CH_3COOCH_2—O—CH_2CH_3 + AgCl$

$CH_3—O—CH_2CH_2Cl + CH_3COOAg \xrightarrow{CH_3COOH} CH_3COOCH_2CH_2—O—CH_3 + AgCl$

(5) $CH_3CH_2CH_2Br + NaOCH_3 \longrightarrow CH_3CH_2CH_2OCH_3 + NaBr$

$CH_3CH_2CH_2Br + NaOH \longrightarrow CH_3CH_2CH_2OH + NaBr$

(6) $CH_3CH_2I + SH^- \xrightarrow{CH_3OH} CH_3CH_2SH + I^-$

$CH_3CH_2I + SH^- \xrightarrow{DMF} CH_3CH_2SH + I^-$

14. 鉴别下列化合物

(1) (A) $CH_2=CHCl$　(B) $CH_3C\equiv CH$　(C) $CH_3CH_2CH_2Br$

(2) (A) $CH_3CH(CH_3)CH=CHCl$　(B) $CH_3C(CH_3)=CHCH_2Cl$　(C) $CH_3CHClCH_2CH_3$

(3) (A)　(B)　(C)

(4) (A) 1-氯丁烷　(B) 1-碘丁烷　(C) 己烷　(D) 环己烯

(5) (A) 2-氯丙烯　(B) 3-氯丙烯　(C) 苄基氯　(D) 间氯甲苯　(E) 氯代环己烷

三、完成反应

1. 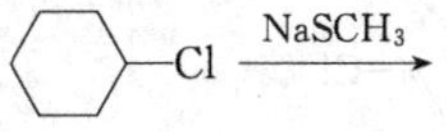 环己基—Cl $\xrightarrow{NaSCH_3}$ (　　)　　2. 2-甲基环己基—Cl $\xrightarrow[\text{乙醇, △}]{KOH}$ (　　)

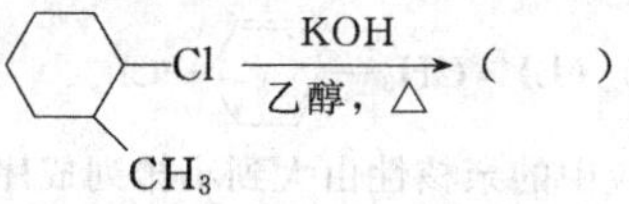

3. $CH_3CH_2CHCH_3$（2-位 Br） $\xrightarrow[\text{甲苯, △}]{KOC(CH_3)_3}$ (A)；$\xrightarrow[C_2H_5OH, △]{NaOH}$ (B)；$\xrightarrow[H_2O]{NaOH}$ (C)

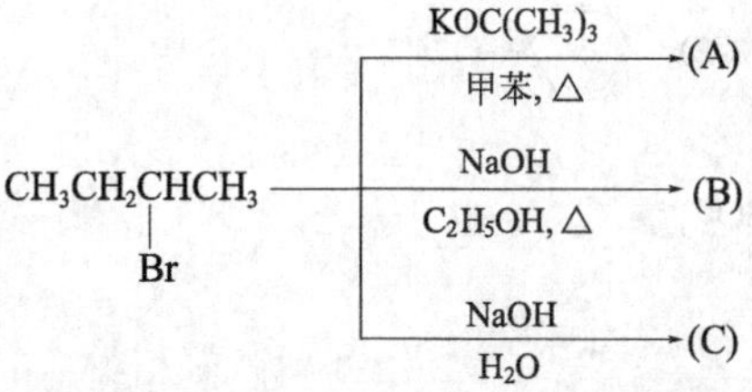

4. $CH_3CH_2CH{=}CH_2 \xrightarrow[500℃]{Cl_2}$ (　　) $\xrightarrow[C_2H_5OH]{\text{浓 } C_2H_5ONa}$ (　　)

5. $C_5H_{11}Br + [(CH_3)_3C]_2CuLi \longrightarrow$ (　　)　　6. 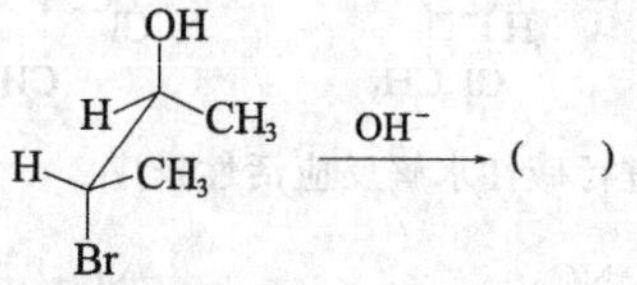 (H、CH_3、OH 取代碳—H、CH_3、Br 取代碳) $\xrightarrow{OH^-}$ (　　)

7. $H_2NCH_2CH_2CH_2CH_2Cl \xrightarrow{H_2O}$ (　　)　　8. 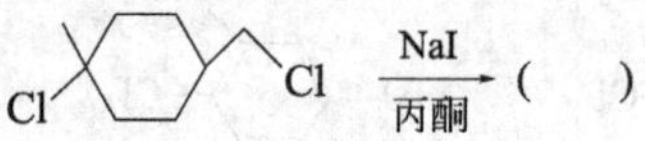 1-氯-1-甲基-4-(氯甲基)环己烷 $\xrightarrow[\text{丙酮}]{NaI}$ (　　)

9. 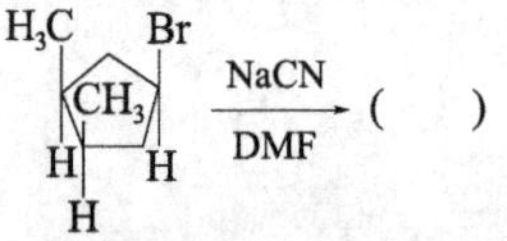 (H_3C、Br、CH_3、H、H、H 取代环戊烷) $\xrightarrow[DMF]{NaCN}$ (　　)　　10. 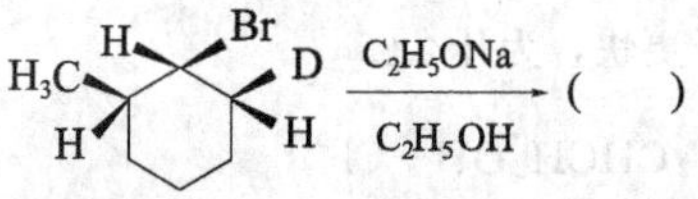 (H_3C、H、Br、H、D、H 取代环己烷) $\xrightarrow[C_2H_5OH]{C_2H_5ONa}$ (　　)

11. 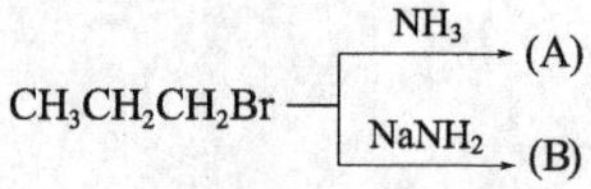 $CH_3CH_2CH_2Br$ $\xrightarrow{NH_3}$ (A)；$\xrightarrow{NaNH_2}$ (B)

12. 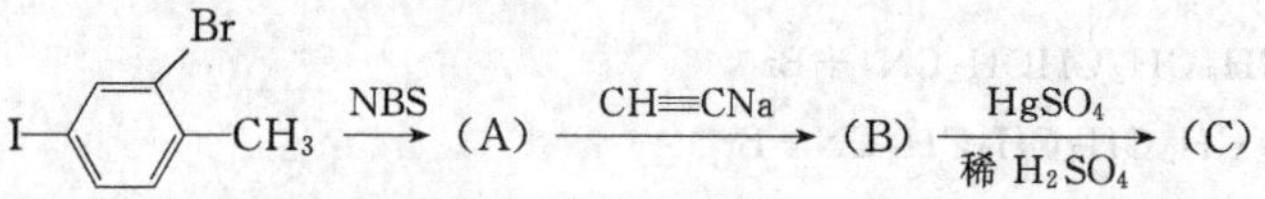 I—(2-溴-4-碘甲苯)—CH_3 $\xrightarrow{NBS}$ (A) $\xrightarrow{CH{\equiv}CNa}$ (B) $\xrightarrow[\text{稀 } H_2SO_4]{HgSO_4}$ (C)

13. 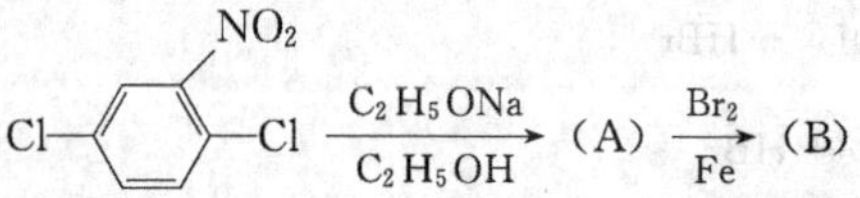 Cl—(2-硝基-1,4-二氯苯)—Cl $\xrightarrow[C_2H_5OH]{C_2H_5ONa}$ (A) $\xrightarrow[Fe]{Br_2}$ (B)

14. 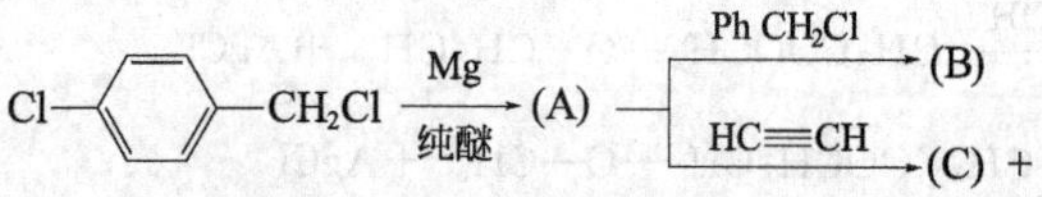 Cl—C_6H_4—CH_2Cl $\xrightarrow[\text{纯醚}]{Mg}$ (A) $\xrightarrow{PhCH_2Cl}$ (B)；$\xrightarrow{HC{\equiv}CH}$ (C) + (D)

15. $CH_3CH{=}CHCH{=}CHCH_2Cl \xrightarrow[NaOH]{H_2O}$ (　　) + (　　)

16. 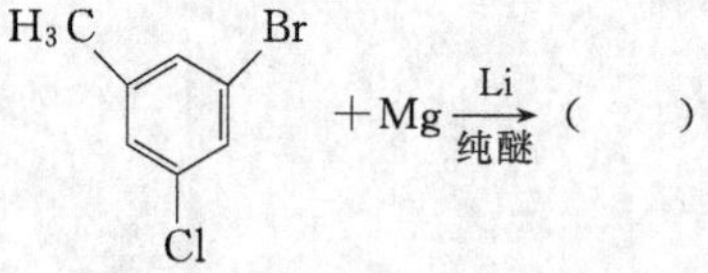 (H_3C、Br、Cl 取代苯) $+ Mg \xrightarrow[\text{纯醚}]{Li}$ (　　)

17. $CH_2{=}CHCl + HCl \longrightarrow$ (　　)

18. 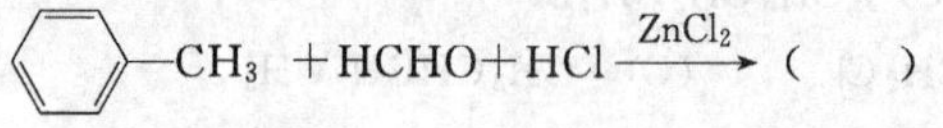 C_6H_5—$CH_3 + HCHO + HCl \xrightarrow{ZnCl_2}$ (　　)

19. 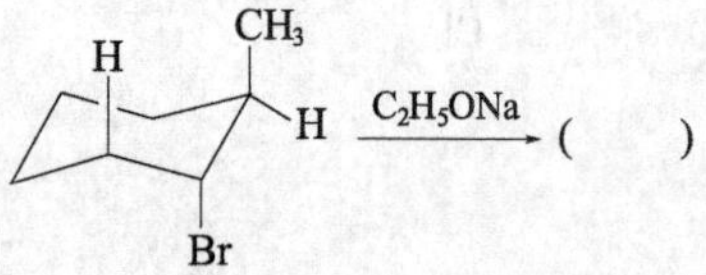 (H、CH_3、H、Br 取代环己烷椅式构象) $\xrightarrow{C_2H_5ONa}$ (　　)

反-1-甲基-2-溴环己烷

20. 氯苯 $\xrightarrow[H_2SO_4]{HNO_3\ 过量}$ (　　) $\xrightarrow[\triangle]{NH_3}$ (　　)

21. $(CH_3CH_2)_3CCl$ —— $\xrightarrow{OH^-,\ CH_3OH}$ (A)；$\xrightarrow{CH_3OH}$ (B)

22. $BrCH_2C(Br)=CH_2$ + $C_6H_5CH_2MgBr$ $\longrightarrow$ (　　)

四、写出反应机理

1. $(CH_3)_3C-CHClCH_3 \xrightarrow[-ZnCl_3^-]{ZnCl_2} (CH_3)_2C=C(CH_3)_2 + (CH_3)_2CCl-CH(CH_3)_2$

2. 环丙基$-CHClCH_3 \xrightarrow[H_2O]{Ag^+}$ 环丙基$-CH(OH)CH_3$ + 2-甲基环丁醇 + $CH_3CH=CHCH_2CH_2OH$

3. 2-硝基-4-硝基氯苯（$O_2N-C_6H_3(NO_2)-Cl$）$\xrightarrow{C_6H_5CH_2S^-}$ $O_2N-C_6H_3(NO_2)-SCH_2C_6H_5$

4. $CH_3CH_2CHBrCH_2CH_3 \xrightarrow[B^-]{E2}$ (反式) $CH_3(H)C=C(H)C_2H_5$

主要产物

5. (R)-2-氯丁烷 $\xrightarrow[丙酮]{NaI}$ 2-碘丁烷 $\xrightarrow[H_2O]{NaOH}$ (R)-2-丁醇

(R)　　　　(R)

五、合成题

1. 完成下列转化

(1) 由乙烯合成 $CHBr_2CH_2Br$

(2) $CH_3-C_6H_5 \longrightarrow CH_3-C_6H_4-C(CH_3)=CH_2$

(3) $CH_2=CHCH_3 \longrightarrow$ 环己基$-CH_2CH=CH_2$

(4) $CH_3CH_2CH_2CH_2Br \longrightarrow CH_3CH_2C\equiv CH$

(5) $CH\equiv CH \longrightarrow$ 环氧化物（H、C_2H_5 / C_2H_5、H 取代的环氧乙烷）

(6) $Cl-C_6H_4-C_2H_5 \longrightarrow Cl-C_6H_4-CH_2CH_2CN$

2. 由苯和/或甲苯为原料合成下列化合物（其他试剂任选）：

(1) 2-硝基苯基苄基醚（$C_6H_4(NO_2)-OCH_2-C_6H_5$）

(2) $Cl-C_6H_4-C(=O)-C_6H_4-Br$

(3) CH_2CN、NO_2、Br 取代的苯（2-硝基-4-溴苯乙腈）

(4) $PhCH_2(H)C=C(H)CH_2Ph$（顺式）

六、推导结构

1. 分子式为 C_4H_8 的化合物（A），加溴后产物用 NaOH/EtOH 处理生成 C_4H_6（B），（B）能使溴水褪色，并能与 $AgNO_3$ 的氨溶液发生沉淀，试推测（A）（B）的结构式。

2. 化合物（A）与 Br_2-CCl_4 溶液作用生成一个三溴化合物（B）。（A）很容易与 NaOH 水溶液作用，生成两种同分异构体的醇（C）和（D）。（A）与 KOH 乙醇溶液作用，生成一种共轭二烯烃(E)。将(E)经臭氧化、锌粉水解后生成乙二醛（OHC—CHO）和 4-氧代戊醛（$OHCCH_2CH_2COCH_3$）。试推测（A）～（E）的构造。

3. 某烃 C_3H_6（A）在低温时与氯气作用生成 $C_3H_6Cl_2$（B），在高温时则生成 C_3H_5Cl（C），使 C 与碘化乙基镁作用得 C_5H_{10}（D），后者与 NBS 作用生成 C_5H_9Br（E），使 E 与 KOH 的乙醇溶液共热，主要生成 C_5H_8（F），后者又可与顺丁烯二酸酐发生双烯合成得 G，试推测（A）～（G）的构造。

4. 化合物 A（C_4H_7Br），有旋光性；A 与 Br_2/CCl_4 作用生成一个三溴代物 B，B 也有旋光性；A 与 NaOH 水溶液作用可顺利生成产物 C 和 D，C 和 D 互为构造异构体，分子式为 C_4H_8O；在加热下，A 与 NaOH/乙醇作用，生成的产物 E 可与两分子溴反应，生成一个四溴代物 F，E 与 $CH_2═CHCN$ 混合加热，生成化合物 G；用 O_3 氧化 G 并在 Zn 粉存在下水解得产物 $OHCCH_2\underset{\displaystyle CN}{\underset{|}{C}}HCH_2CH_2CHO$ 。试写出 A、B、C、D、E、F、G 的构造式。化合物 F 将有怎样的立体异构现象？

5. 某烃 A（C_4H_8），在低温下与氯气作用生成 B（$C_4H_8Cl_2$），在高温下与氯气作用生成 C（C_4H_7Cl）。2mol C 在金属钠作用下可得到 D（C_8H_{14}），D 与 2mol HCl 作用得到 E（$C_8H_{16}Cl_2$），E 与氢氧化钠的乙醇溶液作用得主要产物 F。F 的分子式与 D 相同。F 与一个亲双烯体 G 作用得到 H，H 经酸性高锰酸钾溶液氧化成为二元酸 $HOOCC(CH_3)_2CH_2—CH_2C(CH_3)_2COOH$。试写出 A～H 的构造式。

6. 卤代烃 A，分子式为 C_3H_7Br。A 与叔丁醇钾-叔丁醇作用生成 B，分子式为 C_3H_6。B 经高锰酸钾氧化(碱性)，酸化后得到 CH_3COOH 和 CO_2，B 与 HBr 作用得到 A 的异构体 C。写出 A、B、C 的结构。

【习题解答】

一、命名或者写出下列化合物结构

1. 用系统命名法命名下列化合物：

（1）2-甲基-3，3，5-三氯己烷　（2）顺-1-氯甲基-2-溴环己烷　（3）（2R，3S)-2-氯-3-溴丁烷
（4）3-甲基-5-溴环戊烯　（5）2-溴-1-己烯-4-炔　（6）（1R，3S)-1-氯-3-溴环己烷

2. 根据名称写出化合物的结构：

（1）C_6H_5—$CHBrCH_3$　（2）$(CH_3)_3CCl$　（3）$CH_3\underset{\displaystyle CH_3}{\underset{|}{C}}HCH_2CH_2Br$　（4）$CH_2═CHCH_2Br$

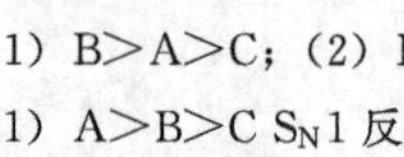

（5）Cl—C_6H_4—CH_2Cl

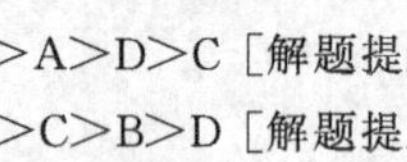

二、基本概念

1. D＞A＞C＞B

2. （1）B＞A＞C；（2）B＞C＞A＞D；S_N1 反应，供电基团有利于碳正离子稳定，易反应。

3. （1）A＞B＞C S_N1 反应速率是：3°RX＞2°RX＞1°RX。（2）C＞B＞A：形成最大离域体系的碳正离子最稳定。（3）B＞A＞C

4. B＞A＞D＞C［解题提示］该反应为 S_N2 反应机理，反应速率为：烯丙基＞1°RX＞2°RX＞3°RX。

5. A＞C＞B＞D［解题提示］A 产物为非常稳定的苯反应速率最快，D 为乙烯型卤代烃反应速率最慢。

6. A＞B＞C

7. C＞B＞A［解题提示］虽然这三个分子发生分子内 S_N2 反应时进攻基团均为 RNH_2，形成产物均为（四氢吡咯，N—H），但反应过程中离去基团的离去能力不同，I^- 最易离去，Br^- 其次。

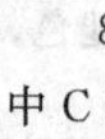

8. A＞C＞B［解题提示］—NO_2、—CN 都为吸电子基团，—CH_3 为供电子基团，分子中的 C—Cl 键中 C 的正电性越强，—Cl 越容易被取代，因此连有甲基的分子反应活性最弱，而—NO_2 的吸电子能力强于—CN，故连有—NO_2 的分子反应活性最强。

9. B>C>A［解题提示］亲核试剂的亲核原子相同时，试剂的碱性越强，其亲核性越强。

10. D>A>C>B>E［解题提示］离去基的离去能力越大，其碱性越小。先将以上负离子的共轭酸排序：p-$O_2NC_6H_4SO_3H$>$C_6H_5SO_3H$>p-$CH_3C_6H_4SO_3H$>C_6H_5OH>$C_6H_5CH_2OH$，共轭酸越强共轭碱越弱，所以负离子的碱性强弱次序为 E>B>C>A>D，由此可排出上述负离子的离去能力。

11. C>A>B［解题提示］反式消除，β-氢越多越有利。

12. A>B>C>D［解题提示］当氯原子的邻位和/或对位连有硝基时，由于硝基的—I 和—C 体现到 C—Cl 键上，因此容易发生水解反应，连的硝基越多，反应越容易进行；而当间位连有硝基时，只有—I 起作用，所以 C—Cl 的极性没有硝基在对位时大，反应活性降低。

13.（1）后者较快，离去基团离去能力越大，反应速率越快。

（2）后者较快，S_N2 反应，伯卤代烷反应速率快。

（3）前者较快，烯丙基溴无论按 S_N1 还是 S_N2 反应，活性均较大。

（4）前者较快，S_N1 反应，前者生成的中间体碳正离子与氧原子可形成 p-p 共轭而较后者生成的碳正离子稳定。

（5）前者较快，亲核性 OCH_3^->OH^-，两者亲核原子相同，体积相差不大，亲核性强弱与碱性强弱相同，即共轭酸酸性越小，碱性越强，亲核性也越强。

（6）后者较快，S_N2 反应，在极性非质子溶剂中，亲核试剂不能被溶剂化，使得其相对自由而活性较高，有利于反应进行。

14.

（1）

试剂＼化合物	CH_2═CHCl	CH_3C≡CH	$CH_3CH_2CH_2Br$
$Ag(NH_3)_2NO_3$	—	＋白色↓	—
Br_2/CCl_4	＋退色		—

（2）加入 $AgNO_3$ 的醇溶液迅速沉淀的是（B），放置片刻后沉淀的是（C），无变化的是（A）。

（3）加入 $AgNO_3$ 的醇溶液迅速沉淀的是（A），放置片刻后沉淀的是（C），加热后沉淀的是（B）。

（4）

试剂＼化合物	1-氯丁烷	1-碘丁烷	己烷	环己烯
$KMnO_4$	—	—	—	＋退色
$AgNO_3$/EtOH/△	＋白色↓	＋黄色↓	—	

（5）

试剂＼化合物	2-氯丙烯	3-氯丙烯	苄基氯	间氯甲苯	氯代环己烷
$KMnO_4/H^+$	＋退色	＋退色	＋退色	＋退色	—
Br_2/CCl_4	＋退色	＋退色	—	—	
$AgNO_3$/EtOH	—	＋↓	＋↓	—	

三、完成反应

1. 环己基—SCH_3　—SCH_3 亲核能力较强因此为亲核取代反应。

2. 1-甲基环己烯（—CH_3）　反应溶剂 C_2H_5OH 为弱极性溶剂因此主要反应为消除反应。

3.（A）CH_3CH_2CH═CH_2：KOC（CH_3）$_3$ 为强碱，而且—OC（CH_3）$_3$ 体积大因此 hoffman 消除反应；

(B) CH_3CH═$CHCH_3$（E_2）：反应溶剂 C_2H_5OH 为弱极性溶剂因此主要反应为消除反应；

(C) $CH_3CH_2\underset{|}{C}HCH_3$ (S_N2)：反应溶剂为 H_2O 强极性溶剂因此主要反应为亲核取代反应。
OH

4. $CH_3\underset{|}{C}HCH{=}CH_2$ $CH_2{=}CHCH{=}CH_2$ ：生成共轭产物
Cl

5. $(CH_3)_3CC_5H_{11}$

6. 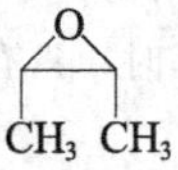

7. 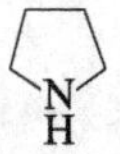

8. 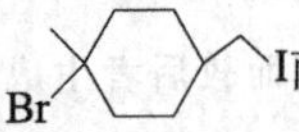

丙酮弱极性溶剂有利于发生 S_N2 反应。

9. 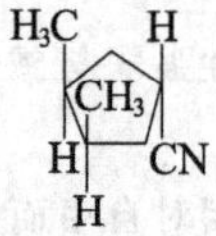

：DMF 为极性非质子性溶剂有利于 S_N2 反应。

10. 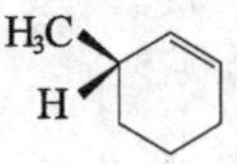

：乙醇为弱极性溶剂有利于 E2 反应，立体化学特点为反式消除。

11. (A) $CH_3CH_2CH_2NH_2$ (B) $CH_3CH{=}CH_2$ ：$NaNH_2$ 为强碱有利于消除反应

12. (A) 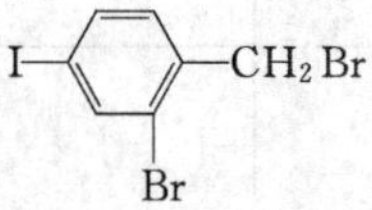

(B) 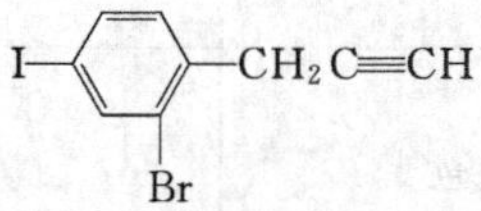

(C) 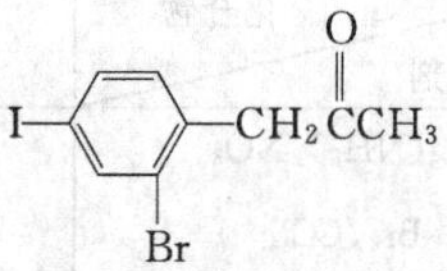

13. (A) 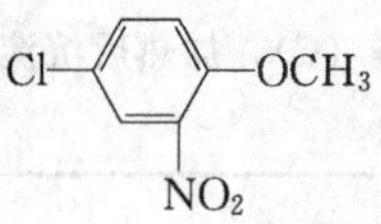

(B) 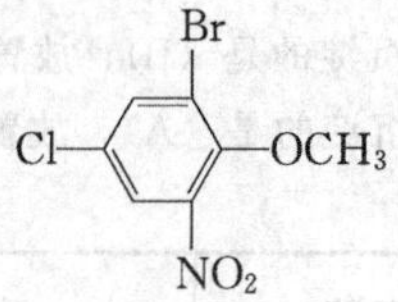

14. (A) 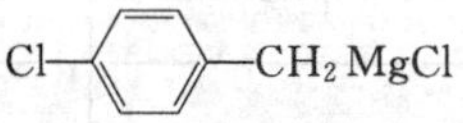

(B) 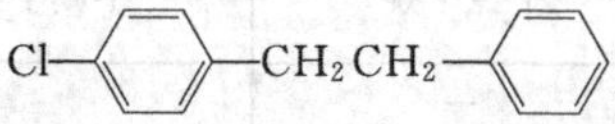

(C) 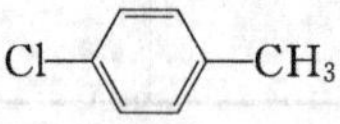

(D) $HC{\equiv}CMgCl$ 15. $CH_3CH_2{=}CHCH{=}CHCH_2OH$ 和

$CH_3\underset{|}{C}HCH{=}CHCH{=}CH_2$ 16. 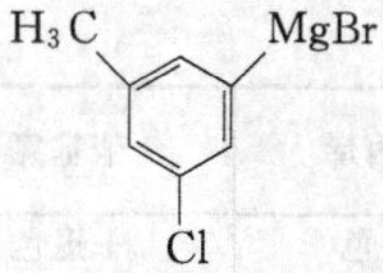

17. CH_3CHCl_2 18. 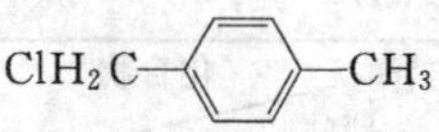

OH

19. 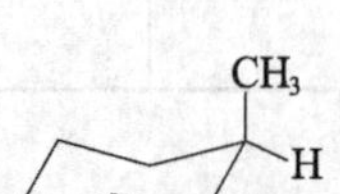

反式消除 20. 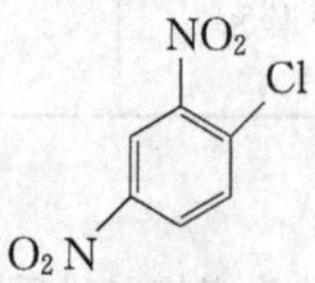

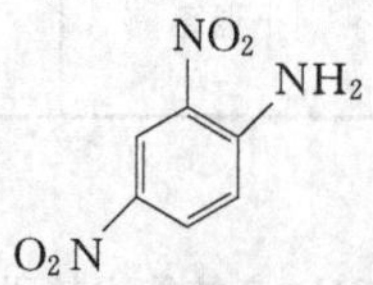

21. A. $CH_3CH{=}C(CH_2CH_3)_2$：底物是叔卤代烷，OH^- 是强碱及强亲核试剂。主要发生 E2 反应。
B. $CH_3OC(CH_2CH_3)_3$：该反应是溶剂解反应。CH_3OH 是弱碱、弱亲核试剂。底物为叔卤代烷主要发生 S_N2 反应。

22. 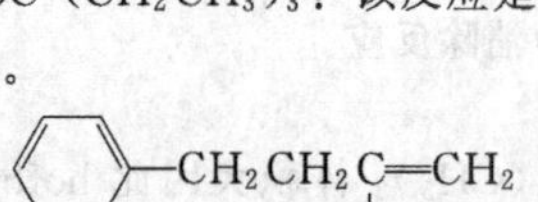

四、写出反应机理

1. $(CH_3)_3C-\underset{Cl}{CH}CH_3 \xrightarrow[-ZnCl_3^-]{ZnCl_2} CH_3-\overset{CH_3}{\underset{CH_3}{C}}-\overset{+}{C}HCH_3 \xrightarrow{重排} CH_3-\overset{CH_3}{\underset{+}{C}}-CH(CH_3)_2$

$\xrightarrow{-H^+} (CH_3)_2C=C(CH_3)_2$

$\xrightarrow{Cl^-} (CH_3)_2\underset{Cl}{C}-CH(CH_3)_2$

2. 环丙基$-\underset{Cl}{CH}CH_3 + Ag^+ \xrightarrow{-AgCl}$

环丙基$-\overset{+}{C}HCH_3$ $\xrightarrow[-H^+]{H_2O}$ 环丙基$-\underset{OH}{CH}CH_3$

$\xrightarrow[重排]{①} CH_3CH=CHCH_2\overset{+}{C}H_2 \xrightarrow[-H^+]{H_2O} CH_3CH=CHCH_2CH_2OH$

$\xrightarrow[重排]{②}$ 1-甲基环丁基正离子 $\xrightarrow[-H^+]{H_2O}$ 1-甲基环丁醇

3. $O_2N-C_6H_3(NO_2)-Cl \xrightarrow[慢]{C_6H_5CH_2S^-} O_2N-[C_6H_3(NO_2)(Cl)(SCH_2C_6H_5)]^- \xrightarrow[快]{-Cl^-} O_2N-C_6H_3(NO_2)-SCH_2C_6H_5$

4. E_2 为反式共平面消除，从消除的构象可以得到上述结果。反应物有（a）和（b）两种交叉式构象：

(a) 纽曼投影式（前碳：Br、H、H；后碳：CH_3、C_2H_5、H）$\xrightarrow{-HBr}$ $\underset{H}{\overset{CH_3}{}}C=C\underset{H}{\overset{C_2H_5}{}}$（顺式）

(b) 纽曼投影式（H、H、CH_3、C_2H_5、Br、H）$\xrightarrow{-HBr}$ $\underset{CH_3}{\overset{H}{}}C=C\underset{H}{\overset{C_2H_5}{}}$（反式）

由于构象（b）比构象（a）稳定，因此由构象（b）得到的消除产物为主产物。

5.

$I^- + H-C(CH_3)(C_2H_5)-Cl$ (R) $\longrightarrow [\overset{\delta^-}{I}\cdots C(CH_3)(H)(C_2H_5)\cdots\overset{\delta^-}{Cl}]^{\neq} \longrightarrow I-C(CH_3)(H)(C_2H_5)$ (S)

$I-C(CH_3)(H)(C_2H_5)$ (S) $+ HO^- \longrightarrow \overset{\delta^-}{I}\cdots C(CH_3)(H)(C_2H_5)\cdots\overset{\delta^-}{OH} \longrightarrow H-C(CH_3)(C_2H_5)-OH$ (R)

五、合成题

1. 完成下列转化：

(1)　$CH_2=CH_2 \xrightarrow{Br_2} BrCH_2CH_2Br \xrightarrow{KOH/EtOH} CH_2=CHBr \xrightarrow{Br_2} CHBr_2CH_2Br$

(2) $CH_3-C_6H_4-H + CH_3CH(Cl)CH_3 \xrightarrow{AlCl_3} CH_3-C_6H_4-CH(CH_3)_2 \xrightarrow[h\nu]{Cl_2} CH_3-C_6H_4-C(Cl)(CH_3)_2$

$\xrightarrow[C_2H_5OH]{KOH} CH_3-C_6H_4-C(CH_3)=CH_2$

(3) $CH_2=CHCH_3 \xrightarrow[500℃]{Cl_2} CH_2=CHCH_2Cl \xrightarrow{C_6H_{11}MgCl} C_6H_{11}-CH_2CH=CH_2$

(4) $CH_3CH_2CH_2CH_2Br \xrightarrow{KOH/EtOH} CH_3CH_2CH=CH_2 \xrightarrow{Br_2} CH_3CH_2CHBrCH_2Br$

$\xrightarrow[\triangle]{NaNH_2} CH_3CH_2C\equiv CH$

(5) $HC\equiv CH \xrightarrow[液\ NH_3]{NaNH_2} NaC\equiv CNa \xrightarrow{2C_2H_5Br} C_2H_5C\equiv CC_2H_5 \xrightarrow[液\ NH_3]{Na}$

(E)-$C_2H_5CH=CHC_2H_5 \xrightarrow{RCOOOH}$ trans-2,3-二乙基环氧乙烷（H、C_2H_5 位于环两侧）

(6) $Cl-C_6H_4-C_2H_5 \xrightarrow[h\nu]{Br_2} Cl-C_6H_4-CHBrCH_3 \xrightarrow[C_2H_5OH]{NaOH} Cl-C_6H_4-CH=CH_2$

$\xrightarrow[过氧化物]{HBr} Cl-C_6H_4-CH_2CH_2Br \xrightarrow{NaCN} Cl-C_6H_4-CH_2CH_2CN$

2. 由苯和/或甲苯为原料合成下列化合物（其他试剂任选）：

(1) $C_6H_6 \xrightarrow[ZnCl_2]{HCHO+HCl} C_6H_5CH_2Cl$　　$C_6H_6 \xrightarrow[Fe]{Cl_2} C_6H_5Cl \xrightarrow[H_2SO_4]{HNO_3}$ o-$ClC_6H_4NO_2$（分出对位）

$\xrightarrow[\triangle]{H_2O/NaOH} \xrightarrow{H^+}$ o-$HOC_6H_4NO_2 \xrightarrow[NaOH]{C_6H_5CH_2Cl}$ o-$O_2NC_6H_4OCH_2C_6H_5$

(2) $C_6H_6 \xrightarrow[Fe]{Br_2} C_6H_5Br$　　$C_6H_5CH_3 \xrightarrow[Fe]{Cl_2} Cl-C_6H_4-CH_3 \xrightarrow{KMnO_4} Cl-C_6H_4-COOH$

$\xrightarrow{SOCl_2} Cl-C_6H_4-COCl \xrightarrow[AlCl_3]{C_6H_5Br} Cl-C_6H_4-C(=O)-C_6H_4-Br$

(3) $C_6H_5CH_3 \xrightarrow[100℃]{H_2SO_4}$ p-$CH_3C_6H_4SO_3H \xrightarrow[H_2SO_4]{HNO_3}$ 2-硝基-4-磺酸基甲苯 $\xrightarrow[100℃]{H_3O^+}$ o-$CH_3C_6H_4NO_2 \xrightarrow[Fe]{Br_2}$ 4-溴-2-硝基甲苯

$\xrightarrow[h\nu]{Cl_2}$ 4-溴-2-硝基苄氯（CH_2Cl） $\xrightarrow{NaCN}$ 4-溴-2-硝基苯乙腈（CH_2CN）

(4) $C_6H_5CH_3 \xrightarrow[h\nu]{Cl_2} C_6H_5CH_2Cl$

$$HC\equiv CH \xrightarrow[\text{液 } NH_3]{Na} NaC\equiv CNa \xrightarrow{2\ C_6H_5CH_2Cl} C_6H_5CH_2C\equiv CCH_2C_6H_5$$

$$\xrightarrow[\text{Lindlar}]{H_2}$$ (Z)-PhCH₂CH=CHCH₂Ph（两个 H 位于双键同侧）

六、推导结构

1. A. $CH_3CH_2CH=CH_2$ B. $CH_3CH_2C\equiv CH$

2. (A) 3-溴-1-甲基环己烯 (B) 1,2,3-三溴-1-甲基环己烷 (C) 和 (D) 3-甲基-2-环己烯-1-醇、1-甲基-2-环己烯-1-醇 (E) 甲苯

3. A. $CH_3CH=CH_2$ B. $CH_3CHClCH_2Cl$ C. $ClCH_2CH=CH_2$ D. $C_2H_5CH_2CH=CH_2$

E. $C_2H_5CHBrCH=CH_2$ F. $CH_3CH=CHCH=CH_2$ G. 3-甲基-4-环己烯-1,2-二甲酸酐

4. A. $CH_3CHBrCH=CH_2$ B. $CH_3CHBrCHBrCH_2Br$ C. $CH_3CH(OH)CH=CH_2$

D. $CH_3CH=CHCH_2OH$ E. $CH_2=CHCH=CH_2$ F. $CH_2BrCHBrCHBrCH_2Br$ G. 4-氰基环己烯

F 具有旋光异构，F 存在内消旋体。

5. A. $(CH_3)_2C=CH_2$ B. $(CH_3)_2CClCH_2Cl$ C. $CH_2ClC(CH_3)=CH_2$

D. $CH_2=C(CH_3)CH_2CH_2C(CH_3)=CH_2$ E. $CH_3CCl(CH_3)CH_2CH_2CCl(CH_3)CH_3$

F. $CH_3C(CH_3)=CHCH=C(CH_3)CH_3$ G. $CH_2=CH_2$ H. 3,3,6,6-四甲基环己烯

6. A. $CH_3CH_2CH_2Br$ B. $CH_3CH=CH_2$ C. $CH_3CHBrCH_3$

第八章　有机化合物的波谱分析

【本章学习重点与难点】

重点：红外光谱、核磁共振谱。

难点：核磁共振谱。

【基本内容纲要】

1. 红外光谱的产生及谱图的解析方法。

2. 核磁共振谱的产生、屏蔽效应、化学位移、自旋偶合与裂分及谱图的解析方法。

【内容概要】

一、有机化合物的结构和吸收光谱

一定波长的光与原子或分子相互作用，并被原子或分子所吸收，而产生吸收光谱。本章讨论的紫外光谱、红外光谱和核磁共振谱为吸收光谱。质谱是化合物分子经电子流轰击形成正电荷离子，在电场、磁场的作用下按照质量大小排列而成的图谱，不是吸收光谱。

二、红外吸收光谱（IR 谱）

红外光谱是分子中成键原子振动能级和转动能级的跃迁而产生的吸收光谱。红外光谱以波长 λ（μm）或波数 σ（cm^{-1}）为横坐标，表示吸收峰的位置；以透射比 T（以百分数表示）为纵坐标，表示吸收强度。一般红外光谱仪的工作频率为波数 4000～400cm^{-1}（波长 2.5～25μm）。

1. 分子的振动方式

伸缩振动——原子沿键轴方向的振动。该振动方式只改变键长，不改变键角。因振动的偶合又可分为对称或不对称伸缩振动。

弯曲振动——离开键轴的振动。该振动方式只改变键角，键长不变。弯曲振动又分为面内（剪式和摇式）和面外（摆式和扭式）弯曲振动。

2. 分子的振动能级跃迁和红外吸收峰位置

分子振动频率习惯以 σ（波数）表示：

$$\sigma = \frac{\nu}{c} = \frac{1}{2\pi c}\sqrt{\frac{k}{\mu}} = 1307\sqrt{\frac{k}{\mu}}$$

由此可见：$\sigma(\nu) \propto k$，$\sigma(\nu)$ 与 μ 成反比。

力常数 k：与键长、键能有关：键能↑（大），键长↓（短），k↑。

折合质量 μ：两振动原子只要有一个质量较小，μ↓，$\sigma(\nu)$↑。

吸收峰的峰位：化学键的力常数 k 越大，原子的折合质量越小，振动频率越大，吸收峰将出现在高波数区（短波长区）；反之，将出现在低波数区（高波长区）。

3. 产生红外光谱的必要条件

（1）红外辐射光的频率与分子振动的频率相当，才能满足分子振动能级跃迁所需的能量，而产生吸收光谱。

（2）振动过程中必须是能引起分子偶极矩变化的分子才能产生红外吸收光谱。如：H_2、

O_2、N_2 电荷分布均匀，振动不能引起红外吸收。

其中 C≡C（三键）振动也不能引起红外吸收。

4. 特征官能团的吸收频率

Y—H 伸缩振动区：2500～3700cm^{-1}，Y＝O、N、C。

Y≡Z 三键和累积双键伸缩振动区：2100～2400cm^{-1}，主要是 C≡C、C≡N 和 C═C═C、N═C═O 等。

Y═Z 双键伸缩振动区：1600～1800cm^{-1}，主要是：C═O、C═N、C═C 等双键。

5. 谱图解析

波数范围在 4000～1500cm^{-1}为官能团区，用于判断官能团的存在；波数范围在 1500～400cm^{-1}为指纹区，该区的吸收峰特别密集，同类分子或离子在结构上的微小差异常常表现在这里。

至于红外光谱图的解析，迄今为止尚没有一定的规则，主要依靠对红外光谱与化学结构关系的理解和经验的积累。习惯上可按下面步骤对谱图进行解析：观察官能团吸收区，初步判断化合物所含主要官能团及所属化合物的类型→观察指纹区，进一步推测基团间的结合方式→结合有关资料确定可能的构造式→查阅标准谱图验证。

三、核磁共振谱（NMR 谱）

核磁共振谱是原子核在吸收电磁波后从一个自旋能级跃迁到另一个自旋能级而产生波谱。

1. 核磁共振谱的产生

原子核带正电，它在自旋时产生一个小磁矩。将自旋量子数 $I\neq0$ 的核置于外加磁场 H_0 中时，核的磁矩对外加磁场会有 $2I+1$ 个自旋取向，每个取向都代表核在磁场中的一种能量状态，可用磁量子数 m 来表示：$m=I$，$I-1$，…，$-I$。

¹H 的自旋量子数 $I=1/2$，它在外加磁场中有＋1/2 和－1/2 两种取向，两个能级之差为 ΔE。

高能态 ←(H′)— $m=-1/2$

$\Delta E=h\nu$　　H_0 ——→ 外场

低能态 —(H′)→ $m=+1/2$

$$\Delta E=h\nu=\gamma\frac{h}{2\pi}H_0$$　　γ——磁旋比（物质的特征常数）

由此可见，

(1) $\Delta E\propto H_0$；

(2)¹H 受到一定频率（ν）的电磁辐射，且提供的能量＝ΔE，则发生共振吸收，产生共振信号。

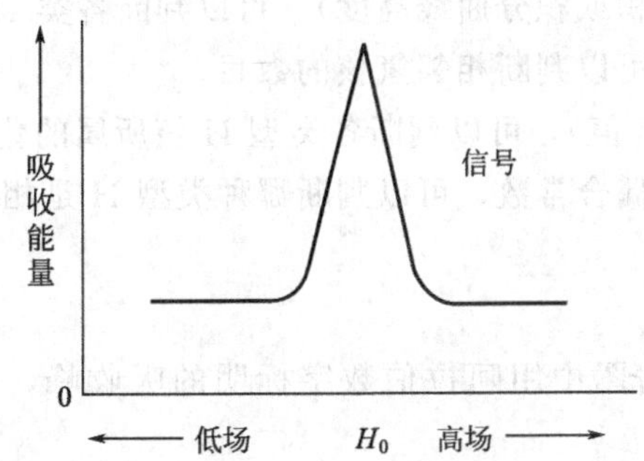

2. 化学位移

化学位移是由核外电子的屏蔽效应引起的。

H 核在分子中不是完全裸露，而是被价电子所包围的。因此，在外加磁场作用下，由于核外电子在垂直于外加磁场的平面绕核旋转，从而产生与外加磁场方向相反的感生磁场 H′。这样，H 核的实际感受到的磁场强度为

$$H_{实} = H_0 - H' = H_0 - \sigma H_0 = H_0(1-\sigma)$$

式中，σ 为屏蔽常数。

核外电子对 H 核产生的这种作用，称为屏蔽效应（又称抗磁屏蔽效应）。

显然，核外电子云密度越大，屏蔽效应越强，要发生共振吸收就势必增加外加磁场强度，共振信号将移向高场区；反之，共振信号将移向低场区。

$$低场 \xrightarrow[\leftarrow 去屏蔽效应\uparrow 共振信号移向低场]{屏蔽效应\uparrow，共振信号移向高场 \rightarrow} H_0 高场$$

因此，核磁共振的条件是：

$$\nu = \frac{\gamma}{2\pi} H_{实} = \frac{\gamma}{2\pi} H_0(1-\sigma)$$

不同化学环境的氢核，受到不同程度的屏蔽效应，因而在核磁共振谱的不同位置上出现共振吸收峰，这种位置上的差异称为化学位移。化学位移用“δ”表示，高场的 δ 值较小，低场的 δ 值较大。

影响化学位移的因素。①电子效应，—I 基团使氢核周围的电子云密度减小，屏蔽效应减小，共振信号移向低场；反之，共振信号移向高场。②磁各向异性效应：处于屏蔽区的 H 核，共振信号移向高场；处于去屏蔽区的 H 核，共振信号移向低场。

3. 自旋偶合与自旋裂分

由于氢核的自旋磁矩在外加磁场中的取向不同，使相邻氢核感受到的外加磁场强度发生了微小的变化，从而使相邻氢核原有的共振吸收峰发生裂分；这种原子核之间的相互干扰称为自旋偶合；由自旋偶合引起的吸收峰裂分的现象称为自旋裂分；两个相邻裂分峰之间的距离称为偶合常数，用 J 表示，单位为 Hz。

相隔单键数 $n \leqslant 3$ 时可以发生自旋偶合，相隔三个以上单键，J 值趋于 0，视为不发生偶合。

峰的裂分数目符合 $n+1$ 规律（n 为相邻碳原子上磁等性氢核的数目）。

4. 谱图的解析

一张谱图可以向我们提供以下信息，据此来确定化合物可能的结构。

(1) 由吸收峰的组数，可以判断有几种不同类型的 H 核。

(2) 由峰的强度（峰面积或积分曲线高度），可以判断各类 H 的相对数目。

(3) 由峰的裂分数目，可以判断相邻氢核的数目。

(4) 由峰的化学位移（δ 值），可以判断各类型 H 核所属的化学结构。

(5) 由裂分峰的外形或偶合常数，可以判断哪种类型 H 是相邻的。

【例题解析】

【例 1】 说明下列红外谱图中用阿拉伯数字标明的吸收峰，是什么键或什么基团的吸收峰？

(1) 2，4-二甲基戊烷

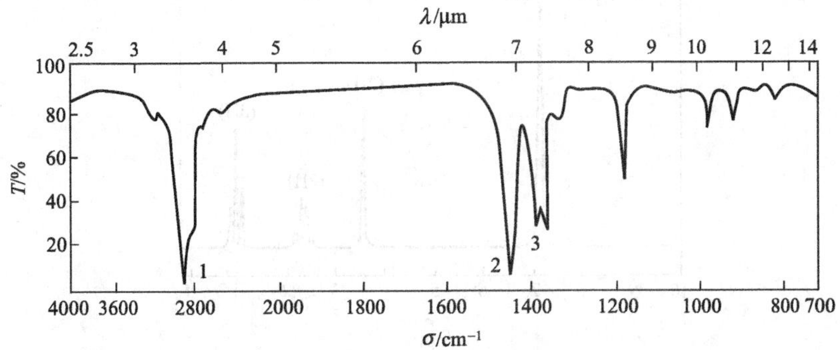

(2) 2，3-二甲基-1，3-丁二烯

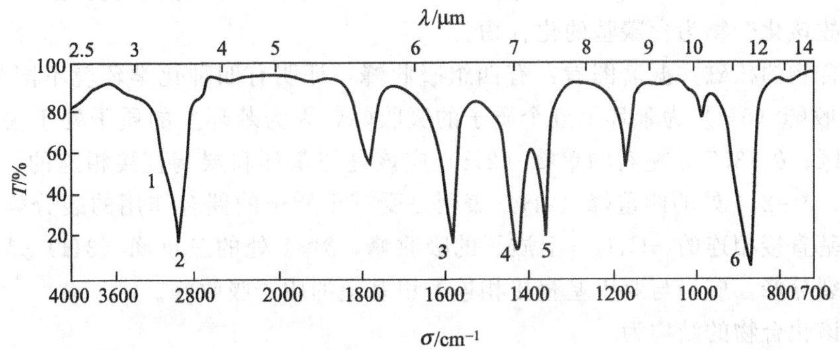

答 (1) 1为C—H键的伸缩振动吸收峰；2为CH_2的弯曲振动吸收峰；3为异丙基的裂分峰。

(2) 1为C═C—H的伸缩振动吸收峰；2为CH_3或CH_2的C—H键伸缩振动吸收峰；3为共轭体系中C═C伸缩振动吸收峰；4为CH_2的弯曲振动吸收峰；5为CH_3的弯曲振动吸收峰；6为C═C—H的面外弯曲振动吸收峰。

【例2】 用草图表示$CH_3CH_2CH_2I$的三类质子在核磁共振谱图中吸收峰的相对位置，并简单阐明理由。

[解题提示] 因为I为吸电子基团，它使Ha、Hb、Hc周围的电子云密度降低，这种影响随H核与I相对距离的增加而减小，Ha与I距离最近，影响最大，吸收峰出现在低场；Hc与I距离最远，影响最小，吸收峰在高场；Hb吸收峰居中。

相对位置如下图所示：

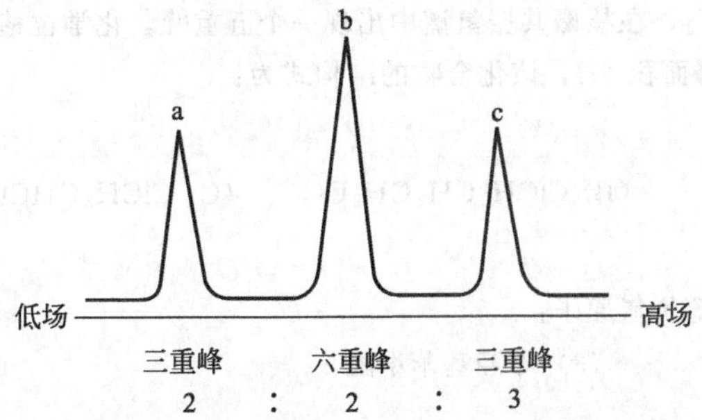

【例3】 某化合物的分子式为$C_{10}H_{12}O$，其红外光谱都表明在1710cm^{-1}处有强吸收带，核磁共振谱如下图所示，试推断该化合物的结构。

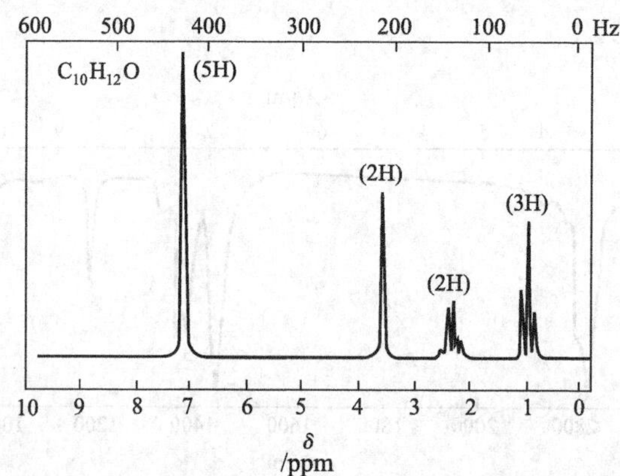

［解题提示］分子式 $C_{10}H_{12}O$ 符合通式 $C_nH_{2n-8}O$，说明分子中含有一个苯环和一个羰基（C═O）或一个苯环和一个碳碳双键及一个羟基，由于红外光谱已表明在 $1710cm^{-1}$ 处有强吸收带，故该化合物为含羰基的化合物。

从该化合物的核磁共振谱图看：有四组吸收峰，证明有四种化学环境不同的 H 核；在 $\delta=7.2$ 处吸收峰（5H）为苯环上五个质子的吸收峰，因为苯环上的质子处于去屏蔽区，故出现在低场区；$\delta=3.7$ 处左右的单峰（2H）应该是与苯环和羰基直接相连的—CH_2—上质子的吸收峰；$\delta=2.4$ 处的四重峰（2H）表明是受三个质子的偶合作用的裂分峰，故应该是与羰基和甲基直接相连的—CH_2—上质子的吸收峰，$\delta\approx1$ 处的三重峰（3H）是受两个质子偶合作用的裂分峰，应为与亚甲基直接相连的甲基上的质子吸收峰。

结论：该化合物的结构为

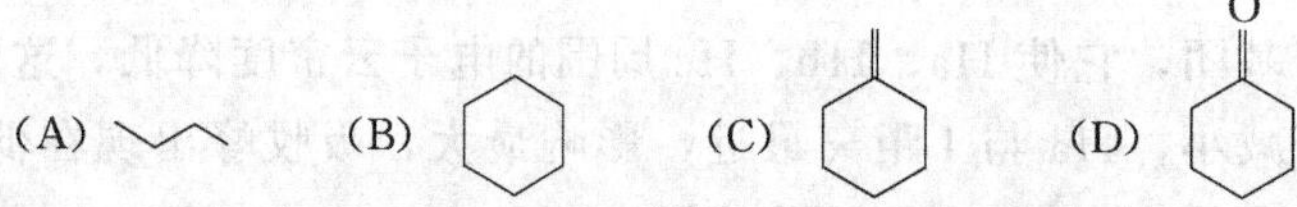

【习题】

一、命名或写出化合物的结构（略）

二、基本概念

1. 下列化合物中，红外光谱在 $1700cm^{-1}$ 处有强吸收峰的是：

(A)　(B)　(C)　(D)

2. 化合物 $(CH_3)_3CBr$ 在核磁共振氢谱中会出现几个吸收峰。

(A) 1　　(B) 3　　(C) 9

3. 某化合物分子式为 $C_3H_6Cl_2$，在核磁共振氢谱中出现一个五重峰，化学位移为 2.2，峰面积 2H；一个三重峰，化学位移为 3.7，峰面积 4H，该化合物的结构式为：

(A) $H_3C—CCl_2—CH_3$　　(B) $ClCH_2CH_2CH_2Cl$　　(C) $ClCH_2CHClCH_3$

4. 下列化合物中各有几个不等价氢原子：

(1) 1-丁烯　　(2) 甲苯　　(3) 邻羟基苯甲醛

三、完成反应（略）

四、反应机理（略）

五、有机合成（略）

六、推导结构

1. 化合物的分子式为 $C_4H_8Br_2$，其^{1}H NMR 谱如下，试推断该化合物的结构。

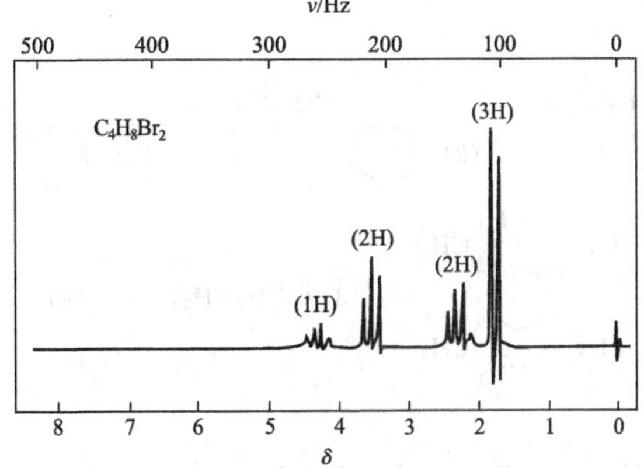

2. 根据光谱数据，推断下列芳香化合物的结构式：

(1) 分子式为 $C_9H_{11}Br$，^{1}H NMR 谱：δ=2.15(2H)多重峰，δ=2.75(2H)三重峰，δ=3.38(2H)三重峰，δ=7.22(5H)多重峰。

(2) 分子式为 $C_9H_{10}O$，IR 谱：1705cm^{-1}强吸收峰；^{1}H NMR 谱：δ=2.0(3H)单峰，δ=3.5(2H)单重峰，δ=7.1(5H)多重峰。

(3) 分子式为 $C_{10}H_{14}$，^{1}H NMR 谱：δ=8.0 单峰，δ=1.0 单峰，强度之比为 5∶9。

3. 下列化合物的^{1}H NMR 谱中只有一个单峰，写出它们的结构式：

(1) C_5H_{10}，δ=1.5　　(2) $C_{12}H_{18}$，δ=2.2　　(3) $C_2H_4Cl_2$，δ=3.7

(4) $C_5H_8Cl_4$，δ=3.7

4. 化合物 A、B 的分子式均为 $C_9H_{10}O$，已知 A 不能进行碘仿反应，其 IR 谱表明在 1690cm^{-1}处有一强峰，A 的^{1}H NMR 谱数据如下：δ=1.2(3H，三重峰)，δ=3.0(2H，四重峰)，δ=7.7(5H，多重峰)。B 可以进行碘仿反应，它的 IR 谱表明在 1705cm^{-1}处有一强峰，^{1}H NMR 谱数据如下：δ=2.0(3H，单峰)，δ=3.5(2H，单峰)，δ=7.1(5H，多重峰)，试写出 A、B 可能的构造式。

5. 某化合物 A($C_{12}H_{14}O_2$)可在碱存在下由芳醛和丙酮反应得到，红外光谱表明 A 在 1675cm^{-1}处出现一个强吸收峰，A 经催化加氢得到化合物 B($C_{12}H_{16}O_2$)。B 在红外 1715cm^{-1}处有吸收峰。A 和碘的碱溶液反应可以得到碘仿和化合物 C($C_{11}H_{12}O_3$)，将 B 和 C 进一步氧化均可以得到羧酸 D($C_9H_{10}O_3$)，用碘化氢和 D 反应得到另一种酸 E(C_7H_6O)，E 能用水蒸气蒸馏蒸出。试写出 A~E 的结构式。

6. 某碳氢化合物 A 的相对分子量为 118，经高锰酸钾氧化得到苯甲酸。A 的^{1}H NMR 数据如下：δ 为 2.1，5.4，5.5，7.3；其对应峰面积比为 3∶1∶1∶5，试写出 A 的结构式。

7. 化合物 A 的分子式为 $C_6H_{12}O_3$，在红外光谱中 1710cm^{-1}出现吸收峰。A 用碘的氢氧化钠溶液处理，得到黄色沉淀，A 不能与 Tollens 试剂发生反应。但是将 A 用 H_2SO_4 处理之后可以与 Tollens 试剂反应。A 的核磁共振氢谱数据如下：δ=2.1(3H，单峰)，δ=3.2(6H，单峰)，δ=2.6(2H，双峰)，δ=4.6(1H，三重峰)，试写出 A 的结构式。

【习题解答】

一、命名或写出化合物的结构（略）

二、基本概念

1. D　2. A　3. B　4. (1) 4 (2) 4 (3) 6

三、完成反应（略）

四、反应机理（略）

五、有机合成（略）

六、推导结构

1. 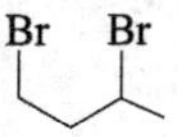 Br Br

2. (1) 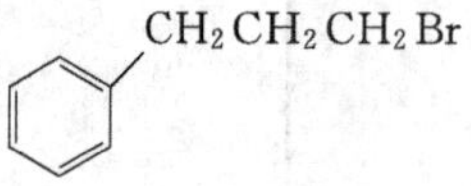 $C_6H_5CH_2CH_2CH_2Br$　(2) 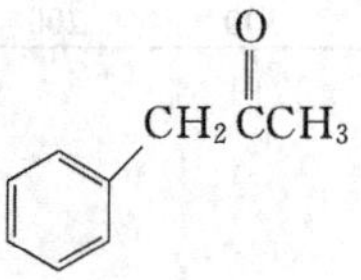 $C_6H_5CH_2\overset{O}{\overset{\|}{C}}CH_3$　(3) $C_6H_5C(CH_3)_3$

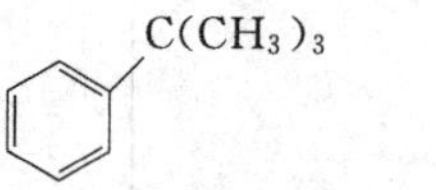

3. (1) 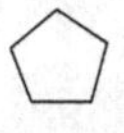 环戊烷　(2) 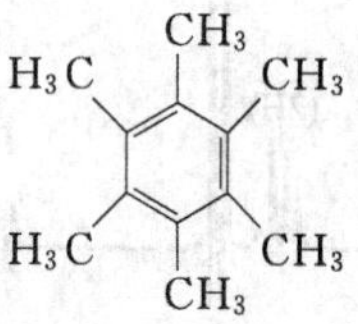 $C_6(CH_3)_6$（H_3C、CH_3、CH_3、H_3C、CH_3、CH_3）　(3) $ClCH_2CH_2Cl$　(4) 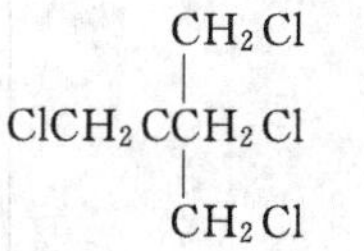 $ClCH_2\overset{CH_2Cl}{\underset{CH_2Cl}{C}}CH_2Cl$

4. A. 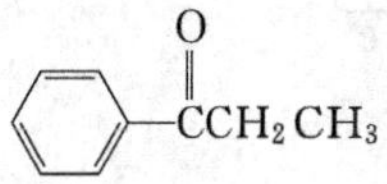 $C_6H_5\overset{O}{\overset{\|}{C}}CH_2CH_3$　B. $C_6H_5CH_2\overset{O}{\overset{\|}{C}}CH_3$

5. A. o-$C_2H_5OC_6H_4CH{=}CH\overset{O}{\overset{\|}{C}}CH_3$　B. o-$C_2H_5OC_6H_4CH_2CH_2\overset{O}{\overset{\|}{C}}CH_3$　C. o-$C_2H_5OC_6H_4CH{=}CHCOOH$

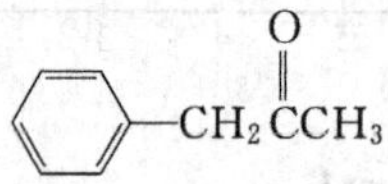

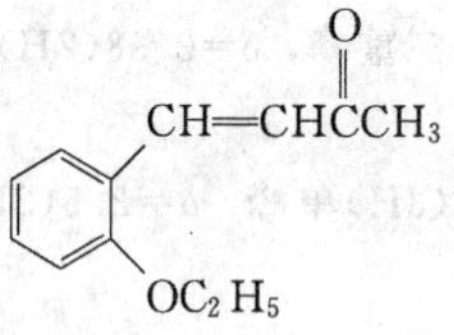

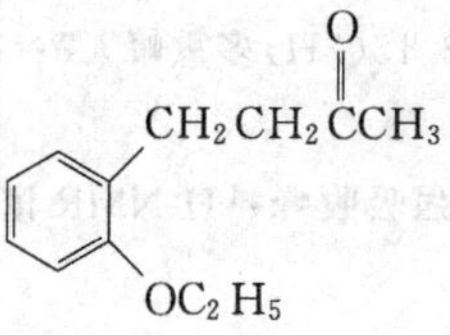

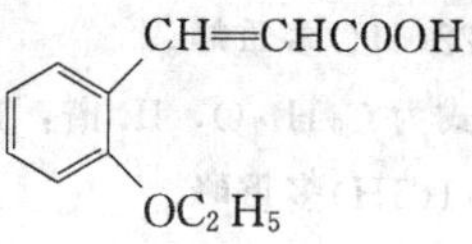

D. 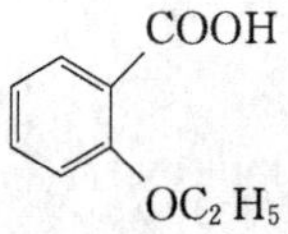 o-$C_2H_5OC_6H_4COOH$　E. 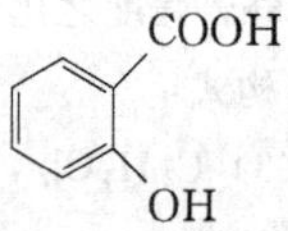 o-HOC_6H_4COOH

6. $C_6H_5CH{=}CHCH_3$　7. 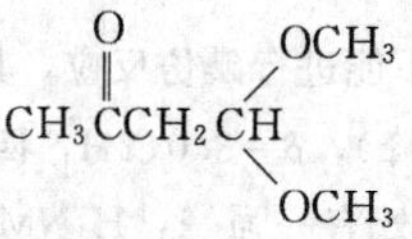 $CH_3\overset{O}{\overset{\|}{C}}CH_2CH(OCH_3)_2$

第九章　醇和酚

【本章学习重点与难点】

重点：1. 醇和酚的命名、结构与制备方法。

2. 醇和酚的化学性质。

难点：1. 醇的亲核取代反应。

2. 频哪醇的重排反应历程。

【基本内容纲要】

1. 醇和酚命名。
2. 醇和酚的结构及物理性质。
3. 醇和酚的化学性质。
4. 醇和酚的制备。

【内容概要】

一、醇和酚的命名

醇的命名方法是：①选择连有羟基的最长碳链为主链，多元醇的主链选择要连有尽可能多的羟基；②编号的原则是尽可能给羟基最低的编号；③给出该化合物的全称，注意要标明羟基的位次。

酚的命名方法是：以芳环的名称加“酚”字。如果有取代基，给出取代基的位次、数目和名称。

二、醇和酚的结构及物理性质

1. 醇和酚的结构

醇分子中，氧原子和与其相连的碳原子都是 sp^3 杂化状态。氧原子的两个 sp^3 杂化轨道分别与碳原子和氢原子形成两个 σ 键，氧的两对未共用电子占据两个杂化轨道。由于氧原子电负性大于碳原子，碳氧键为极性键。

表观上看酚的结构与醇类似，都含有羟基，但酚羟基直接与芳环相连，酚羟基中的氧原子的杂化方式发生变化：酚羟基中的氧原子是 sp^2 杂化，氧原子上的 p 轨道与芳环形成 p-π 共轭体系，共轭效应导致酚的化学性质与醇不完全相同。

2. 物理性质

醇和酚中的氧原子有未共用电子对，因此可以形成分子间氢键，醇和酚与水也可形成氢键。

(1) 沸点

① 醇能形成分子间氢键的特点使其沸点高于分子量相应的烷烃、不饱和烃、卤代烃和醚。

② 直链饱和一元醇，随着碳链的增加沸点升高。

③ 同碳原子数一元醇，伯醇＞仲醇＞叔醇。

④ 多元醇沸点高于一元醇。

（2）溶解度

① 低级的醇可以与水形成氢键而混溶，但随烷基增加溶解度下降。

② 多元醇水中溶解度比分子量相近的一元醇大得多。

三、醇的化学性质

醇含有羟基具有酸、碱性。醇羟基具有较大的极性类似于卤代烃，又可发生取代、消除反应。伯醇与仲醇可以被氧化剂所氧化。

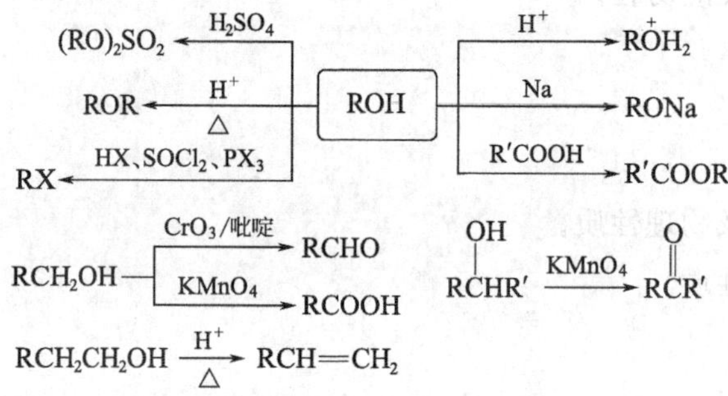

1. 酸碱性

醇的O—H键中，由于氧的电负性大于氢，质子容易脱去，所以醇具有酸性。但与水相比，醇中的烷基具有供电性，醇的酸性比水弱，醇的 $pK_a \approx 16 \sim 19$。

醇的酸性强弱次序为：$CH_3OH > RCH_2OH > R_2CHOH > R_3COH$

醇中氧原子可以接受质子而具有碱性。氧上的未共用电子对可以接受质子成盐，如醇可以与硫酸形成 锌盐并溶于浓硫酸。

2. 亲核取代反应

通常在酸催化下，醇羟基形成的 锌盐成为容易离去的基团，因此醇可以发生取代与消除反应。

反应活性：烯丙醇、苄醇＞叔醇＞仲醇＞伯醇。

从反应历程上看，烯丙醇、叔醇和仲醇按照 S_N1 历程进行，大多数伯醇按照 S_N2 历程进行。S_N1 历程进行的反应往往出现重排的现象。

醇与卤化磷、亚硫酰氯反应不发生重排。醇与卤化磷的反应为分子内亲核取代，醇与亚硫酰氯反应为 S_N2。

3. 醇的消除和氧化反应

醇有卤代烃类似的性质——消除反应生成烯烃，消除反应的取向一般遵从 Saytzeff 规则，此规则下的烯烃结构稳定。

醇可被氧化剂氧化。仲醇氧化生成酮，伯醇氧化生成醛，醛在氧化剂存在下不稳定，继续被氧化生成羧酸。采用 CrO_3 的碱性环境可以使醇氧化停留在醛的阶段。

4. 多元醇

① 频哪醇　频哪醇为邻二叔醇，在酸性条件发生重排反应。

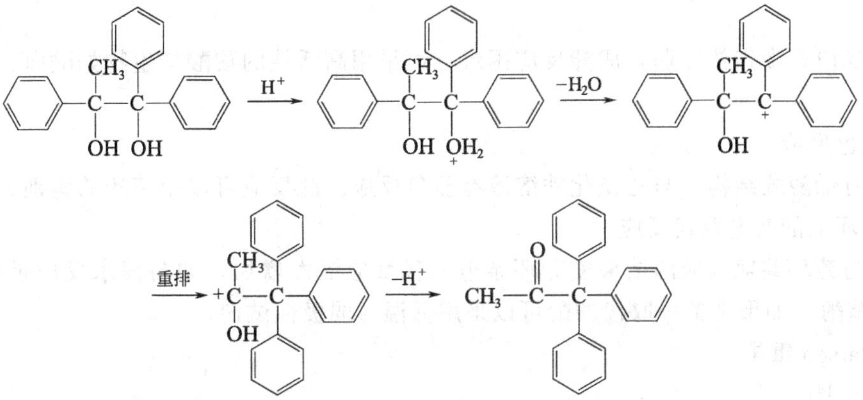

H^+　$-H_2O$

重排　$-H^+$

作为不对称的频哪醇重排规则如下：由于两个羟基都可以脱去，首先要脱去能生成稳定碳正离子的羟基；作为亲核重排，迁移基团顺序为：

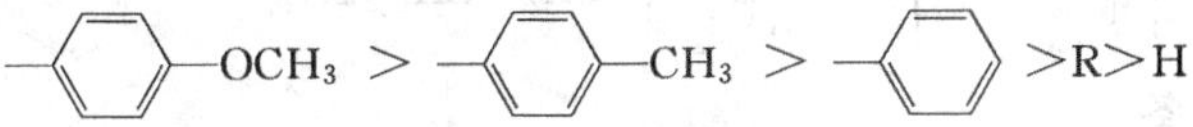

OCH_3 > CH_3 > >R>H

② 邻二醇的氧化　高碘酸可将邻二醇氧化成醛、酮。

四、酚的化学性质

酚的结构与醇有相同之处，但是酚不发生取代与消除反应，酚一般也没有碱性，酚有苯环具有的亲电取代反应。

酚的化学性质图：

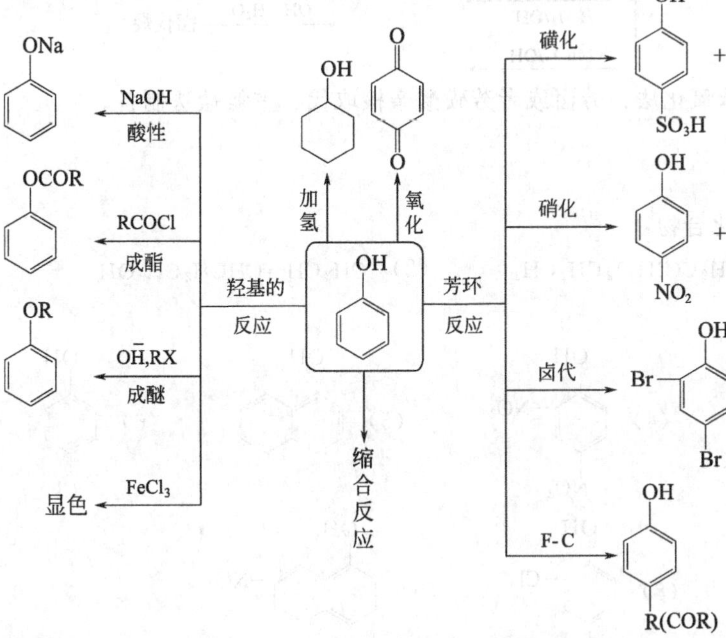

1. 酸性

醇具有酸碱性，酚中氧原子与芳环共轭，不具有碱性。酚的酸性大于醇，也源于共轭效应的结果。

取代酚酸性的比较：对位有取代基时，考虑诱导效应和共轭效应的综合结果，有吸电子基团使酚的酸性增加，供电子基团使酚的酸性减弱。

2. 成醚和成酯反应

成醚反应，分子间加热脱水成醚较为困难，通常采用催化脱水成醚或者 Williamson 合成法。

成酯反应，酚亲核性弱，成酯反应困难，可采用高活性的羧酸衍生物如酰卤、酸酐与酚盐反应。

3. 显色反应

酚具有烯醇式结构，与三氯化铁溶液有显色反应。此反应可以用于酚的鉴别。

4. 芳环上的亲电取代反应

羟基与芳环共轭效应的结果使芳环亲电取代反应活性增加，如与溴水反应迅速生成2,4,6-三溴苯酚。如果制备一取代的酚可以采用低温与弱极性试剂。

5. Claisen 重排

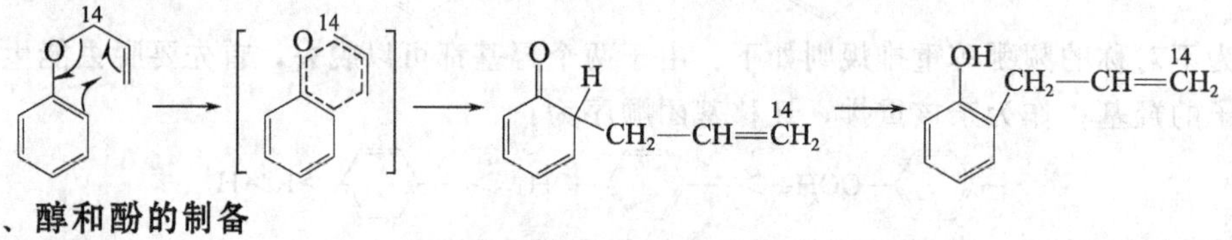

五、醇和酚的制备

醇的制备：

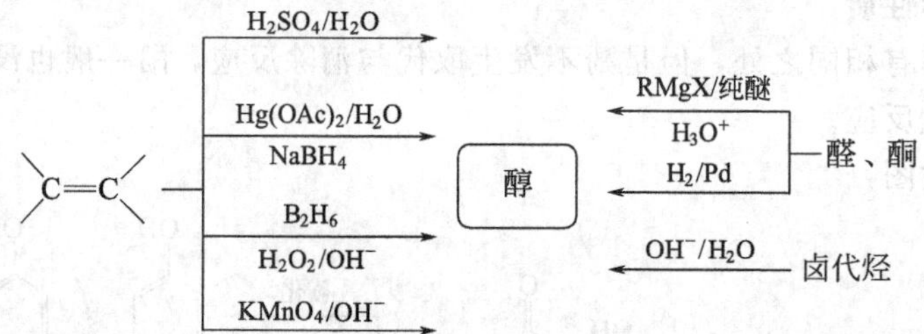

酚的制备：异丙苯氧化法、芳卤或者芳磺酸亲核取代、重氮盐法制备。

【例题解析】

【例1】 命名下列化合物：

(1) $CH_3CH(OH)CH_2CH_2C(CH_3)_2CH_2CH_3$　　(2) $CH_3CH{=}CHCH_2CH_2OH$

(3) 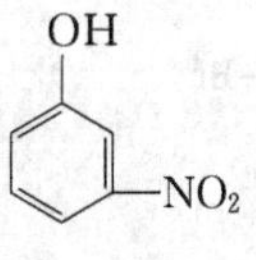　(4) 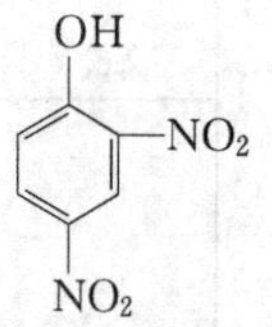　(5) 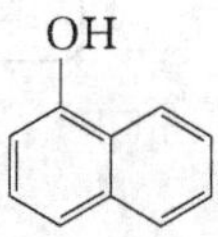　(6)

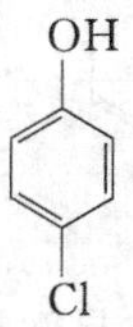

(7) 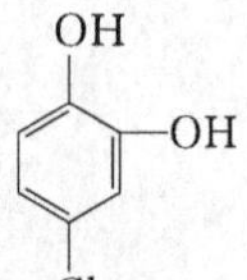　(8) 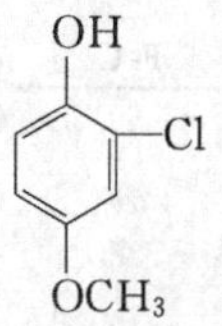　(9)

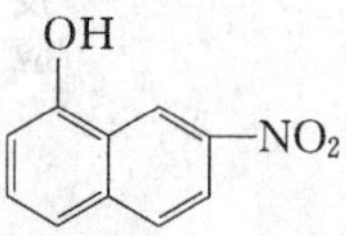

答 (1) 5,5-二甲基-2-庚醇　(2) 3-戊烯-1-醇　(3) 3-硝基苯酚　(4) 2,4-二硝基苯酚　(5) α-萘酚　(6) 对氯苯酚　(7) 4-氯邻苯二酚　(8) 4-甲氧基-2-氯苯酚　(9) 7-硝基-1-萘酚

[解题提示] (3) ～ (9) 中含有多官能团的化合物命名依据“主要官能团优先次序表”来界定。

【例2】 比较下列醇的沸点

（1）1-戊醇　（2）2-甲基-2-丁醇　（3）3-甲基-2-丁醇　（4）正己醇

答　沸点由高到低排列顺序为（4）＞（1）＞（3）＞（2）。

［解题提示］（4）为正构的6碳醇，（1）、（3）、（2）都是5个碳原子的醇，因此六碳的醇沸点最高。同样碳原子数目的醇，随着支链的增加，与水形成氢键的能力依次减弱，沸点也逐渐降低。

【例3】将下列化合物按照水中的溶解度由大到小排列成序：

（1）正己醇　（2）正庚醇　（3）正丁醇　（4）异丁醇　（5）丙三醇

答（5）＞（3）＞（4）＞（1）＞（2）

［解题提示］对于醇来说，其水中的溶解度大小与其在水中的溶剂化作用有关。羟基越多，与水形成的氢键也越多，溶解度越大，例如乙二醇和丙三醇水溶性非常好，能与水互溶。醇的烷基大小也与其水溶性有关，烷基越大与水相容性越差，由此，烷基最大的正庚醇在水中的溶解度最小。

【例4】将下列化合物按照其在水中的酸性强弱由大到小排列成序：

（1）$C_2H_5\overset{+}{O}H_2$　（2）$CH_3-\underset{\overset{|}{+OH_2}}{CH}-CH_3$　（3）$CH_3-\underset{\overset{|}{+OH_2}}{\overset{\underset{|}{CH_3}}{C}}-CH_3$

答（3）＞（2）＞（1）

［解题提示］以上化合物在水中的酸性强弱与其溶剂化作用有关。与水的溶剂化作用越强，化合物的稳定性相应提高，给出质子的能力越小。很明显（3）的空间位阻大，溶剂化作用小，酸性强，（1）的酸性弱。

【例5】将下列化合物按照其在水中的碱性强弱由大到小排列成序：

（1）$C_2H_5O^-$　（2）$CH_3-\underset{\overset{|}{O^-}}{CH}-CH_3$　（3）$CH_3-\underset{\overset{|}{O^-}}{\overset{\underset{|}{CH_3}}{C}}-CH_3$

答　碱性由强到弱排列的顺序是（3）＞（2）＞（1）。

［解题提示］醇由于其结构特点具有弱酸性，与碱作用可形成烷氧基阴离子。其碱性强弱可以从多方面探讨。一个是溶剂化作用的能力，烷基越小其空间障碍也越小，与水的溶剂化作用越强，接受质子的能力也越弱，碱性降低。另一方面也可从负离子的稳定性考虑，烷基越大，氧原子上的负电荷分散的就越少，负离子的稳定性越差，碱性增强。

【例6】将下列基团按照亲核性由大到小排列成序：

（1）$\bar{O}H$　（2）$\bar{O}CH_3$　（3）$\bar{O}C_6H_5$　（4）$\bar{O}-C_6H_4-NO_2$（对位）　（5）$\bar{O}-C_6H_4-CH_3$（对位）

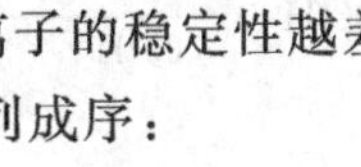

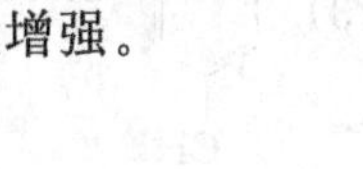

答（2）＞（1）＞（5）＞（3）＞（4）

［解题提示］亲核性大小通常与碱性有关，碱性强亲核性也强。上述化合物的碱性强弱顺序分别为烷氧基负离子、氢氧根负离子和酚氧负离子。

【例7】用化学方法鉴别下列化合物：（1）正丁醇　（2）异丁醇　（3）叔丁醇　（4）苯酚。

答　以上为常见的醇和酚类的鉴别。酚的鉴别可用三氯化铁溶液，有颜色变化。伯、仲、叔醇可用卢卡斯试剂（氯化锌与浓盐酸混合物）鉴别，叔醇与卢卡斯试剂可以很快反应生成不溶的卤代烃，现象为浑浊。仲醇需要间隔一会才会出现浑浊现象，伯醇基本上不反应，如果要观察到现象需要加热。

【例 8】 为什么苯酚在低极性溶剂中（CS_2）中可以得到一取代的产物，而在水中不能？

答：极性溶剂中利于苯酚解离成酚氧负离子，酚氧负离子中的苯环亲电取代活性高。此外，极性溶剂也有利于溴的极化，生成能发生亲电取代反应的溴正离子，水作为极性强的溶剂容易产生溴正离子。

【例 9】 将下列化合物按照 S_N1 机理反应活性由大到小排列成序：

(1) $CH_3CH_2CH_2OH$　(2) $CH_3-CH(OH)-CH_3$　(3) $(CH_3)_3C-OH$

答 (3) ＞ (2) ＞ (1)

[解题提示] 与卤代烃相似，醇也发生亲核取代反应。按照 S_N1 机理反应要点，反应的关键在于碳正离子的稳定性。叔丁醇生成稳定性相对好的叔碳正离子，反应最快，正丙醇生成的伯碳正离子稳定性较差，反应最慢。

【例 10】 将下列化合物按照酸性由大到小排列成序：

(1) 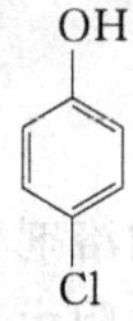 对氯苯酚　(2) 苯酚　(3) 对甲基苯酚　(4) 对硝基苯酚

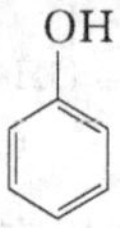

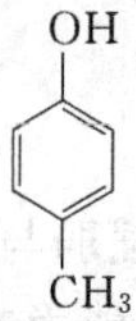

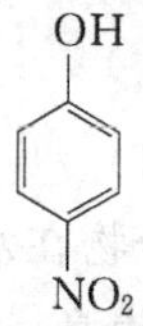

答 (4) ＞ (1) ＞ (2) ＞ (3)

[解题提示] 酚与取代酚酸性大小取决于取代基对酚羟基的影响。由诱导效应与共轭效应综合的结果，取代基对酚羟基有供电作用的时候，酚的酸性降低，反之亦然。硝基是强吸电子基团，因此对硝基苯酚的酸性最强，烷基起到给电子作用，对甲基苯酚的酸性比苯酚弱，氯原子有一定的吸电子作用，对氯苯酚酸性比苯酚大。

【例 11】 完成下列反应

(1) $C_6H_5CH_2CH(OH)CH_3 \xrightarrow{K}$ (　) $\xrightarrow{C_2H_5Br}$ (　)　(2) $C_6H_5CH_2CH(OH)CH_3 \xrightarrow[碱]{TsCl}$ (　)

(3) 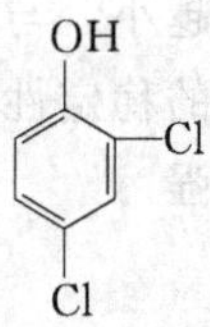 2,4-二氯苯酚 $+ ClCH_2COOH \xrightarrow[② H^+]{① 30\%NaOH}$ (　)

(4) 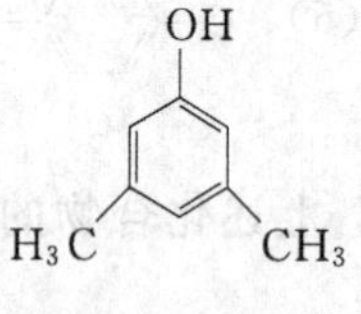 3,5-二甲基苯酚 $+ CH_3COCl \xrightarrow{吡啶}$ (　)

(5) $CH_3CH{=}CHCH_2OH \xrightarrow[吡啶]{CrO_3}$ (　)

(6) $CH_2(OH)-CH(OH)-CH_2(OH) \xrightarrow{HIO_4}$ (　) + (　)

(7) $CH_3CH_2CH_2CH_2OH \xrightarrow{KMnO_4}$ (　)

(8) 苯酚（C_6H_5OH）$\xrightarrow{KMnO_4}$ (   )

(9) $CH_3CH_2CH(OH)CH_2CH_3 \xrightarrow{SOCl_2}$ (   )

(10) (R) $CH_3CH_2CH_2CH(OH)CH_3 \xrightarrow{SOCl_2}$ (   )

(11) (R) $CH_3CH_2CH_2CH(OH)CH_3 \xrightarrow{PCl_3}$ (   )

答

(1) $C_6H_5CH_2CH(OK)CH_3$　$C_6H_5CH_2CH(OC_2H_5)CH_3$　(2) $C_6H_5CH_2CH(OTs)CH_3$

(3) 2,4-二氯苯氧乙酸（苯环上连 OCH_2COOH，邻位 Cl，对位 Cl）　(4) 3,5-二甲基苯基乙酸酯（苯环上连 $OCOCH_3$，间位两个 CH_3）

(5) $CH_3CH=CHCHO$　(6) HCOOH　HCHO

(7) $CH_3CH_2CH_2COOH$　(8) 对苯醌（$O=C_6H_4=O$）

(9) $CH_3CH_2CH(Cl)CH_2CH_3$　(10) (R) $CH_3CH_2CH_2CH(Cl)CH_3$

(11) (s) $CH_3CH_2CH_2CH(Cl)CH_3$

【例 12】写出下列反应的产物

(1) 邻甲基苯酚（OH，邻位 CH_3）$+HNO_3 \xrightarrow[\text{低温}]{CH_3Cl}$ (   )　(2) 间氯苯酚（OH，间位 Cl）$\xrightarrow[\text{过量}]{H_2SO_4}$ (   ) $\xrightarrow{HNO_3}$ (   )

(3) 2-萘酚（萘环上连 OH）$\xrightarrow[\text{稀 } H_2SO_4,0℃]{NaNO_2}$ (   )　(4) 间氨基苯酚（OH，间位 NH_2）$\xrightarrow[\text{加热,加压}]{CO_2,KHCO_3}$ (   )

答

(1) 苯环：OH，邻位 CH_3，另一邻位 O_2N ＋ 苯环：OH，邻位 CH_3，对位 NO_2　(2) 苯环：OH，邻位 HO_3S，对位 SO_3H，间位 Cl；苯环：OH，邻位 O_2N，对位 NO_2，间位 Cl

(3) 1-亚硝基-2-萘酚（结构式：萘环 1-位 NO，2-位 OH）

(4) 结构式：苯环上 OK、NH_2、COOK

【例 13】完成下列反应

(1) 环丁基-CH_2OH $\xrightarrow[H^+]{\triangle}$ ( )

(2) $(CH_3)_3C$-环己烷-OH（OH 为直立键） $\xrightarrow{SOCl_2}$ ( )

(3) $(CH_3)_3C$-环己烷-OH（OH 为直立键） $\xrightarrow[\text{吡啶}]{SOCl_2}$ ( )

(4) $C_6H_5C(OH)(C_6H_5)-C(OH)(CH_3)C_6H_5$ $\xrightarrow{H^+}$ ( )

答

(1) 环戊烯

(2) $(CH_3)_3C$-环己烷-Cl（Cl 为直立键）

(3) $(CH_3)_3C$-环己烷-Cl（Cl 为平伏键）

(4) $(C_6H_5)_3C-\overset{O}{\overset{\|}{C}}-CH_3$

【例 14】写出下列反应的反应机理

(1) $(CH_3)_3CCH_2OH \xrightarrow[\triangle]{\text{浓 }HBr} (CH_3)_2CBrCH_2CH_3$

(2) $CH_3CH_2\underset{OH}{\underset{|}{C}H}CH{=}CH_2 \xrightarrow{HBr} CH_3CH_2\underset{Br}{\underset{|}{C}H}CH{=}CH_2 + CH_3CH_2CH{=}CH\underset{Br}{\underset{|}{C}H_2}$

(3) $CH_3CH_2\underset{CH_3}{\underset{|}{C}H}CH_2CH_2OH \xrightarrow[ZnCl_2]{HCl} CH_3CH_2-\underset{CH_3}{\underset{|}{C}}{=}CHCH_3 + CH_3CH_2-\underset{CH_3}{\underset{|}{\overset{Cl}{\overset{|}{C}}}}-CH_2CH_3$

(4) $(CH_3)_2\underset{I}{\underset{|}{C}}-\underset{OH}{\underset{|}{C}}(CH_3)_2 \xrightarrow{Ag^+} CH_3-\underset{CH_3}{\underset{|}{\overset{CH_3}{\overset{|}{C}}}}-\overset{O}{\overset{\|}{C}}-CH_3$

(5) 1-甲基-1-(1-羟乙基)环戊烷（CH_3，$\underset{OH}{\underset{|}{C}HCH_3}$） $\xrightarrow[\triangle]{H^+}$ 1,2-二甲基环己烯

答

(1) $(CH_3)_3CCH_2OH \xrightarrow{H^+} (CH_3)_3CCH_2\overset{+}{O}H_2 \xrightarrow{-H_2O} (CH_3)_3C\overset{+}{C}H_2$

$\xrightarrow{\text{重排}} (CH_3)_2\overset{+}{C}CH_2CH_3 \xrightarrow{Br^-} (CH_3)_2CBrCH_2CH_3$

(2) $CH_3CH_2CH(OH)CH{=}CH_2 \xrightarrow{\text{浓HBr}} CH_3CH_2CH(\overset{+}{O}H_2)CH{=}CH_2 \xrightarrow{-H_2O}$

$CH_3CH_2\overset{+}{C}HCH{=}CH_2 \longleftrightarrow CH_3CH_2CH{=}CH\overset{+}{C}H_2$

$\downarrow Br^- \qquad\qquad \downarrow Br^-$

$CH_3CH_2CH(Br)CH{=}CH_2 \qquad CH_3CH_2CH{=}CHCH_2Br$

(3) $CH_3CH_2CH(CH_3)CH_2CH_2OH \xrightarrow[-ZnO,\,-2Cl^-]{ZnCl_2} CH_3CH_2CH(CH_3)CH_2\overset{+}{C}H_2 \xrightarrow{\text{重排}} CH_3CH_2\overset{+}{C}(CH_3)CH_2CH_3$

$CH_3CH_2\overset{+}{C}(CH_3)CH_2CH_3 \xrightarrow{Cl^-} CH_3CH_2{-}C(Cl)(CH_3){-}CH_2CH_3$

$CH_3CH_2\overset{+}{C}(CH_3)CH_2CH_3 \xrightarrow{-H^+} CH_3CH_2C(CH_3){=}CHCH_3$

(4) $(CH_3)_2C(I){-}C(OH)(CH_3)_2 \xrightarrow[-AgI]{Ag^+} (CH_3)_2\overset{+}{C}{-}C(OH)(CH_3)_2 \xrightarrow{\text{重排}}$

$CH_3{-}C(CH_3)_2{-}\overset{+}{C}(OH){-}CH_3 \xrightarrow{-H^+} CH_3{-}C(CH_3)_2{-}C(=O){-}CH_3$

(5) 1-甲基-1-(1-羟乙基)环戊烷 $\xrightarrow{H^+}$ 1-甲基-1-[$CH(\overset{+}{O}H_2)CH_3$]环戊烷 $\xrightarrow{-H_2O}$ 1-甲基-1-($\overset{+}{C}HCH_3$)环戊烷 $\xrightarrow{\text{重排}}$ 1,2-二甲基环己基正离子（$\overset{+}{C}$ 带 CH_3） $\xrightarrow{-H^+}$ 1,2-二甲基环己烯

【习题】

一、用系统命名法命名或写出结构式

1. 用系统命名法命名下列化合物：

(1) $CH_2{=}CHCH_2OH$ (2) $CH_3CH(CH_3)CH_2OH$ (3) $CH_3CH_2CH(OH)CH_3$

(4) $C_6H_5CH_2OH$（苯甲醇） (5) $CH_3CH(OH)CH(CH_3)CH_3$ (6) $CH_3CH(OH)CH_2CH_2CH(OH)CH_3$

(7) $C_6H_5{-}CH(OH)CH_2CH_3$ (8) 苯环：1-OH，2,6-二 CH_3（H_3C、CH_3），4-$CH(CH_3)_2$ (9) 苯环：$(CH_3)_2CH{-}$，邻位 HO，对位 $-CH_3$

2. 写出下列化合物的构造式

(1) 2,2-二甲基-1-丙醇　　(2) 1-苯基异丙醇

(3) 1-乙基环己醇　　(4) 2,4-戊二醇

(5) 邻苯二酚　　(6) 2-甲基-4-甲氧基苯酚

二、回答问题

1. 将下列化合物按照沸点由高到低排列成序：

(1) A. 乙二醇　B. 乙醇　C. 正丁醇

(2) A. 正丁醇　B. 正丁烷　C. 正溴丁烷

2. 根据结构比较对硝基苯酚与邻硝基苯酚的沸点高低，并说明原因。

3. 将下列化合物的酸性由强到弱排列成序：

A. CH_3OH　B. C_2H_5OH　C. $(CH_3)_2CHOH$　D. C_6H_5—OH

4. 将下列醇按照其酸性由强到弱排列成序：

A. C_2H_5OH　B. $CH_3CH_2CH_2CH_2OH$

C. $(CH_3)_2CHOH$　D. $(CH_3)_3COH$

5. 将下列酚按照其酸性由强到弱排列成序：

A. 对氯苯酚（OH、Cl）　B. 苯酚（OH）　C. 对乙基苯酚（OH、C_2H_5）　D. 对硝基苯酚（OH、NO_2）　E. 对甲氧基苯酚（OH、OCH_3）

6. 将下列醇与金属钠反应活性由强到弱排列成序：

A. C_2H_5OH　B. $CH_3CH_2CH_2CH_2OH$

C. $(CH_3)_2CHOH$　D. CH_3OH

7. 将下列化合物按照碱性由强到弱排列成序：

A. $C_2H_5O^-$　B. $CH_3-CH(O^-)-CH_3$　C. $CH_3-C(CH_3)(O^-)-CH_3$

D. $^-O-C_6H_4-NO_2$　E. $^-O-C_6H_5$

8. 将下列基团按照亲核性由大到小排列成序：

A. $C_2H_5O^-$　B. $^-O-C_6H_5$　C. $CH_3-C(CH_3)(O^-)-CH_3$

9. 将下列化合物按照亲核取代反应活性由大到小排列成序：

A. $CH_3-CH(OH)-CH_2CH_3$　B. $CH_3CH_2CH_2CH_2OH$　C. $CH_3-C(CH_3)(OH)-CH_3$

10. 将下列化合物按照脱水反应活性排列成序：

A. $CH_3-CH(OH)-CH_2CH_3$　B. $CH_3-CH(OH)-CH=CH_2$　C. $CH_3CH_2CH_2CH_2OH$

11. 将下列化合物与溴化氢反应活性由大到小排列成序：

A. $CH_3-CH(OH)-CH_2CH_3$　B. $CH_3CH_2CH_2CH_2OH$

C. CH_2OH（苯环）　　D. CH_2OH（苯环，对位 Cl）　　E. CH_2OH（苯环，对位 OCH_3）

12. 下列酚发生亲电取代反应时，按照其活性由快到慢排列成序：

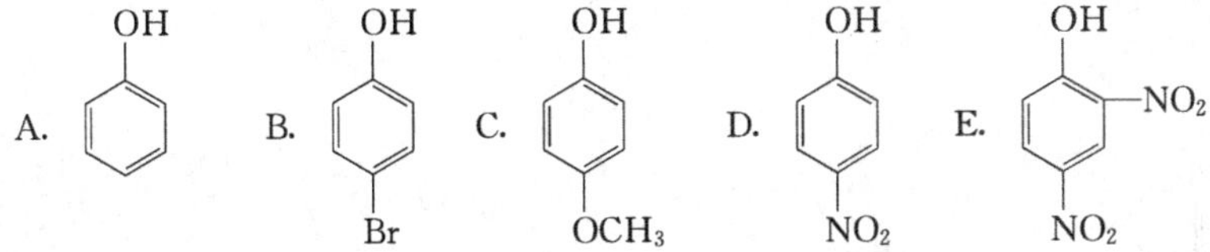

13. 用化学方法区分下列化合物

(1) 甲醇与异丁醇　　(2) 仲丁醇与异丁醇

(3) 1,3-丁二醇与乙二醇　　(4) 环己醇与苯酚

14. 苯、四氢呋喃、环己醇中含有少量的水，在实验室中如何除去？

15. 如何将环己醇与苯酚的混合物加以分离提纯？

三、完成反应

1. 写出正丁醇与下列物质反应的主要产物：

(1) Na　　(2) HBr　　(3) PCl_3

(4) $SOCl_2$　　(5) CH_3COOH　H^+　　(6) CH_3COCl

(7) $KMnO_4$　　(8) CrO_3，吡啶　　(9) H_2SO_4　140℃

(10) H_2SO_4　170℃

2. 写出苯酚与下列物质反应的主要产物。

(1) Na_2CO_3　　(2) Br_2/H_2O　　(3) Br_2/CS_2

(4) 稀硝酸　　(5) $CH_3COCl/AlCl_3$　　(6) H_2SO_4　100℃

(7) HNO_2　　(8) NaOH，CO_2　加热、加压

3. 完成下列反应：

(1) $CH_2(OH)—CH(OH)—CH_2(OH) \xrightarrow{3HNO_3}$ (　　)

(2) $C_2H_5OH + H_2SO_4 \longrightarrow$ (　　) $\xrightarrow{HOCH_2CH_2OH}$ (　　)

(3) C_2H_5OH＋浓 $HCl \xrightarrow{ZnCl_2}$ (　　)

(4) H, CH_3, C_4H_9, OH（手性碳）$\xrightarrow{SOCl_2}$ (　　)　　H, CH_3, C_4H_9, OH（手性碳）$\xrightarrow[\text{吡啶}]{SOCl_2}$ (　　)

(5) H, CH_3, C_4H_9, OH（手性碳）$\xrightarrow{PCl_5}$ (　　)

(6) 环丁基—$CH_2OH \xrightarrow{H_2SO_4}$ (　　)　　(7) 2-氯环己醇（Cl, OH）$\xrightarrow{HCl}$ (　　)

(8) $CH_3CH_2CH{=}CHCHOH \xrightarrow{MnO_2}$ (　　)

(9) 双环（OH, OH）$\xrightarrow{MnO_2}$ (　　)　　(10) 环戊二醇（H, H, OH, OH）$\xrightarrow{HIO_4}$ (　　)

(11) 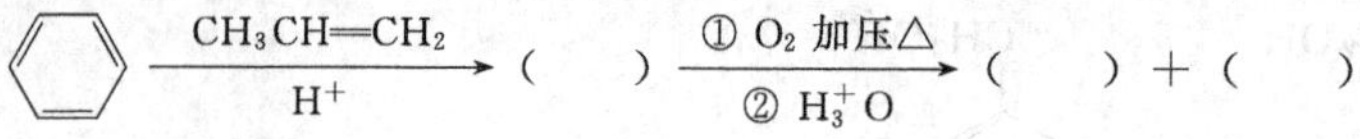 苯 $\xrightarrow[H^+]{CH_3CH{=}CH_2}$ (　　) $\xrightarrow[② H_3^+O]{① O_2 加压△}$ (　　) + (　　)

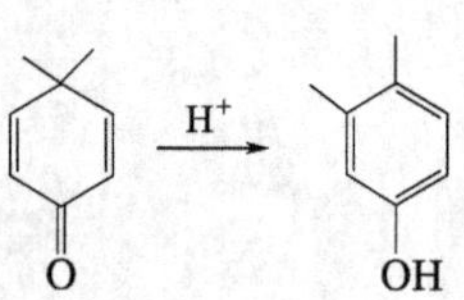

(12) 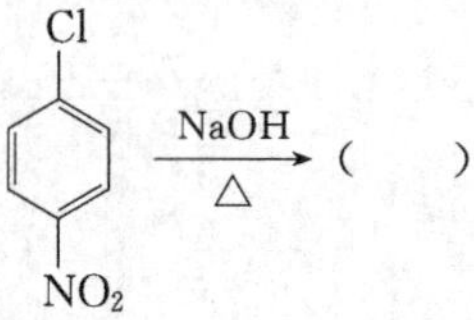 对硝基氯苯 $\xrightarrow[\triangle]{NaOH}$ (　　)

四、反应机理

(1) 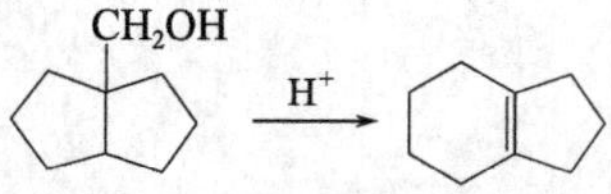 [CH_2OH 取代的双环化合物] $\xrightarrow{H^+}$ [双环烯烃]

(2) 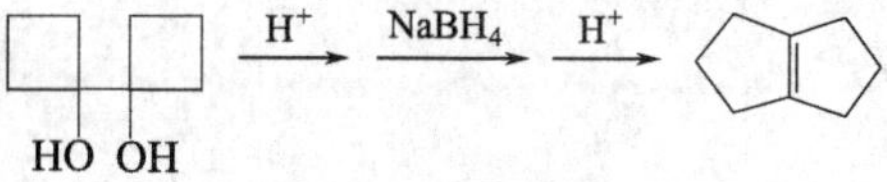 [联环丁基二醇，HO OH] $\xrightarrow{H^+}$ $\xrightarrow{NaBH_4}$ $\xrightarrow{H^+}$ [双环烯烃]

(3) [4,4-二甲基环己二烯酮] $\xrightarrow{H^+}$ [3,4-二甲基苯酚，OH]

(4) H—$C(CH_3)(C_2H_5)$—OH $\xrightarrow[吡啶]{SOCl_2}$ Cl—$C(CH_3)(H)(C_2H_5)$

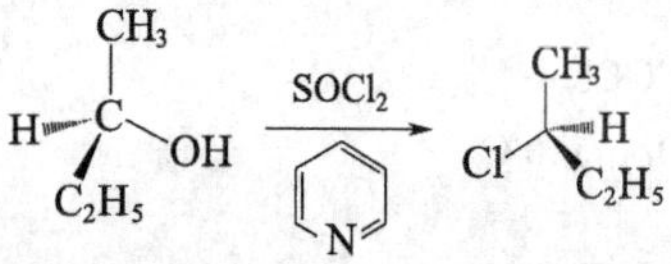

五、有机合成

1. 完成下列转化

(1) 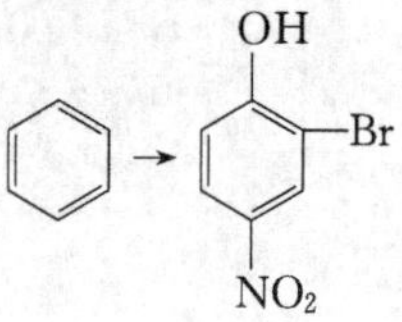 苯 → 2-溴-4-硝基苯酚（OH, Br, NO_2）　(2) 苯酚 → 2,6-二溴苯酚（Br, OH, Br）

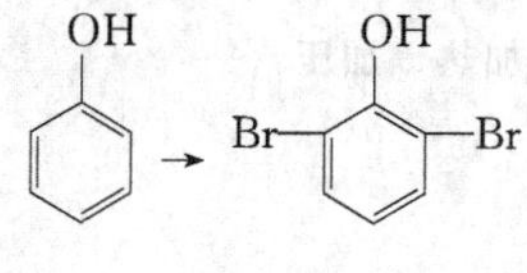

(3) $(CH_3)_3C—Cl \longrightarrow (CH_3)_3COCH_3$

2. 用苯和不超过三个碳原子的有机物合成下列化合物：

(1) 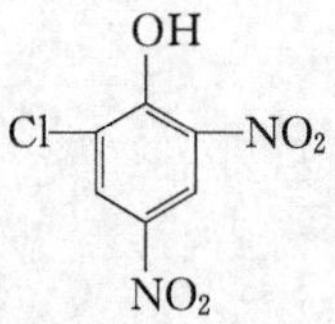 2-氯-4,6-二硝基苯酚（OH, Cl, NO_2, NO_2）　(2) $C_6H_5—CH_2CH(OH)—C_6H_5$

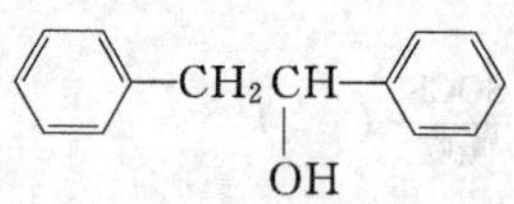

六、推导结构

1. 在英国有许多汽车驾驶者被警察挡住，要求他们对准一个“呼吸分析器”吹一口气，如果分析器内浸透化学药品的硅胶由原来的橙黄色变为绿色，这个驾驶者就“愁眉苦脸”了，请问，这种化学药品是什么？为什么会变颜色。

2. A、B、C 三个化合物，A 与 1mol HIO_4 反应后生成 HCHO 和 $(CH_3)_2CHCH_2CHO$；B 与 1mol HIO_4 反应后生成 $(CH_3)_2CO$ 和 CH_3CH_2CHO；C 与 2mol HIO_4 反应后生成 C_6H_5CHO、HCOOH 和 CH_3CHO，推导 A、B、C 的结构式。

3. 化合物 A 的相对分子质量为 60，含有 60.0％C、13.3％H。A 与氧化剂作用相继得到醛和酸，将 A 与溴化钾和硫酸作用生成 B；B 与 NaOH 的乙醇溶液作用生成 C；C 与 HBr 作用生成 D。D 含有 65.0％Br，水解后生成 E，而 E 是 A 的同分异构体。试写出 A～E 各化合物的构造式。

【习题解答】

一、用系统命名法命名或写出结构式

1. 用系统命名法命名下列化合物：

答　(1) 烯丙醇　(2) 异丁醇　(3) 仲丁醇　(4) 苯甲醇　(5) 3-甲基-2-丁醇

(6) 2，5-己二醇　(7) 1-苯基正丙醇　(8) 2，6-二甲基-4-异丙基苯酚

(9) 5-甲基-2-异丙基苯酚

2. 写出下列化合物的构造式

(1) $CH_3C(CH_3)_2CH_2OH$　(2) $(CH_3)_2C(Ph)—OH$　(3) 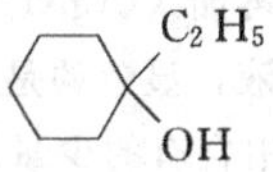 1-乙基环己醇（环己烷环上同一碳连有 C_2H_5 和 OH）

(4) $CH_3CH(OH)CH_2CH(OH)CH_3$　(5) 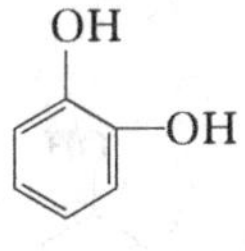 邻苯二酚（苯环上相邻两个 OH）　(6) 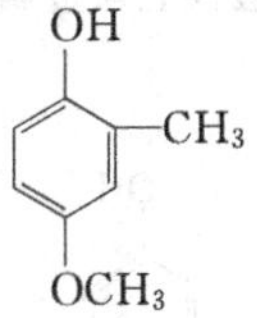 苯环上 1-OH，2-CH_3，4-OCH_3

二、回答问题

1. (1) A>C>B　(2) A>C>B

[解题提示] 二元醇的沸点通常高于一元醇。卤代烃的极性大于烷烃，沸点高于烷烃。

2. **答**　对硝基苯酚的沸点高。因为对硝基苯酚可以形成分子间氢键，增加了分子间相互作用力，导致沸点增加。邻硝基苯酚形成分子内氢键，对分子间作用力增加影响不大。

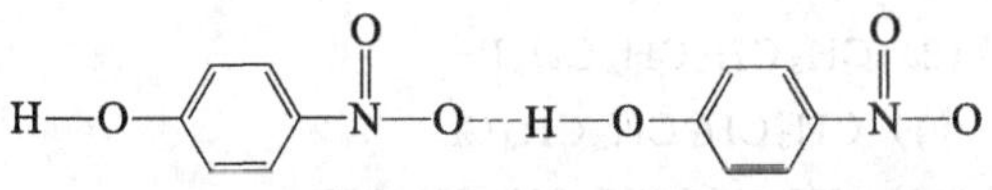

H—O—C₆H₄—N(=O)—O···H—O—C₆H₄—N(=O)—O

对硝基苯酚

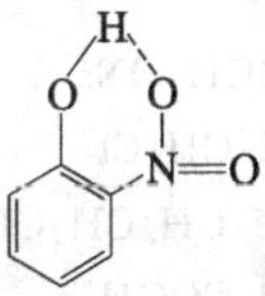

邻硝基苯酚（O—H···O=N 分子内氢键）

3. D>C>B>A　[解题提示] 苯酚的酸性要强于醇。

4. A>B>C>D　[解题提示] 供电基对氧原子提供电子，导致氧氢键不易断裂，供电能力越强导致醇的酸性越弱。

5. D>A>B>C>E　[解题提示] 对于含有取代基的苯酚而言，吸电子基团使苯酚的酸性增加，反之亦然。对位有取代基对苯酚的酸性起到两种效应，即诱导效应和共轭效应。起到吸电子诱导效应的有硝基、甲氧基、卤素，起供电子诱导效应的为乙基。硝基吸电子共轭效应，卤素起供电子共轭效应。卤素的共轭略小于诱导，两个效应的结果为略吸电，所以酸性大于苯酚。甲氧基的共轭远大于诱导，属于强供电，酸性最弱。乙基在此属于较弱的供电基，其酸性略小于苯酚。

6. D>A>B>C　醇的酸性越强与碱反应越快。

7. C>B>A>E>D

[解题提示] 通常而言，原子的负电荷多，接收质子的能力越强，碱性越强。酚氧基负离子的电子与苯环共轭，使其电子减少，碱性比烷氧基负离子弱。供电子基团使氧原子电荷多，吸电子官能团使氧原子电荷减少。

8. A>C>B　[解题提示] 碱性强能增加亲核性。但是亲核性还与位阻有关系，A 的位阻小，虽然起碱性略小于 C，但是 A 的亲核性强。

9. C>A>B

10. B>A>C　[解题提示] 反应活性按照生成产物的稳定性由大到小排列。B 生成了共轭体系，产物稳定。仲醇的脱水速率快于伯醇。

11. E>C>D>A>B　　[解题提示] 取代反应的活性顺序为：苄醇>叔醇>仲醇>伯醇。C、D、E 的脱水是 S_N1 机理，所生成的碳正离子稳定则反应快。E 的甲氧基是供电基，碳正离子稳定，因此反应最快。

12. C>A>B>D>E　　[解题提示] 芳烃的亲电取代反应中，芳环中取代基供电基能力越强反应越快。

13. (1) 从溶解度判断，乙醇可以与水混溶，正丁醇水中溶解度小 (7～8g)。

(2) 分别加入 Lucas 试剂 (无水氯化锌的浓盐酸溶液)，室温条件下，仲丁醇片刻产生浑浊，异丁醇无现象。

(3) 加入 HIO_4 后再加入 $AgNO_3$ 溶液，有沉淀生成的为乙二醇。

(4) 加入 $FeCl_3$ 溶液，显色的是苯酚。

14. 苯和四氢呋喃中含有的少量水，可以加入钠除去。环已醇中的水可加入镁条来除去，不能采用金属钠，因为环已醇具有酸性能与金属钠反应。

15.

OH (苯酚)　OH (环己醇)　—碳酸钠溶液→　油相 → OH (环己醇)

水相 → ONa (苯酚钠) —$NaHCO_3$→ OH (苯酚)

三、完成反应

1.

(1) $CH_3CH_2CHCH_2ONa$　　(2) $CH_3CH_2CH_2CH_2Br$

(3) $CH_3CH_2CH_2CH_2Cl$　　(4) $CH_3CH_2CH_2CH_2Cl$

(5) $CH_3COOCH_2CH_2CH_2CH_3$　　(6) $CH_3COOCH_2CH_2CH_2CH_3$

(7) $CH_3CH_2CH_2COOH$　　(8) $CH_3CH_2CH_2CHO$

(9) $CH_3CH_2CH_2CH_2OCH_2CH_2CH_2CH_3$　　(10) $CH_3CH_2CH{=}CH_2$

[解题提示] 这些是醇的基本性质。酸性、取代、酯化、氧化、消除等。

2.

(1) ONa (苯酚钠)　　(2) OH, Br, Br, Br (2,4,6-三溴苯酚)　　(3) OH, Br (对溴苯酚)

(4) OH, NO_2 (对硝基苯酚)　OH, NO_2 (邻硝基苯酚)　　(5) CH_3COO—苯基　　(6) HO_3S—苯基—OH

(7) NO—苯基—OH　　(8) OH, COONa (邻羟基苯甲酸钠)

3.

[解题提示] 下列题型要注意构型的变化、重排、其他官能团的影响等因素。

(1) $CH_2—CH—CH_2$ (各碳上 ONO_2：ONO_2 ONO_2 ONO_2)　　(2) $C_2H_5OSO_2OH$　　$C_2H_5OSO_2OCH_2CH_2OSO_2OC_2H_5$

(3) C_2H_5Cl (4) 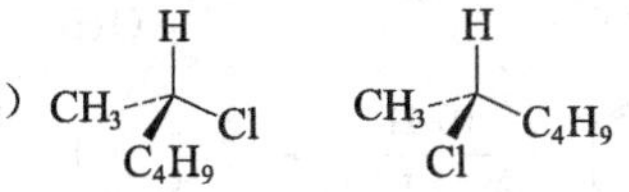 CH_3–C(H)(Cl)–C_4H_9 CH_3–C(H)(Cl)–C_4H_9 (5) 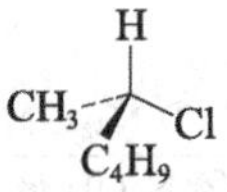 CH_3–C(H)(Cl)–C_4H_9

(6)  环戊烯 (7) 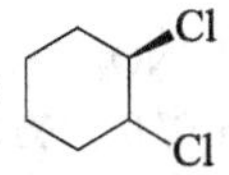 1,2-二氯环己烷 (8) $CH_3CH_2CH{=}CHCHO$

(9) 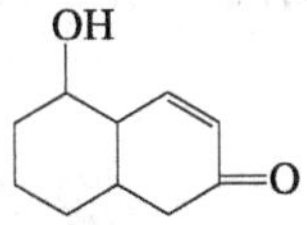 OH ... O (10) $OHCCH_2CH_2CH_2CH_2CHO$

(11) 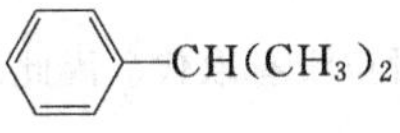 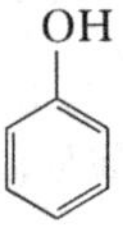 C_6H_5—$CH(CH_3)_2$ C_6H_5OH CH_3COCH_3 (12) 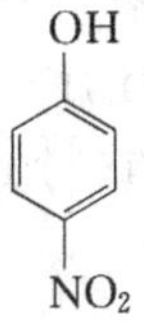 OH, NO_2

四、反应机理

(1) 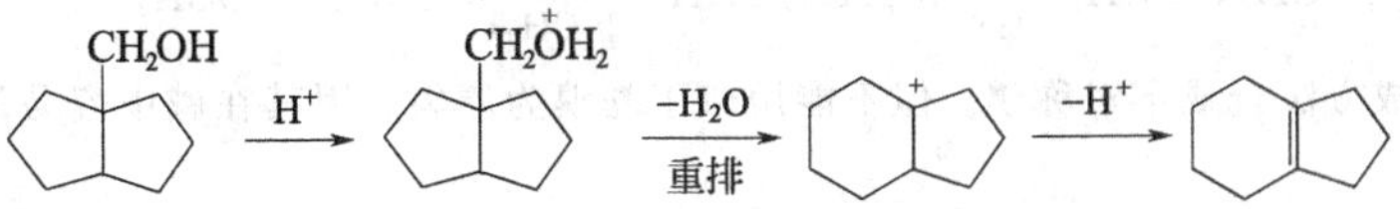 CH_2OH $\xrightarrow{H^+}$ $CH_2\overset{+}{O}H_2$ $\xrightarrow[\text{重排}]{-H_2O}$ $\xrightarrow{-H^+}$

(2) HO OH $\xrightarrow{H^+}$ HO $\overset{+}{O}H_2$ $\xrightarrow[\text{重排}]{-H_2O}$ O $\xrightarrow{NaBH_4}$ OH

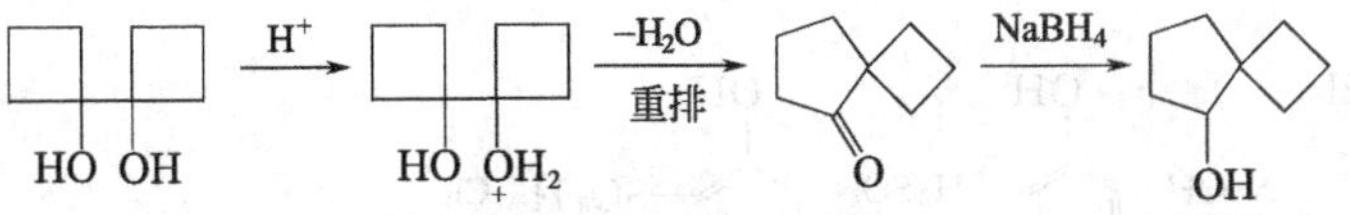

[解题提示] (1) 与 (2) 为频哪醇的重排反应。

$\xrightarrow{H^+}$ $\overset{+}{O}H_2$ $\xrightarrow{-H_2O}$ + $\xrightarrow{\text{重排}}$ + $\xrightarrow{-H^+}$

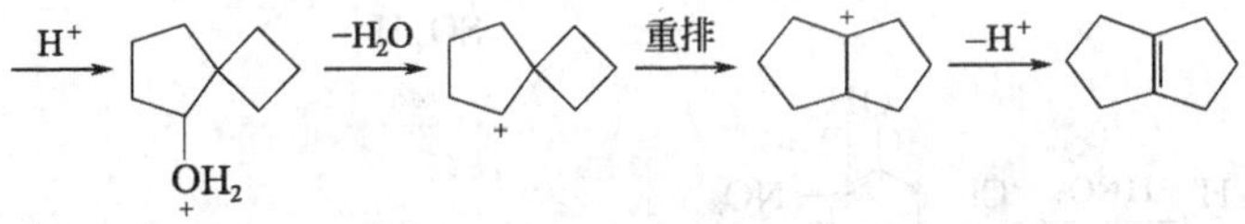

[解题提示] 此步骤为仲碳正离子重排为叔碳正离子的过程。

(3) 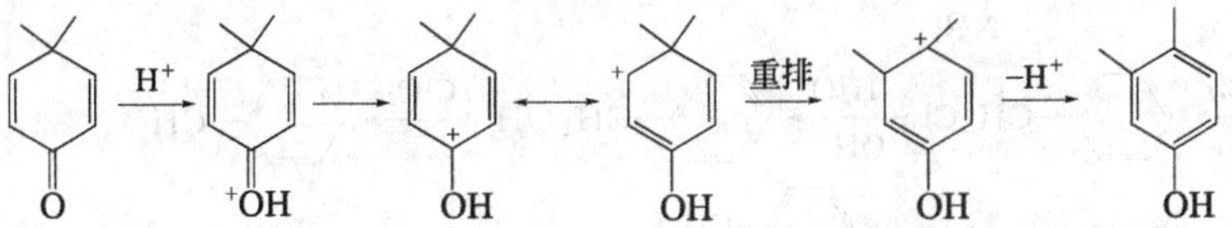 O $\xrightarrow{H^+}$ ^+OH ⟶ OH ⟷ OH $\xrightarrow{\text{重排}}$ OH $\xrightarrow{-H^+}$ OH

作为共轭体系，首先找出能与质子反应的位置。显而易见氧原子是首选。其次要熟悉共振论，然后要注意碳正离子的重排。

(4) 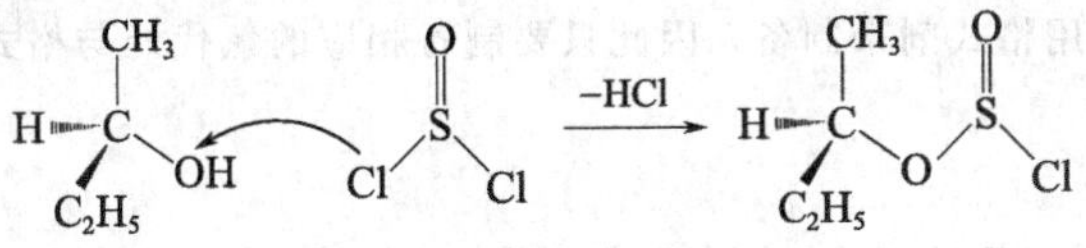 CH_3, H, C, OH, C_2H_5 + Cl–S(=O)–Cl $\xrightarrow{-HCl}$ CH_3, H, C–O–S(=O)–Cl, C_2H_5

吡啶 + HCl ⟶ 吡啶鎓($\overset{+}{N}$–H) + Cl^-

Cl^- + CH_3, H, C–O–S(=O)–Cl, C_2H_5 ⟶ CH_3, Cl–C–H, C_2H_5

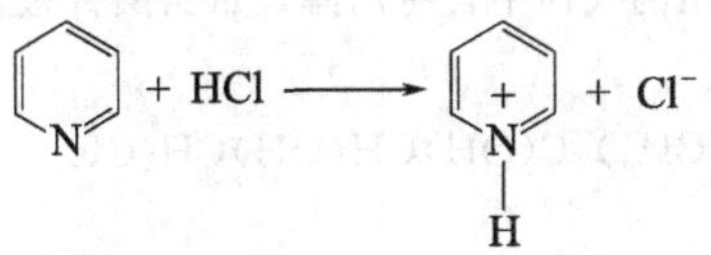

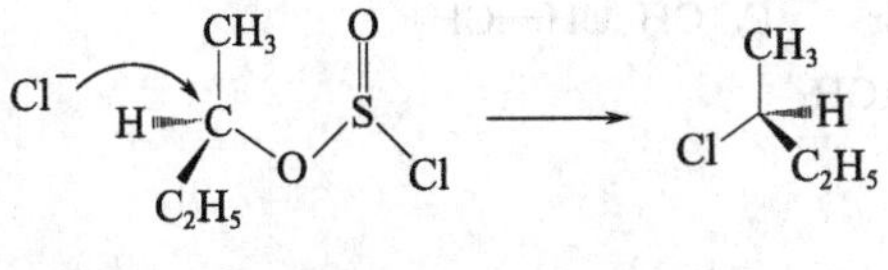

五、有机合成

1.

(1) 苯 $\xrightarrow{H_2SO_4}$ 苯磺酸(SO_3H) $\xrightarrow[②\ NaOH\ 熔融]{①\ Na_2CO_3}$ 苯酚钠(ONa) $\xrightarrow[②\ 稀\ HNO_3]{①\ H^+}$ 对硝基苯酚(OH, NO_2) $\xrightarrow[CS_2]{Br_2}$ 2-溴-4-硝基苯酚(OH, Br, NO_2)

(分出邻位产物)

[解题提示] 很明显先制备苯酚，然后再做后面的取代基。注意在取代时候的条件。

(2) 苯酚(OH) $\xrightarrow{H_2SO_4}$ 对羟基苯磺酸(OH, SO_3H) $\xrightarrow[H_2O]{Br_2}$ 3,5-二溴-4-羟基苯磺酸(Br, OH, Br, SO_3H) $\xrightarrow[\triangle]{H_3^+O}$ 2,6-二溴苯酚(Br, OH, Br)

[解题提示] 苯酚的取代有三个位置，题目要求只取代苯酚的邻位，而对位没有取代。因此需要用磺酸基占苯酚的对位。

(3) $(CH_3)_3C—Br \xrightarrow[醇]{KOH} CH_3\overset{CH_3}{\overset{|}{C}}=CH_2 \xrightarrow[H^+]{H_2O} (CH_3)_3COH \xrightarrow[②\ CH_3I]{①\ Na} (CH_3)_3COCH_3$

[解题提示] 用威廉森合成方法合成不对称醚。但不能用叔丁基溴为原料，因其在碱中容易消除生成烯烃。

2.

(1) 苯 $\xrightarrow{H_2SO_4}$ 苯磺酸(SO_3H) $\xrightarrow[熔融]{NaOH}$ 苯酚(OH) $\xrightarrow[100℃]{H_2SO_4}$ 4-羟基-1,3-苯二磺酸(OH, SO_3H, SO_3H) $\xrightarrow{Cl_2}$

(Cl, OH, SO_3H, SO_3H) $\xrightarrow[\triangle]{HNO_3}$ 2-氯-4,6-二硝基苯酚(Cl, OH, NO_2, NO_2)

(2) $C_6H_5—CH_3 \xrightarrow[h\nu]{Cl_2} C_6H_5—CH_2Cl \xrightarrow[OH^-]{H_2O} C_6H_5—CH_2OH \xrightarrow{CrO_3} C_6H_5—CHO$

$C_6H_5—CH_2Cl \xrightarrow[纯醚]{Mg} C_6H_5—CH_2MgBr \xrightarrow{C_6H_5—CHO} \xrightarrow{H_3^+O} C_6H_5—CH_2\underset{OH}{\underset{|}{C}H}—C_6H_5$

[解题提示] 目标化合物是醇，通常醇可用格式剂来制备，因此只要制备相应的氯代烃与格式剂反应可制备产物。

六、推导结构

1. 橙黄色化学物质为重铬酸钾。驾驶者饮酒后呼出的气体中含有乙醇，重铬酸钾被乙醇还原成绿色的 Cr^{3+}，由此来证明驾驶者是否饮酒。

2. A. $(CH_3)_2CHCH_2CH(OH)CH_2OH$　　B. $(CH_3)_2C(OH)CH(OH)CH_2CH_3$

C. $C_6H_5CH(OH)CH(OH)CH(OH)CH_3$

3. A. $CH_3CH_2CH_2OH$　　B. $CH_3CH_2CH_2Br$　　C. $CH_3CH=CH_2$

D. $CH_3CHBrCH_3$　　E. $CH_3CH(OH)CH_3$

第十章　醚和环氧化合物

【本章学习重点与难点】

重点：醚的制备方法和化学性质。

难点：1. 醚键断裂反应的反应机理。

2. 格式剂的应用。

【基本内容纲要】

醚的物理性质。

醚的化学性质。

环氧乙烷的化学性质。

格式剂的使用特点及其应用。

【内容概要】

一、醚和环氧化合物的结构与命名

1. 醚的结构

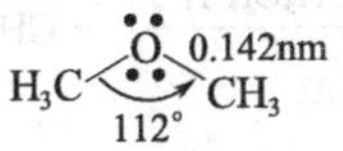

H_3C—Ö—CH_3　0.142nm　112°

醚的结构与水很像，醚的分子结构中，氧原子和与其相连的碳原子都是 sp^3 杂化。氧原子的两个 sp^3 杂化轨道分别与两个碳原子形成两个 σ 键，氧的两对未共用电子占据两个杂化轨道。由于氧原子电负性大于碳原子，碳氧键为极性键。

2. 环氧化合物的结构

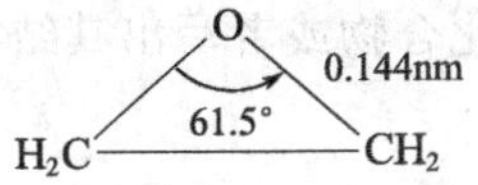

O　0.144nm　61.5°　H_2C—CH_2

作为小环的环氧化合物，由于环张力的存在，环稳定性较小，易于发生开环加成反应。

3. 醚和环氧化合物的命名

（1）醚的命名　对于简单的醚可以按照烃基来命名，如 CH_3OCH_3 称为甲醚。混醚的命名按照次序规则，将较优的基团放在后面（基团为芳基，通常将芳基放在前面）。

（2）环氧化合物的命名　环醚通常称为环氧某烃或者按照杂环化合物来命名。如：

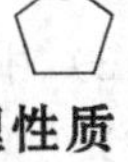

（四元氧杂环结构式，O）1,4-环氧丁烷或者四氢呋喃

二、醚和环氧化合物的物理性质

醇可以形成分子间氢键，醚分子内无相对活泼的氢，不能形成分子间氢键，所以醚的沸点比同碳原子数的醇低。

醚可以与水形成氢键，在水中有一定的溶解性。

三、醚的化学性质

1. 醚的碱性

醚和醇一样，氧上存在未成对电子，能接受质子，形成𨦡盐，具有碱性。由于醚具有两个烷基供电，而醇只有一个，因此醚的碱性略高于醇。

醚没有羟基氢，因此不具有酸性。

2. 醚键的断裂

醚键的断裂是酸催化下的亲核取代反应。

$$CH_3-O-C_2H_5 \xrightarrow{HI} CH_3-\overset{+}{O}(H)-C_2H_5 \xrightarrow{I^-} \left[I^{\delta-}\cdots C^{\delta+}H_3\cdots OC_2H_5(H) \right]^{\neq} \longrightarrow CH_3I + C_2H_5OH$$

$$CH_3-O-C(CH_3)_3 \xrightarrow{HI} CH_3-\overset{+}{O}(H)-C(CH_3)_3 \longrightarrow \overset{+}{C}(CH_3)_3 \xrightarrow{I^-} (CH_3)_3CI$$

醚键的断裂如果有两个方向，通常按照小烷基的方向断裂，叔丁基醚与烯丙基醚例外。

3. Claisen 重排

烯丙基醚类在加热条件下发生分子内重排成烯丙基酚的反应称为 Claisen 重排。Claisen 重排的位置进入邻位，如果邻位有取代基则进入对位。

四、环氧化合物的化学性质

小环环氧化合物在酸或者碱催化下可以发生开环加成反应。

$$\text{环氧丙烷} \xrightarrow{CH_3OH,\,CH_3ONa} CH_3-CH(OH)-CH_2(OCH_3)$$

$$\text{环氧丙烷} \xrightarrow{CH_3OH,\,H^+} CH_3-CH(OCH_3)-CH_2(OH)$$

碱催化条件中，碱进攻空间位阻小和正电荷多的位置。酸催化的开环位置可以认为是开环后中间体稳定所导致。

【例题解析】

【例 1】 用系统命名法命名下列化合物或者写出其结构式：

(1) $(CH_3)_3C-O-C(CH_3)_3$　(2) $CH_3CH_2-O-CH_2CH_2CH_3$　(3) $CH_3-O-CH=CH_2$

(4) $CH_3OCH_2CH_2OH$　(5) $CH_3OCH_2CH_2OCH_3$

(6) $CH_3CH_2-CH(OCH_3)-CH_2-CH(CH_3)-CH_3$　(7) 异丙基醚

(8) 甲基苯基醚　(9) 1,2-环氧丙烷　(10) 二甲氧基乙醚

答 (1) 叔丁基醚　(2) 乙基丙基醚　(3) 甲基乙烯基醚

(4) 乙二醇单甲醚　(5) 乙二醇二甲醚　(6) 2-甲基-4-甲氧基己烷

(7) $(CH_3)_2CH-O-CH_2(CH_3)_2$　(8) $C_6H_5-OCH_3$

(9) 环氧丙烷（三元环结构）　(10) $CH_3OCH_2CH_2OCH_2CH_2OCH_3$

【例 2】 如何从环己烷从除去少量的乙醚？

答 由于乙醚具有弱碱性，可以用盐酸将其洗去。

【例 3】 完成下列反应：

(1) 环己基—Br + $CH_3CH_2CHCH_3$（ONa 连于 CH 上）$\longrightarrow$（　）

(2) $CH_3CH_2OCH_2CH_3 + H^+ \longrightarrow$（　）

(3) CH_3CHOCH_3（CH_3 连于 CH 上）$\xrightarrow{HI}$（　）

(4) 苯基—$OCH_2CH{=}CH_2 \xrightarrow{\triangle}$（　）

(5) 苯基—$OCH_2CH{=}CHCH_3 \xrightarrow{\triangle}$（　）

(6) 2,6-二甲基苯基（H_3C—，—CH_3）—$OCH_2CH{=}CHCH_3 \xrightarrow{\triangle}$（　）

答

(1) 环己基—$CH(CH_3)CH_2CH_3$　　(2) $CH_3CH_2\overset{+}{O}CHCH_3$（H 连于 O 上）

(3) CH_3CHCH_3（OH 连于 CH 上）$+CH_3I$　　(4) 2-烯丙基苯酚：苯环—OH，邻位—$CH_2CH{=}CH_2$

(5) 苯环—OH，邻位—$CH(CH_3)CH{=}CH_2$　　(6) 苯环—OH，2,6-位 H_3C—、—CH_3，对位—$CH_2CH{=}CHCH_3$

【例 4】写出下列反应的反应机理。

3,4-二氢-2H-吡喃 $\xrightarrow{HBr} BrCH_2CH_2\underset{Br}{CH}CH_2CH_2Br + BrCH_2\underset{Br}{CH}CH_2CH_2CH_2Br$

答

3,4-二氢-2H-吡喃 $\xrightarrow{H^+}$ 质子化（$\overset{+}{O}H$）$\longrightarrow \overset{+}{C}H_2CH{=}CHCH_2CH_2OH$

$\xrightarrow{\overset{-}{Br}} BrCH_2CH{=}CHCH_2CH_2OH \xrightarrow{H^+} BrCH_2CH{=}CHCH_2CH_2\overset{+}{O}H_2$

$\xrightarrow{\overset{-}{Br}} BrCH_2CH{=}CHCH_2CH_2Br \xrightarrow{H^+} BrCH_2\overset{+}{C}HCH_2CH_2CH_2Br$

$+BrCH_2CH_2\overset{+}{C}HCH_2CH_2Br$

$BrCH_2\overset{+}{C}HCH_2CH_2CH_2Br \xrightarrow{\overset{-}{Br}} BrCH_2\underset{Br}{CH}CH_2CH_2CH_2Br$

$BrCH_2CH_2\overset{+}{C}HCH_2CH_2Br \xrightarrow{\overset{-}{Br}} BrCH_2CH_2\underset{Br}{CH}CH_2CH_2Br$

［解题提示］此机理也可用烯烃先加成，然后醚键与过量的溴化氢反应来制备。

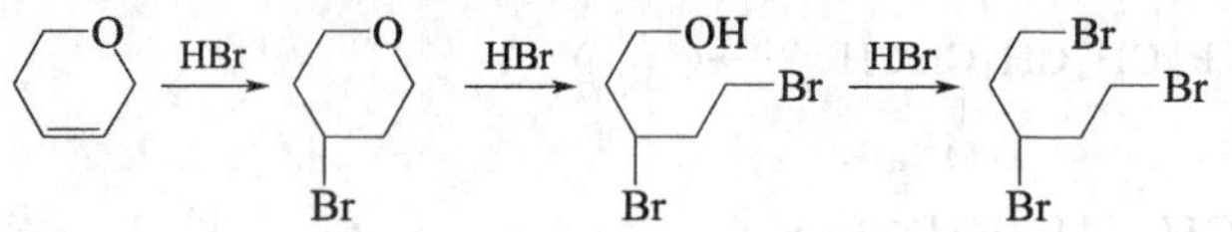

(dihydropyran) $\xrightarrow{HBr}$ 4-bromotetrahydropyran $\xrightarrow{HBr}$ $HOCH_2CH_2CH(Br)CH_2CH_2Br$ $\xrightarrow{HBr}$ $BrCH_2CH_2CH(Br)CH_2CH_2Br$

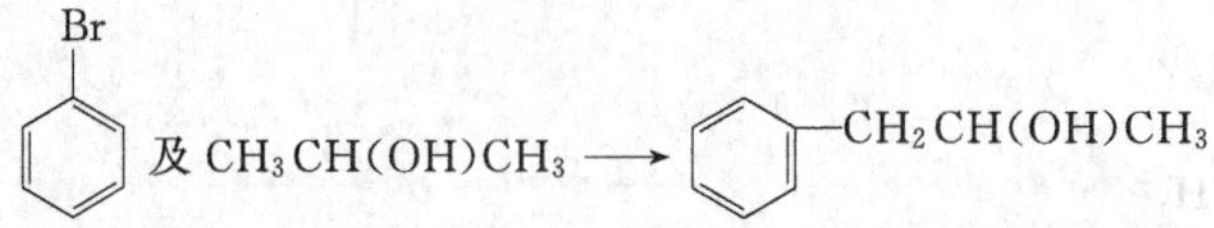

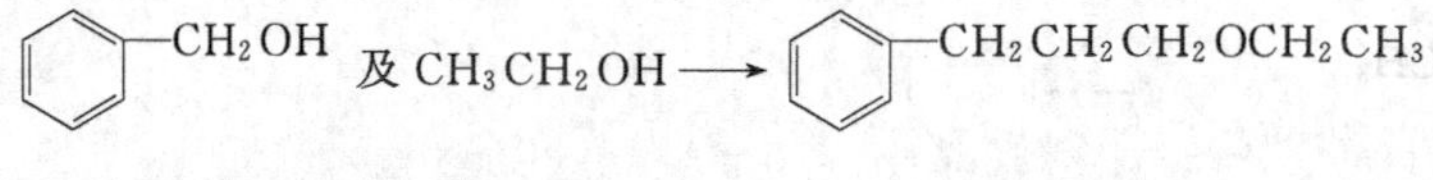

【例 5】 完成下列转化

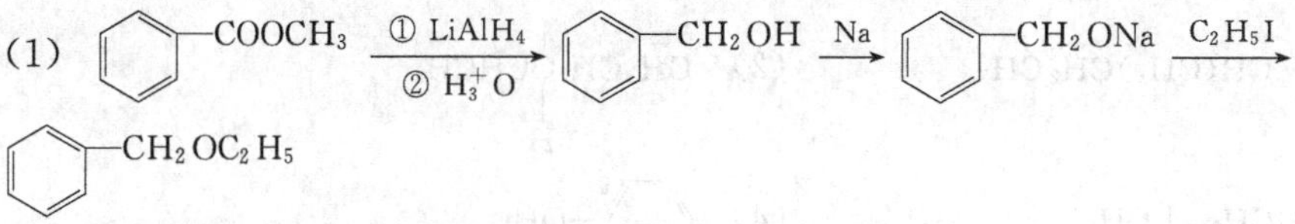

(1) 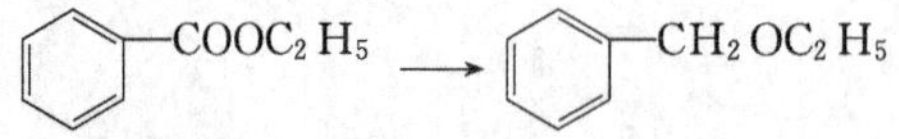 $C_6H_5COOC_2H_5 \longrightarrow C_6H_5CH_2OC_2H_5$

(2) 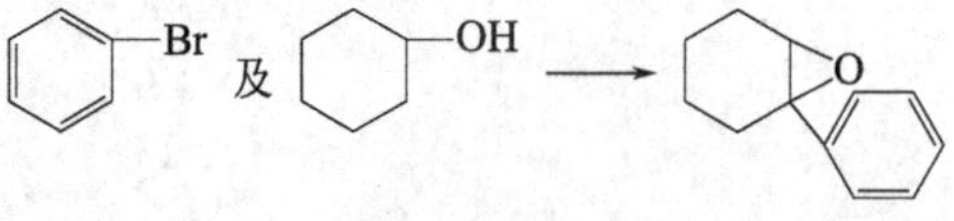 C_6H_5Br 及 环己醇 $\longrightarrow$ 1-苯基-1,2-环氧环己烷

(3) C_6H_5Br 及 $CH_3CH(OH)CH_3 \longrightarrow C_6H_5CH_2CH(OH)CH_3$

(4) $C_6H_5CH_2OH$ 及 $CH_3CH_2OH \longrightarrow C_6H_5CH_2CH_2CH_2OCH_2CH_3$

答

(1) $C_6H_5COOCH_3 \xrightarrow[\text{② } H_3^+O]{\text{① } LiAlH_4} C_6H_5CH_2OH \xrightarrow{Na} C_6H_5CH_2ONa \xrightarrow{C_2H_5I}$

$C_6H_5CH_2OC_2H_5$

(2) 环己醇 $\xrightarrow[\triangle]{H^+}$ 环己烯 $\xrightarrow[\triangle]{CH_3COOOH}$ 环氧环己烷

$C_6H_5Br \xrightarrow[\text{纯醚}]{Mg} C_6H_5MgBr \xrightarrow[\text{② } H_3^+O]{\text{① 环氧环己烷}}$ 2-苯基环己醇 $\xrightarrow[\triangle]{H^+}$ 1-苯基环己烯 $\xrightarrow{CH_3COOOH}$ 1-苯基-1,2-环氧环己烷

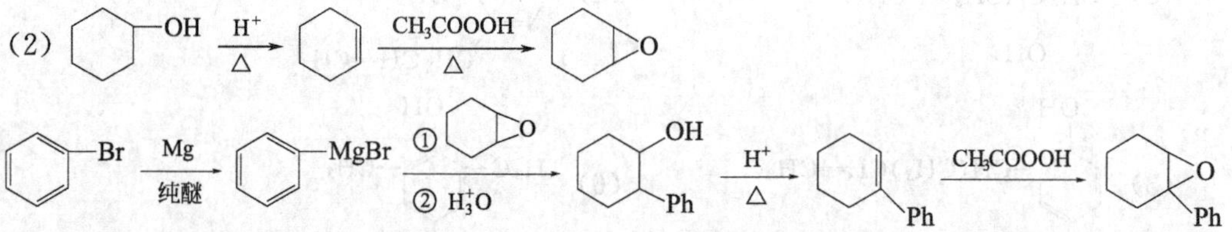

[解题提示] 环氧的位置可用烯烃与过氧酸来合成，其他的位置用环氧化物与苯的格式剂来完成。

(3) 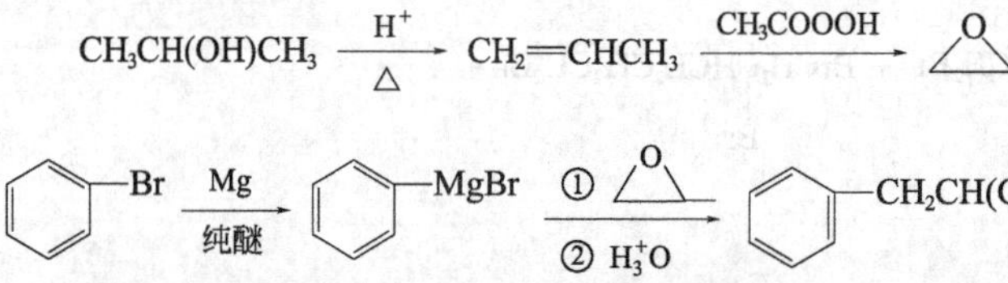 $CH_3CH(OH)CH_3 \xrightarrow[\triangle]{H^+} CH_2{=}CHCH_3 \xrightarrow{CH_3COOOH}$ 环氧丙烷

$C_6H_5Br \xrightarrow[\text{纯醚}]{Mg} C_6H_5MgBr \xrightarrow[\text{② } H_3^+O]{\text{① 环氧丙烷}} C_6H_5CH_2CH(OH)CH_3$

(4) 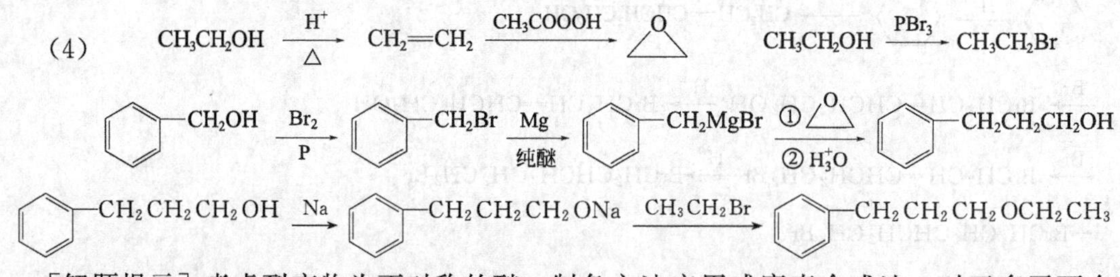 $CH_3CH_2OH \xrightarrow[\triangle]{H^+} CH_2{=}CH_2 \xrightarrow{CH_3COOOH}$ 环氧乙烷　　$CH_3CH_2OH \xrightarrow{PBr_3} CH_3CH_2Br$

$C_6H_5CH_2OH \xrightarrow[P]{Br_2} C_6H_5CH_2Br \xrightarrow[\text{纯醚}]{Mg} C_6H_5CH_2MgBr \xrightarrow[\text{② } H_3^+O]{\text{① 环氧乙烷}} C_6H_5CH_2CH_2CH_2OH$

$C_6H_5CH_2CH_2CH_2OH \xrightarrow{Na} C_6H_5CH_2CH_2CH_2ONa \xrightarrow{CH_3CH_2Br} C_6H_5CH_2CH_2CH_2OCH_2CH_3$

[解题提示] 考虑到产物为不对称的醚，制备方法应用威廉森合成法。对于多了两个碳原子的醇，采用格式剂与环氧乙烷反应来制备。

【例 6】 用甲苯为原料合成 $H_3C-C_6H_4-O-CH_2-C_6H_5$

答

$H_3C-C_6H_5 \xrightarrow[\text{高温}]{Cl_2} C_6H_5CH_2Cl$

$$H_3C-C_6H_4 \xrightarrow[100℃]{H_2SO_4} H_3C-C_6H_4-SO_3H \xrightarrow{Na_2CO_3} H_3C-C_6H_4-SO_3Na$$

$$\xrightarrow[熔融]{NaOH} H_3C-C_6H_4-ONa \xrightarrow{H_3^+O} H_3C-C_6H_4-OH \xrightarrow[OH^-]{C_6H_5-CH_2Cl}$$

$$H_3C-C_6H_4-O-CH_2-C_6H_5$$

［解题提示］要用对甲基苯磺酸来制备对甲基苯酚，然后采用威廉森合成法制备。

【习题】

一、用系统命名法命名下列化合物或者写出其结构式

(1) $CH_3-C_6H_4-OCH_3$ （对位）　(2) $(C_6Br_5)-O-(C_6Br_5)$ （十溴二苯醚结构：两个苯环各带5个Br，以O相连）　(3) 环氧乙烷环上连乙基（1,2-环氧丁烷结构）　(4) 环氧乙烷环上连 CH_2Br

(5) $C_2H_5OCH{=}CHCH_2CH_3$　(6) $CH_3OCH_2CH_2OCH_3$

(7) $CH_2{=}CH-CH_2-O-C{\equiv}CH$　(8) $ClCH_2CH_2OCH_2CH_2Cl$

(9) 3-甲氧基己烷　(10) 四氢呋喃

二、基本概念

1. 如何除去乙醚中少量的乙醇？
2. 乙醚和正丁醇为同分异构体，乙醚的沸点比正丁醇低很多，但是它们在水中的溶解度却相当。试解释这种现象。

三、完成反应

(1) $CH_3CH_2ONa + CH_3CH_2CH_2Br \longrightarrow$ (　　)

(2) $C_6H_5-OH + C_4H_9Br \xrightarrow{NaOH}$ (　　)

(3) $CH_3CH_2CH_2OCH_3 \xrightarrow{HI}$ (　　) + (　　)

(4) $C_6H_5-OCH(CH_3)CH{=}CHCH_3 \xrightarrow{\triangle}$ (　　)

(5) 环氧丙烷 $\xrightarrow[H^+]{CH_3CH_2OH}$ (　　)

(6) 环氧丙烷 $\xrightarrow[C_2H_5ONa]{CH_3CH_2OH}$ (　　)

(7) 环氧丙烷 $\xrightarrow{CH_3MgBr}$ (　　) $\xrightarrow{H_2O}$ (　　)

四、写出下列反应机理

(1) $CH_3CH_2CH_2OCH_3 + HBr \longrightarrow CH_3CH_2CH_2OH + CH_3Br$

(2) $CH_3CH_2OC(CH_3)_3 + HBr$（过量）$\longrightarrow CH_3CH_2Br +$ $(CH_3)_3CBr$

(3) $(CH_3)_2C(-O-)CH_2$（2,2-二甲基环氧乙烷）$\xrightarrow[H_2SO_4,(少量)]{CH_3OH} CH_3-C(OCH_3)(CH_3)-CH_2-OH$

(4) $(CH_3)_2C(-O-)CH_2$（2,2-二甲基环氧乙烷）$\xrightarrow[CH_3ONa]{CH_3OH} CH_3-C(OH)(CH_3)-CH_2-OCH_3$

五、有机合成

1. 完成下列转化

(1) 苯 ⟶ 苯基$-OC_4H_9$

(2) $CH_2=CH_2$ ⟶ 1,4-二氧六环

(3) 环己烯 ⟶ 2-乙氧基环己酮（OC_2H_5）

2. 用少于五个碳原子的有机物合成 环己烯基$-O-CH=CH_2$

六、推导结构

1. 一个未知化合物的分子式为 C_2H_4O，它的红外光谱图中 3600～3200cm^{-1} 和 1800～1600cm^{-1} 处都没有吸收峰，试问该化合物的结构如何？

2. 化合物的分子式为 $C_6H_{14}O$，其^1H NMR 谱图如下，试写出其结构式。

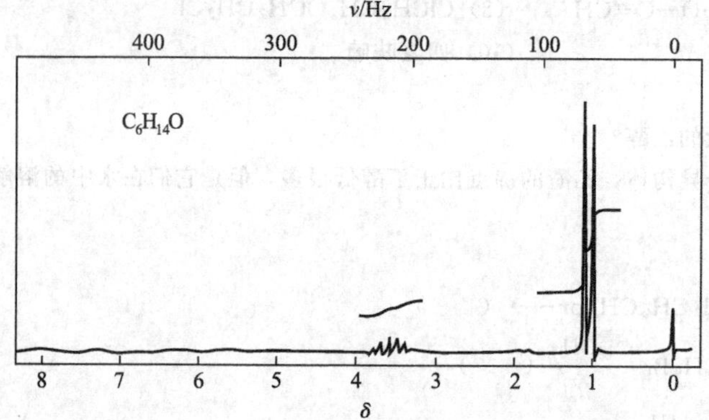

3. 某中性化合物 A（$C_{10}H_{12}O$），当加热到 200℃时可以异构化为化合物 B，A 不能与三氯化铁发生反应，B 能与三氯化铁发生反应，有颜色变化。A 能与臭氧反应并可还原为甲醛，B 经过同样的反应可生成乙醛，试推测化合物 A、B 的结构式。

【习题解答】

一、用系统命名法命名下列化合物或者写出其结构式

(1) 4－甲基苯甲醚　(2) 十溴二苯醚　(3) 1，2-环氧丁烷

(4) 3-溴-1，2-环氧丙烷　(5) 乙基-1-丁烯基醚

(6) 乙二醇二甲醚　(7) 烯丙基乙炔基醚　(8) β，β'-二氯乙基醚

(9) $CH_3CH_2CH_2CHCH_2CH_3$（CH 上连 OCH_3）　(10) 四氢呋喃（五元环含 O）

二、基本概念

1. 可以加入金属钠或者用无水氯化钙将乙醇除去。

2. 乙醚和正丁醇都能与水分子形成氢键，因此在水中的溶解度相当。乙醚不能形成分子间氢键，而正丁醇可以形成分子间氢键，所以乙醚沸点比正丁醇低很多。

三、完成反应

(1) $CH_3CH_2CH_2OCH_2CH_3$　(2) 苯基$-OC_4H_9$

(3) $CH_3CH_2CH_2OH + CH_3I$ (4) 邻位取代苯酚：—OH，$CH(CH_3)CH{=}CHCH_3$

(5) $CH_2(OH)CH(OC_2H_5)CH_3$ (6) $CH_2(OC_2H_5)CH(OH)CH_3$ (7) $CH_3CH_2CH(OMgBr)CH_3$ $CH_3CH_2CH(OH)CH_3$

四、反应机理

(1) $CH_3CH_2CH_2OCH_3 \xrightarrow{H^+} CH_3CH_2CH_2\overset{+}{O}(H)CH_3$

$\xrightarrow{Br^-} CH_3CH_2CH_2OH + CH_3Br$

[解题提示] 在醚键断裂过程中首先形成 鎓盐，卤素在发生亲核反应过程中在空间位阻小的位置与带正电荷多的碳原子上反应。

(2) $CH_3CH_2OC\ (CH_3)_3 \xrightarrow{H^+} CH_3CH_2\overset{+}{O}(H)C(CH_3)_3 \longrightarrow$

$CH_3CH_2OH + \overset{+}{C}(CH_3)_3$

$\overset{+}{C}(CH_3)_3 \xrightarrow{Br^-} (CH_3)_3CBr$

$CH_3CH_2OH \xrightarrow{H^+} CH_3CH_2\overset{+}{O}H_2 \xrightarrow{Br^-} CH_3CH_2Br$

[解题提示] 与上一个反应相似，不过在此反应中，由于叔碳正离子较稳定，优先生成，故在此位置进行反应。

(3) $(CH_3)_2C\!-\!CH_2$（环氧）$\xrightarrow{H^+}$ $(CH_3)_2C\!-\!CH_2$（$\overset{+}{O}H$ 环）$\longrightarrow CH_3-\overset{+}{C}(CH_3)-CH_2-OH \xrightarrow{CH_3OH}$

$CH_3-C(CH_3)(\overset{+}{H}OCH_3)-CH_2-OH \xrightarrow{-H^+} CH_3-C(CH_3)(OCH_3)-CH_2-OH$

[解题提示] 酸催化反应过程中，在开环过程中有两个取向，反应机理中碳正离子稳定的容易进行。

(4) $(CH_3)_2C\!-\!CH_2$（环氧）$\xrightarrow{CH_3O^-} CH_3-C(CH_3)(O^-)-CH_2-OCH_3 \xrightarrow[-CH_3O^-]{CH_3OH} CH_3-C(CH_3)(OH)-CH_2-OCH_3$

[解题提示] 碱催化导致的开环过程中，碱要从容易进攻的位置进行。反应在开环的位置不但空间位阻小，而且碳正离子上的正电荷也多。

五、有机合成

1. 完成下列转化

(1) $C_6H_6 \xrightarrow{H_2SO_4} C_6H_5SO_3H \xrightarrow{Na_2CO_3} C_6H_5SO_3Na \xrightarrow[熔融]{NaOH} C_6H_5ONa$

$\xrightarrow{C_4H_9Br} C_6H_5OC_4H_9$

[解题提示] 制备不对称的醚不能用两分子醇脱水来完成，况且苯醚几乎不能脱水生成。必须采用威廉森合成法。此题可以采用两种方式：一种是酚钠与卤代烃，另一种是卤苯与酚钠。由于卤苯不易发生取

代反应，只能采用第一种方法。

(2) 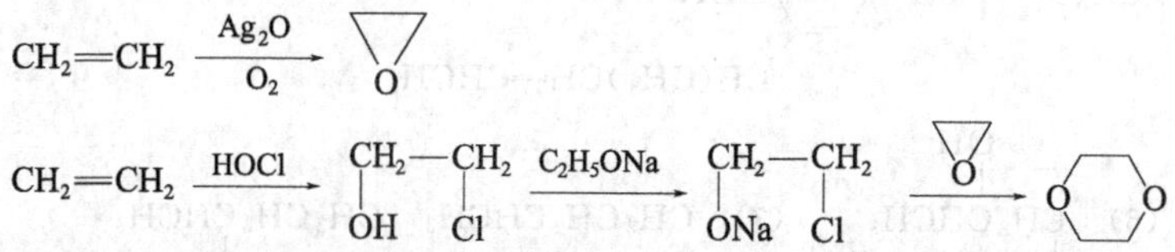 $CH_2{=}CH_2 \xrightarrow[O_2]{Ag_2O}$ 环氧乙烷

$CH_2{=}CH_2 \xrightarrow{HOCl} CH_2(OH){-}CH_2Cl \xrightarrow{C_2H_5ONa} CH_2(ONa){-}CH_2Cl \xrightarrow{\text{环氧乙烷}}$ 1,4-二氧六环

[解题提示] 对称的环醚应该是具有对称结构的卤代烃和醇钠来生成的。

(3) 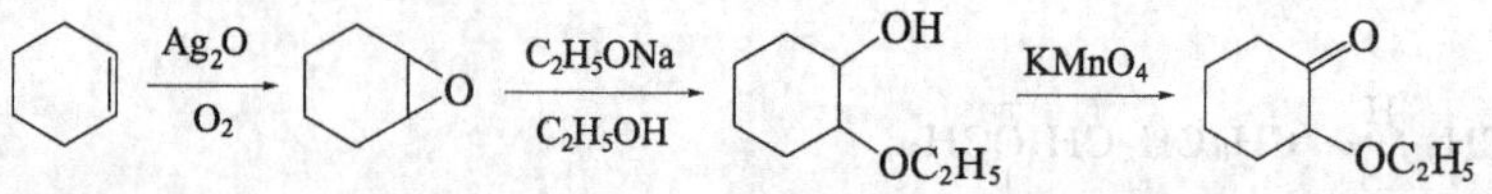 环己烯 $\xrightarrow[O_2]{Ag_2O}$ 环氧环己烷 $\xrightarrow[C_2H_5OH]{C_2H_5ONa}$ 2-乙氧基环己醇（OH，OC_2H_5） $\xrightarrow{KMnO_4}$ 2-乙氧基环己酮（O，OC_2H_5）

[解题提示] 用逆推法，从产物上看酮官能团可转换为醇，醇的 α 位置有乙氧基。由此可认为是环氧化合物开环所生成。

2.

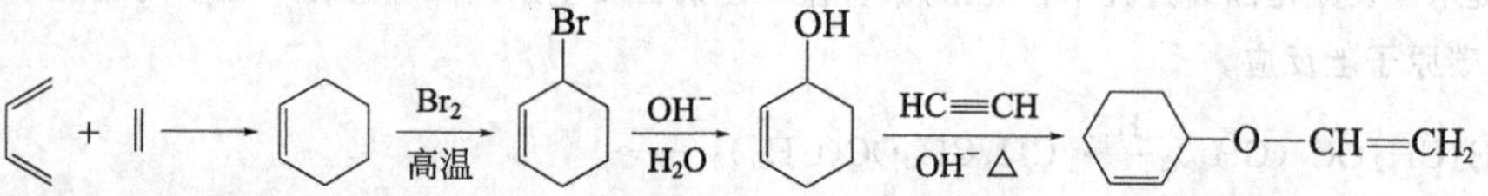

丁二烯 + 乙烯 ⟶ 环己烯 $\xrightarrow[\text{高温}]{Br_2}$ 3-溴环己烯（Br） $\xrightarrow[H_2O]{OH^-}$ 2-环己烯-1-醇（OH） $\xrightarrow[OH^-\ \triangle]{HC\equiv CH}$ 环己烯基$-O-CH{=}CH_2$

[解题提示] 烯基醚的制备方法是炔烃与醇加成。

六、推导结构

1. 该化合物为环氧乙烷

2.

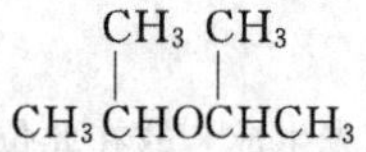

$$\underset{\displaystyle CH_3CHOCHCH_3}{\overset{CH_3\ \ \ CH_3}{|\qquad\ |}}$$

3.

A. 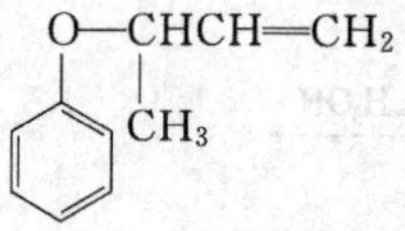 $C_6H_5{-}O{-}CH(CH_3)CH{=}CH_2$（苯基醚：$O{-}CHCH{=}CH_2$，$CH_3$）

B. 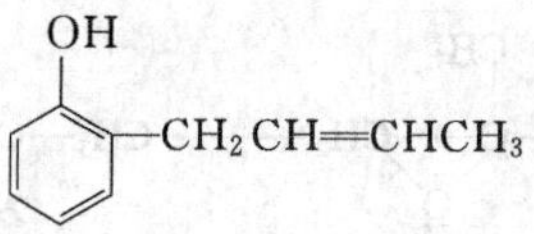 邻位取代苯酚：OH，$-CH_2CH{=}CHCH_3$

第十一章　醛、酮和醌

【本章学习重点与难点】

重点：1. 醛、酮的化学性质。

2. 亲核加成反应历程、羟醛缩合反应历程。

难点：亲核加成反应历程与羟醛缩合反应历程。

【基本内容纲要】

1. 醛、酮的结构、命名和物理性质。
2. 醛、酮的化学性质。
3. 醛、酮的亲核加成反应及其反应历程。
4. 羟醛缩合反应及其反应历程。
5. 不饱和醛酮的性质。
6. 醛、酮的制备。
7. 醛、酮的氧化与还原。

【内容概要】

一、醛、酮和醌的结构与命名

1. 醛、酮和醌的结构

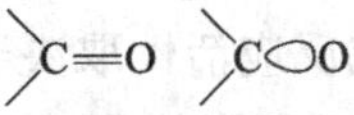

$$>C=O \quad >C\!\frown\!O$$

醛、酮分子中羰基碳原子和氧原子均为 sp^2 杂化，由于碳和氧电负性不同，羰基是极性基团，π 电子云偏向氧原子，碳原子带部分正电荷。羰基是较强的吸电子基团。

由于双键的不饱和性，醛、酮可以发生加成反应，与烯烃的加成反应不同的是，醛、酮发生的是亲核加成。醛、酮的羰基是较强的吸电基，其 α-H 具有酸性，可以发生卤代与缩合反应。双键的不饱和也使醛、酮具有氧化、还原的反应特点。

具有═⟨　⟩═或（邻位双亚甲基环己二烯）结构的构造单元称为“醌型”结构。

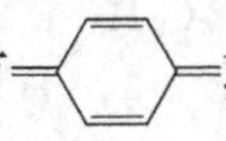

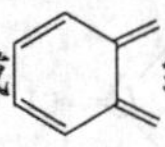

醌不具备芳环的构造，无芳香性。

2. 醛、酮的命名

结构简单的醛和酮可采用普通命名法。

用系统命名法命名醛和酮：选择含有羰基的最长碳链为主链，编号从靠近羰基官能团的一端编起，酮的命名需要标明羰基官能团的位次。

酮的命名需要将官能团的位置给编号，多官能团的化合物可参照第五章中多官能团化合物的命名方法。

二、醛、酮的物理性质

醛、酮的极性较强，但不能形成分子间氢键，沸点比分子量相近的烃高，低于分子量相近的醇。

醛、酮羰基中的氧可以与水形成氢键，低级的醛酮溶于水。

醛、酮的红外光谱中，羰基的 C═O 伸缩振动在 1700cm^{-1} 左右。核磁共振谱中，醛基质子的化学位移在 9～10 之间，羰基的 α-H 化学位移在 2.0～2.5 之间。

三、醛、酮的化学性质

醛、酮的反应见下图：

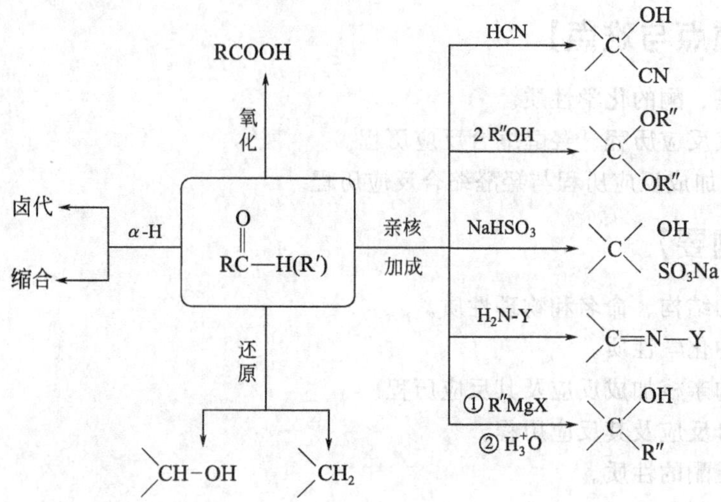

1. 羰基的亲核加成反应

（1）亲核加成反应历程　羰基中氧电负性大于碳，电子云向氧偏移，碳原子带部分正电荷，容易被亲核试剂进攻，反应历程如下：

$$\overset{\delta^+}{\mathrm{C}}{=}\overset{\delta^-}{\mathrm{O}} \quad :\mathrm{Nu}^- \longrightarrow \left[\overset{\mathrm{Nu}^{\delta^-}}{\mathrm{C}}\cdots\overset{\delta^-}{\mathrm{O}}\right]^{\neq} \longrightarrow \overset{\mathrm{Nu}}{\mathrm{C}}{-}\mathrm{O}^- \xrightarrow{\mathrm{H_3^+O}} \overset{\mathrm{Nu}}{\mathrm{C}}{-}\mathrm{OH}$$

（2）亲核加成反应活性　亲核加成反应活性取决于如下因素。

① 电子效应　当羰基连有的吸电子基团越强、越多，羰基碳原子上正电荷也就越多，越容易被亲核试剂进攻，亲核取代反应活性高。

② 空间效应　羰基碳原子上连有的基团体积越大，亲核试剂进攻碳原子受到的空间阻碍越大，羰基的反应活性下降。

常见的羰基化合物反应活性如下：

$$(\mathrm{H})(\mathrm{H})\mathrm{C{=}O} > (\mathrm{H})(\mathrm{CH_3})\mathrm{C{=}O} > (\mathrm{H})(\mathrm{C_6H_5})\mathrm{C{=}O} > (\mathrm{CH_3})(\mathrm{CH_3})\mathrm{C{=}O} > (\mathrm{CH_3})(\mathrm{C_6H_5})\mathrm{C{=}O} > (\mathrm{C_6H_5})(\mathrm{C_6H_5})\mathrm{C{=}O}$$

2. α-H 原子的反应

羰基的强吸电子作用使其相邻碳原子上的氢活性增加，反应很重要，具体反应如下：

（1）卤代反应　卤代反应的反应过程为：在酸或者碱催化条件下，α-H 原子失去，羰基转化为烯醇式结构，烯醇式结构与卤素的加成反应。醛、酮的酸催化卤代可停留在一取代，碱催化可以生成多取代化合物。甲基酮的三取代产物在碱性条件下发生卤仿反应，生成沉淀。“甲基醇”结构的化合物能发生卤仿反应。由于反应生成了沉淀，通常用此方法鉴别上述化合物。卤仿反应也可用于制备少一个碳的酸。

（2）羟醛（酮）缩合反应　缩合反应是醛、酮的主要反应之一，在有机合成中具有重要的作用。

碱性条件下，一分子醛（酮）失去 α-H 原子，生成碳负离子，碳负离子与另一分子醛

（酮）发生亲核加成反应。

$$R-CH_2-C(=O)-R_1 \xrightarrow{OH^-} R-\overset{-}{C}H-C(=O)-R_1 \xrightarrow{R-CH_2-C(=O)-R_1} R-CH(C(=O)-R_1)-C(OH)(R_1)-CH_2-R$$

生成的醛、酮由于是两分子缩合的产物，而且具有羰基与羟基官能团，通常应用于合成，该反应也称为羟醛缩合反应。

羟醛缩合反应主要有三种类型：同种醛（酮）之间的缩合、交叉羟醛缩合（不含 α-H 的醛与其他含 α-H 的醛或酮）、分子内羟醛缩合反应。此外，Perkin 反应与 Mannich 也可视为缩合反应。

3. 氧化、还原反应

(1) 氧化反应中醛容易氧化，可被多种氧化剂氧化成羧酸。醛的氧化可以用双氧水、高锰酸钾、重铬酸钾、三氧化铬、卤素等。酮不容易氧化，环己酮可用硝酸氧化成己二酸。

弱氧化剂 Tollen 试剂可将醛氧化，生成“银镜”，此反应多用于鉴别。Fehling 试剂也是弱氧化剂，不过此试剂不能氧化苯甲醛。

(2) 还原反应：醛酮均可以被还原剂还原，可还原成醇或者亚甲基。

① 还原为醇　还原为醇有多种方法。

催化加氢方法，但此方法对分子中的一些其他官能团（如不饱和碳碳双键、硝基、卤素、亚氨基、氰基等）都被还原。

负氢还原方法，还原剂为 $LiAlH_4$、$NaBH_4$、和 $Al[OCH(CH_3)_2]_3$，不同还原剂还原能力不同。这些还原剂通常对碳碳双键、三键不作用，但对其他不饱和键有不同的还原能力。

金属还原有多种方法。常用的金属还原剂有金属钠和镁，镁可以将酮还原成邻二叔醇。

② 还原为亚甲基　Clemmensen 还原法（Zn-Hg/HCl），Wolff-Kishner-黄鸣龙还原法可以将羰基还原为亚甲基。

(3) 自身的氧化还原。在浓碱中，没有 α-H 的醛可以一分子被氧化成酸，一分子被还原成醇。

4. α，β-不饱和醛酮

共轭体系中，原子的电负性不同，π 电子也偏向氧原子，整个体系呈现电荷交替，既可发生 1，2-加成反应又可发生 1，4-加成反应。

四、醛酮的制备方法

1. 烯烃氧化

$$RCH{=}CH_2 \xrightarrow[\text{② } H_2O/Zn]{\text{① } O_3} RCHO + HCHO$$

$$R^1R^2C{=}CR^3R^4 \xrightarrow[H_3^+O]{KMnO_4} R^1COR^2 + R^3COR^4$$

2. 炔烃与水加成

$$RC{\equiv}CH \xrightarrow[Hg_2SO_4/H_2SO_4]{H_2O} RCOCH_3$$

3. 芳烃氧化

$$C_6H_5-CH_3 \xrightarrow[\text{② } H_2O]{\text{① } CrO_2Cl_2} C_6H_5-CHO$$

4. 醇氧化或脱氢

$$\gt CH—OH \xrightarrow{\text{氧化或脱氢}} \gt C=O$$

5. F—C 酰基化

$$C_6H_6 + RCOCl \xrightarrow{AlCl_3} C_6H_5—COR$$

6. 羰基合成

$$RCH=CH_2 + CO + H_2 \xrightarrow{\text{催化剂}} RCH_2CHO$$

7. Gattermann-Koch 反应

$$C_6H_6 + CO + HCl \xrightarrow[CuCl]{AlCl_3} C_6H_5—CHO$$

8. Rosenmund 还原

$$RCOCl + H_2 \xrightarrow[\text{喹啉-硫}]{Pd/BaSO_4} RCHO$$

9. 胞二卤代烃水解

$$C_6H_5—CHCl_2 + H_2O \xrightarrow[\triangle]{Fe} C_6H_5—CHO$$

【例题解析】

【例 1】 命名下列化合物或写出其结构式：

(1) $CH_3CH_2CH_2CHO$　　(2) $CH_3CH_2COCH_2CH_3$

(3) $CH_3\overset{O}{\overset{\|}{C}}CH_2\overset{O}{\overset{\|}{C}}CH_2CH_3$　　(4) 环己酮（环己烷环=O）

(5) $C_6H_5—\overset{O}{\overset{\|}{C}}—CH_3$　　(6) $CH_3CH=CHCH_2CHO$

(7) 邻羟基苯甲醛　　(8) 3-甲基-1-苯基-1-丁酮

答(1) 正丁醛　　(2) 3-戊酮　　(3) 2，4-己二酮

(4) 环己酮　　(5) 苯乙酮　　(6) 3-戊烯醛

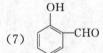

(7) 苯环上邻位 OH 与 CHO　　(8) $C_6H_5—\overset{O}{\overset{\|}{C}}—CH_2—\overset{CH_3}{\overset{|}{O}}HCH_3$

［解题提示］注意 (6) 和 (7) 的命名方法

【例 2】 将下列化合物按照羰基活性由大到小排列成序：

A. HCHO　　B. $CH_3CH_2CH_2CHO$

C. $C_6H_5—CHO$　　D. $CH_3\overset{O}{\overset{\|}{C}}CH_3$

答 A＞B＞C＞D

［解题提示］空间位阻很重要，位阻小的反应快。甲醛＞一般的醛＞苯甲醛＞酮。苯甲醛由于其羰基与苯环共轭，苯环对羰基供电，结果使碳原子上正电荷变少。

【例 3】 下列化合物能发生碘仿反应的有：

A. $CH_3CH_2\overset{O}{\overset{\|}{C}}CH_3$ B. $CH_3CH_2\overset{O}{\overset{\|}{C}}CH_2CH_3$ C. $CH_3\overset{OH}{\overset{|}{C}}HCH_3$

D. $CH_3CH_2\overset{O}{\overset{\|}{C}}CH_2I$ E. $CH_3CH_2\overset{OH}{\overset{|}{C}}H(OCH_3)$

答 ACDE 能发生反应

[解题提示] 能发生碘仿反应的有甲基酮或者甲基醇。

【例 4】下列化合物能与亚硫酸氢钠反应的有：

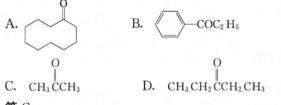

A. 环癸酮 B. C_6H_5—COC_2H_5

C. $CH_3\overset{O}{\overset{\|}{C}}CH_3$ D. $CH_3CH_2\overset{O}{\overset{\|}{C}}CH_2CH_3$

答 C

[解题提示] 所有的醛、脂肪族甲基酮、少于八个碳的环酮可以与亚硫酸氢钠发生反应。

【例 5】用化学方法鉴别苯甲醛、环己酮、环己烯与环己烷：

答

试剂 \ 化合物	苯甲醛（C_6H_5—CHO）	环己酮	环己烯	环己烷
Br_2/CCl_4	—	—	+褪色	—
Tollens 试剂	+↓	—		—
$NaHSO_3$		+↓		—

【例 6】完成下列反应：

(1) $2C_2H_5OH$ + 环戊酮 $\xrightarrow{干HCl}$ ( ) (2) 环己酮 + $H_2NNHCONH_2$ ⟶ ( )

(3) 邻羟基苯甲醛 $\xrightarrow{饱和 NaHSO_3}$ ( )

(4) $OHCCH_2CH_2CH_2CH_2CHO \xrightarrow[\triangle]{稀 OH^-}$ ( )

答

(1) 1,1-二乙氧基环戊烷（环戊烷-C(OC_2H_5)(OC_2H_5)） (2) 环己烷=$NNHCONH_2$

(3) 邻羟基苯基—$\underset{SO_3Na}{\overset{OH}{CH}}$ (4) 环戊烯—CHO

【例 7】写出反应机理：

$$CH_3CH_2CHO \xrightarrow[\triangle]{OH^-} CH_3CH_2CH{=}\underset{CHO}{\underset{|}{C}}{-}CH_3$$

答

$$CH_3CH_2CHO \xrightarrow[-H_2O]{OH^-} CH_3\overset{-}{C}HCHO \xrightarrow{CH_3CH_2CHO} H-\underset{CH_3-CHCHO}{\overset{O^-}{C}}-CH_2CH_3$$

$$\xrightarrow{H_2O} H-\underset{CH_3-CHCHO}{\overset{OH}{C}}-CH_2CH_3 \xrightarrow{\triangle} CH_3CH_2CH=\underset{CH_3}{C}-CHO$$

［解题提示］醛酮的α-氢具有活性，在碱作用下能失去，形成碳负离子。碳负离子具有亲核性，可以与另一分子醛酮进行加成。

【例 8】 完成下列转化

(1) 苯酚（C_6H_5OH）$\longrightarrow CH_3O-C_6H_4-CH_2CH_2CH_3$

(2) $CH_3CHO \longrightarrow CH_2=CHCH=CH_2$

(3) $CH_3CHO \longrightarrow CH_3CH_2CH_2CH_3$

(4) $CH\equiv CH \longrightarrow$ 1-氰基环己烯（CN）

答 (1) 此题由苯酚制备酚醚，而且在酚的对位有一个正构的烷基，推断如下：

$$CH_3O-C_6H_4-CH_2CH_2CH_3 \Rightarrow CH_3CH_2\overset{O}{\overset{\|}{C}}-C_6H_4-OCH_3 \Rightarrow C_6H_5OCH_3 + (CH_3CH_2O)O$$

$$CH_3O-C_6H_4-CH_2CH_2CH_3 \Rightarrow HO-C_6H_4-CH_2CH_2CH_3 + CH_3Br \Rightarrow CH_3CH_2\overset{O}{\overset{\|}{C}}-C_6H_4-OH$$

两条路线均可，合成路线如下：

$$C_6H_5OH \xrightarrow{NaOH} C_6H_5ONa \xrightarrow{CH_3Br} C_6H_5OCH_3 \xrightarrow{CH_3CH_2\overset{O}{\overset{\|}{C}}Br} CH_3CH_2\overset{O}{\overset{\|}{C}}-C_6H_4-OCH_3$$

$$\xrightarrow[H_2NNH_2]{(HOCH_2CH_2)O} CH_3O-C_6H_4-CH_2CH_2CH_3$$

(2) 此题由乙醛合成丁二烯，碳链增长一倍，可用醛的缩合反应。合成方法如下：

$$CH_3CHO \xrightarrow{OH^-} CH_3\overset{OH}{\overset{|}{C}}HCH_2CHO \xrightarrow[② H_3^+O]{① LiAlH_4} CH_3\overset{OH}{\overset{|}{C}}HCH_2CH_2OH$$

$$\xrightarrow[\triangle]{H_3^+O} CH_2=CHCH=CH_2$$

(3) $CH_3CHO \xrightarrow[\triangle]{OH^-} CH_3CH=CHCHO \xrightarrow[HCl]{Zn/Hg} CH_3CH=CHCH_3$

$$\xrightarrow[Pt]{H_2} CH_3CH_2CH_2CH_3$$

(4) $CH \equiv CH \xrightarrow{NaNH_2} CH \equiv CNa$ $CH \equiv CH \xrightarrow{HCN} CH_2 = CHCN$

$CH \equiv CH \xrightarrow[\triangle]{H_3^+O} CH_3CHO \xrightarrow{CH \equiv CNa} CH_3\underset{}{CH}(ONa)C \equiv CH \xrightarrow[\triangle]{H_3^+O}$

$CH_2 = CHC \equiv CH \xrightarrow[P_2]{H_2} CH_2 = CHCH = CH_2 \xrightarrow{CH_2 = CHCN}$ (4-氰基环己烯，CN)

【习题】

一、用系统命名法命名或者写出结构

1. 命名下列化合物：

(1) CH_3CH_2CHO (2) $CH_3CH_2CH(CH_3)CH_2C(=O)CH_3$

(3) $OHCCH_2CH_2CH_2CHO$ (4) （对甲基苯甲醛：CH_3-苯环-CHO）

(5) （环己烯酮，=O） (6) （二苯甲酮，C=O）

2. 写出下列化合物的结构式：

(1) 2-甲基环己酮 (2) 3-丁烯醛 (3) 3-己烯-2，5-二酮

(4) 4-甲基环己酮 (5) 4-溴苯甲醛 (6) 对甲氧基苯乙酮

二、回答问题

1. 将下列化合物按照沸点由高到低排列成序，并说明原因：

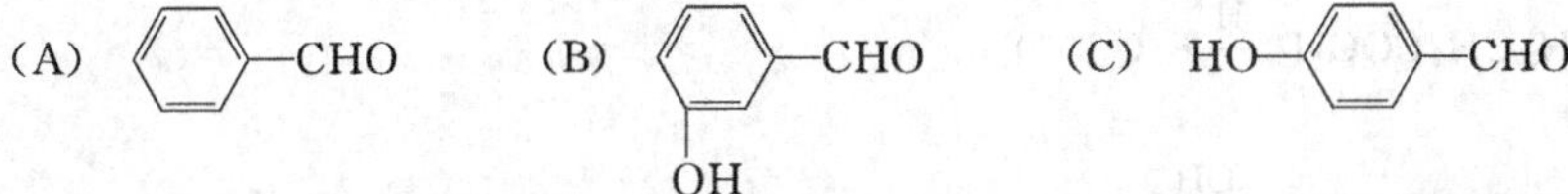

2. 羟胺分子（H_2NOH）具有一定的酸性，当它与醛酮分子形成肟后，肟的酸性比羟胺强的多，为什么？

3. 下列化合物可与亚硫酸氢钠发生加成反应的有：

(A) $(CH_3)_2CHCHO$ (B) $C_6H_5CH_2CHO$ (C) $(CH_3)_3CCOCH_2CH_3$ (D) HCHO

4. 为什么醛、酮和胺衍生物的反应要在弱酸性条件下才有高的反应速率，而碱性和较高的酸性条件下反应速度下降？

5. 苯乙酮可以发生碘仿反应，而 2,6-二甲基苯乙酮不能发生碘仿反应，只生成卤代物？

6. 比较下列化合物亲核加成反应活性：

(1) A. $CH_3CH_2CH_2CHO$ B. CH_3CHO C. HCHO D. $C_6H_5C(=O)H$

(2) A. $CH_3C(=O)CH_3$ B. $CH_3C(=O)CF_3$

C. $(CH_3)_2CHC(=O)CH_3$ D. $(CH_3)_2CHC(=O)CH(CH_3)_2$

(3) A. 环丙酮 B. 环丁酮 C. 环戊酮

7. 比较下列化合物与2，4-二硝基苯肼反应快慢，并说明理由：

A. HCHO　B. 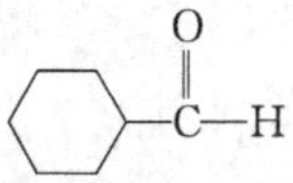 环己基—$\overset{O}{\overset{\|}{C}}$—H　C. 苯基—$\overset{O}{\overset{\|}{C}}$—H　D. $CH_3\overset{O}{\overset{\|}{C}}CH_3$

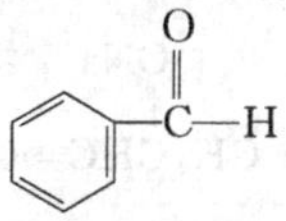

8. 下列化合物哪些能发生银镜反应？

A. $CH_3COCH_2CH_3$　B. $CH_3\underset{CH_3}{\underset{|}{C}}HCHO$　C. 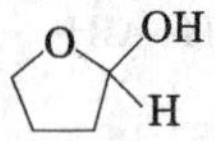 2-羟基四氢呋喃（环上C带OH和H）　D. 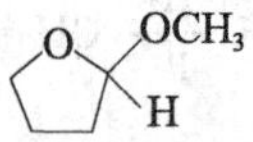 2-甲氧基四氢呋喃（环上C带OCH_3和H）

9. 指出下列化合物中，哪个可以进行自身羟醛缩合？

A. 苯甲醛　B. 甲醛　C. $(CH_3CH_2)_2CHCHO$　D. $(CH_3)_3CCHO$

10. 用化学方法鉴别下列化合物：

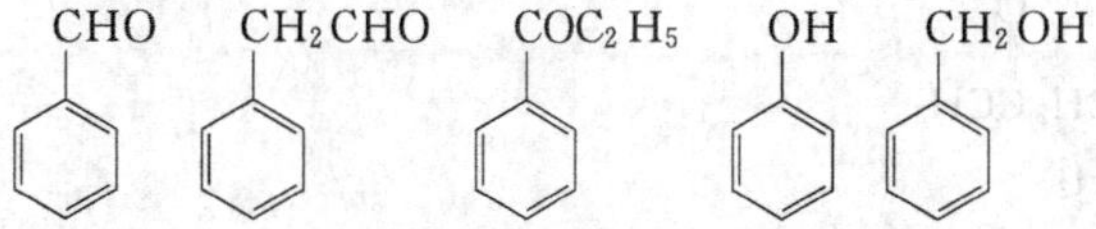

C_6H_5CHO　$C_6H_5CH_2CHO$　$C_6H_5COC_2H_5$　C_6H_5OH　$C_6H_5CH_2OH$

三、完成反应

1. 写出丁醛与下列各试剂反应时生成产物的构造式：

(1) $NaBH_4$　(2) C_2H_5MgBr，然后加H_2O

(3) $LiAlH_4$，然后加H_2O　(4) $NaHSO_3$

(5) $NaHSO_3$，然后加NaCN　(6) OH^-，H_2O

(7) OH^-，H_2O，然后加热　(8) $HOCH_2CH_2OH$，H^+

(9) $Ag(NH_3)_2OH$　(10) NH_2OH

2. 完成下列反应：

(1) $HOCH_2CH_2CH_2CHO \xrightarrow[\triangle]{\text{干 HCl}}$ (　)　(2) 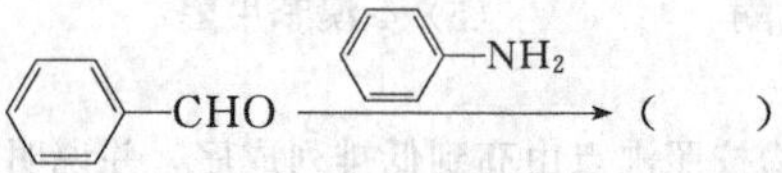 C_6H_5—CHO $\xrightarrow{C_6H_5\text{—}NH_2}$ (　)

(3) C_6H_5—CHO $+CH_3CH_2COCH_3 \xrightarrow{H^+}$ (　)

(4) C_6H_5—CHO $+CH_3CH_2COCH_3 \xrightarrow{OH^-}$ (　)

(5) H_3C—（环己酮，4-位）=O $\xrightarrow{Zn\text{-}Hg/HCl}$ (　)　(6) 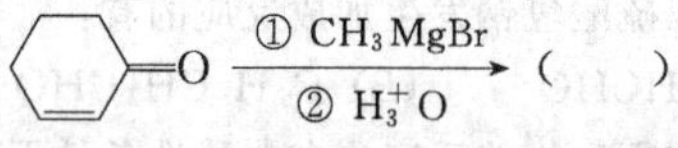 环己-2-烯酮 $\xrightarrow[\text{② } H_3^+O]{\text{① } CH_3MgBr}$ (　)

(7) 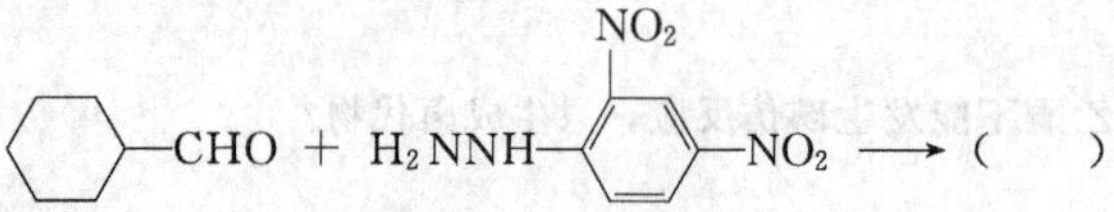 环己基—CHO + H_2NNH—（2，4-二硝基苯基，NO_2，NO_2）$\longrightarrow$ (　)

(8) 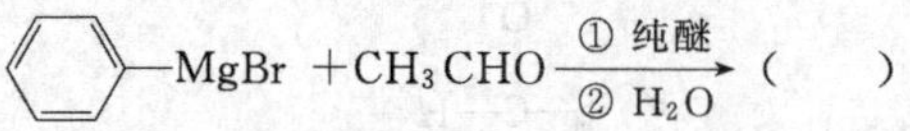 C_6H_5—MgBr $+CH_3CHO \xrightarrow[\text{② } H_2O]{\text{① 纯醚}}$ (　)

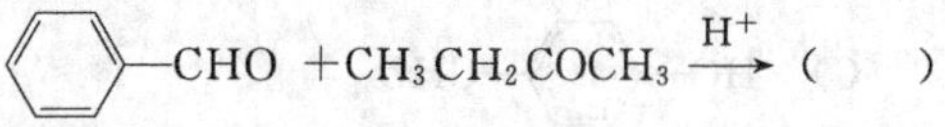

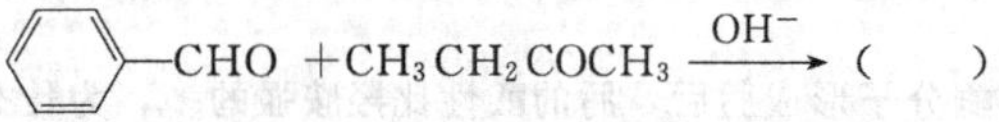

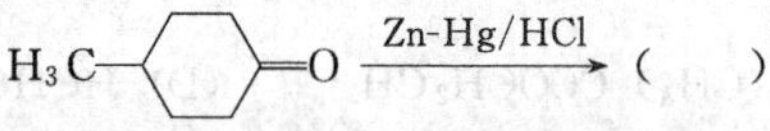

(9) $CH_3CH{=}CHCH_2CHO \xrightarrow{NaBH_4}$ (　)

(10) $CH_3CH{=}CHCH_2CHO \xrightarrow{Ag\ (NH_3)_2OH}$ (　)

(11) 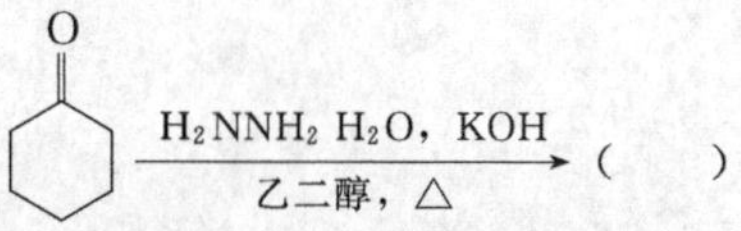 环己酮 $\xrightarrow[\text{乙二醇，}\triangle]{H_2NNH_2\ H_2O\text{，}KOH}$ (　)

(12) 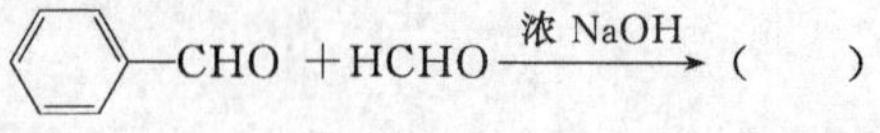 C_6H_5—CHO $+HCHO \xrightarrow{\text{浓 NaOH}}$ (　)

四、反应机理

写出下面反应的反应机理：

(1) $CH_3COCH_2CH_2COCH_3 \xrightarrow[\triangle]{NaOH}$ 3-甲基-2-环戊烯酮

(2) $CH_3COCH_2CH_2COCH_3 \xrightarrow[\triangle]{H_2SO_4}$ 2,5-二甲基呋喃

五、有机合成

1. 完成下列转化

(1) $CH\equiv CH \longrightarrow CH_3COCH_2CH_2CH_2CH_3$

(2) 甲苯 ⟶ 2,6-二溴苯甲醛

(3) 甲苯 ⟶ $C_6H_5-CO-C_6H_3Br_2$（3,5-二溴二苯甲酮）

(4) $C_6H_5-CH_3 \longrightarrow CH_3O-C_6H_4-CHO$

(5) 环己酮 ⟶ 2-乙酰基环己酮（$-COCH_3$）

(6) $CH_3CHO \longrightarrow$ 2,4-二甲基-1,3-二噁烷（CH_3CH 与两个 O 成环：O—CH_2—CH_2—CH(CH_3)—O）

2. 由指定原料合成下列化合物：

(1) 由 3,4-二氢-2H-吡喃、四氢呋喃和乙炔来合成 $HOCH_2CH_2CH_2CH_2CH{=}CH_2$

(2) 用少于 4 个碳的有机物合成 4-羟基-2-己酮（$CH_3COCH_2CH(OH)CH_2CH_3$）

(3) 由苯与少于 3 个碳的有机物合成 $CH_2{=}CH-C_6H_4-C(CH_3){=}CH_2$

(4) 由环己烷合成己二醛

(5) 由环戊酮为原料合成螺[4.5]癸烷

六、推导结构

1. 有一个化合物 (A)，分子式是 $C_8H_{14}O$，(A) 可以很快地使溴水褪色，可以与苯肼反应，(A) 氧化生成一分子丙酮及另一化合物 (B)。(B) 具有酸性，同 NaOCl 反应则生成氯仿及一分子丁二酸。试写出 (A) 与 (B) 可能的构造式。

2. 化合物 $C_{10}H_{12}O_2$ (A) 不溶于 NaOH 溶液，能与 2，4-二硝基苯肼反应，但不与 Tollens 试剂作用。(A) 经 $LiAlH_4$ 还原得到 $C_{10}H_{14}O_2$ (B)。(A) 和 (B) 都能进行碘仿反应。(A) 与 HI 作用生成 $C_9H_{10}O_2$ (C)，(C) 能溶于 NaOH 溶液，但不溶于 Na_2CO_3 溶液。(C) 经 Clemmensen 还原生成 $C_9H_{12}O$ (D)；(C) 经

$KMnO_4$ 氧化得对羟基苯甲酸。试写出（A）～（D）可能的构造式。

3. 化合物（A）的分子式为 $C_6H_{12}O_3$，在 $1710cm^{-1}$ 处有强吸收峰。（A）和碘的氢氧化钠溶液作用得黄色沉淀，与 Tollens 试剂作用无银镜产生。但（A）用稀硫酸处理后，所生成的化合物与 Tollens 试剂作用有银镜反应。（A）的 NMR 数据如下：$\delta=2.1$，3H，单峰；$\delta=2.6$，2H，双峰；$\delta=3.2$，6H，单峰；$\delta=4.7$，1H，三重峰；写出（A）的构造式及反应式。

【习题解答】

一、用系统命名法命名或者写出结构式

1.

(1) 正丙醛　　(2) 4-甲基-2-己酮　　(3) 戊二醛

(4) 4-甲基-苯甲醛　　(5) 2-环己烯酮　　(6) 2-苯基甲酮

2.

(1) 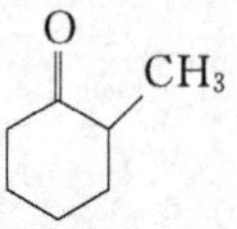 2-甲基环己酮（环己酮，羰基邻位连 CH_3）　　(2) $CH_2═CHCH_2CHO$　　(3) $CH_3COCH═CHCOCH_3$

(4) 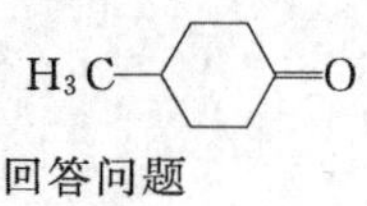 H_3C—环己酮（4-甲基环己酮）　　(5) 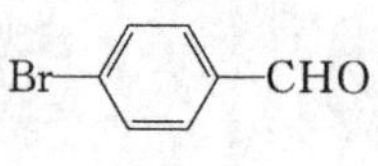 Br—C₆H₄—CHO（对位）　　(6) 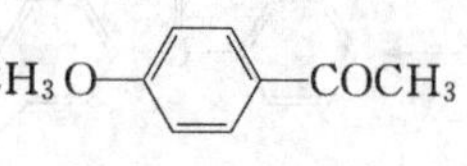 CH_3O—C₆H₄—$COCH_3$（对位）

二、回答问题

1. C＞B＞A。

[解题提示] 因为 B 和 C 能形成分子间氢键，沸点比 A 高。C 的极性比 B 大，所以沸点最高。

2. 羟胺质子离去后，生成共轭碱（$H_2N—O^-$），负电荷集中在氧原子上，不稳定。肟分子的结构为：R—C═N—OH，共轭碱 R—C═N—O^-，氧与双键形成共轭体系，负电荷得以分散，稳定性增加，因此肟的酸性要大于羟胺。

3. A、B、D。

[解题提示] 由于亚硫酸氢钠的体积较大，发生亲核加成时存在空间位阻作用。

4. 弱酸性条件下，羰基被质子化（$C═OH^+ \longrightarrow C^+—OH$），羰基亲电性加强，容易被亲核试剂进攻。强酸性条件下，胺衍生物中氮原子上未共用电子对也被质子化，失去了亲核性，碱性条件下羰基不能被质子化，亲电性减弱。

5. 碘仿反应分两步进行，首先生成三碘甲基酮，之后碱与三碘甲基酮发生加成消除反应。过程如下：

$$RCCH_3(\overset{O}{\Vert}) \xrightarrow{I_2} RCCI_3(\overset{O}{\Vert}) \xrightarrow{OH^-} RCOOH + \overset{-}{C}I_3 \longrightarrow RCOO^- + CHI_3$$

2,6-二甲基苯乙酮生成三卤代产物后，碱进攻羰基碳原子时受到空间阻碍作用大，使加成消除反应难以发生。

6. (1) C＞B＞A＞D。

(2) B＞A＞C＞D。

[解题提示] 其中 B 由于含有吸电基，碳原子上正电荷多，反应较快。

(3) A＞B＞C。

[解题提示] 此反应涉及开环的反应，环越小，能量高，反应快。

7. A＞B＞C＞D。

[解题提示] 以上化合物与 2,4-二硝基苯肼反应为亲核加成，就醛和酮的活性而言，醛大于酮，脂肪族醛比芳香族醛活泼。甲醛的空间位阻最小，活性最强。

8. B、C。

[解题提示] 能发生银镜反应的化合物有醛和在碱性条件下生成醛的化合物。B 是醛，能发生反应。C 是半缩醛在碱性条件下生成醛，能发生银镜反应。D 为缩醛，不能在碱性条件下分解为醛，故此不能发生银镜反应。

9. C。

[解题提示] 有 α-H 的醛可以发生缩合反应。

10.

试剂 \ 化合物	C_6H_5CHO	$C_6H_5CH_2CHO$	$C_6H_5COC_2H_5$	C_6H_5OH	$C_6H_5CH_2OH$
$FeCl_3$	−	−	−	+显色	−
2,4-二硝基苯肼	+	+	+↓		−
Tollens 试剂	+↓	+↓	−		−
Fehling 试剂	−	+↓	−		

三、完成反应

1.

(1) $CH_3CH_2CH_2CH_2OH$　(2) $CH_3CH_2CH_2CH(OH)C_2H_5$

(3) $CH_3CH_2CH_2CH_2OH$　(4) $CH_3CH_2CH_2-CH(OH)SO_3Na$

(5) $CH_3CH_2CH_2CH(OH)CN$　(6) $CH_3CH_2CH(CHO)CH(OH)CH_2CH_2CH_3$

(7) $CH_3CH_2CH_2CH=C(CH_2CH_3)CHO$　(8) $CH_3CH_2CH_2CH(OCH_2)_2$（环状缩醛，O—CH_2—CH_2—O）

(9) $CH_3CH_2CH_2COONH_4$　(10) $CH_3CH_2CH_2CH=NOH$

2.

(1) 2-羟基四氢呋喃（五元环含 O，—OH）　(2) $C_6H_5-CH=N-C_6H_5$　(3) $C_6H_5-CH=C(CH_3)COCH_3$

(4) $C_6H_5-CH=CHCOC_2H_5$　(5) 环己基—CH_3　(6) 1-甲基环己-2-烯-1-醇（环上 OH、CH_3）

(7) 环己基—$CH=NNH$—2,4-二硝基苯基（NO_2，NO_2）　(8) $C_6H_5-CH(OH)CH_3$

(9) $CH_3CH=CHCH_2CH_2OH$　(10) $CH_3CH=CHCH_2COOH$

(11) 环己烷　(12) $C_6H_5-CH_2OH$ $+HCOONa$

四、反应机理

(1) $CH_3COCH_2CH_2COCH_3 \xrightarrow{NaOH} CH_3COCH_2CH_2CO\bar{C}H_2 \longrightarrow$ 3-甲基-3-氧负离子环戊酮（O^-）

$\xrightarrow{H_2O}$ 3-羟基-3-甲基环戊酮（OH）$\xrightarrow{\triangle}$ 3-甲基环戊-2-烯酮

[解题提示] 此反应为酮的分子内缩合，然后脱水生成不饱和酮。

(2) $CH_3COCH_2CH_2COCH_3 \xrightarrow{H^+} CH_3COCH_2CH{=}C(OH)CH_3 \xrightarrow{H^+}$ (质子化环状半缩酮正离子) $\longrightarrow$ (2-甲基-2-$\overset{+}{O}H_2$ 二氢呋喃) $\xrightarrow{-H_2O}$ (碳正离子) $\xrightarrow{-H^+}$ 2,5-二甲基呋喃

[解题提示] 反应的第一步为酸催化下羰基式转换为烯醇式，第二步为醇羟基与酮进行亲核加成，第三步为质子转移，第四为脱水形成新的碳正离子，最后是脱氢形成烯烃。

五、有机合成

1.

(1) $HC{\equiv}CH \xrightarrow{Na} HC{\equiv}CNa \xrightarrow{CH_3CH_2CH_2CH_2Cl} HC{\equiv}CCH_2CH_2CH_2CH_3 \xrightarrow[H_2SO_4\text{-}HgSO_4]{H_2O} CH_3COCH_2CH_2CH_2CH_3$

(2) 甲苯 $\xrightarrow[100℃]{H_2SO_4}$ 对甲苯磺酸（CH_3，SO_3H） $\xrightarrow[Fe]{Br_2}$ 3,5-二溴-4-甲基苯磺酸（Br，Br，CH_3，SO_3H） $\xrightarrow{H_3^+O}$ 2,6-二溴甲苯 $\xrightarrow[h\nu]{Cl_2}$ 2,6-二溴苯基（$CHCl_2$） $\xrightarrow[Fe\triangle]{H_2O}$ 2,6-二溴苯甲醛（CHO）

[解题提示] 此题先用磺酸基占住对位，然后反应溴，再水解去掉磺酸基。将甲基变成甲酰基的方法用的是同碳二氯的水解，也可用氧化剂氧化成酸再还原。

(3) 甲苯（CH_3） $\xrightarrow[② H_3^+O]{① KMnO_4}$ 苯甲酸（COOH） $\xrightarrow[AlBr_3]{Br_2}$ 3,5-二溴苯甲酸（COOH，Br，Br） $\xrightarrow{SOCl_2}$ 3,5-二溴苯甲酰氯（COCl，Br，Br） $\xrightarrow{苯}$ 3,5-二溴二苯甲酮（C=O，Br，Br）

(4) 甲苯（CH_3） $\xrightarrow[100℃]{H_2SO_4}$ 对甲苯磺酸（SO_3H，CH_3） $\xrightarrow[② NaOH 熔融]{① Na_2CO_3}$ 对甲苯酚钠（ONa，CH_3） $\xrightarrow{H_3^+O}$ 对甲苯酚（OH，CH_3） $\xrightarrow[NaOH]{CH_3I}$ 对甲苯甲醚（OCH_3，CH_3） $\xrightarrow[② H_2O]{① CrO_2Cl_2}$ 对甲氧基苯甲醛（OCH_3，CHO）

[解题提示] 将苯上的甲基氧化成醛一般采用氧化成酸，在还原。题中方法可以减少一步。

(5) 环己酮（O） $\xrightarrow[H^+, H_2O]{四氢吡咯（N-H）}$ 1-吡咯烷基环己烯（N） $\xrightarrow{CH_3COCl}$ 亚胺盐（$\overset{+}{N}$，$COCH_3$） $\xrightarrow{H_2O}$ 2-乙酰基环己酮（O，$COCH_3$）

(6) $CH_3CHO \xrightarrow{\text{稀 } OH^-} CH_3CH(OH)CH_2CHO \xrightarrow[\text{②}H_3^+O]{\text{①}LiAlH_4} CH_3CH(OH)CH_2CH_2OH \xrightarrow[\text{干 } HCl]{CH_3CHO}$ 2,4-二甲基-1,3-二氧六环（CH_3CH 与两个 O 成环：O—CH_2—CH_2—CH(CH_3)—O）

2.

(1) $CH\equiv CH \xrightarrow{NaNH_2} CH\equiv CNa$

四氢呋喃 $\xrightarrow{HBr} HOCH_2CH_2CH_2CH_2Br \xrightarrow{\text{二氢吡喃}}$ 四氢吡喃-2-基—$OCH_2CH_2CH_2CH_2Br$

四氢吡喃-2-基—$OCH_2CH_2CH_2CH_2Br \xrightarrow{CH\equiv CNa}$ 四氢吡喃-2-基—$OCH_2CH_2CH_2CH_2C\equiv CH$

四氢吡喃-2-基—$OCH_2CH_2CH_2CH_2C\equiv CH \xrightarrow[P_2]{H_2}$ 四氢吡喃-2-基—$OCH_2CH_2CH_2CH_2CH=CH_2$

$\xrightarrow[\triangle]{H_3^+O} HOCH_2CH_2CH_2CH_2CH=CH_2$

[解题提示] 此题从题干上看是用四氢呋喃开环来制备目标产物。用四氢呋喃开环产物与烯烃加成制备缩醛。再利用缩醛的稳定性与炔钠反应生成了多两个碳原子的化合物。最后将缩醛水解即可。

(2) $CH_3COCH_2Br \xrightarrow[HCl]{HOCH_2CH_2OH}$ 缩酮（溴甲基） $\xrightarrow[\text{纯醚}]{Mg}$ 缩酮—$CH_2MgBr \xrightarrow{CH_3CH_2CHO}$ 缩酮—$CH_2CH(OMgBr)CH_2CH_3 \xrightarrow{H_3^+O} CH_3COCH_2CH(OH)CH_2CH_3$

[解题提示] 卤代烃可与格式剂反应，但是此链中的羰基需要保护，生成缩醛就是保护的方法。

(3) $C_6H_6 \xrightarrow[AlCl_3]{CH_3CH_2Cl} C_6H_5CH_2CH_3 \xrightarrow[AlCl_3]{CH_3COCl} CH_3CH_2—C_6H_4—COCH_3$

$\xrightarrow[\text{②}H_3^+O]{\text{①}CH_3MgI} CH_3CH_2—C_6H_4—C(OH)(CH_3)CH_3 \xrightarrow[\text{高温}]{Br_2} CH_3CHBr—C_6H_4—C(OH)(CH_3)CH_3$

$\xrightarrow{\triangle} CH_2=CH—C_6H_4—C(CH_3)=CH_2$

[解题提示] 本题的关键点在于异丙烯基的合成，用的是羰基与格式剂的方法制备醇，再脱水的方式。当然也可用两个烷基中的 α 氢被取代也可。

(4) 环己烷 $\xrightarrow[\text{高温}]{Br_2}$ 溴代环己烷 $\xrightarrow[\triangle]{OH^-}$ 环己烯 $\xrightarrow[\text{②}Zn/H_2O_2]{\text{①}O_3} OHCCH_2CH_2CH_2CH_2CHO$

(5) 环戊酮 $\xrightarrow[\text{②}H_3^+O]{\text{①}Mg\text{-}Hg,/\text{苯}}$ 1,1'-二羟基联环戊烷 $\xrightarrow{H^+}$ 螺[4.5]癸-6-酮 $\xrightarrow[HCl]{Zn\text{-}Hg}$ 螺[4.5]癸烷

[解题提示] 此题用环戊酮制备十个碳的螺环化合物，其实是个频哪醇重排的过程。重排需要的环戊

酮用金属镁进行还原。

六、推导结构

1.（A） $CH_3COCH_2CH_2CH{=}C(CH_3)_2$ 或（$CH_3)_2C{=}C(CH_3)CH_2CH_2CHO$

（B） $CH_3COCH_2CH_2COOH$

2.

（A） 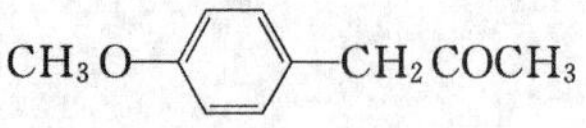 $CH_3O-C_6H_4-CH_2COCH_3$ （B） $CH_3O-C_6H_4-CH_2CH(OH)CH_3$

（C） $HO-C_6H_4-CH_2COCH_3$ （D） $HO-C_6H_4-CH_2CH_2CH_3$

3.

$$CH_3COCH_2CH(O-CH_3)_2$$

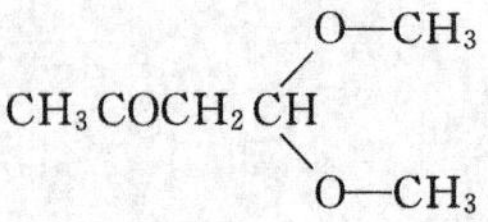

反应式：

$$CH_3COCH_2CH(O-CH_3)_2 \xrightarrow[NaOH]{I_2} HOOCCH_2CH(O-CH_3)_2 + CHI_3$$

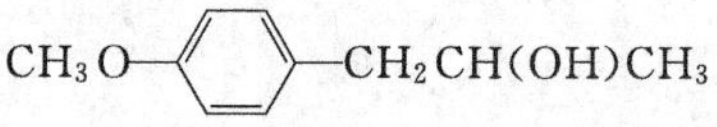

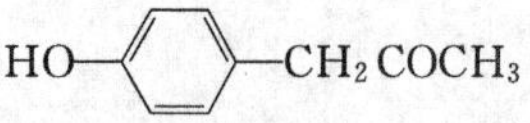

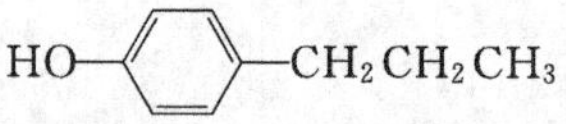

$$CH_3COCH_2CH(O-CH_3)_2 \xrightarrow{H_3^+O} CH_3COCH_2CHO + 2C_2H_5OH$$

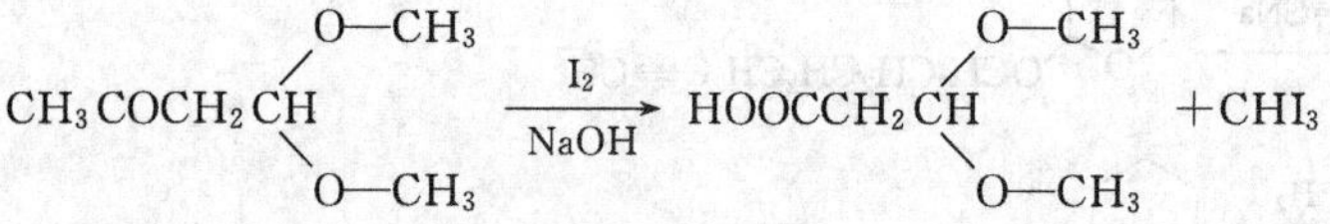

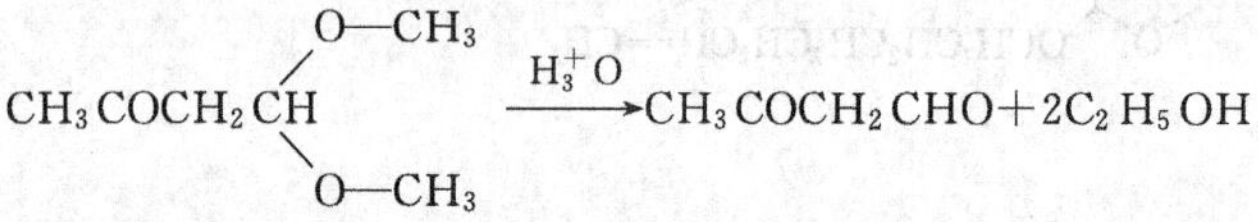

$$CH_3COCH_2CHO \xrightarrow{Ag(NH_3)_2OH} CH_3COCH_2COO^- + Ag$$

第十二章　羧酸

【本章学习重点与难点】

重点：1. 羧酸的酸性。

2. 羧酸与羧酸衍生物的生成。

3. 羧酸的 α-氢原子的反应。

4. 羧酸的制备方法。

难点：羧酸的制备方法。

【基本内容纲要】

1. 羧酸的结构、命名和物理性质。
2. 羧酸及取代苯甲酸的酸性。
3. 酯化反应的反应机理。
4. 羧酸的脱羧反应。
5. 羧酸的 α-氢原子取代反应。
6. 羟基酸的化学性质。
7. 羧酸的制备方法。

【内容概要】

一、羧酸的结构

羧酸的结构如下：

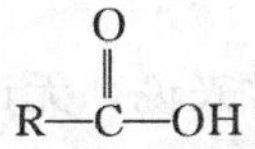

$$\mathrm{R{-}\overset{\overset{\large O}{\|}}{C}{-}OH}$$

羧基从结构上看是羰基和羟基连在一起的官能团。与羰基相同，羧基中羰基碳原子和氧原子都是 sp^2 杂化状态，都是是具有极性的不饱和双键。

不同的是：醛、酮中的羰基与烷基相连，而羧基中羰基与羟基相连。羟基中的氧原子也为 sp^2 杂化状态，与羰基形成 $p-\pi$ 共轭体系。共轭效应的结果，羰基由于羟基的供电子共轭效应，电子云密度增加。

因此，羧酸有与醛、酮类似的性质，也有与醇类似的性质。

二、羧酸的物理性质和命名

1. 沸点

羧基的强极性以及羧基中羟基可以形成氢键，形成氢键的能力强，羧酸的沸点比分子量相当的醇要高。

2. 溶解度

羧酸可以与水形成氢键，因此羧酸在水中的溶解度较大。但十个碳以上的羧酸不溶于水。饱和二元羧酸水中的溶解度大于同碳原子数的一元羧酸。

3. 命名

羧酸的命名方法是：选择含羧基的最长碳链为主链，编号从羧基开始。

三、羧酸的化学性质

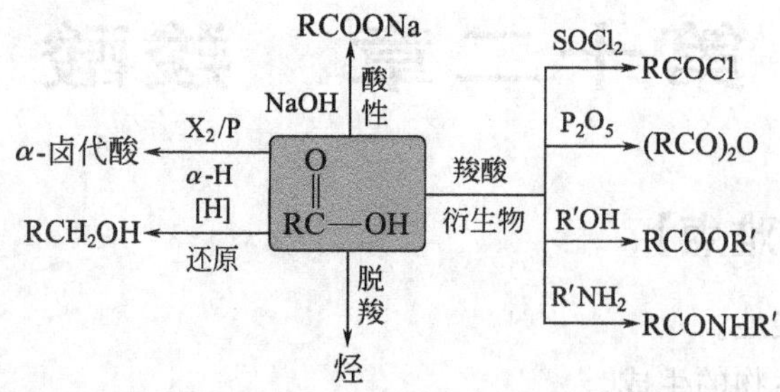

1. 羧酸的酸性

(1) 羧酸酸性的来源　从结构上看，羧基氧原子与羰基形成 p－π 共轭效应，导致氧原子电子云密度下降，有利于氢原子的离解。

$$R-\overset{O}{\overset{\|}{C}}-O-H \rightleftharpoons R-\overset{O}{\overset{\|}{C}}-O^- + H^+$$

从羧酸根负离子稳定性看，羧酸根负离子中带负电荷的氧原子与电负性大的羰基形成共轭，降低了氧原子上的电子云密度，使羧酸根负离子稳定性增加。

以上的结果导致羧酸的酸性强于醇。

(2) 羧酸酸性的影响因素　影响羧酸酸性的因素有两个。

① 诱导效应。对于羧基而言，临近碳原子上有吸电子基团时，羧酸的酸性增加，并且吸电基团数量越多，离羧基越近，羧酸的酸性越强。例如：氯乙酸的酸性大于乙酸，三氯乙酸的酸性大于氯乙酸。

② 共轭效应。对于苯甲酸来说，芳环与羧基共轭的结果，使羧酸根负离子的稳定性增加，由此，苯甲酸的酸性要大于脂肪族羧酸（小于甲酸）。

(3) 取代苯甲酸的酸性比较　芳环上的取代基根据位置不同分三种：邻位、间位和对位。

取代基在邻位，影响因素复杂，通常来说，无论是吸电子基团还是供电子基团都使苯甲酸的酸性增加。

取代基在间位，共轭效应受阻碍，表现出的是基团的诱导效应。例如，间羟基苯甲酸酸性大于苯甲酸。

取代基在对位，取代基对羧酸酸性的影响是诱导效应和共轭效应的综合结果。例如，对羟基苯甲酸酸性小于苯甲酸。

2. 羧酸衍生物的生成

羧酸中的羟基可以被卤素、酰氧基、烷氧基和氨基取代，产物统称为羧酸衍生物。这些反应类似于醇羟基的取代反应，但是反应机理却有很大的区别。

(1) 酰卤的生成　酰化试剂可以为 PX_3、PX_5、$SOCl_2$。醇也可在这些条件下被卤素所代替。

(2) 酸酐的生成　常用方法是用 P_2O_5 或乙酸酐为脱水剂，加热而得。混合酸酐的制备方法是：

$$RCOX + R'COONa \longrightarrow R'\overset{O}{\overset{\|}{C}}-O-\overset{O}{\overset{\|}{C}}R$$

(3) 酯的生成

① 反应历程 在酸催化条件下，酸和醇反应生成酯。

酯化反应有两种历程：一种是羧酸酰氧键断裂，通常伯醇和仲醇都是酰氧键断裂。另一种是醇的烷氧键断裂，叔醇的酯化是烷氧键断裂。

② 酯化反应的影响因素 对于伯醇和仲醇来说，空间位阻影响反应活性。羧酸和醇的空间位阻越大，反应活性越小。

（4）酰胺的生成 羧酸与氨、伯胺、仲胺生成铵盐，加热脱水生成酰胺。

3. α-氢原子的反应

与醛酮类似，羧酸中羰基的α-氢原子也具有活性，但由于羟基供电性的影响，羧酸的α-氢原子活性低，只能发生取代反应生成α-卤代羧酸，而不能发生缩合反应。不能发生缩合的主要原因是在碱性催化剂条件下，羧酸与碱反应生成羧酸根负离子，此负离子是供电基，导致α-氢原子无活性。

α-卤代酸中卤原子有卤代烃的性质，可被其他亲核试剂取代。

4. 羧酸的脱羧反应

脱羧反应通常有以下几种情况。

① 加热脱羧。羧酸的α碳上有吸电子基团时，加热脱羧。

② 羧酸盐碱性条件脱羧。羧酸盐与碱石灰共热脱羧。

③ 羧酸盐电解（Kolbe）。电解羧酸盐得到碳链增长的烃。

5. 羧酸的还原

催化加氢或者氢化铝锂可将羧酸还原为醇，催化加氢很难，一般采用氢化铝锂。

6. 羧酸的制备

（1）$RH \xrightarrow[\text{催化剂}]{O_2}$ 低级羧酸　　（2）$RCH{=}CHR' \xrightarrow{KMnO_4} RCOOH + R'COOH$

（3）$RC{\equiv}CR' \xrightarrow{KMnO_4} RCOOH + R'COOH$

（4）$RCHO$ 或 $RCH_2OH \xrightarrow{KMnO_4} RCOOH$

（5）$C_6H_5\text{—}CH_3 \xrightarrow{KMnO_4} C_6H_5\text{—}COOH$　　（6）$RCN \xrightarrow{H_3^+O} RCOOH$

（7）$RMgX \xrightarrow[\text{② } H_3^+O]{\text{① } CO_2} RCOOH$　　（8）$RCOCH_3 \xrightarrow[OH^-]{Br_2} RCOOH + CHBr_3$

（9）$C_6H_5\text{—}OK + CO_2 \xrightarrow{\text{催化剂}} HO\text{—}C_6H_4\text{—}COOK$ （Kolbe-Schmitt）反应

【例题解析】

【例 1】命名下列化合物：

（1）$CH_3CH_2CH(CH_3)CH_2COOH$（3位上连 CH_3）　（2）$CH_2{=}CHCOOH$　（3）间硝基苯甲酸结构（苯环上连 —COOH，间位连 NO_2）

（4）$HC{\equiv}CCH_2COOH$　（5）$CH_3CH(C_5H_9)CH_2CH_2COOH$（环戊基连在 CH 上）　（6）$HOOCCH_2CH_2COOH$

答（1）3-甲基戊酸　（2）丙烯酸　（3）间硝基苯甲酸

（4）3-丁炔酸　（5）4-环戊基戊酸　（6）丁二酸

【例 2】写出下列化合物结构式：

（1）2,2-二甲基丁酸　　（2）1-甲基环己基甲酸

（3）软脂酸　　（4）2-己烯-4-炔-1,6-二酸

（5）3-苯基丙酸　　（6）2-氯-丁二酸

答

（1）$CH_3CH_2C(CH_3)_2COOH$　（2）1-甲基环己烷甲酸（环己烷环同一碳上连有 COOH 和 CH_3）　（3）$CH_3(CH_2)_{14}COOH$

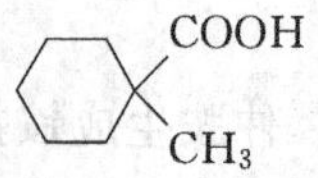

（4）HOOCCH═CH—C≡C—COOH　（5）C_6H_5—CH_2CH_2COOH

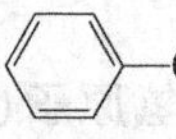

（6）$HOOCCH_2CHClCOOH$

【例 3】比较下列化合物沸点高低，并且说明原因。

A　乙醇　B　乙二醇　C　甲酸　D　乙酸

答　沸点由高到低排列顺序如下：B＞C＞D＞A

［解题提示］有机化合物的沸点与分子间作用力有关。以上几个化合物都能形成氢键来增加分子间作用力，但是由于其结构特点不同，形成的结构也不相同。乙二醇可以形成多聚体的结构，由此沸点最高。甲酸和乙酸可形成二聚体的结构，沸点比乙醇高。乙酸的分子量比甲酸大，故此其沸点高于甲酸。

【例 4】下列各组化合物中，哪个酸性强？为什么？

（1）RCH_2OH 和 RCOOH　（2）$ClCH_2COOH$ 和 CH_3COOH

（3）FCH_2COOH 和 $ClCH_2COOH$　（4）$HOCH_2CH_2COOH$ 和 $CH_3CH(OH)COOH$

答（1）RCH_2OH＜RCOOH

［解题提示］羧酸羟基中质子容易离去，且生成的羧酸根负离子由于共轭效应稳定，所以羧酸的酸性要大于醇。

（2）$ClCH_2COOH$＞CH_3COOH

［解题提示］羧基上有吸电基使羧酸的酸性增加。α 碳上有吸电基团卤素，使羧酸根负离子稳定性增加。

（3）FCH_2COOH＞$ClCH_2COOH$

［解题提示］氟的电负性大于氯，吸电能力强于氯。

（4）$HOCH_2CH_2COOH$＜$CH_3CH(OH)COOH$

［解题提示］羟基作为吸电基团，位于 α 碳上的吸电子诱导效应比位于 β 碳上的吸电子诱导效应强。

【例 5】将化合物的酸性由大到小排列成序：

（1）A. 邻甲基苯甲酸（COOH，CH_3）　B. 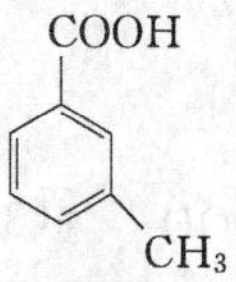 间甲基苯甲酸（COOH，CH_3）　C. 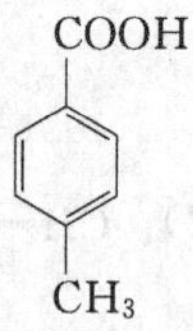 对甲基苯甲酸（COOH，CH_3）

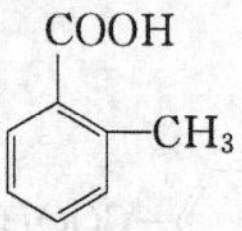

（2）A. 对甲氧基苯甲酸（COOH，OCH_3）　B. 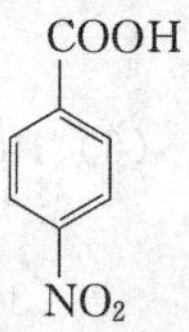 对硝基苯甲酸（COOH，NO_2）　C. 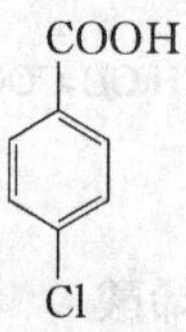 对氯苯甲酸（COOH，Cl）　D. 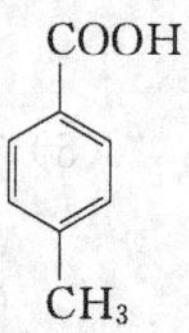 对甲基苯甲酸（COOH，CH_3）

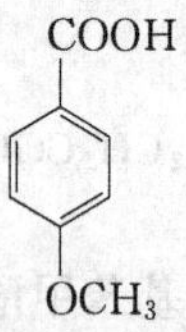

答（1）A＞B＞C

［解题提示］取代苯甲酸的酸性大小与取代基对羧基的吸电性和供电性有关，吸电基可

使苯甲酸的酸性增加。邻甲基苯甲酸中的甲基由于其场效应和空间效应等原因，可认为是吸电基。对甲基苯甲酸中的甲基其供电效果相对较大，而邻甲基苯甲酸供电效果相对较小。

(2) B>C>D>A

［解题提示］同上，硝基为强吸电基、甲氧基为较强供电基、甲基为较弱供电基、氯有弱吸电性，故此酸性如上。

【例 6】将下列化合物与丙醇反应的活性由高到低排列成序：

(1) A. $CH_3CH_2CHCOOH$　B. $CH_3CH(CH_3)COOH$　C. $CH_3C(CH_3)_2COOH$

(2) A. C_6H_5—COOH　B. O_2N—C_6H_4—COOH　C. Cl—C_6H_4—COOH　D. CH_3—C_6H_4—COOH

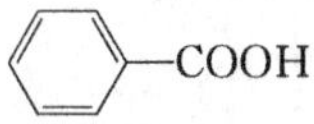

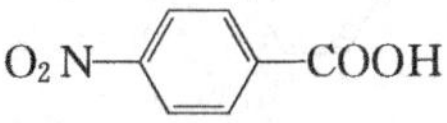

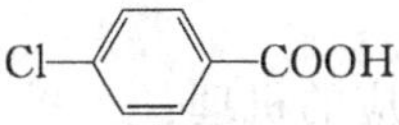

答 (1) A>B>C

［解题提示］羧酸与醇反应生成酯的机理为亲核加成消去反应。其亲核加成反应的快慢影响到反应的速度。C 的空间位阻最大，导致乙醇的亲核加成反应最慢，A 的空间位阻最小，反应最快。

(2) B>C>A>D

［解题提示］取代苯甲酸的酸性与空间位阻也有关系，不过题中的取代苯甲酸空间位阻较小，可忽略不计。此时影响到其反应快慢的因素位羰基碳原子上正电荷的多少。吸电基的存在使正电荷增多，反应变快，供电基使反应变慢。

【例 7】用化学方法鉴别甲酸、草酸、丙二酸、丁二酸和反丁烯二酸。

答

试剂 \ 化合物	甲酸	草酸	丙二酸	丁二酸	反丁烯二酸
$Ag(NH_3)_2OH$	+↓	−	−	−	−
$KMnO_4$		+褪色	−	−	+褪色
Br_2/CCl_4		−	−	−	+褪色
△			+↑	−	

【例 8】完成下列反应：

(1) $CH_3CH_2CH_2COOH \xrightarrow{PCl_5}$ (　)

(2) $CH_3CH_2CH_2COOH \xrightarrow[P]{Br_2}$ (　)

(3) $HOOCCH_2CH_2CH_2CH_2CH_2COOH \xrightarrow{\triangle}$ (　)

(4) 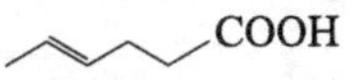 $CH_3CH=CHCH_2CH_2COOH \xrightarrow{H_3^+O}$ (　) + (　)

(5) 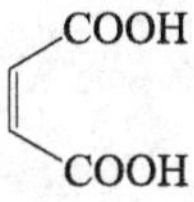 (顺)HOOCCH=CHCOOH $\xrightarrow{\triangle}$ (　)

(6) $CH_3CH(CHO)COOH \xrightarrow{\triangle}$ (　)

(7) HO⌒⌒COOH $\xrightarrow{\triangle}$ ( )

(8) $CH_3\underset{}{\overset{OH}{C}}HCOOH \xrightarrow{H_2SO_4}$ ( ) + ( )

答

(1) $CH_3CH_2CH_2COCl$　(2) $CH_3CH_2\overset{Br}{C}HCOOH$　(3) 环己酮

(4) γ-己内酯、δ-己内酯（6-甲基四氢吡喃-2-酮）　(5) 马来酸酐（O=C—O—C=O 五元环）　(6) CH_3CH_2CHO

(7) $CH_2=CHCOOH$　(8) CH_3CHO　HCOOH

【例 9】写出在硫酸存在下，5-羟基己酸发生分子内酯化反应的机理：

答

$$CH_3\overset{OH}{C}H(CH_2)_3\overset{O}{C}-OH \xrightleftharpoons{H^+} CH_3\overset{OH}{C}H(CH_2)_3\overset{OH^+}{C}-OH \longleftrightarrow CH_3\overset{OH}{C}H(CH_2)_3\overset{OH}{\underset{+}{C}}-OH$$

$$\rightleftharpoons \text{(环状 }\overset{+}{O}H\text{，C(OH)}_2\text{)} \rightleftharpoons \text{(环状 O，C(OH)}\overset{+}{O}H_2\text{)} \xrightleftharpoons{-H_2O} \text{(环状 C=}\overset{+}{O}H\text{)} \xrightleftharpoons{-H^+} \text{6-甲基四氢吡喃-2-酮}$$

［解题提示］此机理为酸与醇在酸催化下反应的机理。质子会首先进攻带有部分负电的羰基氧原子，使羰基碳原子具有部分负电荷。由于醇中的氧原子具有亲核性，进攻碳原子。转移质子后脱水、去质子后完成酯化反应。

【例 10】完成下列转化：

(1) $CH_3CH_2CH_2COOH \longrightarrow HOOCCHCOOH$（$CH_2CH_3$ 取代于 CH 上）

(2) 环己酮 $\longrightarrow$ 1-甲基环己烷甲酸（同一碳上连 COOH 和 CH_3）

(3) $H_3C-C_6H_4-CHO \longrightarrow HOOC-C_6H_4-CHO$

(4) $CH_3CH_2CH_2OH \longrightarrow CH_3CH_2\overset{OH}{C}HCOOH$

答

(1) 本题要点可解析为：

$$\underset{CH_2CH_3}{HOOCCHCOOH} \Longrightarrow \underset{CN}{CH_3CH_2CHCOONa} \Longrightarrow$$

$$\underset{Br}{CH_3CH_2CHCOOH} \Longrightarrow CH_3CH_2CH_2COOH$$

合成方法如下：

$$CH_3CH_2CH_2COOH \xrightarrow[P]{Br_2} \underset{Br}{CH_3CH_2CHCOOH} \xrightarrow{NaCN} \underset{CN}{CH_3CH_2CHCOONa}$$

$\xrightarrow{H_3^+O}$ HOOCCHCOOH (CH 上连 CH_2CH_3)

（2）本题的酮羰基位置转换为羧基和甲基官能团，解析方法如下：

1-甲基环己烷甲酸（COOH, CH_3）$\Longrightarrow$ 1-甲基环己基溴化镁（MgBr, CH_3）$\Longrightarrow$ 1-溴-1-甲基环己烷（Br, CH_3）$\Longrightarrow$ 1-甲基环己醇（OH, CH_3）$\Longrightarrow$ 环己酮（=O）

合成路线为：

环己酮 $\xrightarrow[\text{②}H_3^+O]{\text{①}CH_3MgBr}$ 1-甲基环己醇（OH, CH_3）$\xrightarrow{PBr_3}$ 1-溴-1-甲基环己烷（Br, CH_3）$\xrightarrow[\text{纯醚}]{Mg}$ 1-甲基环己基溴化镁（MgBr, CH_3）

$\xrightarrow[\text{②}H_3^+O]{\text{①}CO_2}$ 1-甲基环己烷甲酸（COOH, CH_3）

（3）此题为芳烃侧链氧化，但由于芳环上有容易被氧化的醛官能团，由此在需要氧化前对醛官能团要进行保护。

HOOC—C_6H_4—CHO $\Longrightarrow$ HOOC—C_6H_4—CH（O,O 缩醛环） $\Longrightarrow$ H_3C—C_6H_4—CH（O,O 缩醛环）

氧化前要保护

$\Longrightarrow$ H_3C—C_6H_4—CHO

合成路线为：

H_3C—C_6H_4—CHO $\xrightarrow[H^+]{HOCH_2CH_2OH}$ H_3C—C_6H_4—CH（O,O 缩醛环） $\xrightarrow[\triangle]{KMnO_4}$ HOOC—C_6H_4—CH（O,O 缩醛环）

$\xrightarrow{H_3^+O}$ HOOC—C_6H_4—CHO

（4）此题为多一碳原子的反应，解析方法为：

$CH_3CH_2CH(OH)COOH \Longrightarrow CH_3CH_2CH(OH)CN \Longrightarrow CH_3CH_2CHO$

$\Longrightarrow CH_3CH_2CH_2OH$

合成方法为：

$CH_3CH_2CH_2OH \xrightarrow{PCC} CH_3CH_2CHO \xrightarrow{HCN} CH_3CH_2CH(OH)CN$

$\xrightarrow{H_3^+O} CH_3CH_2CH(OH)COOH$

【习题】

一、命名或写出结构式

1. 命名下列化合物：

（1）$CH_3CH{=}CHCH_2CH_2COOH$　　（2）$CH_3CHClCH_2CH(OH)CH_2COOH$

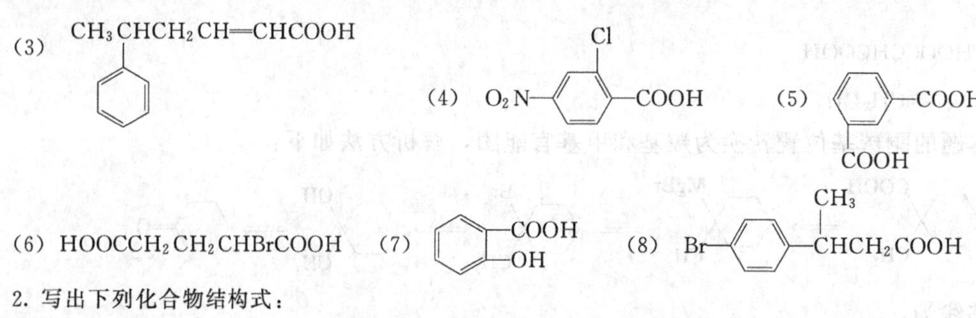

2. 写出下列化合物结构式：

(1) 2-氯丁酸　　(2) 4-戊烯酸　　(3) 环丁基甲酸

(4) 3-环己烯甲酸　　(5) 4-对乙氧基苯甲酸　　(6) 4-氯-2-溴苯甲酸

(7) 3-己烯二酸　　(8) 9，12-十八碳二烯酸

二、基本概念

1. 将下列化合物按照酸性强弱由大到小排列成序：

A. CH_3COOH　　B. HCOOH　　C. $CH_3CH_2CH_2COOH$　　D. C_6H_5COOH（苯甲酸）

2. 将下列取代苯甲酸按照酸性强弱由大到小排列成序：

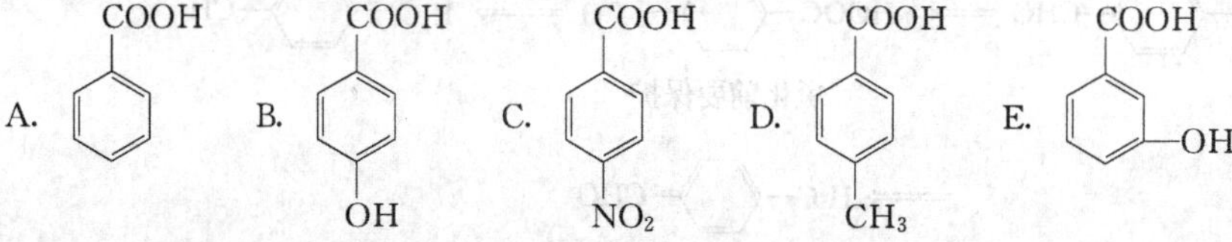

3. 将乙醇与下列羧酸反应的不同活性由大到小排列成序：

A. CH_3COOH　　B. $(CH_3)_2CHCOOH$　　C. $(CH_3)_3CCOOH$

4. 将苯甲酸与下列醇反应的不同活性由大到小排列成序：

A. 甲醇　　B. 乙醇　　C. 异丙醇　　D. 叔丁醇

5. 比较下列化合物沸点的高低：

A. 丁烯　　B. 乙醚　　C. 丁醇　　D. 丁酸

6. 比较下列化合物碱性的强弱：

(1) A. $CH_3CH(CH_3)COO^-$　　B. $CH_3CBr_2COO^-$　　C. $CH_3CH(OCH_3)COO^-$

(2) A. $CH_3CH_2COO^-$　　B. CH_3COO^-　　C. $CH_3CH(CH_3)COO^-$　　D. $CH_3C(CH_3)_2COO^-$

7. 用苯甲酸和甲醇制备苯甲酸甲酯，产物中有少量的甲醇、硫酸、苯甲酸，如何提纯苯甲酸甲酯？

8. 如何鉴别草酸、乙酸和乙醛？

9. 用化学方法鉴别乙酸、乙醇、乙醛、乙醚和溴乙烷。

三、完成反应

1. 写出丙酸与下列化合物反应的产物：

(1) NaOH　　(2) PCl_3　　(3) △　　(4) C_2H_5OH/H^+

(5) NH_3/H^+　　(6) Br_2/P

2. 完成下列反应：

(1) $H_3C-C_6H_4-C(CH_3)_3 \xrightarrow[H^+]{KMnO_4}$ (　　)　　(2) 环己烯基$-CH_2COOH \xrightarrow[Pt]{H_2}$ (　　)

(3) 环己烯基-COOH $\xrightarrow[(2)\ H_3^+O]{(1)\ LiAlH_4}$ (　　)　　(4) 四氢萘 $\xrightarrow[\triangle]{KMnO_4/H^+}$ (　　)

(5) CH_3COOH+ HO-C₆H₄-CH_2OH ⟶ (　　)

(6) C₆H₅-CH_2COOH $\xrightarrow{SOCl_2}$ (　　)

(7) $CH_3COOH \xrightarrow[P]{Cl_2}$ (　　) $\xrightarrow[H^+]{CH_3CH_2OH}$ (　　)

(8) 环己烷 $\xrightarrow{HNO_3}$ (　　) $\xrightarrow[\triangle]{Ba(OH)_2}$ (　　)

(9) 1,1-环己烷二甲酸（COOH, COOH） $\xrightarrow{\triangle}$ (　　)

(10) $CH_3CH_2CH(OH)COOH \xrightarrow{H_2SO_4}$ (　　) + (　　)

(11) $CH_3CH(OH)CH_2COOH \xrightarrow{\triangle}$ (　　)

四、反应机理

1. 写出 3-氧代戊酸加热时的产物及其反应机理。

2. 为什么乙醛能发生碘仿反应，而乙酸不能，说明原因。

3. 正丁酸的 α 卤代反应可不可用自由基取代来得到？为什么？写出正确的反应条件及其反应机理。

五、合成

1. 完成下列转化：

(1) $CH_3COCH_2CH_2CH_2I \longrightarrow CH_3COCH_2CH_2CH_2COOH$

(2) 环己酮 ⟶ 环戊酮

(3) $CH_3CH_2OH \longrightarrow CH_2{=}CHCOOH$

(4) $CH_3CH(Br)CH_2CHO \longrightarrow HOCH_2CH_2CH(CH_3)COOH$

(5) $CH_3CH_2CH_2OH \longrightarrow CH_3CH_2CH_2CH_2COOH$

2. 由指定原料合成下列化合物：

(1) 由 $CH_3CH{=}CH_2$ 合成 $CH_3CH(CH_3)—CH(NH_2)COOH$

(2) 只能由 $CH_3CH{=}CH_2$ 合成 $CH_3CH_2CH_2CH_2COOH$（无机试剂任选）

(3) 由乙烯和丁二烯合成辛二酸

(4) 由乙炔和苯合成 （$HOOCCH_2$、$HOOCCH_2$ 取代的环状酸酐）

六、推导结构

1. 化合物 (A)、(B) 的分子式均为 $C_4H_6O_4$，它们均可溶于氢氧化钠溶液，与碳酸钠作用放出 CO_2，(A) 加热失水成酸酐 $C_4H_4O_3$；(B) 加热放出 CO_2 生成三个碳的酸。试写出 (A) 和 (B) 的结构式。

2. 某二元酸 $C_8H_{14}O_4$(A)，受热时转变成中性化合物 $C_7H_{12}O$(B)，(A)用浓 HNO_3 氧化生成二元酸 $C_7H_{12}O_4$(C)。(C) 受热脱水成酸酐 $C_7H_{10}O_3$ (D)，(A) 用 $LiAlH_4$ 还原得 $C_8H_{18}O_2$ (E)。(E) 能脱水生成 3，4-二甲基-1，5-己二烯。试推导 (A) ～ (E) 的构造。

【习题解答】

一、命名或写出结构式

1.（1）4-己烯酸　（2）3-羟基-5-氯己酸　（3）5-苯基-2-己烯酸

（4）4-硝基-2-氯苯甲酸　（5）间苯二甲酸　（6）2-溴戊二酸

（7）邻羟基苯甲酸　（8）3-对溴苯基丁酸

2.

（1）$CH_3CH_2CHCOOH$（α-C 上连 Cl）　（2）$CH_2{=}CHCH_2CH_2COOH$　（3）环丁基—COOH

（4）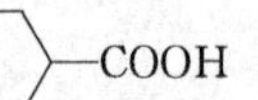　（5）C_2H_5O—C₆H₄—COOH（对位）　（6）Cl—C₆H₃(Br)—COOH

（7）$HOOCCH_2CH{=}CHCH_2COOH$　（8）$CH_3(CH_2)_4CH{=}CHCH_2CH{=}CH(CH_2)_7COOH$

二、基本概念

1. B＞D＞A＞C

［解题提示］羧酸的酸性强弱通常是受与其相连的取代基的影响，吸电基使其酸性增强。苯甲酸的苯环与羧基共轭，分散了羧酸根负离子的电荷，由此酸性大于一般的羧酸。甲酸例外。

2. C＞E＞A＞D＞B

［解题提示］取代苯甲酸的酸性是吸电基使其酸性变强，供电基使其酸性变弱。羟基在羧基的间位是吸电基，在对位是强供电基。

3. A＞B＞C

［解题提示］空间位阻越大，反应不容易。

4. A＞B＞C＞D

［解题提示］空间位阻小的容易反应。

5. D＞C＞B＞A

6.（1）A＞C＞B　（2）D＞C＞A＞B

7.（1）用苯萃取，水层中含有硫酸、甲醇和水，油层含有苯、苯甲酸和苯甲酸甲酯。

（2）碳酸钠溶液洗涤，水层含有苯甲酸钠和水，油层含苯和苯甲酸甲酯。

（3）蒸馏。

8. 加入高锰酸钾草酸会褪色，加入银氨溶液乙醛能发生银镜反应生成沉淀。

9.

试剂＼化合物	乙酸	乙醇	乙醛	乙醚	溴乙烷
Na_2CO_3	＋↑	—	—	—	—
$AgNO_3$/醇		—	—	—	＋↓
$NaHSO_3$		—	＋↓	—	
I_2/OH^-		＋↓		—	

三、完成反应

1.

（1）CH_3CH_2COONa　（2）CH_3CH_2COCl　（3）$(CH_3CH_2CO)_2O$

（4）$CH_3CH_2COOC_2H_5$　（5）$CH_3CH_2CONH_2$　（6）$CH_3CHBrCOOH$

2.

（1）HOOC—C₆H₄—$C(CH_3)_3$（对位）　（2）环己基—CH_2COOH　（3）环己烯基—CH_2OH

(4) 邻苯二甲酸酐（结构式）　　(5) $CH_3COOCH_2-C_6H_4-OH$

(6) $C_6H_5-CH_2COCl$　　(7) $\underset{\substack{|\\Cl}}{CH_2}COOH$　$\underset{\substack{|\\Cl}}{CH_2}COOC_2H_5$

(8) $HOOC(CH_2)_4COOH$　环戊酮　　(9) 环己基甲酸（COOH）

(10) CH_3CH_2CHO　$HCOOH$　　(11) $CH_3CH{=}CHCOOH$

四、反应机理

1.

$$CH_3COCH_2COOH \xrightarrow{\triangle} [\text{六元环过渡态}] \xrightarrow{-CO_2} CH_3C(OH){=}CH_2 \longrightarrow CH_3COCH_3$$

2. 乙醛的羰基活泼，其 α 氢具有较强的酸性，有利于乙醛由酮式结构向烯醇式结构转变。形成的烯醇式结构可与碘发生亲电加成。

过程如下：

$$CH_3\overset{O}{\overset{\|}{C}}H \rightleftharpoons CH_2{=}\overset{OH}{\overset{|}{C}}H \xrightarrow{I-I,\ -I^-} \underset{I}{\underset{|}{CH_2}}-\overset{OH}{\overset{|}{\overset{+}{C}}H} \xrightarrow{-H^+} CH_2I-\overset{O}{\overset{\|}{C}}H$$

而乙酸由于羰基连有供电的羟基，使羰基的吸电能力下降而不易形成烯醇式结构，由此不能与碘反应。

3. 正丁酸的 α 卤代反应不能用自由基反应所得到，因为自由基卤代过程中，羧酸中其他的氢都可以发生，导致产物复杂。羧酸的 α 卤代反应可采用卤素和磷，机理如下：

$$CH_3CH_2CH_2\overset{O}{\overset{\|}{C}}OH \xrightarrow[P]{Br_2} CH_3CH_2CH_2\overset{O}{\overset{\|}{C}}Br \rightleftharpoons CH_3CH_2CH{=}\overset{OH}{\overset{|}{C}}Br \quad (Br-Br)$$

$$\xrightarrow{-Br^-} CH_3CH_2CHBr-\overset{OH}{\overset{|}{\overset{+}{C}}}Br \xrightarrow{-H^+} CH_3CH_2CHBr\overset{O}{\overset{\|}{C}}Br$$

$$\xrightarrow{CH_3CH_2CH_2\overset{O}{\overset{\|}{C}}OH} CH_3CH_2CHBr\overset{O}{\overset{\|}{C}}H + CH_3CH_2CH_2\overset{O}{\overset{\|}{C}}Br$$

五、合成

1.

(1)

$$CH_3COCH_2CH_2CH_2I \xrightarrow[H^+]{HOCH_2CH_2OH} CH_3\overset{\text{O O}}{C}CH_2CH_2CH_2I \xrightarrow[\text{纯醚}]{Mg}$$

$$CH_3\overset{\text{O O}}{C}CH_2CH_2CH_2MgI \xrightarrow[②H_3^+O]{①CO_2} CH_3COCH_2CH_2CH_2COOH$$

[解题提示] 此反应是制备多一个碳的酸，具体方法有两种：一种是格式剂与卤代烃反应，一种是卤代烃被取代生成腈。此两种方法中都能与本身的羰基反应，因此需要保护羰基。

(2) 环己酮 $\xrightarrow[\triangle]{HNO_3}$ $HOOCCH_2CH_2CH_2CH_2COOH$ $\xrightarrow[\triangle]{BaOH}$ 环戊酮

(3) $CH_3CH_2OH \xrightarrow{PCC} CH_3CHO \xrightarrow{HCN} CH_3CH(OH)CN$

$\xrightarrow[\triangle]{H_3^+O} CH_2{=}CHCOOH$

(4) $CH_3CH(Br)CH_2CHO \xrightarrow{HOCH_2CH_2OH} CH_3CH(Br)CH_2CH(\text{1,3-二氧戊环}) \xrightarrow[\text{纯醚}]{Mg} CH_3CH(MgBr)CH_2CH(\text{1,3-二氧戊环})$

$\xrightarrow[\text{② } H_3^+O]{\text{① } CO_2} CH_3CH(COOH)CH_2CHO \xrightarrow[Ni]{H_2} HOCH_2CH_2CH(CH_3)COOH$

(5) $CH_3CH_2CH_2OH \xrightarrow{HBr} CH_3CH_2CH_2Br \xrightarrow[\text{纯醚}]{Mg} \xrightarrow[\text{② } H_3^+O]{\text{① 环氧乙烷}}$

$CH_3CH_2CH_2CH_2CH_2OH \xrightarrow[H_3^+O]{KMnO_4} CH_3CH_2CH_2CH_2COOH$

2.

(1) $CH_3CH{=}CH_2 \xrightarrow{HBr} CH_3CHBrCH_3 \xrightarrow[\text{纯醚}]{Mg} CH_3CH(CH_3)MgBr$

$\xrightarrow[\text{② } H_3^+O]{\text{① 环氧乙烷}} CH_3CH(CH_3)CH_2CH_2OH \xrightarrow[\text{② } H_3^+O]{\text{① } K_2Cr_2O_7} CH_3CH(CH_3)CH_2COOH$

$\xrightarrow[P]{Br_2} CH_3CH(CH_3){-}CH(Br)COOH \xrightarrow{NH_3} CH_3CH(CH_3){-}CH(NH_2)COOH$

(2) $CH_3CH{=}CH_2 \xrightarrow[h\nu]{Br_2} CH_2BrCH{=}CH_2$

$CH_3CH{=}CH_2 \xrightarrow[ROOR]{HBr} CH_3CH_2CH_2Br \xrightarrow[\text{纯醚}]{Mg} CH_3CH_2CH_2MgBr \xrightarrow{CH_2BrCH{=}CH_2}$

$CH_3CH_2CH_2CH_2CH{=}CH_2 \xrightarrow[H_3^+O]{KMnO_4} CH_3CH_2CH_2CH_2COOH$

[解题提示] 从碳的数量上是增加了一倍，又减少了一个。因此可以做一个直链的烯烃，然后再氧化。

(3) $CH_2{=}CH_2 + CH_2{=}CH{-}CH{=}CH_2 \longrightarrow \text{环己烯} \xrightarrow[H_3^+O]{KMnO_4} HOOCCH_2CH_2CH_2CH_2COOH$

$\xrightarrow[\text{② } H_3^+O]{\text{① } LiAlH_4} HOCH_2CH_2CH_2CH_2CH_2CH_2OH \xrightarrow{HBr} BrCH_2CH_2CH_2CH_2CH_2CH_2Br$

$\xrightarrow[\text{② } H_3^+O]{\text{① } NaCN} HOOCCH_2CH_2CH_2CH_2CH_2CH_2CH_2COOH$

[解题提示] 此题的做法也是碳链的增长。由于学过双烯合成很容易做出己二酸。

(4) $\text{苯} + O_2 \xrightarrow[500℃]{V_2O_5} \text{顺丁烯二酸酐}$

$HC{\equiv}CH \xrightarrow[NH_4Cl]{CuCl} HC{\equiv}CCH{=}CH_2 \xrightarrow[Lindlar]{H_2} CH_2{=}CHCH{=}CH_2 \xrightarrow{\text{顺丁烯二酸酐}}$

$\text{四氢邻苯二甲酸酐} \xrightarrow{KMnO_4} \text{(HOOCCH}_2\text{)}_2\text{-取代丁二酸酐}$（HOOCCH$_2$、HOOCCH$_2$ 分别连于丁二酸酐环的两个碳上）

［解题提示］从题目的结果看存在丁二酸酐的结构，苯的氧化也同样生成类似的顺丁烯二酸酐，联想到双烯合成反应以及氧化反应，即可解出此题。

六、推导结构

1. （A）$HOOCCH_2CH_2COOH$　（B）$HOOCCH(CH_3)COOH$

2.

（A） 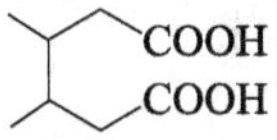　（B） 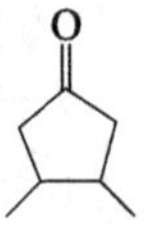　（C） 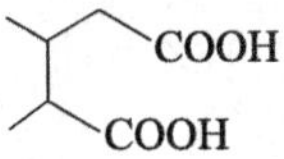　（D） 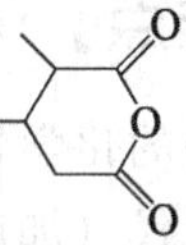　（E）

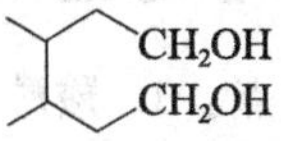

第十三章 羧酸衍生物

【本章学习重点与难点】

重点：1. 羧酸衍生物的化学性质。

2. 羧酸衍生物亲核取代（加成-消除）反应机理。

难点：羧酸衍生物亲核取代反应机理及应用。

【基本内容纲要】

1. 羧酸衍生物的结构与命名。
2. 羧酸衍生物的物理性质。
3. 羧酸衍生物亲核取代（加成-消除）反应机理。
4. 羧酸衍生物的化学性质。
5. 腈的结构和性质。

【内容概要】

一、羧酸衍生物的结构、物理性质和命名

1. 羧酸及其衍生物的结构

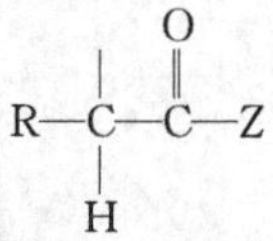

$$R-\underset{H}{\overset{|}{C}}-\overset{O}{\overset{\|}{C}}-Z$$（Z 为 Cl,OH,OCOR,OR′,NH_2）

羧酸衍生物的结构与羧酸相似，都含有酰基，不同之处是羧酸的酰基与羟基相连，而羧酸衍生物是酰基分别与卤素、酰氧基、烷氧基、氨基相连，分别形成酰卤、酸酐、酯和酰胺。

2. 羧酸衍生物的物理性质

（1）沸点　酰卤、酸酐和酯不能形成氢键，沸点低于同碳原子数的羧酸。

酰胺氨基中的氢原子可以与其他酰胺分子中的氧原子形成分之间氢键，沸点高于其他三种羧酸衍生物，当酰胺氮原子上的氢被烷基取代后形成氢键的能力下降，沸点降低。

（2）溶解度　酰卤、酸酐和酯不溶于水（低级的酰卤和酸酐遇水分解），酰胺可以与水形成氢键，低级的酰胺溶于水。

3. 羧酸衍生物的命名

（1）酰卤　酰卤的命名方法是：酰基＋卤素，如乙酰基和氯相连称为乙酰氯。

（2）酸酐　同一羧酸形成的酸酐命名方法是：羧酸的名字＋“酐”，如：乙酸形成的酸酐称为乙酸酐。不同羧酸形成的酸酐的命名方法是：两个羧酸的名字＋“酐”，如：乙酸和丙酸形成的酸酐称为乙酸丙酸酐。

（3）酯　酯的命名方法是：羧酸的名字＋形成酯的醇的名字，如乙酸和甲醇形成的酯称为乙酸甲酯。

（4）酰胺　酰胺的命名方法是：酰基＋胺，如：乙酸与氨形成的酰胺称为乙酰胺。注意，氮上有取代基要先标明取代基，如：乙酸与甲胺形成的酰胺称为 *N*-甲基乙酰胺。

二、羧酸衍生物的亲核取代（加成-消除）反应机理

羧酸衍生物的水解、醇解和氨解反应表面上看是L基团被亲核试剂Nu^-取代，实际是亲核试剂先对碳氧双键加成，然后再消除L基团的反应，该机理称为加成-消除反应机理。

$$R-\overset{\overset{O}{\|}}{C}-L + Nu^- \xrightarrow{\text{加成}} R-\overset{\overset{O^-}{|}}{\underset{\underset{Nu}{|}}{C}}-L \xrightarrow{\text{消除}} R-\overset{\overset{O}{\|}}{C}-Nu + L^-$$

加成-消除反应过程中，碳氧双键中的碳原子的杂化状态发生了变化，由sp^2变成sp^3，再转变成sp^2。

影响加成消除-反应快慢的因素有：(1) 极性碳氧双键中碳原子上正电荷的多少，正电荷越多越容易被亲核试剂进攻。(2) 空间位阻，羧酸衍生物和亲核试剂的体积越大，反应速度越慢。(3) 离去基团的离去能力，离去基团的离去能力越强反应速度越快。

对于加成-消除反应，各羧酸衍生物的反应活性顺序是：酰卤＞酸酐＞酯＞酰胺。

三、羧酸衍生物的化学性质

1. 亲核取代（加成-消除）反应

羧酸衍生物可以发生水解、醇解和氨解的亲核取代反应，产物分别是羧酸、酯和酰胺。

2. 还原反应

(1) $LiAlH_4$还原　酰卤、酸酐和酯可被还原成伯醇，酰胺被还原成胺。

(2) 金属钠-醇还原（Bouveault-Blanc）　金属钠-醇还原酯为伯醇。

(3) Rosenmund还原　此法可将酰卤还原成醛，这是制备醛的一种方法。

(4) 催化加氢　酰卤、酸酐、酯和酰胺可被催化加氢，除酰胺生成胺外，其他羧酸衍生物生成醇。

3. 与Grignard试剂反应

酰卤和酯与Grignard试剂反应生成酮，酮继续与Grignard试剂反应生成叔醇。

酮与Grignard试剂反应的活性低于酰卤，控制Grignard试剂用量与加入方法可控制反应停留在酮的阶段。

4. 酯缩合反应

酯缩合与醛、酮的缩合反应很像，都是将两分子含羰基的有机物连在一起。区别是醛、酮的缩合是亲核加成，而酯缩合是加成消去的反应过程。

(1) Claisen反应

$$CH_3COOC_2H_5 \xrightarrow[\text{② } H_3^+O]{\text{① } C_2H_5ONa} CH_3COCH_2COOC_2H_5$$

(2) Dieckmann反应

$$\text{(己烷-1,2-二基)}\begin{matrix}COOC_2H_5\\COOC_2H_5\end{matrix} \xrightarrow[\text{②} H_3^+O]{\text{①} C_2H_5ONa} \text{2-氧代环戊基}-COOC_2H_5$$

5. 酰胺氮原子上的反应

(1) 酰胺的酸碱性　酰胺氮上的孤对电子与羰基共轭，使氮原子的碱性比胺类化合物大大下降，同时共轭的结果使氮上的质子有离去的可能，结果表明，中性的酰胺在强酸或者强碱作用下分别表现出弱的碱性和酸性。

(2) 脱水反应　酰胺在脱水剂P_2O_5、$SOCl_2$作用下脱水生成腈。

(3) Hofmann降解反应　酰胺在溴或者氯的碱溶液中脱去羰基生成伯胺，该反应使碳链减少一个碳原子。碘仿反应也是少一个碳原子的反应，它们的反应条件也类似。

6. 腈的化学性质

（1）水解

$$RCN + H_2O \xrightarrow{H^+ 或 OH^-} RCOOH$$

（2）醇解

$$RCN + R'OH + H_2O \xrightarrow{H^+} RCOOR'$$

（3）与 Grignard 试剂反应

$$RCN \xrightarrow[② H_2O]{① R'MgX} RCOR'$$

（4）α-氢的反应

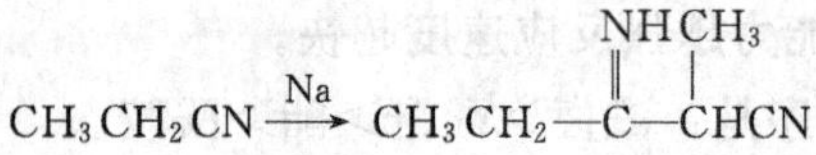

$$CH_3CH_2CN \xrightarrow{Na} CH_3CH_2-\overset{\overset{NH}{\|}}{C}-\overset{\overset{CH_3}{|}}{C}HCN$$

（5）催化加氢

$$RCN \xrightarrow[Ni]{H_2} RCH_2NH_2$$

【例题解析】

【例 1】用系统命名法命名下列化合物：

（1）$C_6H_5-\overset{\overset{O}{\|}}{C}Cl$　　（2）$CH_3CH_2\overset{\overset{O}{\|}}{C}O\overset{\overset{O}{\|}}{C}CH_2CH_3$

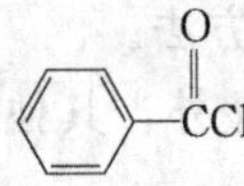

（3）（3-甲基邻苯二甲酸酐结构式）　　（4）$CH_3CH_2COOCH_2-C_6H_4-CH_3$

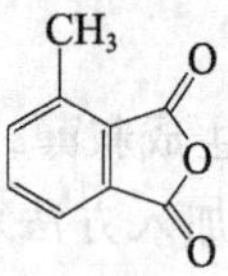

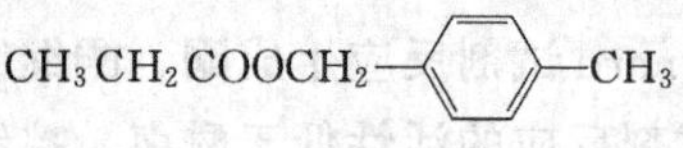

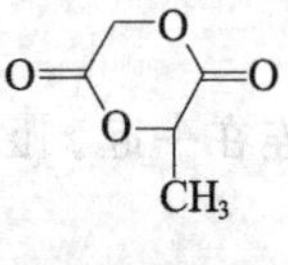

（5）（乙丙交酯结构式，含 $O=$、$=O$、CH_3）　　（6）$CH_3COO-C_6H_5$

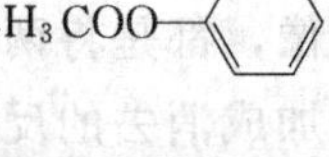

答（1）苯甲酰氯　　（2）丙酸酐　　（3）3-甲基邻苯二甲酸酐

（4）丙酸对甲基苄酯　　（5）乙丙交酯　　（6）乙酸苯酚酯

【例 2】比较下列化合物水解反应的活性大小。

（1）（A）苯甲酰氯　（B）苯甲酸酐　（C）苯甲酸甲酯　（D）苯甲酰胺

（2）（A）乙酸甲酯　（B）乙酸丁酯　（C）乙酸异丙酯

答（1）A＞B＞C＞D

［解题提示］羧酸衍生物的水解反应属于加成消去反应，此反应的活性顺序如下：酰卤＞酸酐＞酯＞酰胺。

（2）A＞B＞C

［解题提示］酯类水解的活性与羰基的电子效应和空间位阻有关，本题的影响因素主要为空间位阻，空间障碍大的反应活性低。

【例 3】完成下列反应：

(1) 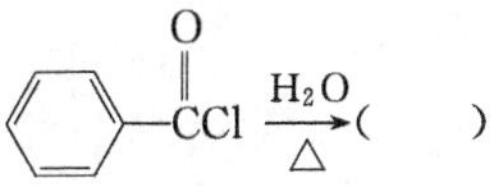 $C_6H_5COCl \xrightarrow[\triangle]{H_2O}$ (　)

(2) $CH_3COOCH_3 \xrightarrow{C_4H_9OH}$ (　) + (　)

(3) $CH_3COOCH_3 \xrightarrow[CH_3OH]{Na}$ (　)

(4) $CH_3COOCH_3 \xrightarrow[\text{② } H_3^+O]{\text{① } LiAlH_4}$ (　)

(5) $CH_3CONH_2 \xrightarrow[NaOH]{Br_2}$ (　)

答

(1) 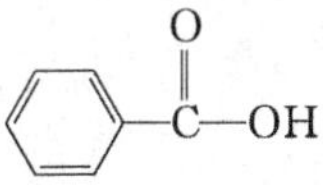 C_6H_5COOH　(2) $CH_3COOC_4H_9$　CH_3OH　(3) CH_3CH_2OH

(4) CH_3CH_2OH　(5) CH_3NH_2

【例 4】 完成下列转化：

(1) 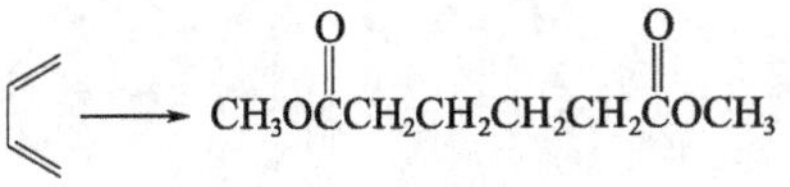 $CH_2=CH-CH=CH_2 \longrightarrow CH_3OOCCH_2CH_2CH_2CH_2COOCH_3$

(2) $CH_3COOH \longrightarrow ClCH_2COOCH_3$

(3) 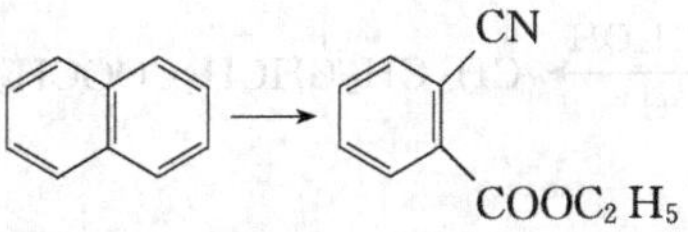 萘 $\longrightarrow$ 邻-氰基苯甲酸乙酯（o-$NC-C_6H_4-COOC_2H_5$）

(4) $CH_3CH_2CH(OH)CH_3 \longrightarrow CH_3CH_2CH(CH_3)CH_2COOCH_3$

答

(1) 逆向推导如下：

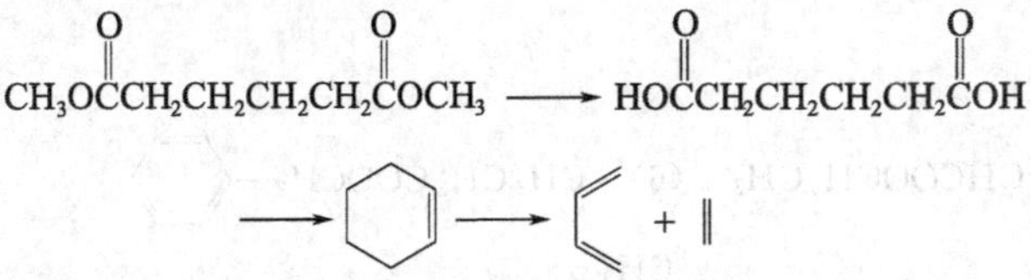

$CH_3OOCCH_2CH_2CH_2CH_2COOCH_3 \longrightarrow HOOCCH_2CH_2CH_2CH_2COOH$

$\longrightarrow$ 环己烯 $\longrightarrow CH_2=CH-CH=CH_2 + CH_2=CH_2$

合成路线为：

$CH_2=CH-CH=CH_2 + CH_2=CH_2 \longrightarrow$ 环己烯 $\xrightarrow[H_3^+O]{KMnO_4} HOOCCH_2CH_2CH_2CH_2COOH$

$\xrightarrow[H^+]{CH_3OH} CH_3OOCCH_2CH_2CH_2CH_2COOCH_3$

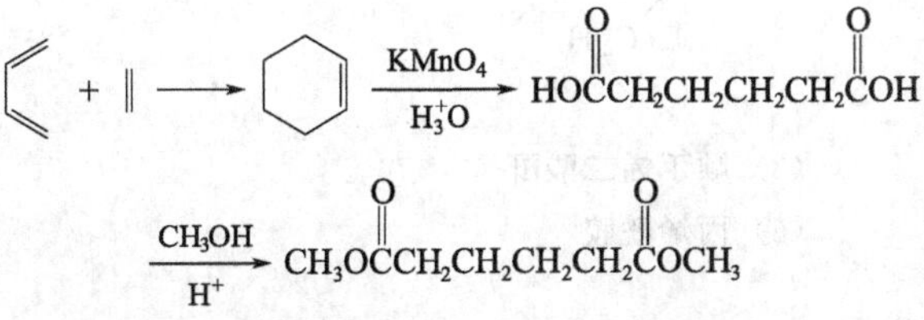

(2) 此题只需要将酸卤代并且酯化即可。

$$CH_3COOH \xrightarrow[P]{Cl_2} \underset{\displaystyle Cl}{\underset{|}{CH_2}}COOH \xrightarrow[H^+]{CH_3OH} \underset{\displaystyle Cl}{\underset{|}{CH_2}}\overset{\displaystyle O}{\overset{\|}{C}}—OCH_3$$

（3）此题为碳链减少的合成，可反推为：

$$o\text{-}C_6H_4(CN)(COOC_2H_5) \longrightarrow o\text{-}C_6H_4(COOH)_2 \longrightarrow \text{邻苯二甲酸酐} \longrightarrow \text{萘}$$

$$\text{萘} \xrightarrow[450℃]{V_2O_5} \text{邻苯二甲酸酐} \xrightarrow{CH_3CH_2OH} o\text{-}C_6H_4(COOH)(COOC_2H_5) \xrightarrow[\triangle]{P_2O_5} o\text{-}C_6H_4(CN)(COOC_2H_5)$$

（4）此题由醇制备多两个碳的酯，推导过程如下：

$$CH_3CH_2\overset{\displaystyle CH_3}{\overset{|}{C}H}CH_2COOCH_3 \Longrightarrow CH_3CH_2\overset{\displaystyle CH_2COOH}{\overset{|}{C}H}CH_3 \Longrightarrow CH_3CH_2\overset{\displaystyle CH_2CH_2OH}{\overset{|}{C}H}CH_3$$

$$\Longrightarrow CH_3CH_2\overset{\displaystyle MgCl}{\overset{|}{C}H}CH_3 \Longrightarrow CH_3CH_2\overset{\displaystyle Cl}{\overset{|}{C}H}CH_3$$

合成路线为：

$$CH_3CH_2\overset{\displaystyle OH}{\overset{|}{C}H}CH_3 \xrightarrow{HCl} CH_3CH_2\overset{\displaystyle Cl}{\overset{|}{C}H}CH_3 \xrightarrow[\text{纯醚}]{Mg} CH_3CH_2\overset{\displaystyle MgCl}{\overset{|}{C}H}CH_3 \xrightarrow[②\ H_3^+O]{①\ \text{环氧乙烷}}$$

$$CH_3CH_2\overset{\displaystyle CH_2CH_2OH}{\overset{|}{C}H}CH_3 \xrightarrow{KMnO_4} CH_3CH_2\overset{\displaystyle CH_2COOH}{\overset{|}{C}H}CH_3 \xrightarrow[H^+]{CH_3OH} CH_3CH_2\overset{\displaystyle CH_3}{\overset{|}{C}H}CH_2COOCH_3$$

【习题】

一、命名或写出结构式

1. 用系统命名法命名下列化合物

（1）$CH_3\underset{\displaystyle Br}{\underset{|}{C}H}CH_2CH_2COCl$　（2）$H_3C—C_6H_4—COCl$（对位）　（3）$CH_2═CHCH_2COBr$

（4）$CH_3CH_2CH_2\overset{\displaystyle O}{\overset{\|}{C}}O\overset{\displaystyle O}{\overset{\|}{C}}CH_3$　（5）$CH_2═CHCOOCH_2CH_3$　（6）$CH_3CH_2COOCH_2—C_6H_5$

（7）$CH_3CH_2CH_2CONHCH_3$　（8）$CH_3CH_2CON(CH_3)(C_2H_5)$

2. 写出下列化合物的结构式

（1）草酰氯　（2）丁二酰氯　（3）顺丁烯二酸酐

（4）邻苯二甲酸酐　（5）β-丁酮酸丁酯　（6）丙烯酰胺

（7）*N*-甲基乙酰胺　（8）乙酰苯胺

二、回答问题

1. 比较下列化合物的沸点大小：

（A）乙酸 （B）乙酰氯 （C）乙酰胺

2. 甲基酮可以发生碘仿反应，而乙酸乙酯等结构类似的羧酸衍生物不能发生碘仿反应，为什么？

3. 比较下列化合物加成-消除反应的活性：

（A）乙酸酐 （B）乙酰氯 （C）乙酰胺 （D）乙酸丁酯

4. 比较下列酯碱性水解的反应活性：

（A）$H_3C-C_6H_4-COOC_2H_5$ （B）$O_2N-C_6H_4-COOC_2H_5$ （C）$C_6H_5-COOC_2H_5$

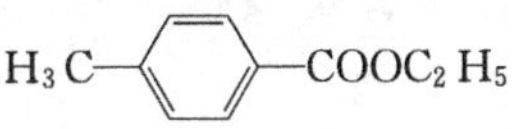

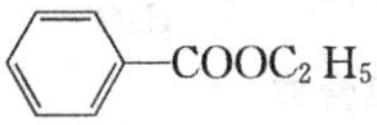

5. 比较 $CH_3CH_2CH_2CH{=}\overset{+}{O}H$ 与 $CH_3CH_2CH_2\overset{+}{O}H_2$ 酸性强弱，并说明理由。

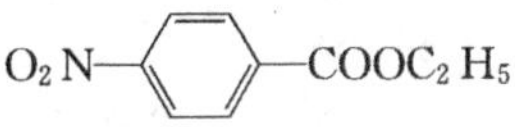

6. 比较酰氯与酰胺中 α 氢的酸性大小，并说明理由。

7. 用化学方法鉴别乙酸、乙酰氯、乙酸乙酯和乙酰胺。

三、完成反应

1. 丙酰氯与下列化合物作用将得到什么主要产物？

（1）H_2O （2）CH_3NH_2 （3）CH_3CH_2COONa （4）$CH_3(CH_2)_3OH$

2. 完成下列反应：

（1）N-甲基-2-吡咯烷酮（五元环内酰胺，N—CH_3）$\xrightarrow{H_3^+O}$（ ） （2）$CH_3COCH_2COOC_2H_5 \xrightarrow[\text{② } H_3^+O]{\text{① } LiAlH_4}$（ ）

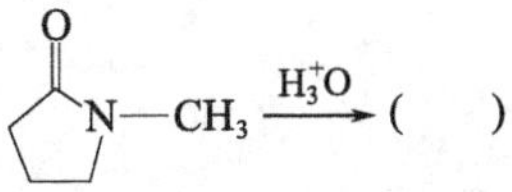

（3）$CH_3COCH_2COOC_2H_5 \xrightarrow[\text{② } H_3^+O]{\text{① } NaBH_4}$（ ）

（4）$C_6H_5-CO^{18}OCH_3 \xrightarrow{H_3^+O}$（ ）+（ ）

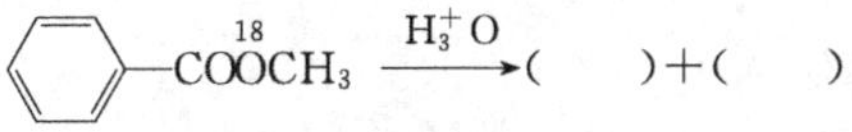

（5）$C_6H_5-CO^{18}OC(CH_3)_3 \xrightarrow{H_3^+O}$（ ）+（ ）

（6）$CH_3COCl +$ 环己醇（$C_6H_{11}-OH$）$\longrightarrow$（ ） （7）$C_6H_5CONH_2 \xrightarrow[NaOH]{Br_2}$（ ）

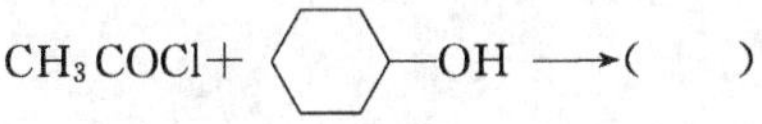

（8）$C_6H_5-\overset{O}{\overset{\|}{C}}-Cl \xrightarrow[\triangle]{C_2H_5OH}$（ ）

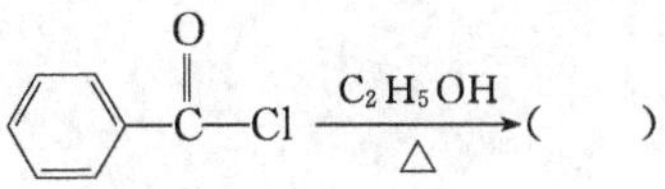

（9）$C_6H_5-\overset{O}{\overset{\|}{C}}-NH_2 \xrightarrow[\triangle]{P_2O_5}$（ ）

（10）$C_6H_5-\overset{O}{\overset{\|}{C}}-Cl \xrightarrow[\text{② } H_3^+O]{\text{① } LiAlH_4}$（ ）

（11）$C_6H_5-\overset{O}{\overset{\|}{C}}-Cl \xrightarrow[\text{② } H_3^+O]{\text{① } LiAlH(OBu)_3}$（ ）

（12）$C_6H_{11}-\overset{O}{\overset{\|}{C}}-Cl \xrightarrow[\text{② } H_3^+O]{\text{① } CH_3MgI}$（ ）

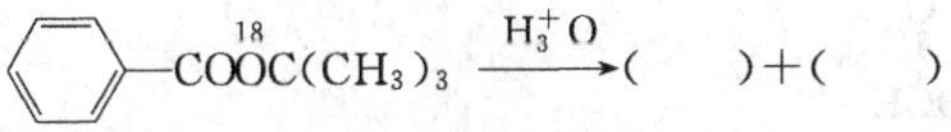

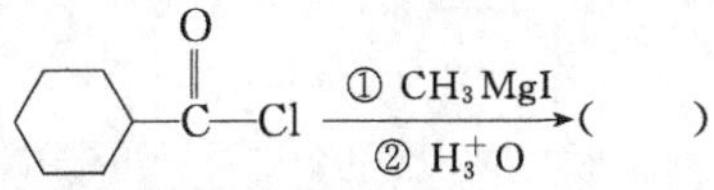

四、反应机理

写出下列反应的反应机理：

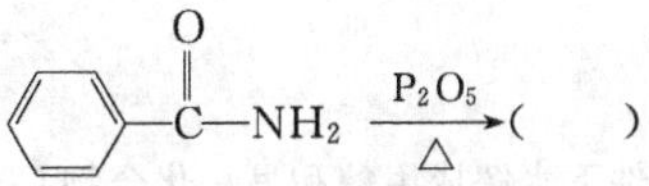

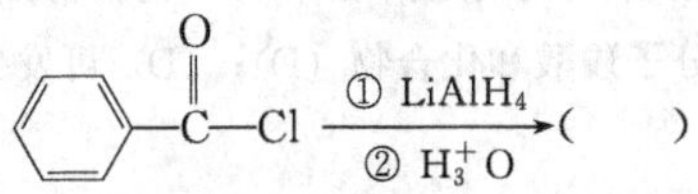

（1）$C_6H_5-\overset{O}{\overset{\|}{C}}-OC_2H_5 \xrightarrow{H_3O^{18}} C_6H_5-\overset{O}{\overset{\|}{C}}-{}^{18}OH + C_2H_5OH$

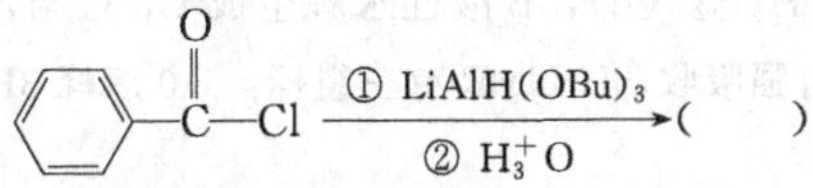

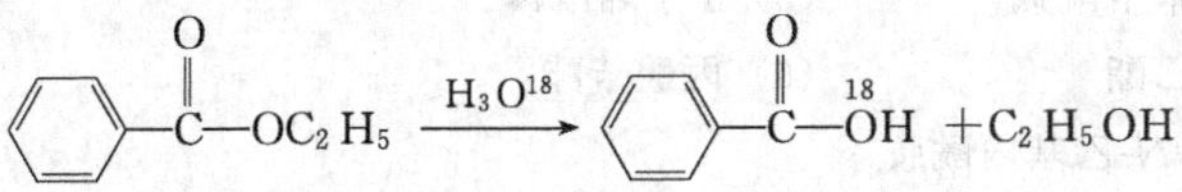

(2) $C_6H_5-\overset{O}{\overset{\|}{C}}-OC(CH_3)_3 \xrightarrow{H_3O^{18}} C_6H_5-\overset{O}{\overset{\|}{C}}-OH + (CH_3)_3C\overset{18}{O}H$

(3) $CH_3C{\equiv}N \xrightarrow{H_3^+O} CH_3COOH$

(4) $CH_3C{\equiv}N \xrightarrow[H_2O]{OH^-} CH_3COO^-$

五、有机合成

1. 完成下列转化

(1) $CH_3CH_2COOH \longrightarrow CH_2{=}CHCOOH$

(2) $CH_3CH_2OH \longrightarrow ClCH_2COCl$

(3) $CH_3CH_2OH \longrightarrow$ （4-亚甲基氧杂环丁-2-酮，双烯酮结构）

(4) 邻苯二甲酸（COOH, COOH） $\longrightarrow$ 邻位 COCl / $COOC_2H_5$ 取代苯

(5) $CH_3CH_2CH_2Br \longrightarrow CH_3CH_2CH_2CONH_2$

2. 用指定原料合成下列化合物：

(1) 用不多于 4 个碳的有机物合成 $CH_3CH_2\overset{O}{\overset{\|}{C}}CH_2CH_2\overset{O}{\overset{\|}{C}}OCH_3$

(2) 用苯和不多于 4 个碳的有机物合成 $C_6H_5-\overset{O}{\overset{\|}{C}}CH_2O\overset{O}{\overset{\|}{C}}H$

(3) 用丙醛为原料合成 $CH_3CH_2CH{=}\overset{CH_3}{\overset{|}{C}}COOC_2H_5$

(4) 由 苯 合成 $C_6H_5-\overset{O}{\overset{\|}{C}}-O-C_6H_5$

六、推导结构

1. 有两个酯类化合物 (A) 和 (B)，分子式均为 $C_4H_6O_2$。(A) 在酸性条件下水解成甲醇和另一化合物 $C_3H_4O_2$ (C)，(C) 可使 Br_2-CCl_4 溶液褪色。(B) 在酸性条件下水解生成一分子羧酸和化合物 (D)；(D) 可发生碘仿反应，也可与 Tollens 试剂作用。试推测 (A) ～ (D) 的构造。

2. 一化合物的分子式为 C_4H_8Br (A)，与 NaCN 反应生成 $C_6H_8N_2$ (B)，B 酸性水解生成 C，C 与乙酸酐共热生成 D 和乙酸，D 的 IR 光谱在 $1820cm^{-1}$，$1755cm^{-1}$ 处有强吸收，^1H NMR 有三组峰：1.0 双峰 3H，2.8 双峰 4H，2.0 多重峰 1H。请推测 A，B，C，D，的结构式。

【习题解答】

一、命名或写出结构式

1.

(1) 4-溴戊酰氯　　(2) 对甲基苯甲酰氯　　(3) 3-丁烯酰溴

(4) 乙酸丁酸酐　　(5) 丙烯酸乙酯　　(6) 丙酸苄酯

(7) *N*-甲基丁酰胺　　(8) *N*-甲基-*N*-乙基丙酰胺

2.

(1) $\mathrm{ClC(=O)C(=O)Cl}$ (2) $\mathrm{ClC(=O)CH_2CH_2C(=O)Cl}$ (3) 顺丁烯二酸酐 (4) 邻苯二甲酸酐

(5) $CH_3COCH_2COOC_4H_9$ (6) $CH_2{=}CHCONH_2$ (7) $CH_3CONHCH_3$

(8) C_6H_5—$NHCOCH_3$

二、回答问题

1. (C) > (A) > (B)

2. 原因一：羧酸衍生物碱性条件下水解成羧酸根负离子，羧酸根负离子导致其 α-氢原子酸性下降，碘仿反应难以发生。原因二：羧酸衍生物中与酰基相连的氧原子、氮原子等原子与酰基形成共轭体系，共轭效应的结果也使 α-氢原子酸性降低。

3. (B) > (A) > (D) > (C)

4. (B) > (C) > (A)

5. 前者酸性强。羰基中的氧原子是 sp^2 杂化，醇中氧原子是 sp^3 杂化，二者比较起来，sp^2 杂化轨道中的 s 成分较多，电负性大，氧原子核对核外孤对电子吸引力大，由此孤对电子对质子的吸引力小，质子容易离去，酸性强。

6. 酰氯的 α 氢酸性强。酰氯中氯原子吸电能力强，使羰基的电子云密度降低，并导致与其相连的 α 碳原子电子云密度也下降，结果使 α 氢原子容易离去，酸性强。

7.

试剂 \ 化合物	乙酸	乙酰氯	乙酸乙酯	乙酰胺
$AgNO_3$	−	+白色↓	−	−
$NaHCO_3$	+↑		−	−
HNO_2			−	+↑

三、完成反应

1.

(1) $CH_3CH_2COOH+HCl$ (2) $CH_3CH_2CONHCH_3+HCl$

(3) $(CH_3CH_2CO)_2O+NaCl$ (4) $CH_3CH_2COOCH_2CH_2CH_2CH_3+HCl$

2.

(1) $CH_3NHCH_2CH_2CH_2COOH$ (2) $CH_3CH(OH)CH_2CH_2OH$

(3) $CH_3CH(OH)CH_2COOC_2H_5$ (4) C_6H_5—$COOH$ $CH_3\overset{18}{O}H$

(5) C_6H_5—$CO\overset{18}{O}H$ $(CH_3)_3OH$ (6) CH_3COO—C_6H_{11} (7) C_6H_5—NH_2

(8) C_6H_5—$C(=O)$—OC_2H_5 (9) C_6H_5—$C{\equiv}N$ (10) C_6H_5—CH_2OH

(11) C_6H_5—$C(=O)$—H (12) C_6H_{11}—$C(OH)(CH_3)$—CH_3

四、反应机理

(1) $C_6H_5\text{—}C(=O)\text{—}OC_2H_5 \xrightarrow{H^+} C_6H_5\text{—}C(=\overset{+}{O}H)\text{—}OC_2H_5 \xrightarrow{H_2O^{18}} C_6H_5\text{—}C(OH)(H_2\overset{+}{O}_{18})\text{—}OC_2H_5$

$$\longrightarrow C_6H_5-\underset{HO^{18}}{\overset{OH}{C}}-\overset{+}{O}(H)C_2H_5 \longrightarrow C_6H_5-\overset{\overset{+}{O}H}{\overset{\|}{C}}-\overset{18}{O}H + C_2H_5OH \xrightarrow{-H^+} C_6H_5-\overset{O}{\overset{\|}{C}}-\overset{18}{O}H$$

此机理是酯化反应的逆反应，进攻的亲核试剂是水中的氧原子，烷氧基是离去基团。

(2) $$C_6H_5-\overset{O}{\overset{\|}{C}}-OC(CH_3)_3 \xrightarrow{H^+} C_6H_5-\overset{\overset{+}{O}H}{\overset{\|}{C}}-OC(CH_3)_3 \longrightarrow C_6H_5-\overset{\overset{+}{O}H}{\overset{\|}{C}}-O^- + (CH_3)_3\overset{+}{C}$$

$$C_6H_5-\overset{\overset{+}{O}H}{\overset{\|}{C}}-O^- \longrightarrow C_6H_5-\overset{O}{\overset{\|}{C}}-OH$$

$$(CH_3)_3\overset{+}{C} \xrightarrow{H_2\overset{18}{O}} (CH_3)_3C\overset{+18}{O}H(H) \xrightarrow{-H^+} (CH_3)_3C\overset{18}{O}H$$

这个机理与上一个机理不同，叔丁基的醇酯首先是碳氧键断裂，形成较稳定的叔碳正离子。

(3) $$CH_3C\equiv N \xrightarrow{H^+} CH_3C\equiv\overset{+}{N}H \longleftrightarrow CH_3\overset{+}{C}=NH \xrightarrow{H_2O} CH_3\overset{H_2\overset{+}{O}}{C}=NH$$

$$\xrightarrow{-H^+} CH_3\overset{OH}{C}=NH \xrightarrow{\text{互变异构}} CH_3\overset{O}{\overset{\|}{C}}-NH_2 \xrightarrow{H^+} CH_3\overset{\overset{+}{O}H}{\overset{\|}{C}}-NH_2 \xrightarrow{H_2O}$$

$$CH_3\underset{H_2\overset{+}{O}}{\overset{OH}{C}}-NH_2 \xrightarrow{H^+\text{转移}} CH_3\underset{OH}{\overset{OH}{C}}-\overset{+}{N}H_3 \xrightarrow{-NH_3} CH_3-\overset{\overset{+}{O}H}{\overset{\|}{C}}-OH \xrightarrow{-H^+} CH_3COOH$$

(4) $$CH_3C\equiv N \xrightarrow{OH^-} CH_3\overset{OH}{C}=N^- \xrightarrow[-OH^-]{H_2O} CH_3\overset{OH}{C}=NH \xrightarrow{\text{互变异构}} CH_3\overset{O}{\overset{\|}{C}}-NH_2$$

$$CH_3\overset{O}{\overset{\|}{C}}-NH_2 \xrightarrow{OH^-} CH_3\underset{OH}{\overset{O^-}{C}}-NH_2 \longrightarrow CH_3\overset{O}{\overset{\|}{C}}-OH + \overset{-}{N}H_2$$

$$\longrightarrow CH_3COO^- + NH_3$$

五、有机合成

1.

(1) $$CH_3CH_2COOH \xrightarrow[P]{Cl_2} CH_3\overset{Cl}{C}HCOOH \xrightarrow{\triangle} CH_2=CHCOOH$$

(2) $$CH_3CH_2OH \xrightarrow[H_3^+O]{KMnO_4} CH_3COOH \xrightarrow[P]{Cl_2} ClCH_2COOH \xrightarrow{SOCl_2} ClCH_2COCl$$

(3) $$CH_3CH_2OH \xrightarrow[H_3^+O]{KMnO_4} CH_3COOH \xrightarrow{\triangle} CH_2=C=O \xrightarrow{\text{二聚}}$$ (4-亚甲基氧杂环丁-2-酮结构式)

(4) 邻苯二甲酸 $\xrightarrow[\triangle]{P_2O_5}$ 邻苯二甲酸酐 $\xrightarrow{CH_3CH_2OH}$ $C_6H_4(COOH)(COOC_2H_5)$

$\xrightarrow{SOCl_2}$ $C_6H_4(COCl)(COOC_2H_5)$

[解题提示] 此合成直接酯化或者酰基化都有副反应生成，用此种方法避免副反应。

(5) $CH_3CH_2CH_2Br \xrightarrow[纯醚]{Mg} CH_3CH_2CH_2MgBr \xrightarrow[② H_3^+O]{① CO_2} CH_3CH_2CH_2COOH$

$\xrightarrow[\triangle]{NH_3} CH_3CH_2CH_2CONH_2$

2.

(1) 丁二酸酐 $\xrightarrow{CH_3OH}$ $HO\overset{O}{\overset{\|}{C}}CH_2CH_2\overset{O}{\overset{\|}{C}}OCH_3 \xrightarrow{SOCl_2} Cl\overset{O}{\overset{\|}{C}}CH_2CH_2\overset{O}{\overset{\|}{C}}OCH_3$

$\xrightarrow[② H_3^+O]{① (CH_3CH_2)_2Cd} CH_3CH_2\overset{O}{\overset{\|}{C}}CH_2CH_2\overset{O}{\overset{\|}{C}}OCH_3$

(2) 苯 $\xrightarrow[AlBr_3]{CH_3COBr}$ $C_6H_5\overset{O}{\overset{\|}{C}}CH_3 \xrightarrow[P]{Cl_2} C_6H_5\overset{O}{\overset{\|}{C}}CH_2Cl \xrightarrow{HCOONa} C_6H_5\overset{O}{\overset{\|}{C}}CH_2O\overset{O}{\overset{\|}{C}}H$

(3) $CH_3CH_2CHO \xrightarrow[\triangle]{OH^-} CH_3CH_2CH{=}\overset{CH_3}{\overset{|}{C}}CHO \xrightarrow{Ag(NH_3)_2NO_2} CH_3CH_2CH{=}\overset{CH_3}{\overset{|}{C}}COOH$

$\xrightarrow{CH_3CH_2OH} CH_3CH_2CH{=}\overset{CH_3}{\overset{|}{C}}COOC_2H_5$

(4) 苯 $\xrightarrow[AlCl_3]{CH_3Cl}$ $C_6H_5CH_3 \xrightarrow[H_3^+O]{KMnO_4} C_6H_5COOH$

苯 $\xrightarrow{H_2SO_4}$ $C_6H_5SO_3H \xrightarrow{Na_2CO_3} C_6H_5SO_3Na \xrightarrow[② H^+]{① NaOH 熔融} C_6H_5OH \xrightarrow{OH^-} C_6H_5ONa$

$\xrightarrow{C_6H_5COOH} C_6H_5\overset{O}{\overset{\|}{C}}OC_6H_5$

六、推导结构

1. (A) $CH_2{=}CHCOOCH_3$　(B) $CH_3COOCH{=}CH_2$

(C) $CH_2{=}CHCOOH$　(D) CH_3CHO

2.

A. $CH_3CH(CH_2Br)_2$　B. $CH_3CH(CH_2CN)_2$

C. $CH_3CH(CH_2COOH)_2$　D. 4-甲基戊二酸酐（CH_3— 取代的六元环状酸酐）

第十四章　β-二羰基化合物

【本章学习重点与难点】

重点：β-二羰基化合物的性质、合成方法及其在有机合成中的应用。

难点：β-二羰基化合物的性质及其在有机合成中的应用。

【基本内容纲要】

1. 乙酰乙酸乙酯和丙二酸二乙酯的制备方法。
2. 乙酰乙酸乙酯和丙二酸二乙酯的结构和性质。
3. 乙酰乙酸乙酯在有机合成中的应用——合成酮类化合物。
4. 丙二酸二乙酯在有机合成中的应用——合成羧酸类化合物。

【内容概要】

一、乙酰乙酸乙酯和丙二酸二乙酯的制备

1. 乙酰乙酸乙酯的制备

(1) Claisen 酯缩合

$$CH_3-\overset{O}{\overset{\|}{C}}-OC_2H_5 + CH_3-\overset{O}{\overset{\|}{C}}-OC_2H_5 \xrightarrow[\text{② } CH_3COOH]{\text{① } C_2H_5ONa} CH_3-\overset{O}{\overset{\|}{C}}-CH_2-\overset{O}{\overset{\|}{C}}-OC_2H_5$$

(2) 用乙烯酮制备

$$\begin{matrix} CH_2{=}C{=}O \\ CH_2{=}C{=}O \end{matrix} \longrightarrow \begin{matrix} CH_2{=}C-O \\ \quad | \qquad | \\ CH_2-C{=}O \end{matrix} \xrightarrow[C_2H_5OH]{H_3^+O} CH_3-\overset{O}{\overset{\|}{C}}-CH_2-COOC_2H_5$$

2. 丙二酸二乙酯的制备

$$CH_3COOH \xrightarrow[P]{Cl_2} \underset{Cl}{\underset{|}{CH_2}}COOH \xrightarrow{NaCN} \underset{CN}{\underset{|}{CH_2}}COONa \xrightarrow[H_2SO_4]{C_2H_5OH} CH_2\begin{matrix} / COOC_2H_5 \\ \backslash COOC_2H_5 \end{matrix}$$

二、乙酰乙酸乙酯和丙二酸二乙酯的结构（酮式-烯醇式互变异构）

在室温下，β-二羰基化合物的酮式和烯醇式可相互转化，共存于平衡体系中。β-二羰基化合物的结构不同，烯醇式含量也不同。例如：

$$C_2H_5O-\overset{O}{\overset{\|}{C}}-CH_2-\overset{O}{\overset{\|}{C}}-OC_2H_5 \underset{}{\overset{室温}{\rightleftharpoons}} C_2H_5O-\overset{OH}{\overset{|}{C}}{=}CH-\overset{O}{\overset{\|}{C}}-OC_2H_5$$
(0.1%)

$$CH_3-\overset{O}{\overset{\|}{C}}-CH_2-\overset{O}{\overset{\|}{C}}-OC_2H_5 \overset{室温}{\rightleftharpoons} CH_3-\overset{OH}{\overset{|}{C}}{=}CH-\overset{O}{\overset{\|}{C}}-OC_2H_5$$
(7.5%)

$$CH_3-\overset{O}{\overset{\|}{C}}-CH_2-\overset{O}{\overset{\|}{C}}-CH_3 \overset{室温}{\rightleftharpoons} CH_3-\overset{OH}{\overset{|}{C}}{=}CH-\overset{O}{\overset{\|}{C}}-CH_3$$
(76.0%)

$$C_6H_5-\overset{O}{\overset{\|}{C}}-CH_2-\overset{O}{\overset{\|}{C}}-CH_3 \xrightleftharpoons{\text{室温}} C_6H_5-\overset{OH}{\overset{|}{C}}=CH-\overset{O}{\overset{\|}{C}}-CH_3$$

(90.0%)

烯醇式存在的原因：①受两端吸电基团的影响 α-H 原子较活泼，易从碳原子上转移到电负性较大的氧原子上，形成烯醇式结构；②烯醇式结构因形成共轭体系而稳定；③烯醇式可通过分子内氢键形成一个稳定的六元环。

$$CH_3-C(-O-H\cdots O=)=CH-C-OC_2H_5$$

三、乙酰乙酸乙酯和丙二酸二乙酯的性质

1. 热分解反应

(1) 乙酰乙酸乙酯的酮式分解和酸式分解

$$CH_3COCH_2COOC_2H_5 \xrightarrow[\text{酮式分解}]{①5\%OH^-,②H^+,③\triangle} CH_3COCH_3 + C_2H_5OH + CO_2$$

$$CH_3COCH_2COOC_2H_5 \xrightarrow[\text{酸式分解}]{①40\%OH^-,\triangle,②H^+} CH_3COOH + CH_3COOH + C_2H_5OH$$

(2) 丙二酸二乙酯的热分解

$$C_2H_5OOCCH_2COOC_2H_5 \xrightarrow[②\ H^+]{①\ 5\%OH^-} HOOCCH_2COOH \xrightarrow[(-CO_2)]{\triangle} CH_3COOH$$

2. 酸性

β-二羰基化合物，由于 α-H 原子受到两个吸电基团的影响，具有一定的酸性，可与强碱反应生成盐。

$$CH_3COCH_2COOC_2H_5 \xrightarrow{C_2H_5ONa} [CH_3CO\bar{C}HCOOC_2H_5]Na^+$$

$$CH_2(COOC_2H_5)_2 \xrightarrow{C_2H_5ONa} [\bar{C}H(COOC_2H_5)_2]Na^+$$

此盐为碳负离子，具有亲核性，可与卤代烃发生亲核取代反应，其产物经水解、酸化、脱羧等过程，可以合成酮、羧酸类有机化合物。

$$CH_3COCH_2COOC_2H_5 \xrightarrow[②\ RX]{①\ C_2H_5ONa} CH_3CO\underset{R}{\underset{|}{C}}HCOOC_2H_5 \xrightarrow[②\ H^+,\triangle]{①\ OH^-,H_2O} CH_3COCH_2R$$

$$CH_3CO\underset{R}{\underset{|}{C}}HCOOC_2H_5 \xrightarrow[②\ R'X]{①\ C_2H_5ONa} CH_3CO\overset{R'}{\overset{|}{\underset{R}{\underset{|}{C}}}}COOC_2H_5 \xrightarrow[②\ H^+,\triangle]{①\ OH^-,H_2O} CH_3CO\overset{R'}{\overset{|}{C}}H-R$$

$$CH_2(COOC_2H_5)_2 \xrightarrow[②\ R'X]{①\ C_2H_5ONa} \underset{R}{\underset{|}{C}}H(COOC_2H_5)_2 \xrightarrow[②\ H^+,\triangle]{①\ OH^-,H_2O} RCH_2COOH$$

$$\underset{R}{\underset{|}{C}}H(COOC_2H_5)_2 \xrightarrow[②\ R'X]{①\ C_2H_5ONa} R-\overset{R'}{\overset{|}{C}}(COOC_2H_5)_2 \xrightarrow[②\ H^+,\triangle]{①\ OH^-,H_2O} R-\overset{R'}{\overset{|}{C}}HCOOH$$

四、乙酰乙酸乙酯和丙二酸二乙酯在合成中的应用

用乙酰乙酸乙酯合成酮类化合物、丙二酸二乙酯合成羧酸类化合物，关键在于卤代烃的选择。由于结构的特点，两者亚甲基上 α-H 都具有弱酸性，可与强碱反应生成盐，即碳负

离子。碳负离子与卤代烃进行亲核取代反应，从而将卤代烃中的烃基引入分子中。再经水解、酸化、脱羧等过程，即得到目的产物。

1. 用乙酰乙酸乙酯合成酮类化合物

(1) 合成甲基酮

【例 1】合成 $CH_3CO(CH_2)_3CH_3$

根据目的产物的结构，可选择卤代烃 1-溴丙烷 $CH_3CH_2CH_2Br$。

$$CH_3COCH_2COOC_2H_5 \xrightarrow[\text{② } CH_3CH_2CH_2Br]{\text{① } C_2H_5ONa} CH_3COCH(CH_2CH_2CH_3)COOC_2H_5 \xrightarrow[\text{② } H^+,\triangle]{\text{① } OH^-,H_2O} CH_3CO(CH_2)_3CH_3$$

【例 2】合成 $CH_3COCH(CH_3)CH_2CH_3$

从目的产物可以看出，分子中需要引入两个烃基，即甲基和乙基。因此可选择 CH_3Br 和 CH_3CH_2Br。

如果两个烃基大小不同，一般先引入较大基团，再引入较小基团。

$$CH_3COCH_2COOC_2H_5 \xrightarrow[\text{② } CH_3CH_2Br]{\text{① } C_2H_5ONa} CH_3COCH(CH_2CH_3)COOC_2H_5 \xrightarrow[\text{② } CH_3Br]{\text{① } C_2H_5ONa}$$

$$CH_3COC(CH_3)(CH_2CH_3)COOC_2H_5 \xrightarrow[\text{② } H^+,\triangle]{\text{① } OH^-,H_2O} CH_3COCH(CH_3)CH_2CH_3$$

(2) 合成二酮

【例 3】合成 $CH_3COCH_2(CH_2)_2CH_2COCH_3$

选择二卤代烃 $BrCH_2CH_2Br$，反应物配比 2∶1(摩尔)。

$$2CH_3COCH_2COOC_2H_5 \xrightarrow[\text{② } BrCH_2CH_2Br]{\text{① } C_2H_5ONa} \begin{array}{c} CH_3COCHCOOC_2H_5 \\ | \\ CH_2 \\ | \\ CH_2 \\ | \\ CH_3COCHCOOC_2H_5 \end{array} \xrightarrow[\text{② } H^+,\triangle]{\text{① } OH^-,H_2O} CH_3COCH_2(CH_2)_2CH_2COCH_3$$

【例 4】合成 $CH_3COCH_2CH_2COCH_3$

此题合成方法有多种，但最简单的方法是用 I_2 进行偶合反应。

$$2CH_3COCH_2COOC_2H_5 \xrightarrow[\text{② } I_2]{\text{① } C_2H_5ONa} \begin{array}{c} CH_3COCHCOOC_2H_5 \\ | \\ CH_3COCHCOOC_2H_5 \end{array} \xrightarrow[\text{② } H^+,\triangle]{\text{① } OH^-,H_2O} CH_3COCH_2CH_2COCH_3$$

(3) 合成脂环酮

【例 5】合成 环戊基$-\overset{O}{\overset{\|}{C}}-CH_3$

选择 1，4-二卤代烃 $Cl(CH_2)_4Cl$，反应物配比 1∶1（摩尔）。

$$CH_3COCH_2COOC_2H_5 \xrightarrow[\text{② } ClCH_2CH_2CH_2CH_2Cl]{\text{① } C_2H_5ONa} CH_3COCH(CH_2CH_2CH_2CH_2Cl)COOC_2H_5 \xrightarrow{C_2H_5ONa}$$

$$\text{(1-乙酰基环戊烷-1-甲酸乙酯: 环戊烷}<^{COCH_3}_{COOC_2H_5}) \xrightarrow[\text{② } H^+,\triangle]{\text{① } OH^-,H_2O} \text{环戊基}-\overset{O}{\overset{\|}{C}}-CH_3$$

(4) 合成酮酸

【例 6】 合成 $CH_3\overset{O}{\overset{\|}{C}}CH_2CH_2COOH$

选择的卤代烃需要带有羧基，而羧基在强碱作用下生成盐，影响反应的正常进行，因此可选择含有酯基的卤代烃 $ClCH_2COOEt$。

$$CH_3COCH_2COOC_2H_5 \xrightarrow[\text{② } ClCH_2COOEt]{\text{① } C_2H_5ONa} \underset{\displaystyle |\atop CH_2COOEt}{CH_3COCHCOOC_2H_5} \xrightarrow[\text{② } H^+,\triangle]{\text{① } OH^-,H_2O} CH_3\overset{O}{\overset{\|}{C}}CH_2CH_2COOH$$

2. 用丙二酸二乙酯合成羧酸类化合物

(1) 合成一元羧酸

【例 7】 合成 $PhCH_2CH_2COOH$

选择苄基氯即可。

$$CH_2(COOC_2H_5)_2 \xrightarrow[\text{② } PhCH_2Cl]{\text{① } C_2H_5ONa} \underset{\displaystyle |\atop CH_2Ph}{CH(COOC_2H_5)_2} \xrightarrow[\text{② } H^+.\triangle]{\text{① } OH^-,H_2O} PhCH_2CH_2COOH$$

【例 8】 合成 $\underset{\displaystyle |\atop CH_3}{(CH_3)_2CHCHCOOH}$

由目的产物可见，分子中需要引入两个烃基，即甲基和异丙基。因此可选择 CH_3Cl 和 $(CH_3)_2CHCl$。

$$CH_2(COOC_2H_5)_2 \xrightarrow[\text{② } (CH_3)_2CHCl]{\text{① } C_2H_5ONa} \underset{\displaystyle |\atop CH(CH_3)_2}{CH(COOC_2H_5)_2} \xrightarrow[\text{② } CH_3Cl]{\text{① } C_2H_5ONa}$$

$$\underset{\displaystyle |\atop CH_3}{(CH_3)_2CHC(COOC_2H_5)_2} \xrightarrow[\text{② } H^+,\triangle]{\text{① } OH^-,H_2O} \underset{\displaystyle |\atop CH_3}{(CH_3)_2CHCHCOOH}$$

(2) 合成二元羧酸

【例 9】 合成 $HOOCCH_2CH_2CH_2COOH$

目的产物是二元酸，可以选择二卤代烃 CH_2Cl_2，反应物配比 2∶1（摩尔）。

$$2CH_2(COOC_2H_5)_2 \xrightarrow[\text{② } CH_2Cl_2]{\text{① } C_2H_5ONa} \begin{matrix} CH(COOC_2H_5)_2 \\ | \\ CH_2 \\ | \\ CH(COOC_2H_5)_2 \end{matrix} \xrightarrow[\text{② } H^+,\triangle]{\text{① } OH^-,H_2O} HOOCCH_2CH_2CH_2COOH$$

【例 10】 合成 $HOOCCH_2CH_2COOH$

此二元酸的合成方法有两种，一种方法是用 I_2 偶合，反应物配比 2∶1（摩尔）；另一种方法是选择一个带有酯基的卤代烃，即 α-卤代乙酸酯。

方法一：

$$2CH_2(COOC_2H_5)_2 \xrightarrow[\text{② } I_2]{\text{① } C_2H_5ONa} \underset{\displaystyle |\atop CH(COOC_2H_5)_2}{CH(COOC_2H_5)_2} \xrightarrow[\text{② } H^+,\triangle]{\text{① } OH^-,H_2O} HOOCCH_2CH_2COOH$$

方法二：

$$CH_2(COOC_2H_5)_2 \xrightarrow[\text{② } ClCH_2COOEt]{\text{① } C_2H_5ONa} \underset{\displaystyle CH_2COOEt}{CH(COOC_2H_5)_2} \xrightarrow[\text{② } H^+,\triangle]{\text{① } OH^-, H_2O} HOOCCH_2CH_2COOH$$

(3) 合成脂环羧酸

【例 11】合成环丁基—COOH

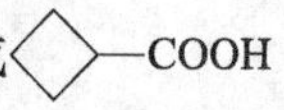

根据环的碳原子数选择二元卤代烃，一般选择环的碳原子数减 1 的二卤代烃。比如合成四元环的脂环酸，选择三个碳的二卤代烃。

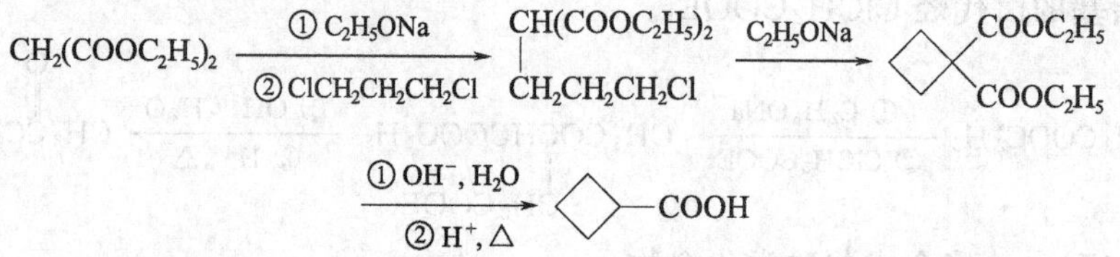

$$CH_2(COOC_2H_5)_2 \xrightarrow[\text{② } ClCH_2CH_2CH_2Cl]{\text{① } C_2H_5ONa} \underset{\displaystyle CH_2CH_2CH_2Cl}{CH(COOC_2H_5)_2} \xrightarrow{C_2H_5ONa} \text{1,1-环丁烷二}(COOC_2H_5)$$

$$\xrightarrow[\text{② } H^+,\triangle]{\text{① } OH^-, H_2O} \text{环丁基}—COOH$$

【例 12】合成 1,1-环丙烷二(COOH)

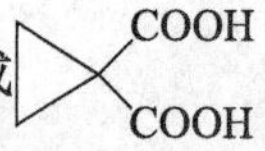

同例 11。合成三元环的脂环羧酸，选择两个碳的二卤代烃。此目的产物是丙二酸型，因此不需要加热脱羧。

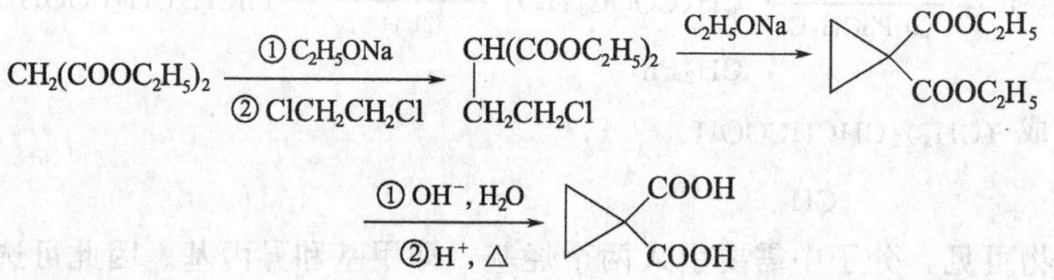

$$CH_2(COOC_2H_5)_2 \xrightarrow[\text{② } ClCH_2CH_2Cl]{\text{① } C_2H_5ONa} \underset{\displaystyle CH_2CH_2Cl}{CH(COOC_2H_5)_2} \xrightarrow{C_2H_5ONa} \text{1,1-环丙烷二}(COOC_2H_5)$$

$$\xrightarrow[\text{② } H^+,\triangle]{\text{① } OH^-, H_2O} \text{1,1-环丙烷二}(COOH)$$

【例题解析】

【例 1】完成下列转化

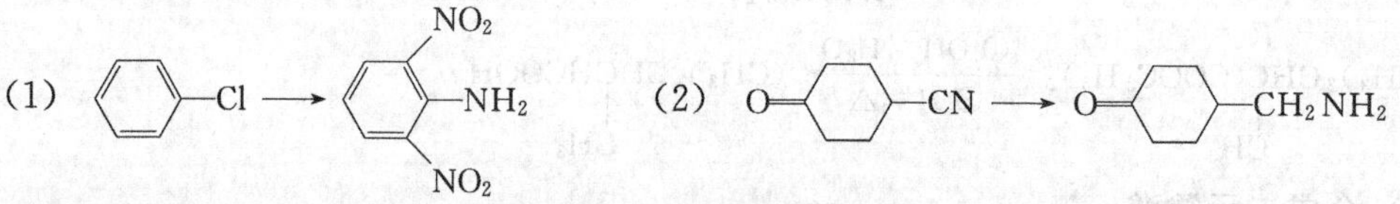

(1) 氯苯 ⟶ 2,6-二硝基苯胺（NO_2、NH_2、NO_2）　(2) O=环己基—CN ⟶ O=环己基—CH_2NH_2

[解题提示] (1) A. 在原有基团的邻位，需考虑占位基团；

B. 引入基团—NO_2 后，使—Cl 的反应活性↑，有利于亲核取代反应的发生。

合成：

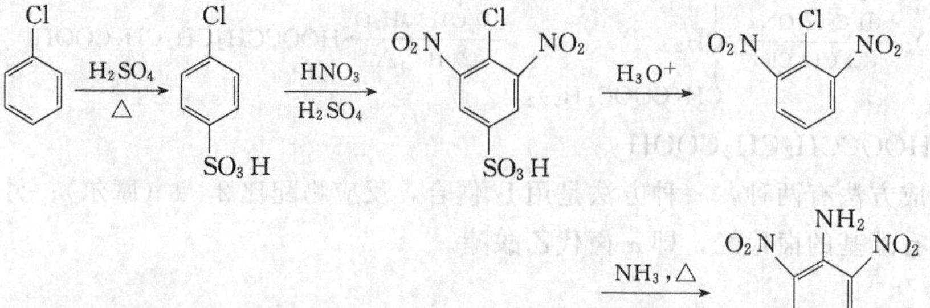

$$\text{氯苯} \xrightarrow[\triangle]{H_2SO_4} \text{4-氯苯磺酸}(Cl, SO_3H) \xrightarrow[H_2SO_4]{HNO_3} \text{3,5-二硝基-4-氯苯磺酸}(O_2N, Cl, NO_2, SO_3H) \xrightarrow{H_3O^+} \text{2,6-二硝基氯苯}(O_2N, Cl, NO_2)$$

$$\xrightarrow{NH_3,\triangle} \text{2,6-二硝基苯胺}(O_2N, NH_2, NO_2)$$

(2) 必须考虑对羰基的保护。

合成：

$$O=C_6H_{10}-CN \xrightarrow[H^+]{HOCH_2CH_2OH} (\text{乙二醇缩酮})-CN \xrightarrow[②\ H_3O^+]{①\ LiAlH_4} O=C_6H_{10}-CH_2NH_2$$

【例 2】以苯和 C_3 以下的有机物为原料（无机试剂任选）合成：

$$(CH_3)_2C=CHCH_2C_6H_5$$

［解题提示］

$$CH_3MgX + CH_3COCH_2CH_2C_6H_5 \ (①,\ 不可取) \qquad CH_3COCH_3 + C_6H_5CH_2CH_2MgX \ (②,\ 可取)$$

合成：

$$C_6H_6 \xrightarrow{Br_2/Fe} \xrightarrow[乙醚]{Mg} C_6H_5MgBr \xrightarrow[②\ H_3O^+]{①\ \text{环氧乙烷}} C_6H_5CH_2CH_2OH \xrightarrow{PBr_3} \xrightarrow[乙醚]{Mg}$$

$$C_6H_5CH_2CH_2MgBr \xrightarrow[②\ H_3O^+]{①\ CH_3COCH_3} (CH_3)_2C(OH)-CH_2CH_2C_6H_5$$

$$\xrightarrow[\triangle]{H_3PO_4} (CH_3)_2C=CHCH_2C_6H_5$$

【例 3】用 C_2 以下的有机物为原料（无机试剂任选）合成：

$$CH_3CH(OH)-C(CH_3)(CH_2CH_3)-CH_2OH$$

［解题提示］

$$CH_3CH(OH)-C(CH_3)(CH_2CH_3)-CH_2OH \overset{FHI}{\Longrightarrow} \begin{cases} CH_3-CO-C(CH_3)(CH_2CH_3)-CHO \Longrightarrow CH_3-CO-CH_2CHO \\ CH_3-CO-C(CH_3)(CH_2CH_3)-COOC_2H_5 \Longrightarrow CH_3-CO-CH_2COOC_2H_5 \end{cases}$$

（上一行：不可取，该化合物难以制备；下一行：可取）

合成：

$$2CH_3COOH \xrightarrow[H^+]{C_2H_5OH} 2CH_3COOC_2H_5 \xrightarrow[②\ CH_3COOH]{①\ C_2H_5ONa} CH_3-CO-CH_2COOC_2H_5$$

$$\xrightarrow[②\ CH_3CH_2Br]{①\ C_2H_5ONa} \xrightarrow[②\ CH_3Br]{①\ C_2H_5ONa} CH_3-CO-C(CH_3)(CH_2CH_3)-COOC_2H_5 \xrightarrow[②\ H_2O]{①\ LiAlH_4} CH_3CH(OH)-C(CH_3)(CH_2CH_3)-CH_2OH$$

【例 4】以丙酮和必要的有机试剂为原料（无机试剂任选）合成：

$$\text{2,4,4-三甲基-6-氧代-四氢吡喃-2-羧酸（环内酯: } (CH_3)_2C \text{ 环, 2-}CH_3\text{, 2-}COOH\text{, 6-}=O\text{)}$$

［解题提示］

环内酯结构 $\Rightarrow$ $HOOCCH_2C(CH_3)_2CH_2C(OH)(CH_3)COOH$ $\xRightarrow{FGI}$ $HOOCCH_2C(CH_3)_2CH_2C(OH)(CH_3)CN$（α-羟基腈）$\Rightarrow$

$HOOCCH_2C(CH_3)_2CH_2COCH_3$（1,5-二羰基化合物）$\Rightarrow CH_3COOH + CH_3-\overset{O}{\overset{\|}{C}}-\overset{\alpha}{C}H=\overset{\beta}{C}(CH_3)-CH_3$（α, β-不饱和化合物）$\Rightarrow CH_3COCH_3$

但CH_3COOH的α-H的反应活性较低，难以与α，β-不饱和化合物缩合，故用α-H的反应活性较高的$CH_2(COOC_2H_5)_2$代替。

合成：

$$2\ (CH_3)_2C=O \xrightarrow[\triangle]{OH^-} CH_3-\overset{O}{\overset{\|}{C}}-CH=C(CH_3)-CH_3 \xrightarrow[C_2H_5ONa]{CH_2(COOC_2H_5)_2}$$

$$CH_3-\overset{O}{\overset{\|}{C}}-CH_2-C(CH_3)_2-CH(COOC_2H_5)_2 \xrightarrow[\text{②}H^+\ \text{③}\triangle]{\text{①}H_2O/OH^-} CH_3-\overset{O}{\overset{\|}{C}}-CH_2-C(CH_3)_2-CH_2COOH \xrightarrow{HCN}$$

$$HOOCCH_2C(CH_3)_2CH_2C(OH)(CH_3)CN \xrightarrow{H_2O,H^+} HOOCCH_2C(CH_3)_2CH_2C(OH)(CH_3)COOH \xrightarrow[(-H_2O)]{\triangle} \text{环内酯（2-}COOH\text{, 2,4,4-三甲基）}$$

【习题】

一、命名或者写出下列化合物结构

1. 用系统命名法命名下列化合物：

(1) $HOCH_2\underset{}{\overset{CH_3}{\overset{|}{C}}}HCH_2COOH$　　(2) $(CH_3)_2CH\overset{O}{\overset{\|}{C}}CH_2COOCH_3$

(3) $CH_3CH_2COCH_2CHO$　　(4) $(CH_3)_2C=CHCH_2\overset{OH}{\overset{|}{C}}HCH_3$

(5) $ClCOCH_2COOH$　　(6) 4-羟基-3-甲氧基苯甲醛（苯环上 CHO、OCH_3、OH）

(7) OCH_3 / NO_2（间位取代苯环）　　(8) CH_2CHO / Cl（邻位取代苯环）

2. 写出下列化合物的构造式。

(1) 二甲基丙二酸　　(2) 2-乙基-3-丁酮酸乙酯　　(3) 2-氧代环己基甲酸甲酯

(4) 1，4-环己二酮　　(5) 间溴苯甲醛　　(6) 对甲氧基苯乙酮

二、基本概念

1. 下列羧酸酯中，哪些能进行酯缩合反应？写出其反应式。

(1) 甲酸乙酯　　(2) 乙酸正丁酯　　(3) 丙酸乙酯

(4) 三甲基乙酸乙酯　　(5) 苯甲酸乙酯　　(6) 苯乙酸乙酯

2. 下列各对化合物，哪些是互变异构体？哪些是共振杂化体？

(1) $CH_3-\overset{OH}{\overset{|}{C}}=CH-\overset{O}{\overset{\|}{C}}-CH_3$ 和 $CH_3-\overset{O}{\overset{\|}{C}}-CH=\overset{OH}{\overset{|}{C}}-CH_3$

(2) $CH_3-C(=O)O^-$ 和 $CH_3-C(O^-)=O$

(3) $CH_2=CH-CH=CH_2$ 和 $\overset{-}{C}H_2-CH=CH-\overset{+}{C}H_2$

(4)

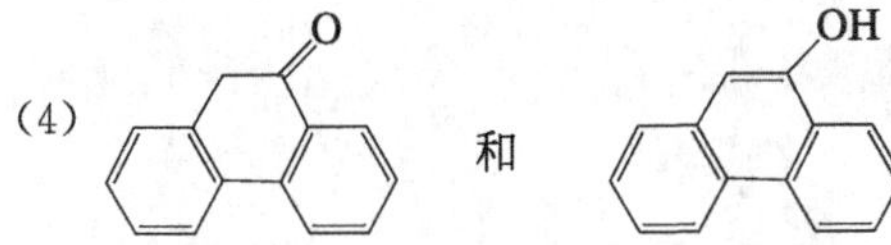

3. 下列化合物与乙酰乙酸乙酯钠的反应是属于哪种反应（历程），分别写出反应后的产物。

(1) 烯丙基溴　　(2) 溴乙酸甲酯　　(3) 溴丙酮

(4) 丙酰氯　　(5) 1，2-二溴乙烷　　(6) α-溴代丁二酸二甲酯

4. 鉴别下列化合物：

(1) $CH_3COCH(CH_3)COOC_2H_5$　　(2) $CH_3COC(CH_3)(C_2H_5)COOC_2H_5$

三、完成反应

(1) 丙酸乙酯＋乙二酸二乙酯 $\xrightarrow[②\ H^+]{①\ C_2H_5ONa}$

(2) 乙酸乙酯＋甲酸乙酯 $\xrightarrow[②\ H^+]{①\ C_2H_5ONa}$

(3) 苯甲酸乙酯＋丁二酸二乙酯 $\xrightarrow[②\ H^+]{①\ C_2H_5ONa}$

(4) $CH_3\overset{O}{\overset{\|}{C}}(CH_2)_4\overset{O}{\overset{\|}{C}}OC_2H_5 \xrightarrow[②\ H^+]{①\ C_2H_5ONa}$

(5) $CH_3\overset{O}{\overset{\|}{C}}(CH_2)_3\overset{O}{\overset{\|}{C}}OC_2H_5 \xrightarrow[②\ H^+]{①\ C_2H_5ONa}$

(6) $CH_2(CH_2CH_2COOC_2H_5)_2$（$CH_2$ 上连两个 $CH_2CH_2COOC_2H_5$）$\xrightarrow[②\ H^+]{①\ C_2H_5ONa}$

(7) $CH_3CH_2OOCCH_2CH_2CH(CO_2C_2H_5)CH(CO_2C_2H_5)CH_3 \xrightarrow[\text{② } H^+]{\text{① } C_2H_5ONa}$

四、反应机理

(1) 2-甲基-2-甲氧羰基环戊酮 $\xrightarrow[CH_3OH]{NaOCH_3} \xrightarrow{H_3O^+}$ 5-甲基-2-甲氧羰基环戊酮（CH_3—环戊酮—$COOCH_3$）

(2) $C_6H_5CH_2COCH_2C_6H_5 + CH_2{=}CHCOCH_3 \xrightarrow[CH_3OH]{NaOCH_3}$ 3-甲基-2,6-二苯基环己-2-烯酮（环己烯酮，含 C_6H_5、CH_3、C_6H_5）

五、有机合成

1. 完成下列转化

(1) $Br(CH_2)_4CHO \longrightarrow CH_2{=}CHCH_2CH_2CHO$

(2) $HC{\equiv}CH \longrightarrow$ 四氢呋喃

(3) 丁二烯 + $CH_2{=}CHCOOC_2H_5 \longrightarrow$ 环己基—$C(CH_3)_2OH$

(4) 2-乙氧羰基环戊酮 $\longrightarrow$ 双环产物（含 $COOC_2H_5$、$=CH_2$、CH_3）

(5) $CH_2COOC_2H_5$—$CH_2COOC_2H_5 \longrightarrow$ 1,4-环己二酮

(6) $CH_2(COOEt)_2 \longrightarrow$ 1,2-环戊二酮

(7) $CH_3COCH_2COOC_2H_5 \longrightarrow CH_3CH(OH)CH(C_2H_5)CH_2C(OH)(CH_3)CH_3$

(8) 2-(COOEt)环戊酮 $\longrightarrow$ 2-(CH_2CH_2CN)环戊酮

(9) $CH_3COCH_2COOC_2H_5 \longrightarrow (CH_3\overset{O}{\overset{\|}{C}})_2CHCH_2Ph$

(10) 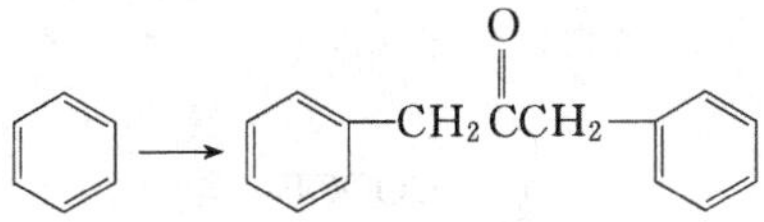 苯 ⟶ $C_6H_5-CH_2\overset{O}{\overset{\|}{C}}CH_2-C_6H_5$

(11) 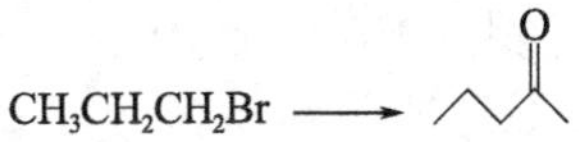 $CH_3CH_2CH_2Br \longrightarrow$ 2-戊酮（键线式）

(12) $CH_3COCH_2CH_3 \longrightarrow CH_3CH(OH)-CH(SH)CH_3$

(13) 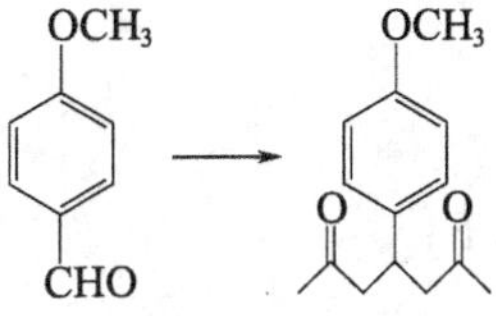 对甲氧基苯甲醛 ⟶ 3-(4-甲氧基苯基)-2,6-庚二酮（键线式）

(14) 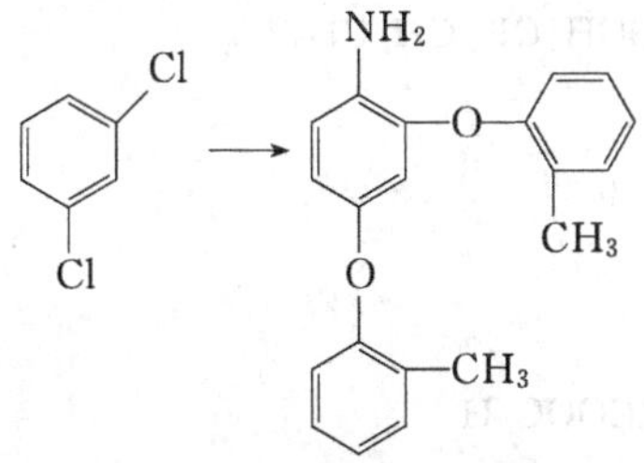 间二氯苯 ⟶ 2,4-二(2-甲基苯氧基)苯胺（NH_2、O、CH_3）

2. 以甲醇、乙醇及无机试剂为原料，经乙酰乙酸乙酯合成下列化合物。

(1) 3-甲基-2-丁酮 (2) 2-己醇 (3) α,β-二甲基丁酸

(4) γ-戊酮酸 (5) 2,5-己二酮 (6) 2,4-戊二酮

3. 用丙二酸二乙酯法合成下列化合物。

(1) $CH_3CH(CH_3)-CH(CH_3)COOH$ (2) $HOOCCH_2CH(CH_3)CH_2COOH$

(3) $HOOCCH_2CH(CH_3)CH_2CH_2COOH$ (4) 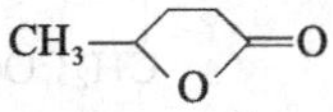 CH_3-（γ-丁内酯环）=O

(5) 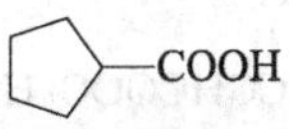 环戊基—COOH (6) 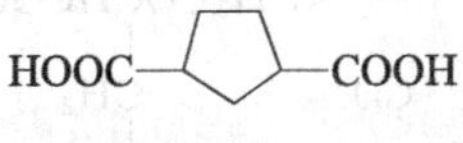 HOOC—环戊烷—COOH（1,3-）

六、推导结构

1. 某酮酸经 $NaBH_4$ 还原后，依次用 HBr、$NaCO_3$ 和 KCN 处理后生成腈，腈水解得到 α-甲基戊二酸。试推测该酮酸的结构，并写出各步反应式。

2. 某酯类化合物 A（$C_5H_{10}O_2$），用乙醇钠的乙醇溶液处理，得到另一个酯 B（$C_8H_{14}O_3$）。B 能使溴水褪色，将 B 用乙醇钠的乙醇溶液处理后再与碘乙烷反应，又得到另一个酯 C（$C_{10}H_{18}O_3$）。C 和溴水在室温下不发生反应，把 C 用稀碱水解后再酸化，加热，即得到一个酮 D（$C_7H_{14}O$）。D 不发生碘仿反应，用锌汞齐还原则生成 3-甲基己烷。试推测 A、B、C、D 的结构式。

【习题解答】

一、命名或者写出下列化合物结构

1. 答：(1) 3-甲基-4-羟基丁酸 (2) 4-甲基-3-戊酮酸甲酯

(3) 3-戊酮醛(β-氧代戊醛) (4) 5-甲基-4-己烯-2-醇

(5) 丙二酸单酰氯(氯甲酰基乙酸) (6) 4-羟基-3-甲氧基苯甲醛

(7) 间硝基苯甲醚(3-硝基苯甲醚) (8) 邻氯苯乙醛

2. 答

(1) 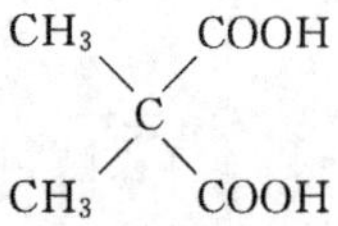 $(CH_3)_2C(COOH)_2$　　(2) $CH_3COCH(CH_2CH_3)COOC_2H_5$　　(3) 2-甲氧羰基环己酮（环己酮α位连 $COOCH_3$）

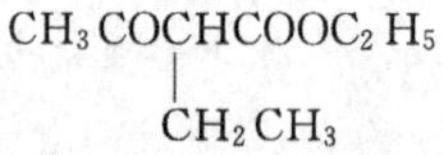

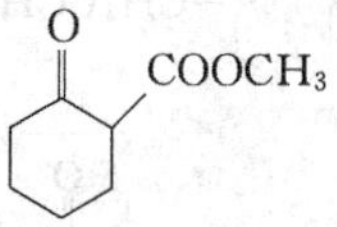

(4) 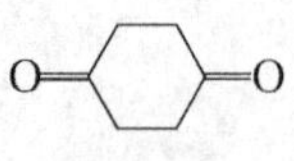 1,4-环己二酮　　(5) 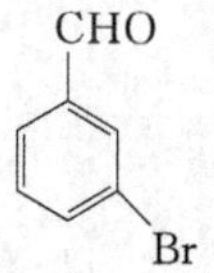 间溴苯甲醛　　(6) 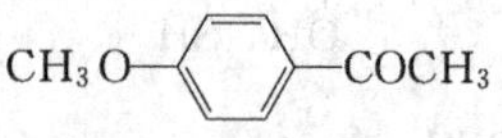 $CH_3O-C_6H_4-COCH_3$（对位）

二、基本概念

1. 答　具有 α-H 的酯，即 (2)、(3)、(6) 能进行酯缩合反应。反应式如下：

(2) $2CH_3COOCH_2CH_2CH_2CH_3 \xrightarrow[\text{② } H^+]{\text{① } C_2H_5ONa} CH_3COCH_2COOCH_2CH_2CH_2CH_3$

(3) 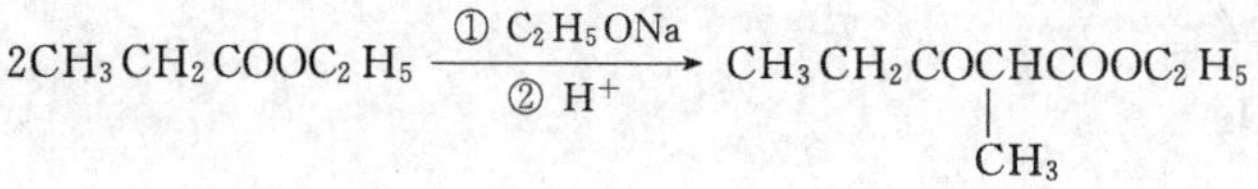 $2CH_3CH_2COOC_2H_5 \xrightarrow[\text{② } H^+]{\text{① } C_2H_5ONa} CH_3CH_2COCH(CH_3)COOC_2H_5$

(6) 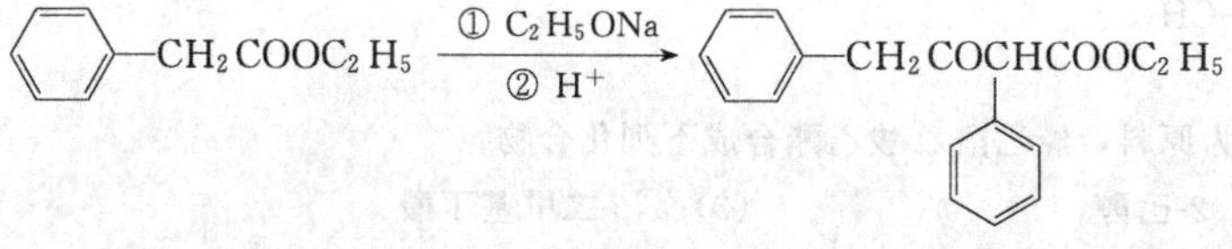 $C_6H_5CH_2COOC_2H_5 \xrightarrow[\text{② } H^+]{\text{① } C_2H_5ONa} C_6H_5CH_2COCH(C_6H_5)COOC_2H_5$

2. 答 (1) 和 (4) 是互变异构体；(2) 和 (3) 是共振杂化体。

3. 答属于亲核取代反应。

(1) 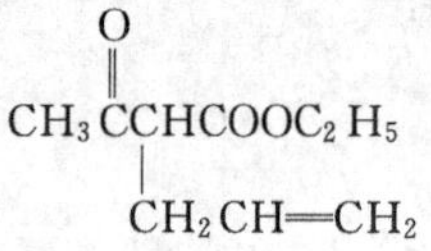 $CH_3COCH(CH_2CH{=}CH_2)COOC_2H_5$　　(2) $CH_3COCH(CH_2COOCH_3)COOC_2H_5$　　(3) $CH_3COCH(CH_2COCH_3)COOC_2H_5$

(4) $CH_3COCH(COCH_2CH_3)COOC_2H_5$　　(5) $CH_3COCH(COOC_2H_5)CH_2CH_2CH(COOC_2H_5)COCH_3$　　(6) 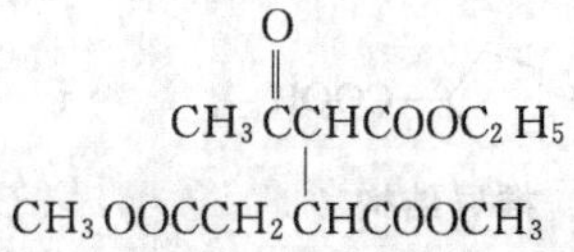 $CH_3COCH(COOC_2H_5)CH(COOCH_3)CH_2COOCH_3$

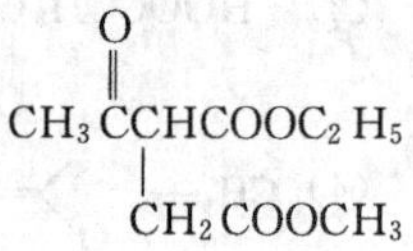

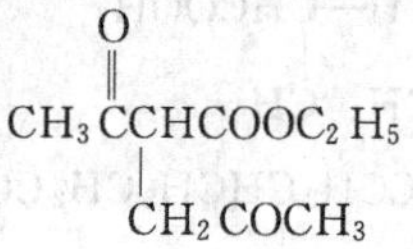

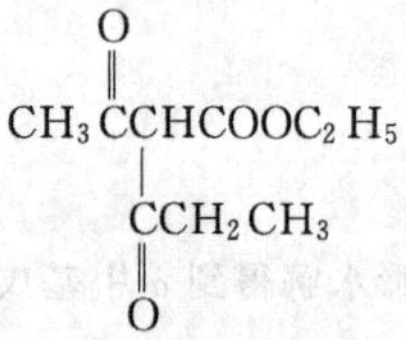

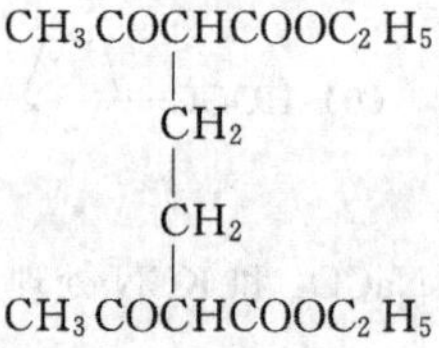

4. 鉴别下列化合物：

答 (1) 中含有 α-H，有烯醇式互变异构体存在，与三氯化铁反应显色，(2) 无现象。

三、完成反应

答

(1) 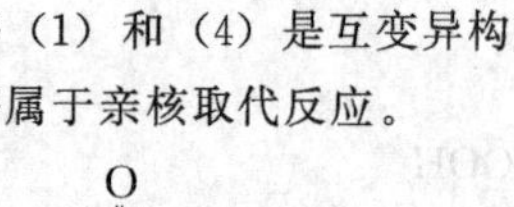 $C_2H_5OOC-COCH(CH_3)COOC_2H_5$　　(2) $HCOCH_2COOC_2H_5$

(3) 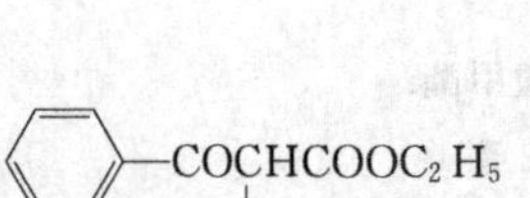 $C_6H_5COCH(CH_2COOC_2H_5)COOC_2H_5$　　(4) 2-乙酰基环戊酮（环戊酮α位连 $COCH_3$）　　(5) 1,3-环己二酮

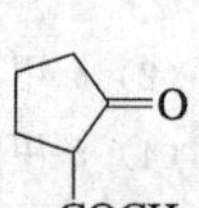

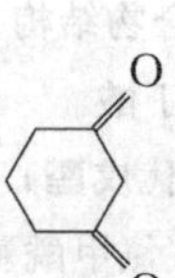

(6) 2-(乙氧羰基)环己酮：$COOC_2H_5$ 取代的环己酮

(7) $C_2H_5O_2C$、CH_3、$COOCH_2CH_3$ 取代的环戊酮

四、反应机理

答

(1) 2-甲基-2-(甲氧羰基)环戊酮 $\xrightarrow{CH_3O^-}$ 四面体中间体 $\xrightarrow{CH_3OH}$ 开环二酯 $\xrightarrow{CH_3O^-}$ 碳负离子 ⟶ 环状中间体 $\xrightarrow[H_3O^+]{-CH_3O^-}$ CH_3—环戊酮—$COOCH_3$

(2) $C_6H_5CH_2\overset{O}{\overset{\|}{C}}CH_2C_6H_5 \xrightarrow{NaOCH_3} C_6H_5CH_2\overset{O}{\overset{\|}{C}}\overset{-}{C}HC_6H_5 \xrightarrow[(1,4-加成)]{CH_2=CH\overset{O}{\overset{\|}{C}}CH_3}$ $C_6H_5CH_2\overset{O}{\overset{\|}{C}}\overset{CH_2CH=\overset{O^-}{C}CH_3}{CH}C_6H_5$

$\xrightarrow[-CH_3O^-]{CH_3OH} C_6H_5CH_2\overset{O}{\overset{\|}{C}}\overset{CH_2CH_2\overset{O}{\overset{\|}{C}}CH_3}{CH}C_6H_5 \xrightarrow{NaOCH_3} C_6H_5\overset{-}{C}H\overset{O}{\overset{\|}{C}}\overset{CH_2CH_2\overset{O}{\overset{\|}{C}}CH_3}{CH}C_6H_5 \longrightarrow$

环状烷氧负离子（CH_3、O^-、C_6H_5、C_6H_5 取代的环己酮） $\xrightarrow[-CH_3O^-]{CH_3OH}$ 环状醇（CH_3、OH、C_6H_5、C_6H_5） $\xrightarrow{-H_2O}$ 3-甲基-2,6-二苯基环己-2-烯酮

五、有机合成

1. 完成下列转化

答

(1) $Br\text{(CH}_2)_4CHO \xrightarrow[H^+]{HOCH_2CH_2OH}$ 缩醛 $\xrightarrow[OH^-]{H_2O} \xrightarrow[\triangle]{H^+}$ $CH_2=CHCH_2CH_2CHO$

(2) $HC\equiv CH \xrightarrow{CuCl-NH_4Cl} CH_2=CH-C\equiv CH \xrightarrow[Lindlar催化剂]{H_2} CH_2=CH-CH=CH_2$

$\xrightarrow{HOCl} \underset{Cl}{CH_2}-CH=CH-\underset{OH}{CH_2} \xrightarrow[Ni]{H_2} \xrightarrow[-HCl]{OH^-}$ 四氢呋喃

(3) 丁二烯 + $CH_2=CHCOOC_2H_5 \xrightarrow{\triangle}$ 3-环己烯甲酸乙酯 $\xrightarrow[Ni]{H_2}$ 环己烷甲酸乙酯

$\xrightarrow[乙醚]{2CH_3MgBr} \xrightarrow{H_3O^+}$ 环己基—$\underset{OH}{C}(CH_3)_2$

(4)

$$\text{(2-oxocyclopentane-COOC}_2\text{H}_5) + CH_2{=}CH\overset{O}{\overset{\|}{C}}CH_2CH_3 \xrightarrow{C_2H_5ONa} \text{(2-oxo-1-(3-oxopentyl)cyclopentane-COOC}_2\text{H}_5) \xrightarrow{\text{稀 NaOH}}$$

$$\text{(CH}_3\text{, HO, O, COOC}_2\text{H}_5\text{ bicyclic)} \xrightarrow[-H_2O]{\triangle} \text{(CH}_3\text{, O, COOC}_2\text{H}_5\text{ enone)} \xrightarrow{CH_2{=}P(Ph)_3} \text{(CH}_3\text{, =CH}_2\text{, COOC}_2\text{H}_5\text{)} \equiv \text{(COOC}_2\text{H}_5\text{, =CH}_2\text{, CH}_3\text{)}$$

(5) $2\ \begin{matrix} CH_2COOC_2H_5 \\ | \\ CH_2COOC_2H_5 \end{matrix} \xrightarrow[-C_2H_5O^-]{C_2H_5ONa}$ (2,5-dioxocyclohexane-1,4-dicarboxylic acid diethyl ester: C_2H_5OOC, $COOC_2H_5$) $\xrightarrow[\text{② } H^+,\ \triangle]{\text{① } OH^-,\ H_2O}$ O=(cyclohexane)=O

(6) $2CH_2(COOC_2H_5)_2 \xrightarrow[\text{② } CH_2Cl_2]{\text{① } C_2H_5ONa} \begin{matrix} CH(COOC_2H_5)_2 \\ | \\ CH_2 \\ | \\ CH(COOC_2H_5)_2 \end{matrix} \xrightarrow[\text{② } H^+,\ \text{③}\triangle]{\text{① } OH^-,\ H_2O} \begin{matrix} CH_2COOH \\ | \\ CH_2 \\ | \\ CH_2COOH \end{matrix}$

$\xrightarrow[H_2SO_4]{C_2H_5OH} \begin{matrix} CH_2COOC_2H_5 \\ | \\ CH_2 \\ | \\ CH_2COOC_2H_5 \end{matrix} \xrightarrow[EtOOC-COOEt]{C_2H_5ONa}$ (cyclopentane-1,2-dione with C_2H_5OOC and $COOC_2H_5$) $\xrightarrow[\text{②}H^+,\ \text{③}\triangle]{\text{①}OH^-,\ H_2O}$ (cyclopentane-1,2-dione)

(7) $CH_3COCH_2COOC_2H_5 \xrightarrow[\text{② } ClCH_2COOEt]{\text{① } C_2H_5ONa} \begin{matrix} CH_3COCHCOOC_2H_5 \\ | \\ CH_2COOEt \end{matrix} \xrightarrow[\text{② } C_2H_5Br]{\text{① } C_2H_5ONa} \xrightarrow[\text{② } H^+,\ \triangle]{\text{① } OH^-,\ H_2O}$

$\begin{matrix} CH_3COCHCH_2COOH \\ | \\ C_2H_5 \end{matrix} \xrightarrow[H^+]{CH_3CH_2OH} \xrightarrow[HCl]{HOCH_2CH_2OH} \begin{matrix} (O\ O) \\ CH_3CCHCH_2COOC_2H_5 \\ | \\ C_2H_5 \end{matrix} CH_3\overset{O\ O}{C}CHCH_2 \underset{C_2H_5}{|}$

$\xrightarrow[\text{干醚}]{2CH_3MgBr} \xrightarrow{H_3O^+} \begin{matrix} O \quad\quad OH \\ CH_3\overset{\|}{C}CHCH_2\overset{|}{C}CH_3 \\ | \quad\quad | \\ C_2H_5 \quad CH_3 \end{matrix} \xrightarrow[\text{② } H_2O]{\text{① } NaBH_4} \begin{matrix} OH \quad\quad OH \\ CH_3CHCHCH_2CCH_3 \\ | \quad\quad | \\ C_2H_5 \quad CH_3 \end{matrix}$

(8) (2-oxocyclopentane-COOEt) $\xrightarrow[\text{② } CH_2{=}CHCN]{\text{① } C_2H_5ONa}$ (2-oxo-1-(CH_2CH_2CN)cyclopentane-COOEt) $\xrightarrow[\text{②}H^+,\ \triangle]{\text{①}OH^-,\ H_2O}$ (2-oxocyclopentyl)-CH_2CH_2COOH

$\xrightarrow[\triangle]{NH_3}$ (2-oxocyclopentyl)-$CH_2CH_2CONH_2$ $\xrightarrow[\triangle]{P_2O_5}$ (2-oxocyclopentyl)-CH_2CH_2CN

(9) $CH_3COCH_2COOC_2H_5 \xrightarrow[\text{② } PhCH_2Cl]{\text{① } C_2H_5ONa} \begin{matrix} CH_3COCHCOOC_2H_5 \\ | \\ CH_2Ph \end{matrix} \xrightarrow[\text{② } CH_3COCl]{\text{① } C_2H_5ONa}$

$$CH_3COC(COCH_3)(CH_2Ph)COOC_2H_5 \xrightarrow[\text{② } H^+,\ \triangle]{\text{① } OH^-,\ H_2O} CH_3COCH(CH_2Ph)COCH_3 \equiv (CH_3\overset{O}{\overset{\|}{C}})_2CHCH_2Ph$$

(10) $C_6H_6 \xrightarrow[ZnCl_2]{HCHO+HCl} C_6H_5CH_2Cl \xrightarrow{KCN} C_6H_5CH_2CN \xrightarrow[\text{② } C_2H_5OH/H^+]{\text{① } H_2O,\ H^+} C_6H_5CH_2COOC_2H_5$

$\xrightarrow[\text{② } H^+]{\text{① } C_2H_5ONa} C_6H_5CH_2\overset{O}{\overset{\|}{C}}-CH(C_6H_5)-COOEt \xrightarrow[\text{② } H^+,\ \triangle]{\text{① } OH^-,\ H_2O} C_6H_5CH_2\overset{O}{\overset{\|}{C}}CH_2C_6H_5$

(11) $CH_3CH_2CH_2Br \xrightarrow[\text{液}NH_3]{NaC{\equiv}CH} CH_3CH_2CH_2C{\equiv}CH \xrightarrow[HgSO_4/H_2SO_4]{H_2O} CH_3CH_2CH_2COCH_3$

(12) $CH_3COCH_2CH_3 \xrightarrow[AlCl_3]{Br_2} CH_3COCH(Br)CH_3 \xrightarrow{NaSH}$

$CH_3COCH(SH)CH_3 \xrightarrow[\text{② } H_2O]{\text{① } NaBH_4} CH_3CH(OH)-CH(SH)CH_3$

(13) $p\text{-}CH_3OC_6H_4CHO \xrightarrow[\text{稀}OH^-/\triangle]{CH_3COCH_3} p\text{-}CH_3OC_6H_4CH{=}CHCOCH_3 \xrightarrow[C_2H_5ONa]{CH_3COCH_2COOEt} CH_3COCH(COOEt)CH(C_6H_4OCH_3\text{-}p)CH_2COCH_3 \xrightarrow[\text{②}H^+,\text{③}\triangle]{\text{① }OH^-,H_2O} CH_3COCH_2CH(C_6H_4OCH_3\text{-}p)CH_2COCH_3$

(14) 间二氯苯 $\xrightarrow[H_2SO_4]{HNO_3}$ 2,4-二氯硝基苯

2,4-二氯硝基苯 $+ 2\ \overset{+}{Na}\overset{-}{O}$-(邻甲苯基) $\longrightarrow$ 2,4-二(邻甲苯氧基)硝基苯 $\xrightarrow[HCl]{Fe}$ 2,4-二(邻甲苯氧基)苯胺

2. 以甲醇、乙醇及无机试剂为原料，经乙酰乙酸乙酯合成下列化合物

答

(1) $CH_3OH \xrightarrow[\text{或 } PBr_3]{HBr} CH_3Br \qquad C_2H_5OH \xrightarrow{Na} C_2H_5ONa$

$2CH_3COOC_2H_5 \xrightarrow[\text{② } H^+]{\text{① } C_2H_5ONa} CH_3COCH_2COOC_2H_5$

$$CH_3COCH_2COOC_2H_5 \xrightarrow[\text{② } CH_3Br]{\text{① } C_2H_5ONa} CH_3COCH(CH_3)COOC_2H_5 \xrightarrow[\text{② } CH_3Br]{\text{① } C_2H_5ONa}$$

$$CH_3COC(CH_3)_2COOC_2H_5 \xrightarrow[\text{② } H^+]{\text{① } OH^-,\ H_2O} \xrightarrow[(-CO_2)]{\triangle} CH_3COCH(CH_3)CH_3$$

(2) $CH_3OH \xrightarrow[\triangle]{Cu} HCHO$

$$C_2H_5OH \xrightarrow[\text{或 } PBr_3]{HBr} \xrightarrow[\text{干醚}]{Mg} C_2H_5MgBr \xrightarrow[\text{② } H_2O]{\text{① } HCHO} CH_3CH_2CH_2OH \xrightarrow{PBr_3} CH_3CH_2CH_2Br$$

$$CH_3COCH_2COOC_2H_5 \xrightarrow[\text{② } CH_3CH_2CH_2Br]{\text{① } C_2H_5ONa} CH_3COCH(CH_2CH_2CH_3)COOC_2H_5 \xrightarrow[\text{② } H^+,\ \triangle]{\text{① } OH^-,\ H_2O}$$

$$CH_3COCH_2CH_2CH_2CH_3 \xrightarrow[\text{② } H_2O]{\text{① } NaBH_4} CH_3CH(OH)CH_2CH_2CH_2CH_3$$

(3) $CH_3CH_2OH \xrightarrow[\triangle]{Cu} CH_3CHO$

$$CH_3OH \xrightarrow{HBr} CH_3Br \xrightarrow[\text{干醚}]{Mg} CH_3MgBr \xrightarrow[\text{② } H_2O]{\text{① } CH_3CHO} CH_3CH(OH)CH_3 \xrightarrow{PBr_3} CH_3CH(Br)CH_3$$

$$CH_3COCH_2COOC_2H_5 \xrightarrow[\text{② } CH_3CHBrCH_3]{\text{① } C_2H_5ONa} CH_3COCH(CH(CH_3)CH_3)COOC_2H_5 \xrightarrow[\text{② } CH_3Br]{\text{① } C_2H_5ONa}$$

$$CH_3COC(CH_3)(CH(CH_3)CH_3)COOC_2H_5 \xrightarrow[\text{酸式分解}]{40\%NaOH/\triangle} \xrightarrow{H^+} CH_3CH(CH_3)CH(CH_3)COOH$$

(4) $CH_3CH_2OH \xrightarrow[H^+]{KMnO_4} CH_3COOH \xrightarrow[P]{Br_2} BrCH_2COOH \xrightarrow[H^+]{C_2H_5OH} BrCH_2COOC_2H_5$

$$CH_3COCH_2COOC_2H_5 \xrightarrow[\text{② } BrCH_2COOC_2H_5]{\text{① } C_2H_5ONa} CH_3COCH(CH_2COOC_2H_5)COOC_2H_5 \xrightarrow[\text{② } H^+,\ \triangle]{\text{① } OH^-,\ H_2O}$$

$CH_3COCH_2CH_2COOH$

(5) $2CH_3COCH_2COOC_2H_5 \xrightarrow[\text{② } I_2]{\text{① } C_2H_5ONa} CH_3COCH(COOC_2H_5)-CH(COOC_2H_5)COCH_3 \xrightarrow[\text{② } H^+,\ \triangle]{\text{① } OH^-,\ H_2O}$

$CH_3COCH_2CH_2COCH_3$

(6) $CH_3CH_2OH \xrightarrow[H^+]{KMnO_4} CH_3COOH \xrightarrow{SOCl_2} CH_3COCl$

$$CH_3COCH_2COOC_2H_5 \xrightarrow[\text{② } CH_3COCl]{\text{① } C_2H_5ONa} CH_3COCH(COCH_3)COOC_2H_5 \xrightarrow[\text{② } H^+,\ \triangle]{\text{① } OH^-,\ H_2O} CH_3COCH_2COCH_3$$

3. 用丙二酸二乙酯法合成下列化合物

答

(1) $CH_2(COOC_2H_5)_2 \xrightarrow[\text{② } CH_3CHBrCH_3]{\text{① } C_2H_5ONa} CH_3CH(CH_3)-CH(COOC_2H_5)_2 \xrightarrow[\text{② } CH_3Br]{\text{① } C_2H_5ONa}$

$$\underset{\underset{CH_3}{|}}{CH_3CH}—\underset{\underset{CH_3}{|}}{C}(COOC_2H_5)_2 \xrightarrow[\text{② } H^+,\ \triangle]{\text{① } OH^-,\ H_2O} \underset{\underset{CH_3}{|}}{CH_3CH}—\underset{\underset{CH_3}{|}}{CH}COOH$$

(2) $2CH_2(COOC_2H_5)_2 \xrightarrow[\text{② } CH_3CHCl_2]{\text{① } C_2H_5ONa} CH_3CH\begin{matrix} \diagup CH(COOC_2H_5)_2 \\ \diagdown CH(COOC_2H_5)_2 \end{matrix} \xrightarrow[\text{② } H^+,\ \triangle]{\text{① } OH^-,\ H_2O}$

$$HOOCCH_2\underset{\underset{CH_3}{|}}{CH}CH_2COOH$$

(3) $2CH_2(COOC_2H_5)_2 \xrightarrow[\text{② } CH_3CHClCH_2Cl]{\text{① } C_2H_5ONa} CH_3\underset{\underset{CH_2CH(COOC_2H_5)_2}{|}}{CH}CH(COOC_2H_5)_2 \xrightarrow[\text{② } H^+,\ \triangle]{\text{① } OH^-,\ H_2O}$

$$CH_3\underset{\underset{CH_2CH_2COOH}{|}}{CH}CH_2COOH$$

(4) $CH_3\underset{\underset{O}{\|}}{C}CH_3 \xrightarrow[AlCl_3]{Br_2} CH_3\underset{\underset{O}{\|}}{C}CH_2Br$

$$CH_2(COOC_2H_5)_2 \xrightarrow[\text{② } CH_3COCH_2Br]{\text{① } C_2H_5ONa} CH_3\underset{\underset{O}{\|}}{C}CH_2CH(COOC_2H_5)_2 \xrightarrow[\text{② } H^+,\ \triangle]{\text{① } OH^-,\ H_2O}$$

$$CH_3\underset{\underset{O}{\|}}{C}CH_2CH_2COOH \xrightarrow[\text{② } H_2O]{\text{① } NaBH_4} CH_3\underset{\underset{OH}{|}}{CH}CH_2CH_2COOH \xrightarrow{\triangle} CH_3—\text{(γ-内酯环)}=O$$

(5) $CH_2(COOC_2H_5)_2 \xrightarrow[\text{② } Br(CH_2)_4Br]{\text{① } C_2H_5ONa} \underset{\underset{CH_2CH_2CH_2CH_2Br}{|}}{CH(COOC_2H_5)_2} \xrightarrow{C_2H_5ONa} \text{环戊烷}\begin{matrix} COOC_2H_5 \\ COOC_2H_5 \end{matrix}$

$$\xrightarrow[\text{② } H^+,\ \triangle]{\text{① } OH^-,\ H_2O} \text{环戊基}—COOH$$

(6) $2\ CH_2(COOC_2H_5)_2 \xrightarrow[\text{② } Br(CH_2)_2Br]{\text{① } C_2H_5ONa} \begin{matrix} CH_2CH(COOC_2H_5)_2 \\ | \\ CH_2CH(COOC_2H_5)_2 \end{matrix} \xrightarrow[\text{② } BrCH_2Br]{\text{① } C_2H_5ONa}$

$$\text{环}[CH_2—C(COOC_2H_5)_2—CH_2—C(COOC_2H_5)_2—CH_2] \xrightarrow[\text{② } H^+,\ \triangle]{\text{① } OH^-,\ H_2O} HOOC—\text{环戊烷}—COOH$$

六、推导结构

答

1. 结构式： $CH_3\overset{\overset{O}{\|}}{C}CH_2CH_2COOH$

反应式： $CH_3\overset{\overset{O}{\|}}{C}CH_2CH_2COOH \xrightarrow{NaBH_4} CH_3\overset{\overset{OH}{|}}{C}HCH_2CH_2COOH \xrightarrow{HBr} \xrightarrow{Na_2CO_3}$

$$CH_3\overset{\overset{Br}{|}}{C}HCH_2CH_2COONa \xrightarrow{KCN} CH_3\overset{\overset{CN}{|}}{C}HCH_2CH_2COONa \xrightarrow{H_3^+O} HOOC\underset{\underset{CH_3}{|}}{CH}CH_2CH_2COOH$$

2\. A：$CH_3CH_2COOC_2H_5$　　B：$CH_3CH_2-\overset{O}{\overset{\|}{C}}-\underset{CH_3}{\underset{|}{C}H}COOC_2H_5$

C：$CH_3CH_2-\overset{O}{\overset{\|}{C}}-\overset{C_2H_5}{\underset{CH_3}{\underset{|}{\overset{|}{C}}}}-COOC_2H_5$　　D：$CH_3CH_2\overset{O}{\overset{\|}{C}}\underset{CH_3}{\underset{|}{C}H}CH_2CH_3$

第十五章　有机含氮化合物

【本章学习重点与难点】

重点：1. 芳香族硝基化合物的性质。

2. 胺的化学性质。

3. 重氮盐的反应及应用。

难点：重氮盐的反应及其在有机合成上的应用。

【基本内容纲要】

1. 芳香族硝基化合物、胺类、腈类、重氮和偶氮化合物的结构与命名。
2. 芳香族硝基化合物、胺类、腈类的物理性质。
3. 芳香族硝基化合物、胺类、腈类的化学性质。
4. 重氮盐的反应及其在有机合成上的应用。
5. 胺类的制备方法。

【内容概要】

一、命名

1. 芳香族硝基化合物

芳香族硝基化合物通常是指芳烃分子中芳环上的一个或多个氢原子被硝基取代后的化合物。命名时，通常把硝基作为取代基。

2. 胺类化合物

简单的脂肪胺是用烃基名称加上“胺”字来命名，如甲胺、乙胺等。烃基相同时，在前面用“二”或“三”表明相同烃基的数目，如三乙胺等。

复杂的脂肪胺采用系统命名法进行命名。即以烃为母体，氨基作为取代基，具体命名方法与烷烃等其他有机化合物类似。

芳胺的命名与脂肪胺相似。当芳环上连有其他取代基时，需遵循多官能团化合物的命名规则（详见第五章）。

3. 重氮和偶氮化合物

重氮和偶氮化合物都含有—N═N—基团。该官能团的一端与烃基相连，另一端与非碳原子相连的合物，称为重氮化合物。重氮化合物中更为重要的是重氮盐。

—N═N—官能团的两端分别与烃基相连的化合物，称为偶氮化合物。

4. 腈

腈的命名通过根据分子中所含的碳原子数（氰基碳原子包含在内，且编为1号）称为某腈。

二、结构

1. 芳香族硝基化合物

—NO_2 中的N原子是以 sp^2 杂化轨道分别与两个O原子、一个C原子成σ键，未参加杂化的p轨道与两个氧原子的p轨道“肩并肩”重叠，形成了p—π共轭体系，使两个氮-氧键趋于平均化。

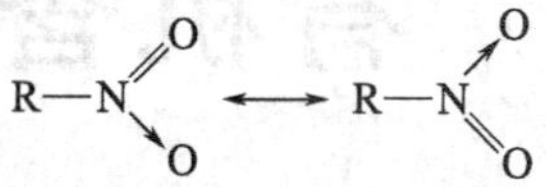

$$R-\overset{\displaystyle O}{\overset{\|}{N}}\rightarrow O \longleftrightarrow R-\overset{\displaystyle O}{\overset{\uparrow}{N}}=O$$

2. 胺类化合物

胺分子中的 N 原子是以 sp^3 杂化轨道与其他三个原子成 σ 键，还有一个 sp^3 杂化轨道是由一对未共用电子占据，其结构如右式：

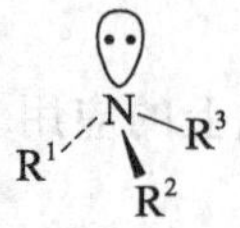

$$\ddot{N}(R^1)(R^2)(R^3)$$

胺类可以根据氮原子上所连烃基的数目不同分为伯、仲、叔胺及季铵。

如果氮上连有三个不同的原子或基团，则此胺应具有手性，但在室温下难以分离得到具有光学活性的对映体。

当氮原子上连接四个不同的基团时，如季铵正离子，则存在对映体，具有旋光性。

3. 腈类化合物

腈的结构与炔烃类似，如 $CH_3C\equiv N$ 类似于 $CH_3C\equiv CH$，氰基—CN 中的 C 和 N 均以 sp 杂化轨道相互成一个 σ 键、两个 π 键。

4. 重氮和偶氮化合物化合物

—N═N—官能团的一端与烃基相连，另一端与非碳原子相连的合物，称为重氮化合物。

—N═N—官能团的两端分别与烃基相连的化合物，称为偶氮化合物。

三、物理性质

1. 芳香族硝基化合物

(1) 芳烃的一硝基化合物一般是无色或淡黄色的高沸点液体或固体；多硝基化合物多为黄色固体。

(2) 一般不溶于水，而易溶于有机溶剂，如乙醚、四氯化碳等。

(3) 多硝基化合物具有爆炸性。

2. 胺类化合物

(1) 伯胺、仲胺可以形成分子内氢键，因此沸点比分子量相近的非极性化合物高，但因氮的电负性小于氧，所以其沸点低于分子量相近的醇和羧酸。叔胺不能形成分子间氢键，所以沸点与分子量相近的烷烃相近。

(2) 伯、仲、叔胺均能与水形成氢键，因此低分子量的胺溶于水。胺在水中的溶解度随分子量的增加而迅速降低。

3. 腈类化合物

(1) 腈是极性化合物，其沸点与醇相似，比羧酸低，比醛、酮、醚、胺、烃高。

(2) 乙腈与水互溶，丁腈以上难溶于水。

四、化学性质

1. 芳香族硝基化合物的化学性质

还原反应

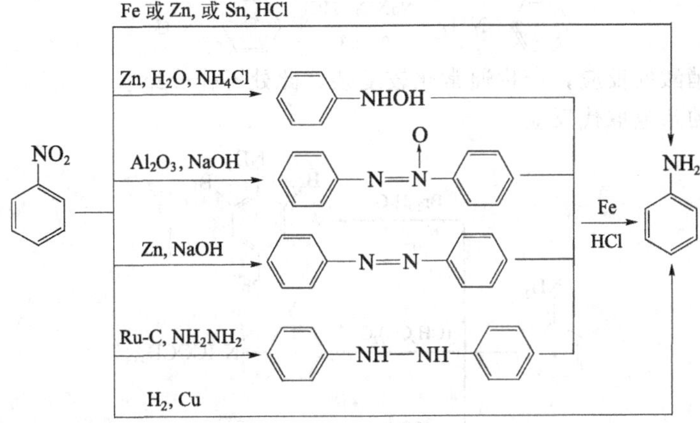

注意：部分还原反应

间二硝基苯 $\xrightarrow{Na_2S\text{或}(NH_4)_2S\text{或}NaHS\text{或}NH_4HS}$ 间硝基苯胺（NO_2 → NH_2）

2. 胺的化学性质

(1) 碱性　胺分子中的氮原子中含有未共用电子，能接受质子，因此，胺呈碱性。

脂肪胺的碱性，在气相中取决于电子效应的影响，其强弱顺序为：三甲胺＞二甲胺＞甲胺。在液相中，由于受到电子效应、空间效应和溶剂化效应的综合影响，其碱性强弱顺序是：二甲胺＞甲胺＞三甲胺。

芳香胺的碱性比氨弱，这主要是由于苯环与氮原子之间的 p-π 共轭效应，使氮原子的电子云密度降低。

(2) 烃基化反应　胺与卤代烃发生亲核取代反应，在胺的氮原子上引入烃基，称为烃基化反应。例如：

$$C_6H_5-NH_2\text{（过量）}+C_6H_5-CH_2Cl\xrightarrow{NaHCO_3}C_6H_5-CH_2NH-C_6H_5$$

(3) 酰基化反应　伯胺和仲胺与酰基化试剂（如酰氯、酸酐等）发生酰基化反应，生成 *N*-取代酰胺。叔胺由于氮上没有氢原子，所以不能发生此类反应。

$$C_6H_5-NH_2+CH_3-\overset{O}{\overset{\|}{C}}-O-\overset{O}{\overset{\|}{C}}-CH_3\longrightarrow CH_3-\overset{O}{\overset{\|}{C}}-NH-C_6H_5$$

(4) 磺酰化反应　与酰基化反应类似，伯胺和仲胺还可以和芳磺酰氯发生磺酰化反应，生成磺酰胺化合物。叔胺氮上无氢原子，故不发生此类反应。伯胺反应生成的磺酰胺，氮原子上还有一个氢，因此，能与氢氧化钠作用生成溶于水的钠盐；仲胺的磺酰胺产物，氮上没有氢原子，因而不溶于氢氧化钠溶液。利用此反应，可以鉴别或分离伯、仲、叔胺。该反应称为 Hinsberg（兴斯堡）反应。

$$\left.\begin{array}{l}RNH_2\\R_2NH\\R_3N\end{array}\right\}+C_6H_5-SO_2Cl\longrightarrow\left\{\begin{array}{l}C_6H_5-SO_2NHR\xrightarrow{NaOH}C_6H_5-SO_2\bar{N}R\ Na^+\ \text{（水溶性盐）}\\C_6H_5-SO_2NR_2\\\text{不反应}\end{array}\right.$$

(5) 与亚硝酸反应　芳香族伯胺在低温下与亚硝酸反应，生成相应的重氮盐。该反应称为重氮化反应，在有机合成中有着重要的用途。

$$C_6H_5NH_2 \xrightarrow[0\sim5℃]{NaNO_2,HCl} C_6H_5\overset{+}{N_2}\overset{-}{Cl}$$

其他胺与亚硝酸的反应，产物通常比较复杂，此处不作介绍。

(6) 芳环上的亲电取代反应

$$C_6H_5NH_2 \xrightarrow{Br_2,H_2O} \text{2,4,6-三溴苯胺}\downarrow$$

$$C_6H_5NH_2 \xrightarrow{(CH_3CO)_2O} C_6H_5NHCOCH_3$$

$$C_6H_5NH_2 \xrightarrow{H_2SO_4} H_2N-C_6H_4-SO_3H$$

(7) 季铵碱的热分解　含 β-H 的季铵碱受热分解，生成叔胺、烯烃和水，称为 Hofmann 热消除反应。

$$(CH_3)_3\overset{+}{N}-CH_2CH_3OH^- \xrightarrow{\triangle} CH_2=CH_2 + (CH_3)_3N$$

消除的产物由 β-H 的活性和空间位阻等所决定。

$$CH_3COCH_2CH_2\overset{+}{N}(CH_3)_2CH_2CH_3OH^- \xrightarrow{\triangle} CH_3-\overset{O}{\overset{\|}{C}}-CH=CH_2 + (CH_3)_2NCH_2CH_3$$

3. 重氮盐的化学性质

(1) 取代反应

$$C_6H_5\overset{+}{N_2} \xrightarrow{H_3PO_2} C_6H_5-H$$

$$C_6H_5\overset{+}{N_2} \xrightarrow{H_2O,\ H_2SO_4} C_6H_5-OH$$

$$C_6H_5\overset{+}{N_2} \xrightarrow{CuCl,\ HCl} C_6H_5-Cl$$

$$C_6H_5\overset{+}{N_2} \xrightarrow{CuCN,KCN} C_6H_5-CN$$

(2) 偶合反应

$$Ar-N_2^+ + C_6H_5-X \longrightarrow Ar-N=N-C_6H_4-X$$

$X=OH,NH_2,NHR,NR_2$

4. 腈的化学性质

$$R-CN \xrightarrow{H_2O,\ H^+} R-COOH$$

$$R-CN \xrightarrow{LiAlH_4} R-CH_2NH_2$$

$$R-CN \xrightarrow{R'MgX} R-\overset{O}{\overset{\|}{C}}-R'$$

五、胺类的制备方法

1. 胺的烃基化

$$NH_3 + R—X \longrightarrow R—NH_2 \xrightarrow{R—X} R_2NH \xrightarrow{R—X} \xrightarrow{R—X} R_4\overset{+}{N}X^-$$

2. 硝基化合物还原

$$C_6H_5—NO_2 \xrightarrow{Fe+HCl} C_6H_5—NH_2$$

3. Hofmman 降解反应

$$C_6H_5—\overset{O}{\overset{\|}{C}}—NH_2 \xrightarrow{Br_2,NaOH} C_6H_5—NH_2$$

4. 腈和酰胺的还原

$$R—\overset{O}{\overset{\|}{C}}—NH_2 \xrightarrow{LiAlH_4} R—CH_2NH_2$$

5. 醛、酮的还原胺化

$$RR'C=O + NH_3 \longrightarrow RR'C=NH \xrightarrow{H_2,Ni} RR'CH—NH_2$$

6. Gabriel 合成法

$$\text{邻苯二甲酰亚胺(NH)} \xrightarrow[(2)\ C_6H_5CH_2Cl]{(1)\ K_2CO_3} \text{邻苯二甲酰亚胺}N—CH_2C_6H_5 \xrightarrow[C_2H_5OH]{NH_2—NH_2} C_6H_5CH_2—NH_2$$

【例题解析】

【例 1】 命名下列化合物。

(1) $H_3C—C_6H_4—NO_2$（对位）　(2) 2-硝基萘结构（$—NO_2$）　(3) $H_2NCH_2CH_2CH_2CH_2NH_2$

(4) $(CH_3)_2CH\overset{+}{N}(CH_3)_3\overset{-}{I}$　(5) $HO—C_6H_4—NHCH(CH_3)CH_2CH_3$　(6) $CH_2=CH—CN$

(7) $(CH_3)_2CH—C_6H_4—\overset{+}{N_2}Cl^-$　(8) $Cl—C_6H_4—N=N—C_6H_4—OH$

[解题提示]

(1) 芳香族化合物命名时，硝基作为取代基，不能作为官能团；(5) 芳香胺的芳环上连有其他取代基时，应遵循多官能团化合物的命名规则；当氮原子上同时连有芳基和脂肪烃基时，需在烃基前加上字母“N”，表示脂肪烃基是直接连在氨基的氮原子上。(6) 腈的命名通过根据分子中所含的碳原子数（氰基碳原子包含在内）称为某腈。

[参考答案]

(1) 对甲基硝基苯　(2) 2-硝基萘　(3) 1,4-丁二胺

(4) 碘化三甲基异丙基铵　(5) *N*-仲丁基对氨基苯酚　(6) 丙烯腈

（7）对异丙基氯化重氮苯　　（8）4-氯-4′-羟基偶氮苯

【例 2】将下列化合物按碱性由大到小排列成序。

（1）氨；乙胺；苯胺；三苯胺。

（2）甲氨；苯胺；对硝基苯胺；间硝基苯胺；2,4-二硝基苯胺；二甲氨。

（3）苯胺；乙酰苯胺；对硝基苯胺；邻苯二甲酰亚胺；氢氧化四甲铵。

[解题提示]

胺的氮原子上含有未共用电子对，因此呈碱性。胺的碱性受电子效应的影响，连有给电子基团使胺的碱性增强，连有吸电子基团使胺的碱性减弱。

[参考答案]

（1）乙胺＞氨＞苯胺＞三苯胺

（2）二甲氨＞甲氨＞苯胺＞间硝基苯胺＞对硝基苯胺＞2,4-二硝基苯胺

（3）氢氧化四甲铵＞苯胺＞对硝基苯胺＞乙酰苯胺＞邻苯二甲酰亚胺

【例 3】试解释下列现象。

（1）在一组胺的异构体中，叔胺的沸点最低，试解释其原因。

（2）*N*，*N*-二甲基苯胺可以和重氮盐反应得到偶氮化合物，而*N*,*N*,2-三甲基苯胺却不可以发生该反应，为什么？

（3）1,3,5-三甲基苯可以和2,4,6-三硝基偶氮苯盐酸盐发生偶合反应，而不可以和偶氮苯盐酸盐反应，为什么？

（4）下面的二磺酸化合物可以和重氮盐反应，当pH值为8～10时发生2号位取代，而当pH值为5～7时却得到7号位取代的产物，为什么？

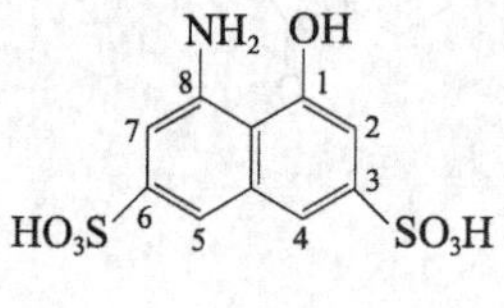

（结构式：8-氨基-1-羟基萘-3,6-二磺酸，NH_2位于8位，OH位于1位，SO_3H位于3位，HO_3S位于6位）

（5）

$$HOCH_2CH_2NH_2 \xrightarrow{1mol\ (CH_3CO)_2O,\ K_2CO_3} HOCH_2CH_2NHCOCH_3$$

$$HOCH_2CH_2NH_2 \xrightarrow{1mol\ (CH_3CO)_2O,\ HCl} CH_3COOCH_2CH_2\overset{+}{N}H_3Cl^-$$

$$CH_3COOCH_2CH_2\overset{+}{N}H_3Cl^- \xrightarrow{K_2CO_3} HOCH_2CH_2NHCOCH_3$$

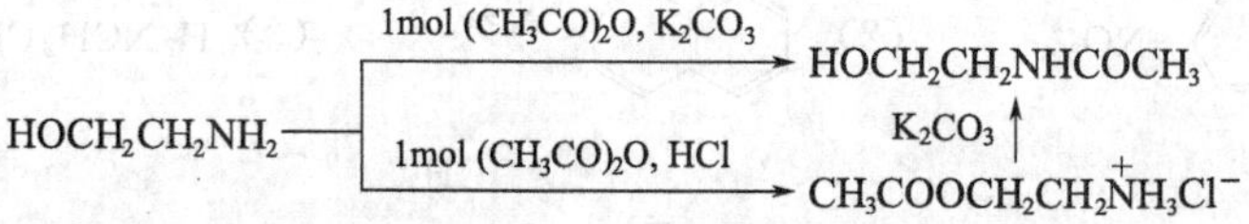

[参考答案]

（1）伯胺和仲胺均能形成分子间氢键，而叔胺不能，所以在一组胺的异构体中，叔胺的沸点最低。

（2）重氮盐作为亲电试剂可以和芳胺（或酚类化合物）发生偶合反应，主要是因为芳胺化合物中的氨基是强的供电基团活化了苯环，而*N*,*N*,2-三甲基苯胺，由于邻位甲基的干扰，导致氨基N原子与苯环不发生供电子的共轭效应，因此三甲基苯基胺不能与重氮盐反应生成偶氮化合物。

（3）虽然1,3,5-三甲基苯中，由于具有三个供电基团，理论上是可以和重氮盐发生偶合反应的，但是也仅限于与强的亲电试剂才可以发生偶合反应，这里2,4,6-三硝基偶氮苯盐酸盐由于具有三个强的吸电基团，是一个非常强的亲电试剂，故他们之间可以发生偶合反应。而偶氮苯盐酸盐由于亲电性较差，故不可以和1,3,5-三甲基苯发生偶合反应。

（4）

$$\text{8-NH}_2\text{-1-OH-3,6-(SO}_3\text{H)}_2\text{-naphthalene} \underset{H^+}{\overset{OH^-}{\rightleftharpoons}} \text{8-NH}_2\text{-1-O}^-\text{-3,6-(SO}_3^-)_2\text{-naphthalene}$$

在弱碱介质（pH=8～10）中，酚—OH 主要以氧负离子形式参与反应，且定位能力是—O^-＞—NH_2，故反应发生在 2 号位。而在弱酸或中性介质（pH=5～7）中，—NH_2 主要以游离胺的形式参与反应，且定位能力是—NH_2＞—OH，故反应主要发生在 7 号位。

（5）在 K_2CO_3 条件下，亲核性—NH_2＞—OH，所以此条件下，是 N 酰基化，产物为 $HOCH_2CH_2NHCOCH_3$。在 HCl 条件下，—NH_2 被质子化成—NH_3^+，失去亲核性，所以此条件下，是 O 酰基化，其产物在 K_2CO_3 条件下发生分子内亲核取代。机理如下：

$$HOCH_2CH_2NH_2 \xrightarrow{HCl} HOCH_2CH_2\overset{+}{N}H_3 \xrightarrow{1mol\ (CH_3CO)_2O} CH_3COOCH_2CH_2\overset{+}{N}H_3$$

$$\xrightarrow{K_2CO_3} CH_3\underset{\|}{\overset{}{C}}(=O)OCH_2CH_2NH_2 \xrightarrow{-H^+} CH_3C(O^-)(OCH_2)(HN-CH_3) \longrightarrow {}^-OCH_2CH_2NHCOCH_3$$

【例 4】完成下列反应。

（1）邻硝基苯甲醚（OCH_3，NO_2）$\xrightarrow{Fe,HCl}$（　　）

（2）$PhNH_2$＋ Cl—C₆H₃(2-NO_2, 4-NO_2) ⟶（　　）

（3）$PhCH_2NH_2$＋$PhSO_2Cl$ ⟶（　　）

（4）N,N-二甲基哌啶鎓 OH^- $\xrightarrow{\triangle}$（　　）　　（5）1-萘重氮盐（N_2Cl）$\xrightarrow{CuCN,KCN}$（　　）

（6）$(CH_3)_2CHNO_2$＋HCHO $\xrightarrow{NaOH}$（　　）

［解题提示］

（1）芳香族硝基化合物的还原反应；（2）卤代烃的亲核取代反应（硝基的强吸电子作用，使芳环上氯原子易于离去）；（3）胺的磺酰化反应；（4）季铵碱的热消除反应；（5）重氮盐的取代反应；（6）硝基的吸电子作用，使 α-H 易于被碱夺去，进而与甲醛发生亲核加成。

［参考答案］

（1）邻甲氧基苯胺（OCH_3，NH_2）　　（2）PhNH—C₆H₃(2-O_2N, 4-NO_2)　　（3）$PhCH_2NHSO_2Ph$

（4）$(CH_3)_2N-CH_2CH_2CH_2CH=CH_2$　　（5）1-萘甲腈（CN）　　（6）$(CH_3)_2C(NO_2)CH_2OH$

【例 5】以苯为原料合成

3-硝基苯基—N=N—(2-Cl-4-OH-苯基)

［解题提示］

3-硝基苯偶氮-2-氯-4-羟基苯 ⟹ 重氮组分（NO_2，$\overset{+}{N_2}Cl^-$） ⟹ 间硝基苯胺（NO_2，NH_2） ⟹ 间二硝基苯（NO_2，NO_2）

\+

偶合组分（Cl，OH） ⟹ （Cl，$\overset{+}{N_2}HSO_4^-$） ⟹ （Cl，NH_2） ⟹ （Cl，NO_2）

［参考答案］

$$\text{苯} \xrightarrow[\triangle]{HNO_3/H_2SO_4} \text{C}_6\text{H}_5\text{-}NO_2 \xrightarrow[\triangle]{Cl_2/Fe} \text{间氯硝基苯} \xrightarrow{[H]} \text{间氯苯胺}$$

$$\xrightarrow[\text{低温}]{NaNO_2/H_2SO_4} \text{(Cl)}C_6H_4\overset{+}{N_2}HSO_4^- \xrightarrow[H^+]{H_2O} \text{间氯苯酚}$$

$$\text{苯} \xrightarrow[\triangle]{HNO_3/H_2SO_4} \text{C}_6\text{H}_5\text{-}NO_2 \xrightarrow[\triangle]{HNO_3/H_2SO_4} \text{间二硝基苯} \xrightarrow{NH_4HS} \text{间硝基苯胺}$$

$$\xrightarrow[\text{低温}]{NaNO_2/HCl} \text{(}NO_2\text{)}C_6H_4\overset{+}{N_2}Cl^- \xrightarrow{\text{间氯苯酚}} \text{(}NO_2\text{)}C_6H_4\text{-N=N-}C_6H_3\text{(Cl)-OH}$$

【习题】

一、命名或者写出下列化合物结构

1. 用系统命名法命名下列化合物：

(1) 对氯硝基苯（Cl，NO_2） (2) 间二硝基苯（NO_2，NO_2） (3) $[CH_3\overset{+}{N}(C_2H_5)(C_6H_5)H]\ OH^-$ (4) 间溴-N-甲基苯胺（$NHCH_3$，Br）

(5) $C_6H_5\text{-}NHCH_3$ (6) $CH_3(CH_2)_4CH_2\overset{+}{N}(CH_3)_3I^-$ (7) $CH_3CH_2CH_2C(C_6H_5)(Cl)CH_2CH(NHCH_3)CH_3$

(8) $C_6H_5\text{-N=N-}C_6H_4\text{-}NHCH_3$ (9) $CH_3CH_2CH_2N{=}NCH_2CH_2CH_3$ (10) CH_3CN

2. 写出下列化合物的构造式。

(1) 对硝基甲苯 (2) 硝基乙烷 (3) 丙二腈 (4) 氯化重氮苯

(5) 氢氧化四乙基铵 (6) 对羟基偶氮苯 (7) 2-甲基-4-氨基己烷 (8) 偶氮甲烷

(9) 环己基胺 (10) 3-甲基-1-甲氨基戊烷 (11) 2,4,6-三硝基甲苯

二、回答问题

1. 在水溶液中，下列化合物碱性最强的是：

(A) 氨 (B) 乙胺 (C) 丙酰胺 (D) 苯胺

2. 下列化合物中碱性最强的是：

(A) 苯胺 (B) 间硝基苯胺 (C) 对甲苯胺 (D) 对硝基苯胺

3. 下列化合物按碱性减弱的顺序排列为：

(1) 苄胺；(2) 萘胺；(3) 苯乙酰胺；(4) 氢氧化四乙胺

(A) (1) > (3) > (2) > (4)； (B) (4) > (3) > (1) > (2)；

(C) (4) > (1) > (3) > (2)； (D) (4) > (1) > (2) > (3)。

4. 下列含氮化合物的碱性排列顺序中，正确的是：

(A) 乙胺>二乙胺>苯胺>氨气； (B) 二乙胺>乙胺>苯胺>氨气；

(C) 乙胺>二乙胺>氨气>苯胺； (D) 二乙胺>乙胺>氨气>苯胺。

5. 如果选择性地还原间二硝基苯中的一个硝基成为氨基，应选用的还原剂是：

(A) Zn/HCl (B) $(NH_4)_2S$ (C) Sn/HCl (D) Fe/HCl

6. 下列化合物存在分子内氢键的是：

(A) 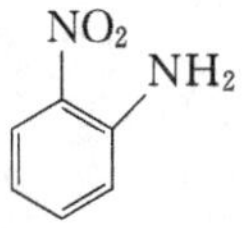 邻硝基苯胺（NO_2、NH_2 处于邻位） (B) 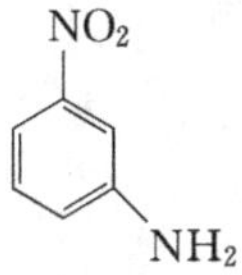 间硝基苯胺（NO_2、NH_2 处于间位） (C)  $O_2N-C_6H_4-NH_2$（对位）

(A) 氨 (B) 甲胺 (C) 二甲胺 (D) 苯胺

7. 通常苯胺酰化的在有机合成中的意义是什么：一是为__________，二是______________，三是____________________。

8. 在芳香族重氮化合物的偶合反应中，重氮盐有______________取代基，反应容易进行；芳烃有__________取代基，易发生反应。

9. 试拟一个分离环己基甲酸、三丁胺和苯酚的方法。

10. 用化学方法区别下列各组化合物：

(1) *N*-甲基苯胺 对甲基苯胺 *N*，*N*-二甲基苯胺

(2) 邻甲基苯胺 *N*-甲基苯胺 苯甲酸 对羟基苯甲酸

三、完成反应

1. 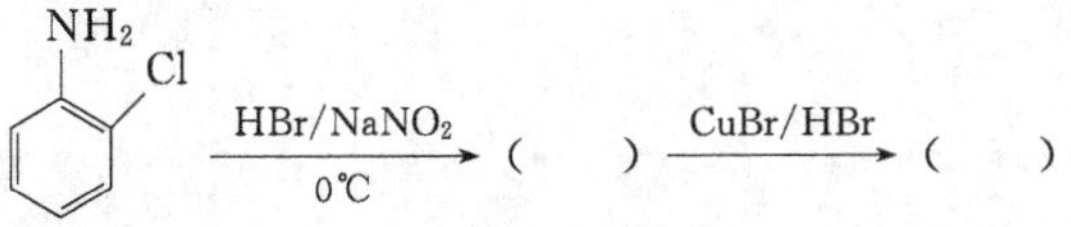 邻氯苯胺（NH_2、Cl 处于邻位） $\xrightarrow[0℃]{HBr/NaNO_2}$ (   ) $\xrightarrow{CuBr/HBr}$ (   )

2. 硝基苯（$C_6H_5NO_2$） $\xrightarrow[Fe/140℃]{Br_2}$ 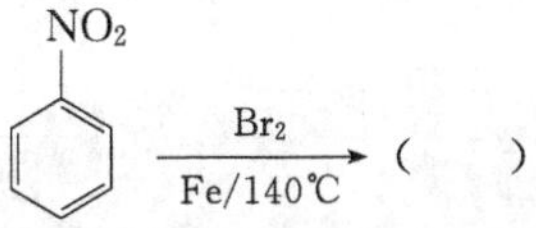 (   )

3. 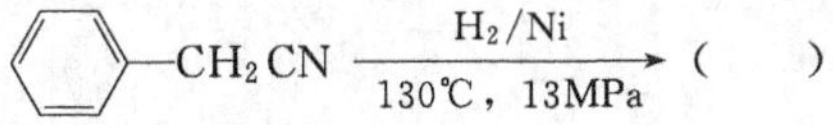 $C_6H_5-CH_2CN \xrightarrow[130℃，13MPa]{H_2/Ni}$ (   )

4. 邻氨基苯甲酸（NH_2、COOH 处于邻位） $\xrightarrow[0℃]{NaNO_2/HCl}$ (   ) $\xrightarrow{C_6H_5-NHCH_3}$ (   )

5. $CH_3CH_2CH_2CH(CH_3)\overset{+}{N}(CH_3)_3OH^-$（$\overset{+}{N}(CH_3)_3$ 连在 CH 上） $\xrightarrow{\triangle}$ (   )

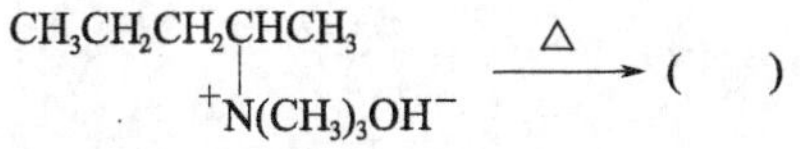

6. 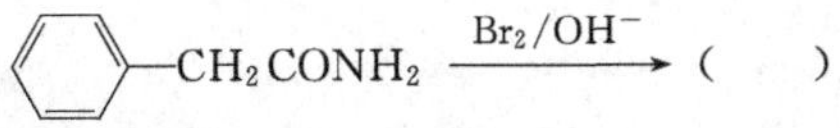 $C_6H_5-CH_2CONH_2 \xrightarrow{Br_2/OH^-}$ (   )

7. $2NH_2CH_2COOH \xrightarrow{\triangle}$ (   )

8. 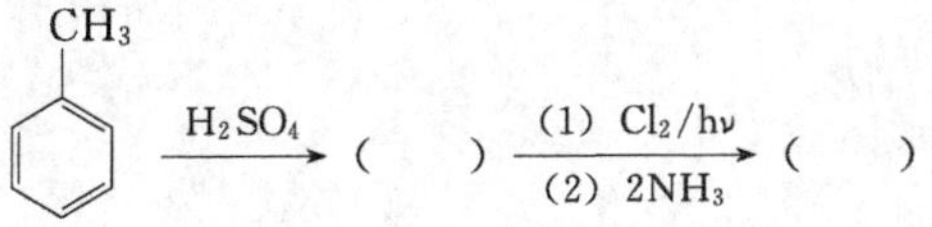 甲苯（$C_6H_5CH_3$） $\xrightarrow{H_2SO_4}$ (   ) $\xrightarrow[(2)\ 2NH_3]{(1)\ Cl_2/h\nu}$ (   )

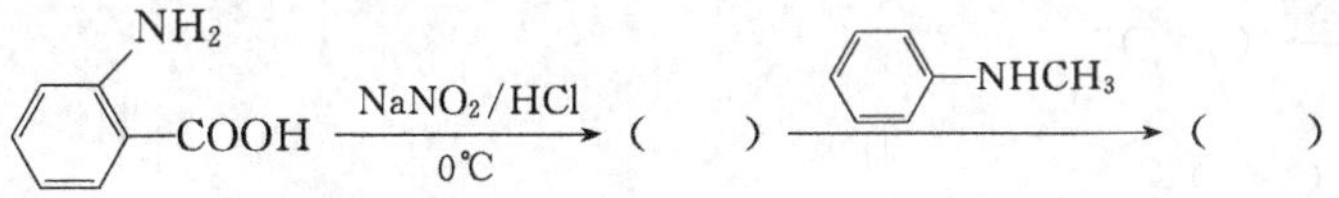

9. 十氢喹啉 $\xrightarrow[(2)\ Ag_2O/H_2O\ (3)\ \triangle]{(1)\ 2CH_3I}$ (　　)

10. $HO_3S-C_6H_4-\overset{+}{N_2}\overset{-}{Cl}$ + 2-萘酚 ⟶ (　　)

11. $C_6H_5-NH_2 + CH_3COCl \longrightarrow$ (　　)

12. $ClCH_2CH_2-\overset{CH_2CH_2CH_3}{N^+}(CH_3)_2OH^- \longrightarrow$ (　　) + (　　)

13. 邻苯二甲酰亚胺 $\xrightarrow[\triangle]{NaOCl}$ (　　)

14. $C_6H_5COCl + CH_3NHCH_3 \longrightarrow$ (　　)

15. $C_6H_5NHCOCH_3 \xrightarrow{Br_2/CH_3COOH}$ (　　)

16. $C_6H_5NH_2 \xrightarrow[0℃]{NaNO_2/HCl}$ (　　) $\xrightarrow{HO-C_6H_4-CH_3}$ (　　)

17. 2,4,6-三硝基氯苯（O_2N, Cl, NO_2, NO_2） $\xrightarrow{NaOCH_3}$ (　　)

18. 间硝基甲苯（NO_2, CH_3） $\xrightarrow{H_2/Pt}$ (　　)

19. 间二硝基苯（NO_2, NO_2） $\xrightarrow{NH_4HS}$ (　　)

20. $CH_3-C_6H_4-N^+\equiv N \xrightarrow{CuCN/KCN}$ (　　)

21. $CH_3-C_6H_4-N^+\equiv N \xrightarrow{H_2O/\triangle}$ (　　)

22. $CH_3-C_6H_4-N^+\equiv N \xrightarrow{KI}$ (　　)

23. $CH_3-C_6H_4-N^+\equiv N \xrightarrow{H_3PO_2}$ (　　)

四、反应机理

1. $Ph-\underset{OH}{\overset{Ph}{C}}-\underset{NH_2}{\overset{Ph}{C}}-Ph \xrightarrow{NaNO_2,\ HCl} Ph_3C\overset{O}{\overset{\|}{C}}Ph$

2. $C_6H_{11}-CO-NH_2 + Br_2 + CH_3ONa \xrightarrow{CH_3OH} C_6H_{11}-NH-CO-OCH_3$

五、有机合成

1. 完成下列转变。

(1) 氯苯 $\longrightarrow$ 2,4,6-三硝基苯酚（OH，NO_2，NO_2，NO_2）　(2) 苯 $\longrightarrow$ 间氨基苯乙酮（$COCH_3$，NH_2）

(3) $C_6H_5-CH_3 \longrightarrow C_6H_5-CH_2CH_2NH_2$　(4) 环丙基$-COOH \longrightarrow$ 环丙基$-NH_2$

(5) $C_6H_5-CH_3 \longrightarrow$ 间硝基苯胺（H_2N，NO_2）　(6) 邻硝基甲苯（CH_3，NO_2）$\longrightarrow$ 邻羟基苯甲酸（COOH，OH）

(7) 邻硝基氯苯（NO_2，Cl）$\longrightarrow$ 邻甲氧基苯酚（OH，OCH_3）　(8) $CH_3-C_6H_5 \longrightarrow HOOC-C_6H_4-OH$

2. 由指定原料合成下列化合物。

(1) $CH_3-C_6H_4-NH_2 \longrightarrow HOOC-C_6H_3(Br)-NH_2$

(2) 由甲苯合成 3,5-二溴甲苯；

(3) $C_6H_6 \longrightarrow C_6H_5-N{=}N-C_6H_3(H_2N)-NH_2$

3. 甲基橙是常用的酸碱指示剂，其结构式如下：

$$NaO_3S-C_6H_4-N{=}N-C_6H_4-N(CH_3)_2$$

试以苯胺和 *N*,*N*-二甲基苯胺为原料合成甲基橙。

六、推导结构

1. 某化合物的分子式为 $C_9H_{13}N$，氢谱 δ 值为 7.0（dd，2H），6.7（dd，2H），2.9（s，6H），2.3（s，3H）。

2. 化合物 A 的分子式为 $C_5H_{11}N$，能溶于盐酸，与对甲苯磺酰氯反应所得产物不溶于碱。A 与过量的碘甲烷作用后用氢氧化银处理，再加热得分子式为 $C_7H_{15}N$ 的产物 B。B 与碘甲烷作用得分子式为 $C_8H_{18}NI$ 的化合物 C。C 经氢氧化银处理再加热得三甲胺和分子式为 C_5H_8 的化合物 D。D 进行臭氧氧化，锌还原水解得甲醛和丙二醛。试推导 A-D 的结构式。

3. 化合物(A)是一个胺，分子式为 C_7H_9N。(A) 与对甲苯磺酰氯在 KOH 溶液中作用，生成清亮的液体，酸化后得白色沉淀。当 (A) 用 $NaNO_2$ 和 HCl 在 0～5℃处理后再与 α-萘酚作用，生成一种深颜色的化合物 (B)。(A) 的 IR 谱表明在 $815cm^{-1}$ 处有一强的单峰。试推测 (A)、(B) 的构造式并写出各步反应式。

【习题解答】

一、命名或者写出下列化合物结构

1. 用系统命名法命名下列化合物。

［解题提示］

(3) 季铵的碳原子上连有四个不同基团时，化合物具有手性，应注明其立体结构。

［参考答案］

（1）对硝基氯苯；（2）间二硝基苯；（3）(*S*)-氢氧化甲基乙基苯基铵；

（4）*N*-甲基-3-溴苯胺；（5）*N*-甲基苯胺；（6）碘化三甲基正己基铵；

（7）4-苯基-2-甲氨基-4-氯庚烷；（8）对甲氨基偶氮苯（9）偶氮丙烷；（10）乙腈。

2. 写出下列化合物的构造式。

［参考答案］

（1）O_2N——CH_3　（2）$CH_3CH_2NO_2$　（3）NC—CH_2—CN　（4）—$N_2^+Cl^-$

（5）$\overset{+}{N}(C_2H_5)_4OH^-$　（6）—N=N——OH　（7）$CH_3CHCH_2CHCH_2CH_3$（CH_3，NH_2）

（8）$CH_3N{=}NCH_3$　（9）—NH_2

（10）$CH_3NHCH_2CH_2CHCH_2CH_3$（CH_3）　（11）CH_3，O_2N，NO_2，NO_2

二、回答问题

［解题提示］

(1)～(4)胺的碱性与氮原子上所连基团的电子效应有关，连有给电子基团使碱性增强，连有吸电子基团使碱性减弱。(5) 芳香族厌基化合物的部分还原，可采用$(NH_4)_2S$、NH_4HS、Na_2S、NaHS等作为还原剂。(6) 邻硝基苯胺中，硝基上的O原子与氨基上的H原子，可形成分子内氢键。间硝基苯胺和对硝基苯胺分子中，因O原子与H原子距离较远，无法形成分子内氢键。(7) 胺的磺酰化反应。(8) 重氮盐的偶合反应。(10) 伯、仲、叔胺可用兴斯堡（Hinsberg）反应进行鉴别。伯、仲胺与苯磺酰氯发生磺酰化反应，生成沉淀，而叔胺不反应，可被鉴别出来；伯胺酰化后的产物，氮上有氢原子具有酸性，因此可溶于氢氧化钠溶液，而仲胺的产物则不溶于氢氧化钠溶液。羧酸类化合物与$NaHCO_3$反应，可放出CO_2气体。酚羟基与$FeCl_3$起显色反应。

［参考答案］

1. B；2. C；3. D；4. D；5. B；6. A；7. 钝化苯环；防止氨基被氧化；提高对位取代的选择性；8.磺酸等吸电；氨基或羟基等供电

9. { —COOH，—OH，$(n\text{-}C_4H_9)_3N$ } —NaOH / H_2O→ 溶解：{ —COONa，—ONa } —CO_2→；不溶→ $(n\text{-}C_4H_9)_3N$

不反应 → —COONa —HCl / 析出→ —COOH↓

析出 → —OH↓

10.

项目	*N*-甲基苯胺	对甲基苯胺	*N*,*N*-二甲基苯胺
苯磺酰氯 NaOH 溶液	(+)沉淀 沉淀不溶	(+)沉淀 (+)沉淀溶解	(−) —

续表

项目	邻甲基苯胺	*N*-甲基苯胺	苯甲酸	对羟基苯甲酸
$NaHCO_3$	(－)	(－)	(＋)CO_2 气体	(＋)CO_2 气体
$FeCl_3$	(－)	(－)	(－)	(＋)显色
兴斯堡反应(NaOH)	沉淀溶解	沉淀不溶	/	/

三、完成反应

［解题提示］

(1) 重氮盐的制备及重氮基被 Br 所取代。(2) 芳香族硝基化合物苯环上的亲电取代反应。(3) 腈的催化氢化还原，氰基被还原为胺。(4) 重氮盐的制备及偶合反应。(5) 季铵碱的热消除反应，生成烯烃。(6) Hofmann降解反应，生成减少一个碳原子的胺。(7) 两分子 α-氨基酸受热脱水，生成六环状化合物，类似于 α-羟基酸的受热脱水。(8) 涉及芳环的亲电取代（磺化）、芳环 α-H 的卤化以及卤代烃的亲核取代等反应。(9) Hofmann 彻底甲基化与季铵碱的热消除。(10) 重氮盐的偶合反应。(11) 胺与酰氯的酰化反应，生成酰胺。(12) 季铵碱的热消除反应，生成烯烃和叔胺。(13) Hofmann 降解反应。(14) 胺的酰化反应。(15) 芳胺苯环上的亲电取代反应（卤化）。(16) 重氮盐的制备及偶合反应。(17) 卤代烃的亲核取代应（硝基的强吸电子作用，使芳环上氯原子易于离去）(18) 硝基的催化氢化还原反应，生成胺。(19) 芳香族化合物的部分还原。(20)～(23)重氮盐的取代反应。

［参考答案］

1. 邻氯苯重氮溴盐（$\overset{+}{N_2}\overset{-}{Br}$，邻位 Cl）；邻氯溴苯（Br，邻位 Cl）

2. 间溴硝基苯（NO_2，间位 Br）

3. $C_6H_5-CH_2CH_2NH_2$

4. 邻羧基苯重氮氯盐（$\overset{+}{N_2}\overset{-}{Cl}$，邻位 COOH）；$HOOC-C_6H_4-N{=}N-C_6H_4-NHCH_3$（COOH 在邻位，$NHCH_3$ 在对位）

5. $CH_3CH_2CH_2CH{=}CH_2$

6. $C_6H_5-CH_2NH_2$

7. 2,5-哌嗪二酮（环上两个 NH，两个 C=O）

8. 对甲苯磺酸（CH_3，SO_3H）；$H_2NCH_2-C_6H_4-SO_3NH_4$（对位）

9. 环己烷上连 $-CH_2CH{=}CH_2$ 及邻位 $-N(CH_3)_2$

10. $HO_3S-C_6H_4-N{=}N-$（2-羟基-1-萘基）

11. $C_6H_5-NHCOCH_3$

12. $CH_3CH_2CH_2N(CH_3)_2$　$CH_2{=}CHCl$

13. 邻氨基苯甲酸钠（NH_2，COONa）

14. $C_6H_5-CON(CH_3)_2$

15. 对溴乙酰苯胺（$NHCOCH_3$，对位 Br）

16. $C_6H_5-\overset{+}{N_2}\overset{-}{Cl}$；2-羟基-5-甲基偶氮苯（OH，$-N{=}N-C_6H_5$，$CH_3$）

17. 2,4,6-三硝基苯甲醚（OCH_3，O_2N，NO_2，NO_2）

18. 间甲基苯胺（NH_2，CH_3）

19. 间硝基苯胺（NH_2，NO_2）

20. $CH_3-C_6H_4-CN$

21. $CH_3-C_6H_4-OH$

22. $CH_3-C_6H_4-I$

23. $CH_3-C_6H_5$

四、反应机理

[解题提示]

(1) 伯胺与亚硝酸反应生成重氮化合物，进而失去氮气，生成碳正离子，碳正离子重排并失去质子氢，所到最终产物，类似于频哪醇重排。(2) 酰胺发生 Hofmann 重排，生成了异氰酸酯中间体，后者立即与甲醇反应，得到相应产物。

[参考答案]

1.

$$Ph_2C(OH)-C(Ph)_2NH_2 \xrightarrow[HCl]{NaNO_2} Ph_2C(OH)-C(Ph)_2N_2^+ \xrightarrow{-N_2} Ph_2C(OH)-\overset{+}{C}Ph_2$$

$$Ph-\overset{+}{C}(OH)-CPh_3 \longleftrightarrow Ph-C(=\overset{+}{O}H)-CPh_3 \xrightarrow{-H^+} Ph_3C-C(=O)Ph$$

2.

$$C_6H_{11}-C(=O)-NH-H \xrightarrow{OH^-} C_6H_{11}-C(=O)-N^- \xrightarrow{Br-Br} C_6H_{11}-C(=O)-NH-Br$$

$$\xrightarrow{OH^-} C_6H_{11}-C(=O)-\overset{-}{N}-Br \longrightarrow C_6H_{11}-N=C=O \xrightarrow{CH_3OH} C_6H_{11}-NH-C(=O)-OCH_3$$

五、有机合成

1. 完成下列转变。

[解题提示]

(1) 通过硝化反应在苯环上引入三个硝基，所得化合物水解即可得产物。(2) 产物比原料多了乙酰基和氨基，其中乙酰基可通过 F-C 酰基化反应引入，氨基可通过引入硝基后还原所得。注意两个取代基引入的先后次序。(3) 产物为伯胺，且比原料增加了一个碳原子，可考虑采用卤代烃与氰化钠的亲核取代反应引入氰基，该反应可增加一个碳原子，而腈经过还原可制得伯胺。(4) 产物为减少一个碳原子的伯胺，可采用 Hofmann 降解反应。(5) 产物的骨架比原料少了一个碳原子，且多了一个氨基，因此可考虑通过 Hofmann 降解反应实现。至于多出的另一个取代基硝基，通过硝化反应很容易实现。(6)～(8)产物苯环上均有羟基，苯环上直接引入羟基是非常困难的，因此，可通过重氮盐的取代反应。其他基团的转化相对比较容易。

[参考答案]

(1) 氯苯 $\xrightarrow[\text{高温}]{HNO_3/H_2SO_4}$ 2,4,6-三硝基氯苯 $\xrightarrow[Na_2CO_3]{H_2O}$ 2,4,6-三硝基苯酚

(2) 苯 $\xrightarrow[AlCl_3]{CH_3COCl}$ $C_6H_5COCH_3$ $\xrightarrow{HNO_3/H_2SO_4}$ 间硝基苯乙酮 $\xrightarrow{SnCl_2+HCl}$ 间氨基苯乙酮

(3) $C_6H_5CH_3 \xrightarrow{Cl_2,\ h\nu} C_6H_5CH_2Cl \xrightarrow{NaCN} C_6H_5CH_2CN \xrightarrow{LiAlH_4}$

$C_6H_5CH_2CH_2NH_2$

(4) 环丙基—COOH $\xrightarrow[\triangle]{NH_3}$ 环丙基—$CONH_2$ $\xrightarrow{NaOH/Br_2}$ 环丙基—NH_2

(5) $C_6H_5CH_3 \xrightarrow{KMnO_4} C_6H_5COOH \xrightarrow[HNO_3]{H_2SO_4}$ 间硝基苯甲酸（O_2N—C_6H_4—COOH）

$\xrightarrow{NH_3}$ 间硝基苯甲酰胺（O_2N—C_6H_4—$CONH_2$）$\xrightarrow{Br_2,\ NaOH}$ 间硝基苯胺（H_2N—C_6H_4—NO_2）

(6) 邻硝基甲苯 $\xrightarrow{KMnO_4}$ 邻硝基苯甲酸 $\xrightarrow[(2)\ NaNO_2/H_2SO_4]{(1)\ Fe/HCl}$

邻羧基苯重氮硫酸氢盐（$-N_2^+HSO_4^-$）$\xrightarrow{H_3^+O}$ 邻羟基苯甲酸

(7) 邻硝基氯苯 $\xrightarrow{CH_3ONa}$ 邻硝基苯甲醚（$-OCH_3$）$\xrightarrow[(2)\ NaNO_2/H_2SO_4]{(1)\ Fe/HCl}$ $\xrightarrow{H_3^+O}$ 邻甲氧基苯酚

(8) 甲苯 $\xrightarrow{HNO_3/H_2SO_4}$ $\xrightarrow{KMnO_4}$ 对硝基苯甲酸 $\xrightarrow[(2)\ NaNO_2/H_2SO_4]{(1)\ Fe/HCl}$ $\xrightarrow{H_3^+O}$ 对羟基苯甲酸

2. 由指定原料合成下列化合物。

[解题提示]

(1) 甲基转化为羧基可通过 $KMnO_4$ 氧化，溴原子的引入可采用卤化反应，需要注意氨基的保护。(2) 直接溴化是无法在甲基的间位引入溴原子的，因此，可先在甲基对位引入氨基，然后再进行溴化反应，最后通过重氮盐的反应将氨基去除。(3) 重氮盐的偶合反应。

[参考答案]

(1) 对甲苯胺（NH_2, CH_3）$\xrightarrow{(CH_3CO)_2O}$ 对甲基乙酰苯胺（$NHCOCH_3$, CH_3）$\xrightarrow{KMnO_4}$ 对乙酰氨基苯甲酸（$NHCOCH_3$, COOH）$\xrightarrow{Br_2}$

$$\text{4-乙酰氨基-3-溴苯甲酸} \xrightarrow{H_3^+O} \text{4-氨基-3-溴苯甲酸}$$

(2) $$\text{甲苯} \xrightarrow{HNO_3/H_2SO_4} \xrightarrow{Fe/HCl} \text{对甲苯胺} \xrightarrow[H_2O]{Br_2} \text{2,6-二溴-4-甲基苯胺} \xrightarrow[0\sim5℃]{NaNO_2/HCl} \xrightarrow{H_3PO_2} \text{3,5-二溴甲苯}$$

(3) $$\text{苯} \xrightarrow{\text{混酸}} \text{间二硝基苯} \xrightarrow{Fe/HCl} \text{间苯二胺}$$

$$\text{苯} \xrightarrow{\text{混酸}} \xrightarrow{Fe/HCl} C_6H_5NH_2 \xrightarrow[0\sim5℃]{NaNO_2/HCl} C_6H_5\overset{+}{N_2}\overset{-}{Cl} \xrightarrow{\text{间苯二胺}} C_6H_5-N{=}N-C_6H_3(NH_2)_2\ (\text{2,4-二氨基偶氮苯})$$

3.

[解题提示]

偶氮化合物的合成通常采用重氮盐与酚或苯胺通过偶合反应所得。

[参考答案]

$$C_6H_5NH_2 \xrightarrow{H_2SO_4} HO_3S-C_6H_4-NH_2 \xrightarrow[0\sim5℃]{NaNO_2/HCl} HO_3S-C_6H_4-N_2Cl \xrightarrow{C_6H_5N(CH_3)_2}$$

$$HO_3S-C_6H_4-N{=}N-C_6H_4-N(CH_3)_2 \xrightarrow{NaOH} NaO_3S-C_6H_4-N{=}N-C_6H_4-N(CH_3)_2$$

六、推导结构

1.

[解题提示]

根据分子式计算，该化合物的不饱和度为 $\Omega=4$，推测该化合物可能有一个苯环。由于核磁共振氢谱化学位移 $\delta=6.7$ 和 $\delta=7.0$ 分别有 2 个氢，因此，该化合物应为苯的对位二取代产物。化学位移 $\delta=2.3$ 有 3 个氢的单峰，表明含有一个取代基—CH_3。化学位移 $\delta=2.9$ 有 6 个氢的单峰，表明含有两个取代基—CH_3，而且应该连在 N 原子上。

[参考答案]

$$H_3C-C_6H_4-N(CH_3)_2$$

2.

[解题提示]

由于化合物 A 溶于盐酸，与对甲苯磺酰氯反应所得产物不溶于碱，因此，化合物 A 应为仲胺。D 进行臭氧氧化，锌还原水解得甲醛和丙二醛，据此推断化合物 D 的结构应为 1,4-戊二烯，进而可推断出化合物 A 的结构应为六氢吡啶。

[参考答案]

A. 六氢吡啶（环状 NH）　B. $CH_2{=}CH-CH_2-CH_2-CH_2-N(CH_3)_2$　C. $CH_2{=}CH-CH_2-CH_2-CH_2-\overset{+}{N}(CH_3)_3$　D. $CH_2{=}CH-CH_2-CH{=}CH_2$

3.

[解题提示]

根据分子式计算，化合物 A 的不饱和度为 $\Omega=4$，推测该化合物可能有一个苯环。A 与对甲苯磺酰氯反应后的产物溶于 KOH，表明其为伯胺，因此，化合物 A（C_7H_9N）的结构中应含有两个取代基—CH_3 和—NH_2。（A）的 IR 谱表明在 815cm^{-1}处有一强的单峰，表明其为苯环的对位取代产物。综合以上信息，化合物 A 应为对甲基苯胺。

[参考答案]

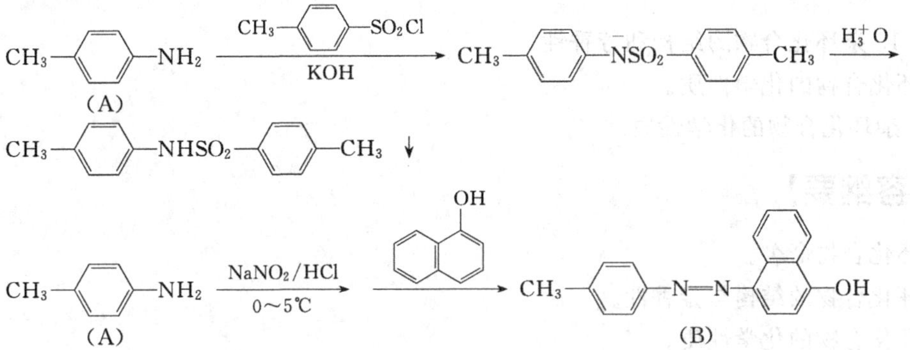

$$CH_3-C_6H_4-NH_2\ (A) \xrightarrow[KOH]{CH_3-C_6H_4-SO_2Cl} CH_3-C_6H_4-\overset{-}{N}SO_2-C_6H_4-CH_3 \xrightarrow{H_3^+O} CH_3-C_6H_4-NHSO_2-C_6H_4-CH_3$$

$$CH_3-C_6H_4-NH_2\ (A) \xrightarrow[0\sim5℃]{NaNO_2/HCl} \xrightarrow{\alpha\text{-萘酚 (1-OH)}} CH_3-C_6H_4-N{=}N-C_{10}H_6-OH\ (B)$$

第十六章　杂环化合物

【本章学习重点与难点】

重点：1. 杂环化合物的结构和芳香性；

2. 杂环化合物的化学性质。

难点：杂环化合物的化学性质。

【基本内容纲要】

1. 杂环化合物命名。
2. 杂环化合物的结构与芳香性。
3. 杂环化合物的化学性质。

【内容概要】

一、命名

杂环化合物的命名常用"音译法"，如：呋喃（Furan）、吡咯（pyrrole）、噻吩（thiophene）、吡啶（pyridine）、喹啉（quinoline）等。

杂环的编号一般从杂原子编起，含多个杂原子时按O、S、N的次序编号。对于含一个杂原子的杂环，也把靠近杂原子的位置编为α-位，其次为β-位和γ-位。

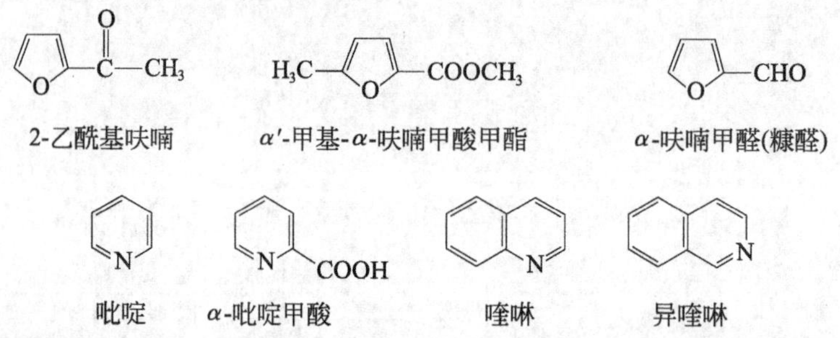

二、结构与芳香性

1. 五元杂环化合物（以呋喃为例）

(1) C原子sp^2杂化，形成6电子共轭体系——具有芳香性

(2) 由于O原子供电子共轭效应，使得杂环上的电子云密度大于苯环，易发生亲电取代反应——主要在α-位上。

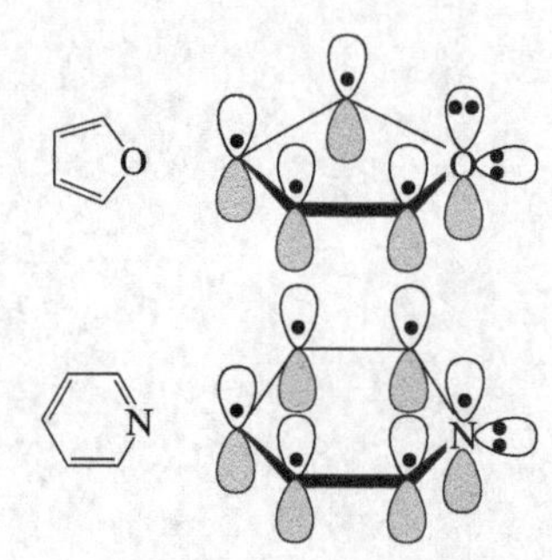

2. 六元杂环化合物（以吡啶为例）

(1) C和N原子均为 sp^2 杂化；

(2) 吡啶具有芳香性；

(3) N原子外有一未共用电子对——“较强”的碱性

三、化学性质

1. 五元杂环化合物的化学性质

(1) 亲电取代反应 呋喃、噻吩和吡咯的亲电取代反应比苯容易，且反应主要发生在 α-位上。

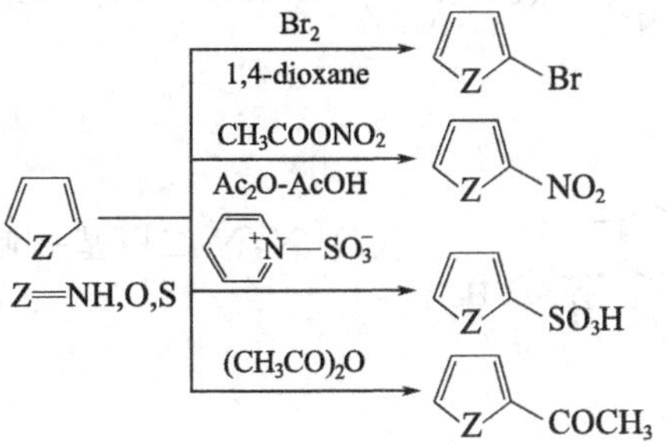

(2) 加氢反应

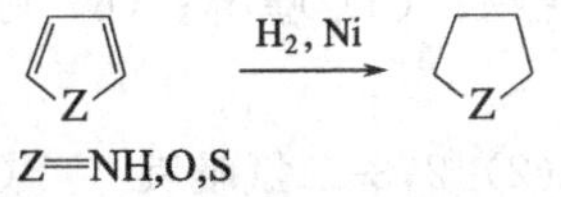

(3) 呋喃的 Diels-Alder 反应 呋喃及其衍生物可以很容易的进行 Diels-Alder 反应。吡咯只能和极活泼的亲双烯体发生 Diels-Alder 反应，而噻吩则很难发 Diels-Alder 反应。

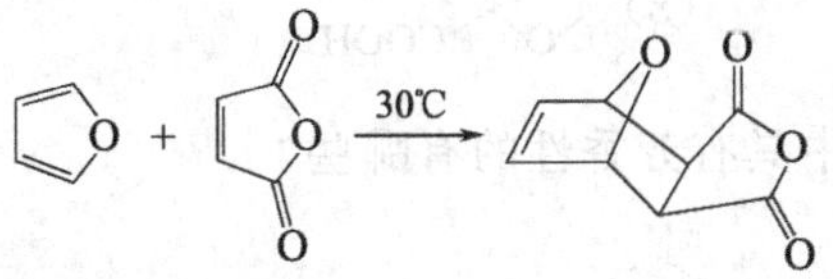

(4) 吡咯的弱酸性 吡咯具有弱酸性，能与金属钠或钾、固体氢氧化钠或钾作用，生成吡咯盐。吡咯盐可用来合成各种吡咯衍生物。

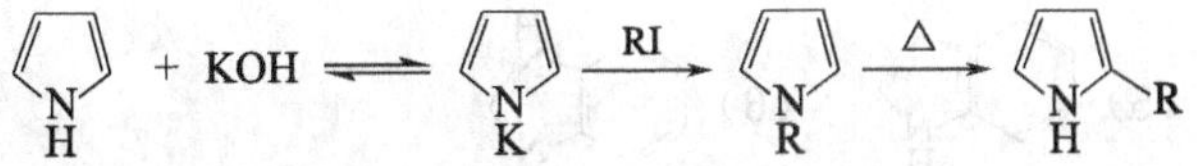

2. 六元杂环化合物的化学性质

(1) 吡啶的亲电取代反应 由于氮原子的吸电子诱导效应，吡啶环上的电子云密度较低，其亲电取代反应一般需要强烈条件，且反应主要发生在 β-位。

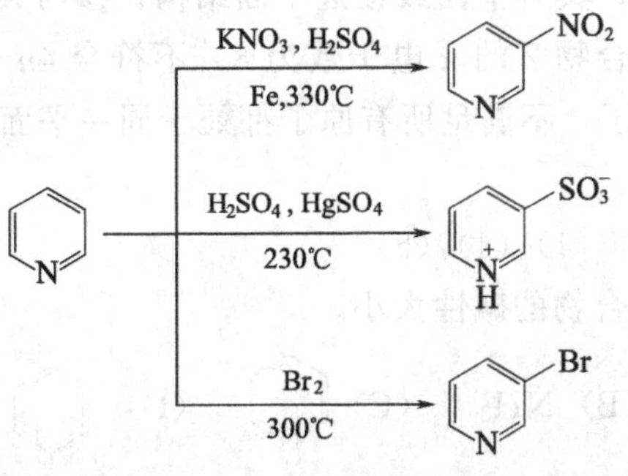

(2) 吡啶的亲核取代反应 吡啶的 α-位很容易与亲核试剂作用。例如，吡啶可以与氨基

钠反应生成 α-氨基吡啶，与苯基锂反应生成 α-苯基吡啶。

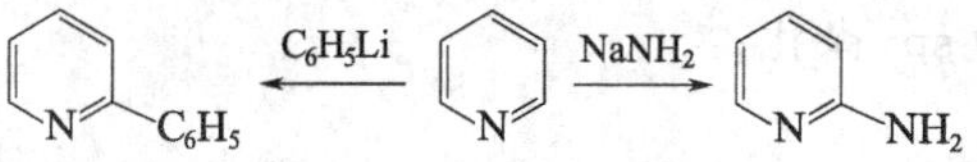

C_6H_5Li ← N → $NaNH_2$ (产物：N-C_6H_5；N-NH_2)

【例题解析】

【例 1】 命名下列化合物或写出相应的结构式。

（1） 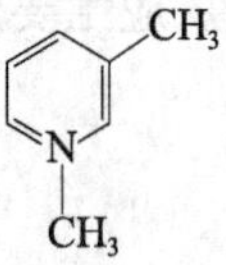 （2） 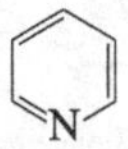 （3） 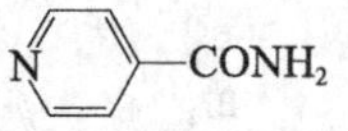 N—$CONH_2$ （4） CH_3—N→O

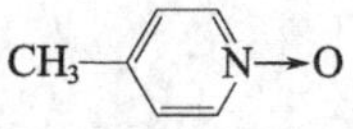

（5） 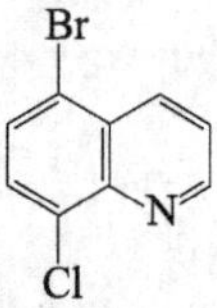 （6） 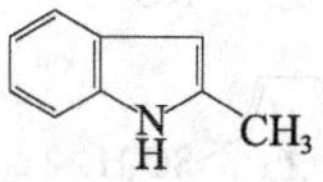 （7） *N*,*N*-二甲基-3-吡啶甲酰胺 （8） 糠酸

［解题提示］

杂环化合物命名采用音译法；当环上有取代基时，从杂原子开始依次用 1，2，3…（或 α，β，γ）编号。（4）吡啶氮氧化合物；（5）喹啉；（6）吲哚：（8）α-呋喃甲酸又称为糠酸。

［参考答案］

（1） 1,3-二甲基吡啶 （2） 2,3-二氢吡啶 （3） 4-吡啶甲酰胺

（4） 4-甲基吡啶-*N*-氧化物 （5） 8-氯-5-溴喹啉 （6） 2-甲基吲哚

（7）
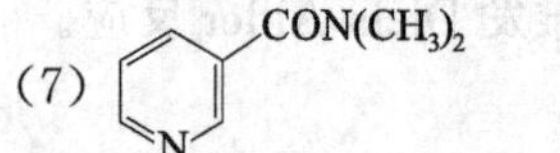
（8） 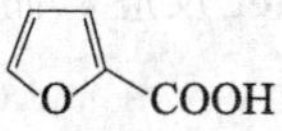 COOH

【例 2】 指出下列化合物中具有芳香性的有哪些？

（1）  （2） 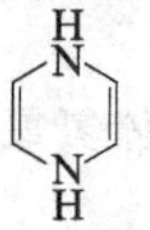 （3）

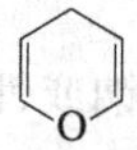

（4） 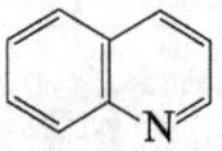 （5） 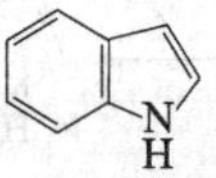 （6）

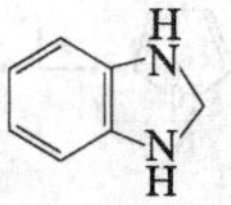

［解题提示］

芳香性的判断可根据 Huckel（休克尔）规则（4n+2 规则），满足下列条件的化合物具有芳香性：闭合的离域体系；具有平面或接近平面结构；参与共轭的 π 电子数符合 4n+2。

根据上述原则可知，化合物 2 的 π 电子数为 8，不符合 4n+2，没有芳香性；化合物 3 和 6 均含有 sp^3 杂化的碳原子，不满足所有原子都处于同一平面，没有芳香性。

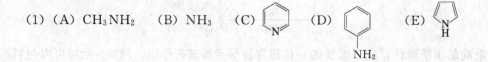

［参考答案］

具有芳香性的化合物为：（1）（4）（5）

【例 3】 比较下列各对化合物的碱性大小。

（1）（A） CH_3NH_2 （B） NH_3 （C） （D）  （E）

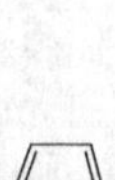

(2)（A）吡啶　(B) 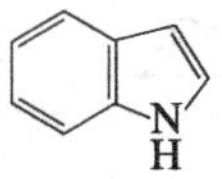 吲哚

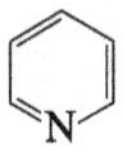

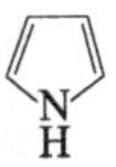

(3)（A）吡咯　(B) 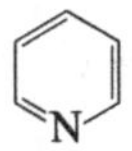 吡啶　(C) 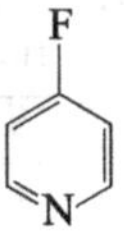 4-氟吡啶　(D) 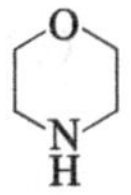 吗啉　(E) 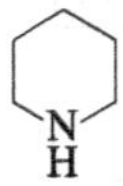 哌啶

[解题提示]

(1) 芳胺由于其 N 原子上的电子可以与芳环形成 p-π 共轭，因此，其碱性没有脂肪胺强。吡啶氮原子上的未共用电子对不参与 π-体系，这对电子可与质子结合，因此吡啶的碱性较吡咯强，也比苯胺略强。(2) 吡啶氮原子上的未共用电子对不参与 π-体系，而吲哚氮上的电子对参与 π-共轭体系。(3) 脂肪胺的碱性较强，同 (1)。同时，化合物 D 中含有电负性较大的氧原子，故碱性稍弱于 E。

[参考答案]

(1)（A）＞（B）＞（C）＞（D）＞（E）。

(2)（A）＞（B）。

(3)（E）＞（D）＞（B）＞（C）＞（A）。

【例 4】下列化合物中哪一个氮原子碱性较强？当其分别用 (1) HNO_3/H_2SO_4；(2) H_2O_2/H_2O；(3) PhCHO/NaOH 处理时，会得到什么产物？

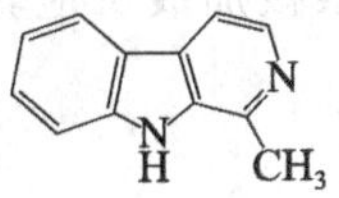

（1-甲基-β-咔啉结构式）

[解题提示]

吡啶氮原子上的未共用电子对不参与 π-体系，而吡咯氮上的电子对参与 π-共轭体系，因此吡啶环上氮原子碱性较强。(1) 亲电取代反应，发生在电子云密度大的苯环上。(2) 氧化反应，吡啶的氮原子可以发生氧化反应，生成吡啶 *N*-氧化物。(3) 2-甲基吡啶环，由于氮原子的诱导效应，其甲上的氢较活泼，具有一定酸性，可被碱夺去，进而与苯甲醛发生亲核加成反应。

[参考答案]

吡啶环上氮原子碱性比吡咯环上氮原子的碱性强。

反应产物如下：

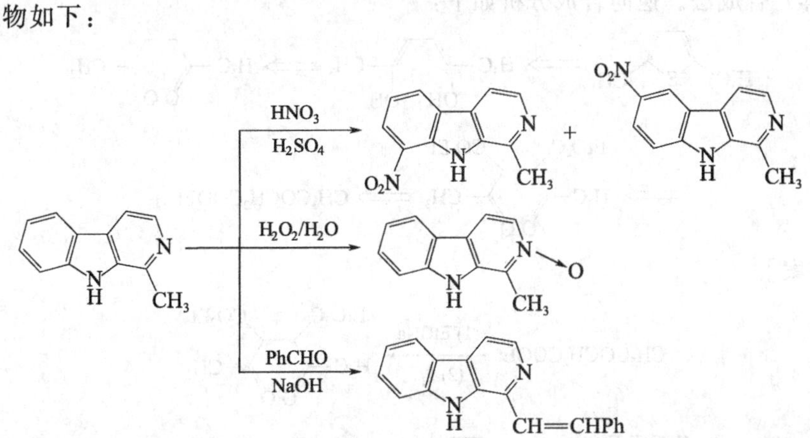

HNO_3/H_2SO_4：8-硝基产物（O_2N，CH_3）+ 6-硝基产物（O_2N，CH_3）

H_2O_2/H_2O：N-氧化物（N→O，CH_3）

PhCHO/NaOH：CH=CHPh 取代产物

【例 5】完成下列反应，写出主要产物。

(1) 呋喃 $\xrightarrow{CH_3COONO_2}$ ( ) (2) 噻吩 $\xrightarrow{CH_3COCl,SnCl_4}$ ( )

(3) 吡咯 $\xrightarrow{C_5H_5N\cdot SO_3}$ ( ) (4) 3-甲基噻吩 $\xrightarrow{HNO_3, H_2SO_4}$ ( )

(5) 呋喃 + $H_3COOCC\equiv CCOOCH_3$ ⟶ ( )

(6) 呋喃-2-CHO + CH_3CH_2O $\xrightarrow{NaOH}$ ( )

(7) 吡啶 $\xrightarrow{H_2SO_4}$ ( ) (8) 2-甲基吡啶 $\xrightarrow{C_6H_5CHO,OH^-}$ ( )

[解题提示]

呋喃、噻吩和吡咯的亲电取代反应比苯容易，故一般采用比较温和的亲电试剂，如 CH_3COONO_2 等，且反应主要发生在 α-位上。(1) 硝化；(2) F-C 酰基化；(3) 磺化；(4) 硝化。(5) 呋喃的 Diels-Alder 反应。(6) 碱性条件下，乙醛的 α-被夺去，进而去呋喃甲醛发生亲核加成反应，类似于羟醛缩合反应。(7) 吡啶的其亲电取代反应，主要发生在 β-位。(8) 2-甲基吡啶，由于氮原子的诱导效应，其甲上的氢较活泼，具有一定酸性，可被碱夺去，进而与苯甲醛发生亲核加成反应，类似于羟醛缩合反应。

[参考答案]

(1) 2-硝基呋喃（呋喃-NO_2） (2) 噻吩-$COCH_3$ (3) 吡咯(N-H)-SO_3H (4) 3-CH_3-2-NO_2-噻吩

(5) 7-氧杂双环加合物，$COOCH_3$、$COOCH_3$ (6) 呋喃-$CH\!=\!CHCHO$ (7) 吡啶-3-SO_3H (8) 吡啶-2-$CH\!=\!CHCHO$

【例 6】 以乙酰乙酸乙酯为原料合成 2,5-二甲基噻吩。

[解题提示]

噻吩环的合成通常由 1,4-二羰基化合物与三硫化二磷作用制备，通常称为 Paal-Knorr（帕尔-克纳耳）合成法。逆向合成分析如下：

2,5-二甲基噻吩 (H_3C—噻吩—CH_3) ⟹ H_3C—C(OH)=CH—CH=C(OH)—CH_3 ⟹ H_3C—CO—CH_2CH_2—CO—CH_3

⟹ H_3C—CO—CH(CO_2Et)—CH(CO_2Et)—CO—CH_3 ⟹ CH_3COCH_2COOEt

[参考答案]

CH_3COCH_2COOEt $\xrightarrow[(2)\ I_2]{(1)\ EtONa}$ H_3C—CO—CH(CO_2Et)—CH(CO_2Et)—CO—CH_3

$\xrightarrow[(2)\ H^+ (3) \triangle]{(1)\ OH^-, H_2O}$ H_3C—CO—CH_2CH_2—CO—CH_3 $\xrightarrow{P_2S_3}$ H_3C—噻吩—CH_3

【习题】

一、命名或写出下列化合物的结构

1. 用系统命名法命名下列化合物

(1) O —CH_2OH　(2) N（CH_3）—$COCH_3$　(3) H_3C S —CH_3　(4) OH S —CH_3

(5) $\overset{+}{N}$ Br^- H_3C CH_3　(6) S　(7) N—CH_2— O　(8) $CONH_2$ N

2. 根据名称写出相应的结构式

(1) 2-甲基-4,5-二羟甲基-3-羟基吡啶；(2) 4-吡啶甲酰肼；(3) 3-吡啶甲酸；

(4) 1-甲基-2-乙基吡咯；　(5) *N*，*N*-二乙基-3-吡啶甲酰胺；

(6) 2-甲基-5-乙烯基吡啶；(7) 4-甲基-2-吡啶甲酸甲酯；(8) 糠酸

二、基本概念

1. 下列化合物碱性最强的是：

(A) 苯胺　(B) 苄胺　(C) 吡啶　(D) 吡咯

2. 下列化合物碱性最强的是：

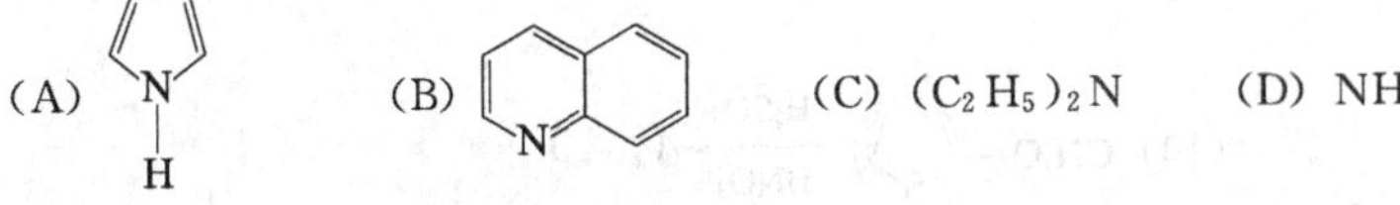

3. 下列化合物的碱性比较中，正确的是：

(A) 苄胺＞吡啶＞苯胺＞吡咯；　(B) 苄胺＞吡咯＞苯胺＞吡啶；

(C) 苄胺＞苯胺＞吡咯＞吡啶；　(D) 苄胺＞苯胺＞吡啶＞吡咯。

4. 下列化合物硝化反应的活性大小排列顺序，正确的是：

(A) 吡咯＞呋喃＞噻吩＞吡啶＞苯；

(B) 呋喃＞吡咯＞噻吩＞苯＞吡啶；

(C) 呋喃＞吡咯＞噻吩＞吡啶＞苯；

(D) 吡咯＞呋喃＞噻吩＞苯＞吡啶

5. 下列化合物哪个不可能有芳香性：

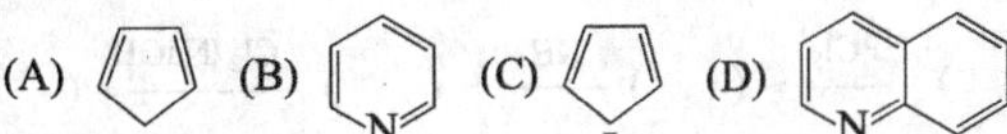

6. 下列杂环化合物中，哪个不具有芳香性：

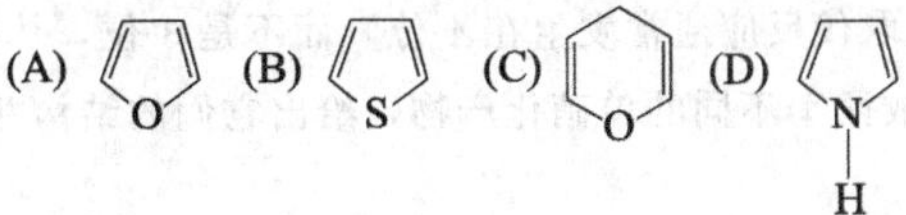

7. 下列五元杂环化合的芳香性是强的是：

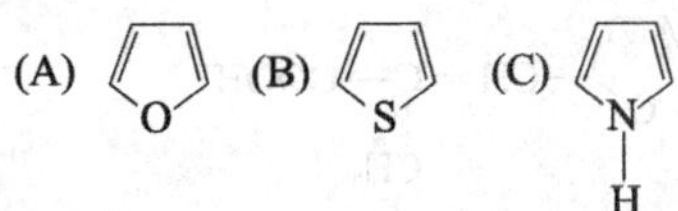

8. 吡啶的碱性强于吡咯的原因是：

(A) 吡啶是六员杂环而吡咯是五员杂环；

(B) 吡啶的氮原子上的 sp^2 杂化轨道中有一未共用的电子对未参与环上的 p-π 共轭；

(C) 吡啶的亲电取代反应比吡咯小得多；

（D）吡啶是富电子芳杂环。

9. 除去苯中少量的噻吩可以采用加入浓硫酸萃取的方法是因为

（A）苯与浓硫酸互溶；

（B）噻吩与浓硫酸形成β-噻吩磺酸；

（C）噻吩发生亲电取代反应的活性比苯高，室温下形成α-噻吩磺酸。

10. *N*-氧化吡啶发生硝化反应时，硝基进入：

（A）α位；（B）β位；（C）γ位；（D）α和β各一半。

三、完成反应

（1）吡咯 $\xrightarrow{Na}$（ ）　（2）噻吩 $\xrightarrow{CH_3COONO_2}$（ ）

（3）噻吩 $\xrightarrow[HgSO_4, 25℃]{浓H_2SO_4}$（ ）　（4）吡啶 + CH_3I ⟶（ ）

（5）吡啶 $\xrightarrow[300℃, 24h]{浓HNO_3, 浓H_2SO_4}$（ ）　（6）吡咯 $\xrightarrow[150\sim200℃]{(CH_3CO)_2O}$（ ）

（7）喹啉 $\xrightarrow[\triangle]{HNO_3}$（ ）　（8）3-乙基吡啶（$C_2H_5$） $\xrightarrow[\triangle]{HNO_3}$（ ）

（9）3-甲氧基噻吩（CH_3O—） $\xrightarrow[HNO_3]{H_2SO_4}$（ ）　（10）$CH_3O$—2-噻吩 $\xrightarrow[HNO_3]{H_2SO_4}$（ ）

（11）3-硝基噻吩（—NO_2） $\xrightarrow[AcOH]{Br_2}$（ ）　（12）CH_3O—噻吩—CH_3（2,5-位） $\xrightarrow[HNO_3]{H_2SO_4}$（ ）

（13）呋喃—CHO $\xrightarrow[Ac_2O]{AcONa}$（ ）　（14）吡咯 $\xrightarrow[60℃]{CH_3I}$（ ）

（15）呋喃 + $CH_3OOCC\equiv CCOOCH_3$ ⟶（ ）

（16）2-甲基吡啶（—CH_3） $\xrightarrow[H^+]{KMnO_4}$（ ）$\xrightarrow{PCl_5}$（ ）$\xrightarrow{NH_3}$（ ）$\xrightarrow{Cl_2/NaOH}$（ ）

四、反应机理

1. 吡啶 *N*-氧化物的芳香族亲电取代反应通常发生在4-位，而不是3-位，从碳正离子的稳定性解释其原因。

2. 喹啉在进行硝化反应时会生成两个不同的单硝化产物，给出它们的结构并解释原因。

五、合成题

以糠醛为原料制备下列化合物

（1）呋喃—CH=C(CH_3)—CHO　（2）呋喃—CH=C(CH_3)—COOH

六、推导结构

古液碱 $C_8H_{15}NO$（A）是一种生物碱，存在于古柯植物中。它不溶于氢氧化钠水溶液，但溶于盐酸。它不与苯磺酰氯作用，但与苯肼作用生成相应的苯腙。（A）与 NaOI 作用生成黄色沉淀和一个羧酸 $C_7H_{13}NO_2$（B）。（B）用 CrO_3 强烈氧化，转变成古液酸 $C_6H_{11}NO_2$，即 *N*-甲基-2-吡咯烷甲酸。写出（A）和（B）的构造式。

【习题解答】

一、命名或写出下列化合物的结构

1. 用系统命名法命名下列化合物

[解题提示]

杂环化合物命名采用音译法；当环上有取代基时，从杂原子开始依次用1,2,3，…（或α，β，γ）编号。(5) 季铵盐。(6) 2,5-二氢噻吩。

[参考答案]

(1) α-呋喃甲醇；　(2) N-甲基-2-乙酰基吡咯；　(3) 2,4-二甲基噻吩；
(4) 2-甲基-3-羟基噻吩；　(5) 溴化N，N-二甲基四氢吡咯；
(6) 2,5-二氢噻吩；　(7) N-吡咯-2-呋喃甲烷；　(8) 3-吡啶甲酰胺。

2. 根据名称写出相应的结构式

[解题提示]

杂环化合物命名采用音译法；当环上有取代基时，从杂原子开始依次用1，2，3，…（或α，β，γ）编号。(8) 2-呋喃甲酸又名糠酸。

[参考答案]

(1) 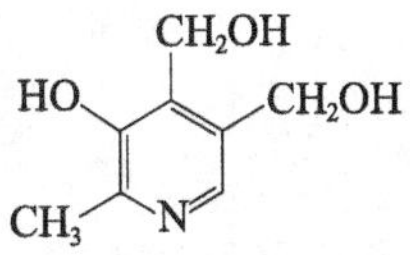 CH_2OH, HO, CH_2OH, CH_3, N
(2) 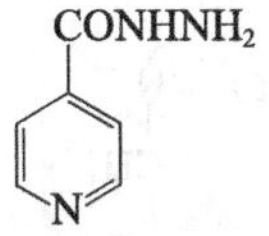 $CONHNH_2$, N
(3) 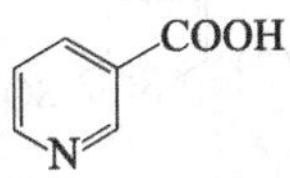 COOH, N
(4) 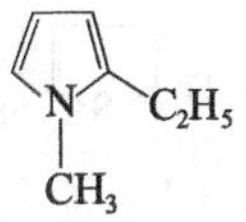 N, C_2H_5, CH_3
(5) 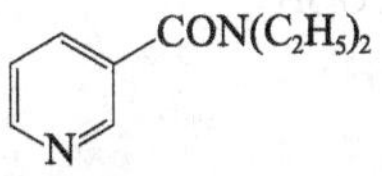 $CON(C_2H_5)_2$, N
(6) 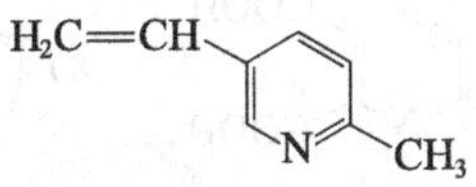 $H_2C{=}CH$, N, CH_3
(7) 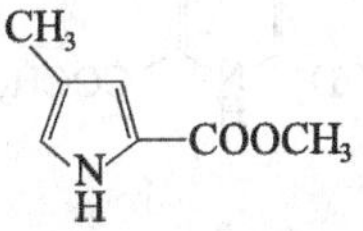 CH_3, $COOCH_3$, N, H
(8) 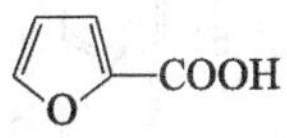 O, COOH

二、基本概念

[解题提示]

(1) 芳胺由于其N原子上的电子可以与芳环形成p-π共轭，因此，其碱性没有脂肪胺强。(2) 脂肪胺的碱性较强，同上。另胺的氮原子上连有给电子基团使碱性增强。(3) 吡啶氮原子上的未共用电子对不参与π-体系，这对电子可与质子结合，因此吡啶的碱性较吡咯强，也比苯胺略强，它们的碱性都没有脂肪胺强。(4) 吡咯、呋喃、噻吩中N、O、S三个杂原子的未共用电子对与环上的4个碳的p轨道共轭，形成五元芳杂环体系，因此它们能像苯一样发生亲电取代反应。在这种共轭作用中，从提供电子的能力考虑，N＞O＞S，因此，亲电反应的活性为吡咯＞呋喃＞噻吩。由于共轭体系中，电子云有平均化的趋势，所以，五元杂环化合物碳上的电子云比苯上，所以它们发生亲电取代都比苯容易。而六元杂环化合物吡啶，由于氮原子的吸电子诱导效应，吡啶环上的电子云密度较低，因此，其反应比苯困难。(5) 化合物的芳香性的判断可根据Huckel（休克尔）规则（$4n+2$规则），满足下列条件的化合物具有芳香性：闭合的离域体系；具有平面或接近平面结构；参与共轭的π电子数符合$4n+2$。化合物A中含有sp^3杂化的碳原子，不满足所有原子都处于同一平面，没有芳香性。(6) 同上，化合物C中含有sp^3杂化的碳原子，不满足所有原子都处于同一平面，没有芳香性。(7) 在噻吩、吡咯、呋喃中S、N、O三个杂原子的电负性值（鲍林值）分别为2.5、3.0、3.5。O原子的电负性最强，给电子能力最弱，故芳香性最差。S原子的电负性最弱，芳香性最强。(8) 吡啶氮原子上的未共用电子对不参与π-体系，这对电子可与质子结合，因此吡啶的碱性较吡咯强。(9) 对于这类分离提纯问题，一般希望通过简单的反应、水洗、蒸馏或把杂质变成固体，经过滤、洗涤等操作除去。由于噻吩是富电子体系容易发生亲电取代反应，在室温时便能与H_2SO_4作用，生成能溶于H_2SO_4的噻吩磺酸，进而分出酸层，水洗，便可把苯中少量噻吩除去。(10) N-氧化吡啶比吡啶容易发生亲电取代反应，O上的未共用电子对通过p-π共轭使吡啶环2-位和4-位变得活泼，其中4-位最容易发生亲电取代反应（详见后面的反应机理题）。

［参考答案］

1. B；　2. C；　3. A；　4. D；　5. A；　6. C；　7. B；　8. B；　9. C；10. C

三、完成反应

［解题提示］

呋喃、噻吩和吡咯的亲电取代反应主要发生在α-位上；吡啶的亲电取代反应主要发生在β-位上。(1) 吡咯氮上的氢具有酸性，可与碱金属反应。(2) 噻吩硝化，反应发生在2-位。(3) 噻吩磺化，反应发生在2-位。(4) 吡啶的氮原子上有一对未用电子对，具有碱性，可与碘甲烷发生亲核取代反应。(5) 吡啶硝化，反应发生在3-位。(6) 吡咯F-C酰基化，反应发生在2-位。(7) 强氧化剂作用下，喹啉发生氧化反应，富电子的苯环被氧化，而缺电子的吡啶环保持不变。(8) 吡啶环侧链的氧化反应，生成相应的吡啶甲酸。(9) 取代的噻吩硝化，反应发生在2-位，同时注意甲氧基是邻对位定位基。(10) 取代的噻吩硝化，反应同上。(11) 取代的噻吩溴化，反应发生在2-位，同时注意硝基是间位定位基。(12) 取代的噻吩硝化，反应发生在2-位，同时，甲氧基和甲基均为邻对位定位基，但甲氧基的定位能力更强。(13) Perkin反应，生成类似于肉桂酸的产物α，β-不饱和醛。(14) 吡咯氮上的氢具有酸性，易离去，可与碘甲烷反应生成N-甲基吡咯。(15) 呋喃的Diels-Alder反应。(16) 吡啶环侧链的氧化反应，生成相应的吡啶甲酸；进而与PCl_5反应生成酰氯；酰氯与氨反应生成酰胺；酰胺在卤素的碱溶液中发生Hofmann降解反应生成减少一个碳的伯胺。

［参考答案］

(1) 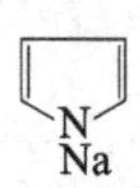 N-Na　(2) S, NO_2 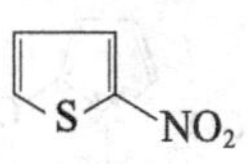　(3) 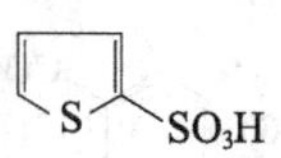 S, SO_3H　(4) 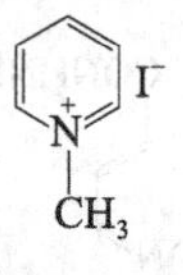 N^+, I^-, CH_3

(5) 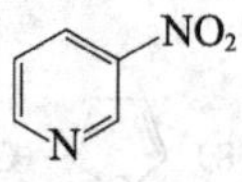 N, NO_2　(6) 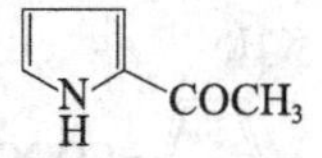 N-H, $COCH_3$　(7) 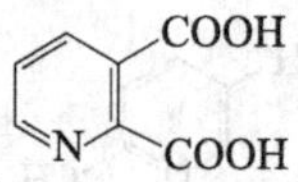 N, COOH, COOH　(8) 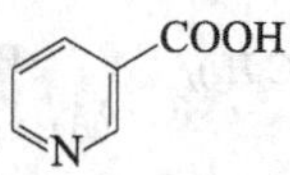 N, COOH

(9) 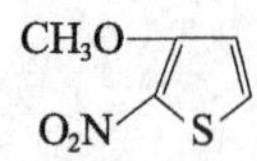 CH_3O, O_2N, S　(10) 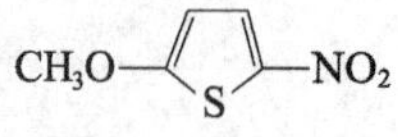 CH_3O, S, NO_2　(11) 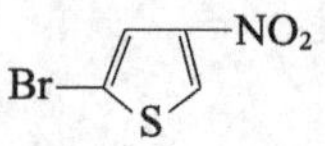 Br, S, NO_2　(12) 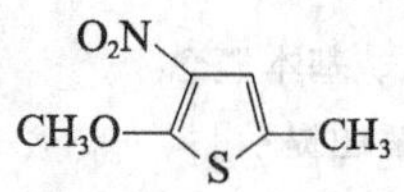 O_2N, CH_3O, S, CH_3

(13) 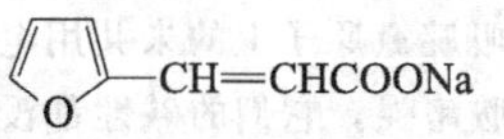 O, $CH{=}CHCOONa$　(14) 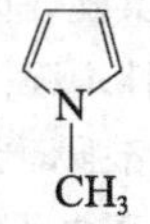 N, CH_3　(15) 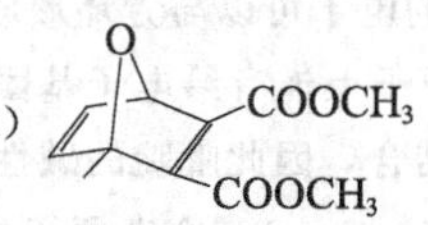 O, $COOCH_3$, $COOCH_3$

(16) 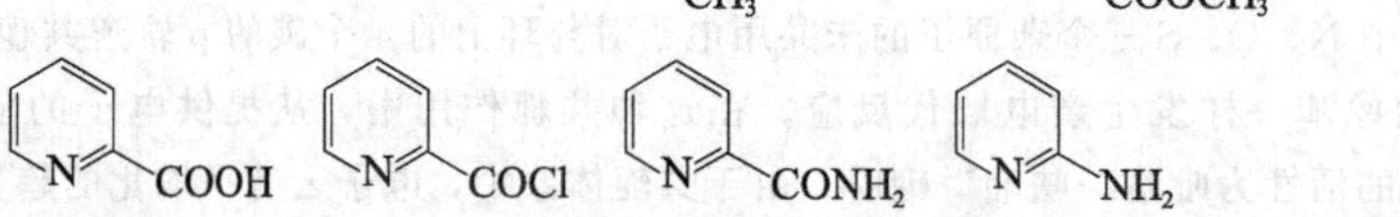 N, COOH　N, COCl　N, $CONH_2$　N, NH_2

四、反应机理

［解题提示］

从共振论概念，考虑生成的极限结构碳正离子稳定性。

［参考答案］

1. 因为亲电试剂进攻吡啶N-氧化物4-位得到的碳正离子中间体，所有原子全部满足8电子构型的极限式(a)参与共振，比较稳定，对杂化体贡献最大，进攻3-位得到的碳正离子中间体没有这种稳定的极限式，所以吡啶N-氧化物亲电取代在4-位发生而不在3-位发生。

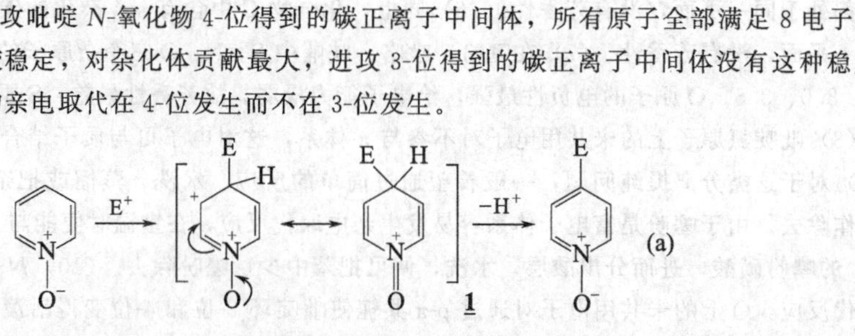

E^+　E H　$-H^+$　E　(a)　O^-　**1**

2. 喹啉是苯环和吡啶环稠合，氮的电负性使吡啶环电子云密度比苯环小，亲电取代反应发生在苯环上，酸性条件下氮接受质子后更是如此。喹啉硝化时，硝酰正离子进攻5-或8-位碳，各有两个保留吡啶环系的稳定极限式参与共振；硝酰正离子进攻6-或7-位碳，各只有一个保留吡啶环系的稳定极限式参与共振。硝酰正离子进攻5-或8-位碳得到的中间体正离子稳定，过渡态势能低，所以硝化产物是5-硝基喹啉和8-硝基喹啉。

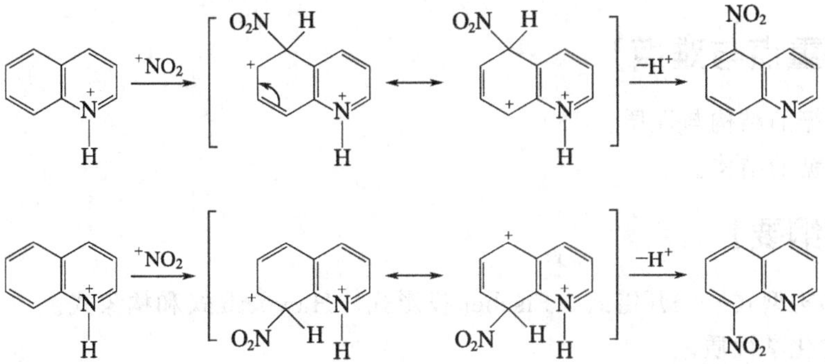

五、合成题

[解题提示]

从产物的结构看，非常类似于肉桂醛和肉桂酸。因此，可以分别采用Claisen-Schmidt缩合反应和Perkin反应。

[参考答案]

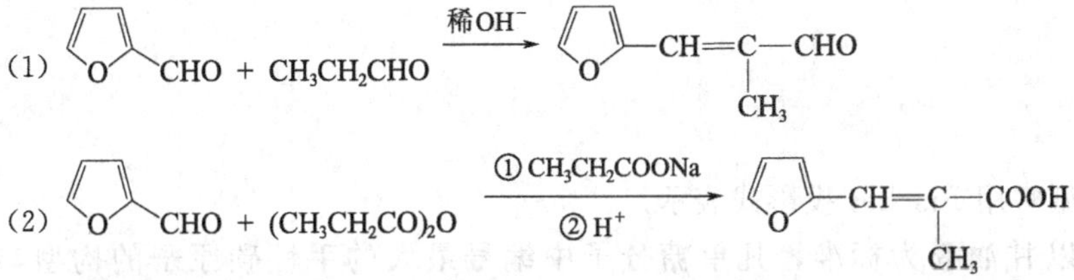

(1) 糠醛（2-呋喃甲醛）CHO + CH_3CH_2CHO $\xrightarrow{稀OH^-}$ 2-呋喃基—CH═C(CH_3)—CHO

(2) 糠醛（2-呋喃甲醛）CHO + $(CH_3CH_2CO)_2O$ $\xrightarrow[②H^+]{①CH_3CH_2COONa}$ 2-呋喃基—CH═C(CH_3)—COOH

六、推导结构

[解题提示]

根据题目信息，A不溶于氢氧化钠但溶于盐酸表明A为胺，不与苯磺酰氯反应，为叔胺。A与苯肼作用生成苯腙表明其结构中含有羰基，与NaOI发生碘仿反应，表明其结构中含CH_3CO—单元。结合以上信息以及化合物的分子式，由B的氧化产物古液酸往前倒退，可得化合物A、B的结构。

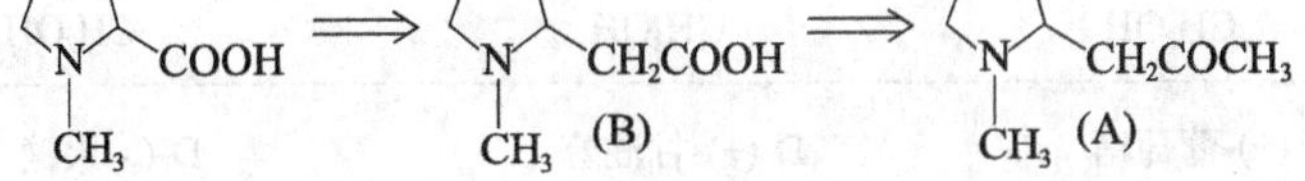

N-甲基吡咯烷-2-COOH ⟹ N-甲基吡咯烷-2-CH_2COOH (B) ⟹ N-甲基吡咯烷-2-CH_2COCH_3 (A)

[参考答案]

(A) N-甲基吡咯烷-2-CH_2COCH_3　　(B) N-甲基吡咯烷-2-CH_2COOH

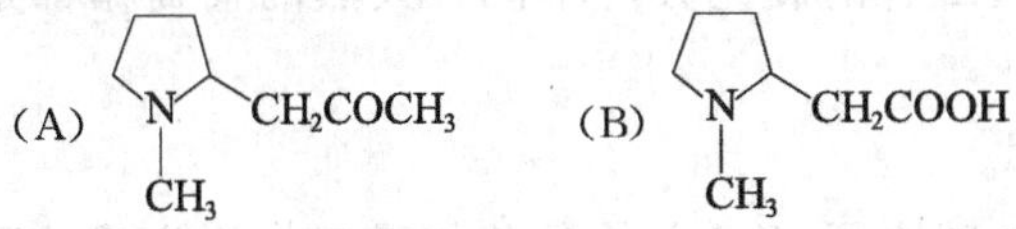

第十七章 碳水化合物

【本章学习重点与难点】

重点：单糖的结构与性质。

难点：单糖的结构。

【基本内容纲要】

1. 单糖的构型式——开链式、Fischer 投影式、Haworth 式和构象式。

2. 单糖的化学性质。

（1）氧化；（2）还原；（3）脎的生成；（4）苷的生成。

3. 低聚糖、多糖的结构特点。

【内容概要】

糖类（又称碳水化合物）是指脂肪族多羟基醛、多羟基酮或能水解成多羟基醛、多羟基酮的化合物。

一、单糖的结构

1. 单糖的构型

单糖的开链式构型常用 Fischer 投影式表示。

其构型的确定是以甘油醛为标准，凡单糖分子中编号最大的手性碳原子的构型与 D-(＋)-甘油醛相同，就属于 D 型；反之为 L 型。

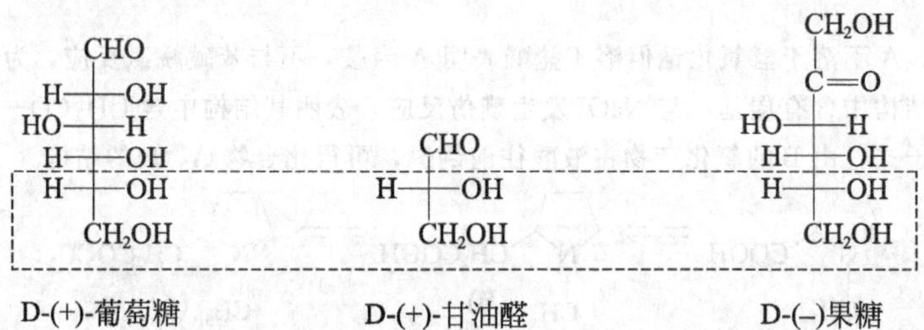

D-(+)-葡萄糖　　D-(+)-甘油醛　　D-(–)果糖

天然的葡萄糖和果糖都是 D-型的单糖，但二者的旋光方向不同，天然的葡萄糖都是右旋的，而天然的果糖都是左旋的。

2. 单糖的氧环式结构——Haworth 结构式

D-(＋)-葡萄糖主要以 δ-氧环式存在，即 δ-碳原子(C_5)上的羟基与醛基作用生成的环状半缩醛。成环后因增加一个手性碳原子，故形成了两个非对映异构体，分别用 α 和 β 表示。

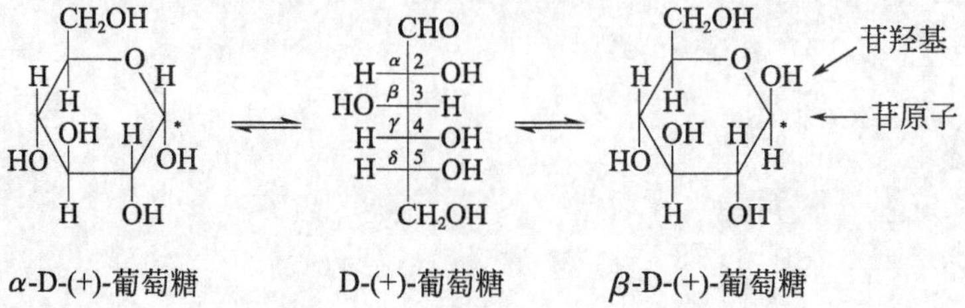

苷羟基

苷原子

α-D-(+)-葡萄糖　　D-(+)-葡萄糖　　β-D-(+)-葡萄糖

果糖具有 δ-氧环式和 γ-氧环式两种结构。

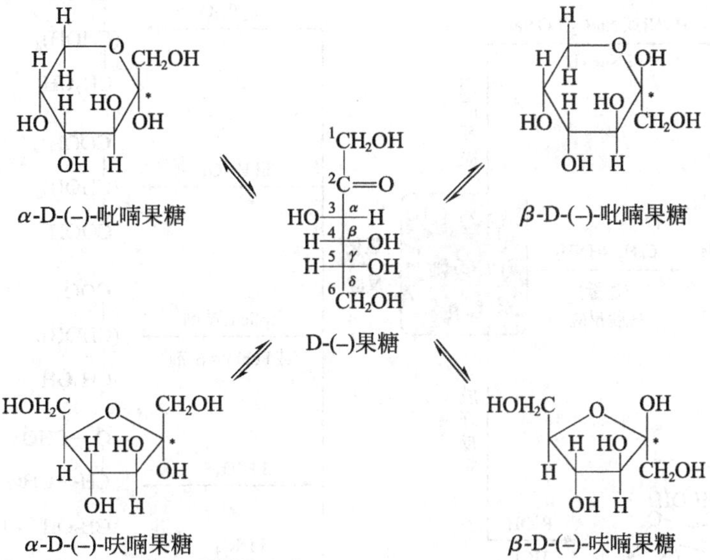

α-D-(−)-吡喃果糖

β-D-(−)-吡喃果糖

D-(−)果糖

α-D-(−)-呋喃果糖

β-D-(−)-呋喃果糖

葡萄糖虽然也可生成 γ-氧环式结构，但它在葡萄糖水溶液中的含量不足1%。

3. 单糖的构象式

吡喃糖的 Haworth 结构不能真实地反映环状半缩醛的立体结构，吡喃糖的六元环与环己烷相似，具有椅式构象。

葡萄糖的构象式：

(a,e,e,e,e)
α-D-(+)-葡萄糖

(e,e,e,e,e)
β-D-(+)-葡萄糖

在 D-己醛糖的稳定构象中，只有β-D-葡萄糖的构象式中，所有较大基团（—CH_2OH、—OH）都处于 e 键上，其他多数都是 CH_2OH 处于 e 键上，而—OH 有 e 键上的也有在 α 键上的。

α-和 β-吡喃果糖也可用构象式表示如下：

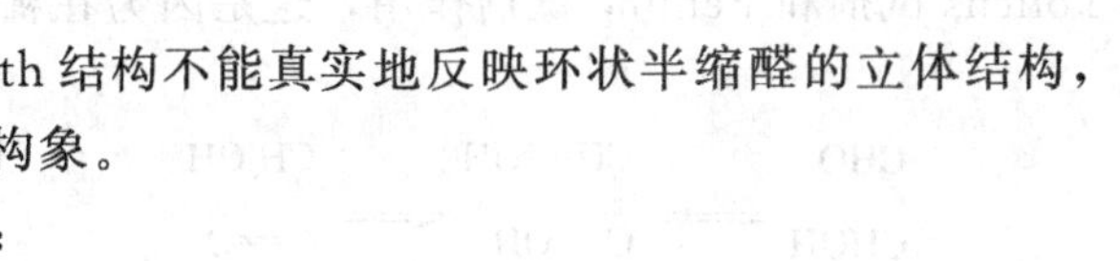

α-D-果糖

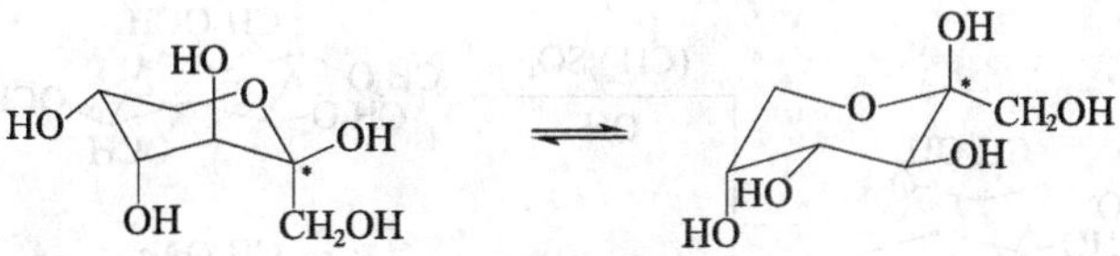

β-D-果糖

二、单糖的化学性质

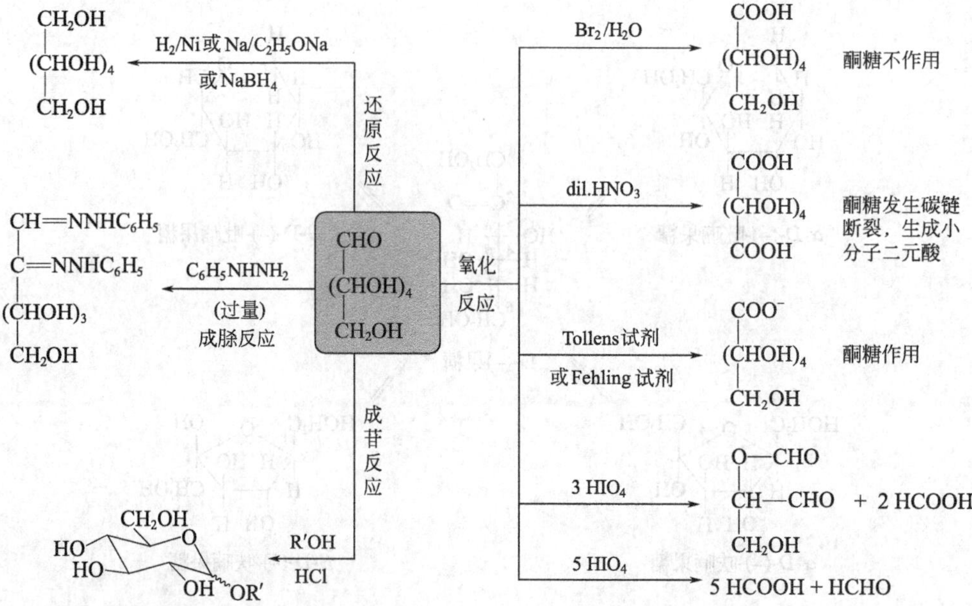

这里值得注意的问题如下。

1. 酮糖也可以与 Tollens 试剂和 Fehling 试剂作用，这是因为在稀碱作用下，醛糖和酮糖可发生互变重排。

$$\begin{matrix}\text{CHO}\\|\\\text{CHOH}\\\vdots\end{matrix}\rightleftharpoons\begin{matrix}\text{CH—OH}\\\|\\\text{C—OH}\\\vdots\end{matrix}\rightleftharpoons\begin{matrix}\text{CH}_2\text{OH}\\|\\\text{C=O}\\\vdots\end{matrix}$$

醛糖部分结构　　　　酮糖部分结构

2. 单糖在成苷以后，因分子中已不存在苷羟基，故不能再转化成开链式结构，因而不能再相互转变。糖苷是一种缩醛（或缩酮）结构，较为稳定。

3. 成脎反应

$$\begin{matrix}\text{NHC}_6\text{H}_5\\|\\\text{HC=N}\cdots\text{H}\\|\\\text{C=N—N—C}_6\text{H}_5\\|\\(\text{CHOH})_3\\|\\\text{CH}_2\text{OH}\end{matrix}\rightleftharpoons\begin{matrix}\text{HC=N—N—C}_6\text{H}_5\\|\qquad\quad\text{H}\\\text{C=N}\cdots\\|\qquad|\\(\text{CHOH})_3\ \ \text{NHC}_6\text{H}_5\\|\\\text{CH}_2\text{OH}\end{matrix}$$

只发生在 C_1 和 C_2 上，这是因为在生成的脎中可以借助氢键形成分子内的六元螯合环而稳定。只是 C_1、C_2 不同的糖，将生成同一种糖脎。换言之，凡生成同一种糖脎的已糖，其 C_3、C_4、C_5 的构型相同。

4. 羟基上的反应除成苷反应外，还可发生成醚、成酯反应。如：

葡萄糖（吡喃型：CH_2OH，HO，HO，OH，OH）$\xrightarrow[OH^-]{(CH_3)_2SO_4}$ 甲基化产物（CH_2OCH_3，CH_3O，CH_3O，OCH_3，OCH_3）

葡萄糖 $\xrightarrow[\text{吡啶}]{(CH_3CO)_2O}$ 乙酰化产物（CH_2OAc，AcO，AcO，OAc，OAc）

三、低聚糖

低聚糖一般是由 20 个以下的单糖通过糖苷键连接而成。二糖可看成是一分子单糖的苷羟基与另一分子的苷羟基或醇羟基之间缩合失水的产物。

1. 蔗糖

系由一分子葡萄糖和一分子果糖的苷羟基之间缩合失水而成。由于分子中已不存在游离的苷羟基，因此蔗糖是一个非还原糖。

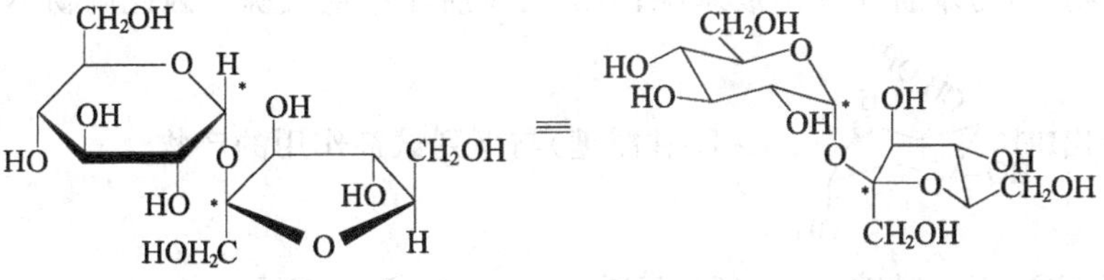

蔗糖的Haworth式　　蔗糖的构象式

2. 麦芽糖和纤维二糖

二者均由一分子葡萄糖的苷羟基和另一分子葡萄糖 C_4 上的醇羟基彼此缩合失水而成，所不同的是：麦芽糖为 α-1，4-苷键，而纤维二糖是 β-1，4-苷键。二者都是还原糖。

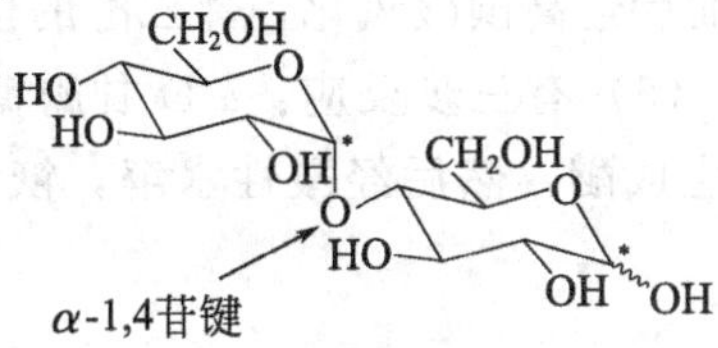

麦芽糖 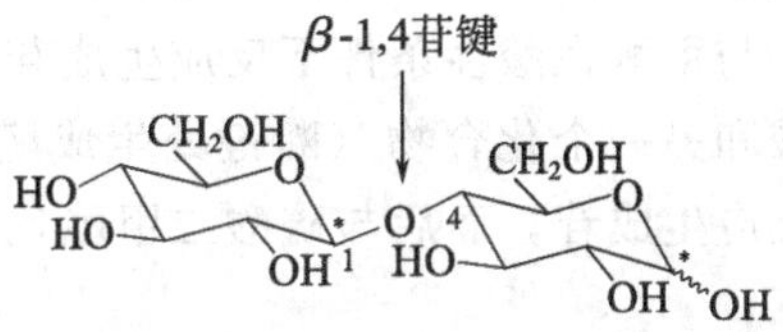　　纤维二糖

四、多糖

多糖系由若干单糖（主要是葡萄糖）通过糖苷键彼此连接而成。

淀粉有直链淀粉和支链淀粉之分。直链淀粉系由 D-葡萄糖通过 α-1，4-苷键连接的，而支链淀粉除以 α-1，4-苷键连接外，每隔 20～25 个葡萄糖单位就有一个以 α-1，6-苷键连接的分支。

直链淀粉难溶于水，支链淀粉溶于水。

纤维素系由 D-葡萄糖通过 β-1，4-苷键连接的。

淀粉和纤维素均为非还原糖。

【例题解析】

【例 1】 古罗糖是己醛糖的异构体之一，其 Fischer 投影式如下所示：

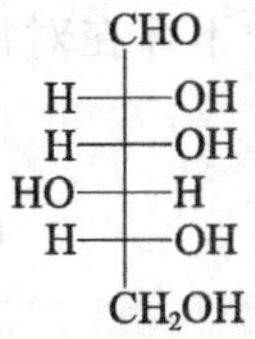

试用 D/L 标记法指出其构型？并用 R/S 法标明各手性碳原子的构型。

［解题提示］根据 D/L 标记法——编号最大的手性碳原子（即 5 号碳原子）上的羟基在右侧，为 D-型。R/S 标记法——2R，3R，4S，5R。

【例 2】 下列两个异构体分别与苯肼作用，产物是否相同？

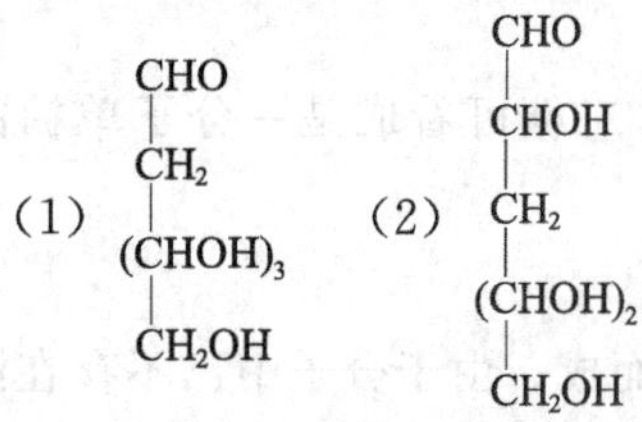

(1) CHO—CH₂—(CHOH)₃—CH₂OH　　(2) CHO—CHOH—CH₂—(CHOH)₂—CH₂OH

答　化合物(1)与苯肼作用生成苯腙；(2)与苯肼作用生成脎。因此产物不同。

【例 3】写出 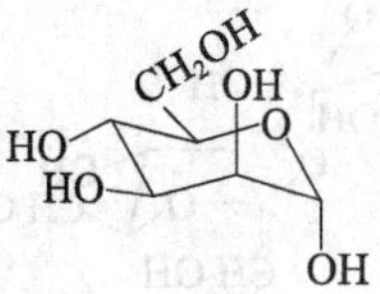 (α-D-甘露糖)与下列试剂作用的产物。

(1) $(CH_3CO)_2O$，吡啶；　(2) HIO_4；　(3) NH_2OH；

(4) CH_3OH，HCl 而后 HIO_4；

(5) CH_3OH，HCl 而后$(CH_3)_2SO_4$，NaOH，然后 HCl 水溶液。

[解题提示] α-D-甘露糖属于己醛糖，分子中有 6 个碳，5 个羟基，1 个醛基。(1) 与乙酸酐反应生成五乙酸酯；(2) 与高碘酸反应生成五分子甲酸和一分子甲醛；(3) 与羟胺反应生成肟；(4) 与甲醇在酸性条件下反应生成苷，而后经高碘酸氧化，邻二醇的位置断键，生成一分子甲酸和另一个化合物（断键处生成醛）。(5) 有三步反应：α-D-甘露糖先与甲醇在酸性条件下反应生成苷，而后与硫酸二甲酯反应生成醚，然后经酸性水解，恢复了苷羟基。具体产物如下：

(1) 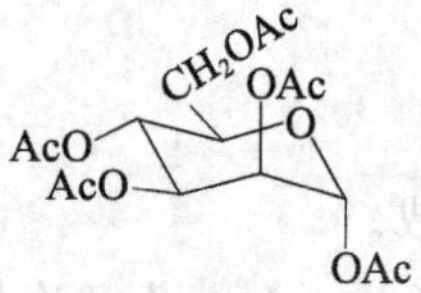 [五乙酰基 α-D-甘露吡喃糖：CH_2OAc，OAc，AcO，AcO，OAc]　(2) 5HCOOH＋HCHO　(3) 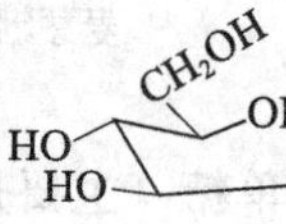 [CH_2OH，HO，HO，OH，OH，CH═NOH]

(4) 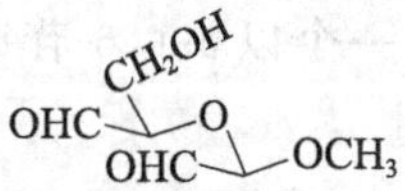 [OHC，OHC，CH_2OH，O，OCH_3] ＋ HCOOH　(5) 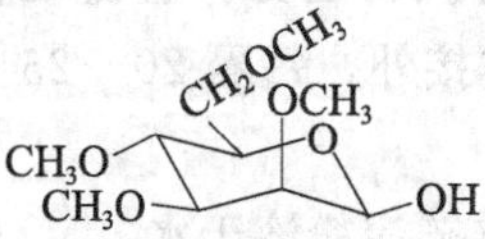 [CH_2OCH_3，OCH_3，CH_3O，CH_3O，OH]

【例 4】A、B、C 都是 D 型己醛糖。A、B 催化加氢后生成同样具有旋光性的糖醇，但与苯肼作用时生成的糖脎不同；B、C 与苯肼作用生成相同的糖脎，但催化加氢时生成不同的糖醇。试写出 A、B、C 的 Fischer 投影式。

[解题提示] D 型己醛糖——编号最大的手性碳原子的羟基在右侧；

成脎反应只发生在 C_1、C_2 上，若生成相同的糖脎，说明 C_3、C_4、C_5 的构型相同；

生成具有旋光性的糖醇，说明分子中不存在对称因素。

结论：

[Fischer 投影式：CHO…CH₂OH　A　B　C　或　CHO…CH₂OH　A　B　C]

【习题】

一、命名或写出化合物结构

(1) α-D-(+)-葡萄糖　(2) β-D-(+)-葡萄糖　(3) α-甲基葡萄糖苷

(4) β-乙基葡萄糖苷

(5) CHO … CH₂OH　(6) CH₂OH, C=O … CH₂OH

(7)　(8)

二、回答问题

1. 下列两个异构体分别与苯肼作用，产物是否相同？P

(A) $OHC-CH_2-CH(OH)-CH(OH)-CH(OH)-CH_2(OH)$　(B) $CH_2(OH)-CH(OH)-CH(OH)-CH_2-CH(OH)-CHO$

2. 糖苷既不与 Fehling 试剂作用，也不与 Tollens 试剂作用，且无变旋光现象，试解释之。

3. 下列糖分别用稀硝酸氧化，其产物有无旋光性？写出反应式。

(1) D-赤藓糖　(2) D-葡萄糖　(3) D-半乳糖　(4) D-核糖

4. 写出 D-果糖和 D-甘露糖分别与硼氢化钠反应的主反应式和主要产物。

5. 写出下列糖用溴水氧化的产物：

(1) D-赤藓糖　(2) D-甘露糖　(3) D-来苏糖

6. 写出 β-D-吡喃葡萄糖 (A) 和 α-D-吡喃半乳糖 (B) 较稳定的构象式。

7. 写出下列各化合物立体异构体的投影式（开链式）：

(1)　(2)　(3)

8. 用化学方法区别下列各组化合物：

(1)

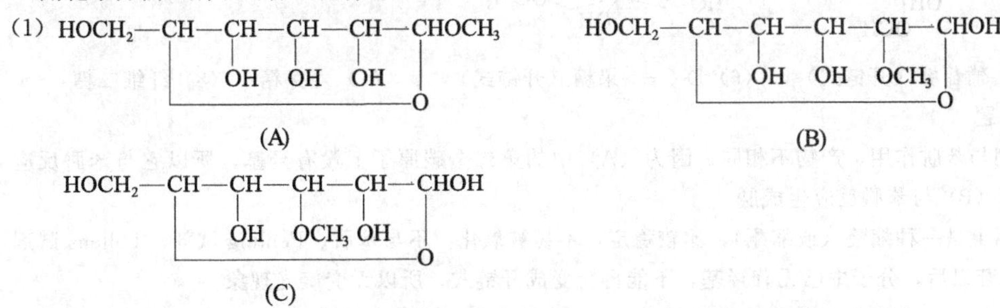

(2) 葡萄糖和蔗糖　(3) 麦芽糖和蔗糖　(4) 蔗糖和淀粉

三、完成反应

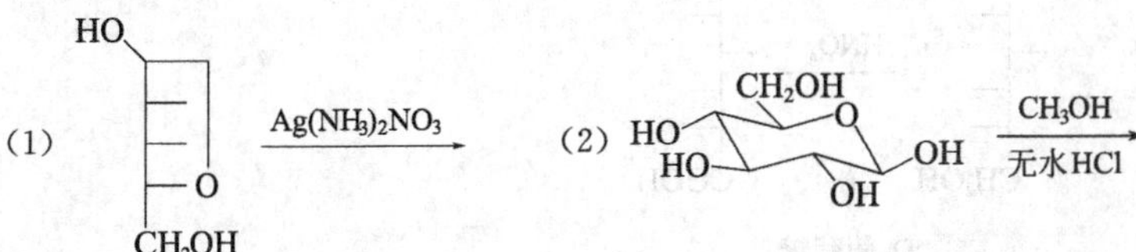

(3) (A) $\xrightarrow{HNO_3}$ 内消旋酒石酸 (4) (B) $\xrightarrow[\text{② } H_2O]{\text{① } NaBH_4}$ 旋光性丁四醇

(5) 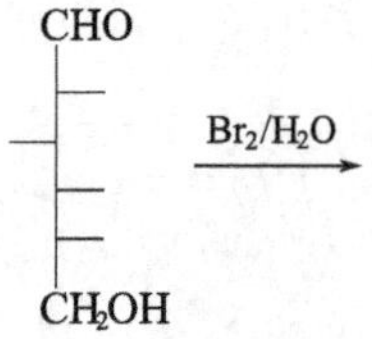 CHO / CH₂OH Fischer 投影式 $\xrightarrow{Br_2/H_2O}$ (6) 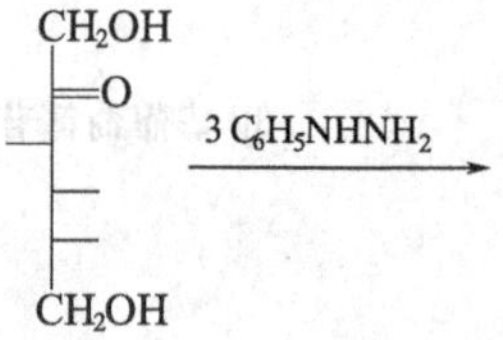 CH₂OH, C=O, CH₂OH Fischer 投影式 $\xrightarrow{3\ C_6H_5NHNH_2}$

(7) 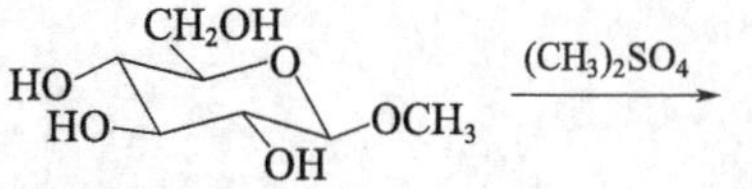 HO, HO, CH₂OH, O, OCH₃, OH 吡喃糖苷 $\xrightarrow{(CH_3)_2SO_4}$ (8) 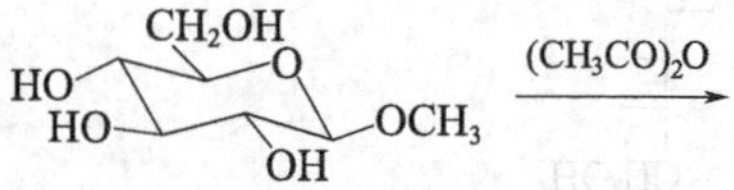 HO, HO, CH₂OH, O, OCH₃, OH 吡喃糖苷 $\xrightarrow{(CH_3CO)_2O}$

四、反应机理（略）

五、合成题（略）

六、推导结构

1. 有两个具有旋光性的丁醛糖（A）和（B），与苯肼作用生成相同的脎。用硝酸氧化，（A）和（B）都生成含有四个碳原子的二元酸，但前者有旋光性，后者无旋光性。试推测（A）和（B）的结构式。

2. 化合物 $C_5H_{10}O_5$（A），与乙酐作用给出四乙酸酯，（A）用溴水氧化得到一个酸 $C_5H_{10}O_6$，（A）用碘化氢还原给出异戊烷。写出（A）可能的结构式。（提示：碘化氢能还原羟基或羰基成为烃基）。

3. 一种核酸用酸或碱水解后，生成 D-戊醛糖（A）、磷酸以及若干嘌呤和嘧啶。用硝酸氧化（A），生成内消旋二元酸（B）。（A）用羟胺处理生成肟（C），后者用乙酐处理转变成氰醇的乙酸酯（D），（D）用稀硫酸水解给出丁醛糖（E），（E）用硝酸氧化得到内消旋二元酸（F）。写出（A）至（F）的结构式。

[提示：$\text{>C(H)=N-OH} \xrightarrow[\text{(用乙酐作脱水剂)}]{-H_2O} \text{-C≡N}$]

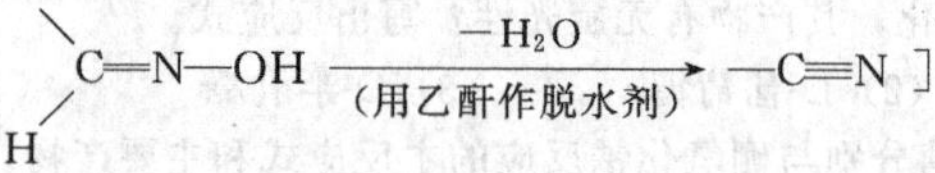

【习题解答】

一、命名或写出化合物结构

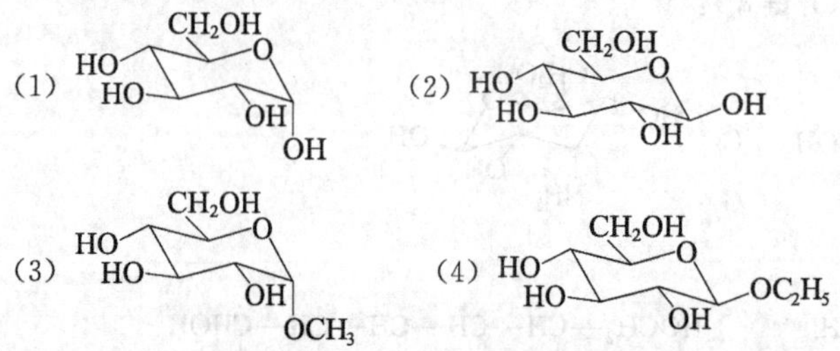

(5) D-(+)-葡萄糖（开链式） (6) D-(−)-果糖（开链式） (7) 麦芽糖 (8) 纤维二糖

二、回答问题

1. 二者分别与苯肼作用，产物不相同。因为（A）中的第二个碳原子上没有羟基，所以它与苯肼反应生成的是腙，而（B）与苯肼反应生成脎。

2. 糖苷实际上是一种缩醛（或缩酮），比较稳定，不易被氧化，不与苯肼、Fehling 试剂、Tollens 试剂等作用；糖形成苷以后，分子中已无苷羟基，不能再转变成开链式，所以无变旋光现象。

3. (1)、(3)、(4) 用稀硝酸氧化后无旋光性，(2) 有旋光性。反应式如下：

(1) 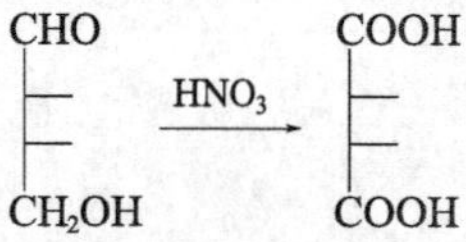 CHO / CH₂OH $\xrightarrow{HNO_3}$ COOH / COOH

D-赤藓糖

(2) 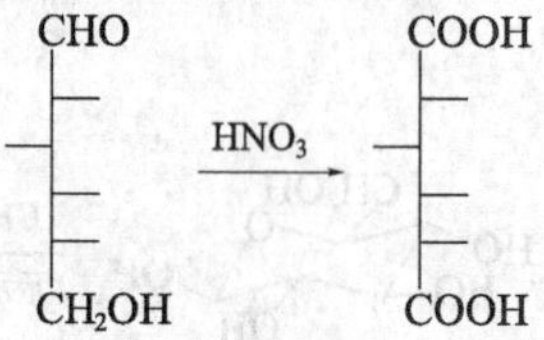 CHO / CH₂OH $\xrightarrow{HNO_3}$ COOH / COOH

D-葡萄糖

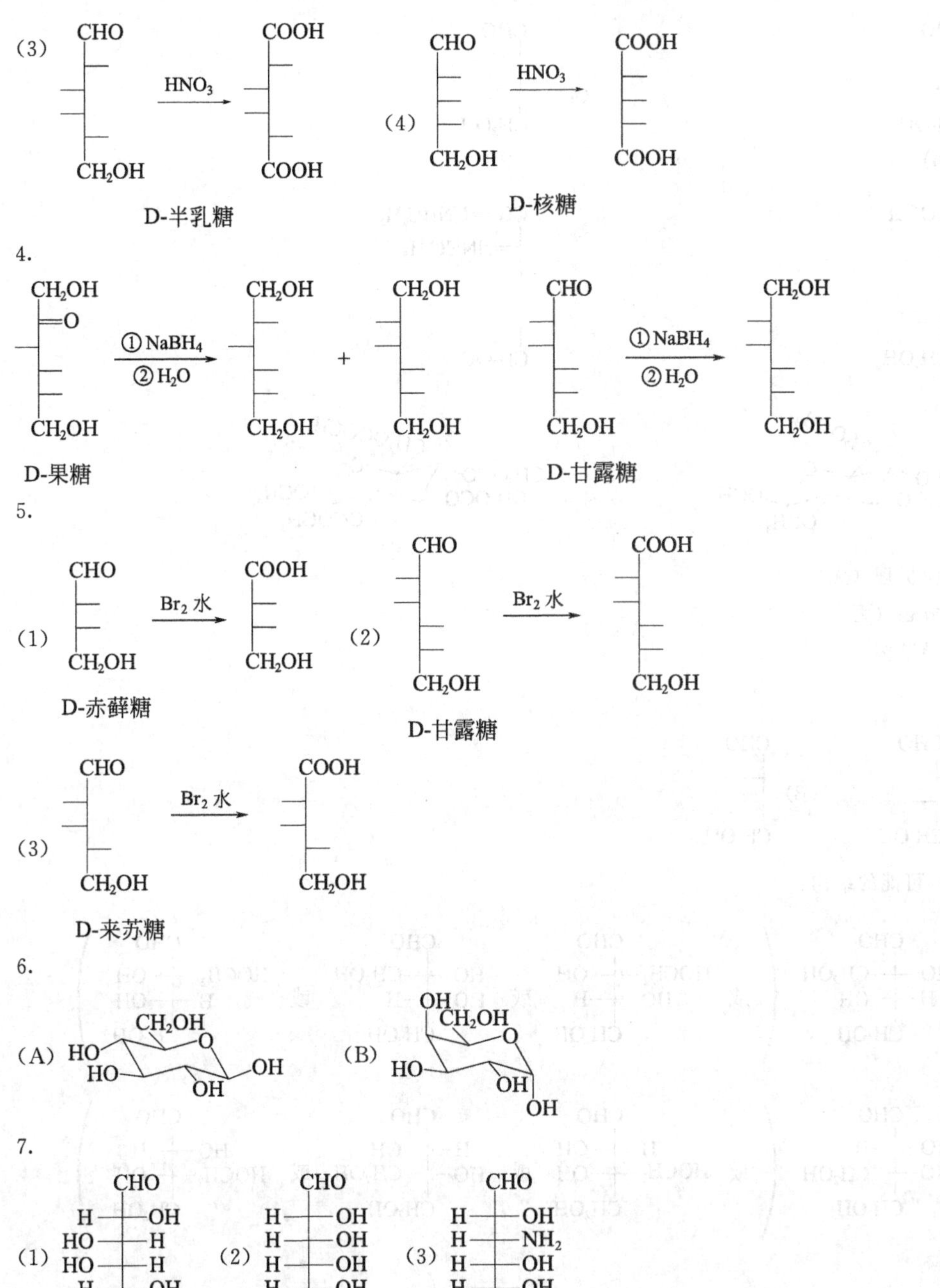

8. (1) (A) 是糖苷，无变旋光现象，不能还原 Fehling 试剂或 Tollens 试剂；(B) 和 (C) 分别与苯肼反应，(B) 生成腙而 (C) 生成脎。

(2) 葡萄糖是还原糖，能还原 Fehling 试剂或 Tollens 试剂，而蔗糖则不能。

(3) 麦芽糖是还原糖，能还原 Fehling 试剂或 Tollens 试剂，而蔗糖则不能。

(4) 淀粉能使 I_2-KI 溶液显蓝色，而蔗糖则不能。

三、完成反应

(1) COOH / CH2OH + Ag↓

(2) HO, HO, CH_2OH, O, OCH_3, OH

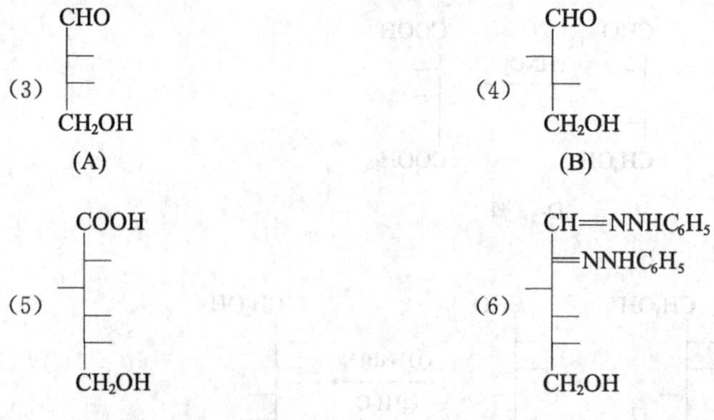

(7) 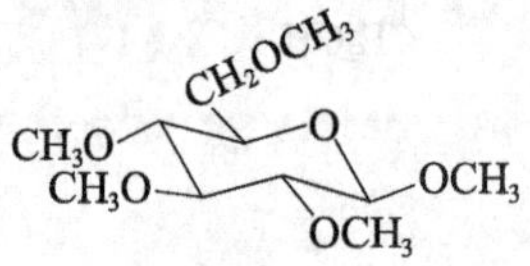 CH_2OCH_3；CH_3O；CH_3O；OCH_3；OCH_3

(8) 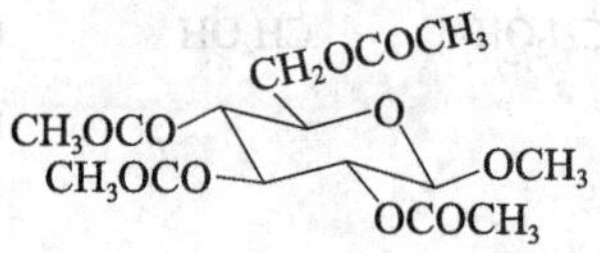 CH_2OCOCH_3；CH_3OCO；CH_3OCO；OCH_3；$OCOCH_3$

四、反应机理（无）

五、合成题（无）

六、推导结构

1.

(A) 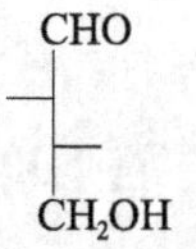 CHO；CH_2OH　　(B) 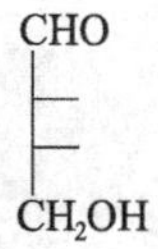 CHO；CH_2OH

2.（A）可能的结构：

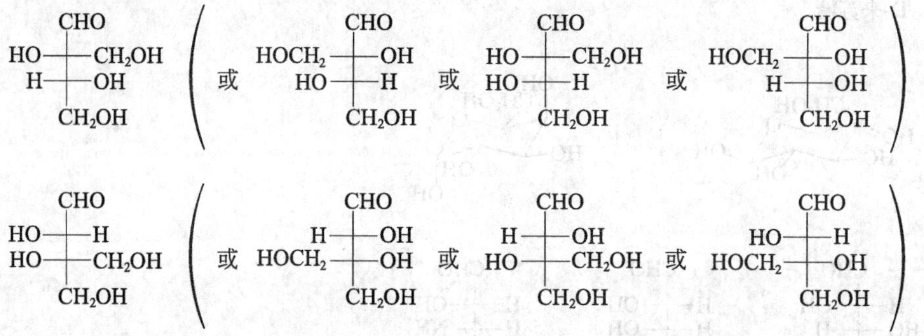

CHO；HO—C—CH_2OH；H—C—OH；CH_2OH（或 CHO；$HOCH_2$—C—OH；HO—C—H；CH_2OH 或 CHO；HO—C—CH_2OH；HO—C—H；CH_2OH 或 CHO；$HOCH_2$—C—OH；H—C—OH；CH_2OH）

CHO；HO—C—H；HO—C—CH_2OH；CH_2OH（或 CHO；H—C—OH；$HOCH_2$—C—OH；CH_2OH 或 CHO；H—C—OH；HO—C—CH_2OH；CH_2OH 或 CHO；HO—C—H；$HOCH_2$—C—OH；CH_2OH）

3.

(A) 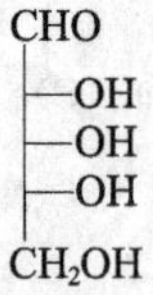 CHO；—OH；—OH；—OH；CH_2OH　　(B) 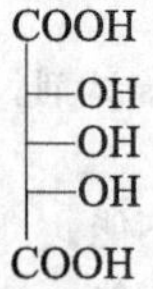 COOH；—OH；—OH；—OH；COOH　　(C) 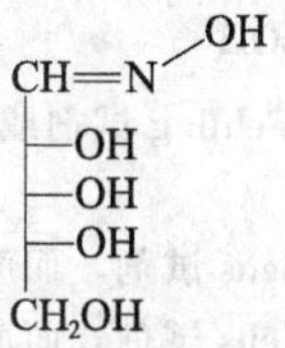 $CH{=}N$—OH；—OH；—OH；—OH；CH_2OH

(D) 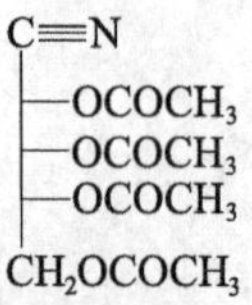 $C{\equiv}N$；—$OCOCH_3$；—$OCOCH_3$；—$OCOCH_3$；CH_2OCOCH_3　　(E) 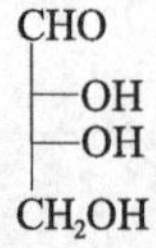 CHO；—OH；—OH；CH_2OH　　(F) 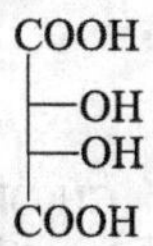 COOH；—OH；—OH；COOH

反应式如下：

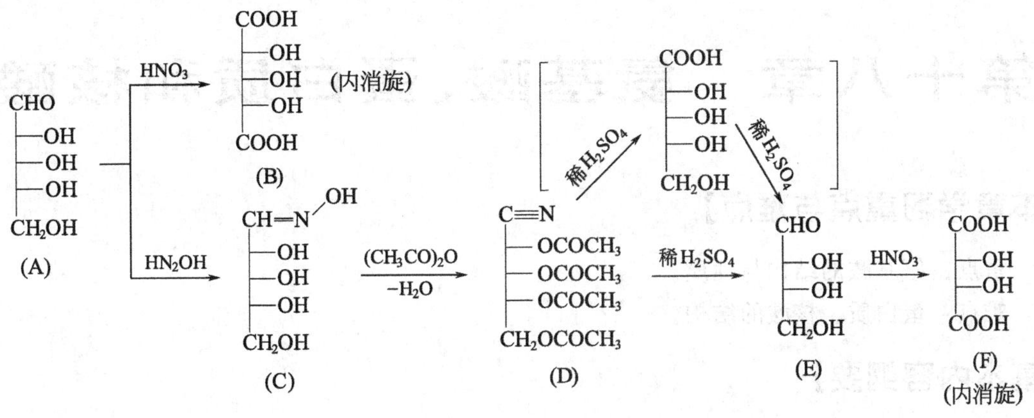

COOH
OH
OH
OH
COOH
HNO3
(内消旋)
(B)
CHO
OH
OH
OH
CH2OH
(A)
HN2OH
CH=N
OH
OH
OH
OH
CH2OH
(C)
(CH3CO)2O
−H2O
C≡N
OCOCH3
OCOCH3
OCOCH3
CH2OCOCH3
(D)
稀H2SO4
COOH
OH
OH
OH
CH2OH
稀H2SO4
CHO
OH
OH
CH2OH
(E)
HNO3
COOH
OH
OH
COOH
(F)
(内消旋)

第十八章 氨基酸、蛋白质和核酸

【本章学习重点与难点】

重点：氨基酸的结构与性质。

难点：蛋白质、核酸的结构。

【基本内容纲要】

1. 氨基酸的构型。

2. 氨基酸的化学性质——两性和等电点、氨基的反应、羧基的反应及氨基酸的特性反应。

*3. 肽的结构；蛋白质的一、二、三级结构。

【内容概要】

一、氨基酸

分子中同时含有氨基和羧基的化合物称为氨基酸，它们是蛋白质的基本组成单位。蛋白质经水解后的最终产物几乎都是α-氨基酸，因此可以认为α-氨基酸是蛋白质的基石。

1. 氨基酸的构型

(1) 除甘氨酸外，所有的氨基酸分子的α-碳原子都具有手性，因而都有旋光性。

(2) 蛋白质水解得到的氨基酸，其构型均为L-型，即氨基（$-NH_2$）在α-碳原子的左边。

(3) 分子中手性碳原子的标记采用R/S命名法。绝大多数α-氨基酸的绝对构型为S-型。

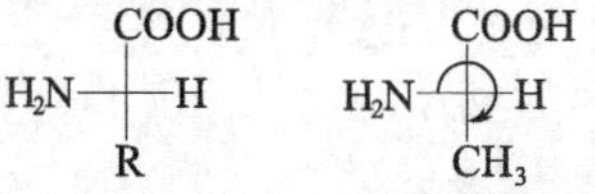

COOH / H_2N—+—H / R　　COOH / H_2N—⊕—H / CH_3

L-α-氨基酸　　S-2-氨基丙酸

2. 氨基酸的化学性质

(1) 两性与等电点

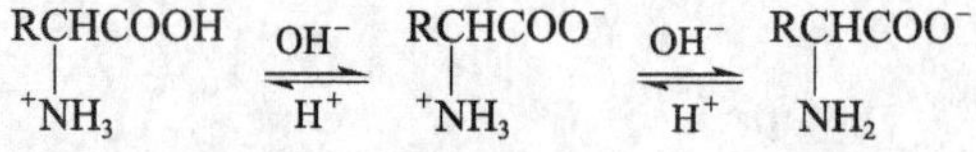

$$\underset{\text{正离子(Ⅲ)}}{\underset{^{+}NH_3}{RCHCOOH}} \underset{H^+}{\overset{OH^-}{\rightleftharpoons}} \underset{\text{偶极离子(Ⅰ)}}{\underset{^{+}NH_3}{RCHCOO^-}} \underset{H^+}{\overset{OH^-}{\rightleftharpoons}} \underset{\text{负离子(Ⅱ)}}{\underset{NH_2}{RCHCOO^-}}$$

强酸性溶液中的主要存在形式　在电场中移向负极

强碱性溶液中的主要存在形式　在电场中移向正极

调节溶液的pH值使之达到某一定值时，正、负离子浓度相等，净电荷等于零，氨基酸在电场中既不移向正极也不移向负极，此时溶液的pH值称为该氨基酸的等电点，用pI表示。

碱性氨基酸等电点的pH值为7.6～10.8（呈碱性）；酸性氨基酸等电点的pH值为2.8～3.2（呈酸性）；中性氨基酸等电点的pH值为5.6～6.3（呈弱酸性）。

等电点时氨基酸的溶解度最小，最容易沉淀出来。

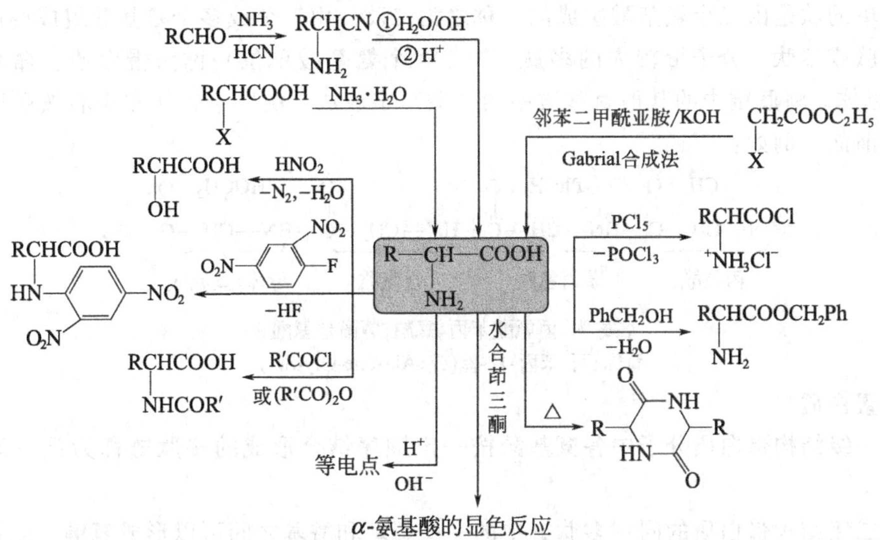

(2) 氨基酸受热后的反应——消除反应

因氨基酸分子中氨基与羧基的相对位置不同，受热后的反应产物也不同：

① α-氨基酸受热——发生两分子间的失水，生成环状的交酰胺；

$$\begin{array}{l} R-CH-NH-H \quad\; HO-C=O \\ \quad\;\; O=C-OH \quad H-NH-CH-R \end{array} \xrightarrow[-2H_2O]{\triangle} \begin{array}{l} R-CH-NH-C=O \\ O=C-NH-CH-R \end{array}$$

② β-氨基酸受热——发生分子内脱氨，生成α，β-不饱和酸；

$$R-\underset{NH_2}{CH}-\underset{H}{CH}-COOH \xrightarrow{\triangle} R-CH=CH-COOH + NH_3$$

③ γ，δ-氨基酸受热——发生分子内脱水，生成五元环或六元环的内酰胺。

$$R-\underset{NH-H}{CH}-CH_2-CH_2-CH_2-\underset{OH}{C}=O \xrightarrow[-H_2O]{\triangle} \text{δ-内酰胺}$$

δ-内酰胺

④ ≥ε-氨基酸受热——发生多个分子间脱水，生成链状的聚酰胺。

$$nH_2N(CH_2)_mCOOH \xrightarrow[-H_2O]{\triangle} H_2N(CH_2)_m-\overset{O}{\overset{\|}{C}}+NH(CH_2)_m-\overset{O}{\overset{\|}{C}}+_{n-2}NH(CH_2)_mCOOH$$

$(m\geqslant5)$

二、肽和多肽

氨基酸分子间氨基与羧基脱水，生成以酰胺键连接的化合物称为肽（peptides），酰胺键又称肽键。

$$H_2N-\overset{R}{CH}-\overset{O}{\overset{\|}{C}}-OH + H-HN-\overset{R}{CH}-\overset{O}{\overset{\|}{C}}-OH \xrightarrow{-H_2O} H_2N-\overset{R}{CH}-\overset{O}{\overset{\|}{C}}-HN-\overset{R}{CH}-\overset{O}{\overset{\|}{C}}-OH$$

酰胺键(即肽键)

N-端 通常写在“左”边　　C-端 通常写在“右”边

最简单的肽是由二个氨基酸组成的，称之为二肽。由三个或多个氨基酸组成的肽，分别称之为三肽或多肽。分子量较大的多肽（>100 个氨基酸单位）称为蛋白质。命名时，以C—端为母体，将肽键中的其他氨基酸中的“酸”字改成“酰”字，从左至右按顺序写在母体名称的前面。例如：

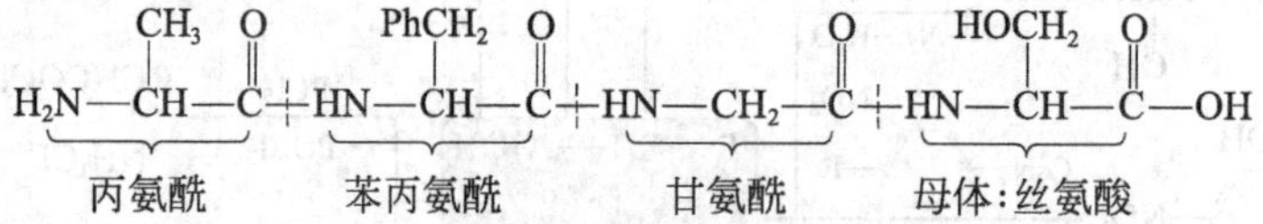

$$\underbrace{H_2N-\underset{\displaystyle CH_3}{CH}-\overset{\displaystyle O}{\overset{\|}{C}}}_{\text{丙氨酰}}+\underbrace{HN-\underset{\displaystyle PhCH_2}{CH}-\overset{\displaystyle O}{\overset{\|}{C}}}_{\text{苯丙氨酰}}+\underbrace{HN-CH_2-\overset{\displaystyle O}{\overset{\|}{C}}}_{\text{甘氨酰}}+\underbrace{HN-\underset{\displaystyle HOCH_2}{CH}-\overset{\displaystyle O}{\overset{\|}{C}}-OH}_{\text{母体:丝氨酸}}$$

名称为：丙氨酰苯丙氨酰甘氨酰丝氨酸

简称：丙-苯丙-甘-丝(或：Ala-Phe-Gly-Ser)

三、蛋白质*

（1）一级结构蛋白质分子中各氨基酸按一定顺序结合形成的多肽链称为蛋白质的一级结构。

（2）二级结构蛋白质的同一多肽链中的一些氨基和酰基之间可以形成氢键，使得这一多肽链具有一定的构象，这就是蛋白质的二级结构。如：α-螺旋形和 β-折叠形。

（3）三级结构多肽链(二级结构)之间相互扭曲折叠形成的复杂空间结构即为蛋白质的三级结构。如绳索状结构。

四、核酸*

核酸是存在于细胞中的一种酸性物质。核酸是由许多单核苷酸组成的，后者又是由磷酸、戊糖和杂环碱基组成的，即：

核酸 ← 单核苷酸 ← { 磷酸；核苷 ← { 核糖或脱氧核糖；嘌呤和嘧啶 } }

核酸包括两类：核糖核酸（RNA）和脱氧核糖核酸（DNA）。

【例题解析】

【例 1】 写出谷氨酸 $HOOC-\underset{\displaystyle NH_2}{CH}-CH_2CH_2-COOH$ 在下列指定条件下占优势的结构式。

（1）强酸溶液；　（2）强碱溶液；　（3）等电点。

［解题提示］谷氨酸分子中有 2 个羧基 1 个氨基，属于酸性氨基酸。在强酸溶液中主要以铵盐的形式存在，即$-NH_3^+$；在强碱溶液中主要以羧酸盐的形式存在，即$-COO^-$；等电点时溶液呈酸性，两性离子结构占优势。

（1）$HOOC-\underset{\displaystyle {}^+NH_3}{CH}-CH_2CH_2-COOH$　　（2）$^-OOC-\underset{\displaystyle NH_2}{CH}-CH_2CH_2-COO^-$

（3）$^-OOC-\underset{\displaystyle {}^+NH_3}{CH}-CH_2CH_2-COOH$

【例 2】 下列化合物中哪个能与水合茚三酮发生显色反应？（1）所有氨基酸；（2）γ-氨基酸；（3）β-氨基酸；（4）α-氨基酸。

［解题提示］取代 α-氨基酸、β-氨基酸、γ-氨基酸与水合茚三酮均不能发生显色反应。能发生显色反应的是（4），即 α-氨基酸。

【例 3】 按等电点值由大到小排列成序：

(A) $CH_3CH(NH_2)COOH$　　(B) $HSCH_2CH(NH_2)COOH$

(C) $H_2N(CH_2)_4CH(NH_2)COOH$　　(D) $HOOCCH_2CH_2CH(NH_2)COOH$

［解题提示］氨基酸的 pI 值是：碱性氨基酸＞中性氨基酸＞酸性氨基酸。

故：

$$(C) > (A) > (B) > (D)$$

【例 4】 试用几种不同的方法合成 4-甲基-2-氨基戊酸。

答 (1) Gabriel 合成法

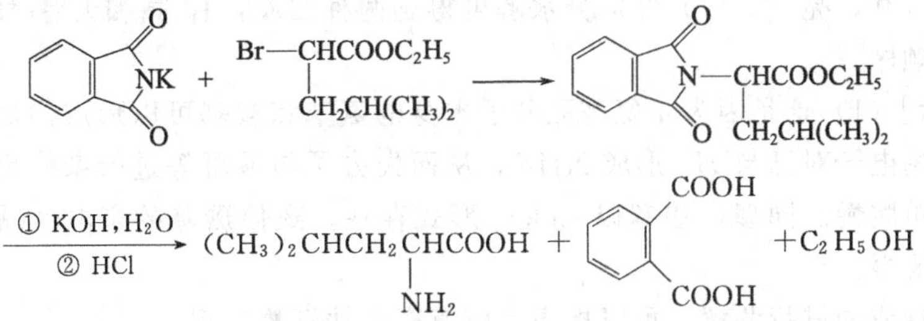

邻苯二甲酰亚胺钾 (NK) + $Br—CH(COOC_2H_5)CH_2CH(CH_3)_2$ ⟶ N-[$CH(COOC_2H_5)CH_2CH(CH_3)_2$]邻苯二甲酰亚胺

$$\xrightarrow[\text{② HCl}]{\text{① KOH}, H_2O} (CH_3)_2CHCH_2CH(NH_2)COOH + \text{邻苯二甲酸(COOH, COOH)} + C_2H_5OH$$

(2) 丙二酸二乙酯法

$$CH_2(COOC_2H_5)_2 \xrightarrow[\text{② }(CH_3)_2CHCH_2Cl]{\text{① }C_2H_5ONa} (CH_3)_2CHCH_2CH(COOC_2H_5)_2 \xrightarrow[\text{② }H^+,\text{③ }\triangle]{\text{① }H_2O/OH^-}$$

$$(CH_3)_2CHCH_2CH_2COOH \xrightarrow{Br_2/P} (CH_3)_2CHCH_2CH(Br)COOH \xrightarrow[H_2O]{NH_3(\text{过量})} (CH_3)_2CHCH_2CH(NH_2)COOH$$

(3) Strecker 合成法

$$(CH_3)_2CHCH_2CHO \xrightarrow{NH_3} (CH_3)_2CHCH_2CH{=}NH \xrightarrow{HCN} (CH_3)_2CHCH_2CH(NH_2)CN$$

$$\xrightarrow[\text{② }H^+]{\text{① }H_2O/OH^-} (CH_3)_2CHCH_2CH(NH_2)COOH$$

【例 5】 某光学活性化合物 A 的分子式为 $C_5H_{10}O_3N_2$，用 HNO_2 处理再经酸性水解得到 α-羟基乙酸和丙氨酸，试写出 A 的结构式。

［解题提示］化合物 A 具有光学活性，说明该分子有手性碳原子；

化合物 A 用 HNO_2 处理再经酸性水解得到 α-羟基乙酸，说明该分子具有伯氨基；酸性水解还得到手性分子丙氨酸，说明水解过程不仅不涉及手性碳原子，且应具有酰胺结构。

结论：化合物 A 应为二肽。

$$H_2NCH_2—\overset{O}{\overset{\|}{C}}—NH—\overset{*}{C}H(CH_3)COOH$$

【例 6】 回答下列问题：

(1) 为什么 α-氨基酸与乙酸酐或乙酰氯反应要比简单胺与乙酸酐或乙酰氯反应慢得多？α-氨基酸的酯化反应也比简单酸的酯化反应慢得多？怎样才能提高反应速度？

(2) 下列氨基酸溶于蒸馏水中然后通入电流，预期氨基酸离子的移动方向如何（括号内是等电点的 pH 值)?

A：丙氨酸（6.0）　　B：赖氨酸（9.74）　　C：天冬氨酸（2.77）

（3）可用“α-氯代酰氯”的方法来合成肽，如：

$$\underset{\displaystyle |\atop \displaystyle Cl}{CH_3CHCOCl} \xrightarrow{H_2NCH_2COOC_2H_5\ \ NH_3} \underset{\displaystyle |\atop \displaystyle NH_2}{CH_3CHCONHCH_2COOC_2H_5}$$

$$\xrightarrow[\triangle]{H_3O^+} \underset{\displaystyle |\atop \displaystyle {}^+NH_3}{CH_3CHCONHCH_2COO^-}$$

那么，为什么在最后的水解一步中可以只使酯水解而酰胺键不水解呢？

（4）三肽（甘，亮，天冬）经部分水解可得到两种二肽：甘-亮和天冬-甘。试推测该三肽中氨基酸的顺序。

［解题提示］（1）这是因为 α-氨基酸分子本身的氨基和羧基可以形成内盐，由于氨基氮原子上的未共用电子对已与 H^+ 形成 NH_3^+，从而失去了与酸酐等进行亲核反应的能力，故反应速度比简单胺慢。同理，羧基以 COO^- 形式存在，致使羰基的亲电性减弱，其酯化速度也比简单酸要慢。

适当加入碱或酸进行调解，可以提高反应速度。甘氨酸为例：

$$H_3\overset{+}{N}CH_2COO^- \xrightarrow{OH^-} H_2NCH_2COO^- \xrightarrow{CH_3COCl} CH_3CONHCH_2COOH$$

$$H_3\overset{+}{N}CH_2COO^- \xrightarrow{H^+} H_3\overset{+}{N}CH_2COOH \xrightarrow[HCl]{CH_3OH} H_3\overset{+}{N}CH_2COOCH_3$$

（2）A：丙氨酸大部分以 $\underset{\displaystyle |\atop \displaystyle {}^+NH_3}{CH_3CHCOO^-}$ 形式存在，只有少量的 $\underset{\displaystyle |\atop \displaystyle {}^+NH_3}{CH_3CHCOOH}$ 和 $\underset{\displaystyle |\atop \displaystyle NH_2}{CH_3CHCOO^-}$ 分别移向阴极和阳极。

B：赖氨酸主要以正离子形式存在，故移向阴极。

$$\underset{\displaystyle |\atop \displaystyle NH_2}{H_3\overset{+}{N}(CH_2)_4CHCOO^-} + H_2O \rightleftharpoons \underset{\displaystyle |\atop \displaystyle {}^+NH_3}{H_3\overset{+}{N}(CH_2)_4CHCOO^-} + OH^-$$

C：天冬氨酸主要以负离子形式存在，故移向阳极。

$$\underset{\displaystyle |\atop \displaystyle {}^+NH_3}{HOOCCH_2CHCOO^-} + H_2O \rightleftharpoons \underset{\displaystyle |\atop \displaystyle {}^+NH_3}{{}^-OOCCH_2CHCOO^-} + H_3O^+$$

（3）在最后一步的水解中，由于 N 的电负性小于 O 的电负性，故 N 向羰基提供电子的趋势较大，致使酰胺中羰基碳原子的缺电子性要比酯羰基碳原子的缺电子性小，从而不利于亲核试剂的进攻，故反应活性降低。

（4）从三肽水解得到的两个二肽看：甘氨酸既与亮氨酸相连，又与天冬氨酸相连，故甘氨酸必然居于两者之间。在天冬-甘中，游离 NH_3^+ 在天冬氨酸上；而在甘-亮中，游离的 COO^- 是在亮氨酸上，因此构成三肽的各氨基酸的次序为：天冬-甘-亮。其结构如下：

$$\underset{\displaystyle |\atop \displaystyle {}^+NH_3}{HOOCCH_2CH}-\overset{\displaystyle O\atop \displaystyle \|}{C}-NH-CH_2-\overset{\displaystyle O\atop \displaystyle \|}{C}-NH-\underset{\displaystyle |\atop \displaystyle CH_2CH(CH_3)_2}{CH}-COO^-$$

【习题】

一、命名或写出下列化合物结构

1. 命名下列化合物

(1) $H_2N—CH_2—COOH$

(2) $HOCH_2—CH(NH_2)—COOH$

(3) $HOOC—CH_2—CH(NH_2)—COOH$

(4) $CH_2(NH_2)—CH_2CH_2CH_2—CH(NH_2)—COOH$

(5) HO—C_6H_4—$CH_2—CH(NH_2)—COOH$

(6) $CH_2(SCH_3)—CH_2—CH(NH_2)—COOH$

(7) C_6H_5—$CH_2—CH(NH_2)—COOH$

(8) $HSCH_2CH(NH_2)COOH$

2. 写出下列化合物的构造式

(1) α-氨基乙酸铵　(2) 3-甲基-2-氨基丁酸　(3) α-氨基戊二酸

(4) 2，6-二氨基-5-羟基己酸　(5) 甲氨基乙酸　(6) 2-乙酰氨基丙酸

(7) 苯甲酰甘氨酸　(8) 丙氨酰甘氨酸

二、基本概念

1. 填空题

(1) 氨基酸分子中含有______和______两种官能团。氨基酸是羧酸分子中碳链上的氢原子被______取代后的化合物。

(2) 氨基酸按分子中所含______和______的相对数目可分为______氨基酸、______氨基酸和______氨基酸，若分子中的氨基数目______羧基数目为中性氨基酸，氨基数目______羧基数目为酸性氨基酸，氨基数目______羧基数目为碱性氨基酸。

(3) 蛋白质水解得到的氨基酸，除______外，分子中的α-碳原子都是______碳原子，都具有______性，其构型均为______型。

(4) 由于氨基酸是含有氨基和羧基的双官能团化合物，它既可以与______反应而表现出______性，又可以与______反应而表现出______性，因此是______化合物。

(5) 调节溶液的______至一定数值时，氨基酸以______存在，其所带正、负电荷______，在电场中既不向______移动，也不向______移动，此时溶液的 pH 称为该氨基酸的______，用______表示。

(6) 在等电点时，偶极离子的______最大，氨基酸在水中的______最小，所以利用调节溶液 pH 的方法，可以从氨基酸的混合液中______出不同的氨基酸。

(7) α-氨基酸分子间的______和______脱水生成的 —C(=O)—NH— 称为______。通过酰胺键相连而成的化合物称为______，其中酰胺键 —C(=O)—NH— 又称______。

(8) 在肽链中，带有游离氨基的一端称为______，带有游离羧基的一端称为______。

(9) 根据蛋白质水解后的产物不同，大致可分为______和______两大类。其中______水解只生成α-氨基酸；而______水解除生成______外，还生成______。

(10) 与氨基酸相似，蛋白质也是______物质，也具有______。蛋白质在______时______最小。在蛋白质溶液中加入无机盐，可使蛋白质的______降低，并从溶液中______，这种作用称为______，这是一个______过程。

2. 选择题

(1) 下列化合物中，属于碱性氨基酸的是________。

A. $(CH_3)_2CHCH_2\underset{NH_2}{\underset{|}{C}}HCOOH$　　B. $CH_3SCH_2CH_2\underset{NH_2}{\underset{|}{C}}HCOOH$

C. $H_2NCH_2\underset{OH}{\underset{|}{C}}HCH_2CH_2\underset{NH_2}{\underset{|}{C}}HCOOH$　　D. $HOOCCH_2\underset{NH_2}{\underset{|}{C}}HCOOH$

(2) 下列氨基酸的等电点，其 pH 最大的是________。

A. $CH_3\underset{NH_2}{\underset{|}{C}}HCOOH$　　B. $HOOCCH_2CH_2\underset{NH_2}{\underset{|}{C}}HCOOH$

C. $HOOCCH_2\underset{NH_2}{\underset{|}{C}}HCOOH$　　D. $H_2NCH_2CH_2CH_2CH_2\underset{NH_2}{\underset{|}{C}}HCOOH$

(3) 谷氨酸在等电点条件下主要以________形式存在。

A. $HOOCCH_2CH_2\underset{^+NH_3}{\underset{|}{C}}HCOOH$　　B. $HOOCCH_2CH_2\underset{^+NH_3}{\underset{|}{C}}HCOO^-$　　C. $^-OOCCH_2CH_2\underset{^+NH_3}{\underset{|}{C}}HCOO^-$

(4) 氨基酸溶液在电场作用下不发生迁移，此时溶液的 pH 称为该氨基酸的________。

A. 中和点　　B. 流动点　　C. 等电点　　D. 低共熔点

(5) 赖氨酸的等电点为 9.74，当溶液的 pH=7 时，它________。

A. 以正离子形式存在，在电场中向阳极移动。

B. 以正离子形式存在，在电场中向阴极移动。

C. 以负离子形式存在，在电场中向正极移动。

D. 以负离子形式存在，在电场中向负极移动。

(6) 下列化合物中能与水合茚三酮反应的是________。

A. $(CH_3)_2CH\underset{NH_2}{\underset{|}{C}}HCOOH$　　B. $CH_3\underset{NH_2}{\underset{|}{C}}HCH_2CH_2COOH$

C. $CH_3CH_2\underset{NH_2}{\underset{|}{C}}HCH_2COOH$　　D. $CH_3CH_2\underset{NHCH_3}{\underset{|}{C}}HCOOH$

(7) 下列试剂中既可用来鉴别蛋白质，又可用来鉴别 α-氨基酸的是________。

A. $CuSO_4$　　B. 浓 HNO_3　　C. (O, OH, OH, O)　　D. $AgNO_3$

(8) 能使蛋白质从水溶液析出又不改变蛋白质性质的方法是________。

A. 加浓 HNO_3　　B. 加 NaOH　　C. 加 $(NH_4)_2SO_4$　　D. 加 $AgNO_3$

3. 回答下列问题

(1) 苏氨酸 $CH_3\underset{OH}{\underset{|}{C}}H—\underset{NH_2}{\underset{|}{C}}HCOOH$ 有两个手性碳原子，写出其立体异构体的 Fischer 投影式，用 R/S 标记手性碳原子的构型。

(2) 用化学方法鉴别：

A. $HOOCCH_2\underset{NH_2}{\underset{|}{C}}HCOOH$ 与 $HOOCCH_2\underset{OH}{\underset{|}{C}}HCOOH$

B. $HOCH_2\underset{NH_2}{\underset{|}{C}}HCOOH$ 与 $CH_3\underset{OH}{\underset{|}{C}}H—\underset{NH_2}{\underset{|}{C}}HCOOH$　　C. $CH_3\underset{^+NH_3}{\underset{|}{C}}HCOO^-$ 与 $CH_3\underset{NHCOCH_3}{\underset{|}{C}}HCOOH$

(3) 试分离赖氨酸和丙氨酸的混合物。

(4) 按等电点 pI 值由大到小排列成序：

A. $H_2NC(=NH)NHCH_2CH_2CH_2CH(NH_2)COOH$ (精氨酸)　B. 2-吡咯烷甲酸（吡咯烷环 NH，2-位 COOH）(脯氨酸)

C. 4(5)-咪唑基-$CH_2CH(NH_2)COOH$ (组氨酸)　D. $HOOCCH_2CH_2CH(NH_2)COOH$ (谷氨酸)

(5) 化合物 $H_2N-CH(CH_2CH_2COOH)-C(=O)-NH-CH(CH_2SH)-C(=O)-NHCH_2COOH$ 为几肽？它是由哪几种氨基酸构成的？

(6) 说明为什么 Lys 的等电点为 9.74，而 Trp 的是 5.88。(提示：考虑为什么杂环 N 在 Trp 中不是碱性的。)

三、完成反应

1. $\overset{+}{H_3N}-CH_2-COO^- \xrightarrow{HCl}$?　2. $CH_3-CH(\overset{+}{N}H_3)-COO^- \xrightarrow{NaOH}$?

3. $C_6H_5-CH_2CH(\overset{+}{N}H_3)COO^- + CH_3OH \xrightarrow{HCl}$?

4. 咪唑基-$CH_2CH(\overset{+}{N}H_3)COO^- + CH_3OH \xrightarrow{HCl}$?

5. $CH_3-CH(CH_3)-CH(NH_2)-COOH + (CH_3CO)_2O \longrightarrow$?

6. $C_6H_5-CH_2CH(NH_2)-C(=O)-OCH_3 + CF_3-C(=O)-OCH_3 \xrightarrow{OH^-}$?

7. $HOOCCH_2CH(\overset{+}{N}H_3)COO^- + F-C_6H_3(NO_2)_2$ (2,4-二硝基氟苯) $\xrightarrow{NaOH}$?

8. $H_2NCH_2CH_2CH_2CH_2CH(NH_2)COOH + 2C_6H_5COCl \xrightarrow{OH^-}$?

9. $CH_3CH(NH_2)COOH$ + 邻苯二甲酰氯（$C_6H_4(COCl)_2$）$\longrightarrow$?

10. $HO-C_6H_4-CH_2CH(\overset{+}{N}H_3)COO^- \xrightarrow{Br_2/H_2O}$?

11. $HO-C_6H_4-CH_2CH(\overset{+}{N}H_3)COO^- \xrightarrow[NaOH]{(CH_3)_2SO_4}$?　12. 脯氨酸（吡咯烷-2-COOH）$\xrightarrow{CH_3I}$?

13. $CH_3-CH(NH_2)-COOH + C_6H_5-CH_2O-C(=O)-Cl \longrightarrow ?$

14. 茚三酮（水合茚三酮） $+ C_6H_5-CH_2CH(NH_2)COOH \xrightarrow[H^+]{OH^-} ? + ? + ?$

15. $CH_3-CH(NH_2)-CONH-CH(CH_2CH(CH_3)_2)-CONHCH_2COOH \xrightarrow[H^+]{H_2O} ? + ? + ?$

16. $2CH_3CH(NH_2)COOH \xrightarrow{\triangle} ?$

17. $CH_3CH(NH_2)-CH_2COOH \xrightarrow{\triangle} ?$

18. $CH_3CH(NH_2)-CH_2CH_2COOH \xrightarrow{\triangle} ?$

19. $C_6H_5-CH_2CHO \xrightarrow[HCN]{NH_3} ? \xrightarrow[② H^+]{① NaOH/H_2O} ?$

20. 邻二甲苯 $\xrightarrow[400\sim500℃]{O_2,\ V_2O_5} ? \xrightarrow[\triangle]{2NH_3} ? \xrightarrow{KOH} ? \xrightarrow[② H_2O,\ \triangle]{① (CH_3)_2CHCH(Br)COOCH_3} ?$

四、有机合成

1. 用不超过三个碳的有机物合成 $(CH_3)_2CHCH(NH_2)COOH$（无机试剂任选）。
2. 用不超过三个碳的有机物、丙二酸酯和邻苯二甲酰亚胺钾盐合成亮氨酸。
3. 用甲苯、丙二酸酯合成 $C_6H_5-CH_2CH(NH_2)COOH$（无机试剂任选）。
4. 用不超过三个碳的有机物、邻苯二甲酰亚胺钾盐合成 2-氨基-3-羟基丁酸（无机试剂任选）。
5. 用不超过三个碳的有机物通过 Strecker 合成法合成蛋氨酸。
6. 以环己醇为原料（无机试剂任选）合成赖氨酸。

五、推导结构

1. 一个氨基酸的衍生物 $C_5H_{10}O_3N_2$（A）与 NaOH 水溶液共热放出氨，并生成 $C_3H_5(NH_2)(COOH)_2$ 的钠盐，若把（A）进行 Hofmann 降解反应，则生成 α,γ-二氨基丁酸，推测（A）的构造式，并写出反应式。
2. 某三肽与 2,4-二硝基氟苯作用后再水解，得到下列化合物：*N*-(2,4-二硝基苯基)甘氨酸、*N*-(2,4-二硝基苯基)甘氨酰丙氨酸、丙氨酰亮氨酸、丙氨酸和亮氨酸，试推断此三肽的结构。

【习题解答】

一、命名或者写出下列化合物结构

1. 命名

(1) α-氨基乙酸（甘氨酸）

(2) α-氨基-β-羟基丙酸（丝氨酸）

(3) α-氨基丁二酸（天门冬氨酸）

(4) 2，6-二氨基己酸（赖氨酸）

(5) β-对羟基苯基-α-氨基丙酸（酪氨酸）

(6) α-氨基-γ-甲硫基丁酸（蛋氨酸）

(7) β-苯基-α-氨基丙酸（苯丙氨酸）

(8) α-氨基-β-巯基丙酸（半胱氨酸）

2. 写结构式

(1) $H_2N—CH_2—COONH_4$

(2) 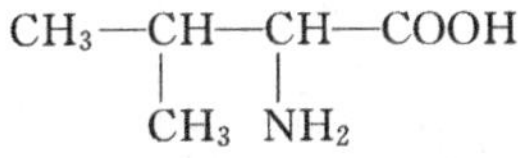 $CH_3—CH(CH_3)—CH(NH_2)—COOH$

(3) $HOOCCH_2CH_2CH(NH_2)COOH$

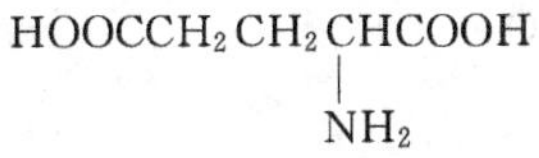

(4) 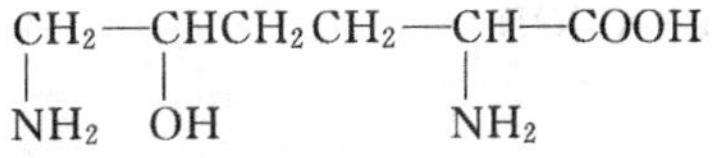 $CH_2(NH_2)—CH(OH)CH_2CH_2—CH(NH_2)—COOH$

(5) $CH_3NH—CH_2—COOH$

(6) 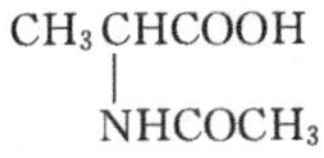 $CH_3CH(NHCOCH_3)COOH$

(7) 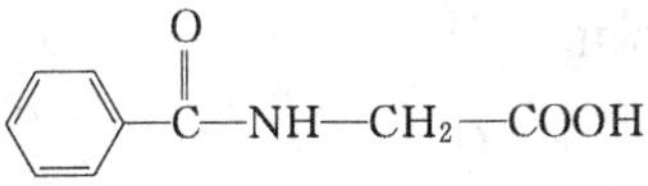 $C_6H_5—C(=O)—NH—CH_2—COOH$

(8) 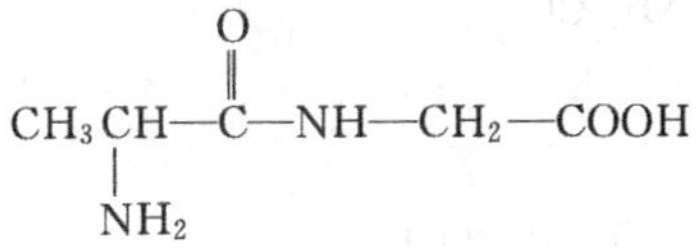 $CH_3CH(NH_2)—C(=O)—NH—CH_2—COOH$

二、基本概念

1. (1) 氨基/羧基/氨基。

(2) 氨基/羧基/中性/酸性/碱性/等于/小于/大于。

(3) 甘氨酸/手性/旋光/L。

(4) 酸/碱/碱/酸/两性。

(5) pH/偶极离子/相等/阳极/阴极/等电点/pI。

(6) 浓度/溶解度/分离。

(7) 氨基/羧基/酰胺键/肽/肽键。

(8) N端/C端。

(9) 简单（或单纯）蛋白质/结合蛋白质/简单蛋白质/结合蛋白质/α-氨基酸/非氨基酸物质。

(10) 两性/等电点/等电点/溶解度/溶解度/析出/盐析/可逆。

2. (1) C　(2) D　(3) B　(4) C　(5) B　(6) A　(7) C　(8) C

3.

(1) Fischer 投影式（自上而下：COOH；C2 左—右；C3 左—右；CH_3）：

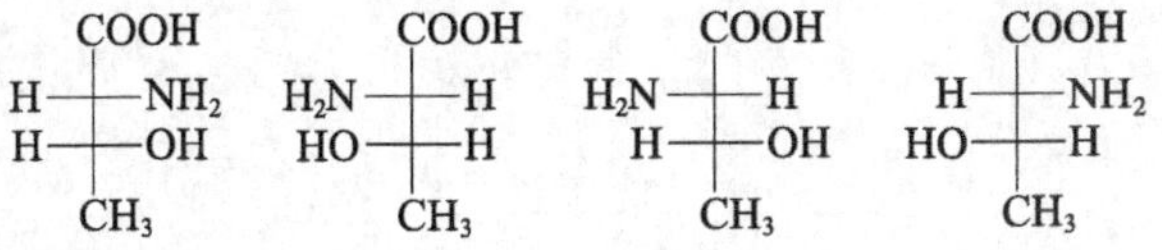

	2R,3R	2S,3S	2S,3R	2R,3S
顶端	COOH	COOH	COOH	COOH
C2	H—NH_2	H_2N—H	H_2N—H	H—NH_2
C3	H—OH	HO—H	H—OH	HO—H
底端	CH_3	CH_3	CH_3	CH_3

(2)

A. 用 HNO_2 处理，前者放出 N_2 气。

B. 用 NaOI/NaOH 处理，后者可发生碘仿反应。

C. 能溶于盐酸的为前者。

(3) 利用二者的等电点不同（赖氨酸的 pI＝9.74；丙氨酸的 pI＝6.02）进行分离。调节混合物的 pH＝6.02，通电流，此时丙氨酸不移动，而赖氨酸以正离子形式存在并移向阴极；再调节 pH＝9.74，通电流，此时赖氨酸不移动，而丙氨酸以负离子形式存在并移向阳极。

(4) A＞C＞B＞D。

(5) 该化合物为三肽。是由谷氨酸、半胱氨酸和甘氨酸构成的。

分子中氨基数>羧基数为碱性氨基酸，故等电点较大。吲哚环中 N 原子上的未共用电子对参与共轭体系，因而不显碱性。相当于中性氨基酸，故等电点较小。

(6) Lys: $H_2NCH_2CH_2CH_2CH_2CH(NH_2)COOH$

Trp: 3-吲哚基-$CH_2CH(NH_2)COOH$

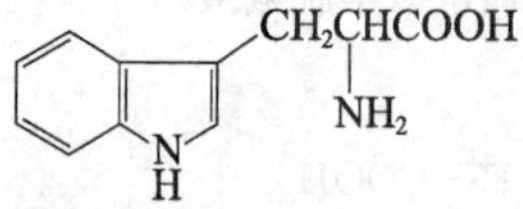

三、完成反应

1. $H_3\overset{+}{N}-CH_2-COOH$

2. $CH_3-CH(NH_2)-COO^-$

3. 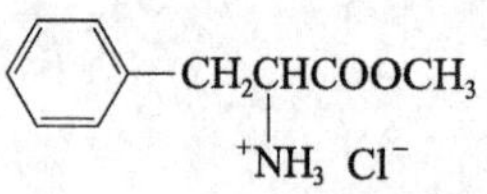 $C_6H_5-CH_2CH(\overset{+}{N}H_3)COOCH_3\ Cl^-$

4. 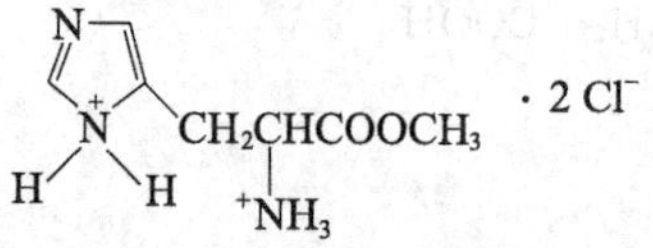 (咪唑环 N 质子化)$-CH_2CH(\overset{+}{N}H_3)COOCH_3 \cdot 2Cl^-$

5. $CH_3-CH(CH_3)-CH(NHCOCH_3)-COOH$

6. 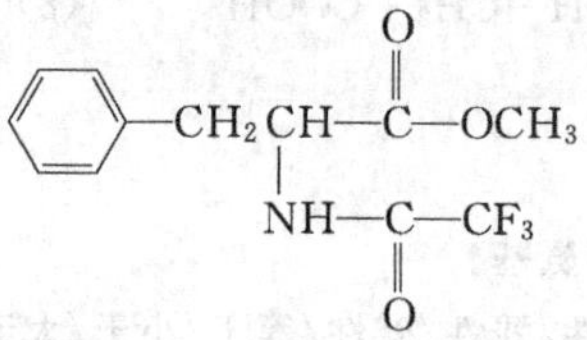 $C_6H_5-CH_2CH(NH-\overset{O}{\overset{\|}{C}}-CF_3)-\overset{O}{\overset{\|}{C}}-OCH_3$

7. 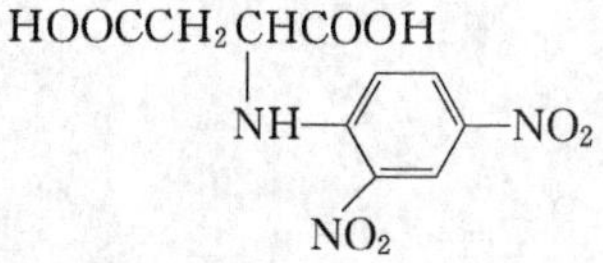 $HOOCCH_2CH(NH-C_6H_3(NO_2)_2)COOH$ (2,4-二硝基苯基)

8. 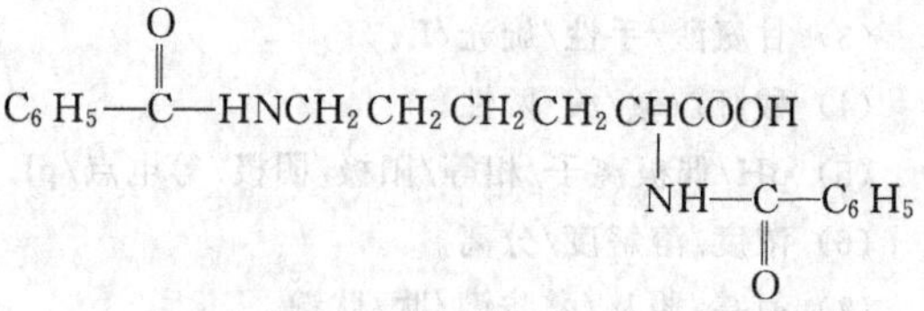 $C_6H_5-\overset{O}{\overset{\|}{C}}-HNCH_2CH_2CH_2CH_2CH(NH-\overset{O}{\overset{\|}{C}}-C_6H_5)COOH$

9. 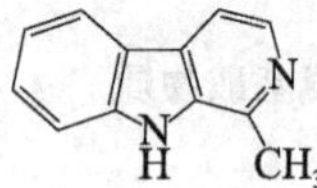 (1-甲基-β-咔啉，环上 NH 为 N-H，取代基 CH_3)

10. 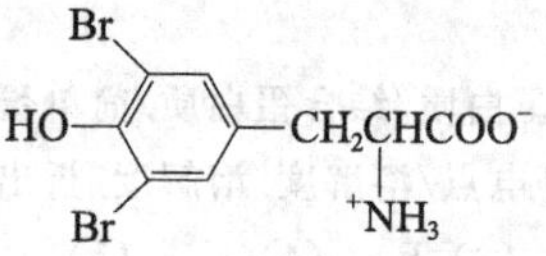 3,5-二溴-4-HO-$C_6H_2-CH_2CH(\overset{+}{N}H_3)COO^-$

11. 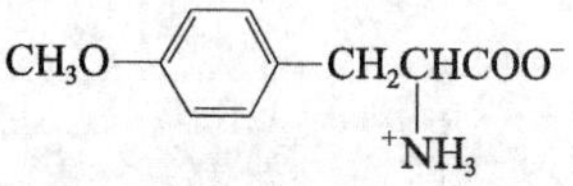 $CH_3O-C_6H_4-CH_2CH(\overset{+}{N}H_3)COO^-$

12. 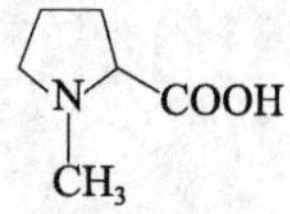 N-CH_3-吡咯烷-2-COOH

13. 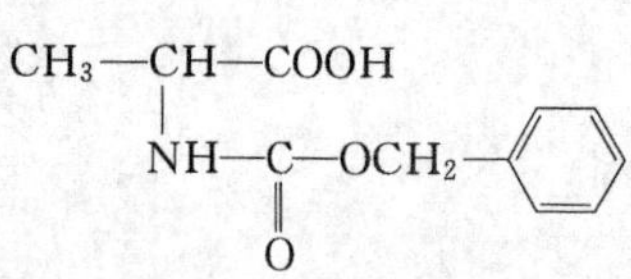 $CH_3-CH(NH-\overset{O}{\overset{\|}{C}}-OCH_2C_6H_5)-COOH$

14. 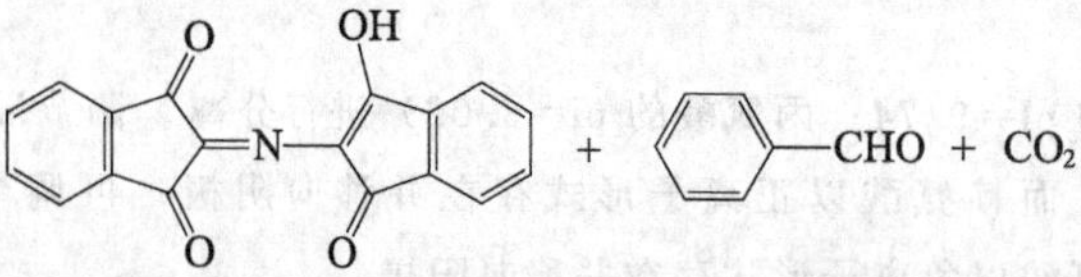 (茚三酮缩合产物：2-亚氨基连接的茚二酮与 3-羟基茚酮) + C_6H_5CHO + CO_2

15. $CH_3-CH(NH_2)-COOH + H_2N-CH(CH_2CH(CH_3)_2)-COOH + H_2NCH_2COOH$

16. (3,6-二甲基-2,5-哌嗪二酮：环内 HN、NH，两个 C=O，两个 CH_3)

17. $CH_3CH{=}CHCOOH$

18. (5-甲基-2-吡咯烷酮：CH_3，N—H，C=O)

19. C_6H_5—CH(NH$_2$)—CN　C_6H_5—CH(NH$_2$)—COOH

20. 邻苯二甲酸酐　邻苯二甲酰亚胺（NH）　邻苯二甲酰亚胺钾（N^-K^+）　$(CH_3)_2CHCH(NH_2)COOH$

四、有机合成

1.

$$(CH_3)_2CHBr \xrightarrow[\text{干醚}]{Mg} (CH_3)_2CHMgBr \xrightarrow[\text{② } H_2O]{\text{① 环氧乙烷}} (CH_3)_2CHCH_2CH_2OH$$

$$\xrightarrow[\triangle]{KMnO_4,H^+} (CH_3)_2CHCH_2COOH \xrightarrow[\text{P(催化量)}]{Br_2} (CH_3)_2CHCH(Br)COOH$$

$$\xrightarrow[\triangle]{NH_3} (CH_3)_2CHCH(NH_2)COOH$$

2.

$$CH_2(COOC_2H_5)_2 \xrightarrow[CCl_4]{Br_2} Br{-}CH(COOC_2H_5)_2$$

$$(CH_3)_2CHBr \xrightarrow[\text{干醚}]{Mg} (CH_3)_2CHMgBr \xrightarrow[\text{② } H_2O]{\text{① } HCHO} (CH_3)_2CHCH_2OH \xrightarrow[0℃]{HBr} (CH_3)_2CHCH_2Br$$

$$\text{邻苯二甲酰亚胺}N^-K^+ \xrightarrow{BrCH(COOC_2H_5)_2} \text{邻苯二甲酰亚氨基}N{-}CH(COOC_2H_5)_2 \xrightarrow[\text{② } (CH_3)_2CHCH_2Br]{\text{① } C_2H_5ONa}$$

$$\text{邻苯二甲酰亚氨基}N{-}C(COOC_2H_5)_2(CH_2CH(CH_3)_2) \xrightarrow[\text{② } H^+,\text{③ }\triangle]{\text{① } OH^-,H_2O} (CH_3)_2CHCH_2CH(NH_2)COOH$$

3.

$$C_6H_5{-}CH_3 \xrightarrow{Cl_2/h\nu} C_6H_5{-}CH_2Cl$$

$$CH_2(COOC_2H_5)_2 \xrightarrow[\text{② } C_6H_5CH_2Cl]{\text{① } C_2H_5ONa} C_6H_5CH_2CH(COOC_2H_5)_2 \xrightarrow[\text{② } H^+,\text{ ③ }\triangle]{\text{① } OH^-,\ H_2O}$$

$$C_6H_5-CH_2CH_2COOH \xrightarrow[\text{P（催化量）}]{Br_2} C_6H_5-CH_2\underset{\underset{Br}{|}}{CH}COOH \xrightarrow[\triangle]{NH_3} C_6H_5-CH_2\underset{\underset{NH_2}{|}}{CH}COOH$$

4.

$$CH_2(COOH)_2 \xrightarrow[H^+]{C_2H_5OH} CH_2(COOC_2H_5)_2 \xrightarrow{Br_2/CCl_4} BrCH(COOC_2H_5)_2$$

$$\text{邻苯二甲酰亚胺钾}(N^-K^+) \xrightarrow{BrCH(COOC_2H_5)_2} \text{邻苯二甲酰亚氨基}-N-CH(COOC_2H_5)_2 \xrightarrow[\text{② }CH_3CHO]{\text{① }C_2H_5ONa}$$

$$\text{邻苯二甲酰亚氨基}-N-\underset{\underset{\underset{OH}{|}}{CH-CH_3}}{C}(COOC_2H_5)_2 \xrightarrow[\text{②}H^+,\text{③}\triangle]{\text{①}OH,H_2O} CH_3-\underset{\underset{OH}{|}}{CH}-\underset{\underset{NH_2}{|}}{CH}-COOH$$

5.

$$CH_2{=}CHCHO \xrightarrow[\triangle]{CH_3SH} CH_3SCH_2CH_2CHO \xrightarrow[HCN]{NH_3} CH_3SCH_2CH_2\underset{\underset{NH_2}{|}}{CH}-CN$$

$$\xrightarrow[\text{② }H^+]{\text{① }OH^-,\ H_2O} CH_3SCH_2CH_2\underset{\underset{NH_2}{|}}{CH}COOH$$

6.

$$\text{环己醇}(C_6H_{11}-OH) \xrightarrow{CrO_3-C_5H_5N} \text{环己酮}(C_6H_{10}{=}O) \xrightarrow{NH_2OH} \text{环己酮肟}(C_6H_{10}{=}N-OH) \xrightarrow{H^+} \text{己内酰胺}$$

$$\xrightarrow[\text{②}H^+]{\text{①}H_2O/OH^-,\triangle} H_2N-CH_2CH_2CH_2CH_2CH_2COOH \xrightarrow[\text{P(催化量)}]{Br_2}$$

$$H_2NCH_2CH_2CH_2CH_2\underset{\underset{Br}{|}}{CH}COOH \xrightarrow[\triangle]{NH_3} H_2NCH_2CH_2CH_2CH_2\underset{\underset{NH_2}{|}}{CH}COOH$$

五、推导结构

1.（A）的构造式：

$$HOOC-\underset{\underset{NH_2}{|}}{CH}-CH_2CH_2CONH_2$$

有关反应式：

$$HOOC-\underset{\underset{NH_2}{|}}{CH}-CH_2CH_2CONH_2 \xrightarrow[\triangle]{NaOH/H_2O} HOOC-\underset{\underset{NH_2}{|}}{CH}-CH_2CH_2COO^-Na^+ + NH_3$$

$$HOOC-\underset{\underset{NH_2}{|}}{CH}-CH_2CH_2CONH_2 \xrightarrow[\text{或}NaOX,NaOH]{X_2,NaOH} Na^+\,{}^-OOC-\underset{\underset{NH_2}{|}}{CH}-CH_2CH_2NH_2 + CO_2 + NaX$$

A还可能存在的另一种结构为： $HOOC-\underset{\underset{CONH_2}{|}}{CH}-CH_2CH_2NH_2$ 但不稳定。

2.［解题提示］2，4-二硝基氟苯常用来分析多肽或蛋白质的 *N*-端氨基酸。

$$O_2N-C_6H_3(NO_2)-F + \text{三肽} \longrightarrow \xrightarrow{H_2O/H^+} O_2N-C_6H_3(NO_2)-NHCH_2COOH +$$

$$O_2N-C_6H_3(NO_2)-NHCH_2CONHCH(CH_3)COOH + H_2NCH(CH_3CH_2CH(CH_3)_2)CONHCHCOOH$$

$$+ H_2NCH(CH_3)COOH + H_2NCH(CH_2CH(CH_3)_2)COOH$$

由所得水解产物碎片可推断该三肽的结构为：

$$H_2NCH_2-\overset{\overset{O}{\|}}{C}-NH-\underset{CH_3}{\underset{|}{CH}}-\overset{\overset{O}{\|}}{C}-NH-\underset{CH_2CH(CH_3)_2}{\underset{|}{CH}}-\overset{\overset{O}{\|}}{C}-OH$$

附录 1

模拟试题一（上学期）

一、用系统命名法命名下列化合物或写出相应的结构式：

1. $CH_3CHCH_2CHCH_2CH_3$（2 位连 C_2H_5，4 位连 $CH_2CH_2CH_3$）

2. $CH_3(H)C{=}C(CH_2CH_2CH_3)CH(CH_3)_2$

3. （苯环上邻位两个 Cl）Cl Cl

4. （双环结构式）

5. $-CH_2Cl$（苯环）

6. Br—（苯环）—CH_3

7. 8-氯-1-萘甲酸

8. (S)-3-甲基-1-戊炔

9. 叔丁基氯

10. 二甲醚

二、回答下列问题：

1. 将下列化合物按沸点由高到低排列成序（　　）

（A）3,3-二甲基戊烷　(B)正庚烷　(C)2-甲基庚烷　(D)正戊烷　(E)2-甲基己烷

2. 下列碳正离子按稳定性由大到小排列成序（　　）

（A）$CH_3CH_2\overset{+}{C}H_2$　(B)　$CH_3\overset{+}{C}CH_3$（CH_3）　(C)　$CH_3\overset{+}{C}HCH_3$　(D)　$CH_3\overset{+}{C}HCCl_3$

3. 下列化合物与 Br_2 加成反应活性由大到小排列成序（　　）

（A）$CH_3CH{=}CHCH_3$　(B)　$CH{\equiv}CCH_3$　(C)　$CH_2{=}CHCH{=}CH_2$

4. 下列化合物或中间体具有芳香性的有（　　）

(A)　(B)　(C) ⊕　(D)

5. 将下列化合物按照分子内脱水反应活性由大到小排列成序（　　）

（A）O_2N—（苯环）—$\underset{OH}{CHCH_3}$　(B)　CH_3O—（苯环）—$\underset{OH}{CHCH_3}$　(C)　（苯环）—$\underset{OH}{CHCH_3}$

6. 将下列化合物按照酸性由大到小排列成序（　　）

（A）（苯环）—OH　(B)　O_2N—（苯环）—OH　(C)　（环己基）—OH　(D)　CH_3O—（苯环）—OH

7. 用化学方法鉴别下列化合物

化合物 试剂	（环戊二烯）	（苯环）—$C{\equiv}CH$	（环己烷）$={CH_2}$	（苯环）—CH_2Cl

三、完成反应：

1. （甲基环戊烷）$+ Br_2 \xrightarrow{h\nu}$（　　）

2. （H_3C、H_3C、C_2H_5 取代环丙烷）$+ HI \longrightarrow$（　　）

3. $CH_3CH_2C(CH_3)=CH_2 \xrightarrow{HOCl}$ (　　)

4. $CH_3CH_2CH=CH_2 + HBr \xrightarrow{ROOR}$ (　　)

5. $C_6H_5-CH_2CH_3$ + NBS ⟶ (　　)

6. $(H_3C)_3C-C_6H_4-CH_2CH_3 \xrightarrow{KMnO_4}$ (　　)

7. $C_6H_5-C_6H_5 \xrightarrow[AlCl_3]{CH_3Cl}$ (　　) $\xrightarrow[H_2SO_4]{HNO_3}$ (　　)

8. n-C_3H_7—C(H)(H$_3$C)—Br $\xrightarrow[(S_N2)]{I^-}$ (　　) $\xrightarrow[(S_N2)]{HS^-}$ (　　)

9. $CH_3-C(CH_3)(OH)-C(CH_3)(OH)-CH_3 \xrightarrow{H_2SO_4}$ (　　)

10. $CH_3CH_2OC(CH_3)_3 + HI$ (1mol) ⟶ (　　) + (　　)

四、写出下列反应的反应机理

1. $CH_3CH_2CH=CH_2 \xrightarrow[h\nu]{Br_2} CH_3CHBrCH=CH_2 + CH_3CH=CHCH_2Br$

2. $C_6H_5-C(OH)(CH_3)-C(OH)(CH_3)-C_6H_5 \xrightarrow{H^+} CH_3C(=O)-C(CH_3)(C_6H_5)_2$

五、合成题

1. 以乙炔和苯为原料合成 $C_6H_5CH_2$(H)C=C(H)$CH_2C_6H_5$（其他试剂任选）

2. 以苯为原料合成 邻氯乙苯（C_6H_4(Cl)—CH_2CH_3）（其他试剂任选）

3. 以乙醇为原料合成 $CH_3CH_2-C(OH)(CH_3)-CH_2CH_3$（无机试剂任选）

4. 以苯和乙醇为原料合成 $CH_3CH_2-C_6H_4-OCH_2CH_3$（无机试剂任选）

六、推导结构

1. 化合物 A 和 B 分子式分别为 $C_5H_8Cl_4$ 和 C_6H_{12}，它们的 H^1NMR 谱中都只有一个单峰，试写出 A、B 的结构式。

2. 中性化合物 A($C_8H_{16}O_2$)与 Na 作用放出 H_2，与 PBr_3 作用生成相应的化合物 $C_8H_{14}Br_2$；A 被 $KMnO_4$ 氧化成 $C_8H_{12}O_2$，A 与浓 H_2SO_4 一起脱水生成 B（C_8H_{12}），B 可使溴水和碱性 $KMnO_4$ 溶液退色；B 在低温下与 H_2SO_4 作用再水解，则生成 A 的同分异构体 C，C 与浓 H_2SO_4 一起共热也生成 B，但 C 不能被 $KMnO_4$ 氧化。B 氧化生成 2,5-己二酮和乙二酸。试写出 A、B、C 的构造式。

3. 化合物 A 的分子式为 C_6H_{10}，与乙烯反应得到化合物 B（C_8H_{14}），用酸性高锰酸钾溶液可以将 B 氧化成

2，7-辛二酮，试推测 A、B 的结构式。

模拟试题二（上学期）

一、用系统命名法命名下列化合物或写出相应的结构式：

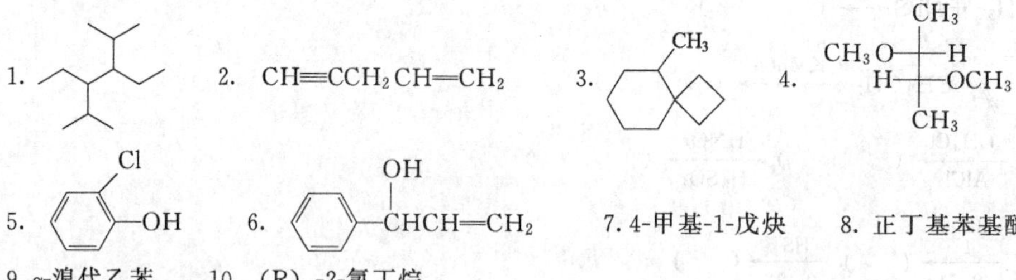

7. 4-甲基-1-戊炔　　8. 正丁基苯基醚

9. α-溴代乙苯　　10.（R）-2-氯丁烷

二、回答下列问题：

1. 化合物（Fischer 投影式：CHO；H—OH；HO—H；CH_2OH）其构型正确命名是__________。

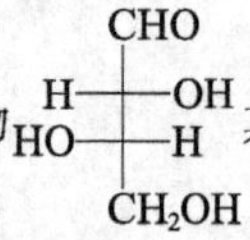

（A）2S，3S　（B）2R，3R　（C）2R，3S　（D）2S，3R

2. 写出下列化合物稳定性由大到小的排列顺序（　　）

（A）1-戊烯　（B）顺-2-戊烯　（C）反-2-戊烯　（D）2-甲基-2-丁烯

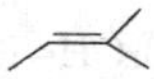

3. 把下列有机物按发生 S_N2 反应的活性由快到慢排列成序（　　）

（A）$(CH_3)_2CHCl$　（B）CH_3CH_2Cl　（C）1-氯双环[2.2.2]辛烷　（D）氯苯

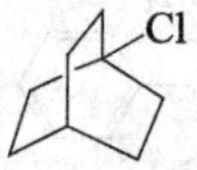

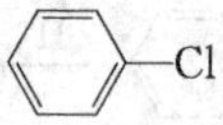

4. 判断下列化合物的酸性大小（　　）

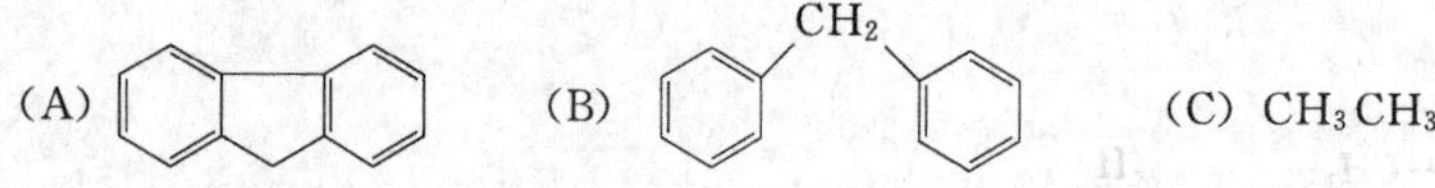

（C）CH_3CH_3

5. 解释下列实验事实：

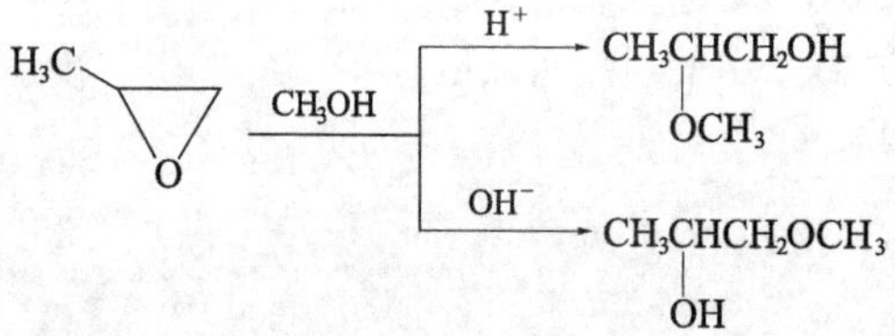

$$H_3C-\text{环氧乙烷} \xrightarrow{CH_3OH} \begin{cases} \xrightarrow{H^+} CH_3CH(OCH_3)CH_2OH \\ \xrightarrow{OH^-} CH_3CH(OH)CH_2OCH_3 \end{cases}$$

6. 用化学方法鉴定下列化合物：

化合物 / 试剂	丁醇	丁醛	1-丁烯	1,3-丁二烯

三、完成反应：

1. 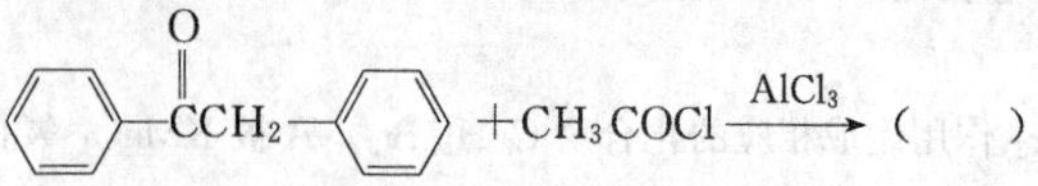 $C_6H_5COCH_2C_6H_5 + CH_3COCl \xrightarrow{AlCl_3}$（　）

2. 环戊二烯 + $CH_2=CHCHO \xrightarrow{\triangle}$（　）

3. 甲基环戊烷（环戊基—CH_3）$+ Br_2 \xrightarrow{高温}$（　）

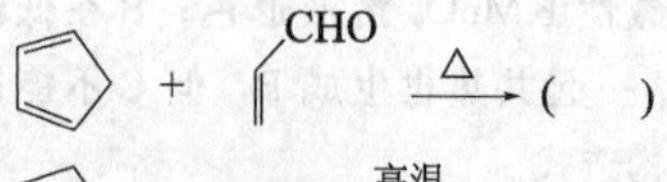

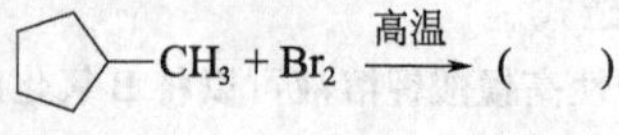

4. $CH_2=CHCH_2C\equiv CH+H_2 \xrightarrow{Na\text{-液 }NH_3}$ (　　)

5. (1,1,2-三甲基环丙烷) $+ HCl \longrightarrow$ (　　)

6. (1-甲基环己烯) $\xrightarrow[②Zn/H_2O]{①O_3}$ (　　)

7. $CH_3CH=CH_2+HBr \longrightarrow$ (　　) $\xrightarrow{NaCN}$ (　　)

8. Cl—(苯环, NO_2)—Cl $\xrightarrow{NaOH/H_2O}$ (　　)

9. (环戊烯基)—$CH_2CH(Br)CH_2CH_3 \xrightarrow[\triangle]{NaOH/EtOH}$ (　　)

10. C_6H_5—$CH_2OH \xrightarrow{PBr_3}$ (　　)

11. $(CH_3)_3C$—C_6H_4—$CH_3 \xrightarrow{KMnO_4}$ (　　)

四、写出下列反应的反应机理：

$$CH_3CH=CH_2+HBr \xrightarrow{ROOR} CH_3CH_2CH_2Br$$

五、合成题

1. 以乙炔为原料合成 (1,2-二乙基环己烷，C_2H_5、C_2H_5)

2. 以苯为原料合成 (间位 NO_2)—$CH_2CH_2CH_2CH_3$　(其他试剂任选)

3. 以苯和丙酮为原料合成 C_6H_5—$CH_2CH=C(CH_3)_2$

六、推导结构

1. 下列化合物的核磁共振氢谱中，均只有一个单峰，试写出它们的结构：

A. C_2H_6O　　B. C_4H_6　　C. C_4H_8　　D. C_5H_{12}　　E. $C_2H_4Cl_2$

2. 某不饱和烃 A 的分子式为 C_9H_8，它能与氯化亚铜氨溶液反应产生红色沉淀，化合物 A 催化加氢得到 B (C_9H_{12})，将 B 用酸性重铬酸钾氧化得到酸 C($C_8H_6O_4$)，C 加热脱水得到 D($C_8H_4O_3$)，若将化合物 A 和 1,3-丁二烯作用可以得到另一不饱和化合物 E，将 E 催化脱氢可得到 2-甲基联苯，试写出 A～E 的结构。

3. 化合物 A、B、C 分子式均为 C_4H_9Br，都能与 NaOH 水溶液反应，A 得到分子式为 $C_4H_{10}O$ 的醇，B 得到分子式为 C_4H_8 的烯，C 生成 $C_4H_{10}O$ 和 C_4H_8 的混合物，试写出 A、B、C 的结构式。

模拟试题三（上学期）

一、用系统命名法命名下列化合物或写出相应的结构式：

1. (对异丙基甲苯结构式)　　　2. C_6H_5—CH_2—$CH=CH_2$

3. Br—(苯环, Cl)—$CH(CH_3)_2$　　　4. $CH_3OCH=CH_2$

5. （1,2-二甲基环戊烯结构式）　　6. $Br-C(OH)(H)-C_6H_5$（Fischer 投影式：上 OH，左 Br，右 H，下 C_6H_5）　　7. 1-苯基-4-溴-1-丁烯　　8. 间氯苯酚

9. (R)-2-环丙基丁烷　　10. 苯乙炔

二、回答下列问题：

1. 下列化合物按 S_N1 反应速度最大的是__________，最小的是__________。

(A) $C_6H_5-CHBrCH_3$　　(B) $CH_3-C_6H_4-CHBrCH_3$

(C) $CH_3O-C_6H_4-CHBrCH_3$　(D) $NO_2-C_6H_4-CHBrCH_3$

2. 将下列中间体按照稳定性由大到小排列成序：(　　)

(A) $CH_2=CH\dot{C}H_2$　　(B) $CH_3\dot{C}HCH_3$　　(C) $CH_3\dot{C}(CH_3)CH_3$　　(D) $CH_3CH_2CH_2\dot{C}H_2$

3. 下列化合物与 (R)-2-羟基丙酸互为对映体的是：(　　)

(A) Fischer 投影式：上 COOH，左 H_3C，右 OH，下 H　　(B) 上 COOH，左 H，右 OH，下 CH_3　　(C) 上 H，左 HO，右 COOH，下 CH_3　　(D) 上 COOH，左 HO，右 CH_3，下 H

4. 下列化合物或离子具有芳香性的是：(　　)

(A) 环癸五烯　　(B) 环庚三烯　　(C) 环丙烯正离子　　(D) 环戊二烯负离子

5. 将下列化合物与碘化钠/丙酮反应活性由高到低排列成序：(　　)

(A)　溴乙烷　(B)　溴乙烯　(C)　2-溴丙烷　(D)　叔丁基溴

6. 将下列化合物按照酸性由强到弱排列成序：(　　)

(A)　对甲基苯酚　(B)　对硝基苯酚　(C)　对氯苯酚　(D)　对甲氧基苯酚

7. 将下列化合物按照亲电取代反应活性由高到低排列成序：(　　)

(A)　苯甲醚　(B)　甲苯　(C)　硝基苯　(D)　氯苯

8. 用化学方法鉴别下列化合物

化合物 / 试剂	环己烷	1,3-丁二烯	丙炔	环丙烷

三、完成反应：

1. $C_6H_5-CH_3 \xrightarrow[ZnCl_2]{HCHO/HCl}$ (　　)

2. $C_6H_5-C_6H_4-NO_2 \xrightarrow[浓\ HNO_3]{浓\ H_2SO_4}$ (　　)

3. 环戊二烯 + $CH_3OOC-CH=CH-COOCH_3$（顺式） $\xrightarrow{\triangle}$ (　　)

4. 1-甲基环己烯 $+ HBr \xrightarrow{ROOR}$ (　　)

5. 甲基环丙烷 $+ HI \longrightarrow$ (　　)

6. 1-甲基环己烯 $\xrightarrow[②H_2O_2/OH^-]{①B_2H_6}$ (　　)

7. $CH_2{=}CHCH_2C{\equiv}CH + HCl \longrightarrow$ (　　)

8. $CH_3CH_2CH{=}CH_2 + Cl_2 \xrightarrow{\text{高温}}$ (　　) $\xrightarrow{NaOH/H_2O}$ (　　)

9. $CH_3\underset{\displaystyle Br}{\underset{|}{C}}{=}CHCH_2Br \xrightarrow{NaOH/H_2O}$ (　　)

10. C_6H_5—OH $\xrightarrow{NaOH}$ (　　) $\xrightarrow{CH_3CH_2CH_2Cl}$ (　　)

11. 环己烯 $\xrightarrow{\text{稀、冷 } KMnO_4}$ (　　)

四、写出下列反应的反应机理

1. 苯 $+ CH_3CH_2CH_2Cl \xrightarrow{AlCl_3}$ $C_6H_5CH(CH_3)_2$

2. 1-[羟基(苯基)甲基]环己醇 (结构式：环己基C(OH)—CH(OH)—C_6H_5) $\xrightarrow{H^+}$ 2-苯基环庚酮

五、合成题

1. 以不多于 2 个 C 的有机物为原料合成 $CH_3CH_2CH_2CH_2\overset{\displaystyle O}{\overset{\|}{C}}CH_3$

2. 以苯为原料合成 Br—C_6H_4—OCH_2CH_2—C_6H_4—NO_2 (对溴苯氧基，间硝基苯基)（其他试剂任选）

3. 以丙烯为原料合成 $(H_3C)HC{=}CH(CH_2CH{=}CH_2)$（$H_3C$ 与 $CH_2CH{=}CH_2$ 位于双键异侧）

六、推导结构

1. 某化合物实验式为 C_9H_{12}，其^1H 核磁共振谱如下：$\delta=1.2$ (6H，2 重峰)；$\delta=2.9$ (1H，7 重峰)；$\delta=7.1$ (5H，1 重峰)。试写出该化合物的构造式。

2. 某旋光化合物 A(C_4H_7Br)，与 HBr 反应得到 B，B 与氢氧化钾的醇溶液作用得到化合物 C，C 与酸性高锰酸钾溶液反应得到草酸、二氧化碳和水。C 和 $CH_2{=}CHCN$ 反应生成 NC—(环己烯基)，试推测化合物 A、B、C 的构造式。

模拟试题四（上学期）

一、用系统命名法命名下列化合物或写出相应的结构式：

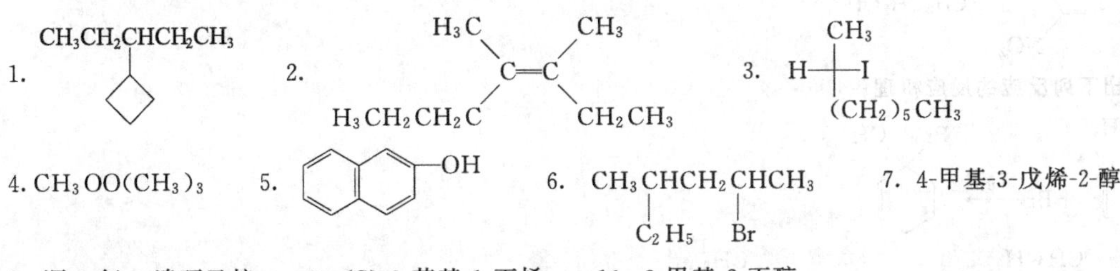

1. $CH_3CH_2CHCH_2CH_3$（3位连环丁基）　2. $(H_3C)(H_3CH_2CH_2C)C{=}C(CH_3)(CH_2CH_3)$　3. $H\!-\!\!\!\!+\!\!\!\!-I$（上 CH_3，下 $(CH_2)_5CH_3$）

4. $CH_3OO(CH_3)_3$　5. 2-萘酚（萘环—OH）　6. $CH_3\underset{C_2H_5}{CH}CH_2\underset{Br}{CH}CH_3$　7. 4-甲基-3-戊烯-2-醇

8. 顺-1-氯-3-溴环己烷　9. (S)-3-苯基-1-丁烯　10. 3-甲基-2-丁醇

二、回答下列问题：

1. 将下列碳正离子的稳定性排列成序：(　　)

(A) $CH_3CH{=}CH\overset{+}{C}HCH_3$　　(B) $CH_3CH{=}CHCH_2\overset{+}{C}H_2$

(C) $CH_2{=}CHCH_2\overset{+}{C}HCH_3$　　(D) $CH_2{=}CH\overset{+}{C}(CH_3)_2$

2. 将下列化合物按硝化反应活性由快到慢排列成序：(　　)

(A) 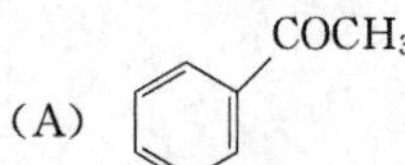　(B) 氯苯（C_6H_5Cl）　(C) 苯甲醚（$C_6H_5OCH_3$）　(D) 甲苯（$C_6H_5CH_3$）

3. 将下列化合物按亲核能力由大到小排列成序：(　　)

(A) $^{-}O-C_6H_5$　(B) 环己基$-O^{-}$　(C) 环己基$-COO^{-}$　(D) 环己基$-S^{-}$

4. 将下列化合物按照亲核取代反应活性由高到低排列成序：(　　)

(A) 氯乙烷　(B) 苄基氯　(C) 氯乙烯　(D) 叔丁基氯

5. 用纽曼式写出 2,3-二甲基丁烷以 C2 与 C3 的 σ 键为轴旋转时的最稳定构象。

6. 鉴别下列化合物

试剂 \ 化合物	$CH_2{=}CHCH{=}CH_2$	$HC{\equiv}CCH_2CH_3$	环丙基$-CH_2{=}CHCH_2CH_3$

三、完成反应

1. 1-甲基-2-溴环己烷 $\xrightarrow{NaOH/EtOH}$ (　　)

2. $CH_3CHO-CH_3$（CH 上连 CH_3） $\xrightarrow{HI}$ (　　) + (　　)

3. $C_6H_5-\underset{\backslash O/}{CH-CH_2}$ $\xrightarrow[CH_3O^-]{CH_3OH}$ (　　)

4. $C_6H_5-C{\equiv}C-C_6H_5 \xrightarrow[\text{Lindlar 催化剂}]{H_2}$ (　　)

5. 1,3-环己二烯 + $CH_2{=}CHCOOCH_3$ $\longrightarrow$ (　　)

6. 1-硝基萘（NO_2） $\xrightarrow[450℃]{V_2O_5}$ (　　)

7. 苯 $+CH_3CH_2CH_2Br \xrightarrow{AlBr_3}$ (　　)

8. 2,4-二氯硝基苯（Cl—⟨苯环⟩—Cl，NO_2） $\xrightarrow[CH_3CH_2OH]{CH_3CH_2ONa}$ (　　)

四、写出下列反应的反应机理：

1. 3-甲基环己烯 $+Br_2 \xrightarrow{\text{高温}}$ 3-溴-3-甲基环己烯（Br、CH_3）

2. $CH_3-\underset{OH}{\overset{CH_3}{C}}-\underset{OH}{\overset{CH_3}{C}}-C_6H_5 \xrightarrow{H^+} CH_3-\underset{O}{\overset{\|}{C}}-\underset{CH_3}{\overset{CH_3}{C}}-C_6H_5$

五、合成题

1. 完成转化：

(1) 甲苯（CH_3）⟶ 邻硝基苯甲酸（COOH, NO_2）

(2) $CH_2=CHCH=CH_2$ ⟶ 1,2-二溴环己烷（Br, Br）

2. 以乙炔为原料合成：$C_2H_5(H)C=C(H)C_2H_5$（反式）

3. $CH_3CH_2CH_2OH \longrightarrow CH_2=CHCH_2OCH(CH_3)_2$

六、推断结构：

1. 化合物 C_4H_9Br（A）在^{1}H-NMR 中只有一个单峰，而化合物 $C_5H_{10}Cl_2$（B）在^{1}H-NMR 中有两组峰，写出（A）和（B）的结构式。

2. 化合物 A 的分子式为 $C_5H_{12}O$，能与金属钠反应放出氢气，不能使高锰酸钾溶液退色。A 与浓硫酸反应生成 B（分子式 C_5H_{11}），B 用冷的高锰酸钾溶液处理得到 C，C 与高锰酸钾作用得到乙醛和丙酮。试推测 A 的构造式。

模拟试题一（上学期）参考答案

一、

1. 3-甲基-5-乙基辛烷　2.（E）-3-异丙基-2-己烯　3. 邻二氯苯

4. 2，7，7-三甲基二环[2.2.1]庚烷　5. 氯甲基苯　6. 3-甲基-6-溴环己烯

7. 萘环（1-Cl，8-COOH）　8. CH_3—C(—C≡CH)(—H)—CH_2CH_3　9. $CH_3-C(CH_3)_2-Cl$　10. CH_3OCH_3

二、1. C>B>E>A>D　2. B>C>A>D　3. C>A>B　4. B　5. B>C>A

6. B>A>D>C　7.

试剂 \ 化合物	环戊二烯	苯—C≡CH	环己烷=CH_2	苯—CH_2Cl
Br_2/CCl_4	+	+	+	—
顺丁烯二酸酐	+	—	—	/
$Cu(NH_3)_2Cl$	/	+	—	/

三、

1. 1-溴-1-甲基环戊烷（Br）　2. I—C(CH₃)₂—CH(CH₃)—CH₂CH₃（键线式）　3. $CH_3CH_2C(CH_3)(OH)-CH_2Cl$　4. $CH_3CH_2CH_2CH_2Br$

5. 苯—$CHCH_3$（Br）　6. $(H_3C)_3C$—苯—COOH

7. H_3C—联苯　H_3C—联苯（O_2N）

8. $I-C(H)(CH_3)-n\text{-}C_3H_7$　$n\text{-}C_3H_7-C(H)(H_3C)-SH$　9. $CH_3-\underset{O}{\overset{\|}{C}}-C(CH_3)_2-CH_3$　10. $(CH_3)_3I$　C_2H_5OH

四、

1.
$$Br_2 \xrightarrow{h\nu} 2Br\cdot$$
$$Br\cdot + CH_3CH_2CH{=}CH_2 \longrightarrow CH_3\dot{C}HCH{=}CH_2 + HBr$$
$$CH_3\dot{C}HCH{=}CH_2 \longleftrightarrow CH_3CH{=}CHCH_2\cdot$$
$$CH_3\dot{C}HCH{=}CH_2 + Br_2 \longrightarrow CH_3CHBrCH{=}CH_2 + Br\cdot$$
$$CH_3CH{=}CHCH_2\cdot + Br_2 \longrightarrow CH_3CH{=}CHCH_2Br$$

2.
$$C_6H_5-C(OH)(CH_3)-C(OH)(CH_3)-C_6H_5 \xrightarrow[-H_2O]{H^+} C_6H_5-C(OH)(CH_3)-\overset{+}{C}(CH_3)-C_6H_5 \longrightarrow CH_3\overset{+}{C}(OH)-C(CH_3)(C_6H_5)_2$$
$$\longleftrightarrow CH_3C(=\overset{+}{O}H)-C(CH_3)(C_6H_5)_2 \xrightarrow{-H^+} TM$$

五、

$$C_6H_6 \xrightarrow[AlCl_3]{CH_3Cl} \xrightarrow[h\nu]{Cl_2} C_6H_5CH_2Cl \qquad CH{\equiv}CH \xrightarrow{Na} NaC{\equiv}CNa$$

1.
$$\xrightarrow{2\ C_6H_5CH_2Cl} \xrightarrow{Na/液NH_3} C_6H_5CH_2(H)C{=}C(H)CH_2C_6H_5$$

2. $C_6H_6 \xrightarrow[AlCl_3]{C_2H_5Cl} \xrightarrow{H_2SO_4} \xrightarrow[Fe]{Cl_2} HO_3S-C_6H_3(Cl)-C_2H_5 \xrightarrow[H^+]{H_2O} C_6H_4(Cl)-CH_2CH_3$

3. $CH_3CH_2OH \xrightarrow{PCC} CH_3CHO$　$CH_3CH_2OH \xrightarrow{SOCl_2} \xrightarrow[干醚]{Mg} \xrightarrow[②H_2O/H^+]{①CH_3CHO} \xrightarrow{K_2Cr_2O_7/H^+} CH_3CH_2COCH_3$

$$\xrightarrow{CH_3CH_2MgCl} \xrightarrow{H_3O^+} CH_3CH_2-C(OH)(CH_3)-CH_2CH_3$$

4. $CH_3CH_2OH \xrightarrow{SOCl_2} CH_3CH_2Cl$　$C_6H_6 \xrightarrow[AlCl_3]{CH_3CH_2Cl} \xrightarrow[②Na_2CO_3]{①H_2SO_4} \xrightarrow[熔融]{NaOH} \xrightarrow{H^+}$

$$\xrightarrow[OH^-]{CH_3CH_2Cl} CH_3CH_2-C_6H_4-OCH_2CH_3$$

六、

1. A. $C(CH_2Cl)_4$　B. 环己烷

2. A. 3,6-二甲基环己-1,2-二醇（CH_3、OH、OH、CH_3）　B. 1,4-二甲基环己-1,4-二烯（CH_3、CH_3）　C. 1,4-二甲基环己-1,4-二醇（H_3C OH、H_3C OH）

3. A. $CH_2=C(CH_3)-C(CH_3)=CH_2$　B. 1,2-二甲基环己烯（H_3C、CH_3 取代于环己烯双键碳上）

模拟试题二（上学期）参考答案

一、

1. 2,5-二甲基-3，4-二乙基己烷　2. 1-戊烯-4-炔　3. 5-甲基螺[3.5]壬烷

4. (2R，3R)-2，3-二甲氧基丁烷　5. 邻氯苯酚　6. 1-苯基-2-丙烯醇

7. $CH_3CH(CH_3)CH_2C\equiv CH$　8. $CH_3CH_2CH_2CH_2-O-C_6H_5$

9. $C_6H_5-CHBrCH_3$　10. H、Cl、CH_3、CH_2CH_3 连于同一手性碳（楔形式）

二、1. CD　2. AD　3. DC　4. AD

6.

试剂 \ 化合物	丁醇	丁醛	1-丁烯	1,3-丁二烯
Na	+	−	−	−
银氨溶液	/	+	−	−
溴水	/	/	+	+
顺丁烯二酸酐	/	/	−	+

三、

1. $C_6H_5-\overset{O}{\overset{\|}{C}}CH_2-C_6H_4-\overset{O}{\overset{\|}{C}}CH_3$　2. 双环[2.2.1]庚-5-烯-2-甲醛（CHO）　3. 1-甲基-1-溴环戊烷（CH_3、Br）

4. $CH_2=CHCH_2CH=CH_2$　5. $CH_3CH(CH_3)-C(CH_3)_2Cl$　6. $OHC(CH_2)_4\overset{O}{\overset{\|}{C}}CH_3$

7. $CH_3CH(Br)CH_3$　$CH_3CH(CN)CH_3$　8. Cl—C_6H_3(—OH)(—NO_2)（4-氯-2-硝基苯酚）　9. 环戊烯基—$CH=CHCH_2CH_3$

10. $C_6H_5-CH_2Br$　11. $(CH_3)_3C-C_6H_4-COOH$

四、

$$ROOR \longrightarrow 2RO\cdot \qquad RO\cdot + HBr \longrightarrow ROH + Br\cdot$$

$$CH_3CH=CH_2 + Br\cdot \longrightarrow CH_3\dot{C}HCH_2Br \xrightarrow{HBr} CH_3CH_2CH_2Br + Br\cdot$$

五、

1. $$CH\equiv CH \xrightarrow{NaNH_2-液NH_3} NaC\equiv CNa \xrightarrow{C_2H_5Br} C_2H_5C\equiv CC_2H_5$$

$$\xrightarrow[喹啉]{Pd/BaSO_4} \text{顺式 } C_2H_5CH=CHC_2H_5$$

$CH \equiv CH \xrightarrow{CuCl\text{-}NH_4Cl} CH_2{=}CHC \equiv CH \xrightarrow[\text{喹啉}]{Pd/BaSO_4} CH_2{=}CHCH{=}CH_2$

1,3-丁二烯 + $C_2H_5CH{=}CHC_2H_5$ ⟶ 4,5-二乙基环己烯 $\xrightarrow{Ni/H_2}$ 1,2-二乙基环己烷

2. 苯 + $CH_3CH_2CH_2COCl \xrightarrow{AlCl_3}$ $C_6H_5COCH_2CH_2CH_3 \xrightarrow[HCl]{Hg\text{-}Zn}$ $C_6H_5CH_2CH_2CH_2CH_3$

$\xrightarrow[100℃]{\text{浓 } H_2SO_4}$ $HO_3S\text{-}C_6H_4\text{-}CH_2CH_2CH_2CH_3$ $\xrightarrow[\text{浓 } HNO_3]{\text{浓 } H_2SO_4}$ $HO_3S\text{-}C_6H_3(NO_2)\text{-}CH_2CH_2CH_2CH_3$

$\xrightarrow{H_3O^+}$ $o\text{-}NO_2C_6H_4CH_2CH_2CH_2CH_3$

3. 苯 $\xrightarrow[Fe]{Cl_2}$ $C_6H_5Cl \xrightarrow[THF]{Mg}$ C_6H_5MgCl $\xrightarrow[\text{② } H_2O/H^+]{\text{① 环氧乙烷}}$ $C_6H_5CH_2CH_2OH$

$\xrightarrow{SOCl_2}$ $C_6H_5CH_2CH_2Cl \xrightarrow[\text{干醚}]{Mg}$ $C_6H_5CH_2CH_2MgCl$ $\xrightarrow[\text{② } H_2O/H^+]{\text{① } CH_3COCH_3}$

$C_6H_5CH_2CH_2C(OH)(CH_3)_2 \xrightarrow{\triangle} C_6H_5CH_2CH{=}C(CH_3)_2$

六、

1. A. CH_3OCH_3　B. $CH_3C \equiv CCH_3$　C. 环丁烷

D. $(CH_3)_4C$　E. $ClCH_2CH_2Cl$

2. A. 邻甲基苯乙炔（$o\text{-}CH_3C_6H_4C \equiv CH$）　B. 邻甲基乙苯（$o\text{-}CH_3C_6H_4C_2H_5$）　C. 邻苯二甲酸（COOH，COOH）

D. 邻苯二甲酸酐　E. 含 H_3C 的联苯衍生物（环己二烯基与甲基苯相连）

A3$CH_3CH_2CH_2CH_2Br$　B. $(CH_3)_3CBr$　C. $CH_3CHBrCH_2CH_3$

模拟试题三（上学期）参考答案

一、

1. 1-甲基-4-异丙基苯　2. 3-苯丙烯　3. 2-氯-4-溴异丙苯

4. 甲基乙烯基醚　5. 1,5 二甲基环戊烯　6. (S) -1-苯基-1-溴甲醇

7. $C_6H_5CH{=}CHCH_2CH_2Br$　8. 间氯苯酚（HO—C₆H₄—Cl）　9. 环丙基-CH(H)(CH₃)(CH₂CH₃)　10. 苯乙炔（$C_6H_5C \equiv CH$）

二、1. (C)；(D)　2. (A) ＞ (C) ＞ (B) ＞ (D)　3. (A)　4. (C) (D)　5. (A) ＞ (C) ＞ (D) ＞ (B)

6. (B) ＞ (C) ＞ (A) ＞ (D) 7. (A) ＞ (B) ＞ (D) ＞ (C)

8.

试剂 \ 化合物	环己烷	1,3-丁二烯	丙炔	环丙烷
银氨溶液	—	—	+	—
顺酐	—	+	/	—
Br_2/CCl_4	—	/	/	+

三、

1. $H_3C-C_6H_4-CH_2Cl$（对位）　2. $O_2N-C_6H_4-C_6H_4-NO_2$（4,4′-）　3. （降冰片二烯-2,3-二甲酸二甲酯，$COOCH_3$，$COOCH_3$）

4. （1-溴-2-甲基环己烷，CH_3，Br）　5. $CH_3CHCH_2CH_3$（2位 I）　6. （2-甲基环己醇，CH_3，OH）

7. $CH_3CHCH_2C{\equiv}CH$（2位 Cl）　8. $CH_3CHCH{=}CH_2$（Cl）　$CH_3CHCH{=}CH_2$（OH）

9. $CH_3C{=}CHCH_2OH$（Br）　10. C_6H_5ONa　$C_6H_5OCH_2CH_2CH_3$　11. （顺-1,2-环己二醇，OH，OH）

四、

1. $CH_3CH_2CH_2Cl + AlCl_3 \xrightarrow{-AlCl_4^-} CH_3CH_2CH_2^+ \longrightarrow H_3C-\overset{+}{C}H-CH_3$

$C_6H_6 + H_3C-\overset{+}{C}H-CH_3 \longrightarrow$ （H、$CH(CH_3)_2$ 取代的苯基正离子）$\xrightarrow{-H^+} C_6H_5-\underset{CH_3}{CHCH_3}$

2. （环己基-CH(OH)-苯基，1-OH）$\xrightarrow[-H_2O]{H^+}$ （碳正离子，环扩大）$\longrightarrow$ （OH，+，苯基取代环庚基正离子）

$\xrightarrow{-H^+}$ （2-苯基环庚酮，O）

五、

1. $CH{\equiv}CH \xrightarrow{NaNH_2\text{-液 }NH_3} NaC{\equiv}CH$　$NaC{\equiv}CH \xrightarrow{C_2H_5Br} C_2H_5C{\equiv}CH \xrightarrow[\text{喹啉}]{Pd/BaSO_4}$

$C_2H_5CH{=}CH_2 \xrightarrow[ROOR]{HBr} CH_3-(CH_2)_2CH_2Br$

$CH_3-(CH_2)_2CH_2Br + NaC{\equiv}CH \longrightarrow$

$CH_3(CH_2)_2CH_2C{\equiv}CH \xrightarrow{Hg^{2+}/H^+} CH_3CH_2CH_2CH_2\overset{O}{\overset{\|}{C}}CH_3$

2.

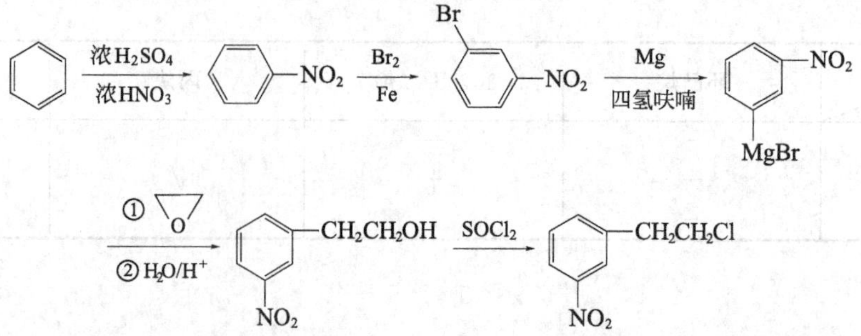

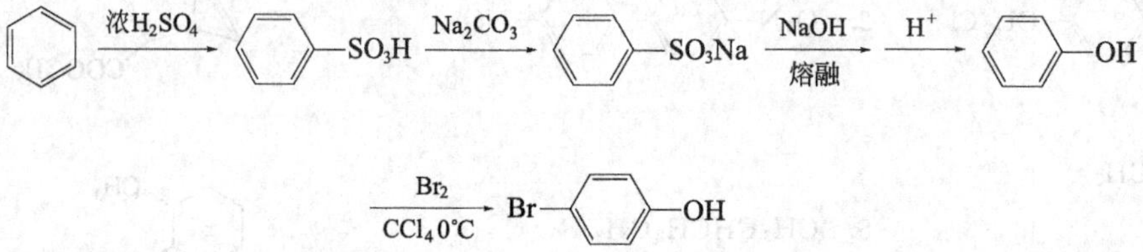

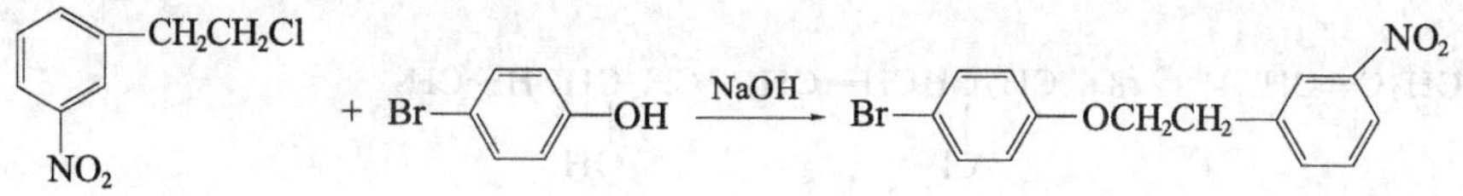

$$\text{C}_6\text{H}_6 \xrightarrow[\text{浓}HNO_3]{\text{浓}H_2SO_4} C_6H_5\text{—}NO_2 \xrightarrow[Fe]{Br_2} m\text{-}Br\text{—}C_6H_4\text{—}NO_2 \xrightarrow[\text{四氢呋喃}]{Mg} m\text{-}BrMg\text{—}C_6H_4\text{—}NO_2$$

$$\xrightarrow[\text{②}H_2O/H^+]{\text{①环氧乙烷}} m\text{-}O_2N\text{—}C_6H_4\text{—}CH_2CH_2OH \xrightarrow{SOCl_2} m\text{-}O_2N\text{—}C_6H_4\text{—}CH_2CH_2Cl$$

$$C_6H_6 \xrightarrow{\text{浓}H_2SO_4} C_6H_5\text{—}SO_3H \xrightarrow{Na_2CO_3} C_6H_5\text{—}SO_3Na \xrightarrow[\text{熔融}]{NaOH} \xrightarrow{H^+} C_6H_5\text{—}OH$$

$$\xrightarrow[CCl_4\ 0℃]{Br_2} Br\text{—}C_6H_4\text{—}OH$$

$$m\text{-}O_2N\text{—}C_6H_4\text{—}CH_2CH_2Cl + Br\text{—}C_6H_4\text{—}OH \xrightarrow{NaOH} Br\text{—}C_6H_4\text{—}OCH_2CH_2\text{—}C_6H_4\text{—}NO_2(m)$$

3. $CH_2═CHCH_3 \xrightarrow{NBS} CH_2═CHCH_2Br$　$CH_2═CHCH_3 \xrightarrow{Br_2} CH_2BrCHBrCH_3 \xrightarrow[\Delta]{KOH/EtOH}$

$CH≡CCH_3 \xrightarrow{NaNH_2\text{-液}NH_3} NaC≡CCH_3$

$CH_2═CHCH_2Br + NaC≡CCH_3 \longrightarrow$

$CH_3C≡CCH_2CH═CH_2 \xrightarrow{Na\text{-液}NH_3}$ (E)-$H_3C(H)C═C(H)CH_2CH═CH_2$

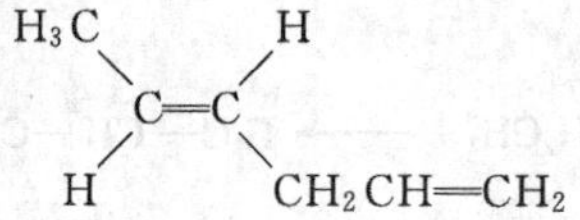

六、

1. $C_6H_5\text{—}CH(CH_3)_2$

2. A. $CH_3CHBrCH═CH_2$　B. $CH_3CHBrCHBrCH_3$　C. $CH_2═CHCH═CH_2$

模拟试题四（上学期）参考答案

一、

1. 3-环丁基戊烷　2. (Z)-3,4-二甲基-3-庚烯　3. (S)-2-碘辛烷

4. 甲基叔丁基醚　5. 2-萘酚　6. 4-甲基-2-溴己烷

7. $H_3C\text{—}CH(OH)\text{—}CH(CH_3)CH_2CH_3$　8. (椅式环己烷，Br、Cl 取代)　9. $C_6H_5\text{—}C(H)(CH═CH_2)(CH_3)$　10. $CH_3CH(OH)\text{—}CH(CH_3)CH_3$

二、

1. DACB　2. CDBA　3. DBAC　4. BDAC　5. (纽曼投影式：前碳 CH_3、CH_3、H；后碳 H、CH_3、H_3C)

6.

试剂＼化合物	$CH_2=CHCH=CH_2$	$HC\equiv CCH_2CH_3$	甲基环丙烷	$CH_2=CHCH_2CH_3$
顺丁烯二酸酐	↓	—	—	—
$Ag(NH_3)_2NO_3$	/	↓	—	—
$KMnO_4$	/	/	—	退色

三、

1. 1-甲基环己烯　2. $CH_3CH(CH_3)—OH$　CH_3I　3. $C_6H_5—CH(OH)·CH_2OCH_3$　4. $C_6H_5CH=$环戊叉

5. $CH_3CH(OH)CH_2CHO$　$CH_3CH=CHCHO$　6. 顺式 $C_6H_5CH=CHC_6H_5$（两个 C_6H_5 在同侧）　7. 双环[2.2.2]辛-2-烯-5-甲酸甲酯（$COOCH_3$）

8. 3-硝基邻苯二甲酸酐 或酸

四、

1. 链引发：$Br_2 \xrightarrow{高温} 2Br·$

链增长：1-甲基环己烯 + Br· ⟶ 烯丙基自由基 + HBr　烯丙基自由基 + Br_2 ⟶ 3-溴-3-甲基环己烯 + Br·

链终止：烯丙基自由基 + Br· ⟶ 3-溴-3-甲基环己烯　链终止一步可写可不写

2.

$CH_3—C(OH)(CH_3)—C(OH)(CH_3)—C_6H_5 \overset{H^+}{\rightleftharpoons} CH_3—C(OH)(CH_3)—C(CH_3)(^+OH_2)—C_6H_5 \overset{-H_2O}{\rightleftharpoons} CH_3—C(OH)(CH_3)—C^+(CH_3)—C_6H_5$

$\overset{重排}{\rightleftharpoons} CH_3—C^+(:OH)—C(CH_3)_2—C_6H_5 \rightleftharpoons CH_3—C(=^+OH)—C(CH_3)_2—C_6H_5 \xrightarrow{-H^+} CH_3—C(=O)—C(CH_3)_2—C_6H_5$

五、

1. (1) 甲苯 $\xrightarrow[100℃]{H_2SO_4}$ 对甲苯磺酸（CH_3，SO_3H） $\xrightarrow[H_2SO_4]{HNO_3}$ 2-硝基-4-磺酸基甲苯（CH_3，NO_2，SO_3H） $\xrightarrow{H_3^+O}$ 邻硝基甲苯（CH_3，NO_2） $\xrightarrow{KMnO_4}$ 邻硝基苯甲酸（$COOH$，NO_2）

(2) $CH_2=CHCH=CH_2 \xrightarrow{CH_2=CH_2}$ 环己烯 $\xrightarrow{Br_2}$ 1,2-二溴环己烷（Br，Br）

2. $CH \equiv CH \xrightarrow[\text{Lindlar 催化剂}]{H_2} CH_2 = CH_2 \xrightarrow{HBr} CH_3 - CH_2Br$

$CH \equiv CH + 2Na \xrightarrow[\text{液 } NH_3]{NaNH_2} NaC \equiv CNa \xrightarrow[\text{液 } NH_3]{CH_3CH_2Br}$

$CH_3CH_2C \equiv CCH_2CH_3 \xrightarrow[\text{液 } NH_3]{Na}$ (C₂H₅)(H)C=C(H)(C₂H₅)，即 $\begin{matrix} C_2H_5 & & H \\ & C=C & \\ H & & C_2H_5 \end{matrix}$

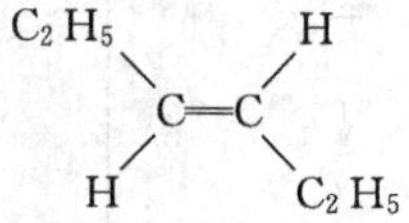

3. $CH_3CH_2CH_2OH \xrightarrow[EtONa]{KOH} CH_2 = CHCH_3 \xrightarrow[H^+]{H_2O} (CH_3)_2CHOH \xrightarrow{Na} (CH_3)_2CHONa$

$CH_2 = CHCH_3 \xrightarrow[500℃]{Cl_2} CH_2 = CHCH_2Cl \xrightarrow{(CH_3)_2CHONa} CH_2 = CHCH_2OCH(CH_3)_2$

六、

1. (A) $(CH_3)_3C - Br$　(B) $CH_3CH_2CCl_2CH_2CH_3$

2. A. 2-甲基-2-丁醇

附录 2

模拟试题一（下学期）

一、命名或写出结构式

1. $CH_3COCH_2COCH_3$

2. 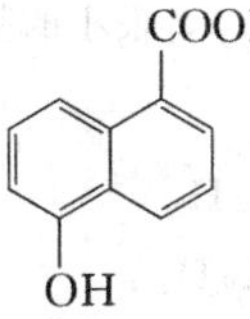 （结构式：5-羟基-1-萘甲酸，COOH，OH）

3. 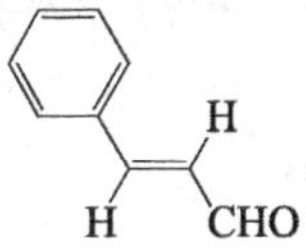 （结构式：苯基取代烯醛，H，H，CHO）

4. $CH_3CH=CHCH_2COOH$

5. 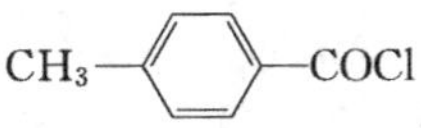 CH_3—⟨苯环⟩—COCl

6. 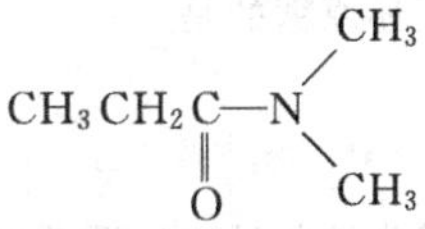 $CH_3CH_2C(=O)—N(CH_3)_2$

7. 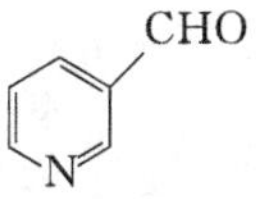 （结构式：吡啶-3-甲醛，CHO，N）

8. 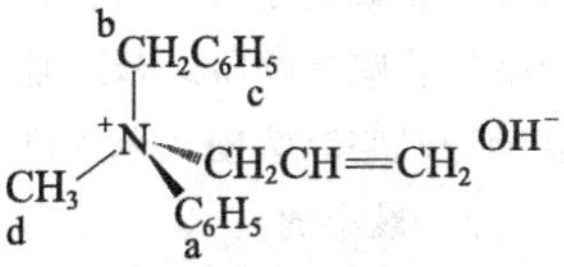 （结构式：季铵碱，b $CH_2C_6H_5$，c $CH_2CH=CH_2$，d CH_3，a C_6H_5，N^+，OH^-）

9. 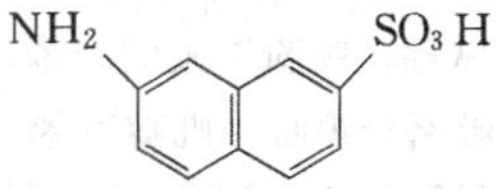 （结构式：萘环，NH_2，SO_3H）

10. 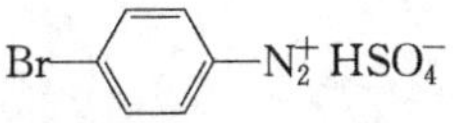 Br—⟨苯环⟩—$N_2^+HSO_4^-$

11. β-D-（+）-异丙基葡萄糖苷

12. N-甲基-2,4-二氨基苯胺

13. 乙酸苄酯

14. 2-甲基噻吩

15. 邻羟基苯乙酮

二、回答问题

1. 将下列化合物按酸性由大到小排列顺序，最大的是（　　），最小的是（　　）。

A. 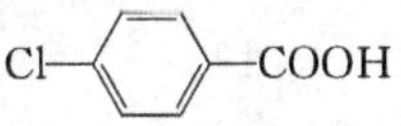 Cl—⟨苯环⟩—COOH　　B. 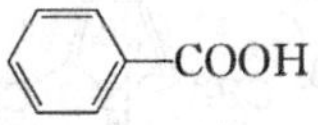 ⟨苯环⟩—COOH

C. 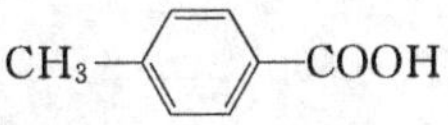 CH_3—⟨苯环⟩—COOH　　D.  O_2N—⟨苯环⟩—COOH

2. 下列化合物不能与 $NaHSO_3$ 反应的有（　　）。

A. 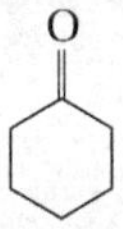 （环己酮，O）　　B. 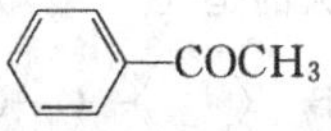 ⟨苯环⟩—$COCH_3$

C. CH_3COCH_3　　D. 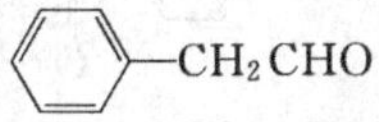 ⟨苯环⟩—CH_2CHO

3. 将下列化合物按碱性由强到弱排列，最强的是（　　），最弱的是（　　）。

A. CH_3NH_2　　B. 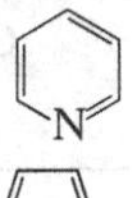 （吡啶，N）

C.  （苯胺，NH_2）　　D.  （吡咯，NH）

4. 下列化合物与正丙醇酯化反应活性最大的是（　　），最小的是（　　）。

A. 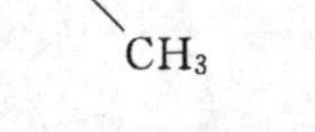 ⟨苯环⟩—COOH　　B. CH_3—⟨苯环⟩—COOH

C. （2,6-二甲基苯甲酸，CH_3，COOH，CH_3）　　D. NO_2—⟨苯环⟩—COOH

5. 下列化合物能与菲林试剂作用的是（　　）。

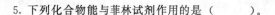

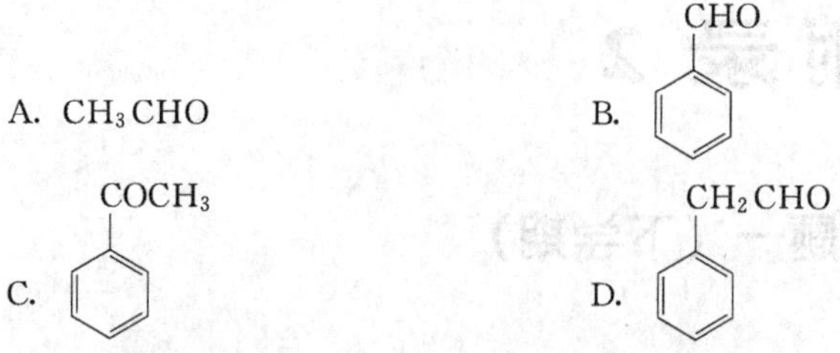

6. 下列酯在碱性条件下发生水解，反应速度最大的是（　　），最小的是（　　）。

A. $CH_3CH_2COOC_6H_5$　　B. $CH_3\underset{}{\overset{CH_3}{\overset{|}{C}}}HCOOC_6H_5$

C. $HCOOC_6H_5$　　D. $(CH_3)_3CCOOC_6H_5$

7. 下列几种糖属于还原糖的是（　　）。

A. 果糖　　B. 蔗糖

C. 纤维素　　D. 葡萄糖

8. 下列化合物按发生硝化反应的活性大小排列顺序，正确的是（　　）。

A. 吡咯＞呋喃＞噻吩＞吡啶＞苯　　B. 吡咯＞呋喃＞噻吩＞苯＞吡啶

C. 呋喃＞吡咯＞噻吩＞吡啶＞苯　　D. 呋喃＞吡咯＞噻吩＞苯＞吡啶

9. 下列化合物在偶合反应中活性最大的是（　　），最小的是（　　）。

A. $N\equiv\overset{+}{N}-C_6H_4-CH_3$　　B. $N\equiv\overset{+}{N}-C_6H_5$

C. $N\equiv\overset{+}{N}-C_6H_4-Cl$　　D. $N\equiv\overset{+}{N}-C_6H_4-NO_2$

10. 下列化合物具有芳香性的是（　　）。

A. N　　B. CH_3 N H CH_3

C. O　　D.

11. 下列化合物发生亲核加成反应，活性最大的是（　　），最小的是（　　）。

A. $O_2N-C_6H_4-CHO$　　B. $C_6H_5-\underset{\|}{\overset{}{C}}-CH_3$ （C=O）

C. CH_3CHO　　D. $(CH_3)_3C-\underset{\underset{O}{\|}}{C}-C(CH_3)_3$

12. 鉴别下列化合物：

化合物 / 试剂	苯甲酸	苯乙醛	苯乙酮	环已酮

三、完成反应

1. 呋喃-CHO $\xrightarrow{NaOH}$ (　　) + (　　)

2. $HOCH_2CH_2CH_2COOH \xrightarrow{\triangle}$ (　　)

3. (2-methylpyrrolidine) $\xrightarrow[\text{② } Ag_2O]{\text{① 2 } CH_3I}$ ( ) $\xrightarrow{\triangle}$ ( )

4. $C_6H_5CH{=}PPh_3$ + (cyclopentanone) ⟶ ( )

5. (acetophenone) + NH_2OH ⟶ ( )

6. $2CH_3CHO \xrightarrow[\triangle]{OH^-}$ ( )

7. (cyclohexane) $\xrightarrow{HNO_3}$ ( ) $\xrightarrow{Ba(OH)_2}$ ( )

8. $CH_3CH_2COCl \xrightarrow{NH_3}$ ( ) $\xrightarrow{Br_2/NaOH}$ ( )

9. $C_6H_5NH_2 \xrightarrow[HCl]{NaNO_2}$ ( ) $\xrightarrow{C_6H_5N(CH_3)_2}$ ( )

10. (furan) + CH_3COONO_2 ⟶ ( )

四、合成题

1. (methylenecyclohexane) ⟶ (cyclohexyl)$-CH_2COOH$

2. $C_6H_5-CH_3$ ⟶ $HO-C_6H_4-COOH$ (p-)

3. 由丙二酸二乙酯合成 HOOC-(cyclopentane-1,3-)-COOH

五、推导结构题

化学物 A，分子式为 $C_9H_{10}O_2$，A 能溶于 NaOH 水溶液，也可以和 NH_2OH 反应生成 B，但 A 不能发生银镜反应。A 经 $NaBH_4$ 还原得 C（$C_9H_{12}O_2$），A 和 C 均能发生碘仿反应。A 用 Zn-Hg/HCl 还原生成 D（$C_9H_{12}O$），D 与 NaOH 溶液反应再和 CH_3I 反应得 E，用高锰酸钾氧化 E 生成双甲氧基苯甲酸，试给出 A～E 的结构式。

模拟试题二（下学期）

一、命名或写出结构式

1. (succinic anhydride structure)

2. (o-hydroxybenzoic acid structure: COOH, OH on benzene)

3. $CH_3COOCH_2C_6H_5$

4. Fischer projection: COOH (top); H—C—NH_2; CH_2CH_3 (bottom)

5. $C_6H_5\overset{+}{N_2}\overset{-}{Br}$

6. $CH_3CH_2CH(CH_2)_3CHO$ with $CH_2CH{=}CH_2$ on the CH

7. $Cl-C_6H_4-COCl$ (p-)

8. $H-\overset{O}{\overset{\|}{C}}-N(CH_3)_2$

9. $CH_3\overset{O}{\overset{\|}{C}}CHCH_3$ with CH_3 on CH

10. 异丁腈　　11. （R）-2-氨基戊酸　　12. 3-甲基呋喃

13. 氢氧化二甲基二乙基胺　　14. *N*-甲基-*N*-乙基苯胺　　15. 反-2-丁烯醛

二、回答问题

1. 下列几种糖属于还原糖的是__________。

A. 果糖　　B. 蔗糖　　C. 纤维素　　D. 葡萄糖

2. 下列化合物按卤化反应的活性排序，反应速度最大的是______，最小的是______。

A. 呋喃　B. 噻吩　C. 苯　D. 吡啶

3. 将下列化合物按等电点由高到低排列成序，等电点最大的是______，最小的是______。

A. $HOOCCH_2CH_2CH(NH_2)COOH$　B. $HN{=}C(NH_2){-}NHCH_2CH_2CH(COOH)NH_2$　C. 四氢吡咯-2-甲酸（N—H 的五元环，2-位连 COOH）

4. 将下列化合物按羰基反应活性排列成序，活性最大的是__________，最小的是__________。

A. CH_3CHO　B. Cl_3CCHO　C. $CH_3COCH_2CH_3$　D. $(CH_3)_3CCOC(CH_3)_3$

5. 下列化合物按烯醇式含量由多到少排列成序，含量最多的是__________，最少的是__________。

A. CH_3COCH_3　B. $CH_3COCH(COCH_3)COOC_2H_5$　C. $CH_3COCH_2COCH_3$　D. $CH_3COCH_2COOC_2H_5$

6. 将下列化合物按碱性强弱排列成序，碱性最强的是__________，最弱的是__________。

A. CH_3CONH_2　B. NH_3　C. $CH_3CH_2CON(CH_3)_2$　D. 丁二酰亚胺（五元环，NH 两侧各连 C=O）

7. 下列化合物烯醇式含量最多的是__________，最少的是__________。

A. $CH_3COCH(CF_3)COOC_2H_5$　B. $CH_3COCH_2COOC_2H_5$　C. $CH_3COCH(CH_3)COOC_2H_5$

8. 下列化合物酸性最大的是__________，最小的是__________。

A. 三氯乙酸　B. 氯乙酸　C. 乙酸　D. 羟基乙酸

9. 下列酯类按其碱性水解速率由快到慢排列，速度最大的是__________，最小的是__________。

A. $CH_3CH_2COOC_6H_5$　B. $CH_3CH(CH_3)COOC_6H_5$　C. $CH_3COOC_6H_5$　D. $(CH_3)_3CCOOC_6H_5$

10. 下列化合物中可以发生碘仿反应的有__________。

A. $CH_3CH_2COCH_2CH_3$　B. CH_3CH_2CHO　C. $CH_3CH_2COCH_2I$　D. $CH_3CH(OH)CH_3$

11. 指出下列化合物的重氮部分和偶合部分 $(CH_3)_2N{-}C_6H_4{-}N{=}N{-}C_6H_4{-}SO_3Na$

12. 鉴别下列化合物：

化合物 / 试剂	苯酚（C_6H_5—OH）	苯甲醛（C_6H_5—CHO）	环己醇（环己基—OH）	环己酮（环己基=O）

三、完成反应

1. 邻氨基苯甲酸（NH_2、COOH 邻位取代苯） $\xrightarrow[0℃]{NaNO_2/HCl}$ (　) $\xrightarrow{C_6H_5NHCH_3}$ (　)

2. 1,2-二氢萘 $\xrightarrow{O_3,\ Zn}$ (　) $\xrightarrow{(\quad)}$ 茚-2-甲醛（CHO）

3. $H_3C{-}C_6H_4{-}CHO$（对位） $+ HCHO \xrightarrow{浓\ NaOH}$ (　) + (　)

4. 1,1-环己烷二甲酸（环己烷上同一碳连两个 COOH） $\xrightarrow{\triangle}$ (　　)

5. $CH_3CH(OH)\ CH_2COOH \xrightarrow{\triangle}$ (　　)

6. $(CH_3)_2CHCH_2COOH \xrightarrow[\text{红磷}]{Br_2}$ (　　)

7. $CH_2{=}CHCH_2COOH \xrightarrow{LiAlH_4}$ (　　)

8. 2-甲基-2-羧基环戊酮（CH_3、COOH） $\xrightarrow{\triangle}$ (　　)

9. $CH_3CH_2CONH_2 \xrightarrow{Br_2+OH^-}$ (　　)

10. 4-硝基联苯（$-NO_2$） $\xrightarrow[H_2SO_4]{HNO_3}$ (　　) $\xrightarrow{Fe,\ HCl}$ (　　)

11. $HOOCCH_2CH_2CH_2CH_2COOH \xrightarrow{\triangle}$ (　　)

四、合成题

1. 由 $H_3C{-}\overset{O}{\overset{\|}{C}}{-}CH_2CH_2Cl$ 和三个碳以下的有机化合物合成 $H_3C{-}\overset{O}{\overset{\|}{C}}{-}CH_2CH_2\overset{OH}{\overset{|}{C}}HCH_3$（无机试剂任选）

2. 由乙酰乙酸乙酯合成 $CH_3{-}\overset{O}{\overset{\|}{C}}{-}CH_2{-}\overset{O}{\overset{\|}{C}}{-}OC_2H_5 \longrightarrow CH_3{-}\overset{O}{\overset{\|}{C}}{-}CH_2CH_2CH_2CH_2\overset{O}{\overset{\|}{C}}CH_3$

3. 苯胺（NH_2） $\longrightarrow$ 3,5-二溴硝基苯（Br、Br、NO_2）

五、推导结构

1. 分子式为 $C_5H_{10}O$，IR 中 $1700cm^{-1}$ 有强吸收峰，^1HNMR 中只有两组吸收峰，它们分别是三重峰和四重峰，写出该化合物的构造式。
2. 化合物（A）分子式为 $C_5H_{12}O$，有旋光性，当（A）用碱性 $KMnO_4$ 强烈氧化，则变成没有旋光性的 $C_5H_{10}O$（B）。化合物（B）与正丙基溴化镁作用后再水解产物能拆分出两个对映体（C）和（D）。写出化合物（A）、（B）、（C）和（D）的构造式。

模拟试题三（下学期）

一、命名或写出结构式

1. $CH_3CH_2CONH_2$　　2. 3-硝基吡啶（NO_2，N）　　3. $(CH_3)_3\overset{+}{N}CH_2CH_3\ \overset{-}{Cl}$

4. $\underset{CH_3}{\overset{CH_3CH_2}{}}\!\!>C{=}C<\!\!\underset{H}{\overset{COOH}{}}$　　5. 2-甲基环己酮（O，CH_3）　　6. 环己基—COCl

7. $CH_3COOCH{=}CH_2$（键线式）　　8. $(CH_3)_3N$　　9. $CH_3CH_2\underset{NHCH_3}{\underset{|}{C}H}CH_2CH_2\underset{CH_3}{\underset{|}{C}H}CH_3$

10. N-乙基丁二酰亚胺　11. 丙二酸二乙酯　12. 4-羟基偶氮苯

13. R-2-溴丁醛　14. 邻苯二甲酸酐　15. 3-丁烯腈

二、回答问题

1. 下列化合物发生亲核加成－消除反应，活性最大的是＿＿＿＿，最小的是＿＿＿＿。

A. CH_3COCl　B. $CH_3CO_2C_2H_5$

C. CH_3CONH_2　D. $(CH_3CO)_2O$

2. 下列化合物能与 HCN 反应的是＿＿＿＿。

A. 环己酮　B. $CH_3\overset{O}{\overset{\|}{C}}CH_3$

C. $(CH_3)_3CCOC(CH_3)_3$　D. $C_6H_5COCH_2CH_3$

3. 将下列化合物按羰基反应活性排列成序，活性最大的是＿＿＿＿，最小的是＿＿＿＿。

A. CH_3COCH_3　B. CH_3CHO

C. $C_6H_5COCH_3$　D. C_6H_5CHO

4. 下列物质是还原糖的是：＿＿＿＿。

A. 淀粉　B. 果糖

C. 纤维二糖　D. 蔗糖

5. 将下列化合物按碱性强弱排列成序，碱性最强的是＿＿＿＿，最弱的是＿＿＿＿。

A. $C_6H_5NH_2$　B. $CH_3-C_6H_4-NH_2$

C. $Br-C_6H_4-NH_2$　D. $O_2N-C_6H_4-NH_2$

6. 吡啶的碱性强于吡咯的原因是＿＿＿＿。

A. 吡啶是六元杂环而吡咯是五元杂环

B. 吡啶的氮原子上的 SP2 杂化轨道中有一未共用的电子对未参与环上的 P-π 共轭。

C. 吡啶的亲电取代反应比吡咯小得多。

D. 吡啶是富电子芳杂环。

7. 将下列化合物按进行碱性水解反应活性排序，活性最大的是＿＿＿＿，最小的是＿＿＿＿。

A. 2,4-二硝基氯苯（O_2N、NO_2、Cl）　B. 邻硝基氯苯（NO_2、Cl）　C. C_6H_5Cl

8. 下列化合物酸性最大的是＿＿＿＿，最小的是＿＿＿＿。

A. $Cl-C_6H_4-COOH$　B. C_6H_5COOH

C. $CH_3-C_6H_4-COOH$　D. $O_2N-C_6H_4-COOH$

9. 下列化合物与丁醇反应速度最大的是＿＿＿＿，最小的是＿＿＿＿。

A. C_6H_5COOH　B. 2,4,6-三甲基苯甲酸（COOH、H_3C、CH_3、CH_3）　C. 对甲基苯甲酸（COOH、CH_3）　D. 对硝基苯甲酸（COOH、NO_2）

10. 下列化合物能发生歧化反应的是＿＿＿＿。

A. $C_6H_5CH_2CHO$　B. 糠醛（呋喃-2-CHO）　C. $(CH_3)_3CCHO$　D. $C_6H_5COCH_3$

11. 指出下列化合物的重氮部分和偶合部分 $NaO_3S-C_6H_4-N{=}N-C_6H_3(OH)(COOH)$

12. 鉴别下列化合物：

试剂 \ 化合物	苯甲酸	苯甲醛	苯胺	苯乙酮

三、完成反应

(1) 环戊酮 $+2C_2H_5OH \xrightarrow{干HCl}$ ( )

(2) $C_6H_5CHO + (CH_3CH_2CO)_2O \xrightarrow[\triangle]{CH_3CH_2COOK}$ ( )

(3) $(CH_3CH_2)_3\overset{+}{N}CH_2CH_2COCH_3\ OH^- \xrightarrow{\triangle}$ ( ) + ( )

(4) 噻吩 $+ CH_3COONO_2 \longrightarrow$ ( )

(5) $CH_3\underset{}{CH}(CH_3)\cdot COOH \xrightarrow{SO_2Cl}$ ( ) $\xrightarrow{(CH_3)_2CHOH}$ ( )

(6) $CH_3COOH+CH_3CH_2\overset{18}{O}H \xrightarrow{H^+}$ ( )

(7) $CH_3CH_2CH_2CH_2CONH_2 \xrightarrow{Br_2/NaOH}$ ( )

(8) $CH_3CH_2COOC_2H_5 \xrightarrow{Na+C_2H_5OH}$ ( )

(9) 1,1,2-三甲基吡咯烷鎓（N上两个 CH_3，2位 CH_3） $OH^- \xrightarrow{\triangle}$ ( )

(10) $HO-C_6H_4-C_6H_4-NH_2 \xrightarrow[pH=5]{C_6H_5\overset{+}{N_2}\overset{-}{Cl}}$ ( )

(11) $CH_3CH_2CH_2CH_2SH+NaOH \longrightarrow$ ( )

(12) 吡啶 $\xrightarrow[\triangle]{H_2SO_4+HNO_3}$ ( )

(13) $CH_3CH(NH_2)CH_2CH_2COOH \xrightarrow{\triangle}$ ( )

四、合成题

1. 由乙醛合成丁酸

2. 丙二酸二乙酯合成2-甲基戊酸 $C_2H_5OOCCH_2COOC_2H_5 \longrightarrow CH_3CH_2CH_2CH(CH_3)COOH$

3. 甲苯 $\longrightarrow$ 4-乙酰氨基苯甲酸（p-$CH_3CONH-C_6H_4-COOH$）

五、推导结构题

某二元酸 $C_8H_{14}O_4$(A)，受热时转变成中性化合物 $C_7H_{12}O$(B)，(B)用浓 HNO_3 氧化生成二元酸 $C_7H_{12}O_4$

(C)。(C)受热脱水成酸酐 $C_7H_{10}O_3$(D)；(A)用 $LiAlH_4$ 还原得 $C_8H_{18}O_2$(E)。(E)能脱水生成 3,4-二甲基-1,5-己二烯。试推导(A)～(E)的构造。

模拟试题四（下学期）

一、命名下列化合物和写出结构式

1. HCHO　　2. 环戊酮（结构式：五元环=O）　　3. $CH_3CH=CHCH_2COOH$　　4. Br—苯环—COOH（COOH 邻位为 CHO）

5. $CH_2=CHCOCl$　　6. 甲酸乙酸酐　　7. 丙酸对甲基苯酚酯　　8. 溴化四丁基铵

9. 3,5-二甲基-2-吡啶甲酸　　10. α-乙基葡萄糖苷

二、回答问题

1. 将下列化合物亲核加成反应活性大小排列成序：(　　)

A. $Cl_3C(H)C=O$　　B. $C_6H_5(H)C=O$　　C. $CH_3(H)C=O$　　D. $C_2H_5(CH_3)C=O$

2. 下列化合物能发生碘仿反应的为：(　　)

A. $CH_3CH_2COCH_3$　B. $CH_3CH(OH)CH_3$　C. CH_3COCH_2I　D. $CH_3CH_2COCH_2CH_2CH_3$

3. 将下列化合物按烯醇式百分含量由多到少排列：(　　)

A. $CH_3COC_2H_5$　B. $CH_3COCH_2COC_2H_5$　C. $CH_3COCH_2COOC_2H_5$　D. $CH_3COOC_2H_5$

4. 将下列化合物按碱性水解速率由快到慢排列：(　　)

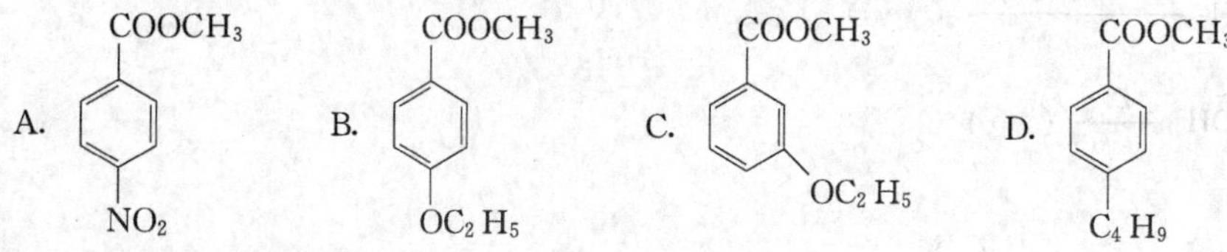

5. 下列几种糖属于还原糖的应是：(　　)

A. 果糖　B. 淀粉　C. 纤维素　D. 葡萄糖

6. 将下列化合物按酯化反应活性由高到低排列：(　　)

A. 甲酸　B. 丁酸　C. 2,2-二甲基丙酸　D. 异丁酸

7. 将下列化合物按碱性由强到弱排列成序：(　　)

A. 苄胺　B. 苯胺　C. 乙酰苯胺　D. 氢氧化四乙铵

8. 用化学方法鉴别下列化合物：

化合物 / 试剂	乙酸	乙酰氯	乙酸乙酯	乙酰乙酸乙酯

三、完成反应：写出下列反应的主产物

1. $CH_3CH_2CHO \xrightarrow[\triangle]{dil.\ OH^-}$ (　　)

2. $CH_2(CH_2CH_2CHO)(CH_2COCH_3) \xrightarrow{dil.\ OH^-}$ (　　)

3. $O_2N-C_6H_4-CHO + (CH_3CO)_2O \xrightarrow[\triangle]{CH_3COONa}$ (　　)

4. $CH_3CH{=}CHCH_2CHO \xrightarrow[(2)\ H_3^+O]{(1)\ LiAlH_4}$ (　　)

5. $CH_3CHO + C_2H_5OH \xrightarrow{HCl}$ (　　)

6. $CH_3CH_2COOH \xrightarrow{SOCl_2}$ (　　)

7. $CH_3CH_2CH(OH)COOH \xrightarrow{\triangle}$ (　　)

8. $HOCH_2CH_2CH_2CN \xrightarrow[\triangle]{H_2O,\ H^+}$ (　　) $\xrightarrow{\triangle}$ (　　)

9. $CH_3CH_2CONH_2 \xrightarrow[\triangle]{P_2O_5}$ (　　)

10. $NH_2CH_2COOH + HNO_2 \longrightarrow$ (　　)

11. 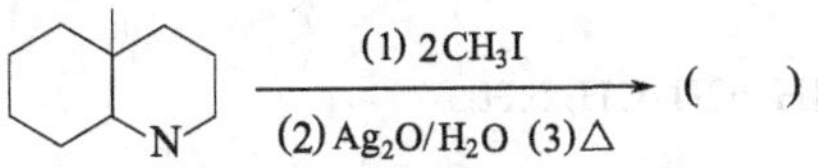 (4a-甲基十氢喹啉) $\xrightarrow[(2)\ Ag_2O/H_2O\ (3)\triangle]{(1)\ 2CH_3I}$ (　　)

12. 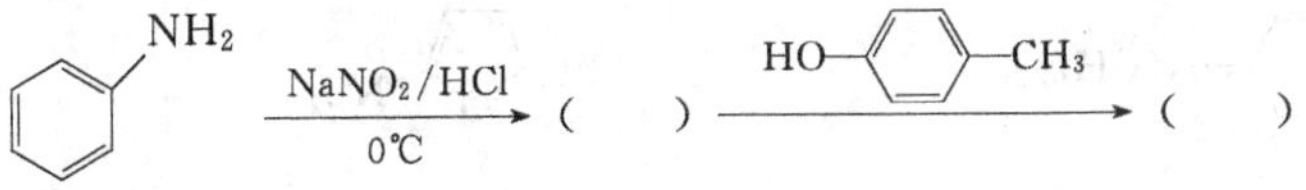 (苯胺，NH_2) $\xrightarrow[0℃]{NaNO_2/HCl}$ (　　) $\xrightarrow{HO-C_6H_4-CH_3}$ (　　)

13. 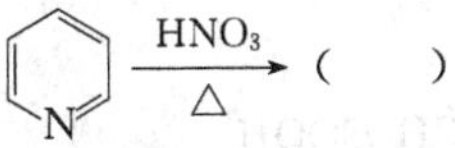 (吡啶) $\xrightarrow[\triangle]{HNO_3}$ (　　)

四、合成题

1. 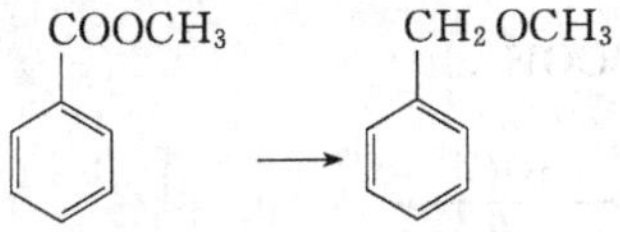 $C_6H_5COOCH_3 \longrightarrow C_6H_5CH_2OCH_3$

2. 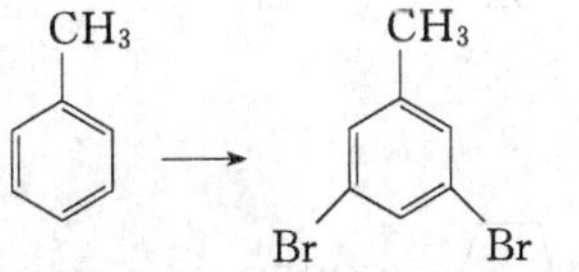 $C_6H_5CH_3 \longrightarrow$ 3,5-二溴甲苯（CH_3，Br，Br）

3. $CH_3COCH_2COOEt \longrightarrow (CH_3CO)_2CHCH_2Ph$

五、推导结构

化合物 A 的分子式为 $C_9H_{10}O_3$。它不溶于水、稀酸及其碳酸氢钠溶液，但是能溶于氢氧化钠溶液。A 与稀氢氧化钠共热后，冷却酸化得到沉淀 B，B 分子式为 $C_7H_6O_3$，B 能溶于碳酸氢钠溶液并且放出气体。B 与三氯化铁溶液反应呈现紫色，B 在酸性介质中可以进行水蒸气蒸馏。写出 A，B 的构造式及相关反应。

模拟试题一(下学期)参考答案

一、命名或写出结构式

1. 2,4-戊二酮　　2. 5-羟基-1-萘甲酸　　3. (E) -3-苯基丙烯醛

4. 3-戊烯酸　　5. 对甲基苯甲酰氯　　6. N,N-二甲基丙酰胺

7. 3-吡啶甲醛　　8. *R*-氢氧化甲基烯丙基苄基苯基铵　　9. 7-氨基-2-萘磺酸

10. 对溴重氮苯硫酸盐　　11. 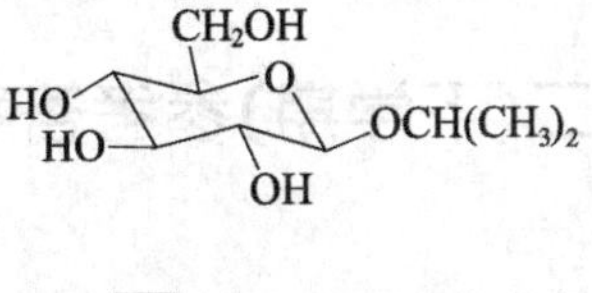 （吡喃糖环：CH_2OH，O，HO，HO，OH，$OCH(CH_3)_2$）　　12. 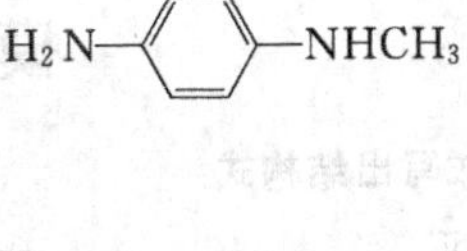 H_2N-C₆H₃(NH_2)-$NHCH_3$

13. 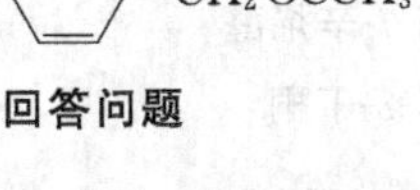 $C_6H_5CH_2OCCH_3$（C=O）　　14. 2-甲基噻吩（S，CH_3）　　15. 邻羟基苯乙酮（$COCH_3$，OH）

二、回答问题

1. DC 2. B 3. AD 4. DC 5. AD 6. CD 7. AD 8. B 9. DA 10. AB 11. CD 12.

化合物 / 试剂	苯甲酸	苯乙醛	苯乙酮	环己酮
$NaHCO_3$	＋	－	－	－
Tollens 试剂		＋	－	－
饱和 $NaHSO_3$			－	＋

三、完成反应

1. 2-呋喃甲酸钠（COONa） 2-呋喃甲醇（CH_2OH） 2. γ-丁内酯 3. N,N-二甲基-2-甲基吡咯烷鎓 OH^- ；N,N-二甲基戊-4-烯胺

4. $C_6H_5CH=$环戊叉 5. $C_6H_5C(=NOH)CH_3$ 6. $CH_3CH=CHCHO$

7. $HOOC-(CH_2)_4-COOH$ 环戊酮 8. $CH_3CH_2CONH_2$ $CH_3CH_2NH_2$

9. $C_6H_5-N_2Cl$ $C_6H_5-N=N-C_6H_4-N(CH_3)_2$ 10. 2-硝基呋喃（NO_2）

四、合成题

1. 亚甲基环己烷 $\xrightarrow[ROOR]{HBr}$ 环己基$-CH_2Br$ $\xrightarrow{NaCN}$ 环己基$-CH_2CN$ $\xrightarrow{H_3^+O}$ 环己基$-CH_2COOH$

2. $C_6H_5-CH_3$ $\xrightarrow[H_2SO_4]{HNO_3}$ $O_2N-C_6H_4-CH_3$ $\xrightarrow{KMnO_4}$ $O_2N-C_6H_4-COOH$ $\xrightarrow[HCl]{Fe}$ $H_2N-C_6H_4-COOH$ $\xrightarrow[0\sim5℃]{NaNO_2+H_2SO_4}$ $HOOC-C_6H_4-N_2^+HSO_4^-$ $\xrightarrow[\triangle]{H_2O/H^+}$ $HO-C_6H_4-COOH$

3. $H_2C(COOEt)_2$ $\xrightarrow[②CH_2Cl_2]{①EtONa}$ $H_2C[CH_2(COOEt)_2]_2$ $\xrightarrow[②BrCH_2CH_2Br]{①EtONa}$ $(EtOOC)_2-$环戊烷$-(COOEt)_2$ $\xrightarrow[②H^+ ③\triangle]{①dil.OH^-}$ $HOOC-$环戊烷$-COOH$

五、推导结构题

A. $HO-C_6H_4-CH_2COCH_3$ B. $HO-C_6H_4-CH_2C(=N-OH)CH_3$ C. $HO-C_6H_4-CH_2CH(OH)CH_3$ D. $HO-C_6H_4-CH_2CH_2CH_3$ E. $CH_3O-C_6H_4-CH_2CH_2CH_2$

模拟试题二(下学期)参考答案

一、命名或写出结构式

1. 丁二酸酐 2. 邻羟基苯甲酸 3. 乙酸苯甲酯
4. R-2-氨基丁酸 5. 溴化重氮苯 6. 5-乙基-7-辛烯醛
7. 对氯苯甲酰氯 8. *N*，*N*-二甲基甲酰胺 9. 3-甲基-2-丁酮

10. $(CH_3)_2CHCN$　　11. H—C(COOH)(NH$_2$)—$CH_2CH_2CH_3$（Fischer 投影式：上 COOH，左 H，右 NH_2，下 $CH_2CH_2CH_3$）　　12. 3-甲基呋喃（呋喃环 3 位连 CH_3）

13. $(CH_3)_2\overset{+}{N}(CH_2CH_3)_2OH^-$　　14. 苯基—N(乙基)$_2$　　15. CH_3(H)C=C(H)CHO（CH_3 与 H 在上，H 与 CHO 在下）

二、回答问题

1. AD　2. AD　3. BA　4. BD　5. BA　6. BD　7. AC　8. AC　9. CD　10. CD

11. 重氮组分：N≡N—C_6H_4—SO_3Na　　偶合组分：$(CH_3)_2N$—C_6H_5

12. 鉴别下列化合物：

试剂 \ 化合物	C_6H_5—OH	C_6H_5—CHO	环己基—OH	环己酮
$FeCl_3$ 溶液	+			
Tollens		↓		
$NaHSO_3$				↓

三、完成反应

1. 邻羧基苯重氮盐（$\overset{+}{N}_2\overset{-}{Cl}$，COOH）　　2-COOH-$C_6H_4$—N=N—$C_6H_4$—$NHCH_3$　　2. 邻位 CHO、CH_2CH_2CHO 取代苯　OH^-,△

3. H_3C—C_6H_4—CH_2OH　HCOONa　　4. 环己基—COOH

5. CH_3CH═$CHCOOH$　　6. $(CH_3)_2CHCH(Br)COOH$

7. CH_2═$CHCH_2CH_2OH$　　8. 2-甲基环戊酮

9. $CH_3CH_2NH_2$　　10. O_2N—C_6H_4—C_6H_4—NO_2　H_2N—C_6H_4—C_6H_4—NH_2　　11. 环戊酮

四、合成题

1. H_3C—C(=O)—CH_2CH_2Cl $\xrightarrow[HCl]{HOCH_2CH_2OH}$ H_3C—C(缩酮，—OCH_2CH_2O—)—CH_2CH_2Cl $\xrightarrow{Mg,\ Et_2O}$ H_3C—C(缩酮)—CH_2CH_2MgCl

$\xrightarrow{(1)\ CH_3CHO}$ H_3C—C(缩酮)—$CH_2CH_2CH(OMgCl)CH_3$ $\xrightarrow{H_3^+O}$ H_3C—C(=O)—$CH_2CH_2CH(OH)CH_3$

2.

$$2CH_3-\overset{O}{\overset{\|}{C}}-CH_2-\overset{O}{\overset{\|}{C}}-OC_2H_5 \xrightarrow[\text{②}ClCH_2CH_2Cl]{\text{①}C_2H_5ONa} \begin{array}{c} CH_3-\overset{O}{\overset{\|}{C}}-CH-\overset{O}{\overset{\|}{C}}-OC_2H_5 \\ | \\ CH_2 \\ | \\ CH_2 \\ | \\ CH_3-\underset{O}{\underset{\|}{C}}-CH-\underset{O}{\underset{\|}{C}}-OC_2H_5 \end{array}$$

$$\xrightarrow[\text{②}H^+]{\text{①稀}OH^-/H_2O} \begin{array}{c} CH_3-\overset{O}{\overset{\|}{C}}-CH-\overset{O}{\overset{\|}{C}}-OH \\ | \\ CH_2 \\ | \\ CH_2 \\ | \\ CH_3-\underset{O}{\underset{\|}{C}}-CH-\underset{O}{\underset{\|}{C}}-OH \end{array} \xrightarrow[-2CO_2]{\text{③}\triangle} CH_3-\overset{O}{\overset{\|}{C}}-CH_2CH_2CH_2CH_2\overset{O}{\overset{\|}{C}}CH_3$$

3. 苯胺（$C_6H_5NH_2$） $\xrightarrow[AlCl_3]{CH_3COCl}$ $C_6H_5NHCOCH_3$ $\xrightarrow[>100℃]{\text{浓 }H_2SO_4}$ 4-HO_3S-C_6H_4-$NHCOCH_3$ $\xrightarrow{Br_2}$ 2,6-二Br-4-SO_3H-C_6H_2-$NHCOCH_3$ $\xrightarrow{H_3^+O}$ 2,6-二Br-C_6H_3-$NHCOCH_3$ $\xrightarrow[H_2SO_4]{HNO_3}$ 2,6-二Br-4-NO_2-C_6H_2-$NHCOCH_3$ $\xrightarrow{H_3^+O}$ 2,6-二Br-4-NO_2-C_6H_2-NH_2 $\xrightarrow[0\sim5℃]{NaNO_2,\ HCl}$ 2,6-二Br-4-NO_2-C_6H_2-$N_2^+Cl^-$ $\xrightarrow[\triangle]{H_3PO_2}$ 3,5-二Br-C_6H_3-NO_2

五、推导结构

1. $CH_3CH_2COCH_2CH_3$　　2. A. $CH_3CHOHCH(CH_3)_2$　B. $CH_3COCH(CH_3)_2$

C. $H_3C-\underset{CH_2CH_2CH_3}{\overset{OH}{C}}-CH(CH_3)_2$　　D. $(H_3C)_2HC-\underset{CH_2CH_2CH_3}{\overset{OH}{C}}-CH_3$

模拟试题三（下学期）参考答案

一、命名或写出结构式

1. 丙酰胺　2. 3-硝基吡啶　3. 氯化三甲基乙基铵　4. (Z)-3-甲基-2-戊烯酸

5. 2-甲基环己酮　6. 环己基甲酰氯　7. 乙酸乙烯酯　8. 三甲胺

9. 2-甲基-5-甲氨基庚烷　10. N-乙基丁二酰亚胺（NCH_2CH_3，环上两个C=O）　11. $CH_2(COOC_2H_5)_2$

12. $C_6H_5-N=N-C_6H_4-OH$（对位）　13. $H-\underset{CH_2CH_3}{\overset{CHO}{C}}-Br$　14. 邻苯二甲酸酐

15. $CH_2{=}CHCH_2CN$

二、回答问题

1. AC 2. AB 3. BC 4. BC 5. BD 6. B 7. AC 8. DC 9. DB 10. BC

11. 重氮部分 $NaO_3S-C_6H_4-N{=}N$ 偶合部分 —(苯环)—OH（邻位 COOH）

12. 鉴别下列化合物：

试剂 \ 化合物	苯甲酸	苯甲醛	苯胺	苯乙酮
$NaHCO_3$	+			
Br_2/H_2O				+
Tollens		+		

三、完成反应：写出下列反应的主产物

(1) 1,1-二乙氧基环戊烷（环戊烷 C 上连两个 OC_2H_5）

(2) $C_6H_5-CH{=}C(CH_3)COOH$

(3) $CH_2{=}CHCOCH_3$ $(CH_3CH_2)_3N$

(4) 2-硝基噻吩（NO_2）

(5) $CH_3CH(CH_3)-COCl$ $CH_3CH(CH_3)-COOCH(CH_3)_2$

(6) $CH_3CO\overset{18}{O}CH_3$

(7) $CH_3CH_2CH_2CH_2NH_2$

(8) $CH_3CH_2CH_2OH$

(9) N,N-二甲基（H_3C，CH_3）环上带 $=CH_2$ 的四氢吡咯季铵结构

(10) HO—C_6H_4—C_6H_3(—NH_2)(—N=N—C_6H_5)

(11) $CH_3CH_2CH_2CH_2SNa$

(12) 3-硝基吡啶（O_2N，N） (B) 5-甲基-2-吡咯烷酮（O，NH）

四、合成题

1. $2CH_3CHO \xrightarrow{稀\ NaOH} CH_3CH{=}CHCHO \xrightarrow{H_2,\ Ni} CH_3CH_2CH_2CH_2OH \xrightarrow{KMnO_4,\ H^+}$
$CH_3CH_2CH_2COOH$

2. $C_2H_5OOCCH_2COOC_2H_5 \xrightarrow[(2)\ CH_3CH_2CH_2Br]{(1)\ NaOC_2H_5} C_2H_5OOCCH(CH_2CH_2CH_3)COOC_2H_5 \xrightarrow[(2)\ CH_3Br]{(1)\ NaOC_2H_5}$

$C_2H_5OOCC(CH_3)(CH_2CH_2CH_3)COOC_2H_5 \xrightarrow[(2)\ H^+\triangle]{(1)\ NaOH,\ H_2O} CH_3CH_2CH_2CH(CH_3)COOH$

3. 甲苯 $\xrightarrow[H_2SO_4]{HNO_3}$ 对硝基甲苯（CH_3，NO_2） $\xrightarrow{Fe+HCl}$ 对甲基苯胺（CH_3，NH_2） $\xrightarrow{(CH_3CO)_2O}$ 对甲基乙酰苯胺（CH_3，$NHCOCH_3$） $\xrightarrow{KMnO_4}$ 对乙酰氨基苯甲酸（COOH，$NHCOCH_3$）

$\xrightarrow[H_3^+O]{OH^-,\ H_2O}$ 对氨基苯甲酸（COOH，NH_2） $\xrightarrow{Br_2}$ 3,5-二溴-4-氨基苯甲酸（COOH，Br，Br，NH_2） $\xrightarrow[0\sim5℃]{NaNO_2,\ HCl}$ 重氮盐（COOH，Br，Br，$N_2^+Cl^-$） $\xrightarrow[\triangle]{H_3PO_2}$ 3,5-二溴苯甲酸（COOH，Br，Br）

五、推导结构题

(A) (B) (C) (D) (E)

模拟试题四（下学期）参考答案

一、命名下列化合物和写出结构式

1. 甲醛　2. 环戊酮　3. 3-戊烯酸　4. 2-甲酰基-4-溴苯甲酸　5. 丙烯酰氯　6. $HCOOCOCH_3$

7. $CH_3CH_2COO-C_6H_4-CH_3$　8. $(C_46H_9)_4\overset{+}{N}\ \overset{-}{Br}$　9. （COOH，N）

10. （H，OH，HO，H，O，HO，H，H，OH，OC_2H_5，H）

二、回答问题

1. ACBD　2. ABC　3. BCAD　4. ACDB　5. AD　6. ABDC　7. DABC

8. 用化学方法鉴别下列化合物：

化合物 试剂	乙酸	乙酰氯	乙酸乙酯	乙酰乙酸乙酯
$NaHCO_3$	+			
$AgNO_3$		+		
$FeCl_3$				+

三、完成反应：写出下列反应的主产物

1. $CH_3CH_2CH{=}C(CH_3)CHO$　2. （OH，$COCH_3$）　3. $O_2N-C_6H_4-CH{=}CHCOOH$

4. $CH_3CH{=}CHCH_2CH_2OH$　5. $CH_3CH(OC_2H_5)_2$　6. CH_3CH_2COCl

7. （C_2H_5，O，O，O，O，H_5C_2）　8. $HOCH_2CH_2CH_2\cdot COOH$ （O，O）

9. CH_3CH_2CN　10. $CH_2(OH)COOH$　11. （$N(CH_3)_2$）

12. （$N_2^+Cl^-$）（HO，N=N，CH_3）　13. （NO_2，N）

四、合成题

1. 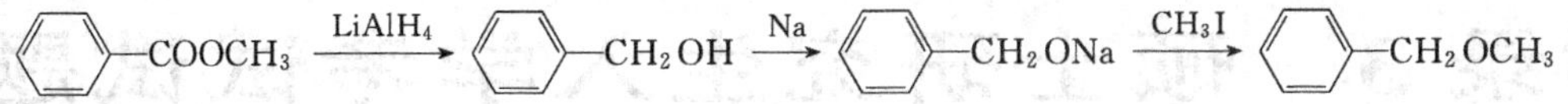 $C_6H_5COOCH_3 \xrightarrow{LiAlH_4} C_6H_5CH_2OH \xrightarrow{Na} C_6H_5CH_2ONa \xrightarrow{CH_3I} C_6H_5CH_2OCH_3$

2. 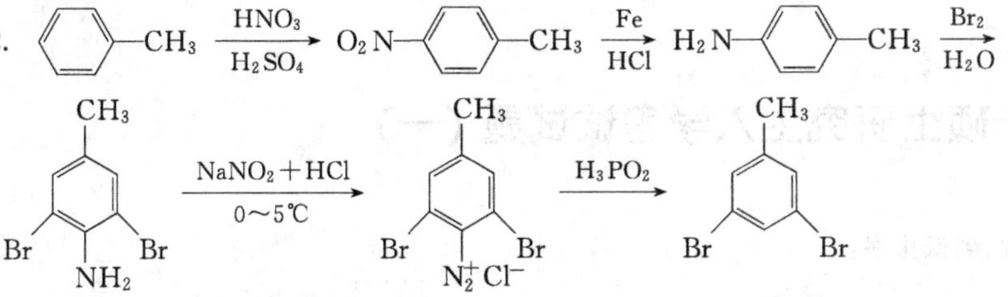 $C_6H_5CH_3 \xrightarrow[H_2SO_4]{HNO_3} O_2N\text{-}C_6H_4\text{-}CH_3 \xrightarrow[HCl]{Fe} H_2N\text{-}C_6H_4\text{-}CH_3 \xrightarrow[H_2O]{Br_2}$

2,6-二溴-4-甲基苯胺（CH_3，Br，Br，NH_2）$\xrightarrow[0\sim5℃]{NaNO_2+HCl}$ 重氮盐（CH_3，Br，Br，$N_2^+Cl^-$）$\xrightarrow{H_3PO_2}$ 3,5-二溴甲苯（CH_3，Br，Br）

3. $CH_3COCH_2COOEt \xrightarrow[②CH_3COCl]{①EtONa} (CH_3CO)_2CHCOOEt \xrightarrow[②PhCH_2Br]{①EtONa}$

$(CH_3CO)_2C(CH_2Ph)COOEt \xrightarrow[②H^+ ③\triangle]{①dil.\ OH^-} (CH_3CO)_2CHCH_2Ph$

五、推导结构

A. 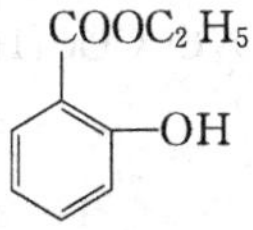 邻羟基苯甲酸乙酯（$COOC_2H_5$，OH）　B. 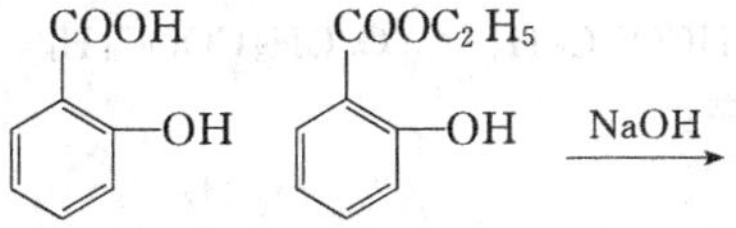 邻羟基苯甲酸（$COOH$，OH）

邻羟基苯甲酸乙酯（$COOC_2H_5$，OH）$\xrightarrow{NaOH}$ 邻乙氧羰基苯酚钠（$COOC_2H_5$，ONa）

邻羟基苯甲酸（$COOH$，OH）$\xrightarrow{NaHCO_3}$ 邻羟基苯甲酸钠（$COONa$，OH）

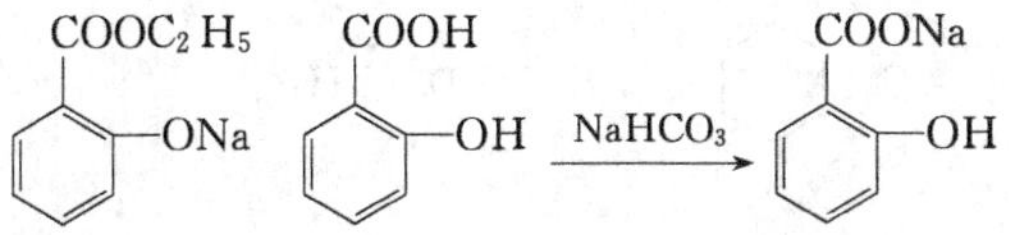

附录 3　硕士研究生入学考试试题

硕士研究生入学考试试题（一）

一、回答下列问题

1. 将下列化合物按燃烧热由高到低排序：

A. 　B. 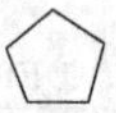　C.

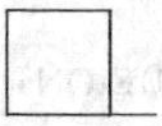

2. 化合物 1-甲基-3-叔丁基环己烷最稳定的构象式是：

A. 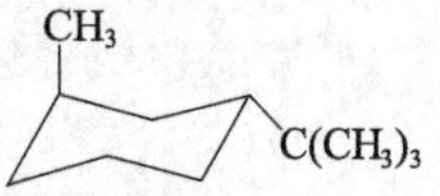 CH_3 $C(CH_3)_3$　B. CH_3 $C(CH_3)_3$　C. CH_3 $C(CH_3)_3$

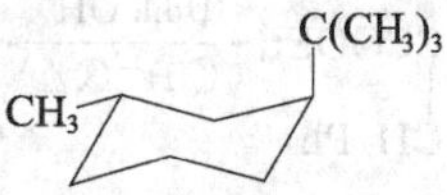

3. 将下列化合物按碱性水解速率由快到慢排序：

A. $HCOOC_6H_5$　B. $(CH_3)_2CHCOOC_6H_5$　C. $CH_3COOC_6H_5$　D. $(CH_3)_3CCOOC_6H_5$

4. 将下列自由基按稳定性由大到小排序：

A. 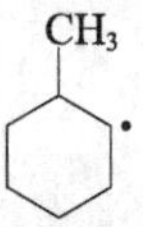 CH_3　B. 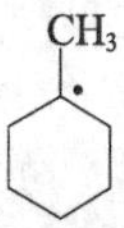 CH_3　C. 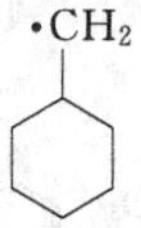 $\cdot CH_2$　D. $\dot{C}H_3$

5. 将下列化合物按酸性由强到弱排序：

A. 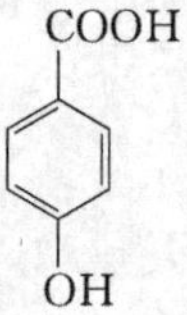 COOH, OH　B. 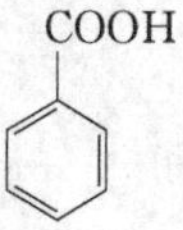 COOH　C. 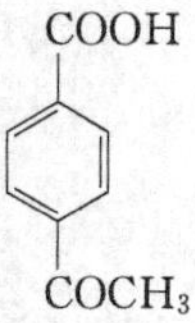 COOH, $COCH_3$　D. 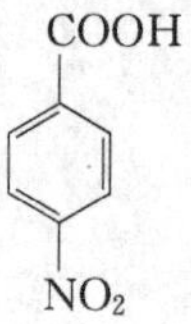 COOH, NO_2

6. 将下列化合物按消除溴化氢由易到难排序：

A. 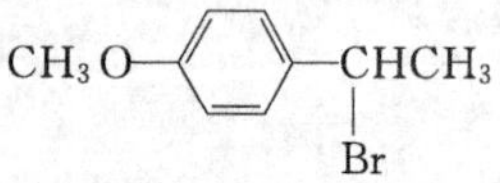 CH_3O—⟨苯环⟩—CHCH₃ (Br)　B. 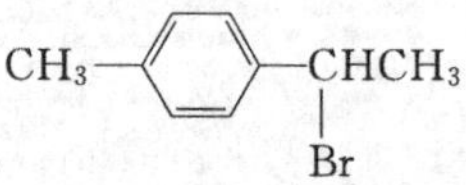 CH_3—⟨苯环⟩—CHCH₃ (Br)

C. 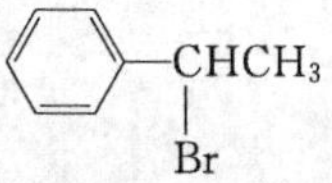 ⟨苯环⟩—CHCH₃ (Br)　D. 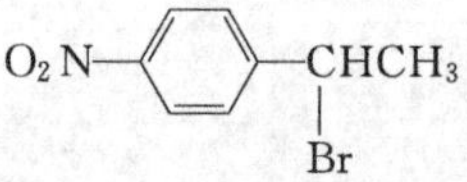 O_2N—⟨苯环⟩—CHCH₃ (Br)

7. 下列化合物具有芳香性的是：

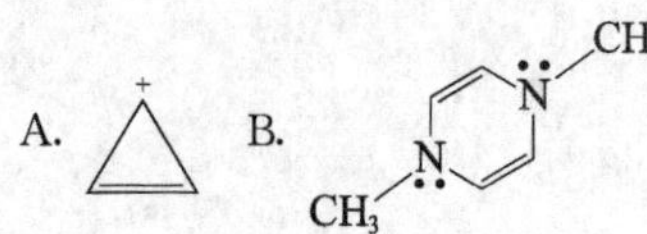

C. 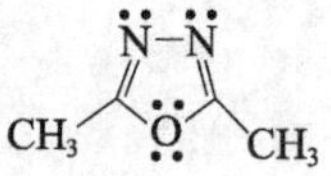 N–N, O, CH_3, CH_3　D. 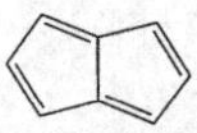　E.

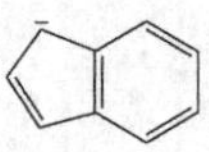

8. 用化学方法鉴别下列化合物：

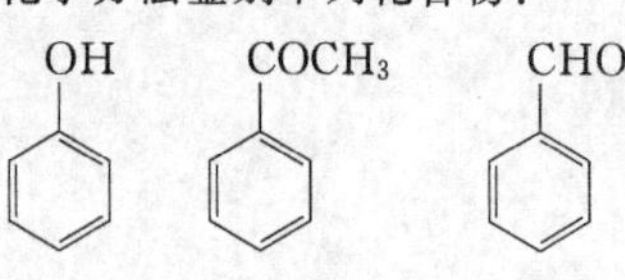

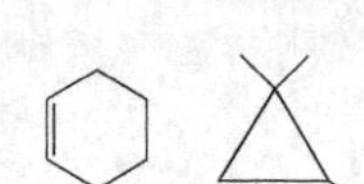

二、写出下列化合物的名称或结构式：

1. $CH_3CH_2CH_2CHCH_2CH_3$
$CH(CH_3)_2$

2.

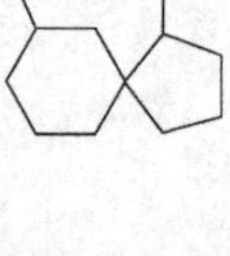

3. (1-氯-8-萘甲醛结构式：Cl, CHO)　　4. (Fischer投影式：CH_3; CH_3O—|—H; H—|—OCH_3; CH_3)　　5. (结构式：苯基—CH_2—CH=CH—CH_3，两个H同侧)

6. (R)-氢氧化甲基烯丙基苄基苯基铵　　7. 4-甲基-2-呋喃甲酸

8. 2,5-己二酮　　9. 2-甲基-2-丁烯酰胺　　10. β-苯基丙烯酸乙酯

三、写出下列反应的主要产物：

1. 萘 $\xrightarrow[165℃]{H_2SO_4}$ [A]

2. 环丙基—$CH{=}C(CH_3)_2$ $\xrightarrow{KMnO_4,H^+}$ [B] + [C]

3. $CH_2{=}CHCH(CH_3)_2$ $\xrightarrow[500℃]{Cl_2}$ [D] $\xrightarrow{KOH/醇}$ [E] $\xrightarrow[\triangle]{CH_2{=}CH_2}$ [F]

4. CH_3CH_2CHO $\xrightarrow[\triangle]{dil.\ OH^-}$ [G] $\xrightarrow[②H_3O^+]{①NaBH_4}$ [H]

5. 环氧乙烷 $\xrightarrow[②H_3O^+]{①\ 环戊基—MgCl}$ [I]

6. (双环[4.4.0]-1(6)-癸烯) $\xrightarrow[②Zn/H_2O]{①O_3}$ [J] $\xrightarrow[\triangle]{稀\ OH^-}$ [K]

7. (吡喃葡萄糖：CH_2OH, HO, HO, OH, OH) $\xrightarrow[HCl]{CH_3OH}$ [L]

8. 哌啶 $\xrightarrow[②湿\ Ag_2O]{①CH_3I（过量）}$ [M] $\xrightarrow{\triangle}$ [N]

9. 苯甲醚(OCH_3) + $(CH_3)_3C{-}OH$ $\xrightarrow{H_2SO_4}$ [O]

10. $C_6H_5{-}C(CH_3)(OH){-}C(C_6H_5)(OH){-}C_6H_5$ $\xrightarrow{H_2SO_4}$ [P]

11. $CH_3CH{=}PPh_3$ + O=环戊酮 $\longrightarrow$ [Q]

四、写出下列反应的反应机理：

1. (CH_2CH_3, CH_3, H, Br 手性碳) $\xrightarrow[丙酮]{KI}$ (CH_2CH_3, I, CH_3, H 构型翻转)

2. 1-乙基-1-乙烯基环戊烷 (C_2H_5, $CH{=}CH_2$) $\xrightarrow[H_2O]{H^+}$ 1-乙基-2-甲基环己醇 (C_2H_5, OH, CH_3)

3. (CH_3 取代八氢萘烯) $\xrightarrow[ROOR]{HBr}$ (CH_3, Br 取代十氢萘)

五、合成题

1. 以乙炔为原料（无机试剂任选）合成：（1,2-二溴环己烷结构式：环己烷相邻碳上各连一个 Br）

2. 以苯为原料（无机试剂任选）合成：（苯环上 OH 与 Cl 互为间位的结构式）

3. 以 C_3 以下的烯烃为原料合成：$(CH_3)_2CHCH(OH)CH_3$

六、推断结构

1. 有两个酯类化合物(A)和(B)，分子式均为 $C_4H_6O_2$。(A)在酸性条件下水解成甲醇和另一个化合物 $C_3H_4O_2$(C)，(C)可使 Br_2-CCl_4 溶液褪色。(B)在酸性条件下水解生成一分子羧酸和化合物(D)；(D)可发生碘仿反应，也可与 Tollens 试剂作用。试推测化合物(A)、(B)、(C)和(D)的结构。

2. 下列化合物的 H-MNR 谱中：(1)只有一个单峰，(2)有三组峰，写出它们的结构式。

(1) C_5H_{10}　　(2) $C_3H_6Cl_2$

七、实验题

1. 合成液体化合物时，粗产品需要洗涤、干燥、蒸馏等过程进行精制，请简述分液漏斗操作？

2. 制备肉桂酸的主反应是一个典型的柏金（Perkin）反应，请回答下列问题。

(1) 回流反应装置为什么不用球形冷凝管而用空气冷凝管？

(2) 粗产品为什么要用水蒸气蒸馏？能否不用水蒸气蒸馏？

(3) 画出水蒸气蒸馏装置示意图。

硕士研究生入学考试试题（二）

一、写出下列化合物的名称或结构式

1. 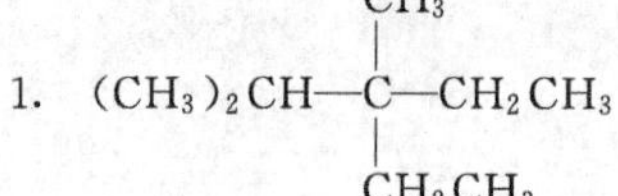

2. （环己烯环上连 $-CH_3$ 的结构式）

3. 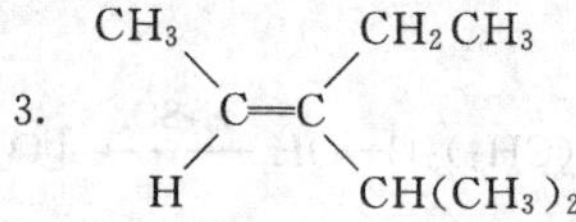

4. （H_2N 与 COOH 分别位于呋喃环 5 位和 2 位的结构式）

5. （带 CH_3 和 C=O 的双环结构式）

6. N-乙基丁二酰亚胺

7. 4-氨基-2-羟基苯甲酸

8. R-2-溴丁烷

9. 5-甲基-2-辛烯-6-炔

10. 4-溴-6-庚烯-2-酮

二、回答下列问题

1. 按亲核能力由强到弱排列成序

A. 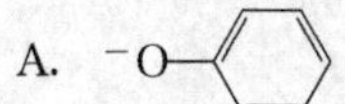　B. （环己基-O^-）　C. （环己基-S^-）　D. 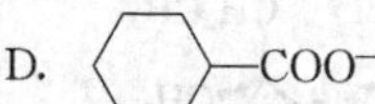

2. 按稳定性由大到小排列成序

(1) A. $CH_3CH{=}CH\overset{+}{C}HCH_3$　B. $CH_2{=}CH{-}\overset{+}{C}(CH_3){-}CH_3$

C. $CH_3CH{=}CHCH_2\overset{+}{C}H_2$　D. $CH_2{=}CHCH_2\overset{+}{C}HCH_3$

(2) A. $CH_2{=}CH\dot{C}H_2$　B. $CH_3\dot{C}HCH_3$

C. $CH_3CH_2\dot{C}H_2$　D. $CH_2{=}CHCH{=}CH\dot{C}H_2$

(3) A. $CH_2=CH\bar{C}H_2$　　B. $CH_3\bar{C}HCH_3$

C. $CH_3CH_2\bar{C}H_2$　　D. $CH_2=CH\bar{C}HNO_2$

3. 下列化合物或离子中哪些具有芳香性？

A. 环丁二烯　B. 环戊二烯负离子　C. 1,3,4-噁二唑　D. 对苯醌（O=⟨⟩=O）　E. 苯并噻吩

4. 将下列化合物的酸性由大到小排列成序：

A. 苯酚（OH）　B. 对甲基苯酚（OH，CH_3）　C. 对硝基苯酚（OH，NO_2）　D. 对氯苯酚（OH，Cl）

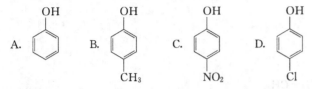

5. 下列酮酸酯按烯醇式含量由多到少排列成序：

A. $CH_3COCH_2COCOOC_2H_5$　B. $CH_3COCH(CCl_3)COCOOC_2H_5$　C. $CH_3COCH(CH_3)COCOOC_2H_5$

6. 用化学方法鉴别下列化合物：

苯酚（OH）　苯甲醛（CHO）　环己醇（OH）　环己酮（O）

三、写出下列反应的主要产物（包括立体化学产物）：

1. 甲基环己烷 + Br $\xrightarrow{h\nu}$ [A]

2. $CH_2=CHCH_2C\equiv CCH_3$ $\xrightarrow[\text{Pd-BaSO}_4\text{-喹啉}]{}$ [B]

3. 亚甲基环戊烷（$=CH_2$）$\xrightarrow[\text{② }H_2O_2,OH^-]{\text{① }B_2H_6}$ [C]

4. $CH_3CH_2CH=CH_2$ $\xrightarrow[\text{ROOR}]{\text{HBr}}$ [D] $\xrightarrow[\text{干醚}]{\text{Mg}}$ [E] $\xrightarrow[\text{② }H_3O^+]{\text{① }CH_3CHO}$ [F]

5. $CH\equiv CCH_3$ $\xrightarrow[CH_3CH_2OH]{CH_3CH_2ONa}$ [G]

6. $CH_3CH_2CH_2CH_2OH+SOCl_2 \longrightarrow$ [H]

7. $C_6H_5-C(CH_3)(OH)-C(CH_3)(OH)-C_6H_5$ $\xrightarrow{H_2SO_4}$ [I]

8. $C_6H_5-OCH_2CH=CHCH_3$ $\xrightarrow{200℃}$ [J]

9. $CH_3-\underset{\text{O}}{C(CH_3)-CH_2}$（环氧）$\xrightarrow[CH_3OH]{CH_3O^-}$ [K]

10. 环己酮（=O）+ $CH\equiv\bar{C}\overset{+}{Na}$ $\xrightarrow{\text{液 }NH_3}$ [L] $\xrightarrow{H_3O^+}$ [M]

11. $C_6H_5-\overset{O}{\overset{\|}{C}}-CH_2CH_3$ $\xrightarrow{[N]}$ $C_6H_5-\overset{N-OH}{\overset{\|}{C}}-CH_2CH_3$ $\xrightarrow[\triangle]{H_2SO_4}$ [O]

12. $\left[\begin{array}{c} CH_3CH_2\overset{+}{N}(CH_3)_2 \\ | \\ CH_2CH_2Br \end{array}\right]OH^- \xrightarrow{\triangle} [P+Q]$

四、写出下列反应的反应机理：

1. $CH_3CH_2CH{=}CHCH{=}CH_2 + HBr \longrightarrow CH_3CH_2CH{=}CHCH(Br)CH_3 + CH_3CH_2CH(Br)CH{=}CHCH_3$

2. 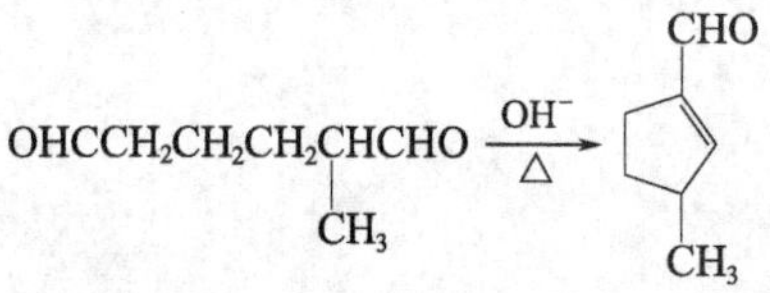 $OHCCH_2CH_2CH_2CH(CH_3)CHO \xrightarrow[\triangle]{OH^-}$ （1-甲酰基-4-甲基环戊烯：环上连 CHO 与 CH_3）

五、合成题

1. 以丙烯为原料合成：$(CH_3)(H)C{=}C(H)(CH_2CH{=}CH_2)$

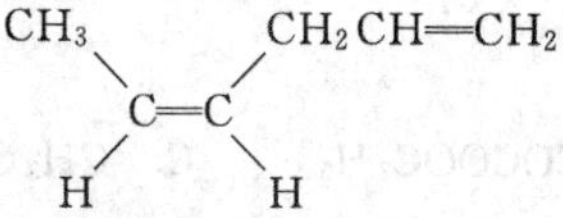

2. 以甲苯为原料(其他试剂任选) 合成：$C_6H_5-CH_2O-C_6H_4-CH_3$（对位）

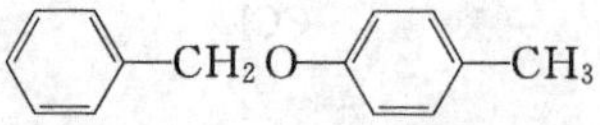

3. 以乙醇为唯一有机原料合成：$CH_3CH_2CH(OH)CH_3$

六、推断结构

1. 某化合物分子式为 $C_6H_{12}O$(A)，能与羟胺作用生成肟，但不起银镜反应，在铂的催化下进行加氢，则得到一种醇，此醇经过脱水、臭氧化、水解等反应后，得到两种液体(B)和(C)，(B)能起银镜反应，但不起碘仿反应，(C)能起碘仿反应，而不能使 Fehling 试剂还原，试写出化合物(A)、(B)和(C)的构造式。

2. 下列化合物的 H-MNR 谱中只有一个单峰，写出它们的结构式。

(1) C_4H_9Br　$\delta=1.8$　　(2) C_6H_{12}　$\delta=1.5$

七、实验题

1. 合成固体有机化合物时，常用的精制方法是重结晶，请简述重结晶操作？

2. 画出制备乙酸正丁酯的装置图，并回答下列问题。

(1) 分水器起什么作用？

(2) 粗产品为什么要用水洗和碱洗？

(3) 最后的蒸馏，为什么全套仪器都要干燥？

硕士研究生入学考试试题（三）

一、写出下列化合物的名称或结构式

1. 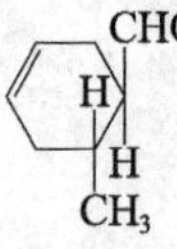 （环己烯衍生物，含 CHO、H、H、CH_3 的立体结构式）　2. （3-甲基环戊烯结构式，$-CH_3$）　3. $H_2N-C(H)(COOH)-CH_2-C_6H_4-OH$（Fischer 投影式）

4. （2-呋喃基 2-吡啶基甲酮结构式）　5. 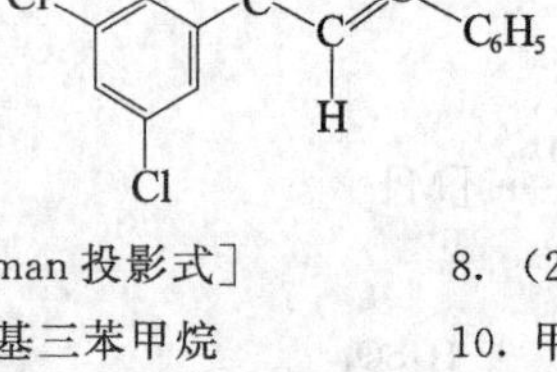 （3,5-二氯苯基 C(=O)-CH=CH-C_6H_5 结构式，双键上两个 H 为反式）　6. 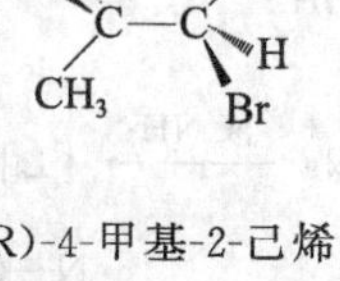 （含 H、H、CH_3、CH_3、H、Br 的楔形立体结构式）

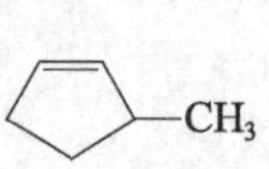

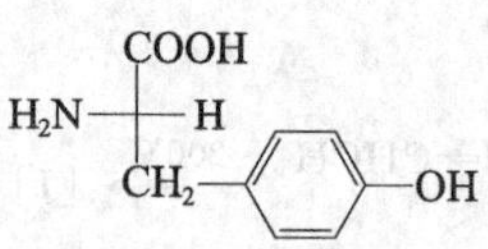

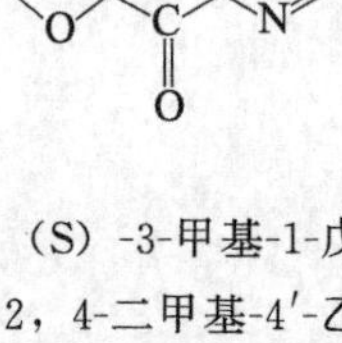

7. (S) -3-甲基-1-戊炔[Newman 投影式]　　8. (2Z，4R)-4-甲基-2-己烯

9. 2，4-二甲基-4′-乙基-3′-硝基三苯甲烷　　10. 甲基异戊基醚

二、写出下列反应的主要产物(包括立体化学产物)

1. (cis-3,4-dimethylcyclobutene) $\xrightarrow{\triangle}$ [A]

2. $COOC_2H_5$—$COOC_2H_5$ $+2CH_3CH{=}CHCH{=}CHCOOC_2H_5 \xrightarrow{C_2H_5ONa}$ [B]

3. (2-pentene) $\xrightarrow{Br_2+H_2O}$ [C]

4. (methyl-substituted octahydronaphthalene, CH_3) $\xrightarrow[\text{② } H_2O_2/OH^-]{\text{① } B_2H_6}$ [D]

5. Cl, H, CH_3—C—C—CH_3, H, CH_2CH_3 $\xrightarrow{KOH\text{-}C_2H_5OH}$ [E]

6. (bicyclic epoxide with CH_2OH) $\xrightarrow{OH^-, H_2O}$ [F]

7. CH_3—(p-tolyl)—N-phthalimide $\xrightarrow[H_2SO_4]{HNO_3}$ [G]

8. $CH_2{=}CHCH_2CH_3 + H_2O \xrightarrow{H^+}$ [H]

9. $HOCH_2CH_2CH(CH_3)COOH \xrightarrow{\triangle}$ [I]

10. $(CH_3)_2CHCH{=}CHCH_2Br \xrightarrow[C_2H_5OH]{C_2H_5ONa}$ [J]

11. C_6H_5—CHO $+ (CH_3CH_2CO)_2O \xrightarrow[\triangle]{CH_3CH_2COONa}$ [K]

12. (4,5-dimethyl-γ-butyrolactone, CH_3, CH_3, O, =O) $\xrightarrow[CH_3OH]{CH_3O^-}$ [L]

13. (furfural, CHO) (1 mol) + (cyclohexanone) $\xrightarrow[H_2O]{NaOH}$ [M]

14. $C_6H_5CH_2CH(CH_3)COOH$ (S) $\xrightarrow{SOCl_2}$ [N] $\xrightarrow{NH_3}$ [O] $\xrightarrow[OH^-]{Br_2}$ [P]

15. (2-methyl-6-ethylpiperidine, CH_3, N H, CH_2CH_3) $\xrightarrow[\text{(过量)}]{CH_3I}$ [Q] $\xrightarrow[\text{②}\triangle]{\text{①}Ag_2O}$ [R]

16. (2-aminobenzoic acid: COOH, NH_2) $\xrightarrow{[S]}$ [T] $\xrightarrow{[U]}$ (COOH, $NHCOCH_3$, NO_2) $\xrightarrow{[V]}$ (COOH, NH_2, NO_2) $\xrightarrow{[W]}$ [X] $\xrightarrow{[Y]}$ (COOH, I, NO_2)

三、按要求回答下列问题

1. 下列化合物中用黑线标记的H原子，哪个在 NMR 谱的较低场?

CH_3—CH_2—$\underline{CH_2}Cl$ (a)　　CH_3—CHCl—$\underline{CH_3}$ (b)　　CH_2Cl—CH_2—$\underline{CH_3}$ (c)

2. 按酸性由强到弱排列成序：

a. $ClCH_2COOH$　b. C_2H_5OH　c. (苯酚, OH)　d. (苯甲酸, COOH)　e. (2,4,6-三硝基苯酚: OH, O_2N, NO_2, NO_2)

3. 按氧负离子稳定性由大到小排列成序：

a. CH_3O—C_6H_4—O^-　b. (环己基)—O^-　c. O_2N—C_6H_4—O^-　d. C_6H_5—O^-

4. 下列化合物或离子哪些具有芳香性？

a. 环庚三烯酮 b. 甲基环戊二烯负离子 Na^+ c. 并环戊二烯 d. 薁 e. 环丙烯

5. 按酸催化脱水反应由快到慢排列成序：

a. $C_6H_5-CH(OH)-CH_3$　b. $H_2N-C_6H_4-CH(OH)-CH_3$　c. $O_2N-C_6H_4-CH(OH)-CH_3$

6. 按进行 S_N2 反应的相对速度由快到慢排列成序：

a. $C_6H_5CH_2Br$　b. $(CH_3)_2CHBr$　c. $CH_2=CHBr$　d. CH_3CH_2Br　e. CH_3Br　f. 1-溴代降冰片烷（桥头 Br）

7. 按基团的离去能力由大到小排列成序：

a. RO^-　b. I^-　c. $p\text{-}CH_3C_6H_4SO_3^-$　d. CN^-　e. OH^-　f. NH_2^-

8. 下面亲核取代反应中的哪一个反应更快？为什么？

a. $CH_3CH_2CH_2Br + NaSH \xrightarrow{H_2O} CH_3CH_2CH_2SH + NaBr$

b. $CH_3CH_2CH_2Br + NaOH \xrightarrow{H_2O} CH_3CH_2CH_2OH + NaBr$

9. 按在水中的溶解度由大到小排列成序：

a. $p\text{-}HOC_6H_4CH_2OH$　b. $p\text{-}CH_3C_6H_4COOH$　c. $C_6H_5CH(OH)CH_3$

d. $p\text{-}HOC_6H_4CH_2CH_3$　e. $C_6H_5CH_2OCH_3$

10. 按碳正离子稳定性由大到小排列成序：

a. $CH_3O-C_6H_4-\overset{+}{C}H_2$（对位）　b. $C_6H_5-\overset{+}{C}H_2$　c. $\overset{+}{C}H_2-C_6H_4-OCH_3$（间位）

四、写出下列反应的合理历程

1. 1,2-二甲基环己烷-1,2-二醇 $\xrightarrow{H^+}$ 2,2-二甲基环己酮

2. $CH_2=CHCH_2CH_2COOH \xrightarrow{HOBr}$ 5-(溴甲基)-γ-丁内酯（CH_2Br）

3. $CH_2(COOCH_3)_2$ + 环氧乙烷 $\xrightarrow[CH_3OH]{CH_3ONa}$ α-甲氧羰基-γ-丁内酯（$COOCH_3$）

五、合成题

1. 完成下列转化：

(1) 环氧乙烷（CH_2-CH_2, O） $\longrightarrow$ $HOOCCH_2CH_2COOH$

(2) 1,8-二乙烯基萘（$H_2C=CH_2$ 桥连） $\longrightarrow$ 萘并内酯

2. 由指定原料合成：$CH_3CH_2CH_2CHO \longrightarrow CH_3CH_2CH_2CH_2-\underset{\quad}{CH}-\overset{O}{\ }-\underset{CONH_2}{C}-CH_2CH_3$（环氧化合物）

3. 以乙烯、丙烯为原料（无机试剂任选）合成：$CH_3CH_2—C(=O)—CH(CH_3)CHO$

4. 以苯或甲苯及 C_3 以下的有机物为原料（无机试剂任选）合成：

$C_6H_5—CH_2—C(OH)(CN)—CH(C_6H_5)—C(=O)—NHCH_2CH_2CH_3$

六、推断结构

1. 某饱和酮 A（$C_7H_{12}O$）与 CH_3MgI 反应再经酸水解后得到醇 B（$C_8H_{16}O$），B 通过 $KHSO_4$ 处理脱水得到两个异构烯烃 C 和 D（C_8H_{14}）的混合物。C 还能通过 A 和 $CH_2=PPh_3$ 反应制得。通过臭氧分解，D 转化为酮醛 E（$C_8H_{14}O_2$），E 用湿得氧化银处理变为酮酸 F（$C_8H_{14}O_3$）。F 用溴和 NaOH 处理，得到 3-甲基-1，6-己二酸。试推断 A～F 的构造，并写出相关的反应式。

2. 某化合物 A，分子式为 $C_{10}H_{14}O$，能溶于 NaOH 水溶液，但不溶于 $NaHCO_3$ 溶液。与 Br_2/H_2O 反应得到二溴代化合物，分子式为 $C_{10}H_{12}Br_2O$。A 的光谱分析数据如下：

IR 谱：3250 cm^{-1} 有宽峰；830 cm^{-1} 有吸收峰。

NMR 谱：δ=1.3（9H）有单峰；δ=4.9（1H）有单峰；δ=7.0（4H）有三重峰。

试推断 A 的构造，并写出有关反应式。

七、实验题

1. 什么是萃取？什么是洗涤？指出二者的异同点。
2. 制备苯甲醇和苯甲酸的实验中如何判断反应终点？在后处理中涉及哪些重要的基本操作？
3. 用油泵进行减压蒸馏时，在接收器与油泵之间往往要安装 2～3 个干燥塔，您认为应安装哪几个干燥塔，它们的作用是什么？

硕士研究生入学考试试题（一）参考答案

一、回答下列问题

答：1. A>C>B 2. B 3. A>C>B>D 4. B>A>C>D 5. D>C>B>A 6. A>B>C>D 7. A、C、E

8. 鉴别题

项目	苯酚（C_6H_5OH）	苯乙酮（$C_6H_5COCH_3$）	苯甲醛（C_6H_5CHO）	环己烯	1,1,2-三甲基环丙烷
$FeCl_3$ 溶液	+	−	−	−	−
Tollens 试剂		−	↓	−	−
I_2/NaOH		+		−	−
Br_2/CCl_4				+	+
$KMnO_4/H^+$				+	−

二、命名或写出结构式

答：1. 2-甲基-3-乙基己烷　　2. 1-甲基-7-乙基螺[4.5]癸烷

3. 8-氯-1-萘甲醛　　4.（2R，3R）-2，3-二甲氧基丁烷

5.（Z）-1-苯基-2-丁烯　　6. $[N^+(CH_2C_6H_5)(CH_3)(C_6H_5)(CH_2CH=CH_2)]OH^-$

7. 4-甲基-2-呋喃甲酸（结构式：呋喃环 4 位 CH_3，2 位 COOH）　8. $CH_3COCH_2CH_2COCH_3$

9. $CH_3CH{=}C(CH_3){-}CONH_2$　10. $C_6H_5{-}CH{=}CHCOOC_2H_5$

三、写出下列反应的主要产物

答：1. A. 2-萘磺酸（萘环上 SO_3H）　2. B. 环丙基-COOH　C. $(CH_3)_2C{=}O$

3. D. $CH_2{=}CHC(Cl)(CH_3)_2$　E. $CH_2{=}C(CH_3){-}CH{=}CH_2$　F. 1-甲基环己烯（CH_3）

4. G. $CH_3CH_2CH{=}C(CH_3)CHO$　H. $CH_3CH_2CH{=}C(CH_3)CH_2OH$

5. I. 环戊基-CH_2CH_2OH　6. J. 环癸二酮（O, O）　K. 双环烯酮（O）　7. L. 甲基吡喃糖苷（CH_2OH, HO, HO, OH, OCH_3）

8. M. $\left[N,N\text{-二甲基哌啶鎓}\right]OH^-$（$CH_3$, N^+, CH_3）　N. $CH_2{=}CHCH_2CH_2CH_2N(CH_3)_2$

9. O. 对位 OCH_3 与 $OC(CH_3)_3$ 取代苯　10. P. $CH_3{-}C(=O){-}C(C_6H_5)_3$　11. Q. $CH_3CH{=}$环戊叉

四、写出下列反应的反应机理

答：1. $I^- +$ $CH_3(CH_2CH_3)(H)C{-}Br$ $\xrightarrow[S_N2]{\text{丙酮}}$ $\left[\overset{\delta^-}{I}{-}{-}{-}C(CH_2CH_3)(CH_3)(H){-}{-}{-}\overset{\delta^-}{Br}\right]$ $\longrightarrow$ $I{-}C(CH_2CH_3)(CH_3)(H)$ $+ Br^-$

2. 1-乙基-1-乙烯基环戊烷（C_2H_5, $CH{=}CH_2$）$\xrightarrow{H^+}$ C_2H_5-环戊基-$\overset{+}{C}H{-}CH_3$ $\longrightarrow$ 2-甲基-1-乙基环己基正离子（C_2H_5, +, CH_3）

$\xrightarrow{H_2O}$ 1-乙基-2-甲基环己基-$\overset{+}{O}H_2$（C_2H_5, CH_3）$\xrightarrow{-H^+}$ 1-乙基-2-甲基环己醇（C_2H_5, OH, CH_3）

3. $ROOR \xrightarrow{\triangle} 2RO\cdot$　$2RO\cdot \xrightarrow{HBr} ROH + Br\cdot$

$Br\cdot +$ 甲基八氢萘（CH_3）$\longrightarrow$ 自由基中间体（CH_3, Br）$\xrightarrow{HBr}$ 溴代产物（CH_3, Br）$+ Br\cdot$

五、合成题

答：1. $HC{\equiv}CH \xrightarrow[\text{Lindlar}]{H_2} CH_2{=}CH_2$

$2HC{\equiv}CH \xrightarrow{Cu_2Cl_2\text{-}NH_4Cl} CH_2{=}CH{-}C{\equiv}CH \xrightarrow[\text{Lindlar}]{H_2} CH_2{=}CHCH{=}CH_2 \xrightarrow{CH_2{=}CH_2}$

(cyclohexene) $\xrightarrow{Br_2}$ 1,2-dibromocyclohexane (Br, Br)

(benzene) $\xrightarrow{HNO_3 + H_2SO_4}$ (NO_2-benzene) $\xrightarrow[FeCl_3]{Cl_2}$ (NO_2, Cl) $\xrightarrow[HOI]{Fe}$ (NH_2, Cl) $\xrightarrow[0℃]{NaNO_2 + HCl}$

2.

(N_2Cl, Cl) $\xrightarrow{H_3O^+}$ (OH, Cl)

3.

$CH_2{=}CHCH_3 \xrightarrow{HBr} (CH_3)_2CHBr \xrightarrow[干醚]{Mg} (CH_3)_2CHMgBr$

$CH_2{=}CH_2 \xrightarrow[H^+]{H_2O} CH_3CH_2CH \xrightarrow[250℃]{Cu} CH_3CHO$

$(CH_3)_2CHMgBr + CH_3CHO \xrightarrow[②H_3O^+]{①Mg/干醚} (CH_3)_2CHCH(OH)CH_3$

六、推断结构

答：1. (A) $CH_2{=}CHCOOCH_3$　　(B) $CH_3COOCH{=}CH_2$　　(C) $CH_2{=}CHCOOH$

(D) CH_3CHO

2. (1) ⬠　　(2) $CH_3CH_2CHCl_2$

七、实验题

答：1. (1) 首先检查分液漏斗的盖子和旋塞是否严密，如果不严密，需涂凡士林，以防操作过程中泄露损失。(2) 将液体与洗涤溶剂由分液漏斗上口倒入，盖好盖子，右手捏住上口颈部，并用食指根部压紧盖子；左手握住旋塞，倾斜并震荡漏斗，使两液层充分接触。

(3) 震荡后旋开旋塞放气；震荡数次后，将分液漏斗放在铁环上，静置片刻，分层。

(4) 将上口旋塞打开，开始分液；下层液体经旋塞放出，上层液体从上口倒出。

2. (1) 因为反应温度较高（150～170℃），反应物沸点也较高，用空气就可以使反应蒸气冷凝回流；若用球形冷凝管通冷水，由于温差较大还会使冷凝管炸裂。

(2) 粗产品中有未反应的苯甲醛，水蒸气蒸馏是为了除去粗产品中的苯甲醛；因为苯甲醛是高沸点物质，很容易被空气中的氧氧化生成苯甲酸，苯甲酸和产物肉桂酸难以分离；而苯甲醛与水可形成互不相溶的共沸物，在低于100℃即可被水蒸气带出，从而达到除掉未反应的苯甲醛的目的。

(3) 画出水蒸气蒸馏装置示意图（略）。

硕士研究生入学考试试题（二）参考答案

一、命名或写出下列化合物结构：

答：1. 2,3-二甲基-3-乙基戊烷　　2. 3-甲基环己烯

3. E-4-甲基-3-乙基-2-戊烯　　4. 5-氨基-2-呋喃甲酸

5. 1-甲基二环［2.2.1］-2-庚酮　　6. (N-ethylsuccinimide: ring with two C=O, N—C_2H_5)

7. H_2N–(benzene ring)–COOH with OH ortho to COOH　　8. Fischer projection: top CH_3, left Br, right H, bottom CH_2CH_3

9. $CH_3CH{=}CHCH_2CH(CH_3)C{\equiv}CCH_3$ 10. $CH_3C(=O)CH_2CH(Br)CH_2CH{=}CH_2$

二、回答下列问题

答：1. C>B>A>D 2. (1) B>A>D>C (2) D>A>B>C (3) D>A>C>B

3. B、C、E 具有芳香性 4. C>D>A>B 5. B>A>C

6. 鉴别题

项目	苯酚 (OH)	苯甲醛 (CHO)	环己醇 (OH)	环己酮 (O)
$FeCl_3$ 溶液	+	—	—	—
Fehling 试剂		↓	—	—
$NaHSO_3$			—	↓

三、写出下列反应的主要产物（包括立体化学产物）

答：1. A. 1-甲基-1-溴环己烷（CH_3、Br 在同一碳上） 2. B. $CH_2{=}CHCH_2(H)C{=}C(H)CH_3$（顺式） 3. C. 环戊基-$CH_2OH$

4. D. $CH_3CH_2CH_2CH_2Br$ E. $CH_3CH_2CH_2CH_2MgBr$ F. $CH_3CH_2CH_2CH_2CH(OH)CH_3$

5. G. $CH_2{=}C(OCH_2CH_3)CH_3$ 6. H. $CH_3CH_2CH_2CH_2Cl$ 7. I. $CH_3{-}C(=O){-}C(CH_3)(C_6H_5){-}C_6H_5$

8. J. 邻-(1-甲基烯丙基)苯酚（OH；$CHCH{=}CH_2$，CH_3） 9. K. $CH_3{-}C(CH_3)(OH){-}CH_2OCH_3$

10. L. 1-乙炔基环己醇钠（ONa，$C{\equiv}CH$） M. 1-乙炔基环己醇（OH，$C{\equiv}CH$） 11. N. NH_2OH O. $C_6H_5{-}NHC(=O)CH_2CH_3$

12. P.+Q. $CH_2{=}CHBr+CH_3CH_2N(CH_3)_2$

四、写出下列反应的反应机理

答：1. $CH_3CH_2CH{=}CHCH{=}CH_2 \xrightarrow{H^+} CH_3CH_2CH{=}CH\overset{+}{C}HCH_3$

$CH_3CH_2CH{=}CH\overset{+}{C}HCH_3 \longleftrightarrow CH_3CH_2\overset{+}{C}HCH{=}CHCH_3$

$\downarrow Br^-$ $\downarrow Br^-$

$CH_3CH_2CH{=}CHCH(Br)CH_3$ $CH_3CH_2CH(Br)CH{=}CHCH_3$

2. $OHCCH_2CH_2CH_2\underset{CH_3}{\underset{|}{C}}HCHO \xrightarrow[-H_2O]{OH^-} OHC\overset{-}{C}HCH_2CH_2\underset{CH_3}{\underset{|}{C}}HCHO \longrightarrow$ (2-甲基-5-甲酰基环戊基氧负离子，即环戊烷环上带 CHO、O^-、CH_3) $\xrightarrow[-OH^-]{H_2O}$

(环戊烷环上带 CHO、OH、CH_3) $\xrightarrow[-H_2O]{\triangle}$ (环戊烯环上带 CHO、CH_3)

五、合成题

答：1. $CH_3CH{=}CH_2 \xrightarrow{Br_2/h\nu} BrCH_2CH{=}CH_2$

$CH_3CH{=}CH_2 \xrightarrow{Br_2} CH_3CHBrCH_2Br \xrightarrow[EtOH]{KOH} CH_3C{\equiv}CH \xrightarrow[液\ NH_3]{NaNH_2} CH_3C{\equiv}CNa \xrightarrow{BrCH_2CH=CH_2}$

$CH_3C{\equiv}CCH_2CH{=}CH_2 \xrightarrow[Pd\text{-}BaSO_4\text{-}喹啉]{H_2}$ (顺式) $\underset{H}{\overset{CH_3}{C}}{=}\underset{H}{\overset{CH_2CH=CH_2}{C}}$

2. 甲苯 $\xrightarrow[\triangle]{H_2SO_4}$ 对甲苯磺酸（CH_3，SO_3H）$\xrightarrow[\triangle]{OH^-}$ 对甲苯酚钠（CH_3，ONa）

甲苯 $\xrightarrow{Cl_2/h\nu}$ 苄氯（CH_2Cl）$\xrightarrow{NaO\text{-}C_6H_4\text{-}CH_3}$ $C_6H_5\text{-}CH_2O\text{-}C_6H_4\text{-}CH_3$

3. $CH_3CH_2OH \xrightarrow{HBr} CH_3CH_2Br \xrightarrow[干醚]{Mg} CH_3CH_2MgBr$

$CH_3CH_2OH \xrightarrow[\triangle]{Cu} CH_3CHO \xrightarrow[②H_3O^+]{①CH_3CH_2MgBr} CH_3CH_2\underset{OH}{\underset{|}{C}}HCH_3$

六、推断结构

答：1. (A) $CH_3CH_2COCH(CH_3)_2$　　(B) CH_3CH_2CHO　　(C) CH_3COCH_3

2. (1) $(CH_3)_3C{-}Br$　　(2) 环己烷（六元环）

七、实验题

答：1. (1) 选择重结晶溶剂，被重结晶物质在高温时在溶剂中溶解度较大，在低温时在溶剂中溶解度很小；溶剂与被重结晶物质不发生化学反应。(2) 将吸滤瓶和布氏漏斗放入水浴锅中预热。(3) 将被重结晶物质放入适量的溶剂中，加热使其完全溶解，如没完全溶解，需补加溶剂。(4) 稍冷加入活性炭，煮沸5分钟左右，使其充分脱色和吸附杂质。(5) 趁热减压过滤。(6) 将滤液倒入烧杯中自然冷却，析出结晶。(7) 减压过滤，烘干滤饼。

2.

(1) 分水器的作用是将反应产生的水排出反应体系，打破平衡，使反应向着生成酯的方向进行，从而提高酯的产率。

(2) 粗产品中除了有产物酯以外，还有没反应的醇、醋酸、催化剂硫酸以及副产物醚、烯等；它们在水中都有微量的溶解度，水洗是为了出去这些杂质，碱洗是为了除酸。

(3) 经过洗涤、干燥得到的酯，还需通过蒸馏得到精制，如果蒸馏装置不是干燥的，那么通过蒸馏所得到的酯就会混有水，产品将不纯，直接影响产品质量。因此，整套蒸馏装置一定要干燥。

硕士研究生入学考试试题（三）参考答案

一、命名或写出下列化合物结构：

答：1. 反-6-甲基-3-环己烯甲醛　　2. 3-甲基-环戊烯

3. (S) -3-对羟基苯基-2-氨基丙酸　　4. 2-吡啶基-2′-呋喃基甲酮

5. 3-苯基-1- (3′，5′-二氯苯基)丙烯酮　　6. (R) -2-溴丁烷

7. 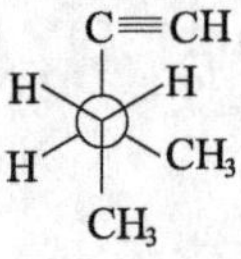　　8.

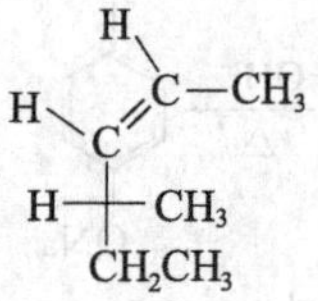

9. 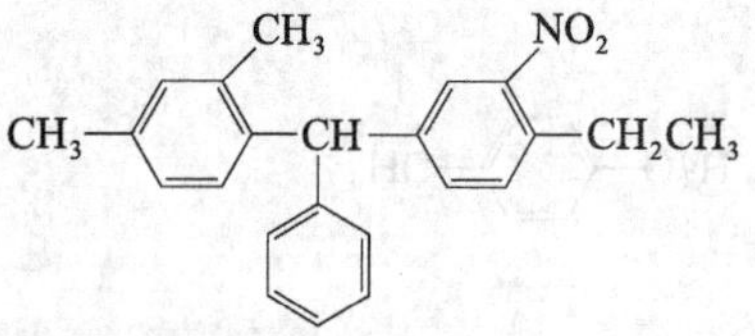　　10. $CH_3OCH_2CH_2CH(CH_3)_2$

二、写出下列反应的主要产物：

答：A. 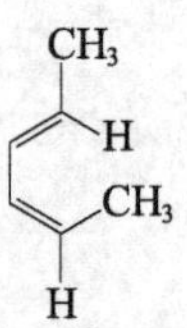　　B. $COCH_2CH{=}CHCH{=}CHCOOC_2H_5$ | $COCH_2CH{=}CHCH{=}CHCOOC_2H_5$

C. 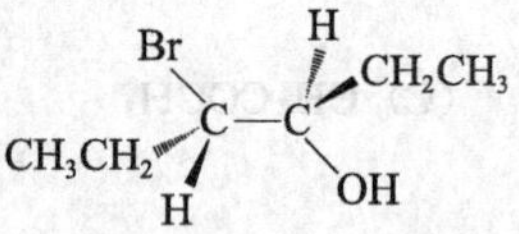　　D. 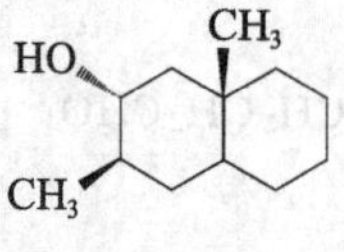　或

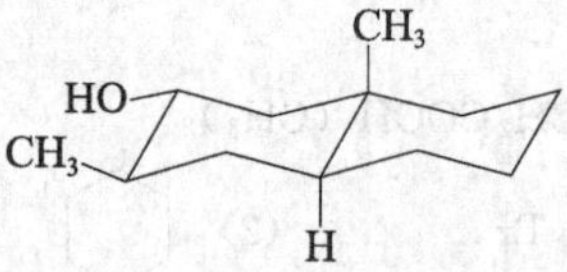

E. 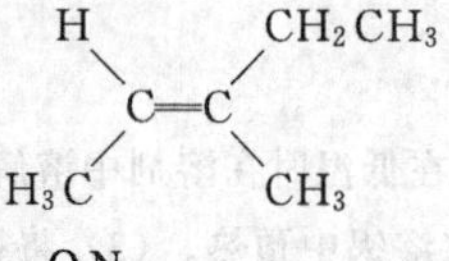 $(H)(H_3C)C{=}C(CH_2CH_3)(CH_3)$　　F.

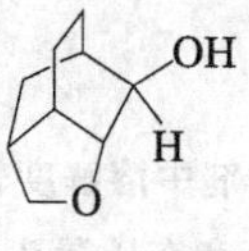

G. 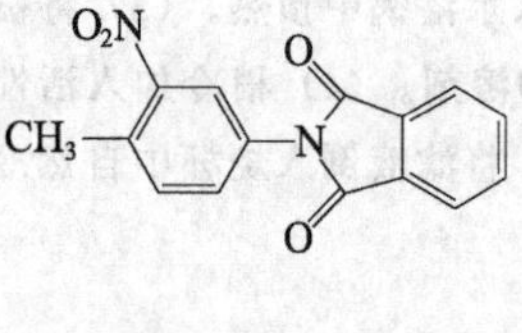　　H. 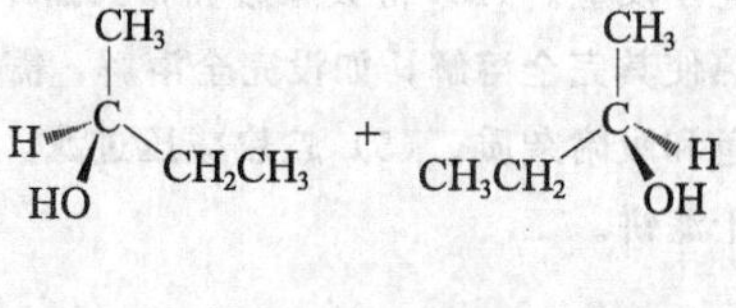　+

I. (3-methyl-γ-butyrolactone structure: five-membered lactone ring with O, C=O, and CH_3)

J. $(CH_3)_2CHCH{=}CHCH_2OC_2H_5$

K. $C_6H_5{-}CH{=}C(CH_3){-}COOH$

L. $CH_3CH(OH)CH(CH_3)CH_2C(=O)OCH_3$

M. (2-furylmethylene cyclohexanone structure)

N. $CH_3{-}C(COCl)(H){-}CH_2C_6H_5$

O. $CH_3{-}C(CONH_2)(H){-}CH_2C_6H_5$

P. $CH_3{-}C(NH_2)(H){-}CH_2C_6H_5$

Q. (N,N,2-trimethyl-6-ethylpiperidinium structure: ring N$^+$ bearing CH_3, H_3C, with CH_3 and CH_2CH_3 substituents) I^-

R. $CH_2{=}CHCH_2CH_2CH(CH_2CH_3)N(CH_3)_2$ (structure)

S. $(CH_3CO)_2O$

T. (2-acetamidobenzoic acid structure: COOH, NHCOCH$_3$)

U. HNO_3/H_2SO_4

V. $H_2O/NaOH$

W. $NaNO_2+HCl/0\sim5℃$

X. (benzene ring with COOH, $N_2^+Cl^-$, NO_2)

Y. KI

三、按要求回答下列问题

答：1. a　2. e>a>d>c>b　3. c>d>a>b　4. a、b、d.　5. b>a>c

6. e>a>d>b>c>f　　7. c>b>d>e>a>f

8. 亲核能力 SH—>OH—，故按 S_N2 反应，a 的反应更快。

9. a>b>c>d>e　　10. a>b>c

四、写出反应机理

答：1. (1,2-dimethylcyclohexane-1,2-diol) $\xrightarrow{H^+}$ (protonated $^+OH_2$) → (carbocation, methyl migration) → (oxocarbenium $\ddot{O}H$) → ($\overset{+}{O}H$ ketone) $\xrightarrow{-H^+}$ 2,2-dimethylcyclohexanone

2. $\overset{\delta^-}{C}H_2{=}\overset{\delta^+}{C}HCH_2CH_2COOH+H\overset{\delta^-}{O}{-}\overset{\delta^+}{Br}$ → $BrCH_2{-}\overset{+}{C}H{-}CH_2{-}CH_2{-}C(=O){-}\ddot{O}H$ → (protonated lactone with CH_2Br, $\overset{+}{O}H$) $\xrightarrow{-H^+}$ 5-(bromomethyl)dihydrofuran-2-one (lactone with CH_2Br)

3. $CH_2(COOCH_3)_2 \xrightarrow[CH_3OH]{CH_3ONa} \bar{C}H(COOCH_3)_2$ + 环氧乙烷 $\longrightarrow$ (^-O—CH_2CH_2—$CH(COOCH_3)$—$C(=O)OCH_3$) $\longrightarrow$ (环状四面体中间体：^-O、OCH_3、$COOCH_3$) $\xrightarrow{-OCH_3^-}$ 2-氧代-四氢呋喃-3-甲酸甲酯（$COOCH_3$）

五、合成题

1.

(1) 环氧乙烷 $\xrightarrow{HCl}$ $CH_2(Cl)—CH_2(OH)$ $\xrightarrow[ZnCl_2]{HCl}$ $CH_2(Cl)—CH_2(Cl)$ $\xrightarrow{2\ KCN}$ $\xrightarrow{H_3O^+}$ TM

(2) 苊烯（HC═CH） $\xrightarrow[(2)\ Zn/H_2O]{(1)\ O_3}$ 1,8-萘二甲醛（OHC、CHO） $\xrightarrow{Conc.\ OH^-}$ HOH_2C、COOH（萘） $\xrightarrow{H^+}$ 内酯

2. $CH_3CH_2CH_2CHO \xrightarrow[②\triangle]{①dil.OH^-} CH_3CH_2CH_2CH═C(CHO)—CH_2CH_3 \xrightarrow[②H^+]{①Ag(NH_3)_2^+} \xrightarrow[②NH_3]{①SOCl_2}$

$CH_3CH_2CH_2CH═C(CONH_2)—CH_2CH_3 \xrightarrow{RCO_3H} CH_3CH_2CH_2—CH—C(CONH_2)—CH_2CH_3$（CH—C 间为环氧 O）

3. $CH_2═CH_2 \xrightarrow[H^+]{H_2O} CH_3CH_2OH$

$CH_3—CH═CH_2 \xrightarrow[(2)\ H_2O_2/OH^-]{(1)\ B_2H_6} CH_3CH_2CH_2OH \xrightarrow[吡啶]{CrO_3} CH_3CH_2CHO \xrightarrow{dil.\ OH^-}$

$CH_3CH_2CH(OH)—CH(CH_3)CHO \xrightarrow[干\ HCl]{2\ C_2H_5OH} CH_3CH_2CH(OH)—CH(CH_3)CH(OC_2H_5)_2 \xrightarrow{KMnO_4/H^+}$

$\xrightarrow{H_3O^+} CH_3CH_2—C(=O)—CH(CH_3)CHO$

4. 2 $C_6H_5CH_3 \xrightarrow[hv]{Cl_2} \xrightarrow{Mg/干醚} C_6H_5CH_2MgCl \xrightarrow[②H_3O^+]{①CO_2} C_6H_5CH_2COOH \xrightarrow[H^+]{C_2H_5OH} C_6H_5CH_2COOC_2H_5$

2 $C_6H_5CH_2COOC_2H_5 \xrightarrow[②H^+]{①EtONa} C_6H_5CH_2—C(=O)—CH(C_6H_5)—C(=O)—OC_2H_5 \xrightarrow{HCN} \xrightarrow{CH_3CH_2CH_2NH_2}$

$C_6H_5CH_2—C(HO)(NC)—CH(C_6H_5)—C(=O)—NHCH_2CH_2CH_3$

六、推断结构

答：1.

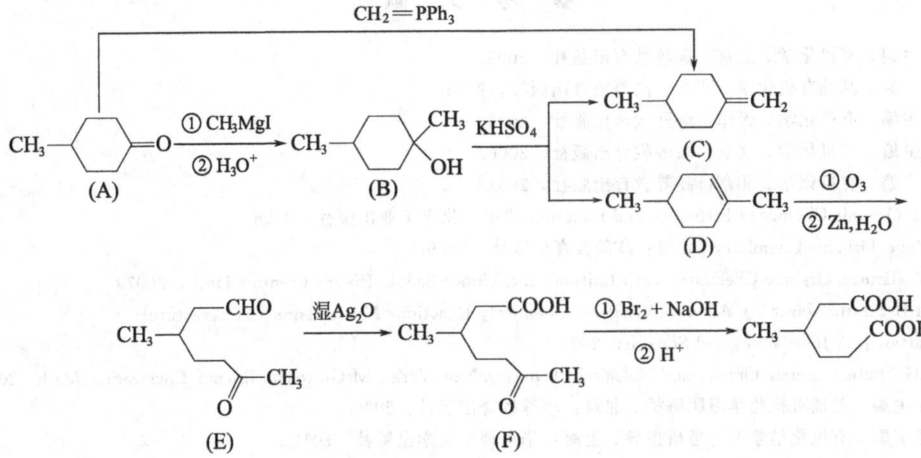

$CH_2{=}PPh_3$

CH_3—(A)=O $\xrightarrow[\text{② } H_3O^+]{\text{① } CH_3MgI}$ CH_3—(B)(CH_3)(OH) $\xrightarrow{KHSO_4}$ CH_3—(C)=CH_2；CH_3—(D)—CH_3 $\xrightarrow[\text{② Zn}, H_2O]{\text{① } O_3}$

(A) (B) (C) (D)

CH_3—(E)(CHO)(=O)CH_3 $\xrightarrow{\text{湿}Ag_2O}$ CH_3—(F)(COOH)(=O)CH_3 $\xrightarrow[\text{② } H^+]{\text{① } Br_2+NaOH}$ CH_3—(COOH)(COOH)

(E) (F)

2. Br, OH, Br, $C(CH_3)_3$ $\xleftarrow{Br_2/H_2O}$ OH, $C(CH_3)_3$ (A) $\xrightarrow{NaOH}$ ONa, $C(CH_3)_3$

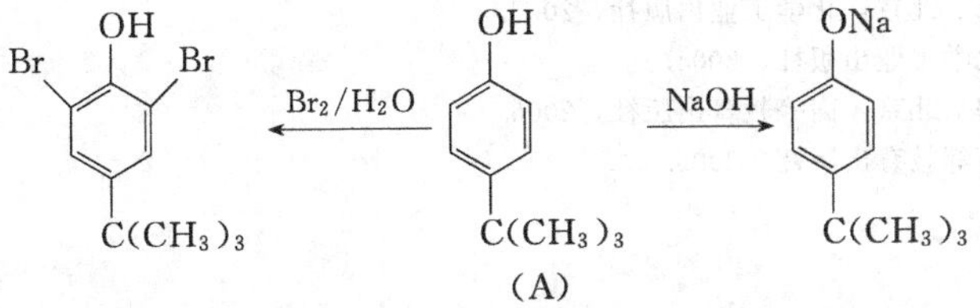

七、实验题

答：1. 从混合物中提取物质，若该物质是我们需要的，这种操作称萃取或提取；若该物质不是我们需要的，这种操作称洗涤。两者的原理相同，即都是利用物质在不同溶剂中的溶解度不同来达到分离目的的一种操作；两者的区别在于目的不同。

2. 苯甲醛油层消失，反应物变成澄清透明，表明反应已达终点。苯甲醇制备的后处理涉及：萃取、洗涤、干燥、普通蒸馏和空气冷凝管蒸馏操作。苯甲酸制备的后处理涉及酸化、减压过滤和重结晶操作。

3. 通常设两个干燥塔即可。一个氯化钙干燥塔，其作用是防止水蒸气进入泵体，使油乳化，降低泵的效率；另一个是氢氧化钠干燥塔，其作用是酸蒸气进入泵体，腐蚀泵体。有时为了吸收烃类气体，可增加一个装有石蜡片的干燥塔，其作用是防止有机蒸气被油吸收而降低泵的效率。

参 考 文 献

[1] 高鸿宾主编. 有机化学. 北京：高等教育出版社，2008.
[2] 邢其毅主编. 基础有机化学. 北京：高等教育出版社，2005.
[3] 王积涛主编. 有机化学. 天津：南开大学出版社，2009.
[4] 胡宏纹主编. 有机化学. 北京：高等教育出版社，2006.
[5] 尹冬冬主编. 有机化学. 北京：高等教育出版社，2003.
[6] K. Peter. Organic Chemistry Structure and Function 北京：化学工业出版社，2006.
[7] L. G. Wade. Organic Chemistry. 北京：高等教育出版社，2009.
[8] Paula Y. Bruice. Organic Chemistry (7th Edition) Inc. Upper Saddle River：Prentice Hall，2007.
[9] Michael B. Smith. March's Advanced Organic Chemistry Reactions Mechanisms and Structure.
[10] Manhattan：A John Wiley and Sons. Icn. 2007.
[11] Janice G. Smith. General, Organic and Biological Chemistry. New York：McGraw-Hill Science/Engineering/Math，2009.
[12] 裴伟伟主编. 基础有机化学习题解析. 北京：高等教育出版社，2006.
[13] 吴宏范主编. 有机化学学习与考研指导. 上海：华东理工大学出版社，2010.
[14] 卢金荣主编. 有机化学复习指南与习题精选. 北京：化学工业出版社，2007.
[15] 李小瑞主编. 有机化学考研辅导. 北京：化学工业出版社，2004.
[16] 胡宏纹主编. 有机化学同步辅导及习题全解. 北京：高等教育出版社，2006.
[17] 李景宁主编. 有机化学学习指导. 北京：高等教育出版社，2005.